ANSYS 18.2 有限元分析与应用实例

高耀东　郭喜平　张宝琴　等　编著

电子工业出版社
Publishing House of Electronics Industry
北京·BEIJING

内容简介

本书在总结作者多年教学和工程经验的基础上，从使学习者快速入门并能够解决实际问题的角度出发，介绍了有限单元法的基础理论、ANSYS 软件的使用方法及其在机械工程领域的应用实例等。

本书的中心是 ANSYS 软件应用，其他内容围绕该中心展开，目的是引领读者从实际应用出发，由浅入深，逐渐掌握 ANSYS 软件和有限单元法理论。力求使读者能够在较短时间内，既知其然，又知其所以然，真正掌握 ANSYS 软件和有限元分析方法，并能将其灵活应用于实际问题中。

全书包括 80 多个 ANSYS 软件应用实例，每种分析类型都配备了入门实例和高级实例，并尽量涵盖其在实际中的主要应用。每个实例都提供了操作命令流，为方便读者学习，入门实例还介绍了 GUI 操作方法。

本书可以作为高等院校机械、建筑、力学类专业本科生和研究生的教科书，也可以作为工程技术人员学习有限单元法和 ANSYS 软件的参考书。

未经许可，不得以任何方式复制或抄袭本书之部分或全部内容。
版权所有，侵权必究。

图书在版编目（CIP）数据

ANSYS 18.2 有限元分析与应用实例/高耀东等编著. —北京：电子工业出版社，2019.8
ISBN 978-7-121-35770-1

Ⅰ. ①A… Ⅱ. ①高… Ⅲ. ①有限元分析－应用程序 Ⅳ. ①O241.82

中国版本图书馆 CIP 数据核字（2018）第 273458 号

策划编辑：陈韦凯
责任编辑：康　霞
印　　刷：三河市华成印务有限公司
装　　订：三河市华成印务有限公司
出版发行：电子工业出版社
　　　　　北京市海淀区万寿路 173 信箱　邮编 100036
开　　本：787×1092　1/16　印张：32.5　字数：832 千字
版　　次：2019 年 8 月第 1 版
印　　次：2019 年 8 月第 1 次印刷
定　　价：79.00 元

凡所购买电子工业出版社图书有缺损问题，请向购买书店调换。若书店售缺，请与本社发行部联系，联系及邮购电话：（010）88254888，88258888。

质量投诉请发邮件至 zlts@phei.com.cn，盗版侵权举报请发邮件至 dbqq@phei.com.cn。

本书咨询联系方式：chenwk@phei.com.cn。

前　言

随着有限元技术及 ANSYS 软件在工程技术领域的不断普及，本书在《有限元理论及 ANSYS 应用》一书的基础上，更新了软件版本，并在进一步完善原有内容的基础上，增加了非线性分析、耦合场分析、参数化设计语言 APDL 及优化设计等内容。

本书的中心是 ANSYS 软件应用，其他内容围绕该中心展开，目的是引领读者从实际应用出发，由浅入深，逐渐掌握 ANSYS 软件和有限单元法理论。通过对本书内容的全面学习，读者能够在较短时间内，既知其然，又知其所以然，真正掌握 ANSYS 软件和有限元分析方法，并能将其灵活应用于实际问题中。

全书包括 80 多个 ANSYS 软件应用实例，每种分析类型都配备了入门实例和高级实例，并尽量涵盖每种分析类型在实际中的主要应用。每个实例都提供了操作命令流，为方便读者学习，入门实例还介绍了 GUI 操作方法。多数实例都通过解析解对有限元解进行了验证，以解除读者对有限元解正误的困惑。本书部分章节还配备了练习题，可配合教学使用。

本书第 1～9 章为有限单元法理论部分，第 10～15 章为 ANSYS 软件基础部分，第 16～20 章为 ANSYS 应用部分。本书采用的 ANSYS 版本为稳定的 18.2 版本。

参加本书编著的有内蒙古科技大学高耀东（第 1～5 章）、内蒙古北方重工业集团有限公司李新利（第 6～8 章）、内蒙古科技大学张宝琴（第 10、11 章）、内蒙古科技大学郭喜平（第 12 章）、内蒙古科技大学李震（第 13、14 章）、内蒙古科技大学张恩慧（第 15、16 章）、包头职业技术学院董瑞红（第 17 章）、内蒙古科技大学任元（第 18 章及附录）、内蒙古科技大学郭晓峰（第 9、19、20 章）。

随书附赠本书部分实例的命令流文件、模型文件及操作录屏文件，读者可登录华信教育资源网（www.hxedu.com.cn）查找本书免费下载（须先注册成会员）。

由于编者水平有限，加之时间仓促，书中难免存在一些错误和不足之处，敬请广大读者不吝赐教、批评指正。

编著者

应用实例目录

序 号	知识点	描 述	使用单元
E2-1	有限单元法理论	用 ANSYS 软件提取单元及结构刚度矩阵	PLANE182
E6-1		用 SOLID185 单元分析悬臂梁的剪切闭锁	SOLID185
E6-2		厚壁圆筒的体积闭锁分析	PLANE182
E6-3		观察沙漏	PLANE182
E10-1*	入门实例	平面桁架的受力分析	LINK180
E11-1*	几何模型创建	关键点和线的创建实例——正弦曲线	—
E11-2		一些特殊线的创建。包括：过一个已知关键点作一条已知圆弧的切线、作两条圆弧的公切线、作一组折线、按函数关系作曲线——正弦曲线、圆锥阿基米德螺旋线、圆锥对数螺旋线和创建椭圆线	—
E11-3		圆柱面的创建	—
E11-4		按函数关系作曲面——双曲抛物面	—
E11-5*		体的创建及工作平面的应用实例——相交圆柱体	—
E11-6*		复杂形状实体的创建实例——螺栓	—
E11-7		斜齿圆柱齿轮的创建	—
E11-8		直齿锥齿轮齿廓曲面的创建	—
E12-1*	单元划分	几何模型的单元划分实例——面	—
E12-2	常见形状几何实体的单元划分	回转体、底座、直齿圆柱齿轮轮齿、容器接管	PLANE182 SOLID185 MESH200
E12-3	常用单元类型的创建和应用路径图实例	LINK11 单元的应用	LINK11
E12-4		BEAM188、BEAM189 单元的应用——基本应用、约束扭转、创建渐变截面梁、自定义梁截面——双金属片	BEAM188 BEAM189
E12-5		PLANE182、PLANE183 单元的应用——平面应力问题、轴对称问题	PLANE182 PLANE183
E12-6		循环对称结构在离心力作用下的应力和变形分析	SOLID186
E12-7		SHELL181 单元的应用——基本应用、用绑定接触创建有限元模型	SHELL181
E12-8	直接生成有限元模型	实例	SOLID185
E12-9	自适应网格划分实例	受压薄板	PLANE182
E12-10	子模型技术实例	受压薄板	SOLID186
E13-1	对称和反对称约束载荷工况	对称性应用实例——作用任意载荷的对称结构	BEAM188
E13-2	在梁单元上施加压力载荷	均匀分布的压力载荷、线性分布的压力载荷	BEAM188
E13-3	压力梯度及加载	在容器中施加静水压力	SOLID185
E13-4	函数加载	用表格数组进行函数加载——静水压力	SOLID185
E13-5	函数加载	用函数编辑器定义表面载荷	SOLID185
E13-6	用表面效应单元施加切向压力	转矩的施加	SOLID186 SURF154
E13-7	施加预紧力载荷	对单个螺栓联接施加预紧力载荷、汽缸缸体和端盖间螺纹联接的受力分析	SOLID186 TARGE170 CONTA174 PRETS179

续表

序号	知识点	描述	使用单元
E14-1	用云图显示线单元数据	作刚架的弯矩图	BEAM188
E14-2	面操作	计算实体单元某个面上的剪力、弯矩等内力	SOLID186
E14-3	通过存储帧创建动画	展成法加工齿轮模拟	—
E15-1*	坐标系及选择操作的作应用实例	圆轴扭转分析	SOLID186
E16-1	静力学分析实例	复杂静定桁架的内力计算	LINK180
E16-2*		悬臂梁的静力学分析	BEAM188
E16-3		空间桁架桥的静力学分析	BEAM188
E16-4		连续梁的内力计算	BEAM189
E16-5		用自由度释放创建梁单元的铰接连接	BEAM189
E16-6		薄板弯曲问题的理论解和有限元解的对比	SHELL281
E16-7		壳单元结果与其他类型单元结果的对比——简支梁	SHELL181
E16-8*		平面问题的求解实例——厚壁圆筒问题	PLANE183
E16-9*		空间问题的求解实例——扳手的受力分析	PLANE182 SOLID185
E16-10		用实体单元计算转轴的应力	SOLID186
E16-11		在连杆上施加轴承载荷	PLANE183 SOLID186
E17-1*	模态分析实例	均匀直杆的固有频率分析	SOLID186
E17-2		斜齿圆柱齿轮的固有频率分析	SOLID185
E17-3		有预应力模态分析实例——弦的横向振动	LINK180
E17-4		循环对称结构模态分析实例——转子的固有频率分析	SHELL181
E17-5*	谐响应分析	完全法分析实例——单自由度系统的受迫振动	MASS21 COMBIN14
E17-6		模态叠加法分析实例——悬臂梁的受迫振动	SOLID186
E17-7*	瞬态动力学分析	瞬态动力学分析实例——凸轮机构	PLANE182 SOLID185
E17-8		施加初始条件实例——将单自由度系统的质点从平衡位置拨开	MASS21 COMBIN14
E17-9		施加初始条件实例——抛物运动	SOLID185
E17-10		瞬态动力学分析实例——连杆机构的运动学分析	MPC184 BEAM188
E17-11		瞬态动力学分析实例——车辆通过桥梁	BEAM188
E17-12*	谱分析	谱分析实例——地震谱作用下的结构响应分析	SHELL181 BEAM188
E18-1	结构非线性分析	结构非线性分析——盘形弹簧载荷和变形关系分析	PLANE183
E18-2		特征值屈曲分析实例——压杆稳定性问题	BEAM189
E18-3		非线性屈曲分析实例——悬臂梁	BEAM189
E18-4	材料非线性分析	材料非线性分析实例——自增强厚壁圆筒承载能力研究	PLANE183
E18-5		材料蠕变分析实例——受拉平板	PLANE182
E18-6	状态非线性分析	接触分析实例——平行圆柱体承受法向载荷时的接触应力分析	PLANE183 SOLID186 TARGE170 CONTA174

应用实例目录

续表

序号	知识点	描述	使用单元
E18-7	状态非线性分析	接触分析实例——组合厚壁圆筒	PLANE183 TARGE169 CONTA172
E18-8		非线性分析实例——将钢板卷制成圆筒（柔体-柔体接触）	SHELL181 SOLID185 MPC184 TARGE170 CONTA173
E18-9		非线性分析实例——将钢板卷制成圆筒（刚体-柔体接触）	SOLID185 TARGE170 CONTA173
E18-10		接触分析实例——斜齿圆柱齿轮传动分析	PLANE183 SOLID186 TARGE170 CONTA174
E18-11		利用MPC技术对SOLID-SHELL单元进行连接实例——简支梁	SOLID186 SHELL181 TARGE170 CONTA175
E18-12		单元生死技术应用——厚壁圆筒自增强后精加工	PLANE183
E18-13		单元生死技术应用——焊接模拟	PLANE77 SOLID90
E18-14		单元生死技术应用——隧道开挖	MESH200 SOLID185 SOLID65
E19-1	瞬态热分析	水箱	PLANE77
E19-2	热应力计算	在结构上直接施加温度载荷进行热应力计算——双金属片	SOLID186
E19-3		用直接法计算热应力实例——液体管路	PLANE13
E19-4		用多物理场求解器（MFS方案）计算热应力——液体管路	PLANE77 PLANE183
E19-5	流体动力学分析	运用CFX软件分析冷热水混合三通管	—
E19-6	流固耦合分析	运用单向流固耦合分析水流通过变径管	PLANE183 SOLID186 SURF154
E20-1	APDL语言	用表格型数组施加载荷实例——施加随位置变化的压力载荷	PLANE183
E20-2		用表格型数组施加载荷实例——施加随时间变化的力载荷	MASS21 COMBIN14
E20-3		简谐响应的叠加——结构同时作用多个正弦载荷时的响应分析	SHELL181 BEAM188 MASS21
E20-4		宏的创建实例——计算实体的体积、面积、长度	—
E20-5	优化设计	优化设计实例——液压支架四连杆机构尺寸优化	MPC184 BEAM188

注：*为初级实例，提供GUI操作步骤和截屏录像。

目　　录

第1章　有限单元法基本概念 ·· 1
　1.1　引言 ··· 1
　1.2　有限单元法的基本原理 ··· 2
　　　1.2.1　结构离散化 ·· 2
　　　1.2.2　单元刚度矩阵 ··· 2
　　　1.2.3　结构总体刚度方程 ·· 5

第2章　平面问题的有限单元法 ·· 7
　2.1　平面问题概述 ·· 7
　　　2.1.1　平面应力问题 ··· 7
　　　2.1.2　平面应变问题 ··· 8
　2.2　结构离散化 ··· 9
　2.3　位移函数 ·· 10
　　　2.3.1　位移函数的一般形式 ·· 10
　　　2.3.2　3 节点三角形单元的位移函数 ·· 11
　　　2.3.3　形函数的性质 ·· 12
　　　2.3.4　位移函数与解的收敛性 ··· 13
　2.4　单元刚度矩阵 ·· 14
　　　2.4.1　3 节点三角形单元的单元刚度矩阵 ··· 14
　　　2.4.2　单元刚度矩阵的性质 ·· 16
　2.5　载荷移置与等效节点载荷 ·· 17
　2.6　结构总体刚度方程 ··· 18
　　　2.6.1　结构总体刚度方程的建立 ··· 19
　　　2.6.2　形成结构总体刚度矩阵的方法 ·· 21
　　　2.6.3　结构总体刚度矩阵的性质 ··· 22
　2.7　位移边界条件的处理 ·· 23
　　　2.7.1　降阶法 ·· 24
　　　2.7.2　对角元置 1 法 ··· 24
　　　2.7.3　对角元乘大数法 ·· 25
　2.8　应力计算及导出结果的计算 ·· 26
　　　2.8.1　单元应力及应变的计算 ··· 26
　　　2.8.2　主应力和主方向 ·· 26

		2.8.3 节点的应力 ·· 27
	2.9 解题示例 ··· 27
	2.10 6节点三角形单元 ·· 31
		2.10.1 面积坐标 ·· 31
		2.10.2 位移函数 ·· 32
		2.10.3 单元应变 ·· 33
		2.10.4 单元应力 ·· 33
		2.10.5 单元刚度矩阵 ·· 33

第3章 最小势能原理和有限单元法 ·· 37

	3.1 最小势能原理 ·· 37
	3.2 基于最小势能原理的有限单元法 ·· 38
	3.3 对有限单元法收敛和精度的分析 ·· 39
		3.3.1 相容性要求 ··· 39
		3.3.2 完备性要求 ··· 40
		3.3.3 收敛和精度 ··· 40

第4章 三维问题的有限单元法 ··· 42

	4.1 三维应力状态 ·· 42
	4.2 三维问题的四面体单元 ··· 43
		4.2.1 位移函数 ·· 43
		4.2.2 单元刚度矩阵 ··· 44
		4.2.3 载荷移置与等效节点载荷 ·· 44
	4.3 轴对称问题及其有限单元法 ··· 45
		4.3.1 轴对称问题 ··· 45
		4.3.2 轴对称问题的有限单元法 ·· 46

第5章 梁单元 ··· 48

	5.1 直梁平面弯曲问题及梁单元 ··· 48
		5.1.1 直梁平面弯曲问题 ··· 48
		5.1.2 直梁平面弯曲问题的有限单元法 ·· 48
	5.2 铁摩辛柯梁单元 ··· 52

第6章 等参数单元 ··· 55

	6.1 4节点矩形单元 ·· 55
	6.2 平面4节点等参数单元 ·· 56
		6.2.1 坐标变换和等参数单元 ··· 56
		6.2.2 单元刚度矩阵的计算 ·· 58
		6.2.3 其他参数单元 ··· 60
	6.3 高斯积分法 ··· 60

6.4 剪切闭锁、体积闭锁、沙漏等概念简介 62
    6.4.1 剪切闭锁 62
    6.4.2 体积闭锁 62
    6.4.3 沙漏 63

第7章 板壳单元 67

7.1 板弯曲的有限单元法 67
    7.1.1 克希霍夫（Kirchhoff）薄板理论 67
    7.1.2 基于薄板理论的非协调板单元 69
    7.1.3 考虑横向剪切影响的平板弯曲单元 71
7.2 薄壳结构的有限单元法 73

第8章 有限元方程解法 75

8.1 概述 75
8.2 总体刚度矩阵的一维变带宽存储 75
8.3 直接法 76
    8.3.1 高斯消元法 76
    8.3.2 LU 分解法 76
    8.3.3 波前法 77
8.4 迭代法 79
    8.4.1 雅可比迭代法和赛德尔迭代法 79
    8.4.2 共轭梯度法 80

第9章 结构动力学分析 83

9.1 结构的动力学方程 83
9.2 结构的自振频率和振型 84
    9.2.1 概述 84
    9.2.2 基本 QR 法 85
    9.2.3 兰索斯法 85
9.3 结构动力响应的求解方法 86
    9.3.1 直接积分法 87
    9.3.2 振型叠加法 88

第10章 ANSYS 的基本使用方法 90

10.1 实例 E10-1——平面桁架的受力分析 90
    10.1.1 问题描述及解析解 90
    10.1.2 分析步骤 90
    10.1.3 命令流 94
10.2 ANSYS 的主要功能 95
10.3 ANSYS 的特点 96

10.4　ANSYS 产品简介 ·········· 96
10.5　处理器 ·········· 97
10.6　ANSYS 软件的使用 ·········· 97
　　10.6.1　ANSYS 软件解决问题的步骤 ·········· 97
　　10.6.2　命令输入方法 ·········· 98
10.7　图形用户界面 ·········· 99
　　10.7.1　图形用户界面（GUI）展示 ·········· 99
　　10.7.2　对话框及其组成控件 ·········· 100
　　10.7.3　ANSYS 的菜单系统 ·········· 102
练习题 ·········· 105

第 11 章　实体建模技术 ·········· 106

11.1　概述 ·········· 106
11.2　基本建模技术 ·········· 106
　　11.2.1　关键点的创建 ·········· 106
　　11.2.2　线的创建 ·········· 107
　　11.2.3　面的创建 ·········· 115
　　11.2.4　体的创建 ·········· 118
11.3　工作平面 ·········· 119
　　11.3.1　工作平面的设置 ·········· 120
　　11.3.2　工作平面的偏移和旋转 ·········· 120
11.4　高级建模技术 ·········· 124
　　11.4.1　布尔运算 ·········· 124
　　11.4.2　挤出 ·········· 129
　　11.4.3　有关实体建模的其他操作 ·········· 130
练习题 ·········· 138

第 12 章　有限元模型的创建 ·········· 140

12.1　几何模型的单元划分 ·········· 144
　　12.1.1　单元划分的步骤 ·········· 144
　　12.1.2　单元类型 ·········· 144
　　12.1.3　定义实常数 ·········· 145
　　12.1.4　材料属性 ·········· 145
　　12.1.5　截面 ·········· 147
　　12.1.6　分配单元属性 ·········· 150
　　12.1.7　单元形状及划分方法选择 ·········· 151
　　12.1.8　单元尺寸控制 ·········· 151
　　12.1.9　划分单元命令 ·········· 154
　　12.1.10　MeshTool 对话框 ·········· 154
　　12.1.11　单元形状检查 ·········· 154

12.1.12 修改网格 ··· 156
12.2 常用 ANSYS 单元类型 ··· 158
12.2.1 概述 ·· 158
12.2.2 LINK11 ··· 162
12.2.3 LINK180 ·· 163
12.2.4 BEAM188 ··· 165
12.2.5 BEAM189 ··· 174
12.2.6 PLANE182 ·· 176
12.2.7 PLANE183 ·· 179
12.2.8 SOLID185 ··· 184
12.2.9 SOLID186 ··· 187
12.2.10 SHELL181 ··· 191
12.3 ANSYS 结构分析常用材料模型 ·· 201
12.3.1 常用材料模型的分类 ·· 201
12.3.2 常用材料模型的创建 ·· 202
12.4 直接生成有限元模型 ·· 203
12.4.1 节点的创建和操作 ··· 203
12.4.2 单元的创建和操作 ··· 204
12.5 创建有限元模型的高级技术 ·· 205
12.5.1 自适应单元划分 ··· 205
12.5.2 子模型技术 ··· 207

第 13 章 加载和求解 ·· 210

13.1 载荷和载荷步 ·· 210
13.1.1 载荷的类型 ··· 210
13.1.2 载荷步、子步和平衡迭代 ·· 211
13.1.3 载荷步选项 ··· 211
13.2 DOF 约束 ·· 216
13.2.1 施加 DOF 约束 ··· 217
13.2.2 约束操作 ·· 218
13.2.3 对称和反对称约束 ··· 218
13.2.4 约束冲突 ·· 220
13.3 集中载荷 ··· 220
13.4 表面载荷 ··· 221
13.4.1 施加表面载荷 ·· 221
13.4.2 表面载荷操作 ·· 224
13.4.3 压力梯度及加载 ··· 224
13.4.4 函数加载 ·· 225
13.4.5 表面效应单元 ·· 228
13.5 体载荷 ·· 229

  13.5.1　施加体载荷 ·· 229
  13.5.2　操作体载荷 ·· 230
  13.5.3　惯性载荷 ··· 230
 13.6　特殊载荷 ·· 230
  13.6.1　耦合场载荷 ·· 230
  13.6.2　初始状态 ··· 231
  13.6.3　预紧力载荷 ·· 233
 13.7　求解器 ·· 236
  13.7.1　概述 ·· 236
  13.7.2　求解器类型 ·· 238
 13.8　分析类型 ·· 239
 13.9　多载荷步求解 ··· 239
  13.9.1　用多个 SOLVE 命令直接求解 ·· 239
  13.9.2　用载荷步文件求解 ··· 240
  13.9.3　用载荷数组参数求解 ··· 241

第 14 章　结果后处理 ··· 242

 14.1　概述 ··· 242
  14.1.1　结果文件 ·· 242
  14.1.2　基本解和导出解 ··· 242
 14.2　通用后处理器 ··· 243
  14.2.1　读取结果数据到数据库 ·· 243
  14.2.2　结果坐标系 ·· 244
  14.2.3　单元表 ·· 245
  14.2.4　结果图形显示 ·· 250
  14.2.5　路径图 ·· 258
  14.2.6　列表操作 ·· 260
  14.2.7　结果查询 ·· 263
  14.2.8　载荷工况 ·· 264
  14.2.9　误差估计 ·· 266
 14.3　时间历程后处理器 ··· 267
  14.3.1　概述 ·· 267
  14.3.2　用变量查看结果 ··· 268
 14.4　动画技术 ·· 273

第 15 章　其他辅助功能 ··· 275

 15.1　文件和文件管理 ··· 275
  15.1.1　概述 ·· 275
  15.1.2　文件操作 ·· 275
 15.2　实体选择、组件和部件 ·· 277

		15.2.1 实体选择	278
		15.2.2 组件和部件	284

15.3 坐标系 284
    15.3.1 坐标系和工作平面概述 284
    15.3.2 有关坐标系的操作 287

第 16 章 结构线性静力学分析 297

16.1 概述 297
16.2 桁架结构 298
16.3 梁结构 300
16.4 板壳结构 309
16.5 平面结构 311
16.6 空间结构 317

第 17 章 ANSYS 结构动力学分析 328

17.1 概述 328
17.2 模态分析 328
    17.2.1 模态分析的求解方法 328
    17.2.2 模态分析步骤 329
    17.2.3 模态分析选项 330
17.3 谐响应分析 341
    17.3.1 谐响应分析概述 341
    17.3.2 谐响应分析步骤 342
    17.3.3 谐响应分析操作 344
17.4 瞬态动力学分析 353
    17.4.1 瞬态动力学分析方法 353
    17.4.2 完全法瞬态动力学分析步骤 354
    17.4.3 模态叠加法瞬态动力学分析步骤 355
    17.4.4 瞬态动力学分析操作 356
    17.4.5 积分时间步长的确定 359
17.5 谱分析 374
    17.5.1 概述 374
    17.5.2 单点响应谱分析步骤 375

第 18 章 非线性分析 385

18.1 非线性分析的基本概念 385
    18.1.1 概述 385
    18.1.2 非线性有限元方程的求解方法 386
    18.1.3 非线性分析的特性 387
18.2 非线性分析的基本过程 388

```
        18.2.1  非线性分析的步骤………………………………………………………388
        18.2.2  非线性分析的操作………………………………………………………389
    18.3  几何非线性分析……………………………………………………………………392
        18.3.1  几何非线性概述…………………………………………………………392
        18.3.2  应力和应变………………………………………………………………392
        18.3.3  几何非线性分析的注意事项……………………………………………393
        18.3.4  屈曲分析…………………………………………………………………394
    18.4  材料非线性分析……………………………………………………………………399
        18.4.1  材料非线性概述…………………………………………………………399
        18.4.2  塑性力学的基本法则……………………………………………………400
        18.4.3  输入材料数据……………………………………………………………401
    18.5  状态非线性分析……………………………………………………………………405
        18.5.1  接触概述…………………………………………………………………405
        18.5.2  接触问题的基本知识……………………………………………………406
        18.5.3  面-面接触…………………………………………………………………408
    18.6  单元生死技术………………………………………………………………………425
        18.6.1  概述………………………………………………………………………425
        18.6.2  单元生死的实现和应用…………………………………………………426
        18.6.3  使用ANSYS计算结果控制单元生死……………………………………427
        18.6.4  单元生死有关操作………………………………………………………427

第19章  耦合场分析……………………………………………………………………………441
    19.1  耦合场分析概述……………………………………………………………………441
        19.1.1  耦合场分析的定义………………………………………………………441
        19.1.2  耦合场分析的类型………………………………………………………441
    19.2  热应力计算…………………………………………………………………………443
        19.2.1  ANSYS热分析简介………………………………………………………443
        19.2.2  稳态热分析步骤…………………………………………………………445
        19.2.3  瞬态热分析步骤…………………………………………………………446
        19.2.4  热应力计算方法…………………………………………………………448
    19.3  流固耦合分析………………………………………………………………………455
        19.3.1  ANSYS流体动力学分析简介……………………………………………455
        19.3.2  ANSYS流固耦合分析……………………………………………………461

第20章  参数化设计语言APDL及优化设计…………………………………………………468
    20.1  参量及操作…………………………………………………………………………468
        20.1.1  参量的定义和赋值………………………………………………………468
        20.1.2  数组参量…………………………………………………………………469
        20.1.3  表格型数组的定义和应用………………………………………………473
    20.2  ANSYS内部函数和获取函数………………………………………………………475
```

- 20.2.1 内部函数 ·· 475
- 20.2.2 获取函数 ·· 476
- 20.3 分支、循环和重复功能 ··· 478
  - 20.3.1 分支 ·· 478
  - 20.3.2 循环 ·· 479
  - 20.3.3 重复功能 ·· 479
- 20.4 宏 ·· 484
  - 20.4.1 宏的创建 ·· 484
  - 20.4.2 宏的运行 ·· 486
  - 20.4.3 宏的参量 ·· 486
- 20.5 定制用户化界面 ·· 487
  - 20.5.1 创建及编辑缩写 ·· 487
  - 20.5.2 提示用户输入单个参量值 ·· 487
  - 20.5.3 用 MULTIPRO 命令创建一个对话框 ·· 488
  - 20.5.4 消息对话框 ·· 489
- 20.6 优化设计 ·· 489

附录 ·· 496

参考文献 ·· 499

第1章 有限单元法基本概念

1.1 引　　言

有限单元（简称有限元）法是一种用于连续物理场分析的数值计算工具，它不仅可以在分析结构的位移场和应力场时使用，还可以对传热学中的温度场、电磁学中的电磁场、流体力学中的流体场进行分析。

有限单元法的基本思想是将问题的求解域离散化，得到有限个彼此之间仅靠节点相连的单元。在单元内假设近似解的模式，通过适当的方法，建立单元内部点的待求量与单元节点量之间的关系。由于单元形状简单，易于由能量关系或平衡关系建立节点量之间的方程式，然后将各个单元方程集合成总体线性方程组，引入边界条件后求解该线性方程组即可得到所有的节点量，进一步计算导出量后问题就得到了解决。

选择节点位移作为总体线性方程组的未知数，称为位移法；选择节点力为未知数，称为力法。位移法易于实现自动化，其应用范围最广，用位移法求解问题的步骤如下。

（1）将连续的求解域离散化，得到有限个单元，单元彼此之间仅靠节点相连。

（2）选择位移模式。位移函数是单元上点的位移对其坐标的函数，一般用单元内部点的坐标的多项式来表示，它只是近似地表示了单元内真实位移分布。位移函数的阶次越高，计算精度越高。

（3）计算单元刚度矩阵，并集合成结构总体刚度矩阵。

（4）将非节点载荷等效移置到节点上，并形成结构总体载荷列阵。

（5）引入约束条件，并求解线性方程组，求得节点位移。

（6）计算应力、应变等导出量。

有限单元法是综合现代数学、力学理论、计算方法、计算机技术等学科的最新知识发展起来的一种新兴技术。随着计算机技术的提高和广泛应用，有限单元法与 CAD、CAM 技术紧密结合，已成为各类工业产品设计和性能分析的有效工具，在工程领域得到了极大的应用。

有限元法的主要优点：

（1）因为单元能按各种不同的连接方式组合在一起，且单元本身又可以有不同的形状，所以，有限元法可以模拟各种复杂几何形状的结构，得出其近似解。

（2）有限元法的解题步骤可以系统化、标准化，能够开发出灵活通用的计算机程序，使其能够广泛地应用于各种场合。

（3）边界条件是在建立结构总体刚度方程后再引入的，边界条件和有限元模型具有相对独立性，可以从其他软件中导入创建好的几何模型或有限元模型。

（4）有限元法很容易处理非均匀连续介质。

（5）可以求解非线性问题。

（6）可以进行耦合场分析。

用有限元法分析问题时，一般都使用现成的有限元通用软件。目前，国际上较大型的面向工程的有限元通用软件已达几百种，其中著名的有 ANSYS、ADINA、ABAQUS、MSC、NASTRAN、ASKA 等。虽然普通用户不必花费时间和精力自行编制有限元软件，但对有限元法基本理论和方法有一定程度的掌握，是对正确使用通用软件有极大帮助的。

1.2 有限单元法的基本原理

图 1-1 所示平面桁架可以用形状比较简单的杆单元进行离散化，杆单元节点力和节点位移间的物理关系明确、比较直观，能很方便地求得。下面以该桁架为对象，初步研究有限单元法解决问题的思路和步骤，并介绍一些概念。另外，桁架、刚架、梁等杆系结构都是工程中常见结构，对杆系结构的研究也有其较强的实际意义。

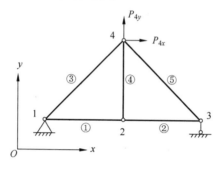

图 1-1 平面桁架

1.2.1 结构离散化

结构离散化是有限元分析的前提，其任务是将结构分割为有限个单元，单元彼此间只由节点相连，另外还需将位移边界条件和非节点载荷移到节点上。

桁架结构中杆与杆之间通过铰链连接，所有外载荷均作用在铰链上，各个杆只承受轴向力。可将桁架自然离散化，即每个杆作为一个单元、每个铰链对应一个节点，由图 1-1 所示平面桁架共得到编号①～⑤的 5 个单元和编号 1～4 的 4 个节点。

1.2.2 单元刚度矩阵

如图 1-2 所示，取任意一个单元为对象进行分析，设其节点为 i 和 j。结构受力后，该单元在节点处也要受到其他单元的作用力，即节点力 F_{ix}、F_{iy}、F_{jx}、F_{jy}，用 4 个节点力分量构造一个列阵 F^e：

$$F^e=[F_{ix} \quad F_{iy} \quad F_{jx} \quad F_{jy}]^\mathrm{T} \tag{1-1}$$

并称 F^e 为单元节点力列阵，上角标 e 表示第 e 个单元。

单元承载后要发生变形，相应节点处存在位移。每个节点有两个位移分量，称为有两个自由度。设两个节点的位移分量分别为 u_i、v_i、u_j、v_j，用它们也构造一个列阵 δ^e：

$$\boldsymbol{\delta}^e = [u_i \quad v_i \quad u_j \quad v_j]^{\mathrm{T}} \quad (1\text{-}2)$$

并称 $\boldsymbol{\delta}^e$ 为单元节点位移列阵。

下面用材料力学的知识研究单元节点力列阵 $\boldsymbol{F}^e$ 和单元节点位移列阵 $\boldsymbol{\delta}^e$ 之间的关系。

假设节点位移为 $u_i=1$、$v_i=u_j=v_j=0$ 时，单元各个节点力分量为 $F_{ix}=K_{ix,ix}$，$F_{iy}=K_{iy,ix}$，$F_{jx}=K_{jx,ix}$，$F_{jy}=K_{jy,ix}$（见图 1-3（a））。

同样方法，假设节点位移为 $v_j=1$、$u_i=v_i=u_j=0$ 时，单元各个节点力分量为 $F_{ix}=K_{ix,jy}$，$F_{iy}=K_{iy,jy}$，$F_{jx}=K_{jx,jy}$，$F_{jy}=K_{jy,jy}$（图 1-3（b））。

图 1-2 杆单元

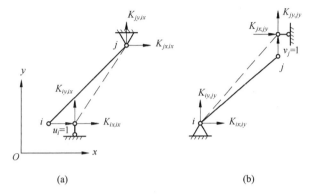

图 1-3 单元刚度矩阵元素的物理意义

其余依次类推，在以上各节点力分量中，第一个下标表示作用节点力的节点号和方向，第二个下标表示发生单位位移的节点和位移方向。显然，以上各节点力分量很容易用材料力学的方法求得，它们具有刚度的性质。

当各节点位移分量均不为零，且在线弹性范围内时，则各节点力分量应该为各个节点位移分量引起的节点力的线性叠加，即

$$\begin{cases} F_{ix} = K_{ix,ix}u_i + K_{ix,iy}v_i + K_{ix,jx}u_j + K_{ix,jy}v_j \\ F_{iy} = K_{iy,ix}u_i + K_{iy,iy}v_i + K_{iy,jx}u_j + K_{iy,jy}v_j \\ F_{jx} = K_{jx,ix}u_i + K_{jx,iy}v_i + K_{jx,jx}u_j + K_{jx,jy}v_j \\ F_{jy} = K_{jy,ix}u_i + K_{jy,iy}v_i + K_{jy,jx}u_j + K_{jy,jy}v_j \end{cases} \quad (1\text{-}3a)$$

以数字 1、2、3、4 替换各节点力分量的下标 ix、iy、jx、jy，并以矩阵形式表达上式，则有

$$\begin{bmatrix} F_{ix} \\ F_{iy} \\ F_{jx} \\ F_{jy} \end{bmatrix} = \begin{bmatrix} K_{11} & K_{12} & K_{13} & K_{14} \\ K_{21} & K_{22} & K_{23} & K_{24} \\ K_{31} & K_{32} & K_{33} & K_{34} \\ K_{41} & K_{42} & K_{43} & K_{44} \end{bmatrix} \begin{bmatrix} u_i \\ v_i \\ u_j \\ v_j \end{bmatrix} \quad (1\text{-}3b)$$

简写为

$$\boldsymbol{F}^e = \boldsymbol{K}^e \boldsymbol{\delta}^e \quad (1\text{-}3c)$$

式（1-3c）表示节点力列阵 $\boldsymbol{F}^e$ 和单元节点位移列阵 $\boldsymbol{\delta}^e$ 之间的关系。其中，矩阵 $\boldsymbol{K}^e$ 被称为单元刚度矩阵，它的物理意义类似于弹簧的刚度，表征了单元抵抗变形的能力。$\boldsymbol{K}^e$ 对有限单元

法解决问题过程十分重要,下面介绍杆单元刚度矩阵的计算方法。

由于桁架中的杆件只承受轴向力 F_a,因而只能发生轴向变形 δ_a。如图 1-4(a)所示,当杆单元节点处发生位移 u_i、v_i、u_j、v_j 时,单元的轴向变形 δ_a 是由位移差 u_j-u_i 和 v_j-v_i 引起的。

由图 1-4(b)可得位移差 u_j-u_i 引起的单元轴向变形 $\delta_a' = (u_j-u_i)\cos\theta$,由图 1-4(c)可得出由位移差 v_j-v_i 引起的单元轴向变形 $\delta_a'' = (v_j-v_i)\sin\theta$。

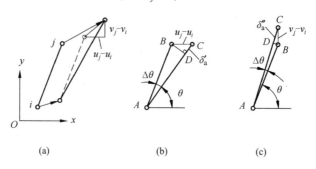

图 1-4 杆单元的轴向变形

于是单元总轴向变形为

$$\delta_a = \delta_a' + \delta_a'' = u_j\cos\theta + v_j\sin\theta - u_i\cos\theta - v_i\sin\theta$$

式中,θ 为单元与 x 轴的夹角。

而轴向力 F_a 为节点力 F_{ix}、F_{iy} 或 F_{jx}、F_{jy} 的合力,则

$$F_{jx} = F_a\cos\theta = K\delta_a\cos\theta$$

式中,K 为单元的轴向刚度系数,由材料力学知识可知,$K = EA/L$,E 为材料弹性模量,A 为杆件横截面面积,L 为杆件长度。

联立上面两式,经整理得

$$F_{jx} = K[-u_i\cos^2\theta - v_i\sin\theta\cos\theta + u_j\cos^2\theta + v_j\sin\theta\cos\theta]$$

同理可得其余节点力分量与节点位移的关系式,整理可得单元刚度方程为

$$\begin{bmatrix} F_{ix} \\ F_{iy} \\ F_{jx} \\ F_{jy} \end{bmatrix} = K \begin{bmatrix} \cos^2\theta & \cos\theta\sin\theta & -\cos^2\theta & -\cos\theta\sin\theta \\ \cos\theta\sin\theta & \sin^2\theta & -\cos\theta\sin\theta & -\sin^2\theta \\ -\cos^2\theta & -\cos\theta\sin\theta & \cos^2\theta & \cos\theta\sin\theta \\ -\cos\theta\sin\theta & -\sin^2\theta & \cos\theta\sin\theta & \sin^2\theta \end{bmatrix} \begin{bmatrix} u_i \\ v_i \\ u_j \\ v_j \end{bmatrix} \quad (1-4)$$

比较式(1-3b)和式(1-4),可得单元刚度矩阵为

$$\boldsymbol{K}^e = K \begin{bmatrix} \cos^2\theta & \cos\theta\sin\theta & -\cos^2\theta & -\cos\theta\sin\theta \\ \cos\theta\sin\theta & \sin^2\theta & -\cos\theta\sin\theta & -\sin^2\theta \\ -\cos^2\theta & -\cos\theta\sin\theta & \cos^2\theta & \cos\theta\sin\theta \\ -\cos\theta\sin\theta & -\sin^2\theta & \cos\theta\sin\theta & \sin^2\theta \end{bmatrix} \quad (1-5)$$

从式(1-5)可知单元刚度矩阵是对称矩阵,且只与单元尺寸、形状、材料等本身特性有关,而与外载荷无关。

1.2.3 结构总体刚度方程

根据式（1-4）可以得出桁架结构各单元的单元刚度方程，例如：

单元③
$$\begin{bmatrix} F_{1x}^{③} \\ F_{1y}^{③} \\ F_{4x}^{③} \\ F_{4y}^{③} \end{bmatrix} = \begin{bmatrix} K_{11}^{③} & K_{12}^{③} & K_{13}^{③} & K_{14}^{③} \\ K_{21}^{③} & K_{22}^{③} & K_{23}^{③} & K_{24}^{③} \\ K_{31}^{③} & K_{32}^{③} & K_{33}^{③} & K_{34}^{③} \\ K_{41}^{③} & K_{42}^{③} & K_{43}^{③} & K_{44}^{③} \end{bmatrix} \begin{bmatrix} u_1 \\ v_1 \\ u_4 \\ v_4 \end{bmatrix}$$

单元④
$$\begin{bmatrix} F_{4x}^{④} \\ F_{4y}^{④} \\ F_{2x}^{④} \\ F_{2y}^{④} \end{bmatrix} = \begin{bmatrix} K_{11}^{④} & K_{12}^{④} & K_{13}^{④} & K_{14}^{④} \\ K_{21}^{④} & K_{22}^{④} & K_{23}^{④} & K_{24}^{④} \\ K_{31}^{④} & K_{32}^{④} & K_{33}^{④} & K_{34}^{④} \\ K_{41}^{④} & K_{42}^{④} & K_{43}^{④} & K_{44}^{④} \end{bmatrix} \begin{bmatrix} u_4 \\ v_4 \\ u_2 \\ v_2 \end{bmatrix}$$

单元⑤
$$\begin{bmatrix} F_{4x}^{⑤} \\ F_{4y}^{⑤} \\ F_{3x}^{⑤} \\ F_{3y}^{⑤} \end{bmatrix} = \begin{bmatrix} K_{11}^{⑤} & K_{12}^{⑤} & K_{13}^{⑤} & K_{14}^{⑤} \\ K_{21}^{⑤} & K_{22}^{⑤} & K_{23}^{⑤} & K_{24}^{⑤} \\ K_{31}^{⑤} & K_{32}^{⑤} & K_{33}^{⑤} & K_{34}^{⑤} \\ K_{41}^{⑤} & K_{42}^{⑤} & K_{43}^{⑤} & K_{44}^{⑤} \end{bmatrix} \begin{bmatrix} u_4 \\ v_4 \\ u_3 \\ v_3 \end{bmatrix}$$

单元①和单元②的单元刚度方程类同，不再列出。

如图 1-5 所示，单元节点力是节点作用在单元上的力，而其反作用力是单元对节点的作用力，这些力与节点力大小相等、方向相反。按力的平衡条件，各相关单元对节点的作用力与作用在该节点上的外载荷即节点载荷是平衡的，如对图1-6所示的节点 4 有

$$\begin{aligned} P_{4x} &= F_{4x}^{③} + F_{4x}^{④} + F_{4x}^{⑤} \\ &= (K_{31}^{③}u_1 + K_{32}^{③}v_1 + K_{33}^{③}u_4 + K_{34}^{③}v_4) + (K_{11}^{④}u_4 + K_{12}^{④}v_4 + K_{13}^{④}u_2 + K_{14}^{④}v_2) + \\ & \quad (K_{11}^{⑤}u_4 + K_{12}^{⑤}v_4 + K_{13}^{⑤}u_3 + K_{14}^{⑤}v_3) \\ &= K_{31}^{③}u_1 + K_{32}^{③}v_1 + K_{13}^{④}u_2 + K_{14}^{④}v_2 + K_{13}^{⑤}u_3 + K_{14}^{⑤}v_3 + \\ & \quad (K_{33}^{③} + K_{11}^{④} + K_{11}^{⑤})u_4 + (K_{34}^{③} + K_{12}^{④} + K_{12}^{⑤})v_4 \end{aligned}$$

图 1-5 各单元的节点力　　　　　　　　图 1-6 节点的受力

$$P_{4y} = F_{4y}^{③} + F_{4y}^{④} + F_{4y}^{⑤}$$
$$= K_{41}^{③}u_1 + K_{42}^{③}v_1 + K_{23}^{④}u_2 + K_{24}^{④}v_2 + K_{23}^{④}u_3 + K_{24}^{④}v_3 + (K_{43}^{③} + K_{21}^{④} + K_{21}^{⑤})u_4 + (K_{44}^{③} + K_{22}^{④} + K_{22}^{⑤})v_4$$

同理，在其他节点处也可以建立相应的平衡方程，将所有方程联立起来，并写成矩阵形式

$$\begin{bmatrix} Q_{1x} \\ Q_{1y} \\ 0 \\ 0 \\ 0 \\ 0 \\ Q_{3y} \\ P_{4x} \\ P_{4y} \end{bmatrix} = \begin{bmatrix} K_{11}^{①}+K_{11}^{③} & K_{12}^{①}+K_{12}^{③} & K_{13}^{①} & K_{14}^{①} & 0 & 0 & K_{13}^{③} & K_{14}^{③} \\ K_{21}^{①}+K_{21}^{③} & K_{22}^{①}+K_{22}^{③} & K_{23}^{①} & K_{24}^{①} & 0 & 0 & K_{23}^{③} & K_{24}^{③} \\ K_{31}^{①} & K_{32}^{①} & K_{33}^{①}+K_{11}^{②}+K_{33}^{④} & K_{34}^{①}+K_{12}^{②}+K_{34}^{④} & K_{13}^{②} & K_{14}^{②} & K_{31}^{④} & K_{32}^{④} \\ K_{41}^{①} & K_{42}^{①} & K_{43}^{①}+K_{21}^{②}+K_{43}^{④} & K_{44}^{①}+K_{22}^{②}+K_{44}^{④} & K_{23}^{②} & K_{24}^{②} & K_{41}^{④} & K_{42}^{④} \\ 0 & 0 & K_{31}^{②} & K_{32}^{②} & K_{33}^{②}+K_{33}^{⑤} & K_{34}^{②}+K_{34}^{⑤} & K_{31}^{⑤} & K_{32}^{⑤} \\ 0 & 0 & K_{41}^{②} & K_{42}^{②} & K_{43}^{②}+K_{43}^{⑤} & K_{44}^{②}+K_{44}^{⑤} & K_{41}^{⑤} & K_{42}^{⑤} \\ K_{31}^{③} & K_{32}^{③} & K_{13}^{④} & K_{14}^{④} & K_{13}^{⑤} & K_{14}^{⑤} & K_{33}^{③}+K_{11}^{④}+K_{11}^{⑤} & K_{34}^{③}+K_{12}^{④}+K_{12}^{⑤} \\ K_{41}^{③} & K_{42}^{③} & K_{23}^{④} & K_{24}^{④} & K_{23}^{⑤} & K_{24}^{⑤} & K_{43}^{③}+K_{21}^{④}+K_{21}^{⑤} & K_{44}^{③}+K_{22}^{④}+K_{22}^{⑤} \end{bmatrix} \begin{bmatrix} u_1 \\ v_1 \\ u_2 \\ v_2 \\ u_3 \\ v_3 \\ u_4 \\ v_4 \end{bmatrix}$$

或写为

$$R = K\delta \tag{1-6}$$

式中，K 为结构总体刚度矩阵，δ 为结构总体位移列阵，R 为结构总体载荷列阵，其中 Q_{1x}、Q_{1y}、Q_{3y} 为支反力，P_{4x}、P_{4y} 为节点载荷。

式（1-6）为结构总体刚度方程，由于结构共有 4 个节点，每个节点有 2 个自由度，所以有 8 个节点位移分量、8 个方程。

由于包括支反力在内的作用于结构上的所有节点载荷应该静力平衡，即

$$\Sigma F_x = 0；\Sigma F_y = 0；\Sigma M = 0$$

所以在结构总体刚度方程中，有 3 个方程是线性相关的，只有 5 个方程是独立的，因此方程组有无穷解。该现象从物理意义考虑，是由于未给予约束桁架，可以产生刚体位移，致使节点位移不唯一。而在具体结构上，支座限制了刚体位移，使得 $u_1 = v_1 = v_3 = 0$，将其代入方程组，则可以从 5 个独立方程中解出其余 5 个节点位移分量。

解出结构节点位移分量后，可以由前面分析得到的公式计算出各杆的轴向力 F_a、轴向变形 δ_a，并进而计算出各杆的应力和应变，问题最终求解完毕。

第 2 章　平面问题的有限单元法

在实际中任何问题都是空间的，但当结构形状、载荷性质满足一定条件时，空间问题可以简化为平面问题。这样，计算工作量将大大减少。虽然精确度将不免有所降低，但能满足工程需要即可。

2.1　平面问题概述

平面问题有两类：平面应力问题和平面应变问题。

2.1.1　平面应力问题

图 2-1（a）所示为均匀薄板，作用在板上的所有面力和体力的方向都与板面平行，且不沿厚度方向发生变化。

由于没有垂直板面方向的外力，而且板的厚度很小，载荷和厚度沿 z 轴方向均匀分布，所以，可以近似地认为在整个薄板上所有各点都有 $\sigma_z=0$，$\tau_{yz}=\tau_{zy}=0$，$\tau_{zx}=\tau_{xz}=0$。于是只有平行于 xy 平面的三个应力分量 σ_x、σ_y、τ_{xy} 不为零（图 2-1（b）），所以这种问题就被称为平面应力问题。分析时只取板面进行研究即可。

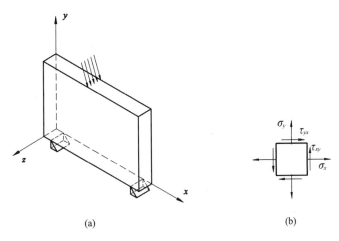

图 2-1　平面应力问题

由结构内任意一点的所有应力分量构造的矩阵称为应力矩阵，平面应力问题的应力矩阵为

$$\boldsymbol{\sigma} = [\sigma_x \quad \sigma_y \quad \tau_{xy}]^\mathrm{T}$$

根据广义虎克定律

$$\begin{cases} \varepsilon_x = \dfrac{1}{E}(\sigma_x - \mu\sigma_y) \\ \varepsilon_y = \dfrac{1}{E}(\sigma_y - \mu\sigma_x) \\ \gamma_{xy} = \dfrac{\tau_{xy}}{G} \end{cases} \quad (2\text{-}1)$$

式中，E 为材料的弹性模量，μ 为泊松比，G 为剪切弹性模量，$G = \dfrac{E}{2(1+\mu)}$。

在式（2-1）中，用应变分量表示应力分量

$$\begin{cases} \sigma_x = \dfrac{E}{1-\mu^2}(\varepsilon_x + \mu\varepsilon_y) \\ \sigma_y = \dfrac{E}{1-\mu^2}(\mu\varepsilon_x + \varepsilon_y) \\ \tau_{xy} = \dfrac{E}{2(1+\mu)}\gamma_{xy} \end{cases} \quad (2\text{-}2)$$

用矩阵方程形式表示为

$$\begin{bmatrix} \sigma_x \\ \sigma_y \\ \tau_{xy} \end{bmatrix} = \dfrac{E}{1-\mu^2} \begin{bmatrix} 1 & \mu & 0 \\ \mu & 1 & 0 \\ 0 & 0 & \dfrac{1-\mu}{2} \end{bmatrix} \begin{bmatrix} \varepsilon_x \\ \varepsilon_y \\ \gamma_{xy} \end{bmatrix} \quad (2\text{-}3a)$$

简写为

$$\sigma = D\varepsilon \quad (2\text{-}3b)$$

该方程被称为物理方程，ε 为应变矩阵，矩阵 D 被称为弹性矩阵。

2.1.2　平面应变问题

设有横截面如图 2-2（a）所示的无限长柱状体，作用在柱状体上的面力和体力的方向都与横截面平行，且不沿长度方向发生变化。

取任一横截面为 xy 面，长度方向任一纵线为 z 轴，则所有应力分量、应变分量和位移分量都不沿 z 轴方向变化，它们只是 x、y 的函数。因为任一横截面都可以看作是对称面，所以柱状体上各点 z 方向的位移均为零。

根据弹性力学理论有 $\varepsilon_z = \gamma_{yz} = \gamma_{zx} = 0$，于是只有平行于 xy 平面的三个应变分量 ε_x、ε_y、γ_{xy} 不为零（图 2-2（b）），所以这种问题就被称为平面应变问题。分析时只取横截面进行研究即可。

根据广义虎克定律，平面应变问题的物理方程为

$$\begin{bmatrix} \sigma_x \\ \sigma_y \\ \tau_{xy} \end{bmatrix} = \frac{E(1-\mu)}{(1+\mu)(1-2\mu)} \begin{bmatrix} 1 & \dfrac{\mu}{1-\mu} & 0 \\ \dfrac{\mu}{1-\mu} & 1 & 0 \\ 0 & 0 & \dfrac{1-2\mu}{2(1-\mu)} \end{bmatrix} \begin{bmatrix} \varepsilon_x \\ \varepsilon_y \\ \gamma_{xy} \end{bmatrix} \quad (2\text{-}4a)$$

或者

$$\sigma = D\varepsilon \quad (2\text{-}4b)$$

在式（2-3）的弹性矩阵中，如果用 $E_1 = E/(1-\mu^2)$、$\mu_1 = \mu/(1-\mu)$ 代入，可得到

$$D = \frac{E_1}{1-\mu_1^2} \begin{bmatrix} 1 & \mu_1 & 0 \\ \mu_1 & 1 & 0 \\ 0 & 0 & \dfrac{1-\mu_1}{2} \end{bmatrix}$$

对比式（2-4）和式（2-3），两种平面问题的弹性矩阵具有同样的形式。

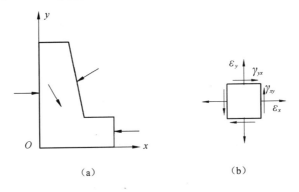

图 2-2 平面应力问题

2.2 结构离散化

如图 2-3 所示，求解平面问题时进行结构离散化使用的是平面单元，其常用类型有如图 2-4 所示的 3 节点三角形单元、6 节点三角形单元、4 节点四边形单元和 8 节点曲边四边形单元等，最简单的是 3 节点三角形单元，本章也将重点研究这种单元。

图 2-3 平面问题结构离散化

在结构离散化即划分单元时，就整体而言，单元的大小（网格的疏密）要根据精度的要求和计算机的速度及容量来确定。单元分得越小，计算结果越精确，但计算时间越长、要求的计

算机存储容量也越大，因此应综合考虑单元尺寸对精度和计算量的影响。

图 2-4　平面单元

为了解决精度和计算量的矛盾，在划分单元时，可以在同一结构的不同位置采用不同的网格密度。例如，在结构边界比较曲折的部位，单元应该小一些；边界比较平滑的部位，单元应该大一些。对于应力应变需要了解比较详细的重要部位，单元应该小一些；对于次要部位，单元应该大一些。对于应力应变变化得比较剧烈的部位（比如有应力集中的部位），单元应该小一些；应力应变变化得比较平缓的部位，单元应大一些。当结构受到有集度突变的分布载荷或集中载荷作用时，在载荷突变点或集中载荷作用点处附近，单元应该小一些。

三角形单元三个内角不能相差太大，即单元最好不要有较小的锐角或较大的钝角，否则会产生较大的计算误差。因此，同样是三角形单元，等边三角形的计算误差要小得多。

划分单元时，当遇到平面问题结构的厚度、结构所使用的材料等有突变时，在突变线处附近单元应该小一些，而且必须把突变线作为单元的界线，不能使突变线穿过单元，因为这种突变不可能在同一单元内得到反映。

在划分单元时还可以合理地利用对称性、子模型技术等。

2.3　位移函数

结构离散化后，接着要确定单元节点力和节点位移之间的关系。为此，需将单元内任意一点的位移分量表示为坐标的函数，该函数被称为位移函数，它反映了单元的位移情况并决定了单元的力学特性。显然位移函数在解题前是未知的，但在分析过程中又是必须用到的，为此需要首先假定一个函数。所假定的位移函数必须满足两个条件：其一，它在单元节点上的值应等于节点位移；其二，在该函数基础上得到的有限元解收敛于真实解。

2.3.1　位移函数的一般形式

为便于微分和积分等数学处理，位移函数一般采用坐标的多项式形式。从理论上讲，只有无穷阶的多项式才可能与真实解相等，但为了实用，通常只取有限阶多项式。在一般情况下，位移函数的项数取得越多，对真实解的近似程度就越高，而计算的复杂程度也随之提高。

对于平面问题，位移函数的一般形式为

$$\begin{cases} u(x,y) = \alpha_1 + \alpha_2 x + \alpha_3 y + \alpha_4 x^2 + \alpha_5 xy + \alpha_6 y^2 + \cdots + \alpha_m y^n \\ v(x,y) = \alpha_{m+1} + \alpha_{m+2} x + \alpha_{m+3} y + \alpha_{m+4} x^2 + \alpha_{m+5} xy + \alpha_{m+6} y^2 + \cdots + \alpha_{2m} y^n \end{cases} \quad (2\text{-}5)$$

式中，α_1、α_2、$\cdots$、α_{2m} 为待定系数，也称为广义坐标，并称式（2-5）为广义坐标形式。

应根据图 2-5 所示的二维帕斯卡三角形确定位移函数，通常遵循以下原则：

（1）选择多项式的阶次及项数，应由单元的节点数目及自由度数来决定。

（2）在多项式中必须同时包括帕斯卡三角形对称轴两侧的对应项，例如，有 x^2y 项，则必须也有 xy^2 项。

如果多项式中包括 n 阶及 n 阶以下所有各项，则称为 n 阶完全多项式，例如，二阶完全多项式包括 1、x、y、x^2、xy、y^2 六项。根据泰勒级数性质，位移函数精度的阶次与所包含的完全多项式的阶次有关，例如，位移函数包括 1、x、y、x^2、xy、y^2、x^3、y^3 八项，但不是三阶完全多项式，所以精度是二阶的。

图 2-5 帕斯卡三角形

2.3.2 3 节点三角形单元的位移函数

如图 2-6 所示，3 节点三角形单元共有 6 个自由度，所以位移函数应取帕斯卡三角形中的常数项和一次项，即

$$\begin{cases} u(x,y) = \alpha_1 + \alpha_2 x + \alpha_3 y \\ v(x,y) = \alpha_4 + \alpha_5 x + \alpha_6 y \end{cases} \quad (2\text{-}6)$$

这样，就可以由节点位移求出 6 个待定系数 $\alpha_1, \alpha_2, \cdots, \alpha_6$。

为了确定待定系数 $\alpha_1, \alpha_2, \cdots, \alpha_6$，将节点 i、j、m 的位移值和坐标值代入式（2-6），得到方程组

$$\begin{cases} u_i = \alpha_1 + \alpha_2 x_i + \alpha_3 y_i, & v_i = \alpha_4 + \alpha_5 x_i + \alpha_6 y_i \\ u_j = \alpha_1 + \alpha_2 x_j + \alpha_3 y_j, & v_j = \alpha_4 + \alpha_5 x_j + \alpha_6 y_j \\ u_m = \alpha_1 + \alpha_2 x_m + \alpha_3 y_m, & v_m = \alpha_4 + \alpha_5 x_m + \alpha_6 y_m \end{cases} \quad (2\text{-}7)$$

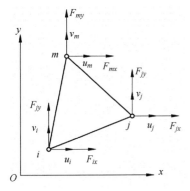

图 2-6 3 节点三角形单元

解之，得

$$\begin{cases} \alpha_1 = \dfrac{1}{2\Delta} \sum_{i,j,m} a_i u_i \\ \alpha_2 = \dfrac{1}{2\Delta} \sum_{i,j,m} b_i u_i \\ \alpha_3 = \dfrac{1}{2\Delta} \sum_{i,j,m} c_i u_i \\ \alpha_4 = \dfrac{1}{2\Delta} \sum_{i,j,m} a_i v_i \\ \alpha_5 = \dfrac{1}{2\Delta} \sum_{i,j,m} b_i v_i \\ \alpha_6 = \dfrac{1}{2\Delta} \sum_{i,j,m} c_i v_i \end{cases} \quad (2\text{-}8)$$

式中，$a_i = x_j y_m - x_m y_j$，$b_i = y_j - y_m$，$c_i = x_m - x_j$ （i, j, m），（i, j, m）表示轮换码，即式中下标按 i、j、m 顺序轮换。

$$2\Delta = \begin{vmatrix} 1 & x_i & y_i \\ 1 & x_j & y_j \\ 1 & x_m & y_m \end{vmatrix}$$，根据解析几何知识，Δ 等于三角形 ijm 的面积。为了使面积不出现负值，规定节点 i、j、m 必须按逆时针顺序排列。

将式（2-8）回代式（2-6），得

$$\begin{cases} u = N_i u_i + N_j u_j + N_m u_m \\ v = N_i v_i + N_j v_j + N_m v_m \end{cases} \quad (2\text{-}9a)$$

式中，$N_i = \dfrac{1}{2\Delta}(a_i + b_i x + c_i y)$ （i，j，m），称 N_i、N_j、N_m 为单元位移的形状函数，简称为形函数。

将式（2-9a）写成矩阵形式，有

$$\boldsymbol{f} = \boldsymbol{N}\boldsymbol{\delta}^e \quad (2\text{-}9b)$$

式中，$\boldsymbol{N} = \begin{bmatrix} N_i & 0 & N_j & 0 & N_m & 0 \\ 0 & N_i & 0 & N_j & 0 & N_m \end{bmatrix}$，称为形函数矩阵；

$\boldsymbol{\delta}^e$ 为单元节点位移列阵，$\boldsymbol{\delta}^e = [u_i \quad v_i \quad u_j \quad v_j \quad u_m \quad v_m]^T$；

$\boldsymbol{f}$ 为位移函数矩阵，$\boldsymbol{f} = [u \quad v]^T$。

式（2-9）所示位移函数通过单元的节点位移插值求出单元内任一点的位移，所以称该式为插值形式位移函数。

2.3.3 形函数的性质

从形函数的定义可知，形函数 N_i、N_j、N_m 是坐标 x、y 的函数。与位移函数式（2-6）相比较，可见形函数是与位移函数有同样阶次的函数。形函数具有如下性质。

（1）形函数 N_i 在节点 i 处的值为 1，在其他两个节点 j、m 处的值为零，即 $N_i(x_i,y_i)=1$、$N_i(x_j,y_j)=0$、$N_i(x_m,y_m)=0$。其他两个形函数也有相同的特点，即 $N_j(x_i,y_i)=0$、$N_j(x_j,y_j)=1$、$N_j(x_m,y_m)=0$，$N_m(x_i,y_i)=0$、$N_m(x_j,y_j)=0$、$N_m(x_m,y_m)=1$。由于该性质，使得位移函数（2-9）在节点的值等于节点位移。

证明：很容易看出常数 a_i、b_i、c_i，a_j、b_j、c_j 和 a_m、b_m、c_m 依次是行列式 $2\Delta = \begin{vmatrix} 1 & x_i & y_i \\ 1 & x_j & y_j \\ 1 & x_m & y_m \end{vmatrix}$ 的第一行、第二行和第三行各元素的代数余子式。根据行列式的性质，行列式任一行或列的元素与其对应代数余子式乘积之和等于行列式的值；而行列式任一行或列的元素与其他行或列对应元素的代数余子式乘积之和等于零。即

$$\begin{cases} N_i(x_i, y_i) = \dfrac{1}{2\Delta}(a_i + b_i x_i + c_i y_i) = 1 \\ N_i(x_j, y_j) = \dfrac{1}{2\Delta}(a_i + b_i x_j + c_i y_j) = 0 \\ N_i(x_m, y_m) = \dfrac{1}{2\Delta}(a_i + b_i x_m + c_i y_m) = 0 \end{cases}$$

其他两个形函数的性质同样可以证明。

（2）在单元上任意一点处，3 个形函数的和都等于 1。据此，当 $u_i=u_j=u_m=U$ 以及 $v_i=v_j=v_m=V$ 时，由式（2-9）可知单元上任意一点的位移都为 $u=U$、$v=V$，即单元存在刚性位移。

证明：

$$N_i(x,y) + N_j(x,y) + N_m(x,y)$$
$$= \frac{1}{2\Delta}(a_i + b_i x + c_i y + a_j + b_j x + c_j y + a_m + b_m x + c_m y)$$
$$= \frac{1}{2\Delta}[(a_i + a_j + a_m) + (b_i + b_j + b_m)x + (c_i + c_j + c_m)y]$$

根据行列式的性质，式中右端中 $(a_i+a_j+a_m)$ 等于将行列式 2Δ 按第一列展开，其值为 2Δ；$(b_i+b_j+b_m)$、$(c_i+c_j+c_m)$ 等于行列式 2Δ 第一列元素与第二列、第三列对应元素代数余子式的乘积之和，故等于零，所以 $N_i(x,y) + N_j(x,y) + N_m(x,y) = 1$。

2.3.4 位移函数与解的收敛性

为了使单元尺寸不断变小时，有限单元法的计算结果收敛于问题的真实解，位移函数必须满足以下 4 个条件：

（1）位移函数必须能反映单元的常量应变。单元的应变应分为与坐标无关的常量应变和与坐标有关的变量应变。当单元尺寸变小时，单元内各点的应变趋于相等，常量应变成为应变的主要部分。因此，为了正确反映单元的应变情况，位移函数必须能反映单元的常量应变。

（2）位移函数必须能反映单元的刚性位移。单元上任意一点的位移一般总是包含两部分：一部分是由本单元应变引起的，另一部分是由于其他单元应变而连带引起的刚性位移。因此，为了正确反映单元的位移情况，位移函数必须能反映单元的刚性位移。

（3）位移函数在单元内部必须是连续函数。

（4）位移函数必须保证相邻单元间位移协调。在连续弹性体中，位移是连续的，不会发生两相邻部分互相分离或互相侵入的现象。为了使单元内部的位移保持连续，必须把位移函数取为坐标的单值连续函数；为了使得相邻单元的位移保持连续，就应该使得当它们在公共节点处具有相同的位移时，也能保证在公共单元边上具有相同的位移。因此，在选取位移函数时，应能反映位移的连续性。

前两项要求总称为完备性要求。由于位移函数在单元内总是连续的，连续性要求只反映在相邻单元之间，称之为协调性要求。同时满足完备性要求和协调性要求，是单元尺寸变小时，有限元法的计算结果收敛于真实解的充分条件，这样的单元称之为协调元。而只满足完备性要求、不满足协调性要求时，单元的结果也可能收敛，可见完备性要求是必要条件，这样的单元称之为非协调元。

下面考察 3 节点三角形单元的位移函数是否满足以上条件。

（1）根据弹性力学知识，平面问题的几何方程为

$$\varepsilon_x = \frac{\partial u}{\partial x}, \varepsilon_y = \frac{\partial v}{\partial y}, \gamma_{xy} = \frac{\partial u}{\partial y} + \frac{\partial v}{\partial x} \quad (2\text{-}10)$$

将式（2-6）代入，得到

$$\boldsymbol{\varepsilon} = \begin{bmatrix} \varepsilon_x & \varepsilon_y & \gamma_{xy} \end{bmatrix}^T = \begin{bmatrix} \alpha_2 & \alpha_6 & \alpha_3 + \alpha_5 \end{bmatrix}^T \tag{2-11}$$

由于系数 α_2、α_3、α_5、α_6 都是常数，与坐标无关。因此，式（2-6）所示的单元位移函数包含常量应变，而且这种单元的应变仅含有常量应变，即单元内各点的应变相同，故称之为常应变单元。

（2）由形函数性质已经证明该位移函数能反映单元的刚性平动位移。如图 2-7 所示，当节点 i 绕原点转过角位移 $\Delta\theta$ 时，节点位移 $u_i=\Delta\theta r_i\sin\theta=y_i\Delta\theta$，$v_i= x_i\Delta\theta$，其他节点类似，于是由位移函数式（2-9）得单元上点的位移

图 2-7　刚性转动

$$u = N_i u_i + N_j u_j + N_m u_m$$
$$= \Delta\theta(N_i y_i + N_j y_j + N_m y_m) = y\Delta\theta$$
$$v = x\Delta\theta$$

单元点也同样绕原点转动该角位移 $\Delta\theta$，即该位移函数能反映单元的刚性转动位移。

（3）位移函数式（2-6）是坐标的单值连续函数。

（4）在单元边上位移函数式（2-6）是坐标的线性函数。即由节点位移可以确定一条直线，由于相邻单元在公共节点处的位移相等，所以两公共节点之间边界线上的各点变形后必定落在此直线上，即该边界上各点的位移是连续的。

由此可知，3 节点三角形单元的位移函数满足保证收敛的 4 个条件，为协调元。

2.4　单元刚度矩阵

研究单元刚度矩阵是为了对单元进行力学特性分析，确定单元节点力和节点位移的关系。这一关系称为单元刚度方程，用矩阵形式表示为

$$\boldsymbol{F}^e = \boldsymbol{K}^e \boldsymbol{\delta}^e$$

式中，$\boldsymbol{F}^e$、$\boldsymbol{\delta}^e$ 分别为单元节点力列阵和节点位移列阵，$\boldsymbol{K}^e$ 为单元刚度矩阵。

建立单元刚度方程的基本步骤是：在假定单元位移函数的基础上，根据弹性力学理论来建立应变、应力与节点位移之间的关系式，然后根据虚功原理，求得单元节点力与节点位移之间的关系，即单元刚度方程，从而得出单元刚度矩阵。

2.4.1　3 节点三角形单元的单元刚度矩阵

3 节点三角形单元有 3 个节点、6 个自由度，所以其单元节点位移列阵为

$$\boldsymbol{\delta}^e = \begin{bmatrix} \boldsymbol{\delta}_i^T & \boldsymbol{\delta}_j^T & \boldsymbol{\delta}_m^T \end{bmatrix}^T = \begin{bmatrix} u_i & v_i & \vdots & u_j & v_j & \vdots & u_m & v_m \end{bmatrix}^T$$

单元节点力是其他单元通过节点作用在该单元上的力，与 $\boldsymbol{\delta}^e$ 的排列顺序相对应，单元的节点力列阵为

$$\boldsymbol{F}^e = \begin{bmatrix} \boldsymbol{F}_i^{\mathrm{T}} & \boldsymbol{F}_j^{\mathrm{T}} & \boldsymbol{F}_m^{\mathrm{T}} \end{bmatrix}^{\mathrm{T}} = \begin{bmatrix} F_{ix} & F_{iy} & \vdots & F_{jx} & F_{jy} & \vdots & F_{mx} & F_{my} \end{bmatrix}^{\mathrm{T}}$$

根据平面问题的几何方程，单元内任意一点的应变为

$$\boldsymbol{\varepsilon} = \begin{bmatrix} \varepsilon_x & \varepsilon_y & \gamma_{xy} \end{bmatrix}^{\mathrm{T}} = \begin{bmatrix} \dfrac{\partial u}{\partial x} & \dfrac{\partial v}{\partial y} & \dfrac{\partial u}{\partial y} + \dfrac{\partial v}{\partial x} \end{bmatrix}^{\mathrm{T}} \tag{2-12}$$

将式（2-9a）代入式（2-12），得

$$\boldsymbol{\varepsilon} = \frac{1}{2\Delta} \begin{bmatrix} b_i u_i + b_j u_j + b_m u_m \\ c_i v_i + c_j v_j + c_m v_m \\ c_i u_i + c_j u_j + c_m u_m + b_i v_i + b_j v_j + b_m v_m \end{bmatrix}$$

$$= \frac{1}{2\Delta} \begin{bmatrix} b_i & 0 & b_j & 0 & b_m & 0 \\ 0 & c_i & 0 & c_j & 0 & c_m \\ c_i & b_i & c_j & b_j & c_m & b_m \end{bmatrix} \begin{bmatrix} u_i \\ v_i \\ u_j \\ v_j \\ u_m \\ v_m \end{bmatrix} \tag{2-13a}$$

令

$$\boldsymbol{B}_i = \frac{1}{2\Delta} \begin{bmatrix} b_i & 0 \\ 0 & c_i \\ c_i & b_i \end{bmatrix} \quad (i,j,m)$$

则

$$\boldsymbol{B} = \begin{bmatrix} \boldsymbol{B}_i & | & \boldsymbol{B}_j & | & \boldsymbol{B}_m \end{bmatrix}$$

式（2-13a）可以简写为

$$\boldsymbol{\varepsilon} = \boldsymbol{B} \boldsymbol{\delta}^e \tag{2-13b}$$

式中，$\boldsymbol{B}$ 称为单元的几何矩阵，它反映了单元内任意一点的应变与单元节点位移的关系。对于 3 节点三角形单元内任意一点而言，系数 b_i、c_i（i,j,m）以及单元面积 Δ 均为常数，因此，几何矩阵 $\boldsymbol{B}$ 和应变矩阵 $\boldsymbol{\varepsilon}$ 都是常量矩阵，该单元是常应变单元。

根据式（2-3）、式（2-4）表示的平面问题的物理方程有

$$\boldsymbol{\sigma} = \boldsymbol{D} \boldsymbol{\varepsilon} \tag{2-14}$$

将式（2-13b）代入式（2-14）

$$\boldsymbol{\sigma} = \boldsymbol{D} \boldsymbol{B} \boldsymbol{\delta}^e = \boldsymbol{S} \boldsymbol{\delta}^e \tag{2-15}$$

式中，$\boldsymbol{S}$ 被称为单元的应力矩阵，$\boldsymbol{S} = \boldsymbol{D}\boldsymbol{B}$，它反映了单元内任意一点的应力与单元节点位移的关系。由于 3 节点三角形单元的弹性矩阵 $\boldsymbol{D}$ 和几何矩阵 $\boldsymbol{B}$ 都是常量矩阵，所以，应力矩阵 $\boldsymbol{S}$ 也是常量矩阵。因此，该单元还是常应力单元。

以下根据虚功原理，确定单元刚度矩阵。

设单元上发生虚位移，单元各节点上虚位移为 $\boldsymbol{\delta}^{*e}$；相应地，单元内任意一点处存在虚应变 $\boldsymbol{\varepsilon}^*$。根据式（2-13），二者之间有如下关系

$$\boldsymbol{\varepsilon}^* = \boldsymbol{B} \boldsymbol{\delta}^{*e}$$

单元在节点力的作用下处于平衡状态。根据虚功原理，节点力在相应节点虚位移上所做的

虚功等于单元的虚变形能。即

$$\delta^{*eT} F^e = \int_V \varepsilon^{*T} \sigma dV \tag{2-16}$$

将式（2-14）及式（2-15）代入式（2-16），有

$$\delta^{*eT} F^e = \int_V (B\delta^{*e})^T DB\delta^e dV$$

由于节点虚位移 δ^{*e} 和节点位移 δ^e 都是常量，与积分变量无关，于是有

$$\delta^{*eT} F^e = \delta^{*eT} \int_V B^T DB dV \cdot \delta^e \tag{2-17}$$

由于虚位移 δ^{*e} 是任意的，欲使式（2-17）成立必须有

$$F^e = \int_V B^T DB dV \cdot \delta^e \tag{2-18a}$$

令 $K^e = \int_V B^T DB dV$

则

$$F^e = K^e \delta^e \tag{2-18b}$$

式（2-18b）即为单元刚度方程，K^e 为单元刚度矩阵。

式（2-18）为单元刚度矩阵的普遍公式，适用于各种类型的单元。对于 3 节点三角形单元，公式中矩阵 B、D 为常量矩阵，所以

$$K^e = B^T DB \int_V dV = t\Delta B^T DB$$

式中，t 为单元厚度，对于每一个单元而言，其为常数；Δ 为单元的面积，$t\Delta$ 为单元的体积。

$$K^e = t\Delta \begin{bmatrix} B_i^T \\ B_j^T \\ B_m^T \end{bmatrix} D \begin{bmatrix} B_i & B_j & B_m \end{bmatrix} = t\Delta \begin{bmatrix} B_i^T DB_i & B_i^T DB_j & B_i^T DB_m \\ B_j^T DB_i & B_j^T DB_j & B_j^T DB_m \\ B_m^T DB_i & B_m^T DB_j & B_m^T DB_m \end{bmatrix}$$

$$= \begin{bmatrix} K_{ii} & K_{ij} & K_{im} \\ K_{ji} & K_{jj} & K_{jm} \\ K_{mi} & K_{mj} & K_{mm} \end{bmatrix} \tag{2-19}$$

式中，子矩阵 $K_{rs} = t\Delta B_r^T DB_s$ $(r,s=i,j,m)$，将矩阵 B 和 D 代入，可得单元刚度矩阵的显式为

$$K_{rs} = t\Delta \frac{1}{2\Delta} \begin{bmatrix} b_r & 0 & c_r \\ 0 & c_r & b_r \end{bmatrix} \frac{E}{1-\mu^2} \begin{bmatrix} 1 & \mu & 0 \\ \mu & 1 & 0 \\ 0 & 0 & \frac{1-\mu}{2} \end{bmatrix} \frac{1}{2\Delta} \begin{bmatrix} b_s & 0 \\ 0 & c_s \\ c_s & b_s \end{bmatrix}$$

$(r,s=i,j,m)$

$$= \frac{Et}{4(1-\mu^2)\Delta} \begin{bmatrix} b_r b_s + \frac{1-\mu}{2} c_r c_s & \mu b_r c_s + \frac{1-\mu}{2} c_r b_s \\ \mu c_r b_s + \frac{1-\mu}{2} b_r c_s & c_r c_s + \frac{1-\mu}{2} b_r b_s \end{bmatrix}$$

2.4.2 单元刚度矩阵的性质

（1）单元刚度矩阵是对称矩阵。由 1.2.2 节内容，单元刚度矩阵元素 K_{rs} 的物理意义是：当

第 s 个自由度上发生单位位移、其他自由度为零时，在第 r 个自由度上施加的力。于是，在如图 2-8（a）所示的第一种加载状态下，即节点 i、j 上分别作用力 K_{11}、K_{21}、K_{31}、K_{41} 时，节点位移为 $u_i=1$、$v_i=u_j=v_j=0$；而在如图 2-8（b）所示的第二种加载状态下，即节点 i、j 上分别作用力 K_{14}、K_{24}、K_{34}、K_{44} 时，节点位移为 $v_j=1$、$u_i=v_i=u_j=0$。根据结构力学的功的互等定理，第一种加载状态下的外力在第二种加载状态下移动相应位移做的功等于第二种加载状态下的外力在第一种加载状态下移动相应位移做的功，即

$$K_{11}\times 0 + K_{21}\times 0 + K_{31}\times 0 + K_{41}\times 1 = K_{14}\times 1 + K_{24}\times 0 + K_{34}\times 0 + K_{44}\times 0$$

$$K_{41} = K_{14}$$

同理可证其他，所以单元刚度矩阵是对称矩阵。

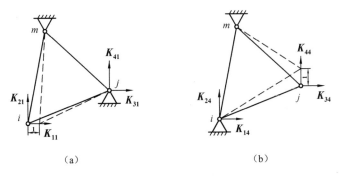

图 2-8　单元节点力和节点位移

（2）单元刚度矩阵的主对角线元素恒为正值。元素 K_{ii} 是欲使第 i 个自由度发生单位位移、其他自由度为零时，在第 i 个自由度上施加的力。显然，在该自由度上施加的力与单位位移方向是一致的，因此主对角线元素恒为正值。

（3）单元刚度矩阵是奇异矩阵。由于作用于单元上的外力是静力平衡的，单元刚度方程中各方程不是完全独立的，有无穷解。因此，单元刚度矩阵是奇异矩阵，不存在逆矩阵，所对应的行列式值为零。

（4）单元刚度矩阵仅与单元本身有关。单元刚度矩阵各元素只与单元的几何特性和材料特性有关，与单元的受力情况无关。

2.5　载荷移置与等效节点载荷

结构的总体刚度方程是根据各节点的静力平衡关系建立的，所以需要将单元所受的非节点载荷向节点移置，移置到节点后的载荷称为等效节点载荷。

载荷移置必须按照静力等效的原则进行，即保证单元的实际载荷和等效节点载荷在任一轴上的投影之和相等，对任一轴的力矩之和相等，因为这样才会使由载荷移置所产生的误差是局部的，不会影响整体的应力（圣维南原理）。为此，必须遵循能量等效原则，即单元的实际载荷和等效节点载荷在相应的虚位移上所做的虚功相等。

如图 2-9 所示，设单元 ijm 在点 (x,y) 处作用有集中力 P，其分量分别为 P_x、P_y，即 $\boldsymbol{P} = \begin{bmatrix} P_x & P_y \end{bmatrix}^{\mathrm{T}}$。设移置后的单元等效节点载荷列阵为 $\boldsymbol{R}^e = \begin{bmatrix} R_{ix} & R_{iy} & R_{jx} & R_{jy} & R_{mx} & R_{my} \end{bmatrix}^{\mathrm{T}}$。

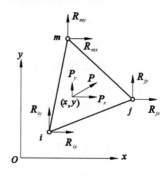

图 2-9 集中力的移置

假设单元发生了虚位移,其中,集中力作用点 (x,y) 处的虚位移为 $f^* = \begin{bmatrix} u^* & v^* \end{bmatrix}^{\mathrm{T}}$,各节点上相应的虚位移为

$$\delta^{*e} = \begin{bmatrix} u_i^* & v_i^* & u_j^* & v_j^* & u_m^* & v_m^* \end{bmatrix}^{\mathrm{T}}$$

根据虚功原理,单元的实际载荷和等效节点载荷在相应虚位移上做的虚功相等。有

$$\delta^{*e\mathrm{T}} R^e = f^{*\mathrm{T}} P \tag{2-20}$$

由式(2-9)可得

$$f^* = N\delta^{*e} \tag{2-21}$$

将式(2-21)代入式(2-20),有

$$\delta^{*e\mathrm{T}} R^e = \delta^{*e\mathrm{T}} N^{\mathrm{T}} P \tag{2-22}$$

由于虚位移 δ^{*e} 是任意的,欲使式(2-22)成立必须有

$$R^e = N^{\mathrm{T}} P \tag{2-23}$$

式(2-23)便是集中力 P 的移置公式。

在式(2-23)的基础上,可以得出其他类型载荷的移置公式,例如体力。设单元 ijm 上作用有体力 g,其分量分别为 g_x、g_y,即 $g = \begin{bmatrix} g_x & g_y \end{bmatrix}^{\mathrm{T}}$

可以将微元体 $t\mathrm{d}x\mathrm{d}y$ 上的体力 $gt\mathrm{d}x\mathrm{d}y$ 当作集中力 P,利用式(2-23)的积分可得

$$R^e = \iint_\Delta N^{\mathrm{T}} gt\mathrm{d}x\mathrm{d}y = t\iint_\Delta N^{\mathrm{T}} g\mathrm{d}x\mathrm{d}y \tag{2-24}$$

2.6 结构总体刚度方程

通过单元特性分析,建立单元刚度矩阵;通过单元载荷移置,将非节点载荷向节点移置,建立节点载荷列阵。在此基础上,可以根据结构诸节点的静力平衡条件,得出结构总体刚度方程

$$R = K\delta$$

创建结构总体刚度方程实际是构造三个矩阵 R、K 和 δ 的过程,下面以图 2-10 所示结构为例进行介绍。

2.6.1 结构总体刚度方程的建立

图 2-10 为一受拉薄板,一端固定在两个铰链上,另一端作用有两个集中力 P。为了简便起见,将结构划分为两个单元①和②,共得到 4 个节点,节点编号和坐标系如图 2-10 所示。

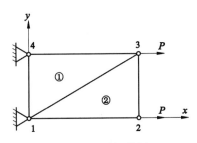

图 2-10 受拉薄板

按照节点顺序构造结构节点位移列阵为

$$\boldsymbol{\delta} = \begin{bmatrix} \boldsymbol{\delta}_1^T & \boldsymbol{\delta}_2^T & \boldsymbol{\delta}_3^T & \boldsymbol{\delta}_4^T \end{bmatrix}^T$$
$$= \begin{bmatrix} u_1 & v_1 & u_2 & v_2 & u_3 & v_3 & u_4 & v_4 \end{bmatrix}^T$$

如果各单元上存在非节点载荷,需要将非节点载荷等效移置到节点上;在公共节点 i 处,需将有关各个单元移置来的等效节点载荷 $\boldsymbol{R}_i^e$ 以及原作用外载荷进行叠加,得到节点 i 处的节点载荷 $\boldsymbol{R}_i$ 为

$$\boldsymbol{R}_i = \begin{bmatrix} R_{ix} \\ R_{iy} \end{bmatrix} = \boldsymbol{R}_i^{①+②+\cdots+n}$$

同样按照节点顺序进行排列,得到结构节点载荷列阵为

$$\boldsymbol{R} = \begin{bmatrix} \boldsymbol{R}_1^T & \boldsymbol{R}_2^T & \boldsymbol{R}_3^T & \boldsymbol{R}_4^T \end{bmatrix}^T$$
$$= \begin{bmatrix} 0 & 0 & P & 0 & P & 0 & 0 & 0 \end{bmatrix}^T$$

式中,令约束反力 $\boldsymbol{R}_1 = \boldsymbol{R}_2 = \begin{bmatrix} 0 & 0 \end{bmatrix}^T$,因为约束反力在求解结构总体刚度方程时将被消掉,为方便起见,将之取为零。

如图 2-11 所示,在单元上作用有节点施加的节点力,单元①的节点力列阵为

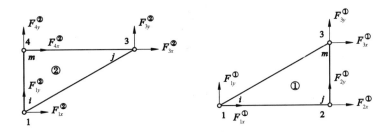

图 2-11 单元的节点力

$$F^{①} = \begin{bmatrix} F_1^{①T} & F_2^{①T} & F_3^{①T} \end{bmatrix}^T$$

$$= \begin{bmatrix} F_{1x}^{①} & F_{1y}^{①} & F_{2x}^{①} & F_{2y}^{①} & F_{3x}^{①} & F_{3y}^{①} \end{bmatrix}^T$$

单元②的节点力列阵为

$$F^{②} = \begin{bmatrix} F_1^{②T} & F_3^{②T} & F_4^{②T} \end{bmatrix}^T$$

$$= \begin{bmatrix} F_{1x}^{②} & F_{1y}^{②} & F_{3x}^{②} & F_{3y}^{②} & F_{4x}^{②} & F_{4y}^{②} \end{bmatrix}^T$$

由式（2-18）可知，单元节点力 F^e 与单元节点位移 δ^e 之间的关系为

$$F^e = K^e \delta^e$$

对于单元①和单元②，分别有

$$\begin{cases} F_1^{①} = K_{11}^{①}\delta_1 + K_{12}^{①}\delta_2 + K_{13}^{①}\delta_3 \\ F_2^{①} = K_{21}^{①}\delta_1 + K_{22}^{①}\delta_2 + K_{23}^{①}\delta_3 \\ F_3^{①} = K_{31}^{①}\delta_1 + K_{32}^{①}\delta_2 + K_{33}^{①}\delta_3 \end{cases} \quad (2\text{-}25)$$

$$\begin{cases} F_1^{②} = K_{11}^{②}\delta_1 + K_{13}^{②}\delta_3 + K_{14}^{②}\delta_4 \\ F_3^{②} = K_{31}^{②}\delta_1 + K_{33}^{②}\delta_3 + K_{34}^{②}\delta_4 \\ F_4^{②} = K_{41}^{②}\delta_1 + K_{43}^{②}\delta_3 + K_{44}^{②}\delta_4 \end{cases} \quad (2\text{-}26)$$

如图 2-12 所示，作用在节点 i 上的外载荷 R_i 与相关单元作用在节点上的节点力平衡。即

$$\begin{cases} R_1 = F_1^{①} + F_1^{②} \\ R_2 = F_2^{①} \\ R_3 = F_3^{①} + F_3^{②} \\ R_4 = F_4^{②} \end{cases} \quad (2\text{-}27)$$

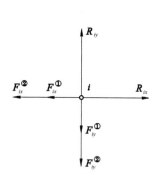

图 2-12 节点的受力平衡

将式（2-25）和式（2-26）代入式（2-27）可得

$$\begin{cases} R_1 = (K_{11}^{①} + K_{11}^{②})\delta_1 + K_{12}^{①}\delta_2 + (K_{13}^{①} + K_{13}^{②})\delta_3 + K_{14}^{②}\delta_4 \\ R_2 = K_{21}^{①}\delta_1 + K_{22}^{①}\delta_2 + K_{23}^{①}\delta_3 \\ R_3 = (K_{31}^{①} + K_{31}^{②})\delta_1 + K_{32}^{①}\delta_2 + (K_{33}^{①} + K_{33}^{②})\delta_3 + K_{34}^{②}\delta_4 \\ R_4 = K_{41}^{②}\delta_1 + K_{43}^{②}\delta_3 + K_{44}^{②}\delta_4 \end{cases}$$

用矩阵形式表示

$$\begin{bmatrix} K_{11}^{①+②} & K_{12}^{①} & K_{13}^{①+②} & K_{14}^{②} \\ K_{21}^{②} & K_{22}^{①} & K_{23}^{①} & 0 \\ K_{31}^{①+②} & K_{32}^{①} & K_{33}^{①+②} & K_{34}^{②} \\ K_{41}^{②} & 0 & K_{43}^{②} & K_{44}^{②} \end{bmatrix} \begin{bmatrix} \delta_1 \\ \delta_2 \\ \delta_3 \\ \delta_4 \end{bmatrix} = \begin{bmatrix} R_1 \\ R_2 \\ R_3 \\ R_4 \end{bmatrix} \quad (2\text{-}28a)$$

简写为

$$K\delta = R \quad (2\text{-}28b)$$

式（2-28）表示了结构的节点载荷列阵 R 与节点位移列阵 δ 之间的关系，即为结构刚度方程。式中，K 称为结构总体刚度矩阵，简称为总纲。该结构共有 4 个节点，每个节点有 2 个自

由度，结构共有 8 个自由度，所以结构总体刚度矩阵 K 为 8 阶方阵。

2.6.2　形成结构总体刚度矩阵的方法

上面根据节点静力平衡条件导出了结构总体刚度方程。该方法物理概念相当明确，但过程比较烦琐，又难以构造算法编制程序进行计算。因此，实际中构造结构总体刚度矩阵时一般不用该方法，下面介绍两种比较常用的方法。

（1）按单元形成结构总体刚度矩阵。首先将存储结构总体刚度矩阵的数组清零；接着从第一个单元开始，计算单元刚度矩阵 K^e，并将 K^e 的各个元素叠加到结构总体刚度矩阵的相应位置上；然后按顺序依次叠加其余单元的刚度矩阵，到最后一个单元完成以后，便形成了结构总体刚度矩阵。

在图 2-10 所示的结构中，先将 8×8 的方阵清零，接着将单元①的单元刚度矩阵叠加到相应位置上，即

$$\begin{bmatrix} K_{11}^{①} & K_{12}^{①} & K_{13}^{①} & 0 \\ K_{21}^{①} & K_{22}^{①} & K_{23}^{①} & 0 \\ K_{31}^{①} & K_{32}^{①} & K_{33}^{①} & 0 \\ 0 & 0 & 0 & 0 \end{bmatrix}$$

然后再将单元②的刚度矩阵叠加到相应位置上。完毕后，便形成了结构总体刚度矩阵。

$$K = \begin{bmatrix} K_{11}^{①+②} & K_{12}^{①} & K_{13}^{①+②} & K_{14}^{②} \\ K_{21}^{②} & K_{22}^{①} & K_{23}^{①} & 0 \\ K_{31}^{①+②} & K_{32}^{①} & K_{33}^{①+②} & K_{34}^{②} \\ K_{41}^{②} & 0 & K_{43}^{②} & K_{44}^{②} \end{bmatrix}$$

（2）按节点形成结构总体刚度矩阵。首先将存储结构总体刚度矩阵的数组清零；接着从第一个节点开始，检查该节点与哪些节点相邻，如果节点 r 与节点 s 相邻，则总体刚度矩阵就有对应的子刚度矩阵（简称子刚阵）K_{rs}；如果两节点不相邻，则对应项 K_{rs} 为零矩阵。例如，图 2-10 所示的结构中，节点 1 和 4 相邻，则就有对应的子刚阵 K_{14}；而节点 2 和 4 不相邻，则对应的子刚阵 K_{24} 为零矩阵。然后，再检查哪些单元与这两个节点有关，并将有关单元的刚度矩阵中的对应子刚阵 K_{rs} 进行叠加。按照节点编号顺序，对每个节点重复以上步骤，到最后一个节点完成以后，便形成了结构总体刚度矩阵。

在图 2-10 所示的结构中，先将 8×8 的方阵清零。接着从节点 1 开始进行处理，节点 1 与节点 2,3,4 相邻。其中，节点 1,1 和节点 1,3 与单元①,②均有关，节点 1,2 与单元①有关，节点 1,4 与单元②有关。于是，结构总体刚度矩阵第一行的子矩阵为

$$K_{11}^{①+②} \quad K_{12}^{①} \quad K_{13}^{①+②} \quad K_{14}^{②}$$

节点 2 与节点 1,3 相邻，与节点 4 不相邻。并且，节点 2,1、节点 2,2 与节点 2,3 均只与单元①有关。于是，结构总体刚度矩阵第二行的子矩阵为

$$K_{21}^{①} \quad K_{22}^{①} \quad K_{23}^{①} \quad 0$$

同样方法，对于节点 3 和节点 4，可以分别写出结构总体刚度矩阵的第三行和第四行为

$$\begin{matrix} K_{31}^{①+②} & K_{32}^{①} & K_{33}^{①+②} & K_{34}^{②} \\ K_{41}^{②} & 0 & K_{43}^{②} & K_{44}^{②} \end{matrix}$$

于是，便形成了同样的结构总体刚度矩阵

$$K = \begin{bmatrix} K_{11}^{①+②} & K_{12}^{①} & K_{13}^{①+②} & K_{14}^{②} \\ K_{21}^{②} & K_{22}^{①} & K_{23}^{①} & 0 \\ K_{31}^{①+②} & K_{32}^{①} & K_{33}^{①+②} & K_{34}^{②} \\ K_{41}^{②} & 0 & K_{43}^{②} & K_{44}^{②} \end{bmatrix}$$

2.6.3 结构总体刚度矩阵的性质

（1）结构总体刚度矩阵是一个对称矩阵。单元刚度矩阵是对称矩阵，单元刚度矩阵叠加形成结构总体刚度矩阵时，其主对角线与结构总体刚度矩阵的主对角线重合。因此，结构总体刚度矩阵也是对称矩阵。

由此，在编制程序时，只需计算和存储结构总体刚度矩阵主对角线及一侧元素即可。

（2）结构总体刚度矩阵是一个奇异矩阵。在图 2-10 所示的结构中，有两个单元和 4 个节点，结构总体刚度方程为

$$\begin{bmatrix} K_{11} & K_{12} & \cdots & K_{18} \\ K_{21} & K_{22} & \cdots & K_{28} \\ \cdots & \cdots & \cdots & \cdots \\ K_{81} & K_{82} & \cdots & K_{88} \end{bmatrix} \begin{bmatrix} u_1 \\ v_1 \\ \vdots \\ v_4 \end{bmatrix} = \begin{bmatrix} R_{1x} \\ R_{1y} \\ \vdots \\ R_{4y} \end{bmatrix}$$

由于作用于结构上的外力处于平衡状态，故有

$$\Sigma X = R_{1x} + R_{2x} + R_{3x} + R_{4x} = 0$$
$$\Sigma Y = R_{1y} + R_{2y} + R_{3y} + R_{4y} = 0$$

将结构总体刚度方程的前 7 个方程全部加到第 8 个方程上，得

$$(\sum_{m=1}^{8} K_{m1})u_1 + (\sum_{m=1}^{8} K_{m2})v_1 + (\sum_{m=1}^{8} K_{m3})u_2 + (\sum_{m=1}^{8} K_{m4})v_2 + (\sum_{m=1}^{8} K_{m5})u_3 + (\sum_{m=1}^{8} K_{m6})v_3 + (\sum_{m=1}^{8} K_{m7})u_4 + (\sum_{m=1}^{8} K_{m8})v_4 = 0 \tag{2-29}$$

由于载荷是任意的，结构节点位移也是任意的，而式（2-29）却是恒等于零的。所以，式（2-29）各结构节点位移分量的系数应该都等于零，即

$$\sum_{m=1}^{8} K_{mn} = 0 \quad (n=1,2,\cdots,8) \tag{2-30}$$

式（2-30）表明，行列式 $|K|$ 的各列元素之和都为零，根据行列式性质有 $|K|=0$，故结构总体刚度矩阵 K 为奇异矩阵。

（3）结构总体刚度矩阵是一个稀疏矩阵。由前节可知，在结构上任意两个节点 r 和 s 若不相邻，则总体刚度矩阵中相应子刚阵 K_{rs} 为零矩阵。而结构中节点数目较多时，多数节点都不相邻。所以结构总体刚度矩阵多数元素都等于零，是一个稀疏矩阵。例如，图 2-13（a）所示结构，共有 16 个单元和 14 个节点，其结构总体刚度矩阵的形式如图 2-13（b）所示（子刚阵为

非零矩阵用×表示），非零元素只有 288 个，占元素总数 784 的 37%。

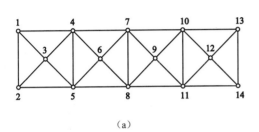

图 2-13　结构总体刚度矩阵

还可以证明，如果对结构的节点进行适当的编号，结构总体刚度矩阵还是一个带状矩阵（图 2-13（b）），非零元素都集中在矩阵主对角线附近。若主对角线上下方各有 b 条次对角线，称 $2b+1$ 为矩阵的带宽。

当结构总体刚度矩阵是带状稀疏矩阵时，不仅可以提高计算效率，还可以减少计算机的存储量。

（4）结构总体刚度矩阵仅与结构的形状、尺寸、材料以及单元划分方法有关，与结构的位移边界条件、所承受的载荷无关。即结构的位移边界条件、所承受的载荷等与结构总体刚度矩阵相对独立。

2.7　位移边界条件的处理

结构总体刚度方程

$$K\delta=R$$

是一个以节点位移为未知数的线性代数方程组，求解它即可得到结构的节点位移 δ。但由于结构总体刚度 K 是奇异矩阵，方程组有无穷解，从物理意义上讲，此时结构存在刚性位移。为此，必须引入位移约束条件，限制结构的刚性位移，保证结构总体刚度方程有唯一解。

约束的作用是使得结构上某些节点的某些位移分量为常数值，即 $\delta_i=\delta_0$。引入位移约束条件，就是要将 $\delta_i=\delta_0$ 引入结构总体刚度方程中。

引入位移边界条件通常是在形成了结构总体刚度矩阵 K 和节点载荷列阵 R 后进行的，这时 K 和 R 中的各元素已按照一定的顺序分别存储在相应的数组中了。引入位移边界条件时，应尽量不改变 K 和 R 中各元素的存储顺序，并保证结构总体刚度矩阵 K 仍然为对称矩阵，而且处的元素数量越少越好。

下面介绍几种处理位移边界条件的方法，其中对角元置 1 法、对角元乘大数法都能使总体刚度矩阵的对称性和规模保持不变，不需重新排列，有利于计算机的规范化处理。

2.7.1 降阶法

若结构总体刚度方程为

$$K\delta = R \tag{2-31}$$

设节点位移 δ 中，δ_A 为未知位移，δ_B 为已知位移。重新排列方程和未知数顺序，则式（2-31）可以改写为

$$\left[\begin{array}{c|c} K_{AA} & K_{AB} \\ \hline K_{BA} & K_{BB} \end{array}\right] \left[\begin{array}{c} \delta_A \\ \delta_B \end{array}\right] = \left[\begin{array}{c} R_A \\ R_B \end{array}\right] \tag{2-32}$$

将式（2-32）按第一行展开，得

$$K_{AA}\delta_A + K_{AB}\delta_B = R_A$$

令

$$R'_A = R_A - K_{AB}\delta_B$$

式中，R_A 为作用在发生未知位移 δ_A 节点上的外载荷，应为已知载荷；而作用在发生已知位移 δ_B 节点上的外载荷 R_B 为支反力。因此，R'_A 也为已知载荷，则

$$K_{AA}\delta_A = R'_A \tag{2-33}$$

从式（2-33）中可以解出所有未知位移，但方程组的阶次比原方程组要低，故称为降阶法。由于需要重新对方程和未知数进行排序，在有限元程序设计中一般不采用该方法。

2.7.2 对角元置 1 法

现欲将已知位移约束条件 $\delta_i = \delta_0$ 引入结构总体刚度方程

$$\begin{bmatrix} K_{11} & K_{12} & \cdots & K_{1i} & \cdots & K_{1n} \\ K_{21} & K_{22} & \cdots & K_{2i} & \cdots & K_{2n} \\ \cdots & \cdots & \cdots & \cdots & \cdots & \cdots \\ K_{i1} & K_{i2} & \cdots & K_{ii} & \cdots & K_{in} \\ \cdots & \cdots & \cdots & \cdots & \cdots & \cdots \\ K_{n1} & K_{n2} & \cdots & K_{ni} & \cdots & K_{nn} \end{bmatrix} \begin{bmatrix} \delta_1 \\ \delta_2 \\ \vdots \\ \delta_i \\ \vdots \\ \delta_n \end{bmatrix} = \begin{bmatrix} R_1 \\ R_2 \\ \vdots \\ R_i \\ \vdots \\ R_n \end{bmatrix}$$

首先，对除了第 i 个方程以外的所有方程进行移项，将各个方程中含有 δ_i 的项移到等式右侧，并且将未知数 δ_i 用 δ_0 代替。于是

$$\begin{bmatrix} K_{11} & K_{12} & \cdots & 0 & \cdots & K_{1n} \\ K_{21} & K_{22} & \cdots & 0 & \cdots & K_{2n} \\ \cdots & \cdots & \cdots & \cdots & \cdots & \cdots \\ K_{i1} & K_{i2} & \cdots & K_{ii} & \cdots & K_{in} \\ \cdots & \cdots & \cdots & \cdots & \cdots & \cdots \\ K_{n1} & K_{n2} & \cdots & 0 & \cdots & K_{nn} \end{bmatrix} \begin{bmatrix} \delta_1 \\ \delta_2 \\ \vdots \\ \delta_i \\ \vdots \\ \delta_n \end{bmatrix} = \begin{bmatrix} R_1 - K_{1i}\delta_0 \\ R_2 - K_{2i}\delta_0 \\ \vdots \\ R_i \\ \vdots \\ R_n - K_{ni}\delta_0 \end{bmatrix} \tag{2-34}$$

其次，将 $\boldsymbol{K}$ 第 i 行的主对角线元素 K_{ii} 置 1，其余元素清零，且将第 i 行的载荷项 R_i 用 δ_0 代替，得

$$\begin{bmatrix} K_{11} & K_{12} & \cdots & 0 & \cdots & K_{1n} \\ K_{21} & K_{22} & \cdots & 0 & \cdots & K_{2n} \\ \cdots & \cdots & \cdots & \cdots & \cdots & \cdots \\ 0 & 0 & \cdots & 1 & \cdots & 0 \\ \cdots & \cdots & \cdots & \cdots & \cdots & \cdots \\ K_{n1} & K_{n2} & \cdots & 0 & \cdots & K_{nn} \end{bmatrix} \begin{bmatrix} \delta_1 \\ \delta_2 \\ \vdots \\ \delta_i \\ \vdots \\ \delta_n \end{bmatrix} = \begin{bmatrix} R_1 - K_{1i}\delta_0 \\ R_2 - K_{2i}\delta_0 \\ \vdots \\ \delta_0 \\ \vdots \\ R_n - K_{ni}\delta_0 \end{bmatrix} \quad (2\text{-}35)$$

该步骤相当于将方程组的其余方程全部加到第 i 个方程上，第 i 个方程变为

$$(\sum_{m=1}^{n} K_{m1})\delta_1 + (\sum_{m=1}^{n} K_{m2})\delta_2 + \cdots + K_{ii}\delta_i + \cdots + (\sum_{m=1}^{n} K_{mn})\delta_n = \sum_{m=1}^{n} R_m - (\sum_{\substack{m=1 \\ m \neq i}}^{n} K_{mi})\delta_0$$

即 $$K_{ii}\delta_i = K_{ii}\delta_0$$

及 $$\delta_i = \delta_0$$

经过以上步骤，将位移约束条件 $\delta_i=\delta_0$ 引入结构总体刚度方程中，并没有改变矩阵 $\boldsymbol{K}$ 和 $\boldsymbol{R}$ 中各元素的存储顺序，而且矩阵 $\boldsymbol{K}$ 仍然为对称矩阵。

当 $\delta_i=0$ 时，式（2-35）变成

$$\begin{bmatrix} K_{11} & K_{12} & \cdots & 0 & \cdots & K_{1n} \\ K_{21} & K_{22} & \cdots & 0 & \cdots & K_{2n} \\ \cdots & \cdots & \cdots & \cdots & \cdots & \cdots \\ 0 & 0 & \cdots & 1 & \cdots & 0 \\ \cdots & \cdots & \cdots & \cdots & \cdots & \cdots \\ K_{n1} & K_{n2} & \cdots & 0 & \cdots & K_{nn} \end{bmatrix} \begin{bmatrix} \delta_1 \\ \delta_2 \\ \vdots \\ \delta_i \\ \vdots \\ \delta_n \end{bmatrix} = \begin{bmatrix} R_1 \\ R_2 \\ \vdots \\ 0 \\ \vdots \\ R_n \end{bmatrix}$$

这时，只需对矩阵 $\boldsymbol{K}$ 的第 i 行、第 i 列以及 R_i 进行处理。

2.7.3 对角元乘大数法

现同样要将已知位移约束条件 $\delta_i=\delta_0$ 引入结构总体刚度方程中，只需将第 i 个方程中未知数 δ_i 的系数 K_{ii} 乘以一个大数（例如 10^{30}），该大数应该比矩阵第 i 行诸元素的绝对值都大得多，并且将第 i 个方程的载荷项 R_i 用 $10^{30}K_{ii}\delta_0$ 代替，其他各行各列元素保持不变。这样处理后，第 i 个方程变为

$$K_{i1}\delta_1 + K_{i2}\delta_2 + \cdots + 10^{30}K_{ii}\delta_i + \cdots + K_{in}\delta_n = 10^{30}K_{ii}\delta_0 \quad （2\text{-}36）$$

在等式两侧同时除以 10^{30}，得

$$\frac{K_{i1}}{10^{30}}\delta_1 + \frac{K_{i2}}{10^{30}}\delta_2 + \cdots + K_{ii}\delta_i + \cdots + \frac{K_{in}}{10^{30}}\delta_n = K_{ii}\delta_0$$

省略较小量，可得

$$K_{ii}\delta_i \approx K_{ii}\delta_0$$
$$\delta_i \approx \delta_0 \tag{2-37}$$

近似地引入了位移边界条件，该方法只处理了两个元素，操作简便，未改变矩阵 K 的对称性，故使用相当普遍。

2.8 应力计算及导出结果的计算

求解结构总体刚度方程后，直接得到结构的节点位移 δ。在此基础上，可以计算出结构的应力、应变等导出结果。

2.8.1 单元应力及应变的计算

解出结构的节点位移 δ 后，也就得到各单元的节点位移 δ^e。根据式（2-13），单元内任意一点的应变为

$$\begin{cases} \varepsilon_x = \dfrac{1}{2\Delta}(b_i u_i + b_j u_j + b_m u_m) \\ \varepsilon_y = \dfrac{1}{2\Delta}(c_i v_i + c_j v_j + c_m v_m) \\ \gamma_{xy} = \dfrac{1}{2\Delta}(c_i u_i + c_j u_j + c_m u_m + b_i v_i + b_j v_j + b_m v_m) \end{cases} \tag{2-38}$$

由式（2-3）可得，平面应力状态下单元内任意一点的应力与应变的关系为

$$\begin{cases} \sigma_x = \dfrac{E}{1-\mu^2}(\varepsilon_x + \mu\varepsilon_y) \\ \sigma_y = \dfrac{E}{1-\mu^2}(\mu\varepsilon_x + \varepsilon_y) \\ \tau_{xy} = \dfrac{E}{2(1+\mu)}\gamma_{xy} \end{cases} \tag{2-39}$$

将式（2-38）代入式（2-39），即可得到单元内任意一点的应力为

$$\begin{cases} \sigma_x = \dfrac{E}{2\Delta(1-\mu^2)}[(b_i u_i + b_j u_j + b_m u_m) + \mu(c_i v_i + c_j v_j + c_m v_m)] \\ \sigma_y = \dfrac{E}{2\Delta(1-\mu^2)}[\mu(b_i u_i + b_j u_j + b_m u_m) + (c_i v_i + c_j v_j + c_m v_m)] \\ \tau_{xy} = \dfrac{E}{4\Delta(1+\mu)}(c_i u_i + c_j u_j + c_m u_m + b_i v_i + b_j v_j + b_m v_m) \end{cases} \tag{2-40}$$

2.8.2 主应力和主方向

对结构进行强度计算时，还需要计算主应力和主方向。由材料力学知识可得主应力和主方向为

$$\begin{cases} \sigma_{1,2} = \frac{1}{2}(\sigma_x + \sigma_y) \pm \sqrt{\left(\frac{\sigma_x - \sigma_y}{2}\right)^2 + \tau_{xy}^2} \\ \theta = \frac{1}{2}\arctan\frac{2\tau_{xy}}{\sigma_x - \sigma_y} \end{cases} \quad (2\text{-}41)$$

2.8.3 节点的应力

在相邻单元的边界上，位移函数是连续的，但应变、应力不一定是连续的。例如 3 节点三角形单元为常应变、常应力单元，相邻单元的结果一般是不相等的。因此，在公共节点处各相关单元的应力往往是不同的，一般要通过某种平均计算得到节点应力。

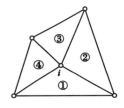

图 2-14 绕节点平均法

（1）绕节点平均法。计算与公共节点有关各单元应力的算术平均值来作为节点应力。图 2-14 所示节点 i 的应力为

$$\sigma_i = \frac{\sum\limits_{e=1}^{4}\sigma^e}{4} \quad (2\text{-}42)$$

式中，σ^e 为第 e 个单元的应力。

（2）绕节点按单元面积的加权平均法。以有关各单元的面积作为加权系数，计算各单元应力的加权平均值来作为节点应力。图 2-14 所示的节点 i 的应力为

$$\sigma_i = \frac{\sum\limits_{e=1}^{4}\Delta_e\sigma^e}{\sum\limits_{e=1}^{4}\Delta_e} \quad (2\text{-}43)$$

式中，Δ_e 为第 e 个单元的面积。

以上两种方法在内部节点处可以得到较满意的结果，但在边界节点处往往误差较大，边界节点的应力宜采用内部节点应力插值外推的方法计算。

另外，如果相邻单元具有不同的厚度或不同的材料性能常数，则理论上应力会发生突变。因此，只允许对厚度和材料性能常数都相同的单元进行平均计算，以避免丧失这种应有的突变性。

2.9 解 题 示 例

以上介绍了用有限单元法求解平面问题的主要步骤，下面通过一个实例进一步介绍这个过程。图 2-15（a）为一矩形均匀薄板，一端固定，另一端作用载荷集度为 $q=10^6 \text{N/m}^2$ 的均布拉力。板的长度 L 为 0.2 m，宽度 B 为 0.1 m，厚度 t 为 0.005 m。材料的弹性模量 $E=2\times10^{11}$ N/m^2，泊松比 $\mu=1/3$。求薄板的应力。

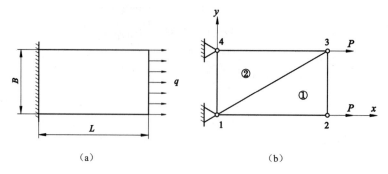

图 2-15 受拉薄板

1. 结构离散化

为方便计算,将结构划分为如图 2-15(b) 所示的两个单元、4 个节点。将作用于单元①上的均布拉力等效移置到节点 2 和节点 3 上(过程略),有

$$R_{2x} = R_{3x} = P = \frac{qBt}{2} = 250\text{N}, \quad R_{2y} = R_{3y} = 0$$

薄板的左端为固定端,将其简化为位于节点 1 和 4 处的铰支座。选取坐标系如图 2-15(b) 所示。

2. 计算单元刚度矩阵

1)单元①

局部节点号	全局节点号	坐标	
		x	y
i	1	0	0
j	2	0.2	0
m	3	0.2	0.1

$b_i = y_j - y_m = -0.1$, $b_j = y_m - y_i = 0.1$, $b_m = y_i - y_j = 0$

$c_i = x_m - x_j = 0$, $c_j = x_i - x_m = -0.2$, $c_m = x_j - x_i = 0.2$

$\Delta = \frac{1}{2}BL = 0.01$, $\frac{Et}{4(1-\mu^2)\Delta} = \frac{9}{0.32}Et$, $\frac{1-\mu}{2} = \frac{1}{3}$, $\frac{3Et}{32} = 9.375 \times 10^7$。

由式(2-19)可以计算出单元刚度矩阵的各个子刚阵为

$$\boldsymbol{K}_{11}^{①} = \boldsymbol{K}_{ii} = \frac{3Et}{32}\begin{bmatrix} 3 & 0 \\ 0 & 1 \end{bmatrix}$$

$$\boldsymbol{K}_{12}^{①} = \boldsymbol{K}_{21}^{①\text{T}} = \boldsymbol{K}_{ij} = \frac{3Et}{32}\begin{bmatrix} -3 & 2 \\ 2 & -1 \end{bmatrix}$$

$$\boldsymbol{K}_{13}^{①} = \boldsymbol{K}_{31}^{①\text{T}} = \boldsymbol{K}_{im} = \frac{3Et}{32}\begin{bmatrix} 0 & -2 \\ -2 & 0 \end{bmatrix}$$

$$\boldsymbol{K}_{22}^{①} = \boldsymbol{K}_{jj} = \frac{3Et}{32}\begin{bmatrix} 7 & -4 \\ -4 & 13 \end{bmatrix}$$

$$\boldsymbol{K}_{23}^{①} = \boldsymbol{K}_{32}^{①\mathrm{T}} = \boldsymbol{K}_{jm} = \frac{3Et}{32}\begin{bmatrix} -4 & 2 \\ 2 & -12 \end{bmatrix}$$

$$\boldsymbol{K}_{33}^{①} = \boldsymbol{K}_{mm} = \frac{3Et}{32}\begin{bmatrix} 4 & 0 \\ 0 & 12 \end{bmatrix}$$

组合子刚阵为单元刚度矩阵

$$\boldsymbol{K}^{①} = \begin{bmatrix} \boldsymbol{K}_{11}^{①} & \boldsymbol{K}_{12}^{①} & \boldsymbol{K}_{13}^{①} \\ \boldsymbol{K}_{21}^{①} & \boldsymbol{K}_{22}^{①} & \boldsymbol{K}_{23}^{①} \\ \boldsymbol{K}_{31}^{①} & \boldsymbol{K}_{32}^{①} & \boldsymbol{K}_{33}^{①} \end{bmatrix} = 9.375 \times 10^7 \begin{bmatrix} 3 & 0 & -3 & 2 & 0 & -2 \\ 0 & 1 & 2 & -1 & -2 & 0 \\ -3 & 2 & 7 & -4 & -4 & 2 \\ 2 & 1 & -4 & 13 & 2 & -12 \\ 0 & -2 & -4 & 2 & 4 & 0 \\ -2 & 0 & 2 & -12 & 0 & 12 \end{bmatrix}$$

2）单元②

局部节点号	全局节点号	坐标	
		x	y
i	1	0	0
j	3	0.2	0.1
m	4	0	0.1

$$b_i = 0, \quad b_j = 0.1, \quad b_m = -0.1$$

$$c_i = -0.2, \quad c_j = 0, \quad c_m = 0.2$$

$$\Delta = \frac{1}{2}BL = 0.01, \quad \frac{Et}{4(1-\mu^2)\Delta} = \frac{9}{0.32}Et, \quad \frac{1-\mu}{2} = \frac{1}{3}, \quad \frac{3Et}{32} = 9.375 \times 10^7。$$

单元刚度矩阵的各个子刚阵为

$$\boldsymbol{K}_{11}^{②} = \boldsymbol{K}_{ii} = \frac{3Et}{32}\begin{bmatrix} 4 & 0 \\ 0 & 12 \end{bmatrix}$$

$$\boldsymbol{K}_{13}^{②} = \boldsymbol{K}_{31}^{②\mathrm{T}} = \boldsymbol{K}_{ij} = \frac{3Et}{32}\begin{bmatrix} 0 & -2 \\ -2 & 0 \end{bmatrix}$$

$$\boldsymbol{K}_{14}^{②} = \boldsymbol{K}_{41}^{②\mathrm{T}} = \boldsymbol{K}_{im} = \frac{3Et}{32}\begin{bmatrix} -4 & 2 \\ 2 & -12 \end{bmatrix}$$

$$\boldsymbol{K}_{33}^{②} = \boldsymbol{K}_{jj} = \frac{3Et}{32}\begin{bmatrix} 3 & 0 \\ 0 & 1 \end{bmatrix}$$

$$\boldsymbol{K}_{34}^{②} = \boldsymbol{K}_{43}^{②\mathrm{T}} = \boldsymbol{K}_{jm} = \frac{3Et}{32}\begin{bmatrix} -3 & 2 \\ 2 & -1 \end{bmatrix}$$

$$\boldsymbol{K}_{44}^{②} = \boldsymbol{K}_{mm} = \frac{3Et}{32}\begin{bmatrix} 7 & -4 \\ -4 & 13 \end{bmatrix}$$

组合子刚阵为单元刚度矩阵

$$K^{②} = \begin{bmatrix} K^{②}_{11} & K^{②}_{13} & K^{②}_{14} \\ K^{②}_{31} & K^{②}_{33} & K^{②}_{34} \\ K^{②}_{41} & K^{②}_{43} & K^{②}_{44} \end{bmatrix} = 9.375 \times 10^7 \begin{bmatrix} 4 & 0 & 0 & -2 & -4 & 2 \\ 0 & 12 & -2 & 0 & 2 & -12 \\ 0 & -2 & 3 & 0 & -3 & 2 \\ -2 & 0 & 0 & 1 & 2 & -1 \\ -4 & 2 & -3 & 2 & 7 & -4 \\ 2 & -12 & 2 & -1 & -4 & 13 \end{bmatrix}$$

3. 建立结构总体刚度矩阵

采用按单元形成结构总体刚度矩阵的方法，将单元①、②的刚度矩阵进行叠加得

$$K = \begin{bmatrix} K^{①+②}_{11} & K^{①}_{12} & K^{①+②}_{13} & K^{②}_{14} \\ K^{①}_{21} & K^{①}_{22} & K^{①}_{23} & 0 \\ K^{①+②}_{31} & K^{①}_{32} & K^{①+②}_{33} & K^{②}_{34} \\ K^{②}_{41} & 0 & K^{②}_{43} & K^{②}_{44} \end{bmatrix}$$

$$= 9.375 \times 10^7 \begin{bmatrix} 7 & 0 & -3 & 2 & 0 & -4 & -4 & 2 \\ 0 & 13 & 2 & -1 & -4 & 0 & 2 & -12 \\ -3 & 2 & 7 & -4 & -4 & 2 & 0 & 0 \\ 2 & -1 & -4 & 13 & 2 & -12 & 0 & 0 \\ 0 & -4 & -4 & 2 & 7 & 0 & -3 & 2 \\ -4 & 0 & 2 & -12 & 0 & 13 & 2 & -1 \\ -4 & 2 & 0 & 0 & -3 & 2 & 7 & -4 \\ 2 & -12 & 0 & 0 & 2 & -1 & -4 & 13 \end{bmatrix}$$

4. 建立结构节点载荷列阵

将支反力取为零，于是

$$R = \begin{bmatrix} 0 & 0 & 250 & 0 & 250 & 0 & 0 & 0 \end{bmatrix}^T$$

5. 建立结构总体刚度方程

$$9.375 \times 10^7 \begin{bmatrix} 7 & 0 & -3 & 2 & 0 & -4 & -4 & 2 \\ 0 & 13 & 2 & -1 & -4 & 0 & 2 & -12 \\ -3 & 2 & 7 & -4 & -4 & 2 & 0 & 0 \\ 2 & -1 & -4 & 13 & 2 & -12 & 0 & 0 \\ 0 & -4 & -4 & 2 & 7 & 0 & -3 & 2 \\ -4 & 0 & 2 & -12 & 0 & 13 & 2 & -1 \\ -4 & 2 & 0 & 0 & -3 & 2 & 7 & -4 \\ 2 & -12 & 0 & 0 & 2 & -1 & -4 & 13 \end{bmatrix} \begin{bmatrix} u_1 \\ v_1 \\ u_2 \\ v_2 \\ u_3 \\ v_3 \\ u_4 \\ v_4 \end{bmatrix} = \begin{bmatrix} 0 \\ 0 \\ 250 \\ 0 \\ 250 \\ 0 \\ 0 \\ 0 \end{bmatrix}$$

6. 引入位移边界条件，求解结构总体刚度方程

在节点 1 和节点 4 处，有 $u_1=v_1=u_4=v_4=0$。用降阶法将之引入结构总体刚度方程，得到降阶

后的方程组为

$$9.375\times10^7\begin{bmatrix} 7 & -4 & -4 & 2 \\ -4 & 13 & 2 & -12 \\ -4 & 2 & 7 & 0 \\ 2 & -12 & 0 & 13 \end{bmatrix}\begin{bmatrix} u_2 \\ v_2 \\ u_3 \\ v_3 \end{bmatrix}=\begin{bmatrix} 250 \\ 0 \\ 250 \\ 0 \end{bmatrix}$$

解之得 $u_2=9.9\times10^{-7}$，$v_2=1.8\times10^{-7}$，$u_3=8.9\times10^{-7}$，$v_3=1.2\times10^{-8}$，各节点位移分量单位为 m。

7．计算单元应力

1）单元①

节点编号：$i=1$，$j=2$，$m=3$

节点位移：$u_i=v_i=0$，$u_j=9.9\times10^{-7}$，$v_j=1.8\times10^{-7}$，$u_m=8.9\times10^{-7}$，$v_m=1.2\times10^{-8}$，代入式（2-31）得 $\sigma_x=0.988\times10^6$，$\sigma_y=-0.007\times10^6$，$\tau_{xy}=-0.004\times10^6$。

2）单元②

节点编号：$i=1$，$j=3$，$m=4$

节点位移：$u_i=v_i=u_m=v_m=0$，$u_j=8.9\times10^{-7}$，$v_j=1.2\times10^{-8}$，代入式（2-39）得 $\sigma_x=1.007\times10^6$，$\sigma_y=0.336\times10^6$，$\tau_{xy}=0.005\times10^6$。

上面计算出的应力与载荷集度 q 有相同的单位 N/m^2，即 Pa。

2.10 6 节点三角形单元

如图 2-16 所示，在 3 节点三角形单元每条边的中点各增加一个节点，就得到了 6 节点三角形单元。该单元共有 12 个自由度，位移函数是完全二次多项式，应变、应力是坐标的线性函数，能更好地反映单元内部变化情况，所以该单元有较高的精度。下面将研究 3 节点三角形单元的方法和结论，将其推广到 6 节点三角形单元。

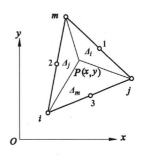

图 2-16 6 节点三角形单元

2.10.1 面积坐标

设单元 ijm 的面积为 Δ，P 为单元上一点，其直角坐标为 (x,y)，三角形 Pjm、Pmi、Pij 的面积分别为 Δ_i、Δ_j、Δ_m，则 3 个比值

$$L_i=\frac{\Delta_i}{\Delta},\ L_j=\frac{\Delta_j}{\Delta},\ L_m=\frac{\Delta_m}{\Delta} \tag{2-44}$$

被称为点 P 的面积坐标。

显然有

$$L_i+L_j+L_m=1$$

在节点 i，$L_i=1$、$L_j=0$、$L_m=0$；在节点 j，$L_i=0$、$L_j=1$、$L_m=0$；在节点 m，$L_i=0$、$L_j=0$、$L_m=1$；在单元重心处，$L_i=L_j=L_m=1/3$。在单元边 jm 上，$L_i=0$；在单元边 mi 上，$L_j=0$；在单元边 ij 上，$L_m=0$，等等。

因为

$$\Delta_i = \frac{1}{2}\begin{vmatrix} 1 & x & y \\ 1 & x_j & y_j \\ 1 & x_m & y_m \end{vmatrix} = \frac{1}{2}(a_i + b_i x + c_i y)$$

式中，a_i、b_i、c_i 与式（2-8）相同。

则

$$L_i = \frac{1}{2\Delta}(a_i + b_i x + c_i y)$$

类似地，有

$$L_j = \frac{1}{2\Delta}(a_j + b_j x + c_j y)$$

$$L_m = \frac{1}{2\Delta}(a_m + b_m x + c_m y)$$

可见面积坐标与直角坐标为线性关系。

当含有面积坐标的函数对直角坐标求导时，可以按式（2-45）进行

$$\begin{cases} \dfrac{\partial}{\partial x} = \dfrac{\partial}{\partial L_i}\dfrac{b_i}{2\Delta} + \dfrac{\partial}{\partial L_j}\dfrac{b_j}{2\Delta} + \dfrac{\partial}{\partial L_m}\dfrac{b_m}{2\Delta} \\ \dfrac{\partial}{\partial y} = \dfrac{\partial}{\partial L_i}\dfrac{c_i}{2\Delta} + \dfrac{\partial}{\partial L_j}\dfrac{c_j}{2\Delta} + \dfrac{\partial}{\partial L_m}\dfrac{c_m}{2\Delta} \end{cases} \tag{2-45}$$

当面积坐标的幂函数在三角形单元上积分时，可以按式（2-46）进行

$$\int_\Delta L_i^a L_j^b L_m^c \mathrm{d}x\mathrm{d}y = 2\Delta \frac{a!b!c!}{(a+b+c+2)!} \tag{2-46}$$

2.10.2　位移函数

6 节点三角形单元的位移函数可以取完全二次多项式，即

$$\begin{cases} u(x,y) = \alpha_1 + \alpha_2 x + \alpha_3 y + \alpha_4 x^2 + \alpha_5 xy + \alpha_6 y^2 \\ v(x,y) = \alpha_7 + \alpha_8 x + \alpha_9 y + \alpha_{10} x^2 + \alpha_{11} xy + \alpha_{12} y^2 \end{cases} \tag{2-47}$$

把 6 个节点的坐标和位移代入，即可得到系数 $\alpha_i(i=1, 2,\cdots, 12)$。显然，系数 α_1、α_2、α_3、α_7、α_8、α_9 反映了单元刚性位移和常量应变。在相邻单元公共边上，位移函数是关于 x 的二次多项式

$$\begin{cases} u = \beta_1 + \beta_2 x + \beta_3 x^2 \\ v = \beta_4 + \beta_5 x + \beta_6 x^2 \end{cases}$$

由公共边上 3 个节点的坐标和位移可以唯一地确定系数 β_i (i=1, 2,…, 6)，故单元间位移是连续的。单元满足完备性要求和相容性要求。

插值形式的位移函数为

$$\begin{cases} u = N_i u_i + N_j u_j + N_m u_m + N_1 u_1 + N_2 u_2 + N_3 u_3 \\ v = N_i v_i + N_j v_j + N_m v_m + N_1 v_1 + N_2 v_2 + N_3 v_3 \end{cases} \tag{2-48a}$$

式中，形函数为 $N_i = L_i(2L_i - 1)$ (i,j,m)，$N_1 = 4L_j L_m$、$N_2 = 4L_m L_i$、$N_3 = 4L_i L_j$。

简写为

$$f = N\delta^e \tag{2-48b}$$

2.10.3 单元应变

$$\varepsilon = B\delta^e \tag{2-49}$$

式中，几何矩阵 $B = [B_i \ B_j \ B_m \ B_1 \ B_2 \ B_3]$，而

$$B_i = \frac{1}{2\Delta} \begin{bmatrix} b_i(4L_i - 1) & 0 \\ 0 & c_i(4L_i - 1) \\ c_i(4L_i - 1) & b_i(4L_i - 1) \end{bmatrix} \quad (i,j,m)$$

$$B_1 = \frac{1}{2\Delta} \begin{bmatrix} 4(b_j L_m + b_m L_j) & 0 \\ 0 & 4(c_j L_m + c_m L_j) \\ 4(c_j L_m + c_m L_j) & 4(b_j L_m + b_m L_j) \end{bmatrix} \quad (1,2,3)$$

可见应变分量是面积坐标的线性函数，而面积坐标与直角坐标也是线性关系，所以应变是直角坐标的线性函数。

2.10.4 单元应力

$$\sigma = DB\delta^e = S\delta^e \tag{2-50}$$

弹性矩阵 D 是常量矩阵，应变是单元点直角坐标的线性函数，所以应力也是直角坐标的线性函数。

2.10.5 单元刚度矩阵

$$K^e = \int_V B^T DB \, dV = t\Delta B^T DB \tag{2-51}$$

其显式为

$$K^e = \begin{bmatrix} K_{ii} & K_{ij} & K_{im} & K_{i1} & K_{i2} & K_{i3} \\ K_{ji} & K_{jj} & K_{jm} & K_{j1} & K_{j2} & K_{j3} \\ K_{mi} & K_{mj} & K_{mm} & K_{m1} & K_{m2} & K_{m3} \\ K_{1i} & K_{1j} & K_{1m} & K_{11} & K_{12} & K_{13} \\ K_{2i} & K_{2j} & K_{2m} & K_{21} & K_{22} & K_{23} \\ K_{3i} & K_{3j} & K_{3m} & K_{31} & K_{32} & K_{33} \end{bmatrix}$$

式中，$K_{ii} = \dfrac{Et}{24(1-\mu^2)\Delta} \begin{bmatrix} 6b_i^2 + 3(1-\mu)c_i^2 & 对称 \\ 3(1+\mu)b_i c_i & 6c_i^2 + 3(1-\mu)b_i^2 \end{bmatrix}$ （i,j,m）

$K_{11} = \dfrac{Et}{24(1-\mu^2)\Delta} \begin{bmatrix} 16(b_i^2 - b_j b_m) + 8(1-\mu)(c_i^2 - c_j c_m) & 对称 \\ 4(1+\mu)(b_i c_i + b_j c_j + b_m c_m) & 16(c_i^2 - c_j c_m) + 8(1-\mu)(b_i^2 - b_j b_m) \end{bmatrix}$ （1,2,3）

$K_{ji} = \dfrac{Et}{24(1-\mu^2)\Delta} \begin{bmatrix} -2b_j b_i - (1-\mu)c_j c_i & -2\mu b_j c_i - (1-\mu)b_i c_j \\ -2\mu b_i c_j - (1-\mu)b_j c_i & -2c_j c_i - (1-\mu)b_j b_i \end{bmatrix}$ （ji,mi,mj）

$K_{ij} = K_{ji}^T$, $K_{im} = K_{mi}^T$, $K_{jm} = K_{mj}^T$

$K_{21} = \dfrac{Et}{24(1-\mu^2)\Delta} \begin{bmatrix} 16b_j b_i + 8(1-\mu)c_j c_i & 对称 \\ 4(1+\mu)(b_j c_i + b_i c_j) & 16c_j c_i + 8(1-\mu)b_j b_i \end{bmatrix}$ （21,31,32；ji,mi,mj）

$K_{12} = K_{21}$, $K_{13} = K_{31}$, $K_{23} = K_{32}$

$K_{1j} = \dfrac{Et}{24(1-\mu^2)\Delta} \begin{bmatrix} 8b_j b_m + 4(1-\mu)c_j c_m & 8\mu b_m c_j + 4(1-\mu)b_j c_m \\ 8\mu b_j c_m + 4(1-\mu)b_m c_j & 8c_j c_m + 4(1-\mu)b_j b_m \end{bmatrix}$

（$1j,1m,2i,2m,3i,3j$；jm,mj,im,mi,ij,ji）

$K_{j1} = K_{1j}^T$, $K_{m1} = K_{1m}^T$, $K_{i2} = K_{2i}^T$, $K_{m2} = K_{2m}^T$, $K_{i3} = K_{3i}^T$, $K_{j3} = K_{3j}^T$

$K_{1i} = K_{i1} = K_{2j} = K_{j2} = K_{3m} = K_{m3} = \begin{bmatrix} 0 & 0 \\ 0 & 0 \end{bmatrix}$

可见 6 节点三角形单元的位移函数为完全二次多项式，比 3 节点三角形单元有更高的精度。

实例 E2-1 用 ANSYS 软件提取单元及结构刚度矩阵

对图 2-15 所示结构用 ANSYS 结果与理论结果进行对照，分析用的命令流如下：

```
FINISH $ /CLEAR $ /FILENAME,E1-1
L=0.2  $  B=0.1  $  T=0.005  $  q=1E6           !定义参数
/PREP7
ET,1,PLANE182,,,3                                !选择单元类型、指定平面应力选项
R,1,T                                            !定义实常数，指定单元厚度
MP,EX,1,2E11 $ MP,PRXY,1,1/3                     !定义材料模型
N,1  $  N,2,L  $  N,3,L,B  $  N,4,0,B            !创建节点
E,1,2,3  $  E,1,3,4                              !创建单元
FINISH
/SOLU
F,2,FX,0.5*B*q*T $ F,3,FX,0.5*B*q*T               !施加集中力载荷
/OUTPUT,ESTIFF,TXT                                !重定向文本输出到工作目录下文本文件 ESTIFF.TXT
```

```
/DEBUG,-1,,,1                              !设置输出单元刚度矩阵
WRFULL,1                                   !设置在组装总体刚度矩阵后停止求解,因未加约束无法得到
                                            位移解
SOLVE                                      !求解
/OUTPUT                                    !重定向文本输出到显示器
FINISH
/AUX2
FILE,E1-1,full                             !指定数据文件
HBMAT, SSTIFF,TXT,F:\,ASCII,STIFF,YES      !将二进制总体刚度矩阵数据转换为文本并保存于
                                            文件 SSTIFF.TXT
FINISH
                                           !以下将总体刚度矩阵的下三角阵存储于数组 MATRIX_NEW
                                            中,以便于查看
*CREATE,ansuitmp
*DIM,LINE2,ARRAY,5
*VREAD, LINE2,SSTIFF,TXT,,,5,,,1           !读 SSTIFF.TXT 文件第 2 行到数组 LINE2
(5F14.0)
*DIM,COL_POINT,ARRAY,LINE2(2)              !定义数组存储矩阵列指针
*DIM,ROW_INDEX,ARRAY,LINE2(3)              !定义数组存储矩阵行索引
*DIM, MATRIX,ARRAY,LINE2(4)                !定义数组存储矩阵元素
*VREAD, COL_POINT,SSTIFF,TXT,,, LINE2(2),,,5
  (F14.0)                                  !从 SSTIFF.TXT 文件读矩阵列指针到数组 COL_POINT
*VREAD, ROW_INDEX,SSTIFF,TXT,,, LINE2(3),,, LINE2(2)+5
  (F14.0)                                  !从 SSTIFF.TXT 文件读矩阵行索引到数组 ROW_INDEX
*VREAD, MATRIX,SSTIFF,TXT,,, LINE2(4),,, LINE2(2)+ LINE2(3)+5
  (D25.15)                                 !从 SSTIFF.TXT 文件读矩阵元素到数组 MATRIX
*END
/INPUT, ansuitmp
                                           !以下将矩阵元素存储到数组 MATRIX_NEW
*DIM, MATRIX_NEW,ARRAY,LINE2(2)−1, LINE2(2)−1
*DO,I,1,LINE2(2)−1
*DO,J, COL_POINT(I), COL_POINT(I+1)−1
    MATRIX_NEW(ROW_INDEX(J),I)= MATRIX(J)
*ENDDO
*ENDDO
```

以下为 ESTIFF.TXT 文件中有关单元①刚度矩阵的内容,每行最后两个零以及第 7 行、第 8 行可不必考虑。

STIFFNESS MATRIX FOR ELEMENT   1
1	0.2812500E+09	0.0000000E+00	−0.2812500E+09	0.1875000E+09
	0.0000000E+00	−0.1875000E+09	0.0000000E+00	0.0000000E+00
2	0.0000000E+00	0.9375000E+08	0.1875000E+09	−0.9375000E+08
	−0.1875000E+09	0.0000000E+00	0.0000000E+00	0.0000000E+00
3	−0.2812500E+09	0.1875000E+09	0.6562500E+09	−0.3750000E+09

	−0.3750000E+09	0.1875000E+09	0.0000000E+00	0.0000000E+00
4	0.1875000E+09	−0.9375000E+08	−0.3750000E+09	0.1218750E+10
	0.1875000E+09	−0.1125000E+10	0.0000000E+00	0.0000000E+00
5	0.0000000E+00	−0.1875000E+09	−0.3750000E+09	0.1875000E+09
	0.3750000E+09	0.0000000E+00	0.0000000E+00	0.0000000E+00
6	−0.1875000E+09	0.0000000E+00	0.1875000E+09	−0.1125000E+10
	0.0000000E+00	0.1125000E+10	0.0000000E+00	0.0000000E+00
7	0.0000000E+00	0.0000000E+00	0.0000000E+00	0.0000000E+00
	0.0000000E+00	0.0000000E+00	0.0000000E+00	0.0000000E+00
8	0.0000000E+00	0.0000000E+00	0.0000000E+00	0.0000000E+00
	0.0000000E+00	0.0000000E+00	0.0000000E+00	0.0000000E+00

SSTIFF.TXT 文件存储结构总体刚度矩阵的下三角阵，采用的 Harwell-Boeing 格式是存储大型稀疏矩阵的标准交换格式，它采用索引存储方法，仅记录矩阵的非零元素。SSTIFF.TXT 文件的前 5 行内容如下。

```
Stiffness matrix from ANSYS FULL file dumped into Harwell-Boeing format
73              9               28              28              8
RSA                             8               8               28              0
(I14)           (I14)           (d25.15)        (d25.15)
F                               1               8
```

第 1 行：注释行。

第 2 行：分别表示该文件除前 5 行外共有 73 行数据、9 行矩阵列指针、28 行矩阵行索引、28 行矩阵元素数值、8 行右边项（载荷项）。

第 3 行：RSA 表示实数、对称、组装的矩阵，总纲为 8 行 8 列，有 28 个非零元素。

第 4 行：分别表示列指针格式、行索引格式、矩阵元素数值格式、右边项数值格式。

第 5 行： 右边项全部存储，为 1 列 8 行。

第 6~14 行：矩阵列指针。

第 15~42 行：矩阵行索引。

第 43~70 行：矩阵元素数值。

第 71~78 行：右边项数值。

第 43~70 行中每行存储一个非零矩阵元素数值，排列顺序按元素在矩阵中的顺序先行后列。8 个矩阵列指针分别指出 8 列每一列第一个非零元素（主对角线元素）在矩阵元素数值中的位置，28 个矩阵行索引分别指出每一个矩阵元素数值的行号。

另外，在结构施加约束后，原始结构总体刚度矩阵会发生降阶。

第3章 最小势能原理和有限单元法

以能量法为基础，最小势能原理把求解偏微分方程边值问题转换为求解某一泛函的最小值问题，而变分法是求解泛函极值的方法。变分法的应用巩固了有限元法的基础，并扩大了有限元法的应用范围。

3.1 最小势能原理

1. 泛函与变分的概念

设 $\{y(x)\}$ 是给定的函数集，若对于这个函数集中任一函数 $y(x)$ 都有某个确定的数 Π 与之对应，记为 $\Pi(y(x))$，则称 $\Pi(y(x))$ 是定义于函数集合 $\{y(x)\}$ 上的一个泛函，而 $y(x)$ 称为泛函 Π 的自变量函数，泛函定义域内的函数称为可取函数，还可以将泛函理解为函数的函数。

设 $y_1(x)$ 为另一可取函数，则 $y_1(x)$ 与 $y(x)$ 的差 $\delta y = y_1 - y$ 称为函数 $y(x)$ 的变分，相应的泛函 $\Pi(y(x))$ 也有一增量 $\Delta\Pi = \Pi(y_1(x)) - \Pi(y(x))$，而 $\Delta\Pi$ 中对于 δy 而言的线性项称为泛函的变分，用 $\delta\Pi$ 表示。变分法用于研究泛函变分和函数变分的关系，是研究泛函极值的方法。

根据泛函极值定理，如果泛函 $\Pi(y(x))$ 在函数 $y_0(x)$ 上达到极值，那么泛函在 $y_0(x)$ 上的变分 $\delta\Pi = 0$。

2. 最小势能原理

如图 3-1 所示弹性体的体积为 Ω、表面积为 S，一部分表面积 S_u 的位移给定，另一部分表面积 S_σ 上的面力给定，设 p 为整个弹性体上的体力，q 为表面上的分布载荷。

当整个弹性体发生位移 f 时，设任意一点的应力分量分别为 $\sigma_x, \sigma_y, \sigma_z, \tau_{xy}, \tau_{yz}, \tau_{zx}$，应变分量分别为 $\varepsilon_x, \varepsilon_y, \varepsilon_z, \gamma_{xy}, \gamma_{yz}, \gamma_{zx}$，则弹性体的变形能为

$$U = \frac{1}{2}\int_\Omega (\sigma_x\varepsilon_x + \sigma_y\varepsilon_y + \sigma_z\varepsilon_z + \tau_{xy}\gamma_{xy} + \tau_{zx}\gamma_{zx} + \tau_{yz}\gamma_{yz})\mathrm{d}\Omega \qquad (3\text{-}1)$$

图 3-1 弹性体

而位移 f 只满足弹性体的位移边界条件，是一个任意的可能位移，该位移却不满足力边界条件。

外力在可能位移 f 上所做的功 W 为

$$W = -\int_\Omega (p_x u + p_y v + p_z w)\mathrm{d}\Omega - \int_{S_\sigma} (q_x u + q_y v + q_z w)\mathrm{d}S \qquad (3\text{-}2)$$

式中，u, v, w 为可能位移 f 的分量，p_x, p_y, p_z 为体力 p 的分量，q_x, q_y, q_z 为面力 q 的分量，并称 W

为弹性体的外力势能。

将形变势能与外力势能的总和称为弹性体的总势能 Π，即

$$\Pi = U + W \tag{3-3}$$

显然，总势能 Π 是关于位移 f 的泛函。

最小势能原理指的是，弹性体处于稳定平衡时，在给定的外力作用下，满足位移边界条件的各组可能位移中，实际存在的位移（满足力边界条件）应使弹性体的总势能取极小值。于是根据泛函极值定理，在实际存在的位移处，有

$$\delta\Pi = 0 \tag{3-4}$$

这是一个关于位移的变分方程。

3.2 基于最小势能原理的有限单元法

该方法的基础是变分方程的利兹解法。利兹解法先假定可能位移为

$$y(x) = \sum_{i=1}^{n} \alpha_i \varphi_i(x) \tag{3-5}$$

式中，α_i（$i=1,2,\cdots,n$）为待定常数，$\varphi_i(x)$（$i=1,2,\cdots,n$）为选定函数集合。然后将式（3-5）的 $y(x)$ 代入泛函，计算变分方程。再由泛函极值定理解出待定常数 α_i（$i=1,2,\cdots,n$），将此常数回代，即得到所求问题的解。实际上利兹解法是将一个变分问题转化为求解线性方程组问题。

基于最小势能原理的有限单元法求解问题时，首先仍然需要将整个求解域 Ω 离散为若干个小的求解域，即单元。在每个单元内假定位移为

$$f = N\delta^e$$

式中，N 为形函数矩阵，δ^e 为单元节点位移列阵，f 为位移函数矩阵，$f=[u \quad v]^T$。即取各节点位移分量 u_i、u_j、u_m、v_i、v_j、$v_m\cdots$ 为待定常数，而选定函数 N_i、N_j、N_m 就是单元的形状函数。

单元内的应变为

$$\varepsilon = B\delta^e$$

式中，B 为单元的几何矩阵。

单元内的应力为

$$\sigma = D\varepsilon = DB\delta^e$$

式中，D 为弹性矩阵。

由式（3-1），单元 e 的变形能为

$$U^e = \int_{\Omega^e} \frac{1}{2} \varepsilon^T \sigma \mathrm{d}\Omega = \int_{\Omega^e} \frac{1}{2} \delta^{eT} B^T DB\delta^e \mathrm{d}\Omega = \frac{1}{2} \delta^{eT} K^e \delta^e$$

式中，K^e 为单元刚度矩阵，$K^e = \int_{\Omega^e} B^T DB \mathrm{d}\Omega$。

整个结构总的变形能为

$$U = \sum_{e=1}^{m} U^e = \sum_{e=1}^{m} \frac{1}{2} \delta^{eT} K^e \delta^e = \frac{1}{2} \delta^T K \delta \tag{3-6}$$

式中，K 为结构总体刚度矩阵，$K = \sum_{e=1}^{m} K^e$。

设作用在单元 e 上的体力 $\boldsymbol{p}=[p_x\ p_y\ p_z]^T$、面力 $\boldsymbol{q}=[q_x\ q_y\ q_z]^T$，则单元上外力功为

$$W^e = -\int_{\Omega^e} \boldsymbol{f}^T \boldsymbol{p}\,d\Omega - \int_{S^e} \boldsymbol{f}^T \boldsymbol{q}\,dS = -\boldsymbol{\delta}^{eT} \boldsymbol{R}^e$$

式中，$\boldsymbol{R}^e$ 为单元上外力的等效节点载荷列阵；由式（2-23）及式（2-24）可得 $\boldsymbol{R}^e = \int_{\Omega^e} \boldsymbol{N}^T \boldsymbol{p}\,d\Omega + \int_{S^e} \boldsymbol{N}^T \boldsymbol{q}\,dS$。

整个结构总的外力功为

$$W = \sum_{e=1}^{m} W^e = -\boldsymbol{\delta}^T \boldsymbol{R} \tag{3-7}$$

式中，$\boldsymbol{R}$ 为结构的等效节点载荷列阵，$\boldsymbol{R} = \sum_{e=1}^{m} \boldsymbol{R}^e$。

结构总势能

$$\Pi = U + W = \frac{1}{2}\boldsymbol{\delta}^T \boldsymbol{K} \boldsymbol{\delta} - \boldsymbol{\delta}^T \boldsymbol{R} \tag{3-8}$$

可见结构总势能是关于结构节点位移的泛函。根据泛函极值定理 $\delta\Pi=0$，可以转化为一般多元函数的极值条件

$$\frac{\partial \Pi}{\partial \delta_i} = 0 \quad (i=1,2,\cdots,n)$$

式中，n 为结构总的自由度数。将式（3-8）代入，可得关于节点位移的线性方程组

$$\boldsymbol{K}\boldsymbol{\delta} = \boldsymbol{R} \tag{3-9}$$

与 3.1 节的结构总体刚度方程完全相同，用与 3.1 节同样方法可求解此方程得到结构节点位移。

可见由最小势能原理得到的关于节点位移的线性方程组，与 3.1 节根据虚功原理和节点受力平衡建立的总体刚度方程完全相同，得到的计算结果也是相同的。把以上处理方法向热传导、电磁场、流体场等其他的应用领域推广，只要能建立了控制问题的泛函，就可以用该方法进行处理，得到问题的数值解。

3.3 对有限单元法收敛和精度的分析

最小势能原理为有限元法奠定了数学基础，使有限元法应用领域得到拓展。同时，还可以用该方法分析有限单元法的收敛和精度。

3.3.1 相容性要求

以求解平面问题为例，当结构离散化后，要在各单元选取试验位移函数 $\boldsymbol{f}$，然后根据式（3-1）、式（3-2）、式（3-3）得到结构的势能泛函为

$$\Pi = \int_{\Omega} \frac{1}{2} \varepsilon^{\mathrm{T}} D \varepsilon \mathrm{d}\Omega - \int_{\Omega} f^{\mathrm{T}} p \, \Omega - \int_{S} f^{\mathrm{T}} q \, \mathrm{d}S \tag{3-10}$$

当泛函可积时，问题就可以求解。由于位移 f 和应变 ε 在单元内部是连续的，应变是位移的一阶导数，于是泛函可积就要求位移 f 在单元间连续，这样就保证应变 ε 肯定有界。保证单元间位移连续，称作相容性要求。

从力学角度看，相邻单元在公共单元边上有内力相互作用，如果不满足相容性要求，即相邻单元在公共单元边上有相对位移，则内力会在相对位移上做功，此时结构总势能为

$$U = \sum_{e=1}^{m} U^e + 单元间内能$$

即式（3-6）不能成立，上述的有限元法也就不能成立。

3 节点三角形单元位移函数是单元上点坐标的线性函数，相邻单元在公共单元边上的位移也都是线性的，由公共节点位移定义的直线是重合的，单元间位移是连续的，满足相容性要求。对于薄板、细梁的弯曲问题，由于应变是挠度的二阶导数，如果以挠度为求解函数，相容性就要求挠度及其一阶导数在单元间连续。只要求求解函数在单元间连续称为 C_0 阶连续要求，要求求解函数及一阶导数在单元间连续称作 C_1 阶连续要求，这种高阶连续要求给有限元法带来了困难。相应的单元称为 C_0 型单元和 C_1 型单元。

3.3.2 完备性要求

位移函数必须能反映单元的常量应变和刚性位移，只有这样当单元尺寸变小时，计算结果才能逼近真实解，这是对位移函数的完备性要求。

3 节点三角形单元位移函数是

$$\begin{cases} u(x,y) = \alpha_1 + \alpha_2 x + \alpha_3 y \\ v(x,y) = \alpha_4 + \alpha_5 x + \alpha_6 y \end{cases}$$

其中 6 个系数 α_i（$i=1,2,\cdots,6$）可取任意值，能反映单元的 3 种独立刚性位移和 3 种常量应变，因此该单元满足完备性要求。

一般都假定位移函数为多项式，如果泛函中求解函数的最高阶导数是 m 阶，则相容性要求求解函数 m 阶导数有界、$m-1$ 阶导数连续，而完备性则要求位移函数最低是 m 阶完全多项式。

3.3.3 收敛和精度

同时满足相容性要求和完备性要求，单元肯定是收敛的。

有限单元法位移函数是关于单元上点坐标的多项式，其求解精度取决于完全多项式的阶次。以平面问题为例，将单元的实际位移在质心 (x_c, y_c) 处展开成泰勒级数

$$\begin{aligned} u(x_c + \Delta x, y_c + \Delta y) = & u(x_c, y_c) + (\Delta x \frac{\partial}{\partial x} + \Delta y \frac{\partial}{\partial y}) u(x_c, y_c) + \frac{1}{2!}(\Delta x \frac{\partial}{\partial x} + \Delta y \frac{\partial}{\partial y})^2 u(x_c, y_c) + \cdots + \\ & \frac{1}{n!}(\Delta x \frac{\partial}{\partial x} + \Delta y \frac{\partial}{\partial y})^n u(x_c, y_c) + \cdots \end{aligned} \tag{3-11}$$

设 h 为单元特征尺寸,而式(3-11)中的 Δx 和 Δy 都与 h 数量级相同。如果位移函数中完全多项式最高为 p 次幂,则它能逼近上述泰勒级数的前 p 阶多项式,误差为 $o(h^{p+1})$,单元内位移有 p 阶精度。即单元尺寸趋近于零时,位移误差按 h^{p+1} 次方趋近于零。如应变是位移的 m 阶导数,则应变误差为 $o(h^{p-m+1})$,显然应变精度比位移精度要低。

由于对整个结构而言,单元尺寸小,则节点数量多,计算精度高,但计算量大,划分单元时必须综合考虑各方面影响。如果只分析结构变形或低阶固有频率,则网格可以粗糙一些。如果要分析应力、应变,则网格需要密集一些。另外,在应力梯度较大的位置,网格要加密。单元形状要避免太狭长,最好接近正多边形。

有限元法求解时,假定了单元内位移函数,相当于附加了约束,这实际上是增加了结构的刚度而减少了变形,所以基于最小势能原理的有限单元法的位移解总是偏小的。

第4章　三维问题的有限单元法

4.1　三维应力状态

实际中的结构形状和载荷性质都是立体的，承受载荷后结构上点的位移也是三维的。设点沿 x、y、z 方向的位移为 u、v、w，一般情况下这些位移是点坐标的函数，即

$$\begin{cases} u = u(x,y,z) \\ v = v(x,y,z) \\ w = w(x,y,z) \end{cases} \tag{4-1}$$

结构上任意一点有 ε_x、ε_y、ε_z、γ_{xy}、γ_{yz}、γ_{zx} 共 6 个应变分量，位移和应变间满足几何方程

$$\begin{cases} \varepsilon_x = \dfrac{\partial u}{\partial x},\ \varepsilon_y = \dfrac{\partial v}{\partial y},\ \varepsilon_z = \dfrac{\partial w}{\partial z} \\ \gamma_{xy} = \dfrac{\partial u}{\partial y} + \dfrac{\partial v}{\partial x},\ \gamma_{yz} = \dfrac{\partial v}{\partial z} + \dfrac{\partial w}{\partial y},\ \gamma_{zx} = \dfrac{\partial w}{\partial x} + \dfrac{\partial u}{\partial z} \end{cases} \tag{4-2}$$

结构上任意一点有 σ_x、σ_y、σ_z、τ_{xy}、τ_{yz}、τ_{zx} 共 6 个应力分量，如果应变和应力分别表示为 $\boldsymbol{\varepsilon}=[\varepsilon_x\ \varepsilon_y\ \varepsilon_z\ \gamma_{xy}\ \gamma_{yz}\ \gamma_{zx}]^{\mathrm{T}}$、$\boldsymbol{\sigma}=[\sigma_x\ \sigma_y\ \sigma_z\ \tau_{xy}\ \tau_{yz}\ \tau_{zx}]^{\mathrm{T}}$，则在线弹性范围内时，两者之间的关系表示为物理方程

$$\boldsymbol{\sigma} = \boldsymbol{D}\boldsymbol{\varepsilon} \tag{4-3}$$

式中，矩阵 $\boldsymbol{D}$ 为弹性矩阵，

$$\boldsymbol{D} = \dfrac{E(1-\mu)}{(1+\mu)(1-2\mu)} \begin{bmatrix} 1 & & & & & \\ \dfrac{\mu}{1-\mu} & 1 & & & & \\ \dfrac{\mu}{1-\mu} & \dfrac{\mu}{1-\mu} & 1 & & \text{对称} & \\ 0 & 0 & 0 & \dfrac{1-2\mu}{2(1-\mu)} & & \\ 0 & 0 & 0 & 0 & \dfrac{1-2\mu}{2(1-\mu)} & \\ 0 & 0 & 0 & 0 & 0 & \dfrac{1-2\mu}{2(1-\mu)} \end{bmatrix}$$

4.2 三维问题的四面体单元

4.2.1 位移函数

如图 4-1 所示 4 节点四面体单元是最简单的三维实体单元，该单元有 4 个节点 i、j、m、n，每个节点有 3 个自由度，单元共有 12 个自由度。设单元节点位移为

$$\delta^e = [u_i \ v_i \ w_i \ u_j \ v_j \ w_j \ u_m \ v_m \ w_m \ u_n \ v_n \ w_n]^T$$

取单元位移函数为

$$\begin{cases} u(x,y,z) = \alpha_1 + \alpha_2 x + \alpha_3 y + \alpha_4 z \\ v(x,y,z) = \alpha_5 + \alpha_6 x + \alpha_7 y + \alpha_8 z \\ w(x,y,z) = \alpha_9 + \alpha_{10} x + \alpha_{11} y + \alpha_{12} z \end{cases} \quad (4\text{-}4)$$

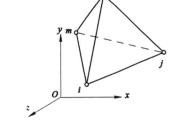

图 4-1 四面体单元

单元共有 12 个自由度，所以可以由节点坐标和位移求出待定系数 α_1、α_2、$\cdots$、α_{12}。

解出系数 α_1、α_2、$\cdots$、α_{12} 后回代，即得插值型位移函数

$$\begin{cases} u = N_i u_i + N_j u_j + N_m u_m + N_n u_n \\ v = N_i v_i + N_j v_j + N_m v_m + N_n v_n \\ w = N_i w_i + N_j w_j + N_m w_m + N_n w_n \end{cases} \quad (4\text{-}5a)$$

式中，形函数 $N_i = \dfrac{1}{6V}(a_i + b_i x + c_i y + d_i z)$ （i,j,m,n），V 是单元的体积。

$$V = \dfrac{1}{6}\begin{vmatrix} 1 & x_i & y_i & z_i \\ 1 & x_j & y_j & z_j \\ 1 & x_m & y_m & z_m \\ 1 & x_n & y_n & z_n \end{vmatrix}$$，系数 "a_i,b_i,c_i,d_i" "a_j,b_j,c_j,d_j" "a_m,b_m,c_m,d_m" "a_n,b_n,c_n,d_n" 分别是行列式

$6V$ 的第 1、2、3、4 行的代数余子式。

将式（4-5a）写成矩阵形式，有

$$f = N\delta^e \quad (4\text{-}5b)$$

式中，形函数矩阵 $N = [N_i I \ N_j I \ N_m I \ N_n I]$，$I$ 为三阶单位方阵。

为使由行列式计算出的单元体积 V 为正值，单元 4 个节点 i、j、m、n 的顺序应按右手定则排列。即伸开右手拇指，握起其余四指并指向节点 i-j-m 的方向，则拇指应指向节点 n 的方向。

因为单元位移函数是线性的，相邻单元公共界面变形后仍然为一平面，可以由 3 个节点位移唯一确定，所以该位移函数满足相容性要求。

将位移函数代入式（4-2）得

$$\varepsilon = [\alpha_2 \ \alpha_7 \ \alpha_{12} \ \alpha_3+\alpha_6 \ \alpha_8+\alpha_{11} \ \alpha_4+\alpha_{10}]^T$$

位移函数的所有系数都是常数，所以位移函数包含常量应变。

将位移函数改写为

$$\begin{cases} u(x,y,z) = \alpha_1 + \alpha_2 x + \dfrac{\alpha_3 - \alpha_6}{2} y + \dfrac{\alpha_3 + \alpha_6}{2} y + \dfrac{\alpha_4 - \alpha_{10}}{2} z + \dfrac{\alpha_4 + \alpha_{10}}{2} z \\ v(x,y,z) = \alpha_5 + \dfrac{\alpha_6 - \alpha_3}{2} x + \dfrac{\alpha_6 + \alpha_3}{2} x + \alpha_7 y + \dfrac{\alpha_8 - \alpha_{11}}{2} z + \dfrac{\alpha_8 + \alpha_{11}}{2} z \\ w(x,y,z) = \alpha_9 + \dfrac{\alpha_{10} - \alpha_4}{2} x + \dfrac{\alpha_{10} + \alpha_4}{2} x + \dfrac{\alpha_{11} - \alpha_8}{2} y + \dfrac{\alpha_{11} + \alpha_8}{2} y + \alpha_{12} z \end{cases} \quad (4\text{-}6)$$

当单元只有刚性位移时,所有应变分量都为零,即 $\alpha_2=\alpha_7=\alpha_{12}=\alpha_3+\alpha_6=\alpha_8+\alpha_{11}=\alpha_4+\alpha_{10}=0$,代入式(4-6)可得

$$\begin{cases} u(x,y,z) = \alpha_1 + \dfrac{\alpha_3 - \alpha_6}{2} y - \dfrac{\alpha_{10} - \alpha_4}{2} z \\ v(x,y,z) = \alpha_5 - \dfrac{\alpha_3 - \alpha_6}{2} x + \dfrac{\alpha_8 - \alpha_{11}}{2} z \\ w(x,y,z) = \alpha_9 + \dfrac{\alpha_{10} - \alpha_4}{2} x - \dfrac{\alpha_8 - \alpha_{11}}{2} y \end{cases}$$

显然,系数 α_1、α_5、α_{12} 代表刚性平动位移,而 $(\alpha_8-\alpha_{11})/2$、$(\alpha_{10}-\alpha_4)/2$、$(\alpha_3-\alpha_6)/2$ 分别代表绕 x、y、z 轴的刚性转动位移,所以位移函数包括刚性位移。位移函数满足完备性要求。

4.2.2 单元刚度矩阵

将式(4-5b)代入式(4-2),得单元上点的应变为

$$\boldsymbol{\varepsilon} = \boldsymbol{B}\boldsymbol{\delta}^e$$

式中,几何矩阵 $\boldsymbol{B} = [\boldsymbol{B}_i \quad \boldsymbol{B}_j \quad \boldsymbol{B}_m \quad \boldsymbol{B}_n]$, $\boldsymbol{B}_i = \dfrac{1}{6V} \begin{bmatrix} b_i & 0 & 0 \\ 0 & c_i & 0 \\ 0 & 0 & d_i \\ c_i & b_i & 0 \\ 0 & d_i & c_i \\ d_i & 0 & b_i \end{bmatrix}$ (i,j,m,n)。可见几何矩阵 $\boldsymbol{B}$ 和应变 $\boldsymbol{\varepsilon}$ 都是常量矩阵,该单元是常应变单元。再由式(4-3)所示的物理方程,可得该单元还是常应力单元。

单元刚度矩阵为

$$\boldsymbol{K}^e = \int_{V^e} \boldsymbol{B}^{\mathrm{T}} \boldsymbol{D} \boldsymbol{B} \mathrm{d}V = V^e \boldsymbol{B}^{\mathrm{T}} \boldsymbol{D} \boldsymbol{B} \quad (4\text{-}7)$$

式中,V^e 为单元体积。将几何矩阵 $\boldsymbol{D}$ 和弹性矩阵 $\boldsymbol{B}$ 代入可得单元刚度矩阵 $\boldsymbol{K}^e$ 的显式。

4.2.3 载荷移置与等效节点载荷

设单元 $ijmn$ 在点 (x,y,z) 处作用有集中力 P,其分量分别为 P_x、P_y、P_z,即 $\boldsymbol{P} = [P_x \quad P_y \quad P_z]^{\mathrm{T}}$,移置后的等效节点载荷为 $\boldsymbol{R}^e = [R_{ix} \quad R_{iy} \quad R_{iz} \quad R_{jx} \quad R_{jy} \quad R_{jz} \quad R_{mx} \quad R_{my} \quad R_{mz} \quad R_{nx} \quad R_{ny}$

$R_{nz}]^T$，则

$$R^e = N^T P \qquad (4\text{-}8)$$

即集中力 P 的移置公式。在式（4-8）的基础上，可以得出其他类型载荷的移置公式。

4.3 轴对称问题及其有限单元法

4.3.1 轴对称问题

如图 4-2 所示的回转体结构，其形状对称于中心轴，如果其承受的载荷也对称于该中心轴，则该回转体上的变形、应变、应力同样也对称于该中心轴，这样的问题即可简化为轴对称问题。分析时可只取一子午面进行研究，于是将一个空间问题简化为一个平面问题。

研究轴对称问题时，通常采用图 4-2 所示的圆柱坐标系，且取对称轴为 z 轴。设结构沿径向、周向和轴向的位移分别为 u、v、w。因为轴对称性，有周向位移 $v=0$，且位移 u、w 与周向坐标 θ 无关，只是坐标 r、z 的函数，即

$$\begin{cases} u=u(r,z) \\ w=w(r,z) \end{cases}$$

图 4-2 轴对称问题

由于轴对称性，应变分量 $\gamma_{r\theta}=\gamma_{z\theta}=0$，而子午面上的应变分量 ε_r、ε_z、γ_{rz} 不为零。另外，由于点的径向位移会产生周向位移，相应的周向应变为 $\varepsilon_\theta=u/r$，所以几何方程为

$$\boldsymbol{\varepsilon} = \begin{bmatrix} \varepsilon_r \\ \varepsilon_\theta \\ \varepsilon_z \\ \gamma_{rz} \end{bmatrix} = \begin{bmatrix} \dfrac{\partial u}{\partial r} \\ \dfrac{u}{r} \\ \dfrac{\partial w}{\partial z} \\ \dfrac{\partial u}{\partial z}+\dfrac{\partial w}{\partial r} \end{bmatrix} = \begin{bmatrix} \dfrac{\partial}{\partial r} & 0 \\ \dfrac{1}{r} & 0 \\ 0 & \dfrac{\partial}{\partial z} \\ \dfrac{\partial}{\partial z} & \dfrac{\partial}{\partial r} \end{bmatrix} \begin{bmatrix} u \\ w \end{bmatrix} \qquad (4\text{-}9)$$

设结构上点的应力为 $\boldsymbol{\sigma}=[\sigma_r\ \sigma_\theta\ \sigma_z\ \tau_{rz}]^T$，对于线性问题，应力、应变应满足物理方程

$$\boldsymbol{\sigma}=\boldsymbol{D}\boldsymbol{\varepsilon} \qquad (4\text{-}10)$$

式中，$\boldsymbol{D}$ 为弹性矩阵，$\boldsymbol{D}=\dfrac{E(1-\mu)}{(1+\mu)(1-2\mu)}\begin{bmatrix} 1 & & & \text{对称} \\ \dfrac{\mu}{1-\mu} & 1 & & \\ \dfrac{\mu}{1-\mu} & \dfrac{\mu}{1-\mu} & 1 & \\ 0 & 0 & 0 & \dfrac{1-2\mu}{2(1-\mu)} \end{bmatrix}$。

4.3.2 轴对称问题的有限单元法

(1) 结构离散化。分析时取一个子午面（图 4-3 阴影部分）研究即可，现用简单的 3 节点三角形平面单元对其离散化。如图 4-3 所示，划分得到的单元实际上代表一个回转体，一个节点代表一个圆周。在节点上施加节点载荷时，其数值应等于整个圆周上所有载荷的和。

(2) 位移函数。如图 4-3 所示的三角形单元共有 3 个节点，每个节点有两个自由度，单元节点位移为 $\delta^e = [u_i\ w_i\ u_j\ w_j\ u_m\ v_m]^T$，单元共有 6 个自由度，所以取位移函数为

图 4-3 轴对称单元

$$\begin{cases} u(r,z) = \alpha_1 + \alpha_2 r + \alpha_3 z \\ w(r,z) = \alpha_4 + \alpha_5 r + \alpha_6 z \end{cases} \quad (4-11)$$

由节点坐标和位移求出待定系数 α_1、α_2、…、α_6，回代即得插值型位移函数

$$\begin{cases} u = N_i u_i + N_j u_j + N_m u_m \\ w = N_i w_i + N_j w_j + N_m w_m \end{cases} \quad (4\text{-}12a)$$

或

$$f = N\delta^e \quad (4\text{-}12b)$$

式中，形函数矩阵 $N = [N_i I\ \ N_j I\ \ N_m I]$，$I$ 为二阶单位方阵。形函数 $N_i = \dfrac{1}{2\Delta}(a_i + b_i r + c_i z)$ (i,j,m)，Δ 是单元的面积，$a_i = r_j z_m - r_m z_j$，$b_i = z_j - z_m$，$c_i = r_m - r_j$ (i,j,m)。

类似于平面问题的分析，可得该位移函数满足相容性要求和完备性要求。

(3) 应变和应力。将位移函数式（4-12）代入式（4-9），得单元上点的应变

$$\varepsilon = B\delta^e \quad (4-13)$$

式中，几何矩阵 $B = [B_i\ \ B_j\ \ B_m]$，$B_i = \dfrac{1}{2\Delta}\begin{bmatrix} b_i & 0 \\ f_i & 0 \\ 0 & c_i \\ c_i & b_i \end{bmatrix}$，$f_i = \dfrac{a_i}{r} + b_i + \dfrac{c_i z}{r}$ (i,j,m)。可见几何矩阵 B 和应变 ε 都不是常量矩阵，而是与坐标有关。

按物理方程，单元上的应力为

$$\sigma = D\varepsilon = DB\delta^e \quad (4-14)$$

可见轴对称问题与平面问题不同，不仅存在周向应变和周向应力，而且应变 ε 和应力 σ 在单元内都不是常量，而是与坐标 r、z 有关。

(4) 单元刚度矩阵。单元刚度矩阵为

$$K^e = \int_{V^e} B^T D B \mathrm{d}V \quad (4-15)$$

式中，V^e 为图 4-3 所示单元回转体的体积。由于单元代表着回转体，所以

$$dV = 2\pi r \, dr \, dz$$

代入式（4-15）得

$$K^e = 2\pi \int_{S^e} B^T D B r \, dr \, dz$$

式中，S^e 为三角形单元 ijm 的面积。

（5）载荷移置与等效节点载荷。集中力 P 的移置公式与平面问题相同，即

$$R^e = N^T P \tag{4-16}$$

集中力 P 和等效节点载荷 R^e 均为整个圆周上所有载荷的和。

（6）求积分问题。在计算单元刚度矩阵 K^e 和等效节点载荷 R^e 时，需要计算三角形单元面积域内的积分，其形式为

$$F = \int_{S^e} f(r,z) \, dr \, dz$$

由于被积函数 $f(r,z)$ 含有 $1/r$ 项，直接求积分很困难，所以一般采用近似数值算法求解。

当单元尺寸足够小时，可取

$$F = \int_{S^e} f(r,z) \, dr \, dz = \frac{\Delta}{3}(f_i + f_j + f_m) \tag{4-17}$$

式中，f_i、f_j、f_m 分别为被积函数 $f(r,z)$ 在节点 i、j、m 处的值。

也可以取

$$F = \int_{S^e} f(r,z) \, dr \, dz = f_c \Delta \tag{4-18}$$

式中，f_c 为被积函数 $f(r,z)$ 在单元 ijm 重心处的值。

第 5 章 梁单元

5.1 直梁平面弯曲问题及梁单元

5.1.1 直梁平面弯曲问题

图 5-1 直梁

如图 5-1 所示,直梁在横向载荷作用下发生弯曲变形。当直梁有纵向对称面,且载荷也作用于该对称面时,直梁的变形是平面弯曲。直梁在纯弯曲时满足平面假设:变形后梁横截面仍保持为平面,并仍垂直于变形后的轴线,只是横截面绕某一轴线旋转了一个角度。梁的横截面上只有剪力 Q 和弯矩 M 两种内力,挠度 v 和转角 θ 是弯曲变形的两个基本量,由于挠曲线比较平坦、转角 θ 非常小,所以有转角

$$\theta = \tan\theta = \frac{dv}{dx}$$

曲率

$$k = -\frac{d^2v}{dx^2}$$

根据静力平衡条件

$$M = -EIk = EI\frac{d^2v}{dx^2}$$

$$Q = \frac{dM}{dx} = EI\frac{d^3v}{dx^3}$$

式中,I 为横截面对中性轴的惯性矩,E 为材料的弹性模量。

5.1.2 直梁平面弯曲问题的有限单元法

(1) 直梁平面弯曲问题的有限单元法。如图 5-2 所示,首先对梁划分单元,当前使用的单元类型是较简单的 2 节点平面梁单元,应该在载荷作用点处及横截面发生变化处设置节点。

(a)　　　　　　　　　　(b)

图 5-2 变截面梁

取如图 5-3 所示的任意一个单元为对象进行研究，每个单元有两个节点，每个节点有两个自由度。定义图 5-3 所示的局部坐标系 $\xi O\eta$，则单元节点位移列阵为

$$\boldsymbol{\Delta}^{\prime e}=[w_i \quad \theta_i \quad w_j \quad \theta_j]^{\mathrm{T}} \quad (5\text{-}1)$$

单元节点力列阵为

$$\boldsymbol{F}^{\prime e}=[Q_i \quad M_i \quad Q_j \quad M_j]^{\mathrm{T}} \quad (5\text{-}2)$$

设 2 节点梁单元的位移函数为

$$w = N_1 w_i + N_2 \theta_i + N_3 w_j + N_4 \theta_j \quad (5\text{-}3\mathrm{a})$$

图 5-3 梁单元

式中，形函数 N_i（$i=1,2,3,4$）采用 Hermite 三次多项式

$$\begin{cases} N_1 = 1 - \dfrac{3\xi^2}{l^2} + \dfrac{2\xi^3}{l^3} \\ N_2 = \xi - \dfrac{2\xi^2}{l} + \dfrac{\xi^3}{l^2} \\ N_3 = \dfrac{3\xi^2}{l^2} - \dfrac{2\xi^3}{l^3} \\ N_4 = -\dfrac{\xi^2}{l} + \dfrac{\xi^3}{l^2} \end{cases}, \quad 0 \leqslant \xi \leqslant l，l \text{ 为单元}$$

的长度。令形函数矩阵 $\boldsymbol{N}=[N_1 \quad N_2 \quad N_3 \quad N_4]$，则

$$w = \boldsymbol{N}\boldsymbol{\delta}^{\prime e} \quad (5\text{-}3\mathrm{b})$$

对位移函数求二阶导数得

$$\frac{\mathrm{d}^2 w}{\mathrm{d}\xi^2} = \boldsymbol{S}\boldsymbol{\delta}^{\prime e}$$

式中，$\boldsymbol{S}=[S_1 \quad S_2 \quad S_3 \quad S_4]$，$\begin{cases} S_1 = -\dfrac{6}{l^2} + \dfrac{12\xi}{l^3} \\ S_2 = -\dfrac{4}{l} + \dfrac{6\xi}{l^2} \\ S_3 = \dfrac{6}{l^2} - \dfrac{12\xi}{l^3} \\ S_4 = -\dfrac{2}{l} + \dfrac{6\xi}{l^2} \end{cases}$。

忽略剪力产生的变形能，梁单元的总变形能为

$$U^e = \frac{EI}{2} \int_0^l \left(\frac{\mathrm{d}^2 w}{\mathrm{d}\xi^2}\right)^2 \mathrm{d}\xi = \frac{EI}{2} \int_0^l \boldsymbol{\delta}^{\prime e\mathrm{T}} \boldsymbol{S}^{\mathrm{T}} \boldsymbol{S} \boldsymbol{\delta}^{\prime e} \mathrm{d}\xi = \boldsymbol{\delta}^{\prime e\mathrm{T}} \frac{EI}{2} \int_0^l \boldsymbol{S}^{\mathrm{T}} \boldsymbol{S} \mathrm{d}\xi \boldsymbol{\delta}^{\prime e} = \frac{1}{2} \boldsymbol{\delta}^{\prime e\mathrm{T}} \boldsymbol{K}^{\prime e} \boldsymbol{\delta}^{\prime e}$$

式中，$\boldsymbol{K}^{\prime e} = EI \int_0^l \boldsymbol{S}^{\mathrm{T}} \boldsymbol{S} \mathrm{d}\xi = \dfrac{EI}{l^3} \begin{bmatrix} 12 & 6l & -12 & 6l \\ 6l & 4l^2 & -6l & 2l^2 \\ -12 & -6l & 12 & -6l \\ 6l & 2l^2 & -6l & 4l^2 \end{bmatrix}$。

梁单元的总势能为

$$\Pi = U^e - W^e = \frac{1}{2}\boldsymbol{\delta}'^{eT}\boldsymbol{K}'^e\boldsymbol{\delta}'^e - \int_0^l p(\xi)w(\xi)\mathrm{d}\xi - \sum_k q_k w(\xi_k) - \sum_k m_k \theta_k(\xi_k)$$

式中，$p(\xi)$、q_k、m_k 分别是梁单元上的分布压力、横向集中力、弯矩等外载荷，ξ_k 为载荷作用点的坐标。由于势能泛函包括求解函数 w 的二阶导数，所以梁弯曲问题属于 C_1 阶连续问题。

根据最小势能原理，有

$$\frac{\partial \Pi}{\partial \delta'_i} = \frac{\partial U^e}{\partial \delta'_i} - \frac{\partial W^e}{\partial \delta'_i} = 0 \quad (i=1,2,3,4)$$

式中，δ'_i（$i=1,2,3,4$）为单元节点位移 $\boldsymbol{\delta}'^e$ 的各个分量 w_i、θ_i、w_j、θ_j。经推导可得，变形能 U^e 的导数为 $\boldsymbol{K}'^e \boldsymbol{\delta}'^e$，外力功 W^e 的导数为 $\boldsymbol{R}'^e = \int_0^l \boldsymbol{N}^T(\xi)p(\xi)\mathrm{d}\xi + \sum_k \boldsymbol{N}^T(\xi_k)q_k + \sum_k \frac{\mathrm{d}\boldsymbol{N}^T}{\mathrm{d}\xi}(\xi_k)m_k$，$\boldsymbol{R}'^e$ 为节点载荷列阵，根据静力平衡关系，$\boldsymbol{R}'^e = \boldsymbol{F}'^e$，即

$$\boldsymbol{K}'^e \boldsymbol{\delta}'^e = \boldsymbol{F}'^e \tag{5-4}$$

可见，$\boldsymbol{K}'^e$ 为单元刚度矩阵。

（2）考虑轴向变形的广义梁单元。如图 5-4 所示，广义梁单元增加了轴向自由度，即每个节点有 3 个自由度，每个单元有 6 个自由度，单元节点位移列阵为

$$\boldsymbol{\delta}'^e = [\Delta_i \quad w_i \quad \theta_i \quad \Delta_j \quad w_j \quad \theta_j]^T \tag{5-5}$$

单元节点力列阵为

$$\boldsymbol{F}'^e = [T_i \quad Q_i \quad M_i \quad T_j \quad Q_j \quad M_j]^T \tag{5-6}$$

根据材料力学知识，在局部坐标系 $\xi O \eta$ 中，轴向位移 Δ 只与轴向力 T 有关，弯曲位移 w、θ 只与弯曲力 Q、M 有关，即轴向位移和弯曲位移互不相干。

设在线弹性范围内，轴向位移与轴向力的关系为

$$\begin{bmatrix} T_i \\ T_j \end{bmatrix} = \boldsymbol{K}^t \begin{bmatrix} \Delta_i \\ \Delta_j \end{bmatrix} \tag{5-7}$$

图 5-4 广义梁单元

式中，$\boldsymbol{K}^t = \begin{bmatrix} K_{ii}^t & K_{ij}^t \\ K_{ji}^t & K_{jj}^t \end{bmatrix}$，为梁单元轴向位移对应的刚度矩阵。

根据单元刚度矩阵元素的物理意义及杆件拉伸理论，当 $\Delta_i=1$、$\Delta_j=0$ 时，有

$$K_{ii}^t = T_i = \frac{EA}{l}, \quad K_{ji}^t = T_j = -\frac{EA}{l}$$

式中，A 为杆的横截面面积；同理当 $\Delta_i=0$、$\Delta_j=1$ 时，有

$$K_{ij}^t = T_i = -\frac{EA}{l}, \quad K_{jj}^t = T_j = \frac{EA}{l}$$

于是有

$$\boldsymbol{K}^t = \frac{EA}{l}\begin{bmatrix} 1 & -1 \\ -1 & 1 \end{bmatrix}$$

弯曲位移与弯曲力的关系仍然可以用式（5-4）表示，合并式（5-4）和式（5-7），即得到同时考虑轴向位移和弯曲位移时单元刚度方程为

$$\begin{bmatrix} T_i \\ Q_i \\ M_i \\ T_j \\ Q_j \\ M_j \end{bmatrix} = \begin{bmatrix} \dfrac{EA}{l} & 0 & 0 & -\dfrac{EA}{l} & 0 & 0 \\ 0 & \dfrac{12EI}{l^3} & \dfrac{6EI}{l^2} & 0 & -\dfrac{12EI}{l^3} & \dfrac{6EI}{l^2} \\ 0 & \dfrac{6EI}{l^2} & \dfrac{4EI}{l} & 0 & -\dfrac{6EI}{l^2} & \dfrac{2EI}{l} \\ -\dfrac{EA}{l} & 0 & 0 & \dfrac{EA}{l} & 0 & 0 \\ 0 & -\dfrac{12EI}{l^3} & -\dfrac{6EI}{l^2} & 0 & \dfrac{12EI}{l^3} & -\dfrac{6EI}{l^2} \\ 0 & \dfrac{6EI}{l^2} & \dfrac{2EI}{l} & 0 & -\dfrac{6EI}{l^2} & \dfrac{4EI}{l} \end{bmatrix} \begin{bmatrix} \varDelta_i \\ w_i \\ \theta_i \\ \varDelta_j \\ w_j \\ \theta_j \end{bmatrix}$$ (5-8a)

或简写为

$$\boldsymbol{F'}^e = \boldsymbol{K'}^e \boldsymbol{\delta'}^e \tag{5-8b}$$

（3）单元刚度矩阵的坐标变换。使用局部坐标系可使轴向位移和弯曲位移互相独立，而且数学处理比较简单，为研究问题带来极大方便。但由单元刚度矩阵形成结构总体刚度矩阵时，所有单元必须在一个统一的全局坐标系下进行，所以存在单元刚度矩阵的坐标变换问题。

如图 5-5 所示，坐标系 xoy 是全局坐标系，坐标系 $\xi O\eta$ 是单元的局部坐标系。设节点 i 在坐标系 $\xi O\eta$ 上的线性位移为 $\varDelta_i$、w_i，在坐标系 xoy 上的线性位移为 u_i、v_i，根据几何关系有

$$\begin{cases} \varDelta_i = u_i\cos\alpha + v_i\sin\alpha \\ w_i = -u_i\sin\alpha + v_i\cos\alpha \end{cases}$$

另外，在不同坐标系下节点的转角是相等的，所以有

$$\begin{bmatrix} \varDelta_i \\ w_i \\ \theta_i \end{bmatrix} = \begin{bmatrix} \cos\alpha & \sin\alpha & 0 \\ -\sin\alpha & \cos\alpha & 0 \\ 0 & 0 & 1 \end{bmatrix} \begin{bmatrix} u_i \\ v_i \\ \theta_i \end{bmatrix}$$

图 5-5　坐标变换

简写为

$$\boldsymbol{\delta}'_i = \boldsymbol{\lambda}\boldsymbol{\delta}_i$$

式中，$\boldsymbol{\lambda}$ 为局部坐标系 $\xi O\eta$ 上的节点位移 $\boldsymbol{\delta}'_i$ 对全局坐标系 xoy 的节点位移 $\boldsymbol{\delta}_i$ 的变换矩阵。于是对局部坐标系 $\xi O\eta$ 上的单元节点位移 $\boldsymbol{\delta}'^e$，对全局坐标系 xoy 的单元节点位移 $\boldsymbol{\delta}^e$ 也有类似关系

$$\boldsymbol{\delta'}^e = \boldsymbol{T}^e \boldsymbol{\delta}^e \tag{5-9}$$

式中，$\boldsymbol{T}^e$ 为单元节点位移的变换矩阵，$\boldsymbol{T}^e = \begin{bmatrix} \boldsymbol{\lambda} & \boldsymbol{0} \\ \boldsymbol{0} & \boldsymbol{\lambda} \end{bmatrix}$。

同理可得，单元节点力也有类似关系

$$\boldsymbol{F'}^e = \boldsymbol{T}^e \boldsymbol{F}^e \tag{5-10}$$

将式（5-9）和式（5-10）代入式（5-8），可得

$$\boldsymbol{T}^e \boldsymbol{F}^e = \boldsymbol{K'}^e \boldsymbol{T}^e \boldsymbol{\delta}^e$$
$$\boldsymbol{F}^e = \boldsymbol{K}^e \boldsymbol{\delta}^e \tag{5-11}$$

式中，单元刚度矩阵 $\boldsymbol{K}^e = \boldsymbol{T}^{e-1} \boldsymbol{K'}^e \boldsymbol{T}^e$，矩阵 $\boldsymbol{T}^{e-1}$ 为变换矩阵 $\boldsymbol{T}^e$ 的逆矩阵。

5.2 铁摩辛柯梁单元

1. 铁摩辛柯梁理论

前面研究问题采用的是形式比较简单、在工程实际中普遍应用的欧拉-伯努利（Euler-Bernoulli）梁理论，该理论认为梁的横向剪切变形与弯曲变形相比很小，可以忽略。也就是说，变形后梁横截面仍保持为平面，并仍垂直于变形后的轴线。欧拉-伯努利梁理论对细长梁是有效的，不会产生显著的误差。但对于短粗梁、高频模态的激励问题、复合材料梁，由于横向剪切变形不可以忽略，就需要使用铁摩辛柯（Timoshenko）梁理论进行研究。

铁摩辛柯梁理论考虑了横向剪切变形与转动惯量的影响。该理论假设变形后梁横截面仍保持为平面，但剪切力 Q 产生的横向剪切变形引起了梁的附加挠度，并使原来垂直于轴线的横截面变形后不再与轴线垂直，发生了翘曲。

如图 5-6 所示，当忽略剪切变形时，梁的微段变形后形状如虚线所示，根据平面假设，其横截面法线与梁轴线切线重合。而考虑剪切变形时，截面法线与梁轴线之间有一夹角 β，其大小为

图 5-6 铁木辛科梁

$$\beta = \psi - \frac{dw}{d\xi} \tag{5-12}$$

式中，ψ 为只考虑弯曲时梁横截面转角，$dw/d\xi$ 为梁轴线切线与 ξ 轴夹角，w 为梁的挠度。

则距离中性层为 η 的点沿 ξ 轴方向的位移

$$u = -\psi\eta = -\eta(\beta + \frac{dw}{d\xi})$$

沿 ξ 轴方向的正应变为

$$\varepsilon_\xi = \frac{\partial u}{\partial \xi} = -\eta \frac{d\psi}{d\xi}$$

$\xi\eta$ 平面上的剪切应变为

$$\gamma_{\xi\eta} = \beta = \psi - \frac{dw}{d\xi}$$

在线弹性范围内，梁横截面上的弯矩为

$$M = \int_A \sigma_\xi \eta dA = \int_A E\varepsilon_\xi \eta dA = -EI\frac{d\psi}{d\xi} \tag{5-13}$$

假设横截面上的剪切应变和剪切应力均匀分布，则剪切力为

$$Q = G\gamma_{\xi\eta}A = GA(\psi - \frac{dw}{d\xi})$$

式中，A 为横截面面积，G 为剪切弹性模量。为了考虑横截面上剪切应力分布的不均匀性，引入剪切校正因子 κ 进行修正，有

$$Q = \kappa GA(\psi - \frac{dw}{d\xi}) \tag{5-14}$$

对于矩形截面，$\kappa = \frac{10(1+\mu)}{12+11\mu}$；对于圆形截面，$\kappa = \frac{10(1+\mu)}{12+11\mu}$，其中，$\mu$ 为泊松比。

2. 铁摩辛柯梁单元

仍然采用如图 5-4 所示的梁单元，每个单元有两个节点，每个节点仍然有两个自由度——挠度 w 和转角 ψ，但与普通梁单元不同，两个自由度是相互独立的，则单元节点位移列阵为

$$\boldsymbol{\delta}^e = [w_i \quad \psi_i \quad w_j \quad \psi_j]^T \tag{5-15}$$

取位移函数为

$$\begin{cases} w = N_i w_i + N_j w_j \\ \psi = N_i \psi_i + N_j \psi_j \end{cases} \tag{5-16}$$

式中，形函数 $N_i = 1 - \frac{\xi}{l}$，$N_j = \frac{\xi}{l}$，$0 \leqslant \xi \leqslant l$，形函数矩阵为 $\boldsymbol{N} = \begin{bmatrix} N_i & 0 & N_j & 0 \\ 0 & N_i & 0 & N_j \end{bmatrix}$。

则包括剪力产生的变形能在内的梁单元的总势能为

$$\Pi = \frac{EI}{2} \int_0^l \left(\frac{d\psi}{d\xi}\right)^2 d\xi + \frac{\kappa GA}{2} \int_0^l \left(\psi - \frac{dw}{d\xi}\right)^2 d\xi - \int_0^l p(\xi)w(\xi)d\xi - \sum_k q_k w(\xi_k) - \sum_k m_k \theta_k(\xi_k) \tag{5-17}$$

式中第一部分、第二部分分别为弯曲和剪切所产生的变形能，两者的和为总变形能 U^e。由于势能泛函包括求解函数的一阶导数，所以铁摩辛柯梁弯曲问题属于 C_0 阶连续问题。

根据最小势能原理，可得

$$\boldsymbol{K}^e \boldsymbol{\delta}^e = \boldsymbol{F}^e \tag{5-18}$$

式中，单元刚度矩阵 $\boldsymbol{K}^e = \boldsymbol{K}_b + \boldsymbol{K}_s$，$\boldsymbol{K}_b$、$\boldsymbol{K}_s$ 分别为只有弯曲或剪切时的单元刚度矩阵，将位移函数代入式（5-17）并令总势能对位移分量的导数为零，可得

$$\boldsymbol{K}_b = EI \int_0^l \begin{bmatrix} 0 \\ -\frac{1}{l} \\ 0 \\ \frac{1}{l} \end{bmatrix} \begin{bmatrix} 0 & -\frac{1}{l} & 0 & \frac{1}{l} \end{bmatrix} d\xi = \frac{EI}{l} \begin{bmatrix} 0 & 0 & 0 & 0 \\ 0 & 1 & 0 & -1 \\ 0 & 0 & 0 & 0 \\ 0 & -1 & 0 & 1 \end{bmatrix}$$

以及

$$\boldsymbol{K}_s = \kappa GA \int_0^l \begin{bmatrix} \frac{1}{l} \\ 1 - \frac{\xi}{l} \\ -\frac{1}{l} \\ \frac{\xi}{l} \end{bmatrix} \begin{bmatrix} \frac{1}{l} & 1-\frac{\xi}{l} & -\frac{1}{l} & \frac{\xi}{l} \end{bmatrix} d\xi = \frac{\kappa GA}{l} \begin{bmatrix} 1 & \frac{l}{2} & -1 & \frac{l}{2} \\ \frac{l}{2} & \frac{l^2}{3} & -\frac{l}{2} & \frac{l^2}{6} \\ -1 & -\frac{l}{2} & 1 & -\frac{l}{2} \\ \frac{l}{2} & \frac{l^2}{6} & -\frac{l}{2} & \frac{l^2}{3} \end{bmatrix}$$

F^e 为单元节点力列阵，有 $F^e = \int_0^l N^T(\xi) \begin{bmatrix} p(\xi) \\ 0 \end{bmatrix} d\xi + \sum_k N^T(\xi_k) \begin{bmatrix} q_k \\ 0 \end{bmatrix} + \sum_k \dfrac{dN^T}{d\xi}(\xi_k) \begin{bmatrix} 0 \\ m_k \end{bmatrix}$。

3. 剪切闭锁

对于细长梁，其高度和长度的比值 h/l 较小，剪切变形近似为零，结合式（5-16）可得

$$\beta = \psi - \frac{dw}{d\xi} = \frac{w_i - w_j}{l} + \psi_i + \frac{\psi_j - \psi_i}{l}\xi = 0 \tag{5-19}$$

欲使式（5-19）对任意单元成立，则不仅其常数项为零，一次项也应恒为零，即有 $\psi_i = \psi_j$，代入位移函数式（5-16）可得 $\psi = \psi_i = \psi_j$，这意味着梁没有弯曲变形，与实际不符，这种现象称为剪切闭锁。

在计算中导致剪切闭锁的原因：挠度与转动采用了同阶的插值表示式，使得 $dw/d\xi$ 与 ψ 不同阶，对于细长梁无法使式（5-19）恒成立。产生问题的根源在于铁摩辛柯梁单元对挠度和转角分别独立插值，当梁高度较大时是可行的；而当高度很小时，转角为挠度的导数而不再是独立的，分别独立插值就会出问题。也就是说，剪切闭锁是用研究短粗梁的铁摩辛柯梁单元来分析细长梁而产生的问题。

可采用减缩积分法来避免产生剪切闭锁。如式（5-20）所示，在计算矩阵 K_s 时，不采用式（5-18）进行精确积分，而是用单元上一点（单元的中心）的值代替被积函数，这相当于将原来的线性函数改为常数，使得 $dw/d\xi$ 与 ψ 同阶，即可避免剪切闭锁。

$$K_s = \kappa GA \int_0^l \begin{bmatrix} \frac{1}{l} \\ \frac{1}{2} \\ -\frac{1}{l} \\ \frac{1}{2} \end{bmatrix} \begin{bmatrix} \frac{1}{l} & \frac{1}{2} & -\frac{1}{l} & \frac{1}{2} \end{bmatrix} d\xi = \frac{\kappa GA}{l} \begin{bmatrix} 1 & \frac{l}{2} & -1 & \frac{l}{2} \\ \frac{l}{2} & \frac{l^2}{4} & -\frac{l}{2} & \frac{l^2}{4} \\ -1 & -\frac{l}{2} & 1 & -\frac{l}{2} \\ \frac{l}{2} & \frac{l^2}{4} & -\frac{l}{2} & \frac{l^2}{4} \end{bmatrix} \tag{5-20}$$

第6章 等参数单元

等参数单元可以具有曲面形状，以便于对复杂形状结构进行单元划分。利用等参数单元可以构造多节点、高精度的复杂单元，也可以根据需要构造各种过渡单元。在杆件结构、平面结构、空间结构和板壳结构中都可应用等参数单元，等参数单元应用最广。计算实践表明，采用等参数单元对结构划分单元，可以达到更高的计算精度，而总计算量可以较少，划分单元也比较方便。

6.1　4 节点矩形单元

4 节点矩形单元是在分析平面问题时使用的一种单元，是分析平面等参数单元的基础，故在此先加以介绍。

如图 6-1 所示，单元有 4 个节点，每个节点有 2 个自由度，单元共有 8 个自由度。取单元的对称轴为单元局部坐标系的 x、y 轴，设节点在 x、y 方向的位移分别为 u、v，则单元节点位移列阵为

$$\boldsymbol{\delta}^e = [u_i\ v_i\ u_j\ v_j\ u_m\ v_m\ u_n\ v_n]^T \quad (6\text{-}1)$$

取单元的位移函数为

$$\begin{cases} u = \alpha_1 + \alpha_2 x + \alpha_3 y + \alpha_4 xy \\ v = \alpha_5 + \alpha_6 x + \alpha_7 y + \alpha_8 xy \end{cases} \quad (6\text{-}2)$$

图 6-1　4 节点矩形单元

将节点坐标和位移代入式（6-2），求解并整理得

$$\begin{cases} u = N_i u_i + N_j u_j + N_m u_m + N_n u_n \\ v = N_i v_i + N_j v_j + N_m v_m + N_n v_n \end{cases} \quad (6\text{-}3a)$$

式中，形函数为双线性函数，即有 $N_i = \dfrac{1}{4}\left(1 + \dfrac{x}{x_i}\right)\left(1 + \dfrac{y}{y_i}\right)$ （i,j,m,n），x_i、y_i（i,j,m,n）为节点的坐标。

令形函数矩阵 $\boldsymbol{N} = \begin{bmatrix} N_i & 0 & N_j & 0 & N_m & 0 & N_n & 0 \\ 0 & N_i & 0 & N_j & 0 & N_m & 0 & N_n \end{bmatrix}$，则式（6-3a）简写为

$$\boldsymbol{f} = \boldsymbol{N}\boldsymbol{\delta}^e \quad (6\text{-}3b)$$

式中，单元位移 $\boldsymbol{f} = [u\ v]^T$。可见，形函数和单元位移在平行于 x 或 y 轴的直线上是线性变化的，而沿其他方向不是线性变化的。由于每条单元边上有两个节点，由两个节点位移可以唯一地定义一条直线，所以相邻单元在边界上的位移是连续的，单元满足协调性要求。由于 $\sum\limits_{i,j,m,n} N_i = 1$，用类似 2.3 节的方法也可以证明，单元满足完备性要求。

根据平面问题的几何方程，单元的应变为

$$\boldsymbol{\varepsilon} = \begin{bmatrix} \varepsilon_x \\ \varepsilon_y \\ \gamma_{xy} \end{bmatrix} = \begin{bmatrix} \dfrac{\partial}{\partial x} & 0 \\ 0 & \dfrac{\partial}{\partial y} \\ \dfrac{\partial}{\partial y} & \dfrac{\partial}{\partial x} \end{bmatrix} \boldsymbol{N}\boldsymbol{\delta}^{\mathrm{e}} = \boldsymbol{B}\boldsymbol{\delta}^{\mathrm{e}} \tag{6-4}$$

式中，$\boldsymbol{B}$ 为单元的几何矩阵，有

$$\boldsymbol{B} = \frac{1}{4ab}\begin{bmatrix} -b+y & 0 & b-y & 0 & b+y & 0 & -b-y & 0 \\ 0 & -a+x & 0 & -a-x & 0 & a+x & 0 & a-x \\ -a+x & -b+y & -a-x & b-y & a+x & b+y & a-x & -b-y \end{bmatrix}$$

根据平面问题的物理方程，单元的应力为

$$\boldsymbol{\sigma} = \boldsymbol{D}\boldsymbol{\varepsilon} = \boldsymbol{D}\boldsymbol{B}\boldsymbol{\delta}^{\mathrm{e}} = \boldsymbol{S}\boldsymbol{\delta}^{\mathrm{e}} \tag{6-5}$$

式中，$\boldsymbol{S}$ 为单元的应力矩阵。

$$\boldsymbol{S} = \frac{E}{4ab(1-\mu^2)}\begin{bmatrix} -b+y & -\mu(a-x) & b-y & -\mu(a+x) & b+y \\ -\mu(b-y) & -a+x & \mu(b-y) & -a-x & \mu(b+y) \\ \dfrac{1-\mu}{2}(x-a) & \dfrac{1-\mu}{2}(y-b) & -\dfrac{1-\mu}{2}(a+x) & \dfrac{1-\mu}{2}(b-y) & \dfrac{1-\mu}{2}(a+x) \end{bmatrix}$$

$$\begin{bmatrix} \mu(a+x) & -b-y & \mu(a-x) \\ a+x & -\mu(b+y) & a-x \\ \dfrac{1-\mu}{2}(b+y) & \dfrac{1-\mu}{2}(a-x) & -\dfrac{1-\mu}{2}(b+y) \end{bmatrix}$$

单元刚度矩阵为

$$\boldsymbol{K}^{\mathrm{e}} = \int_{-a}^{a}\int_{-b}^{b} \boldsymbol{B}^{\mathrm{T}}\boldsymbol{D}\boldsymbol{B} t \,\mathrm{d}x\mathrm{d}y$$

式中，t 为单元的厚度。

6.2 平面 4 节点等参数单元

6.2.1 坐标变换和等参数单元

4 节点矩形单元满足协调性要求和完备性要求，数学处理容易，但对实体形状适应性差。如图 6-2（a）所示的任意四边形单元，其精度比 3 节点三角形单元高，比矩形单元适应性强，便于对复杂形状实体划分单元，也便于根据需要划分疏密不均的网格，但该单元在采用式（6-3）所示的双线性位移函数时，存在不满足协调性的问题。

设如图 6-2（a）所示的任意四边形单元的 ij 边与坐标轴不平行，其方程为

$$y = ax + b \tag{6-6}$$

把式（6-6）代入双线性位移函数式（6-3）时，可得位移 u（v 也如此）为 x 的二次函数

$$u = Ax^2 + Bx + C$$

于是单元边上两个节点坐标和位移就不能唯一确定以上二次函数的各个系数，从而不能保证相邻单元在公共边上位移连续，也就不能满足协调性要求。

为解决这个问题，需要用如图 6-2 所示的坐标变换的方法，将形状复杂的子单元（任意四边形单元）转换成形状规整的母单元（矩形单元）。这样就可以用复杂形状的子单元对复杂形状实体进行网格划分，然后通过坐标变换，将子单元映射成形状规整、满足协调性的母单元，而母单元的形状函数（又称形函数）为简单的双线性函数，计算比较容易。

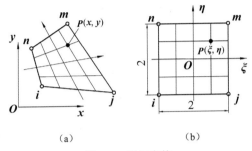

图 6-2　坐标变换

如图 6-2（a）所示为任意四边形单元 $ijmn$ 在全局坐标系 xOy 的一般位置，如图 6-2（b）所示为一边长为 2 的正方形单元，在单元的对称轴处建立单元局部坐标系 $\xi o \eta$，现定义变换关系

$$\begin{cases} x = \sum_{i,j,m,n} N_i(\xi,\eta) x_i \\ y = \sum_{i,j,m,n} N_i(\xi,\eta) y_i \end{cases} \quad (6\text{-}7)$$

式中

$$\begin{cases} N_i(\xi,\eta) = \dfrac{1}{4}(1-\xi)(1-\eta) \\ N_j(\xi,\eta) = \dfrac{1}{4}(1+\xi)(1-\eta) \\ N_m(\xi,\eta) = \dfrac{1}{4}(1+\xi)(1+\eta) \\ N_n(\xi,\eta) = \dfrac{1}{4}(1-\xi)(1+\eta) \end{cases}$$

显然根据以上转换关系，正方形单元上一点 $P(\xi,\eta)$ 就对应实际的任意四边形单元上一点 $P(x,y)$，正方形单元的四个节点 i、j、m、n 分别对应实际单元的四个节点 i、j、m、n，正方形单元的四条边分别对应着实际单元的四条边。也就是说，通过变换把实际单元映射为一个正方形单元。

式（6-7）还可以看作是由节点坐标 (x_i, y_i) (i,j,m,n) 插值得到单元上一点的坐标 (x,y)，N_i、N_j、N_m、N_n 也可以称为形状函数，只不过这里的形状函数是关于坐标 ξ、η 的函数。

如果任意四边形单元上一点沿 x、y 轴方向的位移为 u、v，取单元的位移函数为

$$\begin{cases} u = \sum_{i,j,m,n} N_i(\xi,\eta) u_i \\ v = \sum_{i,j,m,n} N_i(\xi,\eta) v_i \end{cases} \quad (6\text{-}8a)$$

并简写为

$$f = N\delta^e \quad (6\text{-}8b)$$

式中，位移 $f=[u \quad v]^T$，单元节点位移 $\delta^e=[u_i \quad v_i \quad u_j \quad v_j \quad u_m \quad v_m \quad u_n \quad v_n]^T$，形状函数 N_i、N_j、N_m、N_n 与式（6-7）完全相同，形函数矩阵 N 为

$$N = \begin{bmatrix} N_i & 0 & N_j & 0 & N_m & 0 & N_n & 0 \\ 0 & N_i & 0 & N_j & 0 & N_m & 0 & N_n \end{bmatrix}$$

这样用同样的节点和形状函数分别插值得到单元的几何坐标和位移的单元称为等参数单元，又简称等参元。由于相邻任意四边形单元的公共节点经变换后仍然是公共节点、公共边经变换后仍然是公共边，而根据 6.1 节可知，变换后的正方形单元是协调的，所以等参数单元满足协调性要求。

6.2.2 单元刚度矩阵的计算

根据坐标变换式（6-7），x、y 可以看作 ξ、η 的函数，下面按复合函数对形状函数 N_i 求 ξ、η 的偏导数

$$\begin{cases} \dfrac{\partial N_i}{\partial \xi} = \dfrac{\partial N_i}{\partial x}\dfrac{\partial x}{\partial \xi} + \dfrac{\partial N_i}{\partial y}\dfrac{\partial y}{\partial \xi} \\ \dfrac{\partial N_i}{\partial \eta} = \dfrac{\partial N_i}{\partial x}\dfrac{\partial x}{\partial \eta} + \dfrac{\partial N_i}{\partial y}\dfrac{\partial y}{\partial \eta} \end{cases}$$

写成矩阵形式有

$$\begin{bmatrix} \dfrac{\partial N_i}{\partial \xi} \\ \dfrac{\partial N_i}{\partial \eta} \end{bmatrix} = \begin{bmatrix} \dfrac{\partial x}{\partial \xi} & \dfrac{\partial y}{\partial \xi} \\ \dfrac{\partial x}{\partial \eta} & \dfrac{\partial y}{\partial \eta} \end{bmatrix} \begin{bmatrix} \dfrac{\partial N_i}{\partial x} \\ \dfrac{\partial N_i}{\partial y} \end{bmatrix} = J \begin{bmatrix} \dfrac{\partial N_i}{\partial x} \\ \dfrac{\partial N_i}{\partial y} \end{bmatrix}$$

式中，矩阵 J 称作坐标变换的雅可比矩阵，将式（6-7）代入得

$$J = \begin{bmatrix} \dfrac{\partial x}{\partial \xi} & \dfrac{\partial y}{\partial \xi} \\ \dfrac{\partial x}{\partial \eta} & \dfrac{\partial y}{\partial \eta} \end{bmatrix} = \begin{bmatrix} \sum \dfrac{\partial N_i}{\partial \xi} x_i & \sum \dfrac{\partial N_i}{\partial \xi} y_i \\ \sum \dfrac{\partial N_i}{\partial \eta} x_i & \sum \dfrac{\partial N_i}{\partial \eta} y_i \end{bmatrix} = \begin{bmatrix} \dfrac{\partial N_i}{\partial \xi} & \dfrac{\partial N_j}{\partial \xi} & \dfrac{\partial N_m}{\partial \xi} & \dfrac{\partial N_n}{\partial \xi} \\ \dfrac{\partial N_i}{\partial \eta} & \dfrac{\partial N_j}{\partial \eta} & \dfrac{\partial N_m}{\partial \eta} & \dfrac{\partial N_n}{\partial \eta} \end{bmatrix} \begin{bmatrix} x_i & y_i \\ x_j & y_j \\ x_m & y_m \\ x_n & y_n \end{bmatrix}$$

$\dfrac{\partial N_i}{\partial \xi}$、$\dfrac{\partial N_i}{\partial \eta}$ 可由形状函数对 ξ、η 直接求偏导数得到。于是得到形状函数对 x、y 的偏导数

$$\begin{bmatrix} \dfrac{\partial N_i}{\partial x} \\ \dfrac{\partial N_i}{\partial y} \end{bmatrix} = J^{-1} \begin{bmatrix} \dfrac{\partial N_i}{\partial \xi} \\ \dfrac{\partial N_i}{\partial \eta} \end{bmatrix}$$

根据几何方程，单元应变为

$$\boldsymbol{\varepsilon} = \begin{bmatrix} \varepsilon_x \\ \varepsilon_y \\ \gamma_{xy} \end{bmatrix} = \begin{bmatrix} \dfrac{\partial}{\partial x} & 0 \\ 0 & \dfrac{\partial}{\partial y} \\ \dfrac{\partial}{\partial y} & \dfrac{\partial}{\partial x} \end{bmatrix} \boldsymbol{N}\boldsymbol{\delta}^e = \boldsymbol{B}\boldsymbol{\delta}^e$$

式中，$\boldsymbol{B}$ 为单元的几何矩阵，$\boldsymbol{B} = [\boldsymbol{B}_i \quad \boldsymbol{B}_j \quad \boldsymbol{B}_m \quad \boldsymbol{B}_n]$，而

$$\boldsymbol{B}_i = \begin{bmatrix} \dfrac{\partial N_i}{\partial x} & 0 \\ 0 & \dfrac{\partial N_i}{\partial y} \\ \dfrac{\partial N_i}{\partial y} & \dfrac{\partial N_i}{\partial x} \end{bmatrix} \quad (i,j,m,n)$$

单元刚度矩阵为

$$\boldsymbol{K}^e = \int_S \boldsymbol{B}^T \boldsymbol{D} \boldsymbol{B} t \, \mathrm{d}S \tag{6-9}$$

式中，S 为单元的面积，$\boldsymbol{D}$ 为弹性矩阵。

由式（6-9）可知，几何矩阵 $\boldsymbol{B}$ 为 ξ、η 的函数，为计算式（6-9）的积分必须将积分变量换算为 ξ、η。设任意四边形单元内有一微面积 $ABCD$ 与正方形内微面积 $\mathrm{d}\xi\mathrm{d}\eta$ 对应。设 A 点坐标为 (x,y)，x、y 是关于 ξ、η 的函数。当 ξ 的增量为 $\mathrm{d}\xi$ 时，x、y 的全微分为 $\dfrac{\partial x}{\partial \xi}\mathrm{d}\xi$、$\dfrac{\partial y}{\partial \xi}\mathrm{d}\xi$；当 η 的增量为 $\mathrm{d}\eta$ 时，x、y 的全微分为 $\dfrac{\partial x}{\partial \eta}\mathrm{d}\eta$、$\dfrac{\partial y}{\partial \eta}\mathrm{d}\eta$。再设 x、y 轴上的单位矢量是 $\vec{i}$、$\vec{j}$，于是有

$$\begin{cases} \overrightarrow{AB} = \left(\dfrac{\partial x}{\partial \xi}\vec{i} + \dfrac{\partial y}{\partial \xi}\vec{j}\right)\mathrm{d}\xi \\ \overrightarrow{AD} = \left(\dfrac{\partial x}{\partial \eta}\vec{i} + \dfrac{\partial y}{\partial \eta}\vec{j}\right)\mathrm{d}\eta \end{cases}$$

微面积 $ABCD$ 的面积为

$$\mathrm{d}S = \left|\overrightarrow{AB} \times \overrightarrow{AD}\right| = \left|\left(\dfrac{\partial x}{\partial \xi}\vec{i} + \dfrac{\partial y}{\partial \xi}\vec{j}\right) \times \left(\dfrac{\partial x}{\partial \eta}\vec{i} + \dfrac{\partial y}{\partial \eta}\vec{j}\right)\right|\mathrm{d}\xi\mathrm{d}\eta = |\boldsymbol{J}|\mathrm{d}\xi\mathrm{d}\eta$$

式中，$|\boldsymbol{J}|$ 为雅可比矩阵 $\boldsymbol{J}$ 的行列式

$$|\boldsymbol{J}| = \begin{vmatrix} \dfrac{\partial x}{\partial \xi} & \dfrac{\partial y}{\partial \xi} \\ \dfrac{\partial x}{\partial \eta} & \dfrac{\partial y}{\partial \eta} \end{vmatrix}$$

于是单元刚度矩阵为

$$\boldsymbol{K}^e = \int_{-1}^{1}\int_{-1}^{1} \boldsymbol{B}^T \boldsymbol{D} \boldsymbol{B} t |\boldsymbol{J}| \mathrm{d}\xi\mathrm{d}\eta \tag{6-10}$$

只有雅可比矩阵 $\boldsymbol{J}$ 的行列式 $|\boldsymbol{J}| \neq 0$，才可以求得单元刚度矩阵的微面积 $\mathrm{d}S$，才能保证点的全局坐标和局部坐标一一对应，这就是等参变换的必要条件。为此，在全局坐标系下的任意四

边形单元的内角就不能大于或等于180°，不能是图6-4所示的凹四边形。

图 6-3　积分变量

图 6-4　凹四边形

6.2.3　其他参数单元

实际上式（6-3）中的形状函数 N_i 并不是局限于线性的，也可以是二次的或更高次的。如果形状函数 N_i 是二次的或更高次的，则局部坐标系中正方形单元就映射成全局坐标系中的曲边形状单元。

坐标变换的插值函数的阶次与位移变换的插值函数的阶次可以不同，当前者小于后者时称为次参元。反之，称为超参元。实际中使用的多数参数单元都是等参数单元，次参元或超参元应用较少。

6.3　高斯积分法

1. 高斯积分法

在计算等参单元的刚度矩阵、等效节点载荷时要计算定积分，由于被积函数比较复杂，很难用解析法求解，一般都用数值法来求积分的近似值。由于高斯积分法计算点少、便于编制程序，是最常用的一种方法。

一维高斯积分公式为

$$\int_{-1}^{1} f(x)\mathrm{d}x = \sum_{i=1}^{N} A_i f(x_i) \tag{6-11}$$

式中，x_i 称为积分点，N 为积分点的数目，A_i 为权重系数。在给定的积分区间[-1,1]内，积分点 x_i 和权重系数 A_i 与被积函数无关，其值见表6-1。

表 6-1　高斯积分的积分点和权重系数

积分点数目 N	积分点坐标 x_i	权重系数 A_i
1	$x_1=0$	$A_1=2$
2	$x_{1,2}=\pm 0.5773503$	$A_{1,2}=1$
3	$x_{1,2}=\pm 0.7745967$，$x_3=0$	$A_{1,2}=0.5555556$，$A_3=0.8888889$
4	$x_{1,2}=\pm 0.8611363$，$x_{3,4}=\pm 0.3399810$	$A_{1,2}=0.3478548$，$A_{3,4}=0.6521452$

采用 N 个积分点的高斯积分时，实际上是用一个 x 的 $2N-1$ 次多项式来代替原来的被积函数 $f(x)$，即用该多项式的积分近似原被积函数 $f(x)$ 的积分。如果被积函数 $f(x)$ 本身是阶次不超过

2N-1 次的多项式，采用 N 个积分点的高斯积分能得到其精确的结果；如果被积函数 $f(x)$ 是高于 2N-1 次的多项式或其他函数，高斯积分给出近似结果，积分点数越多，结果误差越低。

对于二维、三维的高斯积分，可以先后沿 x、y、z 方向积分，有

$$\int_{-1}^{1}\int_{-1}^{1} f(x,y)\mathrm{d}x\mathrm{d}y = \sum_{i=1}^{L}\sum_{j=1}^{M} A_i A_j f(x_i, y_j)$$

$$\int_{-1}^{1}\int_{-1}^{1}\int_{-1}^{1} f(x,y,z)\mathrm{d}x\mathrm{d}y\mathrm{d}z = \sum_{i=1}^{L}\sum_{j=1}^{M}\sum_{k=1}^{N} A_i A_j A_k f(x_i, y_j, z_k)$$

式中，L、M、N 分别为沿 x、y、z 方向的积分点数，积分点位置和权重系数仍由表 6-1 确定。

2. 完全积分和缩减积分

如果高斯积分点数满足精确积分的要求，即高斯积分阶数等于被积函数精确积分所需要的阶数时，称为完全积分，而高斯积分点数低于精确积分要求时，称为缩减积分。

完全积分能够保证结果的稳定性和收敛性，但占用计算机内存和计算时间都比较多，而且对于不可压缩材料，可能导致体积闭锁；对于薄的受弯结构，则可能出现剪切闭锁。

缩减积分计算效率较高，实际计算表明，采用缩减积分往往可以取得比完全精确积分更好的精度。原因是：位移型有限元法假定了单元内位移函数，这实际上是增加了结构的刚度而减少了变形。而采用减缩积分，能够降低计算模型的刚度，两种因素产生的误差互相抵消，使解答的精确性得到提高。缩减积分的缺点是可能出现沙漏，即零能量模式的变形，从而使计算结果失真。

正如 5.2 节铁木辛柯梁单元中对弯曲刚度矩阵 K_b 用完全积分、对剪切刚度矩阵 K_s 用缩减积分那样，以不同积分阶数分别计算单元刚度矩阵的不同组成部分，这就是所谓的选择缩减积分，其计算量几乎与完全积分相同。

ANSYS 支持缩减积分的常用单元类型及积分点数如表 6-2 所示，其中 PLANE182 和 SOLID185 两种单元的积分点位置见图 6-5 和图 6-6。

表 6-2 ANSYS 支持缩减积分的单元类型

单元类型	单元刚度矩阵积分点数 N
SHELL181	面内：完全积分 2×2，缩减积分 1
PLANE182	四边形时：完全积分 2×2，缩减积分 1 三角形时：1
SOLID185	完全积分 2×2×2，缩减积分 1
SOLID186	六面体时：完全积分 14，缩减积分 2×2×2 楔形时：3×3 金字塔形时：2×2×2 四面体时：4

（a）完全积分　　（b）缩减积分

图 6-5 PLANE182 的积分点位置

 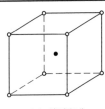

（a）完全积分　　（b）缩减积分

图 6-6 SOLID185 的积分点位置

6.4 剪切闭锁、体积闭锁、沙漏等概念简介

剪切闭锁和体积闭锁是存在于位移型有限元法中的两个问题，剪切闭锁由单元的几何特性导致，体积闭锁由单元的材料特性导致。

6.4.1 剪切闭锁

剪切闭锁主要影响承受弯曲载荷的完全积分线性单元。在受轴向或剪切荷载时，这些单元功能表现良好。二次单元由于边界可以弯曲，一般不发生剪切闭锁，但是如果二次单元发生扭曲或其弯曲应力有梯度则也有可能发生一定程度的剪切闭锁。

当如图 6-7（a）所示的微元体发生纯弯曲时，由于没有剪应力，微元体上原来相互垂直的水平线和竖直线应该仍然保持垂直，如图 6-7（b）所示。如果用完全积分线性单元模拟纯弯曲时，单元变形如图 6-7（c）所示，其单元边不能弯曲，仍然是直线。竖直线长度不变，而通过积分点的两条水平线中，上部变短，下部变长。于是在积分点处，变形后的竖直线与水平线不再相互垂直了，即存在剪切应变，该剪切应变在实际中并不存在，称为寄生剪切。寄生剪切导致单元剪应变过大，因寄生剪切消耗了变形能而使弯曲变形变小，使计算结果产生较大的误差。当薄板、薄壳、薄梁等结构的厚度趋于零时，计算的挠度结果趋于零，即出现剪切闭锁现象。

图 6-7 剪切闭锁

为了避免剪切闭锁现象，除细化网格外，还可采用减缩积分、非协调模式等单元技术。

6.4.2 体积闭锁

根据弹性力学知识，在线弹性范围内，单元内的体积应变为

$$\theta = \varepsilon_x + \varepsilon_y + \varepsilon_z = \frac{1-2\mu}{E}(\sigma_x + \sigma_y + \sigma_z) \tag{6-12}$$

式中，ε_x、ε_y、ε_z 和 σ_x、σ_y、σ_z 分别为单元内一点处 3 个正交方向的正应变和正应力，E、μ 分别为材料的弹性模量、泊松比。由式（6-12）可知，当泊松比接近或等于 0.5 时，体积应变接近或等于零，即材料几乎或完全不可压缩。反过来，由于有限元计算存在误差、不能保证体积应变为零，很小的体积应变将会引起极大的平均应力$(\sigma_x+\sigma_y+\sigma_z)/3$，并吸收几乎所有的变形能，使计算出现的位移很小，甚至为零，导致体积闭锁。体积闭锁也会引起收敛问题。

体积闭锁现象常出现在位移型有限元法用低阶单元对材料泊松比等于或接近于 0.5 的三维问题、轴对称问题和平面应变问题分析时，而平面应力问题不会发生体积闭锁，因为平面外应

变 ε_z 可根据体积应变为零条件由面内应变 ε_x、ε_y 得到。不可压缩弹性材料、不可压缩塑性流动材料都有体积闭锁问题。

解决低阶单元的体积闭锁问题,除使用高阶单元外,可以采用非协调模式、缩减积分、混合 U-P 公式等方法。

6.4.3 沙漏

沙漏一般发生在缩减积分的低阶单元上。如图 6-8(a)所示单元发生纯弯曲,通过积分点的水平线和竖直线长度没有改变,它们之间的夹角也没有改变(见图 6-8(b)),这意味着单元积分点上的所有应力分量均为零。由于单元变形没有产生应变能,这种弯曲变形是一个零能量模式。单元在此模式下没有刚度,不能抵抗变形,不消耗任何能量就可以无限地变形下去。且在粗糙的网格中,沙漏模式还会在网格中扩展,从而产生无意义的结果。

为了控制沙漏模式的扩展,可以引入少量的人工"沙漏刚度"。

实例 E6-1 用 SOLID185 单元分析悬臂梁的剪切闭锁

已知如图 6-9 所示的悬臂梁的长度 L=0.5m,矩形截面,材料为钢,作用在梁上的集中力 P=500N。下面用 ANSYS 对梁的变形进行研究,分析剪切闭锁的影响。分析使用的单元类型为 SOLID185,采用的参数和分析结果见表 6-3。其中,梁最大挠度的理论解采用以下公式:

$$f = \frac{PL^3}{3EI}$$

式中,E 为材料的弹性模量,I 为梁横截面的惯性矩。

(a)　　　　　(b)

图 6-8 沙漏　　　　　图 6-9 悬臂梁

表 6-3 悬臂梁的参数及分析结果

序号	梁截面尺寸		单元数量			积分方法	梁最大挠度/mm		剪切闭锁
	高度 H/mm	宽度 B/mm	长度方向	高度方向	宽度方向		理论解	有限元解	
1	50	50	4	4	25	全积分	0.2	0.192	无
2	50	50	4	4	25	缩减积分	0.2	0.217	—
3	10	50	4	4	25	全积分	25	9.782	有
4	10	50	4	20	200	全积分	25	24.658	无
5	10	50	4	4	25	缩减积分	25	26.402	—

分析结果表明,梁最大挠度的有限元全积分解小于理论解,全积分解小于缩减积分解,梁高度较小时,采用全积分和较大的单元尺寸时会发生剪切闭锁,计算误差较大。

分析用的命令流如下:
FINISH $ /CLEAR $ /FILNAME,E6-1

```
L=0.5  $  H=0.05  $  B=0.05  $  P=500        !梁长度、高度、宽度、集中力
/PREP7
ET,1,SOLID185,,0                              !单元类型及单元技术。KEYOPT(2)为0，全积分；为1，缩减积分
MP,EX,1,2E11  $  MP,PRXY,1,0.3               !定义材料模型
BLOCK,0,L,0,H,0,B                             !创建六面体
LESIZE,1,,,4  $  LESIZE,9,,,4  $  LESIZE,2,,,25
                                              !指定直线划分单元段数
VMESH, 1                                      !对体划分单元
FINISH
/SOLU
DA,5,ALL                                      !在面上施加全约束，模拟固定端
KSEL,S,LOC,X,L  $  FK,ALL,FY,-P/4  $  ALLS
                                              !在关键点上加集中力
SOLVE                                         !求解
FINISH
/POST1
PLNSOL, U,Y                                   !显示变形云图
FINISH
```

实例 E6-2 厚壁圆筒的体积闭锁分析

已知图 6-10 所示的钢制厚壁圆筒内半径 r_1=50mm，外半径 r_2=70mm，作用在内孔上的压力 p=1000MPa，无轴向压力，轴向长度很大可视为无穷。材料的屈服极限 σ_s=500MPa，切线模量 E_t= 1×10^{10}Pa。该问题符合平面应变问题的条件。如图 6-11（a）所示为使用三角形单元时圆筒内平均应力的分布情况，云图呈"棋盘状"模式，平均应力的数值较大，已发生体积闭锁。如图 6-11（b）所示为使用四边形单元时圆筒内平均应力的分布情况，未发生体积闭锁。

（a）三角形单元   （b）四边形单元

图 6-10 厚壁圆筒   图 6-11 体积闭锁

分析命令流如下：
```
FINISH $ /CLEAR $ /FILNAME, E6-2
/PREP7
ET, 1, PLANE182,,,2                           !选择单元类型、设置单元选项
MP, EX, 1, 2E11 $ MP, PRXY, 1,0.3             !定义材料模型
TB, BKIN, 1, 1 $ TBTEMP, 0 $ TBDATA, 1, 500E6, 1E10
                                              !屈服极限 500E6，切线模量 1E10
```

PCIRC, 0.07, 0.05, 0, 90	!创建圆形面
ESIZE, 0.005	!指定单元边长度
MSHKEY, 1	!指定映射网格
MSHAPE,1	!指定单元形状，0 为四边形，1 为三角形
AMESH, ALL	!对面划分单元
FINISH	
/SOLU	
DL, 4,,UY $ DL, 2,,UX	!在线上施加位移约束
AUTOTS, ON	!打开自动载荷步选项
DELTIM, 0.2, 0.1, 0.3	!指定载荷子步步长
KBC, 0	!斜坡载荷
SFL, 3, PRES, 1000E6	!在线上施加压力载荷
SOLVE	!求解
FINISH	
/POST1	
RSYS, 1	!指定结果坐标系为全局圆柱坐标系
PLESOL, NL,HPRES, 0,1.0	!显示单元静水压力，即平均应力
FINISH	

实例 E6-3　观察沙漏

已知如图 6-10 所示的钢制厚壁圆筒内半径 r_1=50mm，外半径 r_2=70mm，作用在内孔上的压力 p=200MPa，无轴向压力，轴向长度很大可视为无穷。如图 6-12（a）所示为采用一致缩减积分、沙漏刚度为零时圆筒的径向应变分布情况，结构明显出现了沙漏模式。如图 6-12（b）所示为采用全积分时圆筒的径向应变分布情况，结构没有沙漏模式。

（a）一致缩减积分时

（b）全积分时

图 6-12　沙漏模式

分析命令流如下：

FINISH $ /CLEAR $ /FILNAME, E6-3	
/PREP7	
ET, 1, PLANE182,1,,2	!KEYOPT(1)为 0，全积分；为 1，一致缩减积分
MP, EX, 1, 2E11 $ MP, PRXY, 1,0.3	!定义材料模型
R,1, ,1E-13	!设置沙漏刚度因子，1E-13 近似为 0
PCIRC, 0.07, 0.05, 0, 90	!创建圆形面
ESIZE, 0.005 $ MSHKEY, 1 $ MSHAPE,0 $ AMESH, ALL	

	!划分单元
FINISH	
/SOLU	
DL, 4,,UY $ DL, 2,,UX	!在线上施加位移约束
D,13,ALL	!在节点上施加位移约束,增加结构刚度。全积分时不需要
SFL, 3, PRES, 200E6	!在线上施加压力载荷
SOLVE	!求解
FINISH	
/POST1	
RSYS, 1	!指定结果坐标系为全局圆柱坐标系
PLESOL, EPEL,X	!显示径向应变
ETABLE,SENE,SENE $ ETABLE,AENE,AENE	!定义单元表,存储总变形能和伪变形能
PRETAB,SENE,AENE	!列表单元表
FINISH	

第7章 板壳单元

7.1 板弯曲的有限单元法

7.1.1 克希霍夫（Kirchhoff）薄板理论

工程实际中存在很多的平板结构，如桥面、箱形梁的板件等，其厚度 t 比它的长度和宽度尺寸 l 都小得多。当 $\dfrac{t}{l}<\left(\dfrac{1}{5}\sim\dfrac{1}{8}\right)$ 时，可认为是薄板，否则为厚板。板厚度中点所在的平面称为中面，当板承受垂直于中面的横向载荷作用时，中面会变为曲面。如图 7-1 所示，以未变形的中面为 xoy 平面建立坐标系，中面各点沿 z 轴的位移 w 称为挠度。

图 7-1 薄板弯曲

对于薄板小挠度问题，板的变形符合克希霍夫假设：
（1）直法线假设，即薄板中面法线变形后仍保持为法线。
（2）沿板厚度方向的应变可忽略不计。
（3）薄板中面内的各点只发生弯曲变形，没有平行于中面的位移。

根据假设（2）知 $\varepsilon_z=\dfrac{\partial w}{\partial z}=0$，挠度 w 与 z 无关，仅为 x、y 的函数，即 $w=w(x,y)$。根据假设（1）得 $\gamma_{xz}=\gamma_{yz}=0$，即

$$\gamma_{xz}=\dfrac{\partial u}{\partial z}+\dfrac{\partial w}{\partial x}=0,\quad \gamma_{yz}=\dfrac{\partial v}{\partial z}+\dfrac{\partial w}{\partial y}=0$$

由于 w 与 z 无关，于是

$$u=-z\dfrac{\partial w}{\partial x}+f_1(x,y),\quad v=-z\dfrac{\partial w}{\partial y}+f_2(x,y)$$

式中，$f_1(x,y)$ 和 $f_2(x,y)$ 是 x、y 的任意函数。再根据假设（3）有 $f_1(x,y)=f_2(x,y)=0$，于是有

$$u=-z\dfrac{\partial w}{\partial x},\quad v=-z\dfrac{\partial w}{\partial y}$$

根据几何方程，薄板上点的应变为

$$\varepsilon=\begin{bmatrix}\varepsilon_x\\ \varepsilon_y\\ \gamma_{xy}\end{bmatrix}=\begin{bmatrix}\dfrac{\partial u}{\partial x}\\ \dfrac{\partial v}{\partial y}\\ \dfrac{\partial u}{\partial y}+\dfrac{\partial v}{\partial x}\end{bmatrix}=-z\begin{bmatrix}\dfrac{\partial^2 w}{\partial x^2}\\ \dfrac{\partial^2 w}{\partial y^2}\\ 2\dfrac{\partial^2 w}{\partial x\partial y}\end{bmatrix} \tag{7-1}$$

可见，各应变分量在中面上为零，而沿板厚方向与 z 坐标成正比例关系。

薄板应力 σ_z 可以忽略，于是薄板上点的应力为

$$\boldsymbol{\sigma} = \begin{bmatrix} \sigma_x \\ \sigma_y \\ \tau_{xy} \end{bmatrix} = \boldsymbol{D}\boldsymbol{\varepsilon} = -z\boldsymbol{D} \begin{bmatrix} \dfrac{\partial^2 w}{\partial x^2} \\ \dfrac{\partial^2 w}{\partial y^2} \\ 2\dfrac{\partial^2 w}{\partial x \partial y} \end{bmatrix} \quad (7\text{-}2)$$

式中，$\boldsymbol{D}$ 为弹性矩阵，与平面应力问题中的弹性矩阵完全相同，即

$$\boldsymbol{D} = \frac{E}{1-\mu^2} \begin{bmatrix} 1 & \mu & 0 \\ \mu & 1 & 0 \\ 0 & 0 & \dfrac{1-\mu}{2} \end{bmatrix}$$

可见，薄板处于平面应力状态，各应力分量在中面上为零，而沿板厚方向与 z 坐标成正比例关系。

在薄板上取如图 7-2 所示的微元体，则微元体各个面上的正应力的合力矩为截面的弯矩，与中面平行的剪切应力的合力矩为扭矩，与中面垂直的剪切应力的合力为剪力。设 M_x、M_y 和 M_{xy} 分别是单位宽度上的内力矩，q_x、q_y 分别是单位宽度上的剪力，$\boldsymbol{\tau}=[\tau_{yz}\ \tau_{xz}]^T$，于是薄板的内力矩矩阵和剪力矩阵为

$$\boldsymbol{M} = \begin{bmatrix} M_x \\ M_y \\ M_{xy} \end{bmatrix} = \int_{-\frac{t}{2}}^{\frac{t}{2}} \boldsymbol{\sigma} z \mathrm{d}z = -\frac{t^3}{12}\boldsymbol{D} \begin{bmatrix} \dfrac{\partial^2 w}{\partial x^2} \\ \dfrac{\partial^2 w}{\partial y^2} \\ 2\dfrac{\partial^2 w}{\partial x \partial y} \end{bmatrix} \quad (7\text{-}3\text{a})$$

$$\boldsymbol{q} = \begin{bmatrix} q_x \\ q_y \end{bmatrix} = \int_{-\frac{t}{2}}^{\frac{t}{2}} \boldsymbol{\tau} \mathrm{d}z \quad (7\text{-}3\text{b})$$

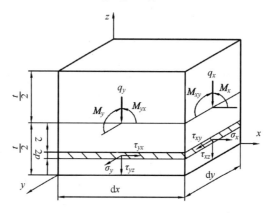

图 7-2 薄板内力

体积域为 V 的板上的变形能为

$$U = \frac{1}{2}\int_V (\sigma_x \varepsilon_x + \sigma_y \varepsilon_y + \tau_{xy} \gamma_{xy}) \mathrm{d}V = \frac{1}{2}\int_V \boldsymbol{\sigma}^T \boldsymbol{\varepsilon} \mathrm{d}V \quad (7\text{-}4)$$

将式（7-1）、式（7-2）代入式（7-4），可得

$$U = \frac{1}{2}\int_V \boldsymbol{\sigma}^T \boldsymbol{\varepsilon} dV = \frac{1}{2}\int_V \boldsymbol{\varepsilon}^T \boldsymbol{D}\boldsymbol{\varepsilon} dV$$

7.1.2 基于薄板理论的非协调板单元

由前文可知，薄板小挠度弯曲时，同一法线上各点挠度 w 是相同的，所以分析只取中面研究、用平面单元离散中面即可。

1. 位移函数

如图 7-3 所示为 4 节点矩形薄板单元，单元上任意一点处有 3 个位移分量，即挠度 w、绕 x、y 轴的转角 θ_x、θ_y。规定挠度 w 正向沿 z 轴的正向，转角 θ_x、θ_y 绕 x、y 轴符合右手螺旋为正。与梁的小挠度弯曲类似，薄板的转角也是挠度的导数。如果用矩阵表示节点 i 的 3 个位移分量，则有

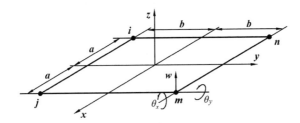

图 7-3 4 节点矩形薄板单元

$$\boldsymbol{\delta}_i = \begin{bmatrix} w_i \\ \theta_{xi} \\ \theta_{yi} \end{bmatrix} = \begin{bmatrix} w_i \\ \left[\dfrac{\partial w}{\partial y}\right]_i \\ -\left[\dfrac{\partial w}{\partial x}\right]_i \end{bmatrix}$$

该单元有四个节点 i、j、m、n，每个节点有 3 个自由度，单元共有 12 个自由度。设单元节点位移为

$$\boldsymbol{\delta}^e = [\boldsymbol{\delta}_i^T \quad \boldsymbol{\delta}_j^T \quad \boldsymbol{\delta}_m^T \quad \boldsymbol{\delta}_n^T] = [w_i \quad \theta_{xi} \quad \theta_{yi} \quad w_j \quad \theta_{xj} \quad \theta_{yj} \quad w_m \quad \theta_{xm} \quad \theta_{ym} \quad w_n \quad \theta_{xn} \quad \theta_{yn}]^T$$

取单元位移函数为

$$w = \alpha_1 + \alpha_2 x + \alpha_3 y + \alpha_4 x^2 + \alpha_5 xy + \alpha_6 y^2 + \alpha_7 x^3 + \alpha_8 x^2 y + \alpha_9 xy^2 + \alpha_{10} y^3 + \alpha_{11} x^3 y + \alpha_{12} xy^3 \quad (7\text{-}5a)$$

简写为矩阵形式

$$w = \boldsymbol{F}(x,y)\boldsymbol{A} \quad (7\text{-}5b)$$

式中，系数矩阵 $\boldsymbol{A} = [\alpha_1 \quad \alpha_2 \quad \alpha_3 \quad \alpha_4 \quad \alpha_5 \quad \alpha_6 \quad \alpha_7 \quad \alpha_8 \quad \alpha_9 \quad \alpha_{10} \quad \alpha_{11} \quad \alpha_{12}]^T$

函数矩阵 $\boldsymbol{F}(x,y) = [1 \quad x \quad y \quad x^2 \quad xy \quad y^2 \quad x^3 \quad x^2 y \quad xy^2 \quad y^3 \quad x^3 y \quad xy^3]$

将式（7-5）对 x、y 分别求导数，即可得到转角的表达式

$$\begin{cases} \theta_x = \dfrac{\partial w}{\partial y} = \begin{bmatrix} 0 & 0 & 1 & 0 & x & 2y & 0 & x^2 & 2xy & 3y^2 & x^3 & 3xy^2 \end{bmatrix} A \\ \theta_y = -\dfrac{\partial w}{\partial x} = -\begin{bmatrix} 0 & 1 & 0 & 2x & y & 0 & 3x^2 & 2xy & y^2 & 0 & 3x^2y & y^3 \end{bmatrix} A \end{cases} \quad (7\text{-}6)$$

将节点 i、j、m、n 的坐标和位移代入式（7-5）和式（7-6），求出待定系数 α_1、α_2、…、α_{12} 并回代式（7-5），可得插值型位移函数

$$w = N\delta^e \quad (7\text{-}7)$$

式中，形函数矩阵 $N = [\ N_i \quad N_j \quad N_m \quad N_n\ ]$，$N_i$ 为 1×3 矩阵，其显式为

$$N_i = \dfrac{1}{8}\left[\left(\dfrac{x_i x}{a^2}+1\right)\left(\dfrac{y_i y}{b^2}+1\right)\left(2+\dfrac{x_i x}{a^2}+\dfrac{y_i y}{b^2}-\dfrac{x^2}{a^2}-\dfrac{y^2}{b^2}\right)\quad y_i\left(\dfrac{x_i x}{a^2}+1\right)\left(\dfrac{y_i y}{b^2}+1\right)^2\left(\dfrac{y_i y}{b^2}-1\right)\quad -x_i\left(\dfrac{x_i x}{a^2}+1\right)^2\right.$$

$$\left.\left(\dfrac{x_i x}{a^2}-1\right)\left(\dfrac{y_i y}{b^2}+1\right)\right]\quad (i,j,m,n)$$

位移函数式（7-5a）前 3 项为常数项和一次项，反映出单元沿 z 轴方向移动，以及绕 y、x 轴的刚性转动。对 3 个二次项求两次偏导数后得到应变的常量比例系数（即曲率），反映了常量应变。所以，该单元的位移函数满足完备性要求。位移函数包括三次完全多项式，而四次项是不完全的，所以位移函数有三阶精度。

2. 单元刚度矩阵

将式（7-7）代入式（7-1），得单元的应变为

$$\varepsilon = -z \begin{bmatrix} \dfrac{\partial^2}{\partial x^2} \\ \dfrac{\partial^2}{\partial y^2} \\ 2\dfrac{\partial^2}{\partial x \partial y} \end{bmatrix} N\delta^e = zB\delta^e \quad (7\text{-}8)$$

式中，单元的几何矩阵 $B = [\ B_i \quad B_j \quad B_m \quad B_n\ ]$，而 B_i 为

$$B_i = \dfrac{1}{8}\begin{bmatrix} \dfrac{6x_i x}{a^4}\left(\dfrac{y_i y}{b^2}+1\right) & 0 & \left(\dfrac{6x}{a^2}+\dfrac{2x_i}{a^2}\right)\left(\dfrac{y_i y}{b^2}+1\right) \\ \dfrac{6y_i y}{b^4}\left(\dfrac{x_i x}{a^2}+1\right) & \left(\dfrac{6y}{b^2}+\dfrac{2y_i}{b^2}\right)\left(\dfrac{x_i x}{a^2}+1\right) & 0 \\ \dfrac{x_i y_i}{a^2 b^2}\left(\dfrac{6x^2}{a^2}+\dfrac{6y^2}{b^2}-8\right) & \dfrac{-2x_i}{a^2}\left(\dfrac{3y^2}{b^2}+\dfrac{2y_i y}{b^2}-1\right) & \dfrac{2y_i}{b^2}\left(\dfrac{3x^2}{a^2}+\dfrac{2x_i x}{a^2}-1\right) \end{bmatrix} \quad (i,j,m,n)$$

单元的变形能为

$$U^e = \dfrac{1}{2}\int_{V^e} \varepsilon^{\mathrm T} D\varepsilon \, \mathrm dV = \dfrac{1}{2}\delta^{e\mathrm T}\left[\dfrac{t^3}{12}\int_{S^e} B^{\mathrm T} DB \, \mathrm dx\mathrm dy\right]\delta^e$$

式中，V^e、S^e 分别为单元的体积和面积，则单元刚度矩阵为

$$K^e = \dfrac{t^3}{12}\int_{S^e} B^{\mathrm T} DB \, \mathrm dx\mathrm dy \quad (7\text{-}9)$$

K^e 的显式为 12×12 的方阵，请读者查阅相关参考书籍。

3. 单元相容性和收敛性

在单元的边界上，位移函数是三次多项式。例如在图 7-3 所示的 y 坐标为常数的单元边 jm 上，挠度 w 是坐标 x 的三次多项式

$$w=a+bx+cx^2+dx^3 \tag{7-10}$$

将挠度 w 对 x 求偏导数即得该单元边界上的转角 θ_y：

$$\theta_y = -\frac{\partial w}{\partial x} = -(b+2cx+3dx^2) \tag{7-11}$$

将节点 j、m 的坐标 x_j,x_m、挠度 w_j,w_m 以及转角 θ_{yj}, θ_{ym} 代入式（7-10），式（7-11），可唯一确定系数 a、b、c、d。显然，在单元边界上挠度和转角 θ_y 是连续的。而根据式（7-6）可知，在单元边 jm 上 θ_x 也是 x 的三次多项式，只根据节点 j、m 的转角 θ_{xj}, θ_{xm} 无法唯一确定该三次多项式，故单元边 jm 上 θ_x 是不连续的。因此，该单元不满足相容性要求，是非协调单元。

但是，该单元能通过分片试验，计算实践也证明，该单元是具有较好的收敛性的。

7.1.3 考虑横向剪切影响的平板弯曲单元

在 7.1.2 节研究的 4 节点矩形薄板单元中，由于公共单元边上的转角不连续，导致单元不满足协调性要求，如果考虑板横向剪切变形的影响，对挠度和转角分别插值，就可以克服该问题。同时，这样的平板弯曲单元计算比较简单、精度较好，并能利用坐标变换以适应不规则外形，因而实用价值较高。

根据明德林（Mindlin）厚板理论，板的变形符合以下假设：
（1）板的挠度 w 是较小的。
（2）变形前板中面的法线在变形后仍为直线，但不再垂直变形后的中曲面。
（3）沿板厚度方向的应变可忽略不计。

如图 7-4 所示，与铁木辛科梁类似，考虑剪切变形时，板中面的法线绕 x、y 轴的转角 θ_x、θ_y 为

$$\theta_x = \beta_x + \frac{\partial w}{\partial y}, \quad \theta_y = -\beta_y - \frac{\partial w}{\partial x}$$

式中，β_x、β_y 为横向剪切变形引起的剪切应变。截面上任意一点的位移是

$$u = z\theta_y, \quad v = -z\theta_x, \quad w = w(x,y)$$

图 7-4 考虑剪切变形时梁的转角

板上任意一点的应变为

$$\varepsilon = \begin{bmatrix} \boldsymbol{k} \\ \boldsymbol{\gamma} \end{bmatrix} = \begin{bmatrix} \varepsilon_x \\ \varepsilon_y \\ \gamma_{xy} \\ \gamma_{yz} \\ \gamma_{zx} \end{bmatrix} = \begin{bmatrix} \dfrac{\partial u}{\partial x} \\ \dfrac{\partial v}{\partial y} \\ \dfrac{\partial u}{\partial y}+\dfrac{\partial v}{\partial x} \\ \dfrac{\partial v}{\partial z}+\dfrac{\partial w}{\partial y} \\ \dfrac{\partial w}{\partial x}+\dfrac{\partial u}{\partial z} \end{bmatrix} = \begin{bmatrix} z\dfrac{\partial \theta_y}{\partial x} \\ -z\dfrac{\partial \theta_x}{\partial y} \\ z\left(\dfrac{\partial \theta_y}{\partial y}-\dfrac{\partial \theta_x}{\partial x}\right) \\ \dfrac{\partial w}{\partial y}-\theta_x \\ \dfrac{\partial w}{\partial x}+\theta_y \end{bmatrix} \tag{7-12}$$

式中，$\boldsymbol{k}=[\varepsilon_x\ \varepsilon_y\ \gamma_{xy}]^T$，$\boldsymbol{\gamma}=[\gamma_{yz}\ \gamma_{zx}]^T$。

板上任意一点的应力为

$$\boldsymbol{\sigma}=\begin{bmatrix}\boldsymbol{\sigma}'\\ \boldsymbol{\sigma}''\end{bmatrix}=\begin{bmatrix}\sigma_x\\ \sigma_y\\ \tau_{xy}\\ \tau_{yz}\\ \tau_{zx}\end{bmatrix}=\boldsymbol{D}\boldsymbol{\varepsilon} \qquad (7\text{-}13)$$

式中，弹性矩阵 $\boldsymbol{D}=\begin{bmatrix}\boldsymbol{E}_1 & 0\\ 0 & \boldsymbol{E}_2\end{bmatrix}$，$\boldsymbol{E}_1=\dfrac{E}{1-\mu^2}\begin{bmatrix}1 & \mu & 0\\ \mu & 1 & 0\\ 0 & 0 & \dfrac{1-\mu}{2}\end{bmatrix}$，$\boldsymbol{E}_2=\dfrac{E}{1-\mu^2}\begin{bmatrix}\dfrac{1-\mu}{2} & 0\\ 0 & \dfrac{1-\mu}{2}\end{bmatrix}$

$\boldsymbol{\sigma}'=[\sigma_x\ \sigma_y\ \tau_{xy}]^T$，$\boldsymbol{\sigma}''=[\tau_{yz}\ \tau_{zx}]^T$。

于是板的单位宽度上内力矩矩阵和剪力矩阵为

$$\boldsymbol{M}=\begin{bmatrix}M_x\\ M_y\\ M_{xy}\end{bmatrix}=\int_{-\frac{t}{2}}^{\frac{t}{2}}\boldsymbol{\sigma}'zdz=\dfrac{t^3}{12}\boldsymbol{E}_1\begin{bmatrix}\dfrac{\partial\theta_y}{\partial x}\\ -\dfrac{\partial\theta_x}{\partial y}\\ \dfrac{\partial\theta_y}{\partial y}-\dfrac{\partial\theta_x}{\partial x}\end{bmatrix} \qquad (7\text{-}14a)$$

$$\boldsymbol{q}=\begin{bmatrix}q_x\\ q_y\end{bmatrix}=\int_{-\frac{t}{2}}^{\frac{t}{2}}\boldsymbol{\sigma}''dz=t\boldsymbol{E}_2\begin{bmatrix}\dfrac{\partial w}{\partial y}-\theta_x\\ \dfrac{\partial w}{\partial x}+\theta_y\end{bmatrix} \qquad (7\text{-}14b)$$

如图 7-5（a）所示的 4 节点等参数平板单元离散板的中面，该单元有 4 个节点，每个节点有 3 个自由度：挠度 w 和法线绕 x、y 轴的转角 θ_x、θ_y。现用以下变换将图 7-5（b）所示的边长为 2 的正方形母单元映射为图 7-5（a）所示的实际单元

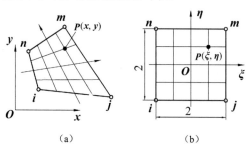

(a)   (b)

图 7-5 4 节点等参数平板单元

$$\begin{cases}x=\sum\limits_{i,j,m,n}N_i(\xi,\eta)x_i\\ y=\sum\limits_{i,j,m,n}N_i(\xi,\eta)y_i\end{cases}$$

式中，N_i、N_j、N_m、N_n 为形状函数，其解析式参见式（6-7）。

取单元的位移函数为

$$\begin{cases} w = \sum_{i,j,m,n} N_i(\xi,\eta) w_i \\ \theta_x = \sum_{i,j,m,n} N_i(\xi,\eta) \theta_{xi} \\ \theta_y = \sum_{i,j,m,n} N_i(\xi,\eta) \theta_{yi} \end{cases} \tag{7-15}$$

将式（7-15）代入式（7-12），得单元应变为

$$\boldsymbol{\varepsilon} = \boldsymbol{B}\boldsymbol{\delta}^e \tag{7-16}$$

式中，单元节点位移列阵 $\boldsymbol{\delta}^e = [w_i \quad \theta_{xi} \quad \theta_{yi} \quad w_j \quad \theta_{xj} \quad \theta_{yj} \quad w_m \quad \theta_{xm} \quad \theta_{ym} \quad w_n \quad \theta_{xn} \quad \theta_{yn}]^T$，几何矩阵

$$\boldsymbol{B} = \begin{bmatrix} z\boldsymbol{B}_b \\ \boldsymbol{B}_s \end{bmatrix}, \quad \boldsymbol{B}_b = [\boldsymbol{B}_{bi} \quad \boldsymbol{B}_{bj} \quad \boldsymbol{B}_{bm} \quad \boldsymbol{B}_{bn}], \quad \boldsymbol{B}_{bi} = \begin{bmatrix} 0 & 0 & \dfrac{\partial N_i}{\partial x} \\ 0 & -\dfrac{\partial N_i}{\partial y} & 0 \\ 0 & -\dfrac{\partial N_i}{\partial x} & \dfrac{\partial N_i}{\partial y} \end{bmatrix} \quad (i,j,m,n)$$

$$\boldsymbol{B}_s = [\boldsymbol{B}_{si} \quad \boldsymbol{B}_{sj} \quad \boldsymbol{B}_{sm} \quad \boldsymbol{B}_{sn}], \quad \boldsymbol{B}_{si} = \begin{bmatrix} \dfrac{\partial N_i}{\partial y} & -N_i & 0 \\ \dfrac{\partial N_i}{\partial x} & 0 & N_i \end{bmatrix} \quad (i,j,m,n)$$

单元刚度矩阵为

$$\begin{aligned} \boldsymbol{K}^e &= \iiint_{V^e} \boldsymbol{B}^T \boldsymbol{D} \boldsymbol{B} \mathrm{d}x\mathrm{d}y\mathrm{d}z = \frac{t^3}{12} \iint_{S^e} \boldsymbol{B}_b^T \boldsymbol{E}_1 \boldsymbol{B}_b \mathrm{d}x\mathrm{d}y + t \iint_{S^e} \boldsymbol{B}_s^T \boldsymbol{E}_2 \boldsymbol{B}_s \mathrm{d}x\mathrm{d}y \\ &= \frac{t^3}{12} \int_{-1}^{1} \int_{-1}^{1} \boldsymbol{B}_b^T \boldsymbol{E}_1 \boldsymbol{B}_b |\boldsymbol{J}| \mathrm{d}\xi\mathrm{d}\eta + t \int_{-1}^{1} \int_{-1}^{1} \boldsymbol{B}_s^T \boldsymbol{E}_2 \boldsymbol{B}_s |\boldsymbol{J}| \mathrm{d}\xi\mathrm{d}\eta \end{aligned} \tag{7-17}$$

式中，V^e、S^e 分别为单元的体积和面积，$|\boldsymbol{J}|$ 为雅可比矩阵 $\boldsymbol{J}$ 的行列式。显然，式（7-17）中第一部分、第二部分分别为弯曲和剪切引起的单元刚度矩阵。

与铁木辛科梁类似，当板厚趋于零时，也会出现剪切闭锁现象。为了避免剪切闭锁现象，可采用缩减积分等方法。

7.2 薄壳结构的有限单元法

对于由两个曲面所限定的物体，如果两曲面间的距离比物体的其他尺寸小，则称为壳体。壳体厚度中点构成的曲面称为中曲面，也简称为中面。如果壳体厚度 t 远小于中面的曲率半径、长度等其他尺寸，则称为薄壳。反之，即为厚壳。

与薄板问题类似，薄壳发生微小变形时，其沿壳体厚度方向的应变也可以忽略不计，且认为直法线假设仍然成立，即变形后中面法线保持为直线且仍为中面的法线。

壳体变形与平板变形不同，其中面除了弯曲变形外还存在着面内的伸缩变形。相对应壳体就承受弯矩和面内力。在小变形情况下，就单元而言，可以认为其面内变形与弯曲变形互不影响。

将壳体中面离散化，单元实际形状是曲面。但是，当单元尺寸足够小时，曲面单元就可近似地视为平面单元，原来的曲面壳体结构可以用平面单元拼成的折板体系来近似。这时，单元的应力状态可由平面应力状态和板弯曲应力状态简单叠加得到。平面薄壳单元简单有效，但存在几何上的离散误差。为提高精度，可使用曲面单元。

下面研究图 7-6 所示的平面 4 节点等参数薄壳单元。在图示的局部坐标系中，每个节点有 3 个线性位移 u'、v'、w' 和 2 个角位移 $\theta_{x'}$、$\theta_{y'}$，单元有 4 个节点，共有 20 个自由度。u'、v' 是单元由于单元面内伸缩而产生的位移，而 w' 和 $\theta_{x'}$、$\theta_{y'}$ 是单元弯曲变形产生的位移，分别与平面应力状态和板弯曲应力状态相对应。平面应力的 4 节点等参数单元的刚度矩阵 K^p 可按式（6-10）计算，板弯曲的 4 节点等参数单元的刚度矩阵 K^b 可按式（7-17）计算，由于面内位移和弯曲位移不发生耦合，所以将这两部分刚度矩阵简单拼合，就得到了局部坐标系下薄壳单元的刚度矩阵。

图 7-6　薄壳单元

单元有 20 个自由度，则刚度矩阵应为 20 阶方阵。但为了能变换到全局坐标系中，为每个节点增加一个绕 z' 轴的转角自由度 $\theta_{z'}$。这样，每个节点有 6 个自由度，单元共有 24 个自由度，单元刚度矩阵就是 24 阶方阵，设为

$$K'^e = \begin{bmatrix} K'_{ii} & K'_{ij} & K'_{im} & K'_{in} \\ K'_{ji} & K'_{jj} & K'_{jm} & K'_{jn} \\ K'_{mi} & K'_{mj} & K'_{mm} & K'_{mn} \\ K'_{ni} & K'_{nj} & K'_{nm} & K'_{nn} \end{bmatrix} \quad (7\text{-}18)$$

式中，每个子矩阵均为刚度矩阵 K^p、K^b 相应子矩阵的组合，即

$$K'_{rs} = \begin{bmatrix} K'^p_{rs} & 0 & 0 \\ 0 & K'^b_{rs} & 0 \\ 0 & 0 & 0 \end{bmatrix} \quad (r,s=i,j,m,n)$$

其中，平面应力问题的子矩阵 K'^p_{rs} 为 2 阶方阵，板弯曲问题的子矩阵 K'^b_{rs} 为 3 阶方阵，其余元素均为零，主对角线上零元素与附加的自由度 $\theta_{z'}$ 对应。

由单元刚度矩阵形成结构总体刚度矩阵，必须在统一的全局坐标系下进行。因此，需要用坐标变换矩阵，将局部坐标系下的单元刚度矩阵变换成整体坐标系下的刚度矩阵，即

$$K^e = T^T K'^e T$$

式中，T 为变换矩阵，$T = \begin{bmatrix} \lambda & 0 & 0 & 0 \\ 0 & \lambda & 0 & 0 \\ 0 & 0 & \lambda & 0 \\ 0 & 0 & 0 & \lambda \end{bmatrix}$，$\lambda = \begin{bmatrix} \varphi & 0 \\ 0 & \varphi \end{bmatrix}$，方向余弦矩阵 $\varphi = \begin{bmatrix} \alpha_1 & \alpha_2 & \alpha_3 \\ \beta_1 & \beta_2 & \beta_3 \\ \gamma_1 & \gamma_2 & \gamma_3 \end{bmatrix}$，其中 $\alpha_1, \alpha_2, \alpha_3$ 和 $\beta_1, \beta_2, \beta_3$ 及 $\gamma_1, \gamma_2, \gamma_3$ 为局部坐标系 $x'y'z'$ 三个坐标轴在全局坐标系 xyz 下的方向余弦。

当与一个节点相连接的所有单元共面时，会导致总体刚度矩阵存在奇异性。为避免这个奇异性，可以采用在与自由度 $\theta_{z'}$ 对应的主对角线元素上加一个不大的数等办法。

第8章 有限元方程解法

8.1 概　　述

　　用位移型有限单元法分析问题时，首先要将结构离散化，得到彼此只通过节点连接的有限个单元，然后计算单元刚度矩阵并形成结构总体刚度矩阵，再计算总体载荷列阵、引入位移边界条件，最终得到结构总体刚度方程，即有限元方程

$$K\delta = R \tag{8-1}$$

求解该代数方程组，可得到节点位移，进而再计算应变、应力等导出解。

　　求解代数方程组的时间在整个解题时间中占很大的比重，有限元分析的效率在很大程度上取决于这个庞大的线性方程组的求解效率。若采用不适当的求解方法，不仅会使求解效率下降，还可能导致求解过程的不稳定或求解失败。

　　总体刚度矩阵 K 具有大型、对称、稀疏、带状分布及正定、主元占优势等特点，在求解方程组时必须充分利用这些特点，以提高方程求解的效率。

　　有限元方程的解法有两大类：直接法和迭代法。

　　直接法以高斯消元法为基础，求解效率高。在方程组的阶数不是特别高时（例如不超过 10 000 阶），通常采用直接解法。当方程组的阶数过高时，由于计算机有效位数的限制，直接求解法中的舍入误差、消元中有效位数的损失等将会影响方程求解的精度。常用的直接法有 LU 分解法和波前法等。

　　迭代法使用近似解通过迭代逐步逼近真实解，当达到规定的误差时，即可取该近似解作为方程的解。迭代法求解问题时需要反复迭代，故需要的计算时间较长。

8.2　总体刚度矩阵的一维变带宽存储

　　由于总体刚度矩阵是对称矩阵，因此可只存储一个上三角（或下三角）矩阵。总体刚度矩阵还是零元素占绝大多数的稀疏矩阵，其非零元素的分布呈带状。基于总体刚度矩阵的特点，在计算机中存储时，一般采用二维等带宽存储或一维变带宽存储，而后者更为常用。

　　一维变带宽存储就是把变化带宽内的元素按一定的顺序存储在一维数组中，有按行存储和按列存储两种方法，下面介绍按列一维变带宽存储方法。

　　按列一维变带宽存储是按列依次存储元素，每列应存储从主对角线元素起到行数最大的非零元素止的所有元素，例如图 8-1 所示的矩阵需要存储阴影区域所包括的所有元素，即位于非零元素间的零元素也必须存储。用一维数组存储该总体刚度矩阵元素的顺序如下：K_{11}、K_{21}、K_{31}、K_{41}、K_{22}、0、K_{42}、K_{33}、…、K_{77}、K_{78}、K_{88}。

　　为方便、准确地在一维数组中读/写总体刚度矩阵元素，还必须用辅助数组记录原矩阵的主对角元素在一维数组中的位置、矩阵每列非零元素的个数等数据信息。例如用辅助数组 M 存储

图 8-1 所示的矩阵各列主对角元素在一维数组中的位置,则数组 $M(9)$ 的元素为 [1 5 8 10 13 15 17 19 22]。M 的前 8 个数存储的是主对角元素的位置,如数字 5 表示矩阵第 2 列主对角元素存储在一维数组的第 5 个数上,M 的最后一个数存储的是一维数组长度加 1。

图 8-1 一维变带宽存储

实例 E2-1 介绍的 Harwell-Boeing 格式是存储大型稀疏矩阵的标准交换格式,其采用的就是一维变带宽存储方法。

8.3 直 接 法

8.3.1 高斯消元法

直接法基于高斯消元法。设有限元方程为

$$\begin{bmatrix} K_{11} & K_{12} & \cdots & K_{1n} \\ K_{21} & K_{22} & \cdots & K_{2n} \\ \cdots & \cdots & \cdots & \cdots \\ K_{n1} & K_{n2} & \cdots & K_{nn} \end{bmatrix} \begin{bmatrix} \delta_1 \\ \delta_2 \\ \vdots \\ \delta_n \end{bmatrix} = \begin{bmatrix} R_1 \\ R_2 \\ \vdots \\ R_n \end{bmatrix} \quad (8\text{-}2)$$

用高斯消元法求解时,首先要对方程组逐次消去一个未知数,最后得到一个等价的三角形方程

$$\begin{bmatrix} 1 & \tilde{K}_{12} & \tilde{K}_{13} & \cdots & \tilde{K}_{1n} \\ & 1 & \tilde{K}_{23} & \cdots & \tilde{K}_{2n} \\ & & \ddots & \cdots & \cdots \\ & & & 1 & \tilde{K}_{n-1,n} \\ & & & & 1 \end{bmatrix} \begin{bmatrix} \delta_1 \\ \delta_2 \\ \vdots \\ \delta_{n-1} \\ \delta_n \end{bmatrix} = \begin{bmatrix} \tilde{R}_1 \\ \tilde{R}_2 \\ \vdots \\ \tilde{R}_{n-1} \\ \tilde{R}_n \end{bmatrix} \quad (8\text{-}3)$$

然后,从最后一个方程解出未知数 δ_n,然后逐行回代,逐次求出其余的未知数 δ_{n-1}、$\cdots$、δ_2、δ_1。

8.3.2 LU 分解法

根据数学知识,由于总体刚度矩阵 K 是正定对称矩阵,K 可以分解成下三角阵 L 和对角线元素为 1 的上三角阵 U 的乘积,即

$$K = LU \quad (8\text{-}4)$$

设 $\boldsymbol{K} = \begin{bmatrix} K_{11} & & \text{对称} & \\ K_{21} & K_{22} & & \\ \cdots & \cdots & \ddots & \\ K_{n1} & K_{n2} & \cdots & K_{nn} \end{bmatrix}$、$\boldsymbol{L} = \begin{bmatrix} L_{11} & & & 0 \\ L_{21} & L_{22} & & \\ \cdots & \cdots & \ddots & \\ L_{n1} & L_{n2} & \cdots & L_{nn} \end{bmatrix}$、$\boldsymbol{U} = \begin{bmatrix} 1 & u_{12} & \cdots & u_{1n} \\ & 1 & \cdots & u_{2n} \\ & & \ddots & \cdots \\ 0 & & & 1 \end{bmatrix}$，并将之

代入式（8-4）中，则可由总体刚度矩阵 $\boldsymbol{K}$ 求得矩阵 $\boldsymbol{L}$、$\boldsymbol{U}$ 各元素，其计算公式为

$$\begin{cases} L_{j1} = K_{j1} \quad (j=1,2,\cdots,n) \\ L_{ji} = K_{ji} - \sum_{p=1}^{i-1} L_{jp} u_{pi} \quad (j=i, i+1,\cdots,n; i=2,3,\cdots,n) \\ u_{1j} = K_{1j}/L_{11} \quad (j=2,3,\cdots,n) \\ u_{ij} = (K_{ij} - \sum_{p=1}^{i-1} L_{ip} u_{pj})/L_{ii} \quad (j=i+1, i+2,\cdots,n; i=1,2,\cdots,n) \end{cases}$$

将式（8-4）代入有限元方程式（8-1）中，得

$$\boldsymbol{LU\delta = R}$$

令

$$\boldsymbol{U\delta = y} \tag{8-5}$$

则有

$$\boldsymbol{Ly = R} \tag{8-6}$$

从方程组（8-6）可求得 $\boldsymbol{y}$，将 $\boldsymbol{y}$ 代入方程组（8-5）后，可求得位移列阵 $\boldsymbol{\delta}$。由于 $\boldsymbol{L}$ 是下三角矩阵，求 $\boldsymbol{y}$ 时只需向前回代；由于 $\boldsymbol{U}$ 是上三角矩阵，求 $\boldsymbol{\delta}$ 时只需向后回代。

与高斯消元法相比，LU 分解的过程实际上相当于消元过程，两者的运算量基本相同。但如果考虑到总体刚度矩阵一维变带宽存储节省的时间，LU 分解法所需时间要少。该方法有较高的稳定性，病态矩阵也不会造成求解的困难。

8.3.3 波前法

由 2.6 节可知，有限元方程式（8-1）中的总体刚度矩阵 $\boldsymbol{K}$ 和总体载荷列阵 $\boldsymbol{R}$ 是由单元刚度矩阵和单元载荷列阵叠加集合而形成的。波前法就是利用这个特点，但该方法不像其他方法那样先叠加集合完毕，然后再消元，而是叠加集合和变量的消元是交错进行的，在内存中从不形成完整的总体刚度矩阵。

设 δ_p 是方程组的第 p 个未知数，当与 δ_p 有关的所有单元刚度矩阵都已叠加完毕后，总体刚度矩阵 $\boldsymbol{K}$ 中与 δ_p 所对应的行和列各元素也就叠加完毕，不再变化了，这时就可以马上用 δ_p 对其余方程消元，即有

$$\sum_{\substack{j=1 \\ j \neq p}}^{n} \overline{K}_{ij} \delta_j = \overline{R}_i \quad (i=1,2,\cdots,p-1,p+1,\cdots,n) \tag{8-7}$$

式中：$\overline{K}_{ij} = K_{ij} - K_{pj} K_{ip}/K_{pp} \quad (i,j \neq p)$

$\overline{R}_i = R_i - R_p K_{ip}/K_{pp} \quad (i \neq p)$

下面以图 8-2 所示结构为例介绍波前法的原理和求解步骤。为研究简便起见，设节点只有 1 个自由度，因此单元编号和自由

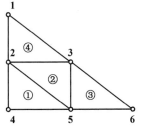

图 8-2 波前法

度编号相同。各单元的编号及包括节点的编号参见表 8-1。

表 8-1 单元和节点编号

单元编号	节点编号		
	i	j	m
①	2	4	5
②	2	5	3
③	5	6	3
④	2	3	1

按编号顺序将单元刚度矩阵和节点载荷列阵叠加到计算机内存里。首先是单元①，由于单元刚度矩阵是对称矩阵，只需叠加主对角线及主对角线上方元素即可，叠加单元①后内存数据情况如图 8-3（a）所示。尚未叠加完毕的自由度称为活动变量，已叠加完毕的自由度称为不活动变量。内存中存储刚度矩阵元素的三角形称为波前，波前中变量数称为波前宽 w。由于节点 4 只与单元①关联，所以自由度 δ_4 已叠加完毕。取 δ_4 为主元按式（8-7）进行消元，然后将主元所在行列元素及载荷项 K_{24}、K_{44}、K_{45}、R_4 共 $w+1=4$ 个元素调离内存，存入外存。

图 8-3 波前法原理和步骤

存入外存的元素是一个方程的系数和载荷项，即

$$K_{i1}\delta_1 + K_{i2}\delta_2 + \cdots + K_{ii}\delta_i + \cdots = R_i$$

而为了在回代时能确定方程中包括哪些未知数，还必须记录当前主元编号 B、主元在波前的位置 I 及波前宽 w。

然后，紧缩波前，将自由度 δ_5 前移，并叠加单元②，此时内存情况如图 8-3（b）所示。只要有自由度叠加完毕，就可取其作为主元进行消元，然后把主元所在行列元素及载荷项调出内存、紧缩波前，继续叠加其他单元直到所有单元叠加完毕。整个单元叠加、消元过程波前情况如表 8-2 所示。

表 8-2 叠加、消元过程波前情况

消元序号	叠加单元	波前节点编号	波前信息		
			B	I	w
1	①	2、4、5	4	2	3
2	②	2、5、3	5	2	4
	③	2、5、3、6			
3		2、3、6	6	3	3
4	④	2、3、1	2	1	3
5		3、1	3	1	2
6		1	1	1	1

消元结束后，再按消元的相反顺序，逐个恢复波前，把送到外存的元素调入内存，依次回

代求解。恢复波前需要利用 BIw 信息，在现有内存基础上可将自由度 B 插在位置 I 处，然后取前 w 个自由度即为恢复的波前。恢复一个波前就按顺序从外存调入一组元素（消元时后调出的元素回代时先调入），即可依次求出方程组的各个未知数。回代过程波前情况如表 8-3 所示。

表 8-3 回代过程波前情况

回代序号	波前节点编号	波前信息			回代序号	波前节点编号	波前信息		
		B	I	w			B	I	w
1	1	1	1	1	4	2、3、6	6	3	3
2	3、1	3	1	2	5	2、5、3、6	5	2	4
3	2、3、1	2	1	3	6	2、4、5	4	2	3

综上所述，波前法解题步骤为：
（1）按单元顺序计算单元刚度矩阵及节点载荷列阵，并送入内存进行叠加集成。
（2）检查哪些自由度已经叠加完毕，将之作为主元，对其他行、列的元素进行消元。
（3）将主元对应方程的未知数系数和载荷项从计算机内存调出到外存。
（4）重复步骤（1）～步骤（3），直到将全部单元叠加完毕。
（5）按消元顺序，由后向前依次回代求解。

波前法需要内存较少，但编程复杂、内外存数据交换频繁。

8.4 迭 代 法

迭代法的基本思想是从任意给定的近似解 $x^{(0)}$ 出发，按某递推公式逐步计算，构造出一个迭代向量序列 $\{x^{(k)}\}$，使其收敛于方程组

$$Ax=b \tag{8-8}$$

的解 x^*。迭代逐次进行，当解满足预先给定的精度要求时，即

$$\left\|x^{(k+1)} - x^{(k)}\right\| \leqslant \varepsilon$$

迭代终止，即可把 $x^{(k+1)}$ 作为方程组的近似解。式中，ε 为公差，$\|*\|$ 为向量范数。

与直接法相比，迭代法计算程序简单，但计算时间较长。

8.4.1 雅可比迭代法和赛德尔迭代法

雅可比（Jacobi）迭代法和赛德尔（Seidel）迭代法是两种求解线性方程组常用的迭代法。将方程组（8-8）写成如下形式：

$$\sum_{j=1}^{n} a_{ij}x_j = b_i \quad (i=1,2,\cdots,n)$$

或者

$$x_i = \frac{1}{a_{ii}}(b_i - \sum_{\substack{j=1\\j\neq i}}^{n} a_{ij}x_j) \quad (i=1,2,\cdots,n) \tag{8-9}$$

由式（8-9）可以构造迭代方程如下：

$$x_i^{(k+1)} = \frac{1}{a_{ii}}(b_i - \sum_{\substack{j=1 \\ j \neq i}}^{n} a_{ij} x_j^{(k)}) \quad (i=1,2,\cdots,n) \tag{8-10}$$

任取迭代初值 $x^{(0)} = (x_1^{(0)}, x_2^{(0)}, \cdots, x_n^{(0)})$，代入以上迭代方程计算得 $x^{(1)} = (x_1^{(1)}, x_2^{(1)}, \cdots, x_n^{(1)})$。反复重复上述计算过程，可得一系列方程解的近似值 $x^{(1)}$、$x^{(2)}$、$\cdots$、$x^{(k+1)}$。当 $x^{(k+1)}$ 满足要求时，即可把 $x^{(k+1)}$ 作为方程解的近似值。这就是雅可比迭代法，由于该方法迭代时间长、收敛性差，实际中应用较少。

在迭代过程中，用式（8-10）计算 $x_i^{(k+1)}$ 时，$x_{i-1}^{(k+1)}$、$x_{i-2}^{(k+1)}$、$\cdots$、$x_1^{(k+1)}$ 已计算完毕，如果迭代收敛，则它们比 $x_{i-1}^{(k)}$、$x_{i-2}^{(k)}$、$\cdots$、$x_1^{(k)}$ 更接近准确值，用它们代替后者可以加速收敛，于是迭代方程变为

$$x_i^{(k+1)} = \frac{1}{a_{ii}}(b_i - \sum_{j=1}^{i-1} a_{ij} x_j^{(k+1)} - \sum_{j=i+1}^{n} a_{ij} x_j^{(k)}) \quad (i=1,2,\cdots,n) \tag{8-11}$$

这就是赛德尔迭代法。对于系数矩阵是正定对称的方程组，该方法是肯定收敛的。

将式（8-11）变化为

$$x_i^{(k+1)} = x_i^{(k)} + \frac{\omega}{a_{ii}}(b_i - \sum_{j=1}^{i-1} a_{ij} x_j^{(k+1)} - \sum_{j=i}^{n} a_{ij} x_j^{(k)}) \quad (i=1,2,\cdots,n) \tag{8-12}$$

收敛可以更快一些，这就是超松弛迭代法。ω 称为超松弛因子，对于正定对称的方程组，当 $0<\omega<2$ 时，迭代肯定收敛。ω 大小应视具体情况确定。

8.4.2 共轭梯度法

共轭梯度法是一种迭代法，适用于对系数矩阵是正定对称矩阵的线性方程组的求解。当不计舍入误差时，经过有限次迭代后可以得到精确解。该方法对舍入误差十分敏感，与预处理技术的结合才使得共轭梯度法成为求解大型稀疏线性方程组的有效方法。

1）与线性方程组等价的变分问题

设 A 是 n 阶对称正定矩阵，x 为未知向量，b 为已知向量，为求解线性方程组

$$Ax=b$$

定义二次泛函 $\varphi(x)$ 为

$$\varphi(x) = \frac{1}{2} x^T A x - x^T b = \frac{1}{2} \sum_{i=1}^{n} \sum_{j=1}^{n} a_{ij} x_i x_j - \sum_{j=1}^{n} b_j x_j \tag{8-13}$$

可以证明，向量 x^* 是方程组 $Ax=b$ 解的充分必要条件是 x^* 满足

$$\varphi(x^*) = \min_{x \in R^n} \varphi(x)$$

因此，可以将线性方程组 $Ax=b$ 的求解问题转化为在 $x \in R^n$ 时求泛函 $\varphi(x)$ 的极小值问题。

2）最快下降法

这是求泛函 $\varphi(x)$ 极小值的最简单的一种方法。其原理是：从任意给定的近似解 $x^{(0)}$ 出发，开始构造迭代向量序列。当从 $x^{(k)}$（$k=0,1,2,\cdots$）出发寻找 $\varphi(x)$ 的极小点时，先找一个使 $\varphi(x)$ 减小最快的方向，即 $\varphi(x)$ 在 $x^{(k)}$ 处的负梯度方向 $-\nabla\varphi(x^{(k)})$，容易证明 $\nabla\varphi(x) = Ax-b$。定义并计算残向

量 r 为

$$r^{(k)} = -\nabla \varphi(x^{(k)}) = b - Ax^{(k)}$$

如果 $r^{(k)}=0$，则 $x^{(k)}$ 为方程组的解；否则沿 $r^{(k)}$ 方向进行一维极小搜索，即寻找数值 $\alpha \in R$，使得 $\varphi(x^{(k)}+\alpha r^{(k)})$ 有极小值，容易得到极小点为

$$\alpha = \alpha_k = \frac{(r^{(k)})^T r^{(k)}}{(r^{(k)})^T A r^{(k)}}$$

即

$$\min_{\alpha \in R} \varphi(x^{(k)} + \alpha r^{(k)}) = \varphi(x^{(k)} + \alpha_k r^{(k)})$$

令 $x^{(k+1)} = x^{(k)} + \alpha_k r^{(k)}$，即完成一次迭代。反复迭代，直到符合要求为止。

容易证明，前后两次的搜索方向是正交的，即 $(r^{(k+1)})^T r^{(k)}=0$。

3）共轭梯度法（CG 法）

该方法仍然是通过一系列的一维极小搜索来求 $\varphi(x)$ 的极小值，但搜索方向不再是 $r^{(0)}$、$r^{(1)}$、$r^{(2)}$ … 而是另外一组共轭方向 $p^{(0)}$、$p^{(1)}$、$p^{(2)}$ … 其中向量 $p^{(0)} = r^{(0)}$，$p^{(0)}$、$p^{(1)}$、$p^{(2)}$ … 等 A-共轭，即 $(p^{(i)})^T A p^{(j)}=0$ $(i \neq j)$。其原理是：首先任取初始近似向量 $x^{(0)} \in R^n$，计算 $p^{(0)} = r^{(0)} = b - Ax^{(0)}$。现从 $x^{(k)}$（$k=0,1,2\cdots$）出发沿 $p^{(k)}$ 方向做一维极小搜索，来寻找 $\varphi(x)$ 的极小点，可以确定

$$\alpha_k = \frac{(r^{(k)})^T r^{(k)}}{(p^{(k)})^T A p^{(k)}} \tag{8-14}$$

令

$$x^{(k+1)} = x^{(k)} + \alpha_k p^{(k)} \tag{8-15}$$

即完成一次迭代。再计算残向量

$$r^{(k+1)} = b - Ax^{(k+1)} = r^{(k)} - \alpha_k A p^{(k)} \tag{8-16}$$

以及下一次迭代的搜索方向 $p^{(k+1)}$。取 $p^{(k+1)}$ 为 $p^{(k)}$ 和 $r^{(k+1)}$ 线性组合，即

$$p^{(k+1)} = r^{(k+1)} + \beta_k p^{(k)} \tag{8-17}$$

由于 $p^{(k+1)}$ 和 $p^{(k)}$ 是 A-共轭的，可得

$$\beta_k = \frac{(r^{(k+1)})^T r^{(k+1)}}{(r^{(k)})^T r^{(k)}} \tag{8-18}$$

反复迭代，直到符合要求为止。

由于 R^n 中最多有 n 个相互正交的非零向量，故不考虑舍入误差时最多迭代 n 步即可得到精确解，据此可以认为该方法是直接法。但由于舍入误差的存在，迭代终止仍然需要用给定公差 ε 控制。

设 λ_1 和 λ_n 是正定对称矩阵 A 的最小特征值和最大特征值，则定义矩阵 A 的条件数 κ 为

$$\kappa = \frac{\lambda_n}{\lambda_1}$$

分析表明，条件数 κ 的大小对共轭梯度法的收敛速度影响明显。当条件数 κ 较小时，收敛迅速。而当 A 为病态矩阵、条件数 κ 较大时，收敛速度会很慢。

4）预处理共轭梯度法（PCG 法）

若取一个非奇异矩阵 C，使矩阵 $\tilde{A} = C^{-1}AC^{-T}$ 的条件数 κ 得到改善，则对于方程组

$$\tilde{A}\tilde{x} = \tilde{b} \tag{8-19}$$

式中，$\tilde{x}=C^T x$，$\tilde{b}=C^{-1}b$，应用共轭梯度法求解有较快的收敛速度。其迭代过程可参照共轭梯度法。该方法称为预处理共轭梯度法或预条件共轭梯度法，并记 $M=CC^T$，称 M 为预优矩阵。

预处理共轭梯度法的关键是选择一个较好的预优矩阵 M。M 应该具有以下特点：

（1）是正定对称矩阵；

（2）条件数使得共轭梯度法求解有较快的收敛速度；

（3）稀疏性与 A 基本相同；

（4）方便求解。

预处理的方法有多种。例如，采用不完全乔利斯基（Cholesky）共轭梯度法（ICCG）时，可将矩阵 A 近似分解为 $A \approx LL^T$，并取为 M，即

$$A \approx LL^T = M$$

代入式（8-19），有

$$\tilde{A} \approx L^{-1}LL^T L^{-T} = I$$

I 为单位阵，其条件数为 1，是条件数的最小值。

第 9 章 结构动力学分析

9.1 结构的动力学方程

1. 结构的动力学方程

当作用在结构上的载荷随时间变化时，需要进行动力学分析。这时，单元上点的位移不仅是位置的函数，还是时间的函数。设单元上点的位移是 $\boldsymbol{f}=[u\ v\ w]^{\mathrm{T}}$，则该点的速度和加速度为

$$\dot{\boldsymbol{f}} = \begin{bmatrix}\dot{u}\\ \dot{v}\\ \dot{w}\end{bmatrix}, \quad \ddot{\boldsymbol{f}} = \begin{bmatrix}\ddot{u}\\ \ddot{v}\\ \ddot{w}\end{bmatrix}$$

作用在结构上的载荷除了其他激励外载荷，还作用有惯性力和阻尼力，它们都属于体力。惯性力与加速度成正比，方向相反，设单元材料密度为 ρ，则单位体积的惯性力为 $-\rho\ddot{\boldsymbol{f}}$；假设阻尼力与速度成正比，方向相反，设阻尼系数为 ν，则单位体积的阻尼力为 $-\nu\dot{\boldsymbol{f}}$。将单元上的惯性力、阻尼力及其他外载荷向节点等效移置，得单元的节点载荷列阵为

$$\begin{aligned}\boldsymbol{R}_{\mathrm{s}}^{e} &= \boldsymbol{R}^{e} - \int_{V}\boldsymbol{N}^{\mathrm{T}}\rho\ddot{\boldsymbol{f}}\mathrm{d}V - \int_{V}\boldsymbol{N}^{\mathrm{T}}\nu\dot{\boldsymbol{f}}\mathrm{d}V\\ &= \boldsymbol{R}^{e} - \int_{V}\boldsymbol{N}^{\mathrm{T}}\rho\boldsymbol{N}\mathrm{d}V\ddot{\boldsymbol{\delta}}^{e} - \int_{V}\boldsymbol{N}^{\mathrm{T}}\nu\boldsymbol{N}\mathrm{d}V\dot{\boldsymbol{\delta}}^{e}\end{aligned}$$

式中，$\boldsymbol{R}^{e}$ 为激励外载荷产生的等效移置载荷，$\boldsymbol{N}$ 为单元的形函数矩阵。

令

$$\boldsymbol{m} = \int_{V}\boldsymbol{N}^{\mathrm{T}}\rho\boldsymbol{N}\mathrm{d}V \tag{9-1}$$

$$\boldsymbol{c} = \int_{V}\boldsymbol{N}^{\mathrm{T}}\nu\boldsymbol{N}\mathrm{d}V \tag{9-2}$$

并分别称 $\boldsymbol{m}$、$\boldsymbol{c}$ 为单元的质量矩阵和阻尼矩阵。将节点载荷列阵代入单元刚度方程并整理得

$$\boldsymbol{K}^{e}\boldsymbol{\delta}^{e} + \boldsymbol{c}\dot{\boldsymbol{\delta}}^{e} + \boldsymbol{m}\ddot{\boldsymbol{\delta}}^{e} = \boldsymbol{R}^{e} \tag{9-3}$$

根据节点上节点力和节点载荷力平衡关系，建立结构的总体刚度方程为

$$\boldsymbol{K}\boldsymbol{\delta} + \boldsymbol{C}\dot{\boldsymbol{\delta}} + \boldsymbol{M}\ddot{\boldsymbol{\delta}} = \boldsymbol{R} \tag{9-4}$$

这就是结构的动力学方程。式中，$\boldsymbol{K}$、$\boldsymbol{C}$、$\boldsymbol{M}$ 分别为结构的总体刚度矩阵、总体阻尼矩阵和总体质量矩阵，它们可以由单元刚度矩阵、阻尼矩阵和质量矩阵集合得到。$\boldsymbol{\delta}$ 为结构节点位移列阵。

2. 质量矩阵和阻尼矩阵

由式（9-1）计算的单元质量矩阵采用了与计算单元刚度矩阵一致的形函数矩阵 $\boldsymbol{N}$，称之为

一致质量矩阵。为了方便，将单元的分布质量等效分配到各个节点上，据此得到的单元质量矩阵称为集中质量矩阵，集中质量矩阵是一个对角线方阵。例如，按式（9-1）计算的平面问题的3节点三角形应变单元的一致质量矩阵为

$$m = \frac{\rho t \Delta}{12} \begin{bmatrix} 2 & 0 & 1 & 0 & 1 & 0 \\ 0 & 2 & 0 & 1 & 0 & 1 \\ 1 & 0 & 2 & 0 & 1 & 0 \\ 0 & 1 & 0 & 2 & 0 & 1 \\ 1 & 0 & 1 & 0 & 2 & 0 \\ 0 & 1 & 0 & 1 & 0 & 2 \end{bmatrix}$$

集中质量矩阵为

$$m = \frac{\rho t \Delta}{3} \begin{bmatrix} 1 & 0 & 0 & 0 & 0 & 0 \\ 0 & 1 & 0 & 0 & 0 & 0 \\ 0 & 0 & 1 & 0 & 0 & 0 \\ 0 & 0 & 0 & 1 & 0 & 0 \\ 0 & 0 & 0 & 0 & 1 & 0 \\ 0 & 0 & 0 & 0 & 0 & 1 \end{bmatrix}$$

式中，t、Δ 分别为单元的厚度和面积。集中质量矩阵减少了计算量和数据的存储量，而且一般情况下分析计算结果与采用一致质量矩阵时差别不大。

由式（9-2）计算的单元阻尼矩阵与质量矩阵成正比，称为比例阻尼矩阵或振型阻尼矩阵。由于这种阻尼是由阻尼力正比于速度得到的，属于黏性阻尼，与实际符合性较差。一种常用的方法是将阻尼矩阵简化为刚度矩阵和质量矩阵的线性组合，即

$$C = \alpha M + \beta K \tag{9-5}$$

式中，α、β 为不依赖于频率的常数，这种阻尼称为瑞利（Rayleigh）阻尼。

9.2 结构的自振频率和振型

9.2.1 概述

不考虑阻尼影响的结构自由振动方程为

$$K\delta + M\ddot{\delta} = 0 \tag{9-6}$$

结构自由振动时，各节点作简谐运动，设结构节点位移列阵为

$$\delta = \varphi \sin \omega t$$

式中，ω 为自由振动的圆频率；φ 为节点振幅向量，即振型。将式（9-6）代入自由振动方程，得齐次方程

$$(K - \omega^2 M)\varphi = 0 \quad 或 \quad K\varphi = \lambda M\varphi \tag{9-7}$$

显然自由振动节点振幅不能全为零，即方程存在非零解，因此有行列式

$$|K - \omega^2 M| = 0$$

欲求满足方程（9-7）的 ω^2 和 φ，这是典型的广义特征值问题。式中，令 $\lambda = \omega^2$，称之为矩

阵 K 的特征值；向量 φ 也称为特征向量。显然，在特征值为 λ 时，如果 φ 是相对应的特征向量，则 $c\varphi$（c 为常数）也是。为方便，将特征向量归一化处理，即

$$\varphi^T M \varphi = 1$$

设 λ_i、φ_i 和 λ_j、φ_j 是两组不同的特征值及其对应的特征向量，则

$$K\varphi_i = \lambda_i M \varphi_i \qquad K\varphi_j = \lambda_j M \varphi_j$$

将两式中前一式两端都乘以 φ_j^T，后一式两端都乘以 φ_i^T，再由于 K 和 M 的对称性，可得

$$(\lambda_i - \lambda_j)\varphi_j^T M \varphi_i = 0$$

因为 $\lambda_i \neq \lambda_j$，所以有 $\varphi_j^T M \varphi_i = 0$，该式表明振型是关于 M 正交的。于是有

$$\varphi_j^T M \varphi_i = \begin{cases} 1, & (i = j) \\ 0, & (i \neq j) \end{cases} \tag{9-8}$$

进而还可以得到

$$\varphi_j^T K \varphi_i = \begin{cases} \lambda_i, & (i = j) \\ 0, & (i \neq j) \end{cases} \tag{9-9}$$

由式（9-7）解得的特征值共有 n 个，n 为结构的自由度数。一般结构的自由度很多，而研究动力学问题时往往只需要少数低阶特征值和特征向量。有限元法求解广义特征值问题时，都采用针对以上特点且计算效率较高的方法，其中应用较多的有基本 QR 法、兰索斯（Lanczos）法、阻尼法等。

9.2.2 基本 QR 法

QR 法可用来求各种矩阵的全部特征值，且最适合于对称的三对角矩阵。该方法的特点是收敛快、精度高，对称矩阵时算法简洁。

对于 n 阶实非奇异矩阵 M，可以分解为正交矩阵 Q 和实非奇异上三角矩阵 R 的乘积，即

$$M = QR$$

则称该分解式为矩阵 M 的 QR 分解。分解方法请参阅相关文献。

对于 n 阶实非奇异的对称三对角矩阵 M，QR 法的迭代步骤如下所述。

令 $M_1 = M$；

现对 $k = 1, 2, \cdots, m$ 进行如下迭代过程：

对 M_k 作 QR 分解得 $M_k = Q_k R_k$；

计算 $M_{k+1} = R_k Q_k$；

通过一系列迭代，可使 M_{k+1} 成为对角阵，则其对角线元素即为该矩阵的特征值。由于 $M_{k+1} = Q_k^T M_k Q_k$，所以 M_{k+1} 与 $M_k, M_{k-1}, \cdots, M$ 相似，M_{k+1} 与 M 有相同的特征值。特征向量矩阵为 $Q = Q_1 Q_2 \cdots Q_k$，即矩阵 Q 第 k 列就是矩阵 M 的第 k 个特征向量。

9.2.3 兰索斯法

兰索斯法是求解大型矩阵特征值问题的最有效方法。对于广义特征值问题

$$K\varphi = \lambda M \varphi$$

或写为

$$S\varphi = \frac{1}{\lambda}\varphi \quad (9\text{-}10)$$

式中，$S=K^{-1}M$，称 S 为动力矩阵。

兰索斯法的求解步骤为如下所述。

（1）生成由 m 个兰索斯向量组成的向量集 Q_m，以及动力矩阵 S 的缩阶矩阵 T。

取 q_1 为第一个兰索斯向量，对 q_1 作归一化处理，即 $q_1^T M q_1 = 1$。

现对 $k=1,2,\cdots,m$ 进行如下迭代过程：

$$\beta_1 = 0$$
$$q_{k+1}^* = Sq_k - \alpha_k q_k - \beta_k q_{k-1}$$
$$q_{k+1} = q_{k+1}^* / \beta_{k+1}$$

式中，$\alpha_k = q_k^T M S q_k$，$\beta_{k+1} = \sqrt{q_{k+1}^{*T} M q_{k+1}^*}$。

完成以上迭代，就得到了由 m 个相互正交的兰索斯向量组成的向量集 $Q_m = [q_1\ q_2\ \ldots\ q_m]$，以及对称的三对角缩阶矩阵 T：

$$T = \begin{bmatrix} \alpha_1 & \beta_2 & & & \\ \beta_2 & \alpha_2 & \beta_3 & & \\ & \beta_3 & \ddots & & \\ & & \ddots & \ddots & \beta_m \\ & & & \beta_m & \alpha_m \end{bmatrix}$$

（2）求解 m 阶标准特征值问题。

$$Tz = \mu z \quad (9\text{-}11)$$

（3）解得原问题的特征值和特征向量为

$$\begin{cases} \lambda_k = 1/\mu_k \\ \varphi_k = Q_m z_k \end{cases} \quad (k=1,2,\cdots,m) \quad (9\text{-}12)$$

基本兰索斯法将大型矩阵 M 的广义特征值问题转化为中小型三对角矩阵 T 的标准特征值问题，矩阵 T 仍然保持对称性、稀疏性，在迭代过程中同时形成缩阶矩阵 T。其优点是计算量较小，缺点是可能遗漏重特征值。为克服以上缺点，常采用块兰索斯法等改进算法。

块兰索斯法的基本思想：先选择 l 个线性无关的初始向量，经过正交化和归一化处理后，得到 l 个兰索斯向量。然后，与基本兰索斯法迭代方法相同，在 l 个兰索斯向量基础上迭代形成后 p 个兰索斯向量及相对应的缩阶矩阵。求解缩阶矩阵的特征值问题，就得到原矩阵的前 m 阶特征值和特征向量。由于采用多个初始向量，块兰索斯法可以保证不遗漏重特征值，同时计算量与基本兰索斯法相差不大。

9.3　结构动力响应的求解方法

结构动力响应问题就是在随时间变化载荷 $R(t)$ 作用下的结构响应分析，即动力学方程式（9-4）的求解问题。求解方法一般采用直接积分法和振型叠加法。

9.3.1 直接积分法

1. 概述

直接积分法将时间求解域进行离散化,并对运动微分方程组逐点求解。即先将时间域[0 T]n 等分,每个时间间隔为 Δt。直接积分法假定 t 时刻及 t 时刻以前各时刻的结果已经得到,由这些结果计算 $t+\Delta t$ 时刻的结果。于是,由初始条件 $\boldsymbol{\delta}_0$、$\dot{\boldsymbol{\delta}}_0$、$\ddot{\boldsymbol{\delta}}_0$ 可逐次计算出各离散时间点的结果。

直接积分法有显式求解和隐式求解两类。在显式求解过程中,由 t 时刻的运动方程求 $t+\Delta t$ 时刻的位移;而隐式求解过程要从与 $t+\Delta t$ 时刻运动方程关联的表达式中求 $t+\Delta t$ 时刻的位移。显式求解要求很小的时间步长,但每步求解所需计算量较小;而隐式求解允许较大的时间步长,但每一步求解方程的耗费较大。大多数显式求解方法是条件稳定的,即当时间步长大于结构最小周期的一定比例时,计算得到的位移和速度将发散或得到不正确的结果;而隐式求解方法往往是无条件稳定的,步长取决于计算精度,而不是稳定性方面的考虑。

典型的显式求解方法是中心差分法,典型的隐式求解方法是 Newmark 方法。

2. 中心差分法

将 t 时刻的速度和加速度用差分表示

$$\dot{\boldsymbol{\delta}}_t = \frac{1}{2\Delta t}(\boldsymbol{\delta}_{t+\Delta t} - \boldsymbol{\delta}_{t-\Delta t})$$

$$\ddot{\boldsymbol{\delta}}_t = \frac{1}{(\Delta t)^2}(\boldsymbol{\delta}_{t+\Delta t} - 2\boldsymbol{\delta}_t + \boldsymbol{\delta}_{t-\Delta t})$$

而 t 时刻的动力学方程为

$$\boldsymbol{M}\ddot{\boldsymbol{\delta}}_t + \boldsymbol{C}\dot{\boldsymbol{\delta}}_t + \boldsymbol{K}\boldsymbol{\delta}_t = \boldsymbol{R}_t \tag{9-13}$$

将加速度和速度的差分格式代入式(9-13),得到

$$\left[\frac{1}{(\Delta t)^2}\boldsymbol{M} + \frac{1}{2\Delta t}\boldsymbol{C}\right]\boldsymbol{\delta}_{t+\Delta t} = \boldsymbol{R}_t - \left[\boldsymbol{K} - \frac{2}{(\Delta t)^2}\boldsymbol{M}\right]\boldsymbol{\delta}_t - \left[\frac{1}{(\Delta t)^2}\boldsymbol{M} - \frac{1}{2\Delta t}\boldsymbol{C}\right]\boldsymbol{\delta}_{t-\Delta t} \tag{9-14}$$

式(9-14)就是求离散时间点上位移解的递推公式。但该算法有起步问题,即当 $t=0$、计算 $\boldsymbol{\delta}_{\Delta t}$ 时,除了需要给定初始条件 $\boldsymbol{\delta}_0$ 外,还需要给定 $\boldsymbol{\delta}_{-\Delta t}$。$\boldsymbol{\delta}_{-\Delta t}$ 可按式(9-15)计算:

$$\boldsymbol{\delta}_{-\Delta t} = \boldsymbol{\delta}_0 - \Delta t\dot{\boldsymbol{\delta}}_0 + \frac{(\Delta t)^2}{2}\ddot{\boldsymbol{\delta}}_0 \tag{9-15}$$

可见中心差分法是一种显式算法,该方法由 $t-\Delta t$ 及 t 时刻的位移递推计算得到 $t+\Delta t$ 的位移。在给定的时间域中,从 0 时刻开始,可逐次求解出各个离散时间点 $0, \Delta t, 2\Delta t, \cdots$ 的位移。

当质量矩阵 $\boldsymbol{M}$ 和阻尼矩阵 $\boldsymbol{C}$ 都是对角阵时,利用递推公式(9-14)求解时不需要计算逆矩阵,该特点在非线性求解时更有意义。

中心差分法是条件稳定算法,时间步长必须小于临界值

$$\Delta t \leqslant \Delta t_{cr} = \frac{2}{\omega_{max}}$$

式中,ω_{max} 是结构的最大固有振动频率,其由结构中最小尺寸单元的特征值方程

$|\boldsymbol{K}^e - \omega^2 \boldsymbol{M}^e| = 0$ 确定。由于最小单元尺寸将决定时间步长的大小,所以网格划分时应避免个别单元尺寸太小。

中心差分法适用于必须考虑波传播效应的线性、非线性响应分析,但是不适合于结构动力学问题中的瞬态响应分析。因为这类问题重要的是较低频的响应成分,允许采用较大的时间步长。

3. Newmark 法

首先假设

$$\dot{\boldsymbol{\delta}}_{t+\Delta t} = \dot{\boldsymbol{\delta}}_t + [(1-\beta)\ddot{\boldsymbol{\delta}}_t + \beta\ddot{\boldsymbol{\delta}}_{t+\Delta t}]\Delta t$$

$$\boldsymbol{\delta}_{t+\Delta t} = \boldsymbol{\delta}_t + \dot{\boldsymbol{\delta}}_t \Delta t + [(0.5-\alpha)\ddot{\boldsymbol{\delta}}_t + \alpha\ddot{\boldsymbol{\delta}}_{t+\Delta t}](\Delta t)^2$$

式中,α 和 β 是根据积分精度和稳定性要求而设定的参数。容易证明,当 $\alpha=1/6$、$\beta=1/2$ 时,在 $[t, t+\Delta t]$ 区间内,加速度 $\ddot{\boldsymbol{\delta}}$ 按线性变化。

与中心差分法不同,在 Newmark 法中,$t+\Delta t$ 时刻的位移 $\boldsymbol{\delta}_{t+\Delta t}$ 用 $t+\Delta t$ 时刻的运动方程求解

$$\boldsymbol{M}\ddot{\boldsymbol{\delta}}_{t+\Delta t} + \boldsymbol{C}\dot{\boldsymbol{\delta}}_{t+\Delta t} + \boldsymbol{K}\boldsymbol{\delta}_{t+\Delta t} = \boldsymbol{R}_{t+\Delta t}$$

联立以上三式,可得

$$\left[\boldsymbol{K} + \frac{1}{\alpha(\Delta t)^2}\boldsymbol{M} + \frac{\beta}{\alpha\Delta t}\boldsymbol{C}\right]\boldsymbol{\delta}_{t+\Delta t} = \boldsymbol{R}_{t+\Delta t} + \boldsymbol{M}\left[\frac{1}{\alpha(\Delta t)^2}\boldsymbol{\delta}_t + \frac{1}{\alpha\Delta t}\dot{\boldsymbol{\delta}}_t + \left(\frac{1}{2\alpha}-1\right)\ddot{\boldsymbol{\delta}}_t\right]$$
$$+ \boldsymbol{C}\left[\frac{\beta}{\alpha\Delta t}\boldsymbol{\delta}_t + \left(\frac{\beta}{\alpha}-1\right)\dot{\boldsymbol{\delta}}_t + \left(\frac{\beta}{2\alpha}-1\right)\Delta t\ddot{\boldsymbol{\delta}}_t\right] \quad (9\text{-}16)$$

式(9-16)就是求离散时间点上位移解的递推公式。由于推导该式采用了 $t+\Delta t$ 时刻的运动方程,所以 Newmark 法是隐式算法。由于 $\boldsymbol{\delta}_{t+\Delta t}$ 的系数矩阵包括总体刚度矩阵 $\boldsymbol{K}$,$\boldsymbol{K}$ 不是对角阵,所以该方法求解过程中需要计算逆矩阵。

当 $\beta \geq 0.5$、$\alpha \geq 0.25(0.5+\beta)^2$ 时,Newmark 法是无条件稳定的,时间步长 Δt 的大小不影响解的稳定性,而主要取决于计算精度。对结构动力学问题,所关心的低阶振型的频率比结构的最大固有振动频率小得多,也就是无条件稳定的隐式算法可以采用比有条件稳定的显式算法大得多的时间步长,而采用较大时间步长还可以滤掉不精确的高阶响应成分。

9.3.2 振型叠加法

在求得系统自振频率和振型后,可取其前 n 个特征向量 $\boldsymbol{\varphi}_i$($i=1,2,\cdots,n$)作为基向量,系统 t 时刻的位移 $\boldsymbol{\delta}(t)$ 可视为 $\boldsymbol{\varphi}_i$ 的线性组合,即

$$\boldsymbol{\delta}(t) = \sum_{i=1}^{n} x_i \boldsymbol{\varphi}_i = \boldsymbol{\Phi}\boldsymbol{x}(t) \quad (9\text{-}17)$$

式中,$\boldsymbol{x}(t)=[x_1 \ x_2 \ \cdots \ x_n]^\mathrm{T}$,$x_i$ 可视为广义位移分量,$\boldsymbol{\Phi}=[\boldsymbol{\varphi}_1 \ \boldsymbol{\varphi}_2 \ \cdots \ \boldsymbol{\varphi}_n]$。

将式(9-17)代入动力学方程式(9-4),在方程两边左乘 $\boldsymbol{\Phi}^\mathrm{T}$,并考虑 $\boldsymbol{\Phi}$ 的正交性,可得

$$\ddot{\boldsymbol{x}}(t) + \boldsymbol{\Phi}^\mathrm{T}\boldsymbol{C}\boldsymbol{\Phi}\dot{\boldsymbol{x}}(t) + \boldsymbol{\Omega}^2\boldsymbol{x}(t) = \boldsymbol{\Phi}^\mathrm{T}\boldsymbol{R}(t) = \boldsymbol{Q}(t)$$

式中,$\boldsymbol{\Omega}=\mathrm{diag}[\omega_1,\omega_2,\cdots,\omega_n]^\mathrm{T}$;如果阻尼矩阵是振型阻尼矩阵,则根据 $\boldsymbol{\Phi}$ 的正交性可得

$$\boldsymbol{\delta}_i^\mathrm{T}\boldsymbol{C}\boldsymbol{\delta}_j = \begin{cases} 2\omega_i\xi_i, & (i=j) \\ 0, & (i \neq j) \end{cases}$$

其中，ξ_i（$i=1,2,\cdots,n$）为第 i 阶振型的阻尼比。

于是上面的方程就转化为 n 个相互独立的二阶常微分方程，即

$$\ddot{x}_i(t) + 2\omega_i\xi_i\dot{x}_i(t) + \omega_i^2 x(t) = q_i(t) \quad (i=1,2,\cdots,n) \tag{9-18}$$

上面每一个方程都是一个单自由度系统的振动方程，可容易地求解。

在得到每个振型的响应后，将其按式（9-17）叠加起来，就得到系统的响应，亦即每个节点上的位移响应为

$$\boldsymbol{\delta}(t) = \sum_{i=1}^{n} x_i(t)\boldsymbol{\varphi}_i \tag{9-19}$$

从上面的过程可见，振型叠加法以求解 n 阶广义特征值问题为代价，将动力学方程式求解问题转化为求解 n 个单自由度系统运动方程的求解问题，可以提高方程求解效率。

当系统的规模较大时，求解全部的广义特征值问题耗费太高。实际上，往往以截断的方式、仅取少量低阶模态进行叠加。截断产生的误差取决于载荷激起的高阶振型响应的大小。

此外，对于非线性系统必须采用直接积分法，因为结构刚度矩阵是随时间变化的，系统特征解也随时间变化，所以不能采用振型叠加法。

第10章 ANSYS 的基本使用方法

ANSYS 软件是一个功能强大而灵活的大型通用商业化的有限元软件,能进行包括结构、热、流体、电场、电磁场等多学科的研究,广泛应用于核工业、铁道、航空航天、石油化工、机械制造、能源、汽车交通、国防军工、电子、土木工程、造船、生物医学、轻工、地矿、水利、家用电器等工业和科学研究领域,是世界上拥有用户最多、最成功的有限元软件之一。下面先介绍一个入门实例,让读者对 ANSYS 软件有一个初步的认识。

10.1 实例 E10-1——平面桁架的受力分析

10.1.1 问题描述及解析解

图 10-1 所示为一个平面桁架,长度 $L=0.1\mathrm{m}$,各杆横截面面积均为 $A=1\times10^{-4}\mathrm{m}^2$,力 $P=2000\mathrm{N}$,计算各杆的轴向力 F_a、轴向应力 σ_a。

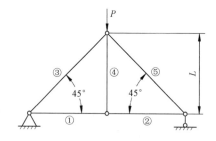

图 10-1 平面桁架

根据静力平衡条件,很容易计算出各杆的轴向力 F_a、轴向应力 σ_a,如表 10-1 所示。

表 10-1 各杆的轴向力和轴向应力

杆	轴向力 F_a(N)	轴向应力 σ_a(MPa)
①	1000	10
②	1000	10
③	-1414.2	-14.14
④	0	0
⑤	-1414.2	-14.14

10.1.2 分析步骤

(1) 过滤界面。选择菜单 Main Menu→Preferences,弹出如图 10-2 所示的对话框,选中

"Structural"项，单击"OK"按钮。

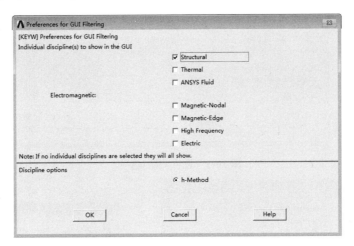

图 10-2　过滤界面对话框

（2）选择单元类型。选择菜单 Main Menu→Preprocessor→Element Type→Add/Edit/Delete，弹出如图 10-3 所示的对话框，单击"Add"按钮，弹出如图 10-4 所示的对话框，在左侧列表中选择"Link"，在右侧列表中选择"3D finit stn 180"，单击"OK"按钮，返回图 10-3 所示的对话框，单击"Close"按钮。

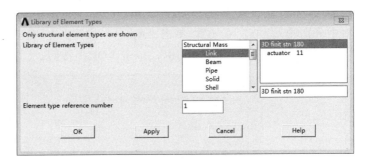

图 10-3　单元类型对话框　　　　图 10-4　单元类型库对话框

（3）定义杆的横截面。选择菜单 Main Menu→Preprocessor→Sections→Link→Add，在弹出的"Add Link Section"对话框中输入截面标识号 1，单击"OK"按钮；随后弹出如图 10-5 所示的对话框，在"SECDATA"文本框中分别输入杆的横截面面积 1E-4，单击"OK"按钮。

（4）定义材料特性。选择菜单 Main Menu→Preprocessor→Material Props→Material Models，弹出如图 10-6 所示的对话框，在右侧列表中依次选择"Structural""Linear""Elastic""Isotropic"，弹出如图 10-7 所示的对话框，在"EX"文本框中输入"2e11"（弹性模量），在"PRXY"文本框中输入"0.3"（泊松比），单击"OK"按钮，然后关闭如图 10-6 所示的对话框。

图 10-5　设置截面对话框

图 10-6　材料模型对话框

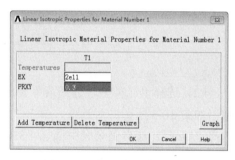

图 10-7　材料特性对话框

（5）创建节点。选择菜单 Main Menu→Preprocessor→Modeling→Create→Nodes→In Active CS，弹出如图 10-8 所示的对话框，在"NODE"文本框中输入"1"，在"X, Y, Z"文本框中分别输入"0, 0, 0"，单击"Apply"按钮；在"NODE"文本框中输入"2"，在"X, Y, Z"文本框中分别输入"0.1, 0, 0"，单击"Apply"按钮；在"NODE"文本框中输入"3"，在"X, Y, Z"文本框中分别输入"0.2, 0, 0"，单击"Apply"按钮；在"NODE"文本框中输入"4"，在"X, Y, Z"文本框中分别输入"0.1, 0.1, 0"，单击"OK"按钮。

图 10-8　创建节点对话框

（6）显示节点号、单元号。选择菜单 Utility Menu→PlotCtrls→Numbering，弹出如图 10-9 所示的对话框，将 Node numbers（节点号）打开，选择"Elem/Attrib numbering"为 Element numbers（显示单元号），单击"OK"按钮。

（7）创建单元。选择菜单 Main Menu→Preprocessor→Modeling→Create→Elements→Auto Numbered→Thru Nodes，弹出选择窗口，选择节点 1 和 2，单击"Apply"按钮。重复以上过程，在节点 2 和 3、1 和 4、2 和 4、3 和 4 间分别创建单元，最后关闭选择窗口。

第 10 章 ANSYS 的基本使用方法

图 10-9 图号控制对话框

（8）施加约束。选择菜单 Main Menu→Solution→Define Loads→Apply→Structural→Displacement→On Nodes。弹出选择窗口，选择节点 1，单击"OK"按钮，弹出如图 10-10 所示的对话框，在列表中选择"All DOF"，单击"OK"按钮。再次选择菜单命令，弹出选择窗口，选择节点 3，单击"OK"按钮，在图 10-10 所示对话框的列表中选择"UY"和"UZ"，单击"OK"按钮。

（9）施加载荷。选择菜单 Main Menu→Solution→Define Loads→Apply→Structural→Force/Moment→On Nodes，弹出选择窗口，选择节点 4，单击"OK"按钮，弹出图 10-11 所示的对话框，选择"Lab"为"FY"，在"VALUE"文本框中输入"-2000"，单击"OK"按钮。

图 10-10 施加约束对话框

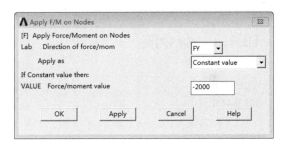

图 10-11 在节点上施加力载荷对话框

（10）求解。选择菜单 Main Menu→Solution→Solve→Current LS，单击"Solve Current Load Step"对话框中的"OK"按钮，出现"Solution is done！"提示时，求解结束，即可查看结果。

（11）定义单元表。选择菜单 Main Menu→General Postproc→Element Table→Define Table，弹出"Element Table Data"对话框，单击"Add"按钮，弹出如图 10-12 所示的对话框，在"Lab"文本框中输入 FA，在"Item, Comp"两个列表中分别选择"By sequence num"和"SMISC"，在右侧列表下方文本框中输入"SMISC, 1"，单击"Apply"按钮，于是定义了单元表"FA"，用于保存单元轴向力；再在"Lab"文本框中输入"SA"，在"Item, Comp"两个列表中分别选择"By sequence num"和"LS"，在右侧列表下方文本框中输入"LS, 1"，单击

"OK"按钮,于是又定义了单元表"SA",用于保存单元轴向应力,关闭"Element Table Data"对话框。

图 10-12　定义单元表对话框

(12) 列表单元表数据。选择菜单 Main Menu→General Postproc→Element Table→List Elem Table, 弹出如图 10-13 所示的对话框,在列表中选择"FA"和"SA",单击"OK"按钮。

结果列表如图 10-14 所示。与表 10-1 对照,二者完全一致。

图 10-13　列表单元表数据对话框　　　　　图 10-14　结果列表

10.1.3　命令流

```
/CLEAR                              !清除数据库,新建分析
/FILNAME, E10-1                     !定义任务名为"E10-1"
L=0.1 $ A=1e-4                      !定义参数 L 和 A
/PREP7                              !进入预处理器
ET, 1, LINK180                      !选择单元类型
SECTYPE,1,LINK                      !指定截面类型
SECDATA,1E-4                        !定义杆的横截面面积
MP, EX, 1, 2E11 $   MP, PRXY, 1, 0.3  !定义材料属性,弹性模量 EX= 2E11、泊松比 PRXY= 0.3
N, 1 $ N, 2, L $ N, 3, 2*L $ N, 4, L, L  !在桁架四个铰的位置定义节点
E, 1, 2 $ E, 2, 3 $ E, 1, 4 $ E, 2, 4 $ E, 3, 4  !由节点创建单元,模拟四个杆
FINISH                              !退出预处理器
/SOLU                               !进入求解器
D, 1, ALL $ D, 3, UY $ D, 3, UZ     !在节点上施加位移约束,模拟铰支座
F, 4, FY, -2000                     !在节点上施加集中力载荷
SOLVE                               !求解
FINISH                              !退出求解器
```

```
/POST1                                  !进入通用后处理器
ETABLE, FA, SMISC, 1 $ ETABLE, SA, LS, 1 !定义单元表
PRETAB, FA, SA                          !列表单元表数据
FINISH                                  !退出通用后处理器
```

10.2 ANSYS 的主要功能

1. 结构分析

ANSYS 主要用于分析结构的变形、应力、应变和反力等。结构分析包括以下内容。

1) 静力分析

静力分析用于载荷不随时间变化的场合,是机械专业应用最多的一种分析类型。ANSYS 的静力分析不仅可以进行线性分析,还支持非线性分析,如接触、塑性变形、蠕变、大变形、大应变问题的分析。

2) 动力学分析

动力学分析包括模态分析、谐响应分析、瞬态动力学分析、谱分析。模态分析用于计算结构的固有频率和振型(图 10-15)。谐响应分析用于计算结构对正弦载荷的响应。瞬态动力学分析用于计算结构对随时间任意规律变化的载荷的响应,且可以包含非线性特性。谱分析用于确定结构对随机载荷或时间变化载荷(如地震载荷)的动力响应。

3) 用 ANSYS/LS-DYNA 进行显式动力学分析

ANSYS 能够分析各种复杂几何非线性、材料非线性、状态非线性问题,特别适合求解高速碰撞、爆炸和金属成型等非线性动力学问题。

4) 其他结构分析功能

ANSYS 还可用于疲劳分析、断裂分析、随机振动分析、特征值屈曲分析、子结构/子模型技术。

2. 热分析

热分析通过模拟热传导、对流和辐射三种热传递方式来确定物体中的温度分布(见图10-16)。ANSYS 能进行稳态和瞬态热分析,能进行线性和非线性分析,能模拟材料的凝固和溶解过程。

图 10-15 圆盘的模态分析

图 10-16 转炉托圈的温度分布

3. 电磁场分析

ANSYS 可以用来分析电磁场的多方面问题,如电感、电容、磁通量密度、涡流、电场分

布、磁力线、力、运动效应、电路和能量损失等。分析的磁场可以是二维的或三维的，可以是静态的、瞬态的或谐波的，可以是低频的或高频的。还可以解决静电学、电流传导、电路耦合等电磁场相关问题。

4．流体动力学分析

ANSYS 的流体动力学分析可用来解决二维、三维流体动力场问题，可以进行传热或绝热、层流或湍流、压缩或不可压缩等问题的研究。

10.3　ANSYS 的特点

（1）具有强大的建模能力，用 ANSYS 本身的功能即可创建各种形状复杂的几何模型。

（2）具有强大的求解能力，ANSYS 提供了多种先进的直接求解器和迭代求解器，可以由用户指定，也可以由软件根据情况自行选择。

（3）不但可以对结构、热、流体、电磁场等单独物理场进行研究，还可以进行这些物理现象的相互影响研究。例如，热-结构耦合、流体-结构耦合、电-磁-热耦合等。

（4）集合前后处理、求解及多场分析等功能于一体，使用统一的数据库。

（5）具有强大的非线性分析功能。

（6）良好的用户界面，且在所有硬件平台上具有统一界面，使用方便。

（7）具有强大的二次开发功能，应用宏、参数设计语言、用户可编程特性、用户自定义语言、外部命令等功能，可以开发出适合用户自己特点的应用程序，对 ANSYS 功能进行扩展。

（8）具有强大的网格划分能力，提供了多种网格划分工具，能进行智能网格划分。

（9）提供了与常用 CAD 软件的数据接口，可精确地将在 CAD 系统下创建的模型传入 ANSYS 中，并对其进行操作。

（10）可以在有限元分析的基础上进行优化设计。

10.4　ANSYS 产品简介

ANSYS Multiphysics 是 ANSYS 产品的"旗舰"，它包括工程学科的所有功能。ANSYS Multiphysics 由三个主要产品组成：ANSYS Mechanical 用于结构及热分析，ANSYS Emag 用于电磁场分析，ANSYS Flotran 用于计算流体动力学分析。

ANSYS 其他产品有：ANSYS Workbench 是与 CAD 结合的开发环境，可以方便地进行模型创建和优化设计；ANSYS LS-DYNA 用于求解高度非线性问题；ANSYS Professional 用于线性结构和热分析，是 ANSYS Mechanical 的子集；ANSYS DesignSpace 用于线性结构和稳态热分析，是 Workbench 环境下的 ANSYS Mechanical 的子集。

ANSYS Workbench 是 ANSYS 公司开发的新一代产品研发平台，其在继承了 ANSYS 经典平台仿真计算所有功能的基础上，增加了强大的几何建模功能和优化功能，实现了集产品设计、仿真和优化功能于一身，在同一软件环境下可以完成产品研发的所有工作，大大地简化了产品开发流程。ANSYS Workbench 的特点如下：

（1）强大的装配体自动分析功能。
（2）自动化网格划分功能。
（3）协同的多物理场分析环境及行业化定制功能。
（4）快捷的优化工具。

10.5 处 理 器

了解一些 ANSYS 内部结构有助于指导正确操作，发现错误原因。

ANSYS 按功能提供了 10 个处理器，不同的处理器用于执行不同的任务。例如，PREP7 预处理器主要用于模型创建、网格划分。ANSYS 常用处理器的功能如表 10-2 所示。

表 10-2　ANSYS 常用处理器的功能

处理器名称	功　　能	菜 单 路 径	命　　令
预处理器（PREP7）	建立几何模型，赋予材料属性，划分网格等	Main Menu→Preprocessor	/PREP7
求解器（SOLUTION）	施加载荷和约束，进行求解	Main Menu→Solution	/SOLU
通用后处理器（POST1）	显示在指定时间点上选定模型的计算结果	Main Menu→General Postproc	/POST1
时间历程后处理器（POST26）	显示模型上指定点在整个时间历程上的结果	Main Menu→TimeHist Postpro	/POST26
优化处理器（OPT）	优化设计	Main Menu→Design Opt	/OPT
概率设计处理器（PDS）	概率设计	Main Menu→Prob Design	/PDS
辅助处理器（AUX2）	把二进制文件变为可读文件	Utility Menu→File→List→Binary Files	/AUX2
辅助处理器（AUX12）	在热分析中计算辐射因子和矩阵	Main Menu→Radiation Opt	/AUX12
辅助处理器（AUX15）	从 CAD 或者 FEA 软件中传递文件	Utility Menu→File→Import	/AUX15
RUNSTAT	估计计算时间、运行状态等	Main Menu→Run-Time Stats	/RUNST

一个命令必须在其所属的处理器下执行，否则会出错。例如，只能在 PREP7 预处理器下执行关键点创建命令 KP。但有的命令属于多个处理器，比如载荷操作既可以在 PREP7 预处理器下执行，又可以在 SOLUTION 求解器中使用。

刚进入 ANSYS 时，软件位于 BEGIN（开始）级，也就是不位于任何处理器下。有两种方法可以进入处理器：图形用户交互方式和命令方式。例如，欲进入 PREP7 预处理器，可以选择菜单 Main Menu→Preprocessor，或者在命令窗口输入/PREP7。退出某个处理器可以选择菜单 Main Menu→Finish，或者在命令窗口输入并执行 FINI 命令。

10.6 ANSYS 软件的使用

10.6.1　ANSYS 软件解决问题的步骤

与其他的通用有限元软件一样，ANSYS 执行一个典型的分析任务要经过三个步骤：前处理、求解、后处理。

1）前处理

在分析过程中，与其他步骤相比，建立有限元模型需要花费操作者更多的时间。在前处理过程中，先指定任务名和分析标题，然后在 PREP7 预处理器下定义单位制、单元类型、单元实常数、材料特性、截面，以及创建有限元模型等。

（1）指定任务名和分析标题。该步骤虽然不是必需的，但 ANSYS 推荐使用任务名和分析标题。

（2）定义单位制。ANSYS 对单位没有专门的要求，除磁场分析之外，只要保证输入的数据都使用统一的单位制即可。这时，输出的数据与输入数据的单位制完全一致。

（3）定义单元类型。从 ANSYS 提供的单元库内根据需要选择单元类型。

（4）定义单元实常数。在选择了单元类型以后，有的单元类型需要输入用于对单元进行补充说明的实常数。是否需要实常数及实常数的类型，由所选单元类型决定。

（5）定义材料特性，指定材料特性参数。

（6）定义截面。

（7）创建有限元模型。

2）求解

建立有限元模型以后，首先需要在 SOLUTION 求解器下选择分析类型，指定分析选项，然后施加载荷和约束，设置载荷步选项并对有限元求解进行初始化和求解。

（1）选择分析类型和指定分析选项。在 ANSYS 中，可以选择下列分析类型：静态分析、模态分析、谐响应分析、瞬态分析、谱分析、屈曲分析、子结构分析等。不同的分析类型，有不同的分析选项。

（2）施加载荷和约束。在 ANSYS 中约束被处理为自由度载荷。ANSYS 的载荷共分为 6 类：DOF（自由度）载荷、集中力和力矩、表面分布载荷、体积载荷、惯性载荷和耦合场载荷。如果按载荷施加的实体类型划分的话，ANSYS 的载荷又可以分为直接施加在几何实体上的载荷和施加在有限元模型即节点、单元上的载荷。

（3）设置载荷步选项。主要是对载荷步进行修改和控制，例如，指定子载荷步数、时间步长、对输出数据进行控制等。

（4）求解。主要工作是从 ANSYS 数据库中获得模型和载荷信息，进行计算求解，并将结果写入结果文件和数据库中。结果文件和数据库文件的不同点是，数据库文件每次只能驻留一组结果，而结果文件保存所有结果数据。

3）后处理

求解结束以后，就可以根据需要使用 POST1 通用后处理器或 POST26 时间历程后处理器对结果进行查看了。POST1 通用后处理器用于显示在指定时间点上选定模型的计算结果，POST26 时间历程后处理器用于显示模型上指定点在整个时间历程上的结果。

10.6.2 命令输入方法

ANSYS 常用的命令输入方法有两种。

1）GUI（图形用户界面）交互式输入

该方法用鼠标在菜单或工具条上选择来执行命令，ANSYS 会弹出对话框以实现人机交互。该方法的优点是直观明了、容易使用，非常适合于初学者；缺点是效率较低，操作出现问题时，不容易发现和修改。

2)命令流输入

该方法的优点是方便快捷、效率高,能克服 GUI 交互式输入方法的缺点。但该方法要求用户非常熟悉 ANSYS 命令的使用,适合高级用户使用。

无论使用哪一种命令输入方法,ANSYS 都会将相应的命令自动保存到记录文件(Jobname.LOG)中。可以将由菜单方式形成的命令语句从记录文件(Jobname.LOG)中复制出来,稍加修改即可作为命令流输入。

10.7 图形用户界面

10.7.1 图形用户界面(GUI)展示

ANSYS18.2 版本启动步骤:开始→所有程序→ANSYS 18.2→Mechanical APDL 18.2。或者,开始→所有程序→ANSYS 18.2→Mechanical APDL Product launcher→设置 Working directory(工作目录)和 Initial Jobname(初始任务名)等→Run。

ANSYS 图形用户界面如图 10-17 所示,主要包括以下几个部分。

图 10-17 ANSYS 图形用户界面

(1)Main Menu(主菜单)。包含各个处理器下的基本命令,它是基于完成分析任务的操作顺序进行排列的,原则上是完成一个处理器下的所有操作后再进入下一个处理器。该菜单为树状弹出式菜单结构。

(2)Utility Menu(通用菜单)。包含 ANSYS 的全部公共命令,如文件管理、实体选择、显示及其控制、参数设置等。该菜单为下拉式菜单结构,可直接完成某一功能或弹出对话框。

（3）Graphics Window（图形窗口）。该窗口显示由 ANSYS 创建或传递到 ANSYS 的模型及分析结果等图形。

（4）Command Input Area（命令输入窗口）。该窗口用于输入 ANSYS 命令，显示当前和先前输入的命令，并给出必要的提示信息。

（5）Output Window（输出窗口）。该窗口显示软件运行过程的文本输出，即对已经进行的操作的响应信息。通常隐藏于其他窗口之后，需要查看时可提到前面。

（6）Toolbar（工具条）。包含了一些常用命令的文字按钮，可以根据需要自定义增加、编辑或删除按钮。

（7）Standard Toolbar（标准工具条）。包含了新建分析、打开 ANSYS 文件等常用命令的图形按钮。

（8）Status and Prompt Area（提示及状态行）。向用户显示指导信息，显示当前单元属性设置和当前激活坐标系等。

（9）Display Toolbar（显示控制工具条）。包含了窗口选择、改变观察方向、图形缩放、旋转、平移等常用显示控制操作的图形按钮。

10.7.2 对话框及其组成控件

对话框提供了用户和软件的交互平台，对其进行了解是熟练掌握 ANSYS 软件的前提。组成 ANSYS 对话框的控件主要有文本框、作用按钮、单选列表框、多选列表框、单选按钮组、复选框等，这些控件的外观和使用与标准 Windows 应用程序基本相同，但有些控件也略有不同，下面就一些不同点简单介绍。

1. 单选列表框

单选列表框允许用户从一个列表中选择一个选项。用鼠标单击欲选择的选项，该选项高亮显示，表示该选项被选中。若对话框中有相应编辑框，则该项同时还会被复制到编辑框中，然后可以对其进行编辑。图 10-18 所示是单选列表框的应用实例。单击 PI=3.1415926，即选中该项，同时该项也出现在了下面的编辑框里，可以对其进行编辑修改。

2. 多选列表框

多选列表框与单选列表框的作用基本相同，也是用于选择选项，不同的是多选列表框一次可以选择多个选项。图 10-19 所示是多选列表框的应用实例，其中两个选项 SR、ST 被同时选中。

图 10-18　单选列表框

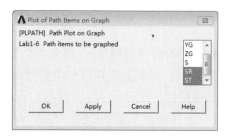

图 10-19　多选列表框

3．双列选择列表框

双列选择列表框由两个相互关联的单选列表框组成，左边一列选择的是类，右边一列选择的是子项目。根据左边选择的不同，右边会显示不同的选项。使用双列选择列表框可以方便对项目进行分类、选择。双列选择列表框的应用如图 10-20 所示。在左边列表中选中"Solid"后，右边列表即显示所属的子项目，即可在其中选中某一项，例如，Quad 8 node 183。

图 10-20　双列选择列表框

4．选择窗口

选择窗口是一种特殊的对话框，用于在图形窗口中选择实体和定位坐标。由于使用频繁，所以在此特别进行介绍。

选择窗口有两种，一种是实体检索选择窗口（图 10-21），另一种是坐标定位选择窗口（图 10-22）。主菜单中所有前面带有⁄的菜单项在单击后都会弹出一个实体检索选择窗口，该窗口用于选择图形窗口中已经创建的实体。坐标定位选择窗口用于对一个新的关键点或节点进行坐标定位。

图 10-21　实体检索选择窗口

图 10-22　坐标定位选择窗口

选择窗口由以下几个区域组成。

1）选择模式

有"Pick"和"Unpick"两种，"Pick"模式下处于选择状态，"Unpick"模式下处于取消选择实体状态。可单击鼠标右键来切换两种模式。

2）选择方法

"Single"，用鼠标左键选择单个实体。

"Box""Polygon""Circle"，在图形窗口中建立矩形、多边形或圆形框以选择多个实体。

"Loop"，选择线链或面链。

3）选择状态和数据区域

"Count"，其值为已经选择的实体的数量。

"Maximum"，其值为可以选择实体的最大数量。

"Minimum"，其值为可以选择实体的最小数量。

"WP X""WP Y"，其值为最后选择点在工作平面上的坐标。

"Global X""Global Y""Global Z"，其值为最后选择点在全球坐标系上的坐标。

"Line No"，显示选择实体的编号，实体类型不同时，标题有所变化，例如"Area No"。

4）键盘输入区域

在用鼠标直接选择不能准确定位时，从选择窗口的文本框中输入坐标值或实体编号比较方便。

"文本框"，用于输入坐标值或实体编号，各输入值之间要用英文逗号隔开。

"WP Coordinates""Global Cartesian"，选择输入坐标值所使用的坐标系。

"List of Items""Min，Max，Inc"，选择输入的实体编号是编号列表，还是最小值、最大值、增量。

5）热点

应在热点附近选择实体。体和面的热点在其中心处，线有3个热点，分别在端部和中点。

5. 作用按钮

典型的对话框都有如下作用按钮："OK""Apply""Reset""Cancel"和"Help"，它们的作用如下所述。

"OK"应用对话框内的改变，并关闭对话框。

"Apply"应用对话框内的改变，但不关闭对话框，可以继续输入。

"Reset"重置对话框中的内容，恢复其默认值，不关闭对话框。

"Cancel"取消对话框中的内容，恢复其默认值，并关闭对话框。

"Help"帮助按钮。

10.7.3 ANSYS 的菜单系统

利用菜单方式输入命令，必须对菜单项的功能和位置有所了解，才能更好地使用它。ANSYS 的菜单有两种：通用菜单和主菜单，下面选择关键的菜单项进行简单介绍。

1. 通用菜单

通用菜单（Utility Menu）包含了 ANSYS 的所有公共命令，允许在任何处理器下使用，它采用下拉式菜单结构，使用方法与标准 Windows 下拉式菜单相同。通用菜单共包括 10 项内容，现按其排列顺序就其重要部分进行简单说明。

1）File 菜单

File 菜单包含了与文件和数据库操作有关的命令。

File→Clear & Start New，清除当前分析过程，开始一个新的分析过程；

File→Change Jobname，改变任务名；

File→Change Directory，改变 ANSYS 的工作文件夹；

File→Resume Jobname.db，从当前工作文件夹中恢复文件名为任务名的数据库文件；

File→Resume from，恢复用户选择的数据库文件；

File→Save as Jobname.db，将当前数据库以任务名为文件名保存于当前工作文件夹中；

File→Save as，将当前数据库按用户选择的文件名、路径进行保存；

File→Read Input from，读入并执行一个文本格式的命令流文件。

2）Select 菜单

Select 菜单用于选择实体和创建组件、部件。

Select→Entities，用于在图形窗口选择实体，该命令经常使用，将在后文详细介绍；

Select→Comp/Assembly，进行组件、部件操作；

Select→Everything，选择模型所有类型的所有实体。

3）List 菜单

List 菜单用于列表显示保存于数据库中的各种信息。

List→Keypoint/Lines/Areas/Volumes/Nodes/Elements，列表显示各类实体的详细信息；

List→Properties，列表显示单元类型、实常数设置、材料属性等；

List→Loads，列表显示各种载荷信息；

List→Other→Database Summary，显示数据库摘要信息。

4）Plot 菜单

Plot 菜单用于在图形窗口绘制各类实体。

Plot→Replot，重画图形；

Plot→Keypoints/Lines/Areas/Volumes/Nodes/Elements，在图形窗口显示各类实体；

Plot→Multi-Plots，在图形窗口显示多类实体，显示实体的种类由 PlotCtrls→Multi-Plots Controls 命令控制。

5）PlotCtrls 菜单

PlotCtrls 菜单用于对实体及各类图形显示特性进行控制。

PlotCtrls→Pan Zoom Rotate，用于进行平移、缩放、旋转、改变视点等观察设置；

PlotCtrls→Numbering，用于设置实体编号信息；

PlotCtrls→Style，用于控制实体、窗口、等高线等外观；

PlotCtrls→Animate，动画控制与使用；

PlotCtrls→Hard Copy，复制图形窗口到文件或打印机；

PlotCtrls→Multi-Plots Controls，控制 Plot→Multi-Plots 命令显示的内容。

6）WorkPlane 菜单

WorkPlane 菜单用于工作平面和坐标系操作及控制。

WorkPlane→Display Working Plane，控制是否显示工作平面的图标；

WorkPlane→WP Settings，用于对工作平面的属性进行设置；

WorkPlane→Offset WP by Increments，通过偏移或旋转，改变工作平面的位置和方向；

WorkPlane→Offset WP to，通过偏移，改变工作平面的位置；

WorkPlane→Align WP with，使工作平面的方向与实体、坐标系对齐；

WorkPlane→Change Active CS to，设置活跃坐标系；

WorkPlane→Local Coordinate Systems，自定义局部坐标系。

2．主菜单

主菜单包含了各个处理器下的基本命令。它是基于完成分析任务的操作顺序进行排列的，原则上是完成一个处理器下的所有操作后再进入下一个处理器。该菜单为树状弹出式菜单结构。

1）Preferences

图形界面过滤器，通过选择可以过滤掉与分析学科无关的用户界面选项。

2）PREP7 预处理器

PREP7 预处理器主要用于单元定义、建立模型、划分网格。

Preprocessor→Element Type→Add/Edit/Delete，用于定义、编辑或删除单元类型。执行一个分析任务前，必须定义单元类型用于有限元模型的创建。ANSYS 单元库包含了 100 多种不同单元，可以根据分析学科、实体的几何性质、分析的精度等来选择单元类型。

Preprocessor→Real Constants→Add/Edit/Delete，用于定义、编辑或删除实常数。单元只包含了基本的几何信息和自由度信息，有些类型的单元还需要使用实常数，对其部分几何和物理信息进行补充说明。

Preprocessor→Material Props→Material Models，这是定义材料属性的最常用方法。材料属性可以分为：线性材料和非线性材料；各向同性的、正交异性的和非弹性的；不随温度变化的和随温度变化的，等等。

Preprocessor→Sections，用于定义梁和壳单元横截面、销轴单元的坐标系等。

Preprocessor→Modeling→Create，主要用于创建简单实体或节点、单元。

Preprocessor→Modeling→Operate，通过挤出、布尔运算、比例等操作形成复杂实体。

Preprocessor→Modeling→Move/Modify，用于移动或修改实体。

Preprocessor→Modeling→Copy，用于复制实体。

Preprocessor→Modeling→Reflect，用于镜像实体。

Preprocessor→Modeling→Delete，用于删除实体。

Preprocessor→Meshing，网格划分。

3）SOLUTION 求解器

SOLUTION 求解器包括选择分析类型、分析选项、施加载荷、载荷步设置、求解控制和求解等。

Solution→Analysis Type→New Analysis，开始一个新的分析，需要用户指定分析类型。

Solution→Analysis Type→Analysis Options，选定分析类型以后，应当设置分析选项。不同的分析类型有不同的分析选项。

Solution→Define Loads→Apply/Delete/Operate，用于载荷的施加、删除和操作。

Solution→Load Step Opts，设置载荷步选项。包含输出控制、求解控制、时间/频率设置、非线性设置、频谱设置等。

Solution→Solve，求解。

Solution→Unabridged Menu/Abridged Menu，切换完整/缩略求解器菜单。

4）POST1 通用后处理器

该处理器用于显示在指定时间点上选定模型的计算结果，包括结果读取、结果显示、结果计算等。

General Postproc→Read Results，从结果文件中读取结果数据到数据库中。ANSYS 求解后，结果保存在结果文件中，只有读入数据库中才能进行操作和后处理。

General Postproc→Plot Results，以图形显示结果。包括变形显示（Plot Deformed Shape）、等高线（Contour Plot）、矢量图（Vector Plot）、路径图（Plot Path Item）等。

General Postproc→List Results，列表显示结果。

General Postproc→Query Results，显示查询结果。

General Postproc→Nodal Calcs，计算选定单元的节点力、节点载荷及其合力等。

General Postproc→Element Table，用于单元表的定义、修改、删除和数学运算等。

5）POST26 时间历程后处理器

用于显示模型上指定点在整个时间历程上的结果，即某点结果随时间或频率的变化情况。所有 POST26 时间历程后处理器下的操作都是基于变量的，变量代表了与时间或频率相对应的结果数据，参考号为 1 的变量为时间或频率。

TimeHist Postpro→Define Variables，定义变量。

TimeHist Postpro→List Variables，列表显示变量。

TimeHist Postpro→Graph Variables，用图线显示变量。

TimeHist Postpro→Math Operates，对已有变量进行数学运算，以得到新的变量。

练 习 题

10-1 用 ANSYS 软件分析图 10-23 所示桁架。已知：各杆横截面面积为 $1×10^{-4}m^2$，全部钢制，$E=2×10^{11}Pa$，$\mu=0.3$，尺寸 $a=0.3m$、$b=0.5m$，载荷 $F=2000N$。

（1）计算各杆所受轴向力和轴向应力的大小。

（2）如果 AD、CD 杆为钢制，BD 杆为铜制，$E=1.03×10^{11}Pa$，$\mu=0.3$，结果如何？

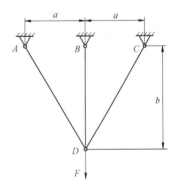

图 10-23 练习题 10-1 示意图

附：习题答案

10-1 （1）AD 和 CD 杆轴向力为 650.41 N，轴向应力为 0.65041E+07Pa；BD 杆轴向力为 884.56N，轴向应力为 0.88456E+07Pa。

（2）AD 和 CD 杆轴向力为 828.03 N，轴向应力为 0.82803E+07Pa；BD 杆轴向力为 579.95N，轴向应力为 0.57995E+07Pa。

第11章 实体建模技术

11.1 概　　述

ANSYS 中的模型分为有限元模型和几何实体模型。有限元分析的对象是有限元模型,它由节点和单元组成。几何实体模型由关键点、线、面、体等几何实体组成。

创建有限元模型的方法包括直接生成法和实体建模法。直接生成法包括人工创建节点和单元,实例 E10-1 就是采用这种方法,显然它只适合创建形状简单、规模较小的模型。实体建模法是先创建几何实体模型,然后通过指定属性、网格划分生成有限元模型,这种方法可以创建形状复杂、规模较大的模型,是比较常用的方法。而几何实体模型可以用 ANSYS 本身的功能来创建,也可以从其他 CAD 软件导入。

ANSYS 使用的几何实体类型包括关键点、线、面、体。ANSYS 规定从关键点、线、面到体,等级依次提高。高级实体由低级实体组成,体由面围成、面由线围成、线的端点是关键点,所以不能单独删除依附于高级实体上的低级实体。

实体建模法包括自上而下法和自下而上法。如图 11-1（a）所示,自上而下法是用 ANSYS 命令直接创建高级实体,而依附的低级实体自然被创建。如图 11-1（b）所示,先创建关键点、然后形成线、面、体,自下而上法是先创建依附的低级实体,再创建高级实体。

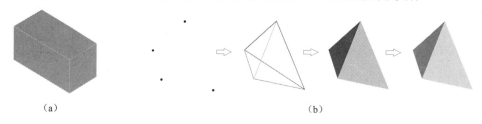

图 11-1　实体建模法

11.2　基本建模技术

11.2.1　关键点的创建

1）创建关键点

菜单：Main Menu→Preprocessor→Modeling→Create→Keypoints→In Active CS
　　　Main Menu→Preprocessor→Modeling→Create→Keypoints→On Working Plane

命令：K,NPT,X,Y,Z

命令说明：NPT 为关键点编号,默认情况下软件自动指定为可用的最小编号。X,Y,Z 为在当前激活坐标系上的坐标值。如果输入的关键点编号与已有的关键点重合,则覆盖已有关点，但已有关键点与高级实体相连或已划分单元，则不能覆盖。

2）在线上生成关键点

菜单：Main Menu→Preprocessor→Modeling→Create→Keypoints→On Line

　　　Main Menu→Preprocessor→Modeling→Create→Keypoints→On Line w/Ratio

命令：KL, NL1, RATIO, NK1

命令说明：NL1 为线的编号。RATIO 为生成关键点的位置与线长度的比值，应介于 0～1 之间，默认为 0.5。NK1 指定生成关键点的编号，默认为可用的最小编号。

3）在两个关键点间填充多个关键点

菜单：Main Menu→Preprocessor→Modeling→Create→Keypoints→Fill between KPs

命令：KFILL, NP1, NP2, NFILL, NSTRT, NINC, SPACE

命令说明：NP1, NP2 为要填充的两个关键点的编号。NFILL 为要填充的关键点的数目。NSTRT 指定要填充的第一个关键点的编号。NINC 指定要填充关键点的编号的增量。SPACE 为间距比，即最后的间距与第一个间距（图 11-2）的比值，默认为 1，即等间距。新创建关键点相邻间距的比值相等，位置与当前激活坐标系有关。

图 11-2 间距比

4）在线或面上创建硬点

硬点：是一种特殊的关键点，可以在硬点上施加载荷或获取结果数据。硬点附属于线或面，但不改变线或面的几何形状和拓扑关系，大多数针对关键点的命令也能使用于硬点。创建硬点一般应在几何实体模型创建完毕、单元划分之前进行。

菜单：Main Menu→Preprocessor→Modeling→Create→Keypoints→Hard PT on line

　　　Main Menu→Preprocessor→Modeling→Create→Keypoints→Hard PT on area

命令：HPTCREATE, TYPE, ENTITY, NHP, LABEL, VAL1, VAL2, VAL3

命令说明：TYPE 为 LINE 或 AREA。ENTITY 为线或面的编号。NHP 指定硬点编号，默认为可用的最小编号。LABEL=COORD 时，由 VAL1, VAL2, VAL3 指定硬点在全局坐标系下的 x、y、z 坐标；LABEL=RATIO 时，由 VAL1 指定比值，该选项只对线有效。

5）其他关键点创建命令

KNODE：在节点处创建关键点。

KBETW：在两个关键点间根据距离或比值创建一个关键点。

KCENTER：在圆弧的圆心创建关键点。

11.2.2 线的创建

线是几何实体的边界，其类型有直线、圆弧、样条曲线和其他曲线。常用的创建命令如下所述。

1）由两个关键点创建一条直线

菜单：Main Menu→Preprocessor→Modeling→Create→Lines→Lines→Straight Line

命令：LSTR, P1, P2

命令说明：P1, P2 分别为线的起始和终止关键点编号。

2）由两个关键点创建一条线

菜单：Main Menu→Preprocessor→Modeling→Create→Lines→Lines→In Active Coord

命令：L, P1, P2, NDIV, SPACE, XV1, YV1, ZV1, XV2, YV2, ZV2

命令说明：P1, P2 分别为线的起始和终止关键点编号。NDIV 指定线划分单元数量，通常不用，推荐用 LESIZE 命令指定。SPACE 指定划分单元的间距比，通常不用。XV1, YV1, ZV1 为在当前激活坐标系下与关键点 P1 相关的斜率向量末点位置，XV2, YV2, ZV2 为在当前激活坐标系下与关键点 P2 相关的斜率向量末点位置。

当前激活坐标系为直角坐标系时，该命令创建的是直线；当前激活坐标系为圆柱坐标系或球坐标系时，该命令可创建曲线。

3）创建一条直线与现有的线成给定角度

菜单：Main Menu→Preprocessor→Modeling→Create→Lines→Lines→At angle to line
　　　Main Menu→Preprocessor→Modeling→Create→Lines→Lines→Normal to Line

命令：LANG, NL1, P3, ANG, PHIT, LOCAT

命令说明：NL1 为现有线的编号。P3 指定新线端点处的关键点编号。ANG 为新直线与现有的线 PHIT 处切线的夹角，如果是 0（默认值），新直线为现有线的切线；如果是 90，则为垂线。PHIT 指定现有线和新直线交点处的关键点编号，默认时为可用的最小编号。LOCAT 为沿线 NL1 长度的距离比值，用于确定 PHIT 的大致位置。

该命令新创建直线为 PHIT-P3，它与现有的线 NL1 在 PHIT 处切线的夹角为 ANG，并将现有的线 P1-P2（即 NL1）在 PHIT 处分割为 P1-PHIT 和 PHIT-P2 两段。

4）由三个关键点创建一条圆弧

菜单：Main Menu→Preprocessor→Modeling→Create→Lines→Arcs→By End KPs & Rad
　　　Main Menu→Preprocessor→Modeling→Create→Lines→Arcs→Through 3 KPs

命令：LARC, P1, P2, PC, RAD

命令说明：P1, P2 为圆弧起始端和终止端关键点编号。PC 用于定义圆弧所在平面及定位圆弧中心，PC 不得在 P1 和 P2 的连线上。RAD 为圆弧半径，若为空，则圆弧通过 P1、PC 和 P2 三个关键点。

5）创建一条圆弧

菜单：Main Menu→Preprocessor→Modeling→Create→Lines→Arcs→By Cent & Radius
　　　Main Menu→Preprocessor→Modeling→Create→Lines→Arcs→Full Circle

命令：CIRCLE, PCENT, RAD, PAXIS, PZERO, ARC, NSEG

命令说明：PCENT 为圆弧中心关键点编号。RAD 为圆弧半径，若为空，则半径为 PCENT 到 PZERO 的距离。关键点 PAXIS 连同 PCENT 用于定义圆轴（圆弧平面法线），若为空，则轴垂直于工作平面。关键点 PZERO 定义零度方向。ARC 为圆心角，默认为 360°，正向为关于 PCENT-PAXIS 轴按右手定则。NSEG 为圆弧线的段数，默认为每 90°为一段。

6）由一系列关键点拟合样条曲线

菜单：Main Menu→Preprocessor→Modeling→Create→Lines→Splines→Spline thru KPs
　　　Main Menu→Preprocessor→Modeling→Create→Lines→Splines→Spline thru Locs

命令：BSPLIN, P1, P2, P3, P4, P5, P6, XV1, YV1, ZV1, XV6, YV6, ZV6

命令说明：P1, P2, P3, P4, P5, P6 为样条曲线通过的关键点，至少为两个。XV1, YV1, ZV1 和 XV6, YV6, ZV6 分别定义样条曲线在 P1 和 P6 处切线的矢量方向。

7）在两条相交线间创建圆角

菜单：Main Menu→Preprocessor→Modeling→Create→Lines→Line Fillet

命令：LFILLT, NL1, NL2, RAD, PCENT

命令说明：NL1, NL2 为两条相交线的编号。RAD 为圆角半径，应小于线 NL1 和 NL2 的长度。PCENT 指定圆弧中心关键点的编号，如果为零或空，则没有关键点产生。

要求线 NL1, NL2 有公共关键点。

8）其他的线创建命令

LAREA：在面上的两个关键点间创建距离最短的线。

LTAN：创建与线段末端相切的线。

L2TAN：创建与两条线相切的线。

L2ANG：创建直线与两条线成指定角度。

SPLINE：由一系列关键点创建分段样条曲线。

实例 E11-1 关键点和线的创建实例——正弦曲线

1）原理

如图 11-3 所示，将圆的等分点向相应铅垂线进行投影，则投影点连线即为一条近似正弦曲线。

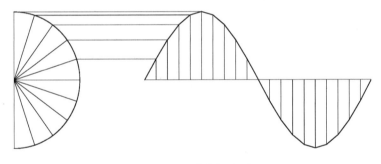

图 11-3　正弦曲线创建原理

2）创建步骤

（1）创建圆弧，圆心在原点，半径为 1，圆心角为 90°。选择菜单 Main Menu→Preprocessor→Modeling→Create→Lines→Arcs→By Cent & Radius。弹出选择窗口（图 11-4），在文本框中输入"0,0"后回车，再输入"1"，然后单击"OK"按钮；随后弹出如图 11-5 所示的对话框，在"Arc"文本框中输入"90"，单击"OK"按钮。

（2）激活全局圆柱坐标系。选择菜单 Utility Menu→WorkPlane→Change Active CS to→Global Cylindrical。活跃坐标系改变为全局圆柱坐标系后，会在状态行上显示"CSYS=1"。

（3）在圆弧端点间等间距填充关键点。选择菜单 Main Menu→Preprocessor→Modeling→Create→Keypoints→Fill between KPs。弹出选择窗口，选择圆弧的两个端点，然后单击"OK"按钮；随后弹出如图 11-6 所示的对话框，在"NFILL"文本框中输入"4"、在"NSTRT"文本框中输入"3"、在"NINC"文本框中输入"1"，单击"OK"按钮。

于是，在已存在的两个关键点 1 和 2 间填充了一系列关键点，编号为 3、4、5、6，由于激活了全局圆柱坐标系，关键点填充在所选关键点 1 和 2 间圆弧的等分点上。

图 11-4 创建圆弧

图 11-5 创建圆弧对话框

图 11-6 填充关键点的对话框

（4）创建关键点。选择菜单 Main Menu→Preprocessor→Modeling→Create→Keypoints→In Active CS，弹出如图 11-7 所示的对话框，在"NPT"文本框中输入 7，在"X, Y, Z"文本框中分别输入 1+3.1415926/2, 0, 0，单击"OK"按钮。

（5）显示关键点、线的编号。选择菜单 Utility Menu→PlotCtrls→Numbering，弹出如图 11-8 所示的对话框，将关键点号和线号打开，单击"OK"按钮。

图 11-7 创建关键点的对话框

图 11-8 图号控制对话框

（6）在图形窗口同时显示关键点和线。选择菜单 Utility Menu→Plot→Multi-Plots。

(7) 激活全局直角坐标系。选择菜单 Utility Menu→WorkPlane→Change Active CS to→Global Cartesian。

(8) 在关键点 1、7 间等间距填充关键点。选择菜单 Main Menu→Preprocessor→Modeling→Create→Keypoints→Fill between KPs，弹出选择窗口，选择关键点 1、7，然后单击"OK"按钮，随后弹出如图 11-6 所示的对话框，在"NFILL"文本框中输入"4"，在"NSTRT"文本框中输入"8"，在"NINC"文本框中输入"1"，单击"OK"按钮。

(9) 沿 y 方向复制关键点，距离为 1。选择菜单 Main Menu→Preprocessor→Modeling→Copy→Keypoints，弹出选择窗口，选择关键点 7、8、9、10、11，单击"OK"按钮；随后弹出如图 11-9 所示的对话框，在"DY"文本框中输入"1"，单击"OK"按钮。

图 11-9 复制关键点对话框

(10) 创建铅垂线。选择菜单 Main Menu→Preprocessor→Modeling→Create→Lines→Lines→Straight Line，弹出选择窗口，分别在关键点 8 和 13、9 和 14、10 和 15、11 和 16 之间创建直线，单击"OK"按钮。

(11) 过圆弧等分点做对应铅垂线的垂线。选择菜单 Main Menu→Preprocessor→Modeling→Create→Lines→Lines→Normal to Lines，弹出选择窗口，选择直线 2，单击"OK"按钮；再次弹出选择窗口，选择关键点 3，单击"OK"按钮，制作过关键点 3 与直线 2 垂直的直线。用同样的方法可以制作其余 3 条垂线。

(12) 创建样条曲线近似正弦曲线。选择菜单 Main Menu→Preprocessor→Modeling→Create→Lines→SpLines→SpLine thru KPs，弹出选择窗口，依次选择关键点 1、17、18、19、20、12，单击"OK"按钮。

(13) 删除除正弦曲线外的其他线。选择菜单 Main Menu→Preprocessor→Modeling→Delete→Line and Below，弹出选择窗口，选择除样条曲线以外的所有线，单击"OK"按钮。

(14) 偏移工作平面原点到关键点 12。选择菜单 Utility Menu→WorkPlane→Offset WP to→Keypoints，弹出选择窗口，选择关键点 12，单击"OK"按钮。

(15) 改变活跃坐标系为工作平面坐标系。选择菜单 Utility Menu→WorkPlane→Change Active CS to→Working Plane。

(16) 镜像样条曲线。选择菜单 Main Menu→Preprocessor→Modeling→Reflect→Lines，弹出选择窗口，选择样条曲线，单击选择窗口的"OK"按钮，弹出如图 11-10 所示的对话框，选择对称平面为"Y-Z plane"，单击"OK"按钮。

由于镜像命令要求对称平面为活跃坐标系的坐标平面，而且活跃坐标系必须是直角坐标系，所以先将工作平面偏移到关键点 12 处，并将工作平面坐标系改变为活跃坐标系。

（17）合并关键点。选择菜单 Main Menu→Preprocessor→Numbering Ctrls→Merge Items，弹出如图 11-11 所示的对话框，选择"Label"为"Keypoints"，单击"OK"按钮。

图 11-10 镜像样条曲线对话框　　　　　　　　图 11-11 合并项目对话框

在当前的两条样条曲线的交点处，有两个关键点，虽然它们坐标相同但分属于两条样条曲线，即这两条样条曲线没有公共关键点，为了能够对两条样条曲线进行求和运算，需要先合并这两个关键点。

（18）对样条曲线求和。选择菜单 Main Menu→Preprocessor→Modeling→Operate→Booleans→Add→Lines，弹出选择窗口，选择两条样条曲线，单击"OK"按钮；在"Add Lines"对话框（图 11-12）中单击"OK"按钮。创建的正弦曲线如图 11-13 所示。

图 11-12 "Add Lines"对话框　　　　　　　　图 11-13 正弦曲线

（19）制作后 1/2 周期的正弦曲线。读者可参照上面的步骤自行创建。

3）命令流

```
/PREP7                                  !进入预处理器
K, 100, 0, 0, 0                         !创建关键点 100，坐标为 0, 0, 0
CIRCLE, 100, 1,,,90                     !创建圆弧线，圆心为关键点 100，半径为 1，角度为 90°
CSYS, 1                                 !切换活跃坐标系为全局圆柱坐标系
KFILL, 1, 2, 4, 3, 1                    !在关键点 1、2 间填充 4 个关键点，初始编号为 3
K, 7, 1+3.1415926/2, 0, 0               !创建关键点 7，坐标为 1+3.1415926/2, 0, 0
CSYS, 0                                 !切换活跃坐标系为全局直角坐标系
KFILL, 1, 7, 4, 8, 1                    !在关键点 1、7 间填充 4 个关键点，初始编号为 8
KGEN, 2, 7, 11, 1,,1                    !复制关键点 7、8、9、10、11，y 方向距离增量为 1
LSTR, 8, 13 $ LSTR, 9, 14 $ LSTR, 10, 15 $ LSTR, 11, 16
                                        !在关键点 8、13 间创建直线，等等
LANG, 2, 3, 90 $ LANG, 3, 4, 90 $ LANG, 4, 5, 90 $ LANG, 5, 6, 90
```

	!过关键点 3 作直线 2 的垂线，等等
BSPLIN, 1, 17, 18, 19, 20, 12	!通过关键点 1、17、18、19、20、12 创建样条曲线
LSEL, U,,,14	!创建线选择集，选择除线 14（样条曲线）外的所有线
LDELE, ALL,,,1	!删除线选择集中的所有线
LSEL, ALL	!选择所有线
KWPAVE, 12	!偏移工作平面原点到关键点 12
CSYS, 4	!切换活跃坐标系为工作平面坐标系
LSYMM, X, 14	!镜像线 14，对称平面为 yz 坐标平面
NUMMRG, KP,,,,LOW	!合并关键点
LCOMB, ALL,,0	!对线求和
FINI	!退出预处理器

实例 E11-2　一些特殊线的创建

1）过一个已知关键点绘制一条已知圆弧的切线

/PREP7	!进入预处理器
K, 100 $ K,101,0,1.5	!创建关键点 100 和 101
CIRCLE, 100, 1,,,90	!创建圆弧线，圆心为关键点 100，半径为 1，角度为 90°
LANG,1,101,0	!过关键点 101 作圆弧 1 的切线
GPLOT	!显示多种实体
FINI	!退出预处理器

2）作两条圆弧的公切线

/PREP7	!进入预处理器
K, 100 $ K,101,2	!创建关键点 100 和 101
CIRCLE, 100, 1 $ CIRCLE, 101, 0.6	!创建圆弧线
L2ANG,1,5	!作圆弧 1 和 5 的公切线
GPLOT	!显示多种实体
FINI	!退出预处理器

3）作一组折线

/PREP7	!进入预处理器
K,11,0.7,-1.2 $ K,12,2.4,-0.9 $ K,13,3,1 $ K,14,1.4,2 $ K,15,-1.5,1.7 $ K,16,-0.9,-0.2	
	!创建关键点
LSTR,11,12	!在关键点 11、12 间创建直线
*REPEAT,5,1,1	!重复上个命令 5 次，每次两个关键点编号均加 1
LSTR,11,16	
FINI	!退出预处理器

4）按函数关系作曲线——正弦曲线

/PREP7	!进入预处理器
R=2 $ N=10	!定义参数，R 为正弦曲线的最大值，N 为段数
*DO,I,1,N+1	!开始循环
X=(I-1)*3.1415926/2/N $ Y=R*SIN(X)	!计算正弦曲线上点的坐标
K,I,X,Y	!创建关键点
*ENDDO	!结束循环
BSPLIN,ALL	!通过所有关键点创建样条曲线
FINI	!退出预处理器

5）按函数关系作曲线——圆锥阿基米德螺旋线

在圆柱坐标系下，曲线方程为 $\begin{cases} r = r_2 - \dfrac{(r_2 - r_1)P}{2\pi H}\theta \\ z = \dfrac{P}{2\pi}\theta \end{cases}$，$r_1$、$r_2$、$H$ 分别为圆锥面顶半径、底半径和高度，P 为螺距。

```
R1=0.08 $ R2=0.05 $ P=0.02 $ N=5 $ M=50     !顶半径 R1、底半径 R2、螺距 P、圈数 N、段数 M
/PREP7                                        !进入预处理器
CSYS, 1                                       !切换活跃坐标系为全局圆柱坐标系
*DO,I,0,1,1/M                                 !开始循环
  R=R2-I*(R2-R1) $ THETA=360*I*N $ Z=I*P*N    !计算阿基米德圆锥螺旋线上点的坐标
  K,I*M+1,R, THETA,Z                          !创建关键点
*ENDDO                                        !结束循环
L,1,2 $ *REPEAT,M,1,1                         !创建线
FINI                                          !退出预处理器
```

6）按函数关系作曲线——圆锥对数螺旋线

在球坐标系下，曲线方程为 $r = \dfrac{a}{\sin\delta}\,\mathrm{e}^{\frac{\sin\delta}{\tan\beta}\theta}$，$a$ 圆锥面底半径，δ 为圆锥面圆锥角，β 为螺旋角。

```
T=3.1415926/180 $ M=36                        !T 为弧度/°、段数是 M
A=0.02 $ DELTA=30*T $ BETA=40*T $ N=1          !底半径是 A、圆锥角 DELTA、螺旋角 BETA、圈数 N
/PREP7                                        !进入预处理器
CSYS, 2                                       !切换活跃坐标系为全局球坐标系
*DO, I,0,M                                    !开始循环
THETA=360*N*I/M                               !计算阿基米德圆锥螺旋线上点的坐标
R=A/SIN(DELTA)*EXP(SIN(DELTA)/TAN(BETA)*THETA*T)
K, I+1,R, THETA, 90- DELTA/T                  !创建关键点
*ENDDO                                        !结束循环
L,1,2 $ *REPEAT,M,1,1                         !创建线
FINI                                          !退出预处理器
```

7）创建椭圆线

椭圆长半轴长度为 1、短半轴长度为 0.5。

```
/PREP7                                        !进入预处理器
!第一种方法
K, 10                                         !创建关键点 10
CIRCLE, 10, 1                                 !创建圆弧线，圆心为关键点 10，半径为 1，角度为 360°
LSSCALE,ALL, , ,1,0.5,1,,,1                   !对线进行比例操作，x、y、z 方向的比例分别为 1,0.5,1
!第二种方法
CSWPLA,11,1,0.5,1                             !创建椭圆柱坐标系 11
K, 10,1 $ K,11,1,90 $ K,12,1,180 $ K,13,1,270 !创建关键点 10、11、12、13
L,10,11 $ L,11,12 $ L,12,13 $ L,13,10         !创建线，形状为椭圆
FINI                                          !退出预处理器
```

11.2.3 面的创建

创建任意形状的面命令属于自下而上实体建模法;而创建矩形、圆形、正多边形命令属于自上而下实体建模法,创建出的面都在工作平面上。

1)通过连接关键点创建任意形状的面

菜单:Main Menu→Preprocessor→Modeling→Create→Areas→Arbitrary→Through KPs

命令:A, P1, P2, P3, P4, P5, P6, P7, P8, P9, P10, P11, P12, P13, P14, P15, P16, P17, P18

命令说明:P1~P18 为关键点列表,应至少有 3 个关键点。

关键点 P1~P18 必须围绕面以顺时针或逆时针顺序输入,该顺序还按右手定则确定面的正法线方向。面及边界的形状与当前活跃坐标系有关,如果是直角坐标系,则是直线边;如果是圆柱坐标系或球坐标系,则为曲线边和曲面。当定义关键点数≥4 时,应使所有关键点在当前活跃坐标系下有一个相同的坐标值。如果相邻关键点间已存在线,则创建面时使用该线;如果有多条线,则使用最短的线。

2)以线为边界创建任意形状的面

菜单:Main Menu→Preprocessor→Modeling→Create→Areas→Arbitrary→By Lines

命令:AL, L1, L2, L3, L4, L5, L6, L7, L8, L9, L10

命令说明: L1~L10 为线的列表,应至少有 3 条线。生成面的正法线方向由线 L1 的方向按右手定则确定。如果 L1= ALL,则使用所有选定的线;L1 可以是组件的名称。

线号顺序是任意的,但要求这些线首尾相连可形成简单的闭环。当定义线数≥4 时,线必须位于同一平面上或有一个当前活跃坐标系下的相同坐标值。

3)由引导线蒙皮创建光滑曲面

菜单:Main Menu→Preprocessor→Modeling→Create→Areas→Arbitrary→By Skinning

命令:ASKIN, NL1, NL2, NL3, NL4, NL5, NL6, NL7, NL8, NL9

命令说明:NL1 为第一条引导线,可以是组件的名称。NL2~NL9 为附加引导线。

引导线是蒙皮曲面的肋,其中第一条和最后一条引导线被作为蒙皮曲面相对的两条边,蒙皮曲面的另外两条边通过所有引导线端点用样条曲线拟合得到。曲面内部形状由内部引导线确定。

4)由角点创建一个矩形面或长方体

菜单:Main Menu→Preprocessor→Modeling→Create→Areas→Rectangle→By 2 Corners
　　　Main Menu→Preprocessor→Modeling→Create→Volumes→Block→By 2 Corners & Z

命令:BLC4, XCORNER, YCORNER, WIDTH, HEIGHT, DEPTH

命令说明:XCORNER, YCORNER 为矩形面或长方体在工作平面上的一个角点的坐标。WIDTH, HEIGHT, DEPTH 分别为矩形面或长方体沿工作平面坐标系 x、y、z 方向的尺寸。当 DEPTH=0 时,在工作平面上创建矩形面。

矩形面或长方体各条边分别与工作平面坐标系的相应坐标轴平行。

5)由角点、中心创建一个矩形面或长方体

菜单:Main Menu→Preprocessor→Modeling→Create→Areas→Rectangle→By Centr & Cornr
　　　Main Menu→Preprocessor→Modeling→Create→Primitives→Block

菜单：Main Menu→Preprocessor→Modeling→Create→Volumes→Block→By Centr,Cornr,Z

命令：BLC5, XCENTER, YCENTER, WIDTH, HEIGHT, DEPTH

命令说明：XCENTER, YCENTER 为矩形面或长方体中心在工作平面上的坐标。WIDTH, HEIGHT, DEPTH 分别为矩形面或长方体沿工作平面坐标系 x、y、z 方向的尺寸。当 DEPTH=0 时，在工作平面上创建矩形面。

矩形面或长方体各条边分别与工作平面坐标系的相应坐标轴平行。

6）由尺寸在工作平面上创建一个矩形面

菜单：Main Menu→Preprocessor→Modeling→Create→Areas→Rectangle→By Dimensions

命令：RECTNG, X1, X2, Y1, Y2

命令说明：X1, X2 为矩形面的 x 坐标，Y1, Y2 为矩形面的 y 坐标。

矩形面各条边分别与工作平面坐标系的相应坐标轴平行。

7）由工作平面创建一个圆形面或圆柱体

菜单：Main Menu→Preprocessor→Modeling→Create→Areas→Circle→Annulus

　　　Main Menu→Preprocessor→Modeling→Create→Areas→Circle→Partial Annulus

　　　Main Menu→Preprocessor→Modeling→Create→Areas→Circle→Solid Circle

　　　Main Menu→Preprocessor→Modeling→Create→Primitives→Solid Cylindr

　　　Main Menu→Preprocessor→Modeling→Create→Volumes→Cylinder→Hollow Cylinder

　　　Main Menu→Preprocessor→Modeling→Create→Volumes→Cylinder→Partial Cylinder

　　　Main Menu→Preprocessor→Modeling→Create→Volumes→Cylinder→Solid Cylinder

命令：CYL4, XCENTER, YCENTER, RAD1, THETA1, RAD2, THETA2, DEPTH

命令说明：XCENTER, YCENTER 为圆形面或圆柱体中心在工作平面上的坐标。RAD1, RAD2 分别为内半径和外半径，当 RAD1 或 RAD2 为零或空白时，创建实心圆形面或圆柱体。THETA1, THETA2 分别为开始角度和终止角度，默认值分别为 0°和 360°。DEPTH 为 z 方向的尺寸，当 DEPTH=0 时，创建圆形面。

圆形面或圆柱体的底面在工作平面上。

8）通过指定直径的端点创建一个圆形面或圆柱体

菜单：Main Menu→Preprocessor→Modeling→Create→Areas→Circle→By End Points

　　　Main Menu→Preprocessor→Modeling→Create→Volumes→Cylinder→By End Pts & Z

命令：CYL5, XEDGE1, YEDGE1, XEDGE2, YEDGE2, DEPTH

命令说明：XEDGE1, YEDGE1, XEDGE2, YEDGE2 分别为圆形面或圆柱体底面直径端点在工作平面上的坐标。DEPTH 为 z 方向的尺寸，当 DEPTH=0 时，创建圆形面。

创建的圆形面或圆柱体的底面在工作平面上，为 360°的实心圆形面或圆柱体。

9）创建圆心在工作平面原点的圆形面

菜单：Main Menu→Preprocessor→Modeling→Create→Areas→Circle→By Dimensions

命令：PCIRC, RAD1, RAD2, THETA1, THETA2

命令说明：RAD1, RAD2 为内半径和外半径，当 RAD1 或 RAD2 为零或空白时，创建实心圆形面。THETA1, THETA2 分别为开始角度和终止角度，默认值分别为 0°和 360°。

圆形面在工作平面上，圆心在工作平面原点处。

10）创建正多边形面或正棱柱体

菜单：Main Menu→Preprocessor→Modeling→Create→Areas→Polygon→Hexagon/ Octagon/ Pentagon/ Septagon/Square/ Triangle

Main Menu→Preprocessor→Modeling→Create→Volumes→Prism→ Hexagonal/ Octagonal/ Pentagonal/ Septagonal/ Square/ Triangular

命令：RPR4, NSIDES, XCENTER, YCENTER, RADIUS, THETA, DEPTH

命令说明：NSIDES 为多边形的边数，应大于 2。XCENTER, YCENTER 为正多边形面或正棱柱体中心在工作平面上的坐标。RADIUS 为半径，即从中心到顶点的距离。THETA 为从工作平面 x 轴到第一个顶点的角度，默认值为 0°。DEPTH 为 z 方向的尺寸，当 DEPTH=0 时，创建正多边形面。

正多边形面或正棱柱体的底面在工作平面上。

11）创建中心在工作平面原点的正多边形面

菜单：Main Menu→Preprocessor→Modeling→Create→Areas→Polygon→By Circumscr Rad
　　　Main Menu→Preprocessor→Modeling→Create→Areas→Polygon→By Inscribed Rad
　　　Main Menu→Preprocessor→Modeling→Create→Areas→Polygon→By Side Length

命令：RPOLY, NSIDES, LSIDE, MAJRAD, MINRAD

命令说明：NSIDES 为多边形的边数，应大于 2。LSIDE 为边长，MAJRAD 为外接圆半径，MINRAD 为内切圆半径。LSIDE、MAJRAD、MINRAD 三者只需要有一个被定义即可。

正多边形面在工作平面上，中心在工作平面原点处，第一个顶点的角度为 0°。

12）其他的面创建命令

ASUB：用现有面的形状创建新面。

AOFFST：通过沿法线偏置创建面。

AFILLT：在两个相交的面间创建圆角面。

实例 E11-3　圆柱面的创建

/PREP7	!进入预处理器
CSYS,1	!切换活跃坐标系为全局圆柱坐标系
K, 10,1 $ K,11,1,0,0.5 $ K,12,1,75,0.3 $ K,13,1,75	!创建关键点 10、11、12、13
A,10,11,12,13	!创建圆柱面
FINI	!退出预处理器

实例 E11-4　按函数关系作曲面——双曲抛物面

双曲抛物面的方程为 $y = \dfrac{x^2}{a^2} - \dfrac{z^2}{b^2}$，其中 a、b 为常数。

/PREP7	!进入预处理器
A=2 $ B=1 $ N=11	!定义参数，N 为段数
*DO,X,- 2*A, 2*A, 4*A/N	!开始 x 循环
KSEL,NONE	!将关键点选择集置为空集
*DO,Z, -X/2, X/2, X/N	!开始 z 循环
Y=X*X/A/A-Z*Z/B/B	!计算 y 坐标
K, ,X,Y,Z	!创建关键点，软件自动编号

```
*ENDDO                                    !结束 z 循环
BSPLIN,ALL                                !创建样条曲线
*ENDDO                                    !结束 x 循环
CM,LLL,LINE                               !创建线的组件,名称为 LLL
ASKIN,LLL                                 !蒙皮创建曲面
FINI                                      !退出预处理器
```

11.2.4 体的创建

创建任意形状的体命令属于自下而上实体建模法;而创建长方体、圆柱体、正棱柱体等命令属于自上而下法实体建模,创建出的体都与工作平面关联。

1)通过关键点创建任意形状的体

菜单:Main Menu→Preprocessor→Modeling→Create→Volumes→Arbitrary→Through KPs

命令:V, P1, P2, P3, P4, P5, P6, P7, P8

命令说明:P1, P2, P3, P4, P5, P6, P7, P8 为体的角点编号。应先以逆时针或顺时针顺序输入底面的关键点,再输入顶面对应的关键点。

体的形状与当前活跃坐标系有关。

2)以现有面为边界创建任意形状的体

菜单:Main Menu→Preprocessor→Modeling→Create→Volumes→Arbitrary→By Areas

命令:VA, A1, A2, A3, A4, A5, A6, A7, A8, A9, A10

命令说明:A1, A2, A3, A4, A5, A6, A7, A8, A9, A10 为面的编号,最少应有 4 个面,如果 A1 = ALL,则使用 ASEL 命令选定的所有面,而忽略 A2~A10。面的编号顺序可以是任意的。

3)基于工作平面坐标创建长方体

菜单:Main Menu→Preprocessor→Modeling→Create→Volumes→Block→By Dimensions

命令:BLOCK, X1, X2, Y1, Y2, Z1, Z2

命令说明:X1, X2, Y1, Y2, Z1, Z2 分别为长方体在工作平面坐标系上的坐标。

长方体的 6 个面分别与工作平面坐标系的相应坐标平面平行。

4)以工作平面原点为中心创建一个圆柱体

菜单:Main Menu→Preprocessor→Modeling→Create→Volumes→Cylinder→By Dimensions

命令:CYLIND, RAD1, RAD2, Z1, Z2, THETA1, THETA2

命令说明:RAD1, RAD2 分别为内半径和外半径,如果 RAD1 或 RAD2 之一为零或空白,则创建实心圆柱体。Z1, Z2 为两底面在工作平面坐标系上的 z 坐标。THETA1, THETA2 分别为开始角和终止角,默认值分别为 0°和 360°。

圆柱体底面与工作平面平行,轴线与 wz 轴重合。

5)以工作平面原点为中心创建一个正棱柱体

菜单:Main Menu→Preprocessor→Modeling→Create→Volumes→Prism→By Circumscr Rad
　　　Main Menu→Preprocessor→Modeling→Create→Volumes→Prism→By Inscribed Rad
　　　Main Menu→Preprocessor→Modeling→Create→Volumes→Prism→By Side Length

命令:RPRISM, Z1, Z2, NSIDES, LSIDE, MAJRAD, MINRAD

命令说明：Z1，Z2 为正棱柱体两底面在工作平面坐标系上的 z 坐标。NSIDES 为边数，最小为 3。LSIDE 为正多边形的边长。MAJRAD 为外接圆半径。MINRAD 为内切圆半径。LSIDE、MAJRAD、MINRAD 三者只需要有一个被定义即可。

正棱柱体两底面与工作平面平行，轴线与 wz 轴重合。

6）创建一个球心在工作平面原点的球体

菜单：Main Menu→Preprocessor→Modeling→Create→Volumes→Sphere→By Dimensions

命令：SPHERE, RAD1, RAD2, THETA1, THETA2

命令说明：RAD1, RAD2 分别为内半径和外半径，如果 RAD1 或 RAD2 之一为零或空白，则创建实心球。THETA1, THETA2 分别为开始角和终止角，默认值分别为 0°和 360°。

7）创建一个中心在工作平面原点的圆锥体

菜单：Main Menu→Preprocessor→Modeling→Create→Volumes→Cone→By Dimensions

命令：CONE, RBOT, RTOP, Z1, Z2, THETA1, THETA2

命令说明：RBOT, RTOP 分别为底面半径和顶面半径，如果 RBOT 或 RTOP 为零或空白，则创建锥顶在中心轴上的圆锥体。Z1, Z2 为底面和顶面在工作平面坐标系上的 z 坐标，较小的值总是与底面相关联。THETA1, THETA2 分别为开始角和终止角，默认值分别为 0°和 360°。

圆锥体底面和顶面与工作平面平行，轴线与 wz 轴重合。

8）其他的体创建命令

BLC4：由角点创建一个长方体，见 11.2.3 节，该命令用于矩形面的创建。

BLC5：由角点、中心创建一个长方体，见 11.2.3 节，该命令用于矩形面的创建。

CYL4：由工作平面创建一个圆柱体，见 11.2.3 节，该命令用于圆形面的创建。

CYL5：通过指定直径的端点创建一个圆柱体，见 11.2.3 节，该命令用于圆形面的创建。

RPR4：创建正棱柱体，见 11.2.3 节，该命令用于正多边形面的创建。

SPH4：创建一个球心在工作平面任意位置上的球体。

CON4：创建一个中心在工作平面任意位置上的圆锥体。

TORUS：创建一个环形腔体（面包圈）。

KSUM/LSUM/ASUM/VSUM：计算并显示所选择关键点、线、面、体的质心、质量、长度、面积、体积、转动惯量、惯性矩等几何和质量特性数据。

11.3 工 作 平 面

工作平面是一个定义有坐标系、栅格、捕捉的无限大平面，它在 ANYSY 建模和其他操作中都有重要作用。

（1）ANSYS 提供的自上而下实体建模法都是与工作平面相关联的，工作平面决定所创建实体的方向或位置。

（2）将工作平面作为坐标系使用。在 ANSYS 中，可以很方便地对工作平面进行旋转、偏移而改变其方向和位置，如果再将工作平面坐标系切换为活跃坐标系，其效果相当于自定义了一个坐标系。

（3）将工作平面作为工具平面使用。例如，工具平面可以作为 DIVIDE 命令的分割平面使用，可以用作切片图等。

在默认时，三维坐标系 wxwywz 与全局直角坐标系重合，工作平面 wxwy 与全局直角坐标系的 xoy 坐标平面重合。工作平面只有一个，可以根据需要对其进行旋转、偏移。

11.3.1 工作平面的设置

设置工作平面的坐标系、显示、栅格和捕捉等。

菜单：Utility Menu→WorkPlane→WP Settings

　　　Utility Menu→WorkPlane→Display Working Plane

　　　Utility Menu→WorkPlane→Show WP Status

命令：WPSTYL, SNAP, GRSPAC, GRMIN, GRMAX, WPTOL, WPCTYP, GRTYPE, WPVIS, SNAPANG

SNAP 为捕捉增量，用于定义捕捉点的位置。当捕捉打开时，在工作平面上用鼠标选择点时就只能选择捕捉点。默认时，SNAP 为 0.05；当 SNAP=-1 时，关闭捕捉。

GRSPAC, GRMIN, GRMAX 用于设置栅格。当坐标系为直角坐标系时，设置矩形栅格的间距、最小值和最大值。当坐标系为极坐标系时，GRSPAC, GRMAX 是环形栅格的间距和外部半径，而 GRMIN 被忽略。若 GRMIN = GRMAX，则不显示栅格。

WPTOL 为公差。当图元位置偏离工作平面，但在公差范围内时，则认为其位于工作平面上。

WPCTYP 为工作平面坐标系的类型。WPCTYP=0（默认）时，wxwy 为直角坐标系，而三维坐标系 wxwywz 也是直角坐标系。WPCTYP=1 时，wxwy 为极坐标系，而三维坐标系 wxwywz 是圆柱坐标系。WPCTYP=2 时，wxwy 为极坐标系，而三维坐标系 wxwywz 是球坐标系。

GRTYPE 用于控制栅格及坐标系的显示。GRTYPE=0 时，同时显示栅格和工作平面坐标系符号。GRTYPE=1 时，仅显示栅格。GRTYPE=2 时，只显示工作平面坐标系符号（默认）。

WPVIS 用于控制栅格的显示。WPVIS=0（默认）时，不显示栅格。WPVIS=1 时，显示栅格。wxwy 为直角坐标系时，显示矩形栅格；wxwy 为极坐标系时，显示环状栅格。

SNAPANG 为捕捉角度。只在 WPCTYP = 1 或 2 时使用。

WPSTYL, STAT 命令用于表示工作平面状态。

11.3.2 工作平面的偏移和旋转

1）通过增量偏移工作平面

菜单：Utility Menu→WorkPlane→Offset WP by Increments

命令：WPOFFS, XOFF, YOFF, ZOFF

命令说明：XOFF, YOFF, ZOFF 为在工作平面坐标系下的偏移增量。

2）通过增量旋转工作平面

菜单：Utility Menu→WorkPlane→Offset WP by Increments

命令：WPROTA, THXY, THYZ, THZX

命令说明：THXY, THYZ, THZX 分别为绕工作平面坐标系 wz、wx、wy 轴的转动角度，角度正向按右手定则确定。

3）偏移工作平面原点到关键点的平均位置

菜单：Utility Menu→WorkPlane→Offset WP to→Keypoints

命令：KWPAVE, P1, P2, P3, P4, P5, P6, P7, P8, P9

命令说明：P1, P2, P3, P4, P5, P6, P7, P8, P9 为关键点编号，应至少有一个。

偏移后，工作平面原点在全局坐标系上的坐标为各关键点坐标的平均值。当只有 P1 时，工作平面原点移动到关键点 P1 处。

4）移动工作平面原点到指定点的平均位置

菜单：Utility Menu→WorkPlane→Offset WP to→Global Origin
　　　Utility Menu→WorkPlane→Offset WP to→Origin of Active CS
　　　Utility Menu→WorkPlane→Offset WP to→XYZ Locations

命令：WPAVE, X1, Y1, Z1, X2, Y2, Z2, X3, Y3, Z3

命令说明：X1, Y1, Z1, X2, Y2, Z2, X3, Y3, Z3 为在当前活跃坐标系下 3 个点的坐标，应至少有 1 个点被定义。

偏移后，在当前活跃坐标系下工作平面原点的坐标为各关键点坐标的平均值。当 X1, Y1, Z1, X2, Y2, Z2, X3, Y3, Z3 全部为零或空白时，工作平面原点偏移到当前活跃坐标系的原点。

5）使用 3 个关键点定义工作平面的位置和方向

菜单：Utility Menu→WorkPlane→Align WP with→Keypoints

命令：KWPLAN, WN, KORIG, KXAX, KPLAN

命令说明：WN 为显示窗口的编号。KORIG 为确定工作平面原点的关键点编号。KXAX 为确定工作平面 wx 轴的关键点编号。KPLAN 为确定工作平面的关键点编号。

6）用已有的线作为法线来定义工作平面

菜单：Utility Menu→WorkPlane→Align WP with→Plane Normal to Line

命令：LWPLAN, WN, NL1, RATIO

命令说明：NL1 为作为法线的线的编号。RATIO 为长度比率，用于确定工作平面原点在线 NL1 上的位置，必须介于 0～1 之间。

7）其他的有关工作平面的命令

NWPAVE：偏移工作平面原点到节点的平均位置，与 KWPAVE 命令类似。

NWPLAN：使用 3 个节点定义工作平面的位置和方向，与 KWPLAN 命令类似。

WPLANE：使用 3 个指定点定义工作平面的位置和方向，与 KWPLAN 命令类似。

WPCSYS：将既有坐标系的 xy 坐标平面作为工作平面。

实例 E11-5　工作平面及实体创建的应用实例——相交圆柱体

1）相交圆柱体的视图

如图 11-14 所示为相交圆柱体剖面图。

2）创建步骤

（1）创建两个同心圆柱体。选择菜单 Main Menu→Preprocessor→Modeling→Create→Volumes→Cylinder→By Dimension，弹出如图 11-15 所示的对话框，在"RAD1"文本框中输入"0.03"，在"Z2"文本框中输入"0.08"，然后单击对话框中的"Apply"按钮；再在"RAD1"文本框中输入"0.015"，单击"OK"按钮。

图 11-14 相交圆柱体剖面图

图 11-15 创建圆柱体对话框

（2）改变观察方向。单击图形窗口右侧显示控制工具条上的按钮，显示正等轴测图。

（3）显示体的编号。选择菜单 Utility Menu→PlotCtrls→Numbering，在弹出的对话框中，将体号（Volume numbers）打开，单击"OK"按钮。

（4）偏移、旋转工作平面。选择菜单 Utility Menu→WorkPlane→Offset WP by Increment，弹出如图 11-16 所示的对话框，在"X, Y, Z Offsets"文本框中输入"0, 0.05, 0.03"，在"XY, YZ, ZX Angles"文本框中输入"0, 60"，单击"OK"按钮。

于是，将工作平面从默认位置偏移到了一个新的位置，偏移增量为（0, 0.05, 0.03），同时将 $wywz$ 平面绕 wx 轴逆时针旋转 $60°$。

（5）创建两个同心圆柱体。选择菜单 Main Menu→Preprocessor→Modeling→Create→Volumes→Cylinder→By Dimension，弹出如图 11-15 所示的对话框，在"RAD1"文本框中输入"0.012"，在"Z2"文本框中输入"0.045"，然后单击对话框中的"Apply"按钮；再在"RAD1"文本框中输入"0.006"，单击"OK"按钮。

（6）做布尔减运算，形成内孔。选择菜单 Main Menu→Preprocessor→Modeling→Operate→Booleans→Subtract→Volumes，弹出选择窗口，选择半径为 0.03 和 0.012，即两个外圆所对应的圆柱体，然后单击选择窗口的"OK"按钮；再次弹出选择窗口，选择半径为 0.015 和 0.006，即两个内孔所对应的圆柱体，然后单击选择窗口的"OK"按钮。

图 11-16 工作平面对话框

在选择圆柱体时，会弹出如图 11-17 所示的对话框，这是由于两个圆柱体的热点重合。当前被选择的是体 1，即颜色变化的那个。如果要选择另外的体，可单击如图 11-17 所示的对话框中的"Prev"或"Next"按钮改变选择。

（7）重画图形。选择菜单 Utility Menu→Plot→Replot。

（8）创建长方体。选择菜单 Main Menu→Preprocessor→Modeling→Create→Volumes→Block→By Dimension，弹出如图 11-18 所示的对话框，在"X1, X2"文本框中分别输入-0.002, 0.002，在"Y1, Y2"文本框中分别输入 -0.013, -0.009，在"Z1, Z2"文本框中分别输入 0, 0.008，然后单击对话框中的"OK"按钮。

第 11 章 实体建模技术

图 11-17 选择多个实体对话框

图 11-18 创建六面体对话框

（9）改变工作平面的坐标系为极坐标系。选择菜单 Utility Menu→WorkPlane→WP Settings，弹出如图 11-19 所示的对话框，选中"Polar"，单击"OK"按钮，则三维坐标系 *wxwywz* 改变为极坐标系。

（10）激活工作平面坐标系。选择菜单 Utility Menu→WorkPlane→Change Active CS to→Working Plane，工作平面坐标系编号为 4。

（11）复制长方体。选择菜单 Main Menu→Preprocessor→Modeling→Copy→Volumes，弹出选择窗口，选择刚创建的长方体，单击"OK"按钮；随后弹出如图 11-20 所示的对话框，在"ITIME"文本框中输入"3"，在"DY"文本框中输入"120"，单击"OK"按钮。

图 11-19 工作平面设置对话框

图 11-20 复制体对话框

（12）做布尔减运算。选择菜单 Main Menu→Preprocessor→Modeling→Operate→Booleans→Subtract→Volumes，弹出选择窗口，选择半径较小的圆柱体，然后单击选择窗口的"OK"按钮；再次弹出选择窗口，选择刚创建的 3 个块，然后单击选择窗口的"OK"按钮。

（13）重画图形。选择菜单 Utility Menu→Plot→Replot。

（14）旋转工作平面。选择菜单 Utility Menu→WorkPlane→Offset WP by Increment，弹出如图 11-16 所示对话框，在"XY, YZ, ZX Angles"文本框中输入"0, 0, 90"，单击"OK"按钮。

（15）划分模型。将两个空心圆柱体分别划分成两部分。选择菜单 Main Menu→Preprocessor→Modeling→Operate→Booleans→Divide→Volumes by WorkPlane，弹出选择窗口，单击"Pick All"按钮。

（16）重画图形。选择菜单 Utility Menu→Plot→Replot。

（17）删除实体。选择菜单 Main Menu→Preprocessor→Modeling→Delete→Volumes and Below，弹出选择窗口，选择两个空心圆柱体的各一半，单击"OK"按钮。

（18）做布尔加运算。选择菜单 Main Menu→ Preprocessor→Modeling→Operate→Booleans→Add→Volumes，弹出选择窗口，单击"Pick All"按钮。将两个体求和，形成一个整体。

（19）重画图形。选择菜单 Utility Menu→ Plot→Replot，创建出的体如图 11-21 所示。

图 11-21　创建出的体

（20）观察模型。选择控制工具条上的按钮，改变观察方向、缩放和旋转视图等。

3）命令流

```
/PREP7                                  !进入预处理器
CYLIND, 0.015, 0, 0, 0.08, 0, 360 $ CYLIND, 0.03, 0, 0, 0.08, 0, 360    !创建圆柱体
/VIEW, 1, 1, 1, 1                       !显示正等轴测图
/PNUM, VOLU, 1                          !显示体的编号
WPOFF, 0, 0.05, 0.03 $ WPROT, 0, 60     !偏移、旋转工作平面
CYLIND, 0.012, 0, 0, 0.045, 0, 360 $ CYLIND, 0.006, 0, 0, 0.045, 0, 360
VSEL, S,,,2, 3, 1                       !创建体选择集，选择两个外圆所对应的圆柱体
CM, VV1, VOLU                           !创建体组件 VV1
VSEL, INVE                              !创建体选择集，选择两个内孔所对应的圆柱体
CM, VV2, VOLU                           !创建体组件 VV2
VSEL, ALL                               !选择所有体
VSBV, VV1, VV2                          !对体组件 VV1、VV2 进行减运算
BLOCK, -0.002, 0.002, -0.013, -0.009,0, 0.008   !创建六面体
WPSTYLE,,,,,,1                          !设置工作平面坐标系为极坐标系
CSYS, 4                                 !切换活跃坐标系为工作平面坐标系
VGEN, 3, 1,,,,120                       !复制六面体
VSBV, 5, 1 $ VSBV, 4, 2 $ VSBV, 1, 3    !用圆柱体减去六面体，形成槽
WPROT, 0, 0, 90                         !旋转工作平面
VSBW, ALL                               !用工作平面切割体
VDELE, 1, 4, 3,1                        !删除体
VADD, ALL                               !对体求和
VPLOT                                   !显示体
FINI                                    !退出预处理器
```

11.4　高级建模技术

11.4.1　布尔运算

布尔运算是由简单实体构造复杂实体的一种方法。进行布尔运算的实体不能被划分网格，而且布尔运算后，实体上的载荷将被删除。

1．布尔运算设置

菜单：Main Menu→Preprocessor→Modeling→Operate→Booleans→Settings
命令：BOPTN, Lab, Value
　　　 BTOL, PTOL

Lab= DEFA 时，重设各选项为默认值。
Lab=STAT，列表显示各选项的当前状态。
Lab= KEEP 时，Value= NO 或 YES，控制删除（默认）或保留输入实体。
Lab= NWARN 时，如果运算失效，Value=0 时显示警告信息（默认）；Value=1 时不显示任何信息；Value=-1 时显示错误信息。
Lab= VERSION，激活软件的版本信息。
PTOL 为布尔运算的公差。

2．交运算

1）公共交集。

菜单：Main Menu→Preprocessor→Modeling→Operate→Booleans→Intersect→Common
命令：VINV, NV1, NV2, NV3, NV4, NV5, NV6, NV7, NV8, NV9
　　　 AINA, NA1, NA2, NA3, NA4, NA5, NA6, NA7, NA8, NA9
　　　 LINL, NL1, NL2, NL3, NL4, NL5, NL6, NL7, NL8, NL9

命令说明：NX1～ NX9（X 代表 V、A、L）为求交运算的体、面或线。运算结果为所有输入实体的公共交集，如图 11-22、图 11-23、图 11-24 所示。

图 11-22　体的公共交集

图 11-23　面的公共交集

图 11-24　线的公共交集

2）两两交集

菜单：Main Menu→Preprocessor→Modeling→Operate→Booleans→Intersect→Pairwise
命令：VINP, NV1, NV2, NV3, NV4, NV5, NV6, NV7, NV8, NV9

AINP, NA1, NA2, NA3, NA4, NA5, NA6, NA7, NA8, NA9

LINP, NL1, NL2, NL3, NL4, NL5, NL6, NL7, NL8, NL9

命令说明：NX1～ NX9（X 代表 V、A、L）为求交运算的体、面或线，NX1=ALL 时，对所有选定的实体求交集。运算结果为所有输入实体的两两交集，如图 11-25 所示。

3) 其他交运算命令

AINV：求输入面与体的相交面，如图 11-26 所示。

图 11-25 线的两两交集

图 11-26 面与体的交集

LINV：求输入线与体的相交线，如图 11-27 所示。

LINA：求输入线与面的相交关键点，如图 11-28 所示。

图 11-27 线与体的交集

图 11-28 线与面的交集

3. 加运算

菜单：Main Menu→Preprocessor→Modeling→Operate→Booleans→Add

命令：VADD, NV1, NV2, NV3, NV4, NV5, NV6, NV7, NV8, NV9

　　　AADD, NA1, NA2, NA3, NA4, NA5, NA6, NA7, NA8, NA9

　　　LCOMB, NL1, NL2, KEEP

命令说明：NX1～ NX9（X 代表 V、A）为求和运算的体、面的编号，NX1=ALL 时，对所有选定的实体求和。NX1 可以是组件的名称。运算结果为所有输入实体合并为一个实体，如图 11-29 所示。求和运算的面必须是共面的。

图 11-29 和运算

NL1, NL2 为求和的线的编号，NL1=ALL 时，对用 LSEL 命令选定的所有线求和；NL1 可以是组件的名称。KEEP=0 时，求和后删除线 NL1, NL2；KEEP=1 时，则保留。运算结果为所有输入线合并为一条线。求和的线必须有公共关键点。

4. 减运算

菜单：Main Menu→Preprocessor→Modeling→Operate→Booleans→Subtract

命令：VSBV, NV1, NV2, SEPO, KEEP1, KEEP2

ASBA, NA1, NA2, SEPO, KEEP1, KEEP2

LSBL, NL1, NL2, SEPO, KEEP1, KEEP2

命令说明：NX1,NX2（X 代表 V、A、L）分别为被减去的和减去的体、面、线的编号，NX1=ALL 时，使用所有选定的实体；NX2=ALL 时，使用所有选定的实体，但包括在 NX1 内的除外。NX1,NX2 都可以使用组件的名称。SEPO 用于控制 NV1,NV2 的交集为面、NA1,NA2 的交集为线、NL1, NL2 的交集为关键点时的行为。KEEP1, KEEP2 控制 NX1,NX2 是否被删除，为空时，使用 BOPTN 命令 KEEP 的设置；为 DELETE 时，删除；为 KEEP 时，保留。

运算的结果是从实体 NX1 减去 NX1,NX2 的交集，如图 11-30 所示。

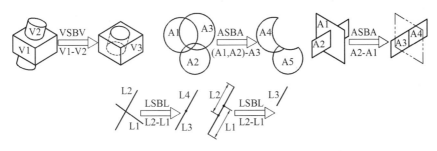

图 11-30　差运算

5．分割运算

菜单：Main Menu→Preprocessor→Modeling→Operate→Booleans→Divide

命令：VSBA：输入的体被面分割，分割后有公共面。

VSBW：输入的体被工作平面分割，分割后有公共面。

ASBV：从输入面减去输入面与输入体的相交面。

ASBL：输入的面被线分割，分割后有公共线。

ASBW：输入的面被工作平面分割，分割后有公共线。

LSBV：从输入线减去输入线与输入体的相交线。

以上说明如图 11-31 所示。

LSBA：从输入线减去线与输入面的相交线，或者是输入线被输入面分割。

图 11-31　分割运算

6. 粘接运算

菜单：Main Menu→Preprocessor→Modeling→Operate→Booleans→Glue

命令：VGLUE, NV1, NV2, NV3, NV4, NV5, NV6, NV7, NV8, NV9
　　　AGLUE, NA1, NA2, NA3, NA4, NA5, NA6, NA7, NA8, NA9
　　　LGLUE, NL1, NL2, NL3, NL4, NL5, NL6, NL7, NL8, NL9

命令说明：NX1～NX9（X 代表 V、A、L）为求粘接运算的体、面或线，NX1=ALL 时，对所有选定的实体进行粘接运算，NX1 可以使用组件的名称。

粘接运算要求输入实体沿边界相交，输出实体与输入实体相比形状和数量没有变化，但实体粘接后有公共边界，如图 11-32 所示。

以面粘接为例，划分单元得到的有限元模型如图 11-33 所示。由于在公共线上有公共节点，两个面上的单元共同构成一个有限元模型。但两个面间有分界线，两个面上的单元可以设置不同的单元特性，例如，使用不同的材料。由分割、搭接、分拆等布尔运算得到的输出实体都有公共边界，得到的有限元模型也有类似特点。

图 11-32　粘接运算

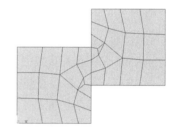

图 11-33　有限元模型

7. 搭接运算

菜单：Main Menu→Preprocessor→Modeling→Operate→Booleans→Overlap

命令：VOVLAP, NV1, NV2, NV3, NV4, NV5, NV6, NV7, NV8, NV9
　　　AOVLAP, NA1, NA2, NA3, NA4, NA5, NA6, NA7, NA8, NA9
　　　LOVLAP, NL1, NL2, NL3, NL4, NL5, NL6, NL7, NL8, NL9

命令说明：NX1～NX9（X 代表 V、A、L）为求搭接运算的体、面或线，NX1=ALL 时，对所有选定的实体进行搭接运算，NX1 可以使用组件的名称。搭接运算如图 11-34 所示。

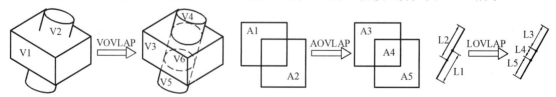

图 11-34　搭接运算

11.4.2 挤出

挤出属于自下而上实体建模法，关键点挤出形成线、线挤出形成面、面挤出形成体。另外，若面已经划分单元，则面挤出形成体的同时，面单元会形成体单元。

1）面单元挤出形成体单元时的选项

菜单：Main Menu→Preprocessor→Modeling→Operate→Extrude→Elem Ext Opts

命令：EXTOPT, Lab, Val1, Val2, Val3, Val4

命令说明：Lab= ATTR 时设定体单元属性；Val1，Val2, Val3, Val4 分别用于指定体单元的材料模型、实常数集、单元坐标系和截面属性，为 0 时，则由 MAT、REAL、ESYS 和 SECNUM 命令分别指定；为 1 时，使用源面单元的相应属性。

当 Lab= ESIZE 时，Val1 用于指定生成体的方向或扫略方向上单元段数。对于 VDRAG 和 VSWEEP 命令，Val1 被 LESIZE 命令的 NDIV 设置覆盖。Val2 为距离比例。

当 Lab= ACLEAR 时，若 Val1=0，保留源面上面单元；若 Val1=1，则清除面单元。

2）面沿法线方向偏移创建体

菜单：Main Menu→Preprocessor→Modeling→Operate→Extrude→Areas→Along Normal

命令：VOFFST, NAREA, DIST, KINC

命令说明：NAREA 为源面的编号。DIST 为沿法线方向的距离，正法线方向由关键点顺序按右手定则确定。KINC 为关键点编号的增量，为 0 时由软件自动确定。

面偏移挤出的实例如图 11-35（a）所示，该命令与当前活跃坐标系无关。

图 11-35 挤出操作

3）面挤出创建体

菜单：Main Menu→Preprocessor→Modeling→Operate→Extrude→Areas→By XYZ Offset

命令：VEXT, NA1, NA2, NINC, DX, DY, DZ, RX, RY, RZ

命令说明：NA1, NA2, NINC 指定源面，按编号从 NA1 到 NA2 增量为 NINC 定义面的范围，NA2 默认为 NA1，NA1 =ALL 时，对所有选定的面进行挤出操作，NA1 可以使用组件的名称。DX, DY, DZ 为当前活跃坐标系下的坐标增量，对于圆柱坐标系为 DR, Dθ, DZ，对于球坐标系为 DR, Dθ, DΦ。RX, RY, RZ 为在当前活跃坐标系下将要生成的关键点坐标在 X,Y,Z 方向上的缩放因子。对于圆柱坐标系为 RR, Rθ, RZ，对于球坐标系为 RR, Rθ, RΦ，其中 Rθ 和 RΦ 为角度增量。缩放因子为零、空白或负值时被假定为 1。缩放因子不为 1 时，先缩放、后挤出。

面挤出创建体的实例如图 11-35（b）所示。该命令与当前活跃坐标系有关。

4）面、线、关键点绕轴旋转创建回转体

菜单：Main Menu→Preprocessor→Modeling→Operate→Extrude→Areas→About Axis
　　　Main Menu→Preprocessor→Modeling→Operate→Extrude→Lines→About Axis
　　　Main Menu→Preprocessor→Modeling→Operate→Extrude→Keypoints→About Axis

命令：VROTAT, NA1, NA2, NA3, NA4, NA5, NA6, PAX1, PAX2, ARC, NSEG
　　　AROTAT, NL1, NL2, NL3, NL4, NL5, NL6, PAX1, PAX2, ARC, NSEG
　　　LROTAT, NK1, NK2, NK3, NK4, NK5, NK6, PAX1, PAX2, ARC, NSEG

命令说明：NX1～NX6（X 代表 A、L、K）为进行旋转操作的实体，面或线必须位于旋转轴的同一侧，且与旋转轴共面。NX1 =ALL 时，对所有选定的实体进行旋转操作，NX1 可以使用组件的名称。PAX1, PAX2 为旋转轴上两个关键点的编号。ARC 为旋转角度，角度正向由绕 PAX1-PAX2 轴按右手定则确定，默认值为 360°。NSEG 为旋转得到实体的数量，最大为 8，默认按 90°划分弧线。通过旋转创建体的实例如图 11-35（c）所示。

5）面、线、关键点沿路径扫略创建实体

菜单：Main Menu→Preprocessor→Modeling→Operate→Extrude→Areas→Along Lines
　　　Main Menu→Preprocessor→Modeling→Operate→Extrude→Lines→Along Lines
　　　Main Menu→Preprocessor→Modeling→Operate→Extrude→Keypoints→Along Lines

命令：VDRAG, NA1, NA2, NA3, NA4, NA5, NA6, NLP1, NLP2, NLP3, NLP4, NLP5, NLP6
　　　ADRAG, NL1, NL2, NL3, NL4, NL5, NL6, NLP1, NLP2, NLP3, NLP4, NLP5, NLP6
　　　LDRAG, NK1, NK2, NK3, NK4, NK5, NK6, NL1, NL2, NL3, NL4, NL5, NL6

命令说明：NX1～NX6（X 代表 A、L、K）为进行扫略操作的实体，NX1 =ALL 时，对所有选定的实体进行扫略操作，NX1 可以使用组件的名称。NLP1～NLP6、NL1～NL6 为路径线，各条线必须是连续的，且相邻的线必须有公共关键点。

如果扫略路径包含多条线，则扫略方向由输入路径线的先后顺序决定；如果扫略路径是单一线，则扫略方向从路径线上最靠近给定实体第一个关键点的关键点开始，到路径线的另一端结束。当实体与扫略路径不垂直或不相交时，可能会得到异常结果。扫略的实例如图 11-35（d）所示。

11.4.3 有关实体建模的其他操作

1）关键点、线、面、体的比例缩放

菜单：Main Menu→Preprocessor→Modeling→Operate→Scale

命令：KPSCALE, NP1, NP2, NINC, RX, RY, RZ, KINC, NOELEM, IMOVE
　　　LSSCALE, NL1, NL2, NINC, RX, RY, RZ, KINC, NOELEM, IMOVE
　　　ARSCALE, NA1, NA2, NINC, RX, RY, RZ, KINC, NOELEM, IMOVE
　　　VLSCALE, NV1, NV2, NINC, RX, RY, RZ, KINC, NOELEM, IMOVE

命令说明：NX1, NX2, NINC（X 代表 P、L、A、V）指定实体，按编号从 NX1 到 NX2 增量为 NINC 定义实体的范围，NX2 默认为 NX1，NINC 默认为 1，NX1 =ALL 时，对所有选定的实体进行比例操作，NX1 可以使用组件的名称。RX, RY, RZ 为在当前活跃坐标系下将要生成的关键点坐标在 X,Y,Z 方向上的缩放因子。对于圆柱坐标系为 RR, Rθ, RZ，对于球坐标系为 RR, Rθ, RΦ，其中 Rθ 和 RΦ 为角度增量。缩放因子为零、空白或负值时被假定为 1。KINC 为新生成关键点的编号增量，默认时关键点编号由软件自动指定。NOELEM=0 时，缩放与实体关联的节点和单元；NOELEM=1 时，不生成。IMOVE=0 时，保留源实体；IMOVE=1 时，不保留。

比例操作的实例如图 11-36 所示。该命令与当前活跃坐标系有关。

2）关键点、线、面、体的复制

菜单：Main Menu→Preprocessor→Modeling→Copy

　　　Main Menu→Preprocessor→Modeling→Move / Modify

命令：KGEN, ITIME, NP1, NP2, NINC, DX, DY, DZ, KINC, NOELEM, IMOVE

　　　LGEN, ITIME, NL1, NL2, NINC, DX, DY, DZ, KINC, NOELEM, IMOVE

　　　AGEN, ITIME, NA1, NA2, NINC, DX, DY, DZ, KINC, NOELEM, IMOVE

　　　VGEN, ITIME, NV1, NV2, NINC, DX, DY, DZ, KINC, NOELEM, IMOVE

命令说明：ITIME 为包括源实体在内的复制次数。NX1, NX2, NINC（X 代表 P、L、A、V）指定源实体，按编号从 NX1 到 NX2 增量为 NINC 定义实体的范围，NX2 默认为 NX1，NINC 默认为 1，NX1=ALL 时，对所有选定的实体进行复制操作，NX1 可以使用组件的名称。DX, DY, DZ 为在当前活跃坐标系下的复制增量，柱坐标系下为 DR, Dθ, DZ，球坐标系下为 DR, Dθ, DΦ。其中，除关键点外，在柱坐标系或球坐标系下复制其他实体时 DR、DΦ 不可用。KINC, NOELEM, IMOVE 等参数见比例缩放操作。

复制操作的实例如图 11-37 所示。该命令与当前活跃坐标系有关。

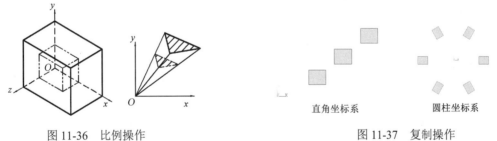

图 11-36　比例操作　　　　　　　　　图 11-37　复制操作

3）关键点、线、面、体的镜像

菜单：Main Menu→Preprocessor→Modeling→Reflect

命令：KSYMM, Ncomp, NP1, NP2, NINC, KINC, NOELEM, IMOVE

　　　LSYMM, Ncomp, NL1, NL2, NINC, KINC, NOELEM, IMOVE

　　　ARSYM, Ncomp, NA1, NA2, NINC, KINC, NOELEM, IMOVE

　　　VSYMM, Ncomp, NV1, NV2, NINC, KINC, NOELEM, IMOVE

命令说明：Ncomp 为对称面的法线方向，默认为 x 轴，对称面必须是当前活跃坐标系的坐标平面，该坐标系必须是直角坐标系（KSYMM 命令除外）。NX1, NX2, NINC（X 代表 P、L、A、V）指定源实体，按编号从 NX1 到 NX2 增量为 NINC 定义实体的范围，NX2 默认为

NX1，NINC 默认为 1，NX1 =ALL 时，对所有选定的实体进行镜像操作，NX1 可以使用组件的名称。KINC, NOELEM, IMOVE 等参数见比例缩放操作。镜像操作的实例如图 11-38 所示。

4）关键点、硬点、线、面和体的删除

菜单：Main Menu→Preprocessor→Modeling→Delete

命令：KDELE, NP1, NP2, NINC
　　　HPTDELETE, NP1, NP2, NINC
　　　LDELE, NL1, NL2, NINC, KSWP
　　　ADELE, NA1, NA2, NINC, KSWP
　　　VDELE, NV1, NV2, NINC, KSWP

命令说明：NX1, NX2, NINC（X 代表 P、L、A、V）指定删除的实体，按编号从 NX1 到 NX2 增量为 NINC 定义实体的范围，NINC 默认为 1，NX1 =ALL 时，对所有选定的实体进行镜像操作，NX1 可以使用组件的名称。KSWP=0（默认），只删除实体本身；KSWP=1，既删除实体本身，也删除所属低级实体。

实例 E11-6　复杂形状实体的创建实例——螺栓

1）螺栓的视图

查螺纹标准，M16 的螺距 P=2mm，如图 11-39 所示为螺栓视图。

图 11-38　镜像操作

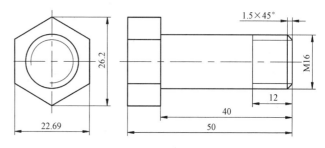

图 11-39　螺栓视图

2）创建步骤

（1）激活全局圆柱坐标系。选择菜单 Utility Menu→WorkPlane→Change Active CS to→Global Cylindrical。

（2）创建关键点。选择菜单 Main Menu→Preprocessor→Modeling→Create→Keypoints→In Active CS，弹出如图 11-40 所示的对话框，在"NPT"文本框中输入"1"，在"X, Y, Z"文本框中分别输入"0.008, 0, -0.002"，单击"Apply"按钮；接着，再创建关键点 2(0.008, 90, -0.0015)、3(0.008, 180, -0.001)、4(0.008, 270, -0.0005)、5(0.008, 0, 0)，最后单击"OK"按钮。

图 11-40　创建关键点对话框

（3）改变观察方向。单击图形窗口右侧显示控制工具条上的 按钮，显示正等轴测图。

（4）创建螺旋线。选择菜单 Main Menu→Preprocessor→Modeling→Create→Lines→Lines→In Active Coord，弹出选择窗口，分别在关键点 1 和 2、2 和 3、3 和 4、4 和 5 之间创建螺旋线，单击"OK"按钮。

（5）复制螺旋线。选择菜单 Main Menu→Preprocessor→Modeling→Copy→Lines，弹出选择窗口，单击"Pick All"按钮，弹出如图 11-41 所示的对话框，在"ITIME"文本框中输入"7"，在"DZ"文本框中输入"0.002"，单击"OK"按钮。

（6）合并关键点，为对线做布尔加运算准备。选择菜单 Main Menu→Preprocessor→Numbering Ctrls→Merge Items，在弹出的对话框中，选择"Label"为"Keypoints"，单击"OK"按钮。对线做布尔加运算时，相邻线必须有公共关键点。

（7）对线做布尔加运算。选择菜单 Main Menu→Preprocessor→Modeling→Operate→Booleans→Add→Lines，弹出选择窗口，单击"Pick All"按钮。单击"Add Lines"对话框中的"OK"按钮。对所有螺旋线求和，得到一条新的螺旋线。

（8）创建关键点。选择菜单 Main Menu→Preprocessor→Modeling→Create→Keypoints→In Active CS，关键点编号和坐标为 80(0.008+0.0015/4, 90, 0.012+0.002/4)、81(0.008+2*0.0015/4, 180, 0.012+2*0.002/4)、82(0.008+3*0.0015/4, 270, 0.012+3*0.002/4)、83(0.008+4*0.0015/4, 0, 0.012+4*0.002/4)。

（9）创建螺纹收尾曲线。选择菜单 Main Menu→Preprocessor→Modeling→Create→Lines→Lines→In Active Coord，弹出选择窗口，分别在关键点 35 和 80、80 和 81、81 和 82、82 和 83 之间创建螺纹收尾曲线，单击"OK"按钮。

（10）激活全局直角坐标系。选择菜单 Utility Menu→WorkPlane→Change Active CS to→Global Cartesian。

（11）创建关键点。选择菜单 Main Menu→Preprocessor→Modeling→Create→Keypoints→In Active CS，关键点编号和坐标为 90(0.008, 0, -0.00025)、91(0.006918, 0, -0.002)、92(0.006918, 0, 0)。

（12）显示关键点、线的编号。选择菜单 Utility Menu→PlotCtrls→Numbering，弹出如图 11-42 所示的对话框，将关键点号和线号打开，单击"OK"按钮。

图 11-41　复制线对话框

图 11-42　图号控制对话框

(13) 在图形窗口显示关键点和线。选择菜单 Utility Menu→Plot→Multi-Plots。

(14) 创建直线。选择菜单 Main Menu→Preprocessor→Modeling→Create→Lines→Lines→Straight Line,弹出选择窗口,分别在关键点 1 和 90、91 和 92 之间创建直线,单击"OK"按钮。

(15) 分别过关键点 1 和 90 创建与直线 7 夹角为 60°、120°的直线。选择菜单 Main Menu→Preprocessor→Modeling→Create→Lines→At angle to line,弹出选择窗口,选择直线 7,单击"OK"按钮;再次弹出选择窗口,选择关键点 90,单击"OK"按钮;弹出如图 11-43 所示的对话框,在"LANG"文本框中输入"60",单击"Apply"按钮。重复以上操作,作直线 7 的角度线,过关键点 1、角度为 120°,单击"OK"按钮。

(16) 由直线创建面。选择菜单 Main Menu→Preprocessor→Modeling→Create→Areas→Arbitrary→By Lines,弹出选择窗口,依次选择直线 6、9、10、11,单击"OK"按钮。

(17) 由面沿路径扫略得到与螺纹沟槽相对应的体。选择菜单 Main Menu→Preprocessor→Modeling→Operate→Extrude→Areas→Along Lines,弹出选择窗口,选择等腰梯形面,单击"OK"按钮;再次弹出选择窗口,依次选择螺旋线、螺纹收尾曲线,单击"OK"按钮。

(18) 关闭关键点、线的编号,显示面、体的编号。选择菜单 Utility Menu→PlotCtrls→Numbering,将关键点号和线号关闭,将面、体号打开。

(19) 创建圆柱体。选择菜单 Main Menu→Preprocessor→Modeling→Create→Volumes→Cylinder→By Dimension,弹出如图 11-44 所示的对话框,在"RAD1"文本框中输入".0079",在"Z2"文本框中输入"0.04",单击"OK"按钮。

图 11-43 角度对话框

图 11-44 创建圆柱体对话框

(20) 做布尔减运算,形成螺纹沟槽。选择菜单 Main Menu→Preprocessor→Modeling→Operate→Booleans→Subtract→Volumes,弹出选择窗口,选择圆柱体,单击"OK"按钮;再次弹出选择窗口,单击"Pick All"按钮。

(21) 重画图形。选择菜单 Utility Menu→Plot→Replot。

(22) 创建关键点。选择菜单 Main Menu→Preprocessor→Modeling→Create→Keypoints→In Active CS。关键点编号和坐标为 93(0.0065, 0, 0)、94(0.0095, 0, 0.003)、95(0, 0, 0)、96(0, 0, 0.03)。

(23) 创建直线。选择菜单 Main Menu→Preprocessor→Modeling→Create→Lines→Lines→Straight Line,弹出选择窗口,在关键点 93 和 94 之间创建直线,单击"OK"按钮。

提示:在图形窗口中选择关键点 93 和 94 较困难时,可以在选择窗口的文本框中输入关键点号后回车,下同。

(24) 由线旋转创建圆锥面。选择菜单 Main Menu→Preprocessor→Modeling→Operate→

Extrude→Lines→About Axis,弹出选择窗口,选择在关键点 93 和 94 之间创建的直线,单击"OK"按钮;再次弹出选择窗口,选择关键点 95 和 96,单击"OK"按钮;弹出"Sweep Lines About Axis"对话框,单击"OK"按钮。

(25)用圆锥面分割体,在螺纹端部形成倒角。选择菜单 Main Menu→Preprocessor→Modeling→Operate→Booleans→Divide→Volume by Area,弹出选择窗口,选择带螺纹的圆柱体,单击"OK"按钮;再次弹出选择窗口,选择由线旋转形成的 4 个面,单击"OK"按钮。

(26)删除体。选择菜单 Main Menu→Preprocessor→Modeling→Delete→Volumes and Below,弹出选择窗口,选择倒角被切去的体,单击"OK"按钮。

(27)创建棱柱体。选择菜单 Main Menu→Preprocessor→Modeling→Create→Volumes→Prism→By Circumscr Rad,弹出如图 11-45 所示的对话框,在"Z1,Z2"文本框中分别输入"0.04,0.05",在"NSIDES"文本框中输入"6",在"MAJRAD"文本框中输入"0.0131",单击"OK"按钮。

图 11-45　创建棱柱体对话框

(28)创建圆锥体。选择菜单 Main Menu→Preprocessor→Modeling→Create→Volumes→Cone→By Dimension,弹出如图 11-46 所示的对话框,在"RBOT"文本框中输入"0.03477",在"RTOP"文本框中分别输入"0.00549",在"Z1,Z2"文本框中分别输入"0.03,0.055",单击"OK"按钮。

(29)对棱柱体和圆锥体进行交运算,形成倒角。选择菜单 Main Menu→Preprocessor→Modeling→Operate→Booleans→Intersect→Common→Volumes,弹出选择窗口,选择棱柱体和圆锥体,单击"OK"按钮。

创建的螺栓模型如图 11-47 所示。

图 11-46　创建圆锥体对话框

图 11-47　创建的螺栓模型

(30)观察模型。选择图形窗口右侧显示控制工具条上的按钮,通过改变视线方向、缩放和旋转视图来观察模型。

3）命令流

```
R=0.008 $ P=0.002                              !定义参数，R 为半径、P 为螺距
/PREP7                                          !进入预处理器
CSYS, 1                                         !切换活跃坐标系为全局圆柱坐标系
*DO,I,1,5 $ K,I,R,(I-1)*90,-P*(5-I)/4 $ *ENDDO  !创建关键点
/VIEW, 1, 1, 1, 1                               !改变视线方向，显示正等轴测图
L, 1, 2 $ L, 2, 3 $ L, 3, 4 $ L, 4, 5           !创建螺旋线
LGEN, 7, ALL,,,,,0.002                          !复制螺旋线
NUMMRG, KP,,,,LOW                               !合并关键点
LCOMB, ALL                                      !对螺旋线求和
*DO,I,1,4 $ K,79+I,R+I*0.0015/4,I*90, 0.012+I*P/4 $ *ENDDO !创建关键点
L, 35, 80 $ L, 80, 81 $ L, 81, 82 $ L, 82, 83   !创建螺纹收尾曲线
CSYS, 0                                         !切换活跃坐标系为全局直角坐标系
K, 90, R, 0, -0.00025 $ K, 91, 0.006918, 0, -P $ K, 92, 0.006918, 0, 0 !创建关键点
/PNUM, KP, 1 $ /PNUM, LINE, 1                   !显示关键点和线的编号
GPLOT                                           !显示所有类型实体
LSTR, 1, 90 $ LSTR, 91, 92                      !创建直线
LANG, 7, 90, 60,,0 $ LANG, 7, 1, 120,,0         !创建角度线
AL, 6, 9, 10, 11                                !由线创建面
VDRAG, 1,,,,,,1, 2, 3, 4, 5                     !由面沿着路径扫略
/PNUM, KP, 0 $ /PNUM, LINE, 0                   !关闭关键点和线的编号
/PNUM, AREA, 1 $ /PNUM, VOLU, 1                 !显示面和体的编号
CYLIND, 0.0079,,0, 0.04, 0, 360                 !创建圆柱体
VSEL, U,,,6                                     !选择除体 6（圆柱体）以外的体
CM, VVV2, VOLU                                  !创建体组件 VVV2
ALLS                                            !选择所有
VSBV, 6, VVV2                                   !用体 6（圆柱体）减去体组件 VVV2，形成螺纹
/REPLOT                                         !重画图形
K, 93, 0.0065 $ K, 94, 0.0095, 0, 0.003 $ K, 95 $ K, 96, 0, 0, 0.03 !创建关键点
LSTR, 93, 94                                    !创建直线
AROTAT, 6,,,,,,95, 96, 360                      !直线绕轴旋转，形成圆锥面
ASEL, S,,,1, 4, 1                               !选择圆锥面
VSBA, 7, ALL                                    !用选择的圆锥面分割带螺纹的圆柱体
ASEL, ALL                                       !选择所有面
VDELE, 1,,,1                                    !删除被圆锥面切割掉的体
RPRISM, 0.04, 0.05, 6,,0.0131                   !创建棱柱体
CONE, 0.03477, 0.00549, 0.03, 0.055, 0, 360     !创建圆锥体
VINV, 1, 3                                      !对棱柱体和圆锥体求交集，形成倒角
/REPLOT
VPLOT                                           !显示体
FINISH                                          !退出预处理器
```

实例 E11-7 斜齿圆柱齿轮的创建

已知：齿轮的模数 m_n=2mm，齿数 z=42，螺旋角 β=10°，齿宽 B=40mm。

```
MN=0.002 $ Z=42 $ BETA=10 $ B=0.04 $ T=3.1415926/180  !齿轮参数
MT=MN/ COS(BETA*T) $ R= MT*Z/2          !端面模数 MT、分度圆半径 R
ALPHAT=ATAN(TAN(20*T)/ COS(BETA*T)) $ RB=R*COS(ALPHAT)
                                        !端面压力角 ALPHAT、基圆半径 RB
RA=R+MN $ RF=R-1.25*MN $ N=10           !齿顶圆半径 RA、齿根圆半径 RF、段数 N
/PREP7                                  !进入预处理器
CSYS,1                                  !切换活跃坐标系为全局圆柱坐标系
I=1                                     !关键点编号 I
*DO,RK,RF,RA+0.001,(RA+0.001-RF)/N      !开始循环
  ALPHAK=ACOS(RB/RK) $ THETAK=TAN(ALPHAK)- ALPHAK  !计算压力角和展角
K,I,RK, THETAK/T                        !创建关键点
I=I+1                                   !关键点编号加 1
*ENDDO                                  !结束循环
BSPLIN,ALL                              !创建渐开线
LGEN, 2, 1, , , , 45*MT/R- (TAN(20*T) /T -20), , , ,1  !移动渐开线
CSYS,0                                  !切换活跃坐标系为全局直角坐标系
LSYMM, Y, 1, , , 100                    !镜像渐开线
K,10 $ LARC, 1, 101,10 , RB $ LARC, 11, 111,10 , RA  !创建基圆圆弧、齿顶圆弧，得到齿槽曲线
CSYS,1
LGEN, 2, ALL, , , ,B*TAN(BETA*T)/R/T,-B,200  !复制得到另一端面上齿槽曲线
L,1,201 $ L,11,211 $ L,101,301 $ L,111,311   !创建螺旋线
CSYS,0 $ V,1,11,111,101,201,211,311,301      !创建齿槽体
CSYS,1 $ VGEN, Z, ALL, , , ,360/Z       !复制齿槽体
CSYS, 0 $ CYLIND, RA, 0.01, 0, -B,      !创建圆柱体
BLOCK, -0.003, 0.003, 0, 0.0128, 0, -B  !创建键槽六面体
VSBV, Z+1, ALL                          !减运算得到齿轮
FINI                                    !退出预处理器
```

实例 E11-8 直齿锥齿轮齿廓曲面的创建

已知：齿轮的模数 m_e=3mm，齿数 z=18，分度圆锥角 δ=45°。在球坐标系下，球面渐开线的方程为 $\theta_k = \dfrac{\arccos(\cos\delta_k / \cos\delta_b)}{\sin\delta_b} - \arccos\dfrac{\tan\delta_b}{\tan\delta_k}$，式中，$\delta_b$ 为基锥角，δ_k、θ_k 分别为渐开线任一点的锥角和偏角。

```
ME=0.003 $ Z=18 $ DELTA=45 $ T=3.1415926/180  !齿轮参数
RE=ME*Z/2/SIN(DELTA*T) $ B= RE/3 $ DELTA1= DELTA*T   !锥距 RE、齿宽 B
DELTA_A= DELTA1+ATAN(ME/RE) $ DELTA_F= DELTA1- ATAN(1.2*ME/RE)
                              !顶锥角 DELTA_A、根锥角 DELTA_F
DELTA_B= DELTA1- ATAN(ME*Z/2*(1-COS(20*T))/COS(DELTA1)/RE)
```

```
M=10                                              !基锥角 DELTA_B
/PREP7                                            !段数 M
CSYS,2                                            !进入预处理器
I=1                                               !切换活跃坐标系为全局球坐标系
                                                  !关键点编号 I
*DO, DELTA_K, DELTA_B, DELTA_A, (DELTA_A- DELTA_B)/M
                                                  !开始循环
    THETA_K=ACOS(COS(DELTA_K)/COS(DELTA_B))/SIN(DELTA_B)-ACOS(TAN(DELTA_B)/TAN(DELTA_K))
                                                  !关键点 θ 坐标
    K,I,RE, THETA_K/T,90- DELTA_K/T               !创建关键点
    I=I+1                                         !关键点编号加 1
*ENDDO                                            !结束循环
BSPLIN,ALL                                        !创建大端球面渐开线
LSSCALE, 1, , , (RE-B)/RE                         !通过比例操作得到小端球面渐开线
ASKIN,1,2                                         !蒙皮得到齿廓曲面
FINI                                              !退出预处理器
```

练 习 题

11-1 用关键点和线命令创建如图 11-48 所示图形。其中，图 a)中直线 *AD* 和 *AE* 是三角形 △*ABC* 的 *BC* 边上的垂线和中线。

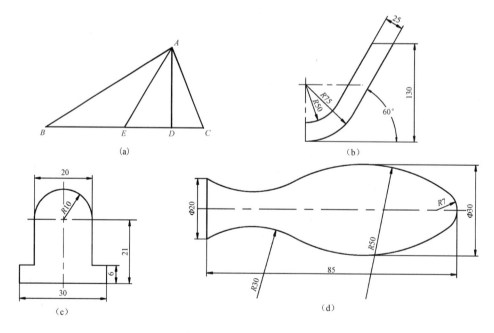

图 11-48 练习题 11-1 图示

11-2 创建图 11-49 所示几何实体。

第 11 章 实体建模技术

(a)

(b)

图 11-49 练习题 11-2 图示

第 12 章 有限元模型的创建

有限元模型是有限元分析的直接对象,有限元模型的规模、好坏直接影响分析结果的精度、准确性和效率。有限元模型的创建方法包括实体建模法和直接生成法。

实例 E12-1 几何模型的单元划分实例——面

1)问题描述

如图 12-1 所示为一结构分析时建立的实体模型,现对其划分单元形成有限元模型。钢和铜的材料特性参数见表 12-1。

图 12-1 实体模型

表 12-1 材料的特性参数

材　料	弹性模量(Pa)	泊　松　比
钢	2×10^{11}	0.3
铜	1×10^{11}	0.3

2)分析步骤

(1)改变任务名。选择菜单 Utility Menu→File→Change Jobname,弹出如图 12-2 所示的对话框,在"[/FILNAM]"文本框中输入 E12-1,单击"OK"按钮。

(2)选择单元类型,指定单元选项。选择菜单 Main Menu→Preprocessor→Element Type→Add/Edit/Delete,弹出如图 12-3 所示的对话框,单击"Add"按钮;弹出如图 12-4 所示的对话框,在左侧列表中选"Structural Solid",在右侧列表中选"8node 183",单击"OK"按钮,返回图 12-3 所示的对话框,单击"Options"按钮,弹出如图 12-5 所示的对话框,选择"K3"为"Plane strs w/thk"(平面应力,定义厚度),单击"OK"按钮,单击图 12-3 所示对话框中的"Close"按钮。

图 12-2 改变任务名对话框

图 12-3 单元类型对话框

图 12-4 单元类型库对话框

图 12-5 单元选项对话框

（3）定义实常数，指定单元厚度。选择菜单 Main Menu→Preprocessor→Real Constants→Add/Edit/Delete，在弹出的"Real Constants"对话框中单击"Add"按钮，再单击随后弹出的对话框中的"OK"按钮，弹出如图 12-6 所示的对话框，在"THK"文本框中输入"0.002"（厚度），单击"OK"按钮，关闭"Real Constants"对话框。

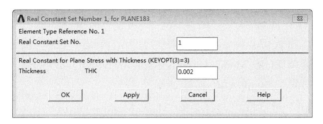

图 12-6 设置实常数对话框

（4）定义材料模型。选择菜单 Main Menu→Preprocessor→Material Props→Material Models，弹出如图 12-7 所示的对话框，在右侧列表中依次选择"Structural""Linear""Elastic"和"Isotropic"，弹出如图 12-8 所示的对话框，在"EX"文本框中输入"2e11"（弹性模量），在"PRXY"文本框中输入"0.3"（泊松比），单击"OK"按钮。

图 12-7 材料模型对话框

选择图 12-7 所示的对话框的菜单项 Material→New Model，单击弹出的"Define Material ID"对话框中的"OK"按钮，然后重复定义材料模型 1 时的各步骤，定义材料模型 2（铜）的弹性模量为 1e11，泊松比为 0.3，然后关闭图 12-7 所示的对话框。

（5）创建矩形面。选择菜单 Main Menu→Preprocessor→Modeling→Create→Areas→Rectangle→By Dimension，弹出如图 12-9 所示的对话框，在"X1,X2"文本框中分别输入 0,1，在"Y1,Y2"文本框中分别输入 0,1，单击"Apply"按钮，再次弹出如图 12-9 所示的对话框，在

"X1，X2"文本框中分别输入 0.5，1.5，在"Y1，Y2"文本框中分别输入 0.5，1.5，单击"OK"按钮。

图 12-8 材料特性对话框

图 12-9 创建矩形面对话框

（6）显示关键点、线和面的编号。选择菜单 Utility Menu→PlotCtrls→Numbering，弹出如图 12-10 所示的对话框，将关键点号、线号、面号打开，单击"OK"按钮。

（7）搭接面。选择菜单 Main Menu→Preprocessor→Modeling→Operate→Booleans→ Overlap→Areas，弹出选择窗口，单击"Pick All"按钮。

（8）打开"MeshTool"对话框。选择菜单 Main Menu→Preprocessor→Meshing→MeshTool，弹出如图 12-11 所示的网格工具对话框，以下步骤的所有操作均在此对话框中进行。

图 12-10 图号控制对话框

图 12-11 网格工具对话框

（9）为面指定属性。在"MeshTool"对话框中，选择"Element Attributes"的下拉列表框为"Areas"，单击下拉列表框后面的"Set"按钮，弹出选择窗口，选择面 3，单击选择窗口的"OK"按钮，弹出如图 12-12 所示的对话框，选择"MAT"下拉列表框为 1，单击"Apply"按钮；再次弹出选择窗口，选择面 4 和 5，单击选择窗口的"OK"按钮，选择如图 12-12 所示的对话框中的"MAT"下拉列表框为 2，单击"OK"按钮，即为面指定了不同的材料模型。

(10) 对面 3 划分单元。单击"Size Controls"区域"Lines"后"Set"按钮,弹出选择窗口,选择线 9 和 10,单击选择窗口的"OK"按钮,弹出如图 12-13 所示的对话框,在"NDIV"文本框中输入 5,单击"OK"按钮;在"MeshTool"对话框的"Mesh"区域,选择单元形状为"Quad"(四边形),选择划分单元的方法为"Mapped"(映射);单击"Mesh"按钮,弹出选择窗口,选择面 3,单击"OK"按钮。

(11) 在图形窗口显示面。选择菜单 Utility Menu→Plot→Areas。

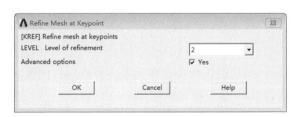

图 12-12 面属性对话框

图 12-13 单元尺寸对话框

(12) 对面 4 和 5 划分单元。选中"MeshTool"对话框的"Smart Size",选择其下方滚动条的值为 4;单击"Size Controls"区域中"Global"后的"Set"按钮,弹出类似图 12-13 所示的对话框,在"SIZE"文本框中输入 0.3,单击"OK"按钮;在"MeshTool"对话框的"Mesh"区域,选择划分单元的方法为"Free"(自由);单击"Mesh"按钮,弹出选择窗口,选择面 4 和 5,单击"OK"按钮。

(13) 在图形窗口显示面。选择菜单 Utility Menu→Plot→Areas。

(14) 重定义单元。选择"MeshTool"所示对话框"Refine at"下拉列表框为 KeyPoints,单击"Refine"按钮,弹出选择窗口,选择关键点 9,单击选择窗口的"OK"按钮,弹出如图 12-14 所示的对话框,选择"LEVEL"下拉列表框为 2,将"Advanced options"(高级选项)打开,单击"OK"按钮,单击随后弹出对话框中的"OK"按钮。

结构的有限元模型见图 12-15。

图 12-14 重定义单元对话框

图 12-15 有限元模型

3)命令流

/CLEAR　　　　　　　　　　　　　　　　　!清除数据库,新建分析
/FILNAME, E2-10　　　　　　　　　　　　　!定义任务名

```
/PREP7                                  !进入预处理器
ET, 1, PLANE183,,,3                     !定义单元类型、设置单元选项
R, 1, 0.002                             !定义实常数
MP, EX, 1, 2E11 $ MP, PRXY, 1, 0.3      !定义材料模型1,弹性模量EX、泊松比PRXY
MP, EX, 2, 1E11 $ MP, PRXY, 2, 0.3      !定义材料模型2
RECTNG,0,1,0,1 $ RECTNG,0.5,1.5,0.5,1.5 !创建矩形面
AOVLAP,ALL                              !搭接面
AATT, 1, 1, 1                           !指定单元属性,材料模型1、实常数集1、单元类型1,
MSHAPE, 0 $ MSHKEY, 1                   !指定单元形状,指定映射网格
LESIZE,9, , ,5 $ LESIZE,10, , ,5        !指定线划分单元段数
AMESH, 3                                !对面3划分单元
AATT, 2, 1, 1                           !指定单元属性,材料模型2、实常数集1、单元类型1
MSHKEY, 0                               !指定自由网格
ESIZE, 0.3                              !指定全局单元边长度
SMRTSIZE,4                              !智能尺寸级别4
AMESH, 4,5,1                            !对面4和5划分单元
KREFINE, 9,,, 2, 1                      !在关键点9附近重定义单元
/PNUM,MAT,1                             !显示材料模型编号
/REPLOT                                 !重画图形
FINISH                                  !退出预处理器
```

12.1 几何模型的单元划分

12.1.1 单元划分的步骤

（1）定义并指定单元属性。定义和指定要划分单元的几何体的单元类型、实常数集、材料模型、单元坐标系和截面号等属性。

（2）指定单元划分控制选项。指定单元尺寸控制、单元形状、划分方法等。

（3）划分单元。

（4）检查单元质量。

（5）修改或加密单元。

12.1.2 单元类型

ANSYS提供了100多种单元类型，每种类型的单元都有单元名、节点、自由度、实常数集、载荷、基本选项、解数据、特殊应用等特征和相应的适用范围。

1. 用户选择单元类型时，应该考虑的因素

（1）物理现象所属学科。结构分析要使用结构单元，热分析要用热单元，耦合场分析可使用耦合单元，等等。

（2）单元的维数。单元的维数分为一维、二维和三维，维数越高计算量就越大。实际的物

体都是三维的，只有满足一定条件才可以简化为一维或二维模型。一维的线性单元一般用于梁、桁架、刚架结构，二维实体单元一般用于平面应力问题、平面应变问题和轴对称问题，三维壳单元可用于空间的薄板或薄壳结构。

（3）单元的阶次。在一般情况下，线性单元计算成本较低，而高阶单元有中间节点，位移函数的阶次较高、单元边有曲线形状，所以计算精度相应也较高，可以更好地逼近几何模型的曲线形状。

2．相关命令

1）定义单元类型

菜单：Main Menu→Preprocessor→Element Type→Add/Edit/Delete

命令：ET, ITYPE, Ename, KOP1, KOP2, KOP3, KOP4, KOP5, KOP6, INOPR

命令说明：ITYPE 为单元类型编号，默认值为当前最大值加 1。Ename 为 ANSYS 单元库中给定的单元名或编号，如 PLANE183，定义时可只使用编号。KOP1～KOP6 为单元选项，其值及意义在 ANSYS 单元手册中定义，也可由 KEYOPT 命令设置。INOPR=1 时，不输出该类单元的所有结果。

2）转换单元类型

菜单：Main Menu→Preprocessor→Element Type→Switch Elem Type

命令：ETCHG, Cnv

命令说明：Cnv= ETI 时，显式单元转为隐式单元；Cnv=ITE 时，隐式单元转为显式单元；Cnv=TTE 时，热单元转为显式单元；Cnv=TTS 时，热单元转为结构单元；Cnv=STT 时，结构单元转为热单元；Cnv=MTT 时，磁单元转为热单元；Cnv=FTS 时，流体单元转为结构单元；Cnv=ETS 时，静电单元转为结构单元；Cnv=ETT 时，电单元转为热单元。

该命令用于耦合场分析时对单元进行类型转换。转换按 ANSYS 规定的单元对进行，如热单元 PLANE77 转换为结构单元 PLANE183，具体规定见 ANSYS HELP 中对命令 ETCHG 的介绍。在一般情况下，转换单元后，单元选项、实常数都需要重新设置。

12.1.3 定义实常数

实常数用于附加设置单元尺寸、材料属性等，典型的实常数有面积、厚度等。是否需要实常数、需要定义哪些实常数，都由单元类型决定。定义实常数的命令为如下。

菜单：Main Menu→Preprocessor→Real Constants→Add/Edit/Delete

命令：R, NSET, R1, R2, R3, R4, R5, R6

命令说明：NSET 为实常数集标识号。R1～R6 为实常数的值，顺序必须与单元类型的要求相一致，实常数超过 6 个时，可用 RMORE 命令输入。

12.1.4 材料属性

材料属性是与有限元分析计算相关的材料特性参数，如结构分析一般需要指定弹性模量、泊松比、密度等。材料属性与单元类型无关，但多数单元需要根据材料属性计算单元刚度矩阵。如果材料属性会导致单元刚度矩阵是非线性的，则为非线性材料属性。否则，材料属性是线性的。线性材料特性通常只需一个子步就能求解，而非线性材料特性需要多个子步。

1）定义线性材料属性

菜单：Main Menu→Preprocessor→Material Props→Material Models

命令：MP, Lab, MAT, C0, C1, C2, C3, C4

命令说明：Lab 为材料属性标识。Lab=ALPD，质量阻尼系数，见式（9-5）；Lab=ALPX，线膨胀系数（也可用 ALPY,ALPZ）；Lab=BETD，刚度阻尼系数，见式（9-5）；Lab=C，比热容；Lab=DENS，质量密度；Lab=DMPR，均匀材料阻尼系数；Lab=ENTH，热焓；Lab= EX，弹性模量（也可用 EY,EZ）；Lab= GXY，剪切模量（也可用 GYZ,GXZ）；Lab=HF，对流或散热系数；Lab= KXX，热传导率（也可用 KYY,KZZ）；Lab=MU，摩擦系数；Lab=PRXY，主泊松比（也可用 PRYZ,PRXZ）；Lab=NUXY，次泊松比（也可用 NUYZ，NUXZ）；Lab=REFT，参考温度，必须被定义为一常数；Lab=THSX，热应变（也可用 THSY,THSZ）。MAT 为材料模型号。C0 为材料属性的数值，如果该属性是温度 T 的多项式函数，则 C0 为其常数项。C0 也可以是表名。C1～C4 为属性数值关于温度多项式的系数，该多项式为：

$$属性数值= C0 + C1T + C2T^2 + C3T^3 + C4T^4$$

2）定义线性材料属性的温度表

菜单：Main Menu→Preprocessor→Material Props→Material Models

命令：MPTEMP, SLOC, T1, T2, T3, T4, T5, T6

命令说明：SLOC 设置 T1 在数据表中的位置，默认为最后填充值+1，例如，LOC=7 时，T1 为数据表中第 7 个温度值。T1～T6 为数据表中从 SLOC 位置开始的 6 个温度值，应按非递减顺序输入。

该命令定义的温度值与 MPDATA 命令定义的材料属性数值对应、配合使用，同时该温度表也在属性多项式中使用。不带参数的 MPTEMP 命令用于删除温度表。默认时没有温度表。

3）定义与温度表关联的线性材料属性表

菜单：Main Menu→Preprocessor→Material Props→Material Models

命令：MPDATA, Lab, MAT, SLOC, C1, C2, C3, C4, C5, C6

命令说明：Lab 为材料属性标识，与 MP 命令 Lab 参数意义相同。MAT 为材料模型号。SLOC 设置输入数据在数据表中的位置，与 MPTEMP 命令 SLOC 参数意义相同。C1～C6 为数据表中从 SLOC 位置开始的 6 个材料属性值。

以下命令流定义了包括 8 个温度值和相应弹性模量的数据表。

MPTEMP   !删除温度表
MPTEMP, 1, 0, 300, 600, 1000, 1300, 1400   !定义温度表
MPTEMP, 7, 1700, 2000
MPDATA, EX, 1, 1, 2E11, 1.86E11, 1.35E11, 2E10, 2E7, 2E7   !定义材料属性表
MPDATA, EX, 1, 7, 2E7, 2E7
MPPLOT,EX,1   !绘制 EX-T 曲线

4）激活非线性材料属性数据表

菜单：Main Menu→Preprocessor→Material Props→Material Models

命令：TB, Lab, MAT, NTEMP, NPTS, TBOPT, EOSOPT, FuncName

命令说明：Lab 为材料模型数据表类型，Lab= BISO，采用 von Mises 塑性或 Hill 塑性的双线性等向强化材料；Lab=BKIN，采用 von Mises 塑性或 Hill 塑性的双线性随动强化材料；Lab= CAST，铸铁；Lab= MISO，采用 von Mises 塑性或 Hill 塑性的多线性等向强化材料；Lab=MKIN，用 von Mises 塑性或 Hill 塑性的多线性随动强化材料；等等。MAT 为材料模型号，默认值为 1。NTEMP 为数据表中温度个数，温度值由 TBTEMP 命令定义。NPTS 为特定温度下的数据点个数，一般由 Lab 的值确定，由 TBDATA 或 TBPT 命令定义数据点的值。EOSOPT 指定状态模型方程，仅用于 Lab= EOS、显式动态分析时。FuncName 为函数名。

5）定义非线性材料属性数据表中的一个温度

菜单：Main Menu→Preprocessor→Material Props→Material Models

命令：TBTEMP, TEMP, KMOD

命令说明：TEMP 为温度值，KMOD 为空时默认值为 0。KMOD 为空时，TEMP 定义一个新的温度；如果 KMOD 是整数 1～NTEMP（在 TB 命令中定义），修改先前定义温度到 TEMP 值，除非 TEMP 是空白的，则该预先确定的温度被重新激活，等等。

6）定义非线性材料属性数据表中的数据

菜单：Main Menu→Preprocessor→Material Props→Material Models

命令：TBDATA, STLOC, C1, C2, C3, C4, C5, C6

命令说明：STLOC 设置输入数据在数据表中的位置，默认为最后填充值+1。C1～C6 为数据表中从 SLOC 位置开始的 6 个材料属性值。

以下命令流用于定义双线性随动强化材料模型。

MPTEMP, 1, 0, 200, 500	!定义温度表
MPDATA, EX, 1, 1, 2E11, 1.91E11, 1.73E11	!定义材料模型 1 的线性材料属性表
TB,BKIN,1,3,2	!激活材料模型 1 的双线性随动强化模型数据表
TBTEMP,0 $ TBDATA,1,440E6,1.2E10	!定义温度及数据，屈服极限和切向模量
TBTEMP,200 $ TBDATA,1,323E6,1E10	
TBTEMP,500 $ TBDATA,1,293E6,0.8E10	
TBPLOT,,1	!绘制曲线

12.1.5 截面

截面为单元添加辅助信息，如梁单元和壳单元的横截面等。

1）定义截面

菜单：Main Menu→Preprocessor→Sections

命令：SECTYPE, SECID, Type, Subtype, Name, REFINEKEY

命令说明：

SECID 为截面 ID 号。

Type 为截面类型。Type= BEAM，定义梁截面；Type= TAPER，定义渐变梁截面，梁两端部截面拓扑关系必须相同；Type= SHELL，定义壳截面；Type= PRETENSION，定义预紧截面；Type= JOINT，定义运动副，等等。

Subtype 为截面子类型，随 Type 不同而不同。

当 Type= BEAM 时，Subtype 可取：RECT，矩形截面；QUAD，四边形截面；CSOLID，

实心圆形截面；CTUBE，圆管截面；CHAN，槽形截面；I，I 形截面；Z，Z 形截面；L，L 形截面；T，T 形截面；HATS，帽形截面；HREC，空心矩形或箱形截面；ASEC，由用户输入横截面惯性特性而定义的任意截面；MESH，自定义网格。如图 12-16 所示为各子类型梁截面的形状。

图 12-16 梁截面

当 Type= JOINT 时，Subtype 可取：UNIV，万向连接；REVO，转动副；SLOT，滑槽；PRIS，移动副；CYLI，柱面滑动；PLAN，平面连接；WELD，焊接；ORIE，相对转动自由度被约束，而相对位移自由度自由；SPHE，球铰；GENE，普通连接，相对自由度约束可选择；SCRE，螺旋副。如图 12-17 所示为各运动副的相对运动情况。

图 12-17 运动副

Name 为截面名称，由 8 个字符或数字组成。

REFINEKEY 设置薄壁梁截面单元的细化程度，有 0～5 共 6 个水平，默认为 0 级（最低级，没有细化），5 级最精细。

2）定义梁截面的几何参数（TYPE=BEAM）

菜单：Main Menu→Preprocessor→Sections

命令：SECDATA, VAL1, VAL2, VAL3, VAL4, VAL5, VAL6, VAL7, VAL8, VAL9, VAL10, VAL11, VAL12

命令说明：VAL～VAL12 为梁截面的几何数据，具体情况与截面子类型有关，参见图 12-16。

Subtype=RECT 时，输入数据 B、H、Nb、Nh。其中，B 为宽度，H 为高度，Nb 为沿宽度方向的截面单元（Cell）数（默认为 2），Nh 为沿高度方向的截面单元（默认为 2），见图 12-16（a）。

Subtype=QUAD，输入数据 yI、zI、yJ、zJ、yK、zK、yL、zL、Ng、Nh。其中，yI, zI, yJ, zJ, yK, zK, yL, zL 为各角点的坐标，Ng 为沿 g 方向的截面单元数（默认为 2），Nh 为沿 h 方向的截面单元（默认为 2），见图 12-16（b）。

Subtype=CSOLID，输入数据 R、N、T。其中，R 为半径，N 为圆周方向划分的段数（默认为 8），T 为半径方向划分的段数（默认为 2），见图 12-16（c）。

Subtype=CTUBE，输入数据 RI、Ro、N 。RI 为内半径，RO 为外半径，N 为沿圆周方向的截面单元数（默认为 8），见图 12-16（d）。

Subtype=CHAN，输入数据 W1, W2, W3, t1, t2, t3，见图 12-16（e）。

Subtype=I，输入数据 W1, W2, W3, t1, t2, t3，见图 12-16（f）。

Subtype=Z，输入数据 W1, W2, W3, t1, t2, t3，见图 12-16（g）。

Subtype=L，输入数据 W1, W2, t1, t2，见图 12-16（h）。

Subtype=T，输入数据 W1, W2, t1, t2，见图 12-16（i）。

Subtype=HATS，输入数据 W1, W2, W3, W4, t1, t2, t3, t4, t5，见图 12-16（j）。

Subtype=HREC，输入数据 W1, W2, t1, t2, t3, t4，见图 12-16（k）。

Subtype=ASEC，输入数据 A、Iyy、Iyz、Izz、Iw、J、CGy、CGz、SHy、SHz、TKz、TKy。其中，A 为截面面积，Iyy 为绕 y 轴的转动惯量，Iyz 为惯性积，Izz 为绕 z 轴的转动惯量，Iw 为翘曲常数，J 为扭转常数，CGy、CGz 为质心的 y 坐标和 z 坐标，Shy、SHz 为剪切中心的 y 坐标和 z 坐标，TKz、TKy 为截面沿 z 轴和 y 轴的最大高度。

以下命令流用于定义矩形梁截面及其几何参数。

```
SECTYPE, 1, BEAM, RECT             !定义矩形梁截面
SECDATA, 0.03, 0.05, 3, 5          !定义矩形梁截面的尺寸
```

3）定义渐变梁截面的参数（TYPE=TAPER）

菜单：Main Menu→Preprocessor→Sections

命令：SECDATA, Sec_IDn, XLOC, YLOC, ZLOC

命令说明：Sec_IDn 为预先定义的梁截面 ID 号。XLOC, YLOC, ZLOC 为梁截面 Sec_IDn 在全局直角坐标系下的位置坐标。

定义一个渐变梁截面需要预先定义两个梁截面，二者作为渐变梁截面的两个端部，并要求它们有相同的 Subtype 子类型、截面单元数和材料模型等。如

```
SECTYPE,1,BEAM,RECT $ SECDATA,0.02,0.05        !定义矩形梁截面1
```

```
SECTYPE,2,BEAM,RECT $ SECDATA,0.03,0.07          !定义矩形梁截面 2
SECTYPE,3,TAPER $ SECDATA,1,0,0 $ SECDATA,2,0.5  !定义渐变梁截面 3
```

4）定义壳单元的参数（TYPE=SHELL）

菜单：Main Menu→Preprocessor→Sections

命令：SECDATA, TK, MAT, THETA, NUMPT, LayerName

命令说明：TK 为壳单元该层的厚度。MAT 为该层的材料模型。THETA 为该层坐标系与单元坐标系所夹角度。NUMPT 为该层积分点个数。LayerName 为层名。

5）定义梁截面的偏移（TYPE=BEAM）

菜单：Main Menu→Preprocessor→Sections

命令：SECOFFSET, Location, OFFSETY, OFFSETZ, CG-Y, CG-Z, SH-Y, SH-Z

命令说明：Location 设置梁节点在梁截面上的位置，Location =CENT 时，截面形心（默认）；Location =SHRC 时，截面剪切中心；Location =ORIGIN，截面原点（图 12-16 所示 y 轴和 z 轴交点）；Location =USER，由用户用 OFFSETY 和 OFFSETZ 参数指定。OFFSETY, OFFSETZ 为梁节点位置相对于原点的偏移量，仅在 Location =USER 时有效。CG-Y, CG-Z, SH-Y, SH-Z 用于覆盖软件自动计算的形心、剪切中心位置坐标。

12.1.6 分配单元属性

1）为选定的未划分单元几何实体直接分配属性

菜单：Main Menu→Preprocessor→Meshing→Mesh Attributes→Picked KPs/Lines/Areas/Volumes
　　　Main Menu→Preprocessor→Meshing→Mesh Attributes→All Keypoints/Lines/Areas/Volumes

命令：KATT, MAT, REAL, TYPE, ESYS
　　　LATT, MAT, REAL, TYPE, --, KB, KE, SECNUM
　　　AATT, MAT, REAL, TYPE, ESYS, SECN
　　　VATT, MAT, REAL, TYPE, ESYS, SECNUM

命令说明：MAT, REAL, TYPE, ESYS 为材料模型号、实常数集号、单元类型编号、单元坐标系号。KB, KE 为线始端和末端的方向关键点，用于确定梁单元横截面的方向。如果梁单元横截面的方向沿线方向保持不变，可仅使用 KE 定位；麻花状的预扭曲梁可能需要两个方向关键点 KB, KE。SECN、SECNUM 为截面 ID 号。

由于单元属性是分配到几何实体的，清除单元时几何实体上的属性不会发生变化。

2）为随后定义的单元指定默认属性

菜单：Main Menu→Preprocessor→Meshing→Mesh Attributes→Default Attribs

命令：TYPE, ITYPE
　　　MAT, MAT
　　　REAL, NSET
　　　ESYS, KCN
　　　SECNUM, SECID

命令说明：ITYPE ,MAT, NSET, KCN , SECID 为单元类型编号、材料模型号、实常数集号、单元坐标系号和截面 ID 号。ITYPE ,MAT, NSET, SECID 的默认值为 1； KCN =0（默认）时，单元坐标系方向由单元本身确定；KCN =N 时，单元坐标系基于局部坐标系 N（大于 10），可以根据需要定义局部坐标系与全局坐标系平行。

清除几何实体上单元时，默认属性将被删除。对几何实体既直接分配了属性，又使用了默认属性，则直接分配的属性有效。

12.1.7 单元形状及划分方法选择

面单元的形状有三角形和四边形，体单元的形状有四面体、六面体及退化的六面体形状，即楔形单元。有的单元类型只有一种形状，有的不止一种。

单元划分方法有自由网格、映射网格或扫略网格，如图 12-18 所示。对于面单元，自由网格和映射网格对单元的形状没有限制；而体单元，自由网格用四面体，映射网格用六面体；扫略网格单元的形状是六面体或楔形。自由网格无固定的模式，适用于复杂形状的面和体；映射网格有规则的形式、单元明显成行，仅适用于形状简单的面和体，要求面必须包含 3 或 4 条线，体必须包含 4、5 或 6 个面，且对边的单元段数必须匹配。

（a）自由网格

（b）映射网格

（c）扫略网格

图 12-18 单元划分方法

1）单元形状控制

菜单：Main Menu→Preprocessor→Meshing→Mesher Opts

命令：MSHAPE, KEY, Dimension

命令说明：KEY=0 时，若 Dimension=2D，四边形单元，若 Dimension=3D，六面体单元；KEY=1 时，若 Dimension=2D，三角形单元，若 Dimension=3D，四面体单元。

2）划分方法选择

菜单：Main Menu→Preprocessor→Meshing→Mesher Opts

命令：MSHKEY, KEY

命令说明：KEY=0 时，自由网格（默认）；KEY=1 时，映射网格；KEY=2 时，如果可能则使用映射网格，否则使用自由网格，此时 SmartSizing 将不起作用。

12.1.8 单元尺寸控制

单元尺寸控制在单元划分中至关重要，决定分析的计算准确性和效率。用户可以用 DESIZE 命令设置默认的单元尺寸，也可以用 SMRTSIZE 命令设置智能尺寸，用 AESIZE、LESIZE、KESIZE 命令在实体边界上设置局部尺寸控制，用 MOPT 命令进行内部尺寸控制。用户可以同时进行各种不同的尺寸控制，ANSYS 按优先级决定哪一种起作用。

当使用 DESIZE 命令设置默认的单元尺寸时，各尺寸控制命令的优先级由低到高的顺序为 DESIZE→ESIZE→AESIZE→KESIZE →LESIZE；当激活智能尺寸时，优先级由低到高的顺序为 SMRTSIZE→ESIZE→AESIZE→KESIZE →LESIZE。

1）指定默认的单元尺寸控制

菜单：Main Menu→Preprocessor→Meshing→Size Cntrls→ManualSize→Global→Other

命令：DESIZE, MINL, MINH, MXEL, ANGL, ANGH, EDGMN, EDGMX, ADJF, ADJM

命令说明：MINL 设置使用低阶单元时线上的最少单元数，默认为 3；MINL=DEFA 时，所有参数恢复为默认值；MINL=STAT 时，列表当前设置；MINL=OFF 时，关闭默认的尺寸设置；MINL=ON 时，重新激活默认的尺寸设置。

MINH 设置使用高阶单元时线上的最少单元数，默认为 2。

MXEL 设置使用线上的最多单元数，无论高阶和低阶单元，默认为 15。

ANGL 设置曲线上低阶单元的最大跨角，默认为 15°。

ANGH 设置曲线上高阶单元的最大跨角，默认为 28°。

EDGMN 设置最小的单元边长，默认为不限制。

EDGMN 设置最大的单元边长，默认为不限制。

ADJF 设置自由网格时相邻线的纵横比，默认值为 1。

ADJM 设置映射网格时相邻线的纵横比，默认值为 4。

DESIZE 命令可用于自由网格和映射网格时的尺寸控制，在自由网格时必须 SMRTSIZE=OFF（默认）。SMRTSIZE=ON 时，有的设置也会影响自由网格的控制。

2）智能尺寸控制 SMARTSING

在一般情况下，只需指定参数 SIZLVL，而其他参数的值取与参数 SIZLVL 对应的默认值即可。

菜单：Main Menu→Preprocessor→Meshing→Size Cntrls→SmartSize→ Adv Opts/Basic/Status

命令：SMRTSIZE, SIZLVL, FAC, EXPND, TRANS, ANGL, ANGH, GRATIO, SMHLC, SMANC, MXITR, SPRX

命令说明：SIZLVL 为总体单元尺寸级别，SIZLVL=n 时，激活智能尺寸并设置级别为 n，n 取 1（细网格）～10（粗网格）之间的整数，h 单元每个级别对应单元尺寸参数见 ANSYS Help 中 SMRTSIZE 命令。SIZLVL=STAT 时，列表当前 SMRTSIZE 设置；SIZLVL=DEFA 时，所有 SMRTSIZE 参数恢复为默认值，h 单元 SIZLVL 默认值为 6 级；SIZLVL =OFF 时，关闭 SMARTSING。

FAC 为计算默认单元尺寸的缩放比例因子，对 h 单元默认值为 1（size level 6），取值范围为 0.2～5.0。

EXPND 为单元膨胀因子，由该因子可基于面边界单元尺寸确定内部单元尺寸。EXPND=2 表示内部单元尺寸是边界单元尺寸的 2 倍，EXPND<1 时内部单元尺寸小于边界单元尺寸。EXPND 的取值范围为 0.5～4，对于 h 单元默认值为 1（size level 6）。另外，内部单元尺寸还受 EXPND 参数、AESIZE 和 ESIZE 命令的影响。

TRANS 为网格过渡因子，也可由 MOPT 命令定义，即内部单元尺寸约为外部边界单元尺寸的 TRANS 倍。对于 h 单元默认值为 2.0（size level 6），取值范围为 1～4。另外，内部单元尺寸还受 TRANS 参数、AESIZE 和 ESIZE 命令的影响。

ANGL 设置曲线上低阶单元的最大跨角，默认值为 22.5°（size level 6）。当结构存在小孔、倒角等特征时，此极限可能被超过。

ANGH 设置曲线上高阶单元的最大跨角，默认为 30°（size level 6）。当结构存在小孔、倒角等特征时，此极限可能被超过。

GRATIO 为相邻性检查的允许增长率，h 单元默认值为 1.5（size level 6），许可取值范围为 1.2～5.0，推荐取 1.5～2.0。

SMHLC 为小孔粗糙化控制开关，SMHLC=ON（默认，size level 6）时，精细化小特征会产生很小的单元。

SMANC 为小角度粗糙化控制开关，SMANC=ON（默认，size level 任意）时，细化网格，但代价较大。

MXITR 为尺寸迭代的最大值，默认为 4。

SPRX 为相邻面细化控制开关，SPRX = 0（默认）时，关闭；SPRX =1 时，相邻面细化并修改壳单元；SPRX =2 时，相邻面细化但不修改壳单元。

3）指定默认的线划分段数

菜单：Main Menu→Preprocessor→Meshing→Size Cntrls→ManualSize→Global→Size
     Main Menu→Preprocessor→Meshing→Size Cntrls→SmartSize→Adv Opts

命令：ESIZE, SIZE, NDIV

命令说明：SIZE 定义面边界线上单元边长度的默认值。NDIV 定义面边界线上划分单元段数的默认值。SIZE 和 NDIV 定义一个即可。

ESIZE 指定面边界线上单元尺寸的默认值，但由 LESIZE, KESIZE 等命令直接设置的尺寸控制仍保留。在自由网格时，如果同时设置 SMRTSIZE 和 ESIZE 尺寸控制，则 ESIZE 作为开始尺寸，但为了适应曲率和小的特性，可使用更小的单元尺寸。重划分单元时该设置仍有效。

4）指定被选定线的尺寸控制

菜单：Main Menu→Preprocessor→Meshing→Size Cntrls→ManualSize→Layers→Clr Layers/ Picked Lines

Main Menu→Preprocessor→Meshing→Size Cntrls →ManualSize→Lines→All Lines/Clr Size/Copy Divs/Flip Bias/Picked Lines

命令：LESIZE, NL1, SIZE, ANGSIZ, NDIV, SPACE, KFORC, LAYER1, LAYER2, KYNDIV

命令说明：NL1 为线的编号，可以是 ALL 或组件的名称。

SIZE 为单元边长度，若为零或空，则采用 ANGSIZ 或 NDIV 参数设置。

ANGSIZ 为分割曲线边时所跨的角度，仅在 SIZE 和 NDIV 为零或空时有效。当用于直线时，总是将直线划分为一段。

NDIV 大于零时，则为每条线划分的段数；NDIV=-1 且 KFORC = 1 时，不划分网格。

SPACE 为间距比，当 SPACE 大于零时，为最后分段长度与第一个分段长度的比值。当 SPACE 小于零时，|SPACE|是中间分段长度与两端分段长度的比值。默认值为 1，即均匀间距。对于层网格，通常取 SPACE=1。SPACE = FREE 时，间距比由其他因素决定。

KFORC 用于修改线尺寸控制，见 ANSYS Help。

LAYER1,LAYER2 为层网格控制参数，见 ANSYS Help。

KYNDIV=0、NO 或 OFF 时，SMRTSIZE 设置无效，如果分段数不匹配，则映射网格失败。KYNDIV=1、YES 或 ON 时，SMRTSIZE 设置优先，分段数不匹配时也能映射网格。

5）指定被选定关键点最近单元的边长

菜单：Main Menu→Preprocessor→Meshing→Size Cntrls→ManualSize→Keypoints→All KPs/ Clr Size/Picked KPs

命令：KESIZE, NPT, SIZE, FACT1, FACT2

命令说明：NPT 是关键点编号，可以是 ALL。SIZE 为沿线接近关键点 NPT 的单元尺寸，当 SIZE=0 或空时，使用参数 FACT1 和 FACT2。FACT1 为比例因子，作用在以前定义的 SIZE 上，仅在 SIZE=0 或空时有效。FACT2 为比例因子，作用于与关键点 NPT 相连的线上最小分段数。该参数适用于自适应网格划分，仅在 SIZE=0 或为空、FACT1 为空时有效。

6）指定被选定面上单元的尺寸

菜单：Main Menu→Preprocessor→Meshing→Size Cntrls→ManualSize→Areas→All Areas /Clr Size/Picked Areas

命令：AESIZE, ANUM, SIZE

命令说明：ANUM 为面的编号，可以为 ALL 或组件名称。SIZE 为单元尺寸。

12.1.9　划分单元命令

菜单：Main Menu→Preprocessor→Meshing→Mesh→Keypoints/ Lines/Areas/ Volumes
命令：KMESH, NP1, NP2, NINC
　　　LMESH, NL1, NL2, NINC
　　　AMESH, NA1, NA2, NINC
　　　VMESH, NV1, NV2, NINC

命令说明：NX1, NX2, NINC（X 代表 P、L、A、V）指定实体，按编号从 NX1 到 NX2 增量为 NINC 定义实体的范围，NX1 可以是 ALL 或组件的名称。

12.1.10　MeshTool 对话框

由于集成了大多数与单元划分有关的命令，使用 MeshTool 对话框可以很方便进行单元划分操作，打开该对话框的菜单路径为 Main Menu→Preprocessor→Meshing→MeshTool。该对话框的组成和使用如图 12-19 所示。

12.1.11　单元形状检查

单元形状对计算的准确性和精度的影响是至关重要的，严重时，坏的单元形状可能会导致计算非正常退出。ANSYS 提供了一些形状检查手段，用于评估单元质量的优劣。

图 12-19　MeshTool 对话框

在 ANSYS 中形状检查是默认的，对任何新创建的单元或修改单元属性时都要进行形状检查，并可以发出警告或错误提示信息。单元形状检查控制命令用于控制单元形状参数、检查的级别等。

菜单：Main Menu→Preprocessor→Checking Ctrls→Shape Checking
　　　Main Menu→Preprocessor→Checking Ctrls→Toggle Checks
命令：SHPP, Lab, VALUE1, VALUE2
命令说明：Lab 为形状检查选项。

（1）Lab=ON 时，激活形状检查参数 VALUE1。当 VALUE1 的值超过警告限值时，会发出警告信息；当超过错误限值时，单元创建失败。形状检查参数的意义如图 12-20 所示。

图 12-20　形状检查参数示意图

VALUE1=ANGD 时，SHELL28 单元角度偏差检查。

VALUE1= ASPECT 时，纵横比检查。纵横比表示三角形、四边形单元的长宽比。纵横比理想值为 1，三角形、四边形单元的最佳形状分别是等边三角形和正方形。该项的警告限值为 20，错误限值为 1E6。

VALUE1= PARAL 时，对边平行偏差检查。对所有二维四边形单元和三维有四边形表面或截面的单元都进行对边平行偏差检查。理想值为 0°，有无中间节点时警告值分别为 100°和 70°。

VALUE1=MAXANG 时，最大角度检查，是单元相邻两边夹角的最大值，当该值较大时，可能会影响单元性能。三角形单元的最佳值是 60°，警告值为 165°；四边形单元的最佳值是 90°，有无中间节点时警告值分别为 165°和 155°。

VALUE1=JACRAT 时，雅可比比值检查。大的比值会导致从物理模型空间向有限元空间的映射无法实现。h 单元的警告值为 30。

VALUE1=WARP 时，翘曲因子检查。对一些四边形壳单元和六面体、楔形、金字塔单元的四边形面进行计算。其值越大，形状越翘曲，意味着单元生成得不好或有缺陷。

（2）Lab= WARN 时，激活形状检查。但当超过错误限值时，只发出警告信息，单元生成不致失败。

（3）Lab= OFF 时，关闭形状检查参数 VALUE1。

（4）Lab= STATUS 时，列表形状检查参数及检查结果。

（5）Lab= SUMMARY 时，列表所选择单元的形状检查结果。

（6）Lab= DEFAULT 时，恢复形状检查参数限值的默认值。

（7）Lab= OBJECT 时，选择是否将形状检查结果保存于内存。VALUE1=1、YES 或 ON 时，保存；VALUE1=0、NO 或 OFF 时，不保存。

（8）Lab= LSTET 时，选择雅可比比值检查在角点还是积分点上进行。VALUE1=1、YES

或 ON 时，在积分点；VALUE1=0、NO 或 OFF 时，在角点。

（9）Lab=MODIFY 时，修改形状检查参数限值。此时，VALUE1 为进行修改的参数，VALUE2 为新限值。

12.1.12 修改网格

单元划分后如果不满足要求，需要进行修改。

1）清除实体上划分的网格

菜单：Main Menu→Preprocessor→Meshing→Clear→Keypoints/Lines/Areas/Volumes

命令：KCLEAR, NP1, NP2, NINC
　　　LCLEAR, NL1, NL2, NINC
　　　ACLEAR, NA1, NA2, NINC
　　　VCLEAR, NV1, NV2, NINC

命令说明：NX1, NX2, NINC（X 代表 P、L、A、V）指定实体，按编号从 NX1 到 NX2 增量为 NINC 定义实体的范围，NX1 可以是 ALL 或组件的名称。

2）细化网格

菜　单：Main Menu→Preprocessor→Meshing→Modify Mesh>Refine At→Nodes/Elements/Keypoints/Lines/Areas/All

命令：NREFINE, NN1, NN2, NINC, LEVEL, DEPTH, POST, RETAIN
　　　EREFINE, NE1, NE2, NINC, LEVEL, DEPTH, POST, RETAIN
　　　KREFINE, NP1, NP2, NINC, LEVEL, DEPTH, POST, RETAIN
　　　LREFINE, NL1, NL2, NINC, LEVEL, DEPTH, POST, RETAIN
　　　AREFINE, NA1, NA2, NINC, LEVEL, DEPTH, POST, RETAIN

命令说明：NX1, NX2, NINC（X 代表 N、E、P、L、A）指定实体，按编号从 NX1 到 NX2 增量为 NINC 定义实体的范围，NX1 可以是 ALL 或组件的名称。LEVEL 为细化等级，取值范围为 1~5 的整数，值越大，越细化；LEVEL=1（默认）时，取原单元边长的一半作为新单元的边长。DEPTH 为深度选项，打开时细化向深度扩展，默认值为 1。POST 为细化时单元质量控制选项，POST=OFF 时，不进行任何处理；POST= SMOOTH 时，平滑处理，节点的位置可能会改变；POST= CLEAN 时，平滑和清理，现有的单元可能会被删除，而节点位置可能会改变（默认）。

实例 E12-2　常见形状几何实体的单元划分

1）回转体——面单元旋转挤出形成体单元
```
/PREP7                                    !进入预处理器
ET, 1, PLANE182 $ ET, 2, SOLID185         !选择单元类型
MP, EX, 1, 2E11 $ MP, PRXY, 1, 0.3        !定义材料模型
K,1,0.075 $ K,2,0.13 $ K,3,0.13,0.02$ K,4,0.1,0.02   !创建关键点
K,5,0.1,0.1 $ K,6,0.075,0.1$ K,10 $ K,11,0,0.1
LSTR,1,2 $ *REPEAT,5,1,1 $ LSTR,6, 1      !创建直线
```

```
LFILLT, 3,4, 0.01                                    !创建圆角
AL, ALL                                              !用线创建面
ESIZE,0.0075 $ MSHAPE,0 $ MSHKEY,0 $ AMESH,1         !划分面单元
EXTOPT, ESIZE, 15 $ EXTOPT, ACLEAR, 1                !设置挤出选项：段数为15、清除面单元
VROTAT, 1,,,,,,10, 11, 360                           !面绕轴挤出形成回转体，并产生体单元
FINISH                                               !退出预处理器
```

2）底座——搭接

```
/PREP7                                               !进入预处理器
ET, 1, SOLID185 $ MP, EX, 1, 2E11 $ MP, PRXY, 1, 0.3 !定义单元属性
CYLIND,0.02,0.015, 0,0.05 $ CYLIND,0.035,0.015, 0,0.01 !创建圆柱体
CYL4, 0.027, 0, 0.0025, , , , 0.01
VOVLAP,1,2                                           !搭接体
CSYS,1 $ VSEL,S,,,3 $ VGEN, 6, 3, , , , 60,0 $ CM,VVV,VOLU $ ALLS   !形成螺钉孔
VSBV,6,VVV
ESIZE,0.002 $ MSHAPE,0 $ EXTOPT, ACLEAR, 1 $ VSWEEP, ALL   !扫略体单元
FINISH                                               !退出预处理器
```

3）直齿圆柱齿轮轮齿——镜像和复制

```
M=0.002 $ Z=42 $ B=0.02 $ RR=0.035 $ T=3.1415926/180 !齿轮参数
R= M*Z/2 $ RB=R*COS(20*T)                            !分度圆半径 R、基圆半径 RB
RA=R+M $ RF=R-1.25*M $ N=10                          !齿顶圆半径 RA、齿根圆半径 RF、段数 N
/PREP7                                               !进入预处理器
ET, 1, MESH200,6 $ ET, 2, SOLID185                   !选择单元类型
MP, EX, 1, 2E11 $ MP, PRXY, 1, 0.3                   !定义材料模型
CSYS,1                                               !切换活跃坐标为全局圆柱坐标系
I=1                                                  !关键点编号 I
*DO,RK,RF,RA,(RA-RF)/N                               !开始循环
    ALPHAK=ACOS(RB/RK) $ THETAK=TAN(ALPHAK)- ALPHAK  !计算压力角和展角
K,I,RK, THETAK/T                                     !创建关键点
I=I+1                                                !关键点编号加 1
*ENDDO                                               !结束循环
BSPLIN,ALL                                           !创建渐开线
LGEN, 2, 1, , , , -45*M/R- (TAN(20*T) /T -20),,,,1   !移动渐开线
K,20,RR $ K,21,RA $ K,22,RR, -90*M/R $ K,23,RF, -90*M/R $ K,24,0.001
LARC, 11, 21, 24, RA $ LARC, 22, 20, 24, RR $ LARC, 23, 1, 24, RA   !创建圆弧
LSTR,20,21 $ LSTR,22,23 $ LFILLT,4,1,0.0005 $ AL,ALL !创建直线 $ 创建面
ESIZE,0.00075$ MSHAPE,0 $ MSHKEY,0 $ AMESH,1 $ KREF,12,,,1   !划分面单元
CSYS,0 $ ARSYM,Y, 1                                  !切换活跃坐标系为全局直角坐标系，镜像渐开线
CSYS,1 $ AGEN,3, ALL, , , , 360/Z                    !复制面
```

```
EXTOPT, ESIZE, B/0.0005 $ EXTOPT, ACLEAR, 1    !设置挤出单元选项
VEXT, ALL, , , , , B                            !挤出面
NUMMRG,NODE, , , LOW                            !合并节点
FINISH                                          !退出预处理器
```

4）容器接管——扫略、连接

```
/PREP7                                          !进入预处理器
ET, 1, SOLID185                                 !选择单元类型
MP, EX, 1, 2E11 $ MP, PRXY, 1, 0.3              !定义材料模型
K,1,0.045 $ K,2,0.045,0.1 $ K,3,0.052,0.1 $ K,4,0.055,0.097 $ K,5,0.055 $ K,10 $ K,11,0,0.1
                                                !创建关键点
A,1,2,3,4,5                                     !创建面
VROTAT, 1,,,,,,10, 11, 360                      !旋转形成体
WPOFF,0,-0.8 $ CYLIND,0.83,0.81, -0.2,0.2,75,105  !偏移工作平面 $ 创建圆柱体
VOVLAP,ALL $ VDELE,6,9,1,1 $ VDELE,12,,,1       !搭接、删除，形成几何模型
VSBW,19 $ WPROT,,,90 $ VSBW,1 $ VSBW,2          !用工作平面切割体
ACCAT,1,17 $ ACCAT,2,23 $ ACCAT, 12,29 $ ACCAT,7,11
                                                !连接面，为扫略体做准备
VSWEEP,ALL                                      !扫略形成体单元，单元控制全部默认
FINISH                                          !退出预处理器
```

12.2 常用 ANSYS 单元类型

12.2.1 概述

1. 单元类型

ANSYS 单元类型十分丰富，常见的结构单元有杆单元、梁单元、管单元、2D 实体单元、3D 实体单元、壳单元、弹簧单元、质量单元、接触单元、矩阵单元、表面效应单元、黏弹实体单元、超弹实体单元、耦合场单元、界面单元、显式动力学单元等类型，如表 12-2 所示。

表 12-2 常见的单元类型

单元名称	说 明	物理特性	产 品 支 持									
			MP	ME	ST	PR	PRN	DS	EM	DY	PP	EME	MFS
LINK11	线性执行机构	结构单元	Y	Y	Y	—	—	—	—	—	Y	Y	Y
LINK180	三维有限应变杆单元	结构单元	Y	Y	Y	Y	Y	—	—	—	Y	Y	Y
BEAM188	三维2节点梁单元	结构单元	Y	Y	Y	Y	Y	Y	—	—	Y	Y	Y

（续表）

单元名称	说明	物理特性	产品支持									
			MP	ME	ST	PR	PRN	DS	EM	DY	PP	EME	MFS
BEAM189	三维3节点梁单元	结构单元	Y	Y	Y	Y	Y	Y	—	—	Y	Y	Y
PLANE182	二维4节点实体单元	结构单元	Y	Y	Y	Y	Y	Y	—	—	Y	Y	Y
PLANE183	二维8节点或6节点实体单元	结构单元	Y	Y	Y	Y	Y	Y	—	—	Y	Y	Y
SOLID185	三维8节点实体单元	结构单元	Y	Y	Y	Y	Y	Y	—	—	Y	Y	Y
SOLID186	三维20节点实体单元	结构单元	Y	Y	Y	Y	Y	Y	—	—	Y	Y	Y
SHELL181	4节点壳单元	结构单元	Y	Y	Y	Y	Y	Y	—	—	Y	Y	Y
SHELL281	8节点壳单元	结构单元	Y	Y	Y	Y	Y	Y	—	—	Y	Y	Y

说明：产品代号为 MP-ANSYS Multiphysics，ME-ANSYS Mechanical，ST-ANSYS Structural，PR-ANSYS Professional - Nonlinear Thermal，PRN-ANSYS Professional - Nonlinear Structural，DS-ANSYS DesignSpace，EM-ANSYS Emag - Low Frequency，DY-ANSYS LS-DYNA，PP-ANSYS PrepPost，EME-ANSYS Mechanical/ANSYS Emag，MFS-ANSYS Mechanical/ANSYS CFD-Flo。

杆单元适用于模拟桁架、缆索、连杆、弹簧等构件，该类单元只有平动自由度，只承受杆轴向的拉压、不承受弯矩。梁单元有多种，具有不同的特性，适用于模拟梁、桁架、刚架等结构，同时具有转动自由度和平动自由度，可以承受轴向拉压、弯曲、扭转。2D 实体单元是一类平面单元，可用于平面应力、平面应变和轴对称问题的分析，此类单元必须创建于全局直角坐标系的 XY 坐标平面内，轴对称分析时且以 Y 轴为对称轴。单元有 UX 和 UY 两个自由度。3D 实体单元用于模拟三维实体结构，单元有 UX、UY、UZ 三个平动自由度。壳单元可以模拟平板和曲壳等结构。

2．单元的一般特性

1）输入参数

单元名称：由单元类型名称和序号组成，如 BEAM188。

节点：单元节点用 I、J、K 等字母表示，在 ANSYS 单元库中，每个单元类型的单元几何图形中都表示出了节点的顺序和方位。节点序列可以在划分单元时自动生成，也可以用 E 命令直接定义。节点的顺序必须与单元库该种单元描述中"Nodes"列表顺序一致，节点 I 是单元的第一个节点。对于某些单元类型，节点顺序决定了单元坐标系的方向。

自由度：节点的自由度是位移型有限元方程的未知量，根据单元的类型不同，可以是节点的位移、转动角度、温度、压力等。求解有限元方程后直接得到的是自由度解，由自由度解进一步计算导出解，如应力、应变等。

位移和转动自由度用 UX、UY、UZ 和 ROTX、ROTY、ROTZ 表示，它们的物理意义分别为节点沿节点坐标系 x、y、z 轴方向的平动位移和绕节点坐标系 x、y、z 轴的转动角度。TEMP

为温度自由度，PRES 为压力自由度。

材料特性：多数单元都必须指定与其匹配的材料特性参数，如结构单元需要指定弹性模量、泊松比和密度等。每种材料特性参数都有专门的标识符，如 EX 表示单元坐标系 x 轴方向上的弹性模量、DENS 表示密度等。所有材料特性都可以是温度的函数。

材料特性分线性的和非线性的。线性材料特性用 MP 命令输入，求解时只需要一次迭代；非线性材料特性用 TB 命令输入，求解时需要反复迭代。

特殊性质：包括自适应下降、单元生死、剥离、初始状态、初始应力、大挠度、线性扰动、非线性稳定、海洋载荷、重新划分、定义截面、应力刚化。

截面：截面为单元添加辅助信息，常见的截面类型有梁截面、壳截面、增强截面、轴对称截面等。

单元载荷：单元载荷与单元相关联。类型有表面载荷、体载荷、惯性载荷、初始应力和海洋载荷。

节点载荷：定义在节点上且不与单元相关联。节点载荷通常用 D 和 F 命令施加，最常用的有节点位移约束和节点力载荷。

单元选项（KEYOPTs）：单元的关键选项，包括单元自由度、单元输出、单元行为等，具体选项与单元类型有关。可以用 ET 命令的参数输入，也可以用 KEYOPT 命令输入，KEYOPT(7)及以上时必须用 KEYOPT 命令输入。

实常数：用于指定单元的尺寸、特性等，常用的实常数包括厚度、面积、半径、质量等。不同的单元可能需要不同的实常数，实常数用 R 命令指定，命令中参数的顺序必须与单元库该种单元描述中"Real"列表顺序一致。

2）结果输出

ANSYS 计算结果要写入到输出文件（Jobname.OUT）、结果文件（Jobname.RST 或 Jobname.RTH 或 Jobname.RMG）和数据库文件（Jobname.DB）中，输出文件中的结果可以通过 GUI 进行查看浏览，数据库和结果文件的数据用于后处理。

输出文件：根据 OUTPR 命令的设置情况，结果文件可以存储节点自由度解、节点载荷、支反力或单元解。单元解是单元积分点或质心处的结果，由单元选项（KEYOPTs）控制。

数据库和结果文件：结果文件中包含的数据由 OUTRES 命令设置，在 POST1 中用 SET 命令将数据从结果文件读入内存中。面单元和体单元的结果可以用 PRNSOL、PLNSOL、PRESOL 和 PLESOL 等命令从数据库中检索。

用通用标签引用常用结果数据，如 SX 表示 x 方向正应力，XC、YC、ZC 表示单元质心的坐标。而积分点数据、所有的线单元（杆、梁和管单元）及接触单元的导出结果数据、所有的热分析用线单元的导出结果数据、所有层单元的层数据等一些结果数据没有通用标签，而是用序列号标识这些项目。

单元结果：在 ANSYS 单元库单元类型描述中，给出单元的输出结果项目及其定义。没有给出的项目或者不可用，或者全为零。有的输出项目依赖于输入。

应力和应变是结构分析中两个主要结果，在大变形分析（NLGEOM，ON）时为对数应变，而在小变形分析（NLGEOM，OFF）时使用的是工程应变。单元应力和应变直接在积分点上计算，且可以外推至单元节点或在单元质心计算平均值。在梁、管和壳单元上，可使用线性应力、力、力矩和曲率的变化等广义应力和应变。

ANSYS 单元库中多数单元都有两个表格。表格"Element Output Definitions"介绍了单元可用的输出数据，介绍了哪些数据（O 列）可以输出到输出文件 Jobname.OUT 中或显示到终端，哪些数据（R 列）可以输出到结果文件（Jobname.RST、Jobname.RTH 或 Jobname.RMG 等）中。使用的结果数据必须用 OUTPR 或 OUTRES 命令包括在输出文件和结果文件中。表格"Item and Sequence Number"列出了需要使用 ETABLE 命令访问的数据项目和相应的序列号，其中 SMISC 项目可以求和，而 NMISC 项目不可以求和。

在表格"Element Output Definitions"中，如果在输出量名称后标记冒号（:），表示该项可以用分量名方法[ETABLE，ESOL]来处理。O 列和 R 列分别表示该输出项在输出文件 Jobname.OUT、结果文件中是否可用，Y 表示可用，减号"-"表示不可用。表"Item and Sequence Number"中变量名为第一个表定义的输出数据项，Item 为项目标识，E 为当单元数据为常数或单一值时所对应的序号，I、J 为节点 I 和 J 处数据所对应的序号。使用 ETABLE, Lab, Item, Comp, Option 命令填充单元表时，命令参数 Item 即为第二个表中 Item、Comp 为第二个表中 E 或 I、J。

积分点是很多单元的求解点，多数单元都有积分点解。在 ANSYS 单元库单元介绍中会给出积分点的数目和位置。大变形分析时，积分点的位置会被更新。可以用 ERESX 命令设置将积分点数据写入结果文件。

质心解是某些单元质心（或质心附近）处的结果，可列表输出。质心解数值是单元积分点解的平均值，各分量的方向与输入材料方向一致，例如，SX 的方向与 EX 的方向相同。大变形分析时，质心的位置会被更新。

单元节点解不同于节点体，通常是由内部积分点结果外推至节点上的导出解，可用于 2-D 和 3-D 实体单元、壳单元以及其他单元。输出通常在单元坐标系上，在 POST1 后处理器内对相邻单元节点结果进行平均处理。

单元节点载荷是作用在单元节点上的力或载荷，包括静载荷、阻尼载荷和惯性载荷。

非线性应变（EPPL、EPCR、EPSW 等）采用最近积分点的数值。如果有蠕变存在，应力在塑性修正之后、蠕变修正之前计算应力，弹性应变在蠕变修正后计算。

2D 平面应力分析时输入和输出都是基于单位厚度进行的，轴对称分析输入和输出都是基于 360°。轴对称分析时结构必须以全局 y 轴为对称轴、且在+x 方向建模，x、y、z、xy 应力和应变分别对应于径向、轴向、周向和平面内剪切应力和应变。

杆件力解对多数线单元都是可用的，该输出在单元坐标系上，且与单元自由度相对应，可用 ETABLE 和 ESOL 命令访问这些数据。

节点结果：包括节点自由度解（如节点位移、温度和压力）和约束节点支反力解。

节点自由度解是模型中所有活动单元的活动自由度的解，命令 OUTPR,NSOL 和 OUTRES,NSOL 分别用于控制节点自由度解打印输出和结果文件输出。

节点支反力解在施加有自由度约束的节点上计算，结构施加位移约束时支反力是节点力，热分析施加温度自由度约束时支反力是热流量,流体分析施加压力约束时支反力是流量。命令 OUTPR,RSOL 和 OUTRES,RSOL 分别用于控制支反力解打印输出和结果文件输出。

节点自由度解和支反力解均位于节点坐标系上。

12.2.2 LINK11

1)单元描述

LINK11 可用于模拟液压缸和大转动。该单元是单轴拉压单元,不能承受弯矩和扭矩。每个节点有三个自由度,沿 x、y、z 轴方向的平动。

2)LINK11 输入数据

单元的几何描述、节点位置参见图 12-21。该单元由两个节点以及刚度 k、黏性阻尼系数 c、质量 M 来定义的,单元初始长度 L_0 和方向由节点位置定义。

图 12-21 LINK180 几何描述

单元载荷为单元行程(位移)或轴向力,在单元受力为零的位置处单元行程为零。用在单元施加表面载荷命令定义单元载荷:SFE, Elem, LKEY, Lab, KVAL, VAL1(菜单路径 Main Menu→Solution→Define Loads→Apply→Structural→Pressure→On Elements),命令中参数 Elem 为施加载荷的单元;LKEY =1 时、载荷为行程,LKEY =2 时、载荷为轴向力;Lab 为 PRES;VAL1 为载荷值。

单元 LINK11 输入摘要如下所述。

节点:I、J。

自由度:UX、UY、UZ。

实常数:K(刚度 k)、C(黏性阻尼系数 c)、M(质量 M)。

材料属性:ALPD(质量阻尼系数 α)、BETD(刚度阻尼系数 β)。

表面载荷:压力,用于定义行程或轴向力。

支持特性:应力刚化、大挠度、单元生死。

注:各阻尼系数关系为 $c=\alpha M+\beta k$,实常数定义优先。

3)LINK11 输出数据

结果输出包括节点位移解和单元解,单元解的定义如表 12-3 所示,表 12-4 中列出了可通过 ETABLE 命令用序列号方式输出的数据。

表 12-3 LINK11 单元解的定义

名 称	定 义	O	R
EL	单元编号	Y	Y
NODES	单元节点 I、J	Y	Y
ILEN	单元初始长度	Y	Y
CLEN	单元当前长度(当前时间步)	Y	Y
FORCE	轴向力(弹簧力)	Y	Y
DFORCE	阻尼力	Y	Y
STROKE	应用行程(单元载荷)	Y	Y
MSTROKE	测量行程	Y	Y

表 12-4 项目和序列号表

变量名	ETABLE 和 ESOL 命令输入项	
	Item	E
FORCE	SMISC	1
ILEN	NMISC	1
CLEN	NMISC	2
STROKE	NMISC	3
MSTROKE	NMISC	4
DFORCE	NMISC	5

4）注意事项

（1）单元为直杆，长度不能为零，不需要指定横截面面积。
（2）只承受轴向拉压，不承受弯矩和扭矩。
（3）质量在两个节点间平均分配。
（4）只支持集中质量矩阵。
（5）在单元和节点图中不显示表面压力载荷。

实例 E12-3　LINK11 单元的应用

1）问题描述

单自由度系统如图 12-22 所示，质量 m=1kg，弹簧刚度 k=10000N/m，阻尼系数 c=63N·s/m，分析系统在激振力 $f(t)$ 作用下的响应。已知激振力 $f(t)=F_0\sin\omega t$，F_0=2000N，ω 为激振频率。

图 12-22　单自由度系统

2）命令流

```
/PREP7                                    !进入预处理器
ET, 1, LINK11                             !选择单元类型
R,1,10000,63,2                            !定义实常数集
N,1$ N,2,0.1 $ E,1,2                      !创建节点、单元
FINISH                                    !退出预处理器
/SOLU                                     !进入求解器
ANTYPE, HARMIC $ HARFRQ, 0, 50 $ NSUBST, 25 $ KBC, 1   !指定分析类型、分析选项
D, 1, ALL $ D, 2, UY $ D, 2, UZ           !在节点上施加位移约束
SFE, 1, 2, PRES,, 2000                    !在单元上施加轴向力载荷
SOLVE                                     !求解
FINISH                                    !退出求解器
/POST26                                   !进入时间历程后处理器
NSOL, 2, 2, U, X, DispX $ PLVAR, 2        !定义、查看变量
FINISH                                    !退出时间历程后处理器
```

12.2.3　LINK180

1）LINK180 单元描述

LINK180 是一个非常有用的三维杆单元，可以用来模拟桁架、缆索、连杆、弹簧等。该单元只承受轴线方向的拉力或压力，不承受弯矩。每个节点具有三个自由度：沿节点坐标系 x、y、z 方向的平动。单元提供仅受拉（缆索）或仅受压（缝隙）选项，具有塑性、蠕变、转动、大挠曲、大应变等功能。

在默认情况下，LINK180 包括应力刚化功能、大挠曲效应。支持弹性、等向强化塑性、随动强化塑性、Hill 各向异性塑性、Chaboche 非线性强化塑性及蠕变等性能。模拟仅受拉或仅受压时，必须进行非线性迭代求解；大挠曲分析之前必须激活大挠曲选项（NLGEOM, ON）。

2）LINK180 输入数据

图 12-23 为单元的几何形状、节点位置及单元坐标系。该单元通过两个节点、横截面面积（AREA）、单位长度的质量(ADDMAS)及材料属性来定义。单元的 x 轴是沿着节点 I 到节点 J 的单元长度方向。

图 12-23 LINK180 几何描述

节点温度可以作为单元的体荷载来输入，节点 I、J 处节点温度默认值均为 TUNIF，温度沿杆长线性变化。

大变形分析时，允许横截面面积随着轴向伸长而变化。默认时，单元的体积不随变形发生改变。也可以通过设置 KEYOPT(2)使横截面面积保持不变或刚性。

LINK180 提供拉-压、仅受拉或仅受压选项。可通过实常数 TENSKEY 来选择。选择仅受拉或仅受压时，需要进行非线性求解。

单元 LINK180 输入摘要如下所述。

节点：I、J。

自由度：UX、UY、UZ。

实常数：AREA（横截面面积）、ADDMAS（单位长度的附加质量）、TENSKEY（仅受拉或仅受压选项）。

材料属性：EX（弹性模量）、PRXY 或 NUXY（泊松比）、ALPX（线膨胀系数）、DENS（密度）、GXY（剪切模量）、ALPD（质量阻尼系数 α）、BETD（刚度阻尼系数 β）。

载荷：轴向力 FORCE、体载荷 Temperatures- T(I), T(J)。

支持特性：蠕变、单元生死、初应力、大挠度、大应变、线性扰动、非线性稳定、海洋载荷、应力刚化。

KEYOPT(2)：仅当大挠曲选项被激活时（NLGEOM,ON）使用。0—单元变形后体积不变，横截面面积随轴向伸缩而变化（默认值）；1—假定截面为刚性。

KEYOPT(3)：拉、压选项。0—既可受拉又可受压（默认值），1—仅受拉，2—仅受压。

3）LINK180 输出数据

单元结果输出包括节点解和单元解，单元解的定义如表 12-5 所示，表 12-6 中列出了可通过 ETABLE 命令用序列号方式输出的数据。

表 12-5 LINK180 单元解的定义

名 称	定 义	O	R	名 称	定 义	O	R
EL	单元编号	Y	Y	EPTOxx	总应变	Y	Y
NODES	单元节点 I、J	Y	Y	EPEQ	塑性等效应变	注 2	注 2
MAT	材料模型编号	Y	Y	Cur.Yld.Flag	当前屈服标记	注 2	注 2
SECID	截面编号	Y	—	Plwk	塑性变形能密度	注 2	注 2
XC, YC, ZC	中心点坐标	Y	注 1	Pressure	静水压强	注 2	注 2
TEMP	温度 T(I), T(J)	Y	Y	Creq	蠕变等效应变	注 2	注 2
AREA	横截面面积	Y	Y	Crwk_Creep	蠕变变形能密度	注 2	注 2
FORCE	在单元坐标系下的杆力	Y	Y	EPPLxx	轴向塑性应变	注 2	注 2
Sxx	轴向应力	Y	Y	EPCRxx	轴向蠕变应变	注 2	注 2
EPELxx	轴向弹性应变	Y	Y	EPTHxx	轴向热应变	注 3	注 3

注：[1] 只有在质心作为*GET 项时可用。

[2] 只有单元定义了非线性材料时才会有的非线性结果。

[3] 只有单元温度与参考温度（TREF）不同时有效。

[4] 其他项目见 ANSYS 帮助。

表 12-6　项目和序列号表

变量名	Item	E	I	J	变量名	Item	E	I	J
Sxx	LS	—	1	2	EPCRxx	LEPCR	—	1	2
EPELxx	LEPEL	—	1	2	FORCE	SMISC	1	—	—
EPTOxx	LEPTO	—	1	2	AREA	SMISC	2	—	—
EPTHxx	LEPTH	—	1	2	TEMP	LBFE	—	1	2
EPPLxx	LEPPL	—	1	2					

4）注意事项

（1）单元为直杆，轴向荷载作用在末端，自杆的一端至另一段均为同一属性。

（2）单元长度、横截面面积均需要大于零。

（3）假定温度沿杆长线性变化。

（4）应力刚化在几何非线性分析中（NLGEOM，ON）始终适用，预应力可以通过 PSTRES 命令激活。

12.2.4　BEAM188

1．BEAM188 单元描述

BEAM188 单元适合于分析从细长到中等粗短的梁结构，该单元基于铁木辛科梁理论，考虑了剪切变形的影响。单元提供选项控制横截面翘曲或不翘曲。

BEAM188 是三维 2 节点梁单元，位移函数取决于 KEYOPT(3) 的值，可以是线性的、二次的或三次的。每个节点有 6 个或 7 个自由度，包括沿 x、y、z 方向的平动和绕 x、y、z 轴的转动，即挠曲和转角是相互独立的自由度。当 KEYOPT(1)=1 时，每个节点有 7 个自由度，第 7 个自由度是横截面的翘曲（WARP）。该单元非常适合线性及大转动、大应变等非线性问题。

在任何一个包括大挠曲的分析中，应力刚化都是默认项。应力强化选项使本单元能分析弯曲、横向及扭转稳定问题（用弧长法分析特征值屈曲和塌陷）。

该单元支持弹性、塑性、蠕变及其他非线性材料模型，支持复合材料，其截面可以由不同材料组成。

2．BEAM188 理论基础和用法

1）剪切变形的处理

欧拉－伯努利（Euler-Bernoulli）梁理论忽略横向剪切变形的影响，认为横截面在变形后仍然垂直于梁的轴线并保持为平面。该理论对细长梁是有效的，但对短粗梁、高频模态的激励问题、复合材料梁问题，由于横向剪切变形不可以忽略，存在较大误差。将横向剪切变形加入欧拉－伯努利梁就得出铁木辛科（Timoshenko）梁理论，在此理论中，横截面的旋转由弯曲变形和横向剪切变形共同引起。为了方便处理，假定剪应变在梁横截面上是常值，并引入剪切校正因子来修正这种简化。

BEAM188 单元基于铁木辛科梁理论,可以用在细长或者短粗的梁,推荐长细比 GAL^2/EI（式中,G 为剪切模量,A 为横截面面积,L 为梁的跨度,EI 为抗弯刚度）要大于 30。

该单元支持横向剪力和横向剪切应变的弹性关系,可以用 SECCONTROL 命令重新定义横向剪切刚度值。

BEAM188 不能使用高阶理论来计算剪应力的分布情况,如果必须考虑的话,就需要运用 ANSYS 实体单元。

KEYOPT(1) = 1 时,翘曲（WARP）自由度被激活,单元每个节点有 7 个自由度：UX、UY、UZ、ROTX、ROTY、ROTZ 和 WARP。通过定义节点的第 7 个自由度,BEAM188 单元能支持约束扭转分析,可以计算出双力矩和双曲率。由于约束扭转时横截面上存在正应力,该正应力对应的内力即双力矩。

2）位移函数

当 KEYOPT(3)=0（默认）时,BEAM188 具有线性位移函数,沿着长度采用一个积分点,因此,所有的单元结果沿长度方向都是常量。例如,一个单元 I、J 两个节点的节点力计算结果相等,都等于质心处的值。即只有弯矩为常数时,才能准确符合此情况,因此要求有较精细的网格划分。

当 KEYOPT(3)=2 时,BEAM188 增加了一个内部节点,具有二次位移函数,沿着长度采用两个积分点,单元结果沿长度方向是线性变化的。

当 KEYOPT(3)=3 时,BEAM188 增加了两个内部节点,具有三次位移函数,沿着长度采用三个积分点,单元结果沿长度方向是按二次函数变化的。与典型的埃尔米特（Hermite）立方插值公式不同,该三次位移函数同时用于平动和转动自由度。

推荐在以下情况使用二次和三次位移函数：

（1）变截面梁。

（2）单元上作用有非均匀载荷时,三次位移函数的结果优于二次位移函数。

（3）单元有非常不均匀的变形。

BEAM188 允许改变横截面惯性属性来实现轴向伸长的功能。KEYOPT(2)=0（默认）时,若单元轴向伸长则横截面面积变小,而单元体积不变,此默认选项对弹塑性均适用。KEYOPT(2)=1 时,横截面是刚性的。

使用二次和三次选项有两个限制：

（1）虽然单元采用高阶插值,但其初始形状是直的。

（2）内部节点是无法访问的,在内部节点上不能施加边界条件、载荷和初始条件。

3）质量矩阵

质量矩阵和节点载荷矢量的计算采用比刚度矩阵更高阶的积分。单元支持一致质量矩阵和集中质量矩阵,一致质量矩阵是默认的,可以用 LUMPM,ON 命令激活集中质量矩阵。可以用 SECCONTROL 命令指定单位长度质量 ADDMAS 的值。

3. BEAM188 输入数据

如图 12-24 所示为单元的几何形状、节点位置、单元坐标系及压力方向,由全局坐标系的节点 I 和 J 定义。

节点 K 用于定义单元坐标系方向。可以在对直线进行网格划分前用 LATT 命令指定方向关键点，划分网格时节点 K 即可自动生成。如果定义了方向节点，单元坐标系的 x 轴方向为由 I 节点指向 J 节点，z 轴由节点 K 确定（图 12-24）。在大挠曲分析时，方向节点 K 只用于定位单元的初始位置。如果未定义方向节点，系统仍然指定 x 轴方向为由 I 节点指向 J 节点，y 轴方向平行于全球直角坐标系的 xOy 坐标平面；当单元平行于全球直角坐标系的 z 轴（或偏角在 0.01%以内）时，y 轴方向平行全球直角坐标系的 y 轴。

BEAM188 是一维空间线单元，其横截面形状、尺寸等可用 SECTYPE 和 SECDATA 命令分别指定。截面与单元用截面 ID 号（SECNUM）来关联，截面号是独立的单元属性。除了定义等截面梁，也可以用 SECTYPE 命令中的 TAPER 选项来定义变截面梁。

BEAM188 忽略任何实常数，可以用 SECCONTROL 命令来定义横向剪切刚度和附加质量。

1）BEAM188 横截面

BEAM 188 可以与以下截面类型相关联：

- 标准库截面类型或用户用 SECTYPE,,BEAM 命令自定义的梁截面。梁的材料可以指定为单元属性，或作为复合材料截面的组成部分。
- 广义梁截面。其广义应变、广义应力的关系可直接输入。
- 由 SECTYPE, TAPER 命令定义的渐变梁截面。
- 标准库截面类型

SECTYPE 和 SECDATA 命令能根据截面相关参数自动计算截面单元的积分点、节点。如图 12-25 所示，每个截面由一些截面单元（Cell）组成，每个截面单元有 9 个节点和 4 个积分点，每个截面单元可设置独立的材料属性。

图 12-24 BEAM188 几何描述

图 12-25 截面及截面单元

横截面上截面单元的数目影响截面性能、计算的准确性和非线性应力-应变关系模型能力。BEAM188 单元沿长度和在横截面上的积分具有嵌套结构。

当单元材料是非弹性的或者当截面的温度有变化时，基本计算在截面的积分点上运行。对于一般的弹性分析，单元使用预先计算的单元积分点上的截面属性。但无论哪种情况，应力和应变输出在截面积分点上计算，且可将结果外推到单元和截面节点。

用户在自定义 ASEC 子类截面时，只输入面积、惯性矩等特性参数，而没有输入截面的形状和尺寸。所以，如果指定单元截面为 ASEC 子类，则只有一般的应力和应变（轴向力、弯矩、横向剪切力、曲率和剪切应变）可输出，而三维云图和变形形状不能显示，以细长矩形来显示梁的方向。

BEAM188 单元可以分析组合梁，即由两种或多种材料组合而成单一实体梁。组合梁不同材料的各部分假定为完全固连在一起，组合梁的行为与单一杆件没有不同。复合材料截面基于"梁行为假定"（欧拉-伯努利梁理论或铁木辛科梁理论），即仅支持常规铁木辛科梁理论的简单扩展。可应用于双金属片、金属加固梁、由沉积不同材料层形成的传感器等分析。

BEAM188 单元不考虑弯曲和扭转的耦合，也不考虑横向剪切的耦合效应。

BEAM188 应用的有效性应通过实验或其他数值分析方法进行验证，组合截面的约束扭转功能应在验证后使用。

KEYOPT(15)指定结果文件（.RST）格式。KEYOPT(15) = 0 时，只在每个截面角节点提供一个平均的结果；因此，该选项通常用于均质梁。KEYOPT(15)= 1 时，在每个截面积分点给出一个结果，因此，该选项通常用于复合材料的组合截面。

● 广义梁截面

广义梁截面的几何特征和材料属性均需明确指定。其广义应力是指轴向力、弯矩、扭矩和横向剪切力，广义应变是指轴向应变、弯曲曲率、扭转曲率和横向剪切应变，这是表示截面行为的抽象方法。因此，通常是输入实验数据或其他分析结果。

通常，BEAM188 支持横向剪切力和横向剪切应变的弹性关系，可以用 SECCONTROL 命令重置默认的横向剪切刚度值。但当采用广义梁截面时，横向剪切力和横向剪切应变的关系可以是非线性弹性或塑性的。这在建立弯曲点焊模型时是一种特别有用的能力，但此时不能使用 SECCONTROL 命令。

● 渐变梁截面

一个线性渐变梁可以通过为梁的每一个端部指定一个标准库截面或用户网格来定义。梁端部截面几何形状、尺寸在全局坐标系下指定，在单元内采用线性插值，其拓扑形状必须相同。

2）BEAM188 载荷

集中力施加在节点上，应将节点设置在要施加集中力的地方。由于单元节点定义了单元的 x 轴，如果节点不在形心上，则形心轴不与单元的 x 轴共线，施加的轴向力将产生弯矩。如果横截面的形心和剪切中心不重合，施加的剪切力将产生扭矩和扭转应变。可用 SECOFFSET 命令设置的 OFFSETY、OFFSETZ 值，以确定合适的节点与截面相对位置。默认时，程序使用质心为梁单元的基准轴。

单元上施加的表面载荷是压力，压力作用面及方向如图 12-24 所示，正的压力方向指向单元。横向分布载荷和切向分布载荷具有力/长度的量纲，端部轴向"压力"载荷是集中力。

温度可以作为单元的体载荷在节点上施加。ANSYS 规定：单元截面 x 轴位置处温度设为 $T(0,0)$，y 轴上距离 x 轴单位长度处的温度设为 $T(1,0)$，z 轴上距离 x 轴单位长度处的温度设为 $T(0,1)$。可以用 BFE 命令在 BEAM188 单元的 I、J 节点上施加温度载荷：BFE,ELEM,TEMP,1, TI(0,0), TI(1,0), TI(0,1), TJ(0,0) $ BFE,ELEM,TEMP,5, TJ(1,0), TJ(0,1)，单元温度根据 I、J 节点温度在横截面和沿单元长度按线性梯度变化。

单元的默认温度为：

（1）如果在 BFE 命令中只指定了第一个温度，而其余的温度未指定，则默认其余的温度等于第一个温度，这种模式适用于整个单元温度都相同的情况。如果没有指定第一个温度，则默认为 TUNIF。

（2）如果在 BFE 命令中指定了节点 I 的三个温度，而节点 J 的所有温度都没有指定，则节点 J 三个温度默认为与节点 I 对应位置的温度相等。这种模式适用于温度在横截面按线性梯度变化、沿单元长度为常数的情况。

（3）对于其他的输入模式，未指定的温度默认为 TUNIF。

另外，可用 BF,NODE,TEMP,VAL1 命令在节点 I 和 J 上施加温度体荷载。此时，节点所在横截面上温度都等于节点温度体荷载。

梁的截面有 ASEC 子类截面时，不允许有温度梯度。

可用 INISTATE 命令施加单元初始应力。

该单元自动包含压力载荷刚化效应，可以用 NROPT,UNSYM 命令设置考虑因压力载荷刚化效应导致的非对称矩阵。

3）单元输入摘要

节点：I、J、K（K 是方向节点，是可选的）。

自由度：当 KEYOPT(1) = 0 时，UX、UY、UZ、ROTX、ROTY、ROTZ；
当 KEYOPT(1) = 1 时，UX、UY、UZ、ROTX、ROTY、ROTZ、WARP。

截面控制：TXZ 和 TXY（横向剪切刚度）、ADDMAS（单位长度附加质量）。各参数由 SECCONTROL 命令指定，TXZ 和 TXY 默认值为 A*GXZ 和 A*GXY，其中，A 为横截面面积，GXZ 和 GXY 为剪切模量。

材料属性：EX（弹性模量）、PRXY 或 NUXY（泊松比）、GXY 和 GXZ（剪切模量）、ALPX（线膨胀系数）、DENS（密度）、ALPD（质量阻尼系数 α）、BETD（刚度阻尼系数 β）。

表面载荷：压力。face 1：I-J、截面的-z 方向，压力作用在整个单元，若压力输入为负值则与正方向相反，下同；face 2：I-J、截面的-y 方向；face 3：I-J、截面的+x 方向；face 4：I、截面的+x 方向；face 5：J、截面的-x 方向。面 1、2、3 为压力，面 4、5 为集中力。用 SFBEAM 命令施加面荷载。

体载荷：温度。在单元的每个端部节点指定 T(0,0)、T(1,0)、T(0,1)。

支持特性：单元生死[KEYOPT(11) = 1]、单元技术自动选择、广义梁截面、初应力、大挠度、大应变、线性扰动、非线性稳定、海洋载荷、应力刚化。

KEYOPT(1)：翘曲（WARP）自由度控制选项。为 0 时，每个节点 6 个自由度，自由扭转（默认）；为 1 时，每个节点 7 个自由度（包括 WARP），输出双力矩和双曲率。

KEYOPT(2)：截面缩放控制选项，仅 NLGEOM,ON 时有效。为 0 时，截面缩放为轴向拉伸的比例函数（默认）；为 1 时，截面被认为是刚性的（与经典梁理论相同）。

KEYOPT(3)：沿长度位移函数选项。为 0 时，线性函数（默认）；为 2 时，二次函数；为 3 时，三次函数。

KEYOPT(4)：剪切应力输出控制。为 0 时，只输出扭转剪应力（默认）；为 1 时，只输出横向剪应力；为 2 时，输出前两种剪应力的组合。

KEYOPT(6)、KEYOPT(7)和 KEYOPT(9)只有在 OUTPR,ESOL 激活时才有效。

KEYOPT(6)：单元沿长度积分点输出控制。为 0 时，在沿长度方向的积分点输出截面的力、力矩、应变和曲率（默认）；为 1 时，在选项为 0 时输出的基础上增加横截面面积；为 2 时，在选项为 1 时输出的基础上增加单元方向(x,y,z)；为 3 时，输出截面的力、力矩、应变和曲率并外推到单元节点。

KEYOPT(7)：截面积分点输出控制（截面子类为 ASEC 时不可用）。为 0 时，无输出（默认）；为 1 时，最大、最小应力和应变；为 2 时，在选项为 1 时输出的基础上增加每个截面节点的应力和应变。

KEYOPT(9)：单元和截面节点外推值输出控制（截面子类为 ASEC 时不可用）。为 0 时，无输出（默认）；为 1 时，最大、最小应力和应变；为 2 时，在选项为 1 时输出的基础上增加截面表面的应力和应变输出；为 3 时，在选项为 1 时输出的基础上增加所有截面节点的应力和应变输出。

KEYOPT(11)：设置截面特性。为 0 时，当可提前积分截面属性时，自动计算（默认）；为 1 时，使用截面的数值积分。

KEYOPT(12)：渐变截面处理。为 0 时，截面线性渐变，计算每个高斯积分点截面属性（默认），该方法准确但计算量大；为 1 时，采用平均截面，只计算截面形心的截面属性，该方法精度差但计算速度快。

KEYOPT(13)：流体输出（对包括海洋波浪效应的谐响应分析无效）。为 0 时，无输出（默认）；为 1 时，附加形心流体输出。

KEYOPT(15)：结果文件的格式。为 0 时，存储每个截面角节点的平均结果（默认）；为 1 时，存储非平均的每个截面积分点的结果（数据量较大，此选项通常用于复合材料截面）。

4．BEAM188 输出数据

单元结果输出包括节点解和单元解，其定义如表 12-7 所示，表 12-8 中列出了可通过 ETABLE 命令用序列号方式输出的数据。

表 12-7　BEAM188 单元输出的定义

名称	定义	O	R
EL	单元编号	Y	Y
NODES	单元节点 I、J	Y	Y
MAT	材料模型编号	Y	Y
C.G.:X, Y, Z	单元重心	Y	注1
AREA	横截面面积	注2	Y
SF:y, z	截面剪力	注2	Y
SE:y, z	截面剪切应变	注2	Y
S:xx, xy, xz	截面积分点应力	注3	Y
EPEL:xx, xy, xz	截面积分点弹性应变	注3	Y
EPTO:xx, xy, xz	截面积分点总机械应变(EPEL + EPPL + EPCR)	注3	Y
EPTT:xx, xy, xz	截面积分点总应变(EPEL + EPPL + EPCR+EPTH)	注3	Y
EPPL:xx, xy, xz	截面积分点塑性应变	注3	Y
EPCR:xx, xy, xz	截面积分点蠕变应变	注3	Y

（续表）

名称	定义	O	R
EPTH:xx	截面积分点热应变	注3	Y
NL:SEPL	塑性屈服应力	—	注4
NL:EPEQ	累积的等效塑性应变	—	注4
NL:CREQ	累积的等效蠕变应变	—	注4
NL:SRAT	材料屈服状态，0＝不屈服，1＝屈服	—	注4
NL:PLWK	塑性功/体积	—	注4
SEND:ELASTIC, PLASTIC, CREEP	应变能密度（变形比能）	—	注4
TQ	扭转力矩	Y	Y
TE	扭转剪切应变	Y	Y
Ky, Kz	曲率	Y	Y
Ex	轴向应变	Y	Y
Fx	轴向力	Y	Y
My, Mz	弯矩	Y	Y
BM	翘曲双力矩	注5	注5
BK	翘曲双曲率	注5	注5
EXT PRESS	积分点处的外部压力	注6	注6
EFFECTIVE TENS	梁的有效拉力	注6	注6
SDIR	轴向应力	—	注2
SByT	单元+y侧的弯曲应力	—	Y
SByB	单元-y侧的弯曲应力	Y	Y
SBzT	单元+z侧的弯曲应力	—	Y
SBzB	单元-z侧的弯曲应力	—	Y
EPELDIR	梁端部轴向应变	—	Y
EPELByT	单元+y侧的弯曲应变	—	Y
EPELByB	单元-y侧的弯曲应变	—	Y
EPELBzT	单元+z侧的弯曲应变	—	Y
EPELBzB	单元-z侧的弯曲应变	—	Y
TEMP	所有的截面角节点的温度	—	Y
LOCI:X, Y, Z	积分点位置	—	注7
SVAR:1, 2, ... , N	状态变量	—	注8

注：[1] 只有在质心作为*GET项时可用。

　　[2] 参见KEYOPT(6)。

　　[3] 参见KEYOPT(7)和KEYOPT(9)。

　　[4] 单元有非线性材料时。

　　[5] 参见KEYOPT(1)。

　　[6] 只在有海洋负荷时有效。

　　[7] 只在使用OUTRES,LOCI命令时有效。

　　[8] 只在使用UserMat子程序和TB,STATE命令时有效。

表 12—8 项目和序列号表

变量名	ETABLE 和 ESOL 命令输入项			
	Item	E	I	J
Fx	SMISC	—	1	14
My	SMISC	—	2	15
Mz	SMISC	—	3	16
TQ	SMISC	—	4	17
SFz	SMISC	—	5	18
SFy	SMISC	—	6	19
Ex	SMISC	—	7	20
Ky	SMISC	—	8	21
Kz	SMISC	—	9	22
TE	SMISC	—	10	23
SEz	SMISC	—	11	24
SEy	SMISC	—	12	25
Area	SMISC	—	13	26
BM	SMISC	—	27	29
BK	SMISC	—	28	30
SDIR	SMISC	—	31	36
SByT	SMISC	—	32	37
SByB	SMISC	—	33	38
SBzT	SMISC	—	34	39
SBzB	SMISC	—	35	40
EPELDIR	SMISC	—	41	46
EPELByT	SMISC	—	42	47
EPELByB	SMISC	—	43	48
EPELBzT	SMISC	—	44	49
EPELBzB	SMISC	—	45	50
TEMP	SMISC	—	51—53	54—56
EXT PRESS [注1]	SMISC	—	62	66
EFFECTIVE TENS [注1]	SMISC	—	63	67
S:xx, xy, xz	LS	—	CI[注2], DI[注3]	CJ[注2], DJ[注3]
EPEL:xx, xy, xz	LEPEL	—	CI[注2], DI[注3]	CJ[注2], DJ[注3]
EPTH:xx	LEPTH	—	AI[注4], BI[注5]	AJ[注4], BJ[注5]
EPPL:xx, xy, xz	LEPPL	—	CI[注2], DI[注3]	CJ[注2], DJ[注3]
EPCR:xx, xy, xz	LEPCR	—	CI[注2], DI[注3]	CJ[注2], DJ[注3]
EPTO:xx, xy, xz	LEPTO	—	CI[注2], DI[注3]	CJ[注2], DJ[注3]
EPTT:xx, xy, xz	LEPTT	—	CI[注2], DI[注3]	CJ[注2], DJ[注3]

注：[1] 外部压力（EXT PRESS）和有效拉力（EFFECTIVE TENS）发生在积分点，而不是在端节点。

[2] CI 和 CJ 分别是访问单元节点 I、J 处横截面上 RST 截面节点平均线性单元结果 (LS, LEPEL, LEPPL, LEPCR, LEPTO 和 LEPTT)的序列号，只有在 KEYOPT(15) = 0 时可用。对于角节点 nn 有 CI = (nn - 1) ×3+ COMP 和 CJ = (nnMax + nn - 1)×3+ COMP。式中，nnMax 为截面上 RST 截面节点的总数；COMP 是应力或应变分量参数，COMP=1、2、3 时分别对应 xx、xy、xz 分量。RST 截面节点指的是结果可用的截面角节点，可用 SECPLOT,6 观察其位置。

[3] DI 和 DJ 分别是访问单元节点 I、J 处横截面上 RST 截面积分点非平均线性单元结果((LS, LEPEL, LEPPL, LEPCR, LEPTO 和 LEPTT)的序列号，只有在 KEYOPT(15) = 1 时可用。对于截面单元 nc 第 i（i=1、2、3、4）个积分点有 DI = (nc - 1) ×12 + (i - 1) * 3 + COMP, DJ = (ncMax + nc - 1) ×12 + (i - 1) × 3 + COMP。式中，ncMax 为 RST 截面单元的总数；COMP 是应力或应变分量参数，COMP=1、2、3 时分别对应 xx、xy、xz 分量。截面积分点的结果应可用，可用 SECPLOT, 7 观察截面单元。

[4] AI 和 AJ 分别是用 LEPTH 命令访问单元节点 I、J 处横截面上 RST 截面节点平均线性单元热应变的序列号，只有在 KEYOPT(15) = 0 时可用。对于角节点 nn 有 AI = nn, AJ = nnMax + nn。式中，nnMax 为截面上 RST 截面节点的总数。RST 截面节点指的是结果可用的截面角节点，可用 SECPLOT, 6 观察其位置。

[5] BI 和 BJ 分别是用 LEPTH 命令访问单元节点 I、J 处横截面上 RST 截面积分点非平均线性单元热应变的序列号，只有在 KEYOPT(15) = 1 时可用。对于截面单元 nc 第 i（i=1、2、3、4）个积分点有 BI = (nc - 1) ×4 + i, BJ = (ncMax+nc - 1) ×4 + i。式中，ncMax 为 RST 截面单元的总数。截面积分点的结果应可用，可用 SECPLOT, 7 观察截面单元。

要在静力学或瞬态动力学分析中查看三维变形结果，需在求解前执行命令 OUTRES,MISC 或 OUTRES,ALL。要在模态分析、特征值屈曲分析中查看三维振型，需在扩展模态时用 MXPAND 命令激活计算单元结果选项。

1）线性应力

SDIR 是由轴向载荷产生的应力分量，SByT、SByB、SBzT 和 SBzB 是弯曲应力分量。

SDIR = Fx/A，Fx 为轴向载荷（即 SMISC,1 和 SMISC, 14），A 为横截面面积。

SByT = -Mz*ymax/Izz，SByB= -Mz*ymin/Izz，SBzT= My*zmax/Iyy，SBzB =My*zmin/Iyy。式中，My、Mz 为弯矩（即 SMISC,2、SMISC,15 和 SMISC,3、SMISC, 16）；ymax、ymin、zmax 和 zmin 是横截面上从质心测量的最大和最小 y、z 坐标；Iyy 和 Izz 是截面的惯性矩。除了 ASEC 子型截面，软件使用截面最大和最小尺寸；而 ASEC 子型截面，采用截面的宽度和高度的一半进行计算。

相应的应变分量是：EPELDIR = Ex，EPELByT = -Kz * ymax，EPELByB = -Kz * ymin，EPELBzT = Ky * zmax，EPELBzB = Ky * zmin。式中，Ex、Ky、Kz 分别是广义应变和曲率（即 SMISC,7、SMISC,8、SMISC,9 和 SMISC,20、SMISC,21、SMISC,22）。

此应力结果对弹性行为是严格有效的。对材料非线性行为使用组合应力，此组合应力是线性近似，应谨慎使用。

2）横向剪切应力的输出

BEAM188 有三个应力分量：一个轴向应力、两个剪切应力，剪切应力是由扭转和横向荷载产生的。BEAM188 是基于一阶剪切变形理论即铁木辛科梁理论，该理论假定梁横截面上横向剪切应变和应力是恒定的，而实际是变化的。因此，需要按预定的应力分布系数在梁截面上重新分配横向剪切力，并进行输出。

默认时，KEYOPT(4)=0，软件只输出扭转剪切应力，可用 KEYOPT(4)激活输出横向剪切应力。

横向剪切应力的分布精度与截面网格密度成正比，横截面自由表面状态只可能出现在一个精细的模型截面上。默认的横截面网格密度能使扭转刚度、翘曲刚度、转动惯量和剪切中心的计算得到准细的结果，也适用于非线性材料计算。然而，更精细的横截面网格会得到更准确的横向剪切应力分布。如果横截面是均匀的且材料是线性的，增大截面网格密度并不会带来较大的计算成本。可用 SECTYPE 和 SECDATA 命令来调整截面的网格密度。

泊松比对剪切修正因子和剪切应力的影响很小，故横向剪应力分布计算时忽略此影响。

5．注意事项

（1）梁长度不能为零。

（2）默认时 KEYOPT(1)= 0，翘曲是不受约束的。

（3）不考虑截面失效和折叠。

（4）如果截面存在偏移，则旋转自由度不包括在集中质量矩阵中。

（5）单元最好采用完全牛顿-拉普森法（默认）求解。

（6）梁的高度应适当。

（7）应力刚化在几何非线性分析中（NLGEOM，ON）始终适用，预应力可以通过 PSTRES 命令激活。

（8）单元有非线性材料并施加海洋载荷时，轴力输出可能是不准确的。
（9）随机振动分析（PSD）时，不计算等效应力。
（10）在海洋环境使用本单元时参见 ANSYS 帮助。

12.2.5 BEAM189

BEAM189 是 3D 三节点梁单元，也是基于铁木辛科梁理论，其特性和应用与 BEAM188 基本相同，在此只介绍 BEAM189 单元与 BEAM188 单元的不同点。

与基于 Hermitian 多项式的单元不同，BEAM189 具有二次位移函数。该单元具有线性弯矩分布，不支持局部压力载荷。当网格精细程度较高时，该单元的计算效率和收敛性也较高，如有两个积分点时与 Hermitian 单元准确性相同。

BEAM189 是一个高阶单元，应避免使用集中质量矩阵。

图 12-26 所示为单元的几何形状、节点位置、单元坐标系及压力方向，由全局坐标系的节点 I、J 和 K 定义，方向节点 L 用于定义单元坐标系方向。

与 BEAM188 单元不同，BEAM189 单元应力和应变输出在截面节点上计算。

不能用 BF 命令在中间节点 K 输入节点温度体荷载。

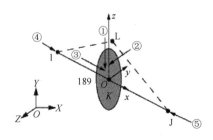

图 12-26 BEAM189 几何描述

BEAM189 单元没有 KEYOPT(3)。

实例 E12-4 BEAM188、BEAM189 单元的应用

1）基本应用

问题描述：分析工字形截面悬臂梁在集中力和压力作用下的变形和应力。

```
L=2 $ P=2000 $ F=10000               !梁长度 L、分布力 P、集中力 F
/PREP7                               !进入预处理器
ET, 1, BEAM188                       !选择单元类型
MP, EX, 1, 2E11 $ MP, PRXY, 1, 0.3   !定义材料模型
SECTYPE, 1, BEAM, I                  !定义截面
SECDATA,0.1,0.1,0.15,0.01,0.01,0.01
K,1, $ K,2,L $K,3,0,1 $ L,1,2        !创建关键点，关键点 3 为方向关键点，定义截面 z 轴
LATT, 1,1,1,,3 $ LESIZE,1,,,50 $ LMESH,1   !分配方向关键点等属性，划分单元
/ESHAPE,1 $ /REPLOT                  !按截面定义显示单元形状
FINI                                 !退出预处理器
/SOLU                                !进入求解器
DK,1,ALL                             !在关键点 1 施加位移约束
SFBEAM,ALL,1,PRES, P                 !施加沿截面的-z 方向的压力
F,NODE(L,0,0),FY,-F                  !在梁的端部施加全局坐标系 y 方向的集中力
SOLVE                                !求解
FINI                                 !退出求解器
/POST1                               !进入通用后处理器
PLDISP,2 $ PLNSOL, S,X               !显示变形、弯曲应力云图
FINI                                 !退出通用后处理器
```

2）约束扭转

问题描述：分析 H 形截面梁受约束扭转时的正应力和扭转应力。本例精确解参见文献[1]。

```
L=4 $ T=3030                              !梁长度 L、扭矩 T
/PREP7                                    !进入预处理器
ET, 1, BEAM189,1                          !选择单元类型；KEYOPT(1)=1，包括翘曲自由度
MP, EX, 1, 2E11 $ MP, PRXY, 1, 0.3        !定义材料模型
SECTYPE, 1, BEAM, I $ SECDATA,0.2,0.2,0.61,0.01,0.01,0.01
                                          !定义 H 型截面及尺寸
K,1, $ K,2,L $ L,1,2                      !创建关键点和直线
LESIZE,1,,,50 $ LMESH,1                   !指定单元尺寸控制，划分单元
/ESHAPE,1                                 !按截面定义显示单元形状
FINI                                      !退出预处理器
/SOLU                                     !进入求解器
DK,1,ALL                                  !在关键点 1 施加位移约束
F,NODE(L,0,0),MX,T                        !在梁的端部施加绕 x 轴的转矩
SOLVE                                     !求解
FINI                                      !退出求解器
/POST1                                    !进入通用后处理器
PLNSOL, S,X                               !显示正应力云图
ETABLE,BBM,SMISC,29 $ ETABLE,BBK,SMISC,30
                                          !定义单元表，存储翘曲双力矩 BBM、双曲率 BBK
PRETAB,BBM,BBK                            !列表单元表数据
FINI                                      !退出通用后处理器
```

3）创建渐变截面梁

```
L=2                                       !梁长度 L
/PREP7                                    !进入预处理器
ET,1,BEAM188                              !选择单元类型
MP,EX,1,2E11 $ MP,PRXY,1,0.3              !定义材料模型
SECTYPE,1,BEAM,RECT $ SECDATA,0.1,0.3     !定义矩形梁截面 1，并指定尺寸
SECTYPE,2,BEAM,RECT $ SECDATA,0.1,0.15    !定义矩形梁截面 2，并指定尺寸
SECTYPE,3,TAPER $ SECDATA,1,0 $ SECDATA,2,L
                                          !定义渐变梁截面 3
K,1 $ K,2,L $ L,1,2                       !创建关键点和直线
SECNUM,3 $ LESIZE,1,,,8 $ LMESH,1         !分配单元属性等，划分单元
/ESHAPE,1 $ /REPLOT                       !按截面定义显示单元形状
FINI                                      !退出预处理器
```

4）自定义梁截面——双金属片

问题描述：如图 12-27 所示的双金属片等厚度、等宽度，材料不同，二者紧密连成一体，其左端可视为固定端。第 1 个金属片为钢制，其弹性模量 $E_1=2\times10^{11}$Pa，线膨胀系数 $\alpha_1=10\times10^{-6}$/℃；第 2 个金属片为铜制，其弹性模量 $E_2=1.1\times10^{11}$Pa，线膨胀系数 $\alpha_2=16\times10^{-6}$/℃。簧片各部分尺寸为长度 L=40mm，高度 h=0.5mm。试分析温度升高Δt=100℃时双金属片自由端的挠度。

根据材料力学的知识，容易得出双金属片自由端的挠度为

$$f = \frac{6(\alpha_2 - \alpha_1)\Delta t E_1 E_2 L^2}{h(E_1^2 + E_2^2 + 14E_1E_2)} = 7.038\times10^{-4}$$

图 12-27 双金属片

```
!自定义梁截面
B=0.005 $ H=0.0005                          !截面尺寸
/PREP7                                      !进入预处理器
ET,1,MESH200,7                              !选择单元类型
MP,EX,1 $ MP, EX, 2                         !定义材料模型 1、2
RECTNG,0, B, 0, H $ RECTNG, 0, B, H, 2*H $ AGLUE,ALL
                                            !创建几何模型
LESIZE,1,,,4 $ LESIZE,2,,,2 $ LESIZE,9,,,2 $ MSHKEY,1
                                            !指定单元控制
AATT,1 $ AMESH,1 $ AATT,2 $ AMESH,3         !分配单元属性、对面划分单元
SECWRITE,S1,SECT                            !将截面信息保存到文件 S1.SECT
FINI                                        !退出预处理器
!分析双金属片热变形
/CLEAR                                      !清除数据库、新建分析
B=0.005 $ H=0.0005 $ L=0.04                 !梁尺寸
/PREP7                                      !进入预处理器
ET,1,BEAM188,,,1                            !选择单元类型，选择输出向剪切应力
MP,EX,1,2E11 $ MP,PRXY,1,0.3 $ MP, ALPX, 1, 10E-6
                                            !定义材料模型 1
MP, EX, 2, 1.1E11 $ MP, PRXY, 2, 0.3 $ MP, ALPX, 2, 16E-6
                                            !定义材料模型 2
SECTYPE,1,BEAM,MESH, $ SECREAD,'S1','SECT',' ',MESH
                                            !设置自定义的梁截面
K,1, $ K,2,L $ L,1,2                        !创建关键点和直线
LESIZE,1,,,30 $ LMESH,1                     !指定单元尺寸控制，划分单元
/ESHAPE,1                                   !按截面定义显示单元形状
FINI                                        !退出预处理器
/SOLU                                       !进入求解器
DK,1,ALL                                    !在关键点 1 施加位移约束
BF,ALL,TEMP,100                             !在梁的所有节点上施加温度载荷
SOLVE                                       !求解
FINI                                        !退出求解器
/POST1                                      !进入通用后处理器
PLDISP,2                                    !显示变形云图
FINI                                        !退出通用后处理器
```

12.2.6　PLANE182

1）PLANE182 单元描述

PLANE182 用于二维实体结构的建模，可用作平面单元（平面应力、平面应变或广义平面应变）或轴对称单元。它有四个节点，每个节点有两个自由度：沿 x 和 y 方向的移动。单元具有塑性、超弹性、应力刚化、大挠曲、大应变能力，它还具有用混合方程模拟几乎不可压缩弹塑性材料和完全不可压缩超弹性材料的能力。

2）PLANE182 输入数据

如图 12-28 所示为单元的几何形状、节点位置。单元的输入数据包括四个节点、一个厚度（只在平面应力选项时需要）和正交各向异性材料性能。默认的单元坐标系与全局坐标系重合，

用户可以用 ESYS 命令自定义单元坐标系。

压力是单元的面载荷，单元面编号见图 12-28，压力为正时指向单元。温度作为体载荷可以在节点上输入，节点 I 温度为 T(I)，默认值为 TUNIF；如果其他的所有温度没有指定，则默认为 T(I)；对于其他的输入模式，未指定的温度默认为 TUNIF。

图 12-28 PLANE182 几何描述

在平面应力分析（KEYOPT(3)= 0）时，节点力应输入单元单位厚度上力的大小。在轴对称单元上施加节点力时，应输入该节点对应的圆周上所有载荷的总和。

KEYOPT(6) = 1 时使用 u-P 混合方程，可用 INISTATE 命令施加单元初始应力。

可用 ESYS 命令定义单元坐标系，以便定义正交各向异性材料的方向。可以用 RSYS 命令选择结果坐标系为与材料方向一致的单元坐标系或全局坐标系。使用超弹材料时，应力和应变始终是在全球直角坐标系下输出，而不是材料、单元坐标系。

该单元自动计入压力刚化效应。当因为压力刚化效应而导致非对称刚度矩阵时，需要使用 NROPT,UNSYM 命令。

PLANE182 单元输入摘要如下所述。

节点：I、J、K、L。

自由度：UX、UY。

实常数：THK（板厚度），只在 KEYOPT(3) = 3 时使用；HGSTF（沙漏刚度比例因子），只在 KEYOPT(1) = 1 时使用，默认值为 1，输入值为 0 时使用默认值。

材料属性：EX/ EY/ EZ（弹性模量）、PRXY/PRYZ/PRXZ 或 NUXY/NUYZ/NUXZ（泊松比）、ALPX/ALPY/ALPZ（线膨胀系数）或 CTEX/CTEY/CTEZ（瞬时热膨胀系数）或 THSX/THSY/THSZ（热应变）、DENS（密度）、GXY/ GYZ/GXZ（剪切模量）、ALPD（质量阻尼系数 α）、BETD（刚度阻尼系数 β）。

表面载荷：压力。face 1，J-I；face 2，K-J；face 3，L-K；face 4，I-L。

体载荷：温度 T(I)、T(J)、T(K)、T(L)。

支持特性：单元生死、单元技术自动选择、初应力、大挠度、大应变、线性扰动、材料力评价、非线性稳定、重新分区、应力刚化。

KEYOPT(1)：单元技术选项。为 0 时，完全积分的 $\overline{B}$ 方法；为 1 时，沙漏控制的均匀缩减积分法；为 2 时，增强应变法；为 3 时，简化的增强应变法。

KEYOPT(3)：单元行为选项。为 0 时，平面应力；为 1 时，轴对称；为 2 时，平面应变（z 方向应变为零）；为 3 时，输入单元厚度的平面应力；为 5 时，广义平面应变。

KEYOPT(6)：单元公式选项。为 0 时，用纯位移法（默认）；为 1 时，使用 u-P 混合方程（平面应力无效）。

3）PLANE182 单元技术

PLANE182 可以采用完全积分法、均匀缩减积分法、增强应变法或简化增强应变法。

当选择增强应变法（KEYOPT(1)= 2）时，单元引入四个内部自由度（用户无法访问）处理剪切闭锁和一个内部自由度处理体积闭锁。

4）PLANE182 输出数据

单元结果输出包括节点解和单元解，其定义如表 12-9 所示，表 12-10 中列出了可通过 ETABLE 命令用序列号方式输出的数据。

表 12-9　PLANE182 单元输出的定义

名　称	定　义	O	R
EL	单元编号	—	Y
NODES	单元节点 I、J、K、L	—	Y
MAT	材料模型编号	—	Y
THICK	厚度	—	Y
VOLU:	体积	—	Y
XC, YC	输出单元结果的位置	Y	注 3
PRES	压力 P1 在节点 J,I；P2 在 K,J；P3 在 L,K；P4 在 I,L	—	Y
TEMP	温度 T(I)、T(J)、T(K)、T(L)	—	Y
S:X, Y, Z, XY	应力（平面应力单元 SZ = 0.0）	Y	Y
S:1, 2, 3	主应力	—	Y
S:INT	应力强度	—	Y
S:EQV	等效应力	Y	Y
EPEL:X, Y, Z, XY	弹性应变	Y	Y
EPEL:EQV	等效弹性应变 [注 6]	Y	Y
EPTH:X, Y, Z, XY	热应变	注 2	注 2
EPTH:EQV	等效热应变 [注 6]	注 2	注 2
EPPL:X, Y, Z, XY	塑性应变[注 7]	注 1	注 1
EPPL:EQV	等效塑性应变 [注 6]	注 1	注 1
EPCR:X, Y, Z, XY	蠕变应变	注 1	注 1
EPCR:EQV	等效蠕变应变[注 6]	注 1	注 1
EPTO:X, Y, Z, XY	总机械应变(EPEL + EPPL + EPCR)	Y	—
EPTO:EQV	总等效机械应变（EPEL + EPPL + EPCR)	Y	—
NL:SEPL	塑性屈服应力	注 1	注 1
NL:EPEQ	累积等效塑性应变	注 1	注 1
NL:CREQ	累积等效蠕变应变	注 1	注 1
NL:SRAT	塑性屈服(1 = 屈服，0 =未屈服)	注 1	注 1
NL:PLWK	塑性功/体积	注 1	注 1
NL:HPRES	静水压力	注 1	注 1
SEND:ELASTIC, PLASTIC, CREEP	应变能密度（变形比能）	—	注 1
LOCI:X, Y, Z	积分点位置	—	注 4
SVAR:1, 2, ... , N	状态变量	—	注 5

注：[1] 只有在单元有非线性材料，或启用了大挠曲效应（NLGEOM, ON）时输出。
　　[2] 只有在单元有热载荷时输出。
　　[3] 只有在质心作为*GET 项时可用。
　　[4] 仅当 OUTRES,LOCI 时使用。
　　[5] 仅在使用子程序 UserMat 和命令 TB,STATE 时可用。
　　[6] 等效应变使用有效泊松比。对于弹性应变和热应变由 MP,PRXY 设置，对于塑性应变和蠕变应变该值设定为 0.5。
　　[7] 对形状记忆合金材料模型，应变输出为塑性应变 EPPL。

表 12-10 项目和序列号表

变量名	ETABLE 和 ESOL 命令输入项				
	Item	E	I	J	K	L
P1	SMISC	—	2	1	—	—
P2	SMISC	—	—	4	3	—
P3	SMISC	—	—	—	6	5
P4	SMISC	—	7	—	—	8
THICK	NMISC	1	—	—	—	—

如图 12-29 所示，单元应力方向平行于单元坐标系方向。

对于全局坐标系中的轴对称分析，SX、SY、SZ 和 SXY 应力分别对应径向、轴向、周向及面内剪切应力，EPxxX、EPxxY、EPxxZ 和 EPxxXY 分别对应径向、轴向、周向及面内剪切应变。

5）注意事项

（1）单元面积不能为零。

（2）如图 12-28 所示，该单元必须位于全球 xy 平面。轴对称分析时，全球 y 轴必须是对称轴、模型应创建在+x 象限。

图 12-29 单元应力方向

（3）如图 12-28 所示，可以通过重复定义 K 和 L 节点号来构造三角形单元。对于三角形单元指定完全积分的 $\bar{B}$ 方法或增强应变法，使用退化位移函数和常规积分方案。

（4）如果使用混合方法（KEYOPT(6)=1），则必须使用稀疏求解器。

（5）对于循环对称模态分析，建议使用增强应变法。

（6）应力刚化在几何非线性分析中（NLGEOM,ON）始终适用，预应力可以通过 PSTRES 命令激活。

12.2.7 PLANE183

1）PLANE183 单元描述

PLANE183 是一个高阶的 2D 8 节点或 6 节点单元，具有二次位移函数，非常适合于模拟不规则网格。它有 8 个节点或 6 个节点，每个节点有 2 个自由度：沿 x 和 y 方向的移动。可用作平面单元（平面应力、平面应变或广义平面应变）或轴对称单元。

单元具有塑性、超弹性、蠕变、应力刚化、大挠曲、大应变能力，它还具有用混合方程模拟几乎不可压缩弹塑性材料和完全不可压缩超弹性材料的能力，支持初应力。

2）PLANE183 输入数据

如图 12-30 所示为单元的几何形状、节点位置和坐标系。

虽然可以在 KEYOPT(1)=0 时为节点 K、L 和 O 定义相同的节点号来形成退化的三角形单元，但最好是使用 KEYOPT(1)=1 的三角形单元。除节点外，单元输入数据包括单元厚度 TK（只在平面应力选项时需要）和正交各向异性材料特性。正交异性材料的方向与单元坐标方向一致，单元坐标系平行于全球直角坐标系。

图 12-30 PLANE183 几何描述

节点载荷包括节点位移约束和节点力。压力是单元的面载荷，单元面编号见图 12-30，压力为正时指向单元。温度作为体载荷可以在节点上输入，节点 I 温度为 T(I)，默认值为 TUNIF；如果其他的所有温度没有指定，则默认为 T(I)；如果指定了所有角节点的温度，各中间节点的温度默认为相邻角节点温度的平均值；对于其他的输入模式，未指定的温度默认为 TUNIF。

在平面应力分析时，节点力应输入单元单位厚度上力的大小。在轴对称单元上施加节点力时，应输入该节点对应的圆周上所有载荷的总和。

可用 ESYS 命令定义单元坐标系，以便定义正交各向异性材料的方向。使用超弹材料时，应力和应变始终是在全球直角坐标系下输出，而不是材料、单元坐标系。

KEYOPT(3)=5 用于广义应变分析。KEYOPT(6) = 1 时使用 u-P 混合方程。可用 INISTATE 命令施加单元初始应力。

该单元自动计入压力刚化效应。当因为压力刚化效应而导致非对称刚度矩阵时，需要使用 NROPT,UNSYM 命令。

PLANE183 单元输入摘要如下所述。

节点：当 KEYOPT(1) = 0 时，I、J、K、L、M、N、O、P；当 KEYOPT(1) = 1 时，I、J、K、L、M、N。

自由度：UX、UY。

实常数：THK（板厚度，KEYOPT(3) = 3）。

材料属性：EX/ EY/ EZ（弹性模量）、PRXY/PRYZ/PRXZ 或 NUXY/NUYZ/NUXZ（泊松比）、ALPX/ALPY/ALPZ（线膨胀系数）或 CTEX/CTEY/CTEZ（瞬时热膨胀系数）或 THSX/THSY/THSZ（热应变）、DENS（密度）、GXY/ GYZ/GXZ（剪切模量）、ALPD（质量阻尼系数 α）、BETD（刚度阻尼系数 β）。

表面载荷：压力。当 KEYOPT(1) = 0 时，face 1，J-I；face 2，K-J；face 3，L-K；face 4，I-L；当 KEYOPT(1) = 1 时，face 1，J-I；face 2，K-J；face 3，I-K。

体载荷：温度。当 KEYOPT(1) = 0 时 T(I)、T(J)、T(K)、T(L)、T(M)、T(N)、T(O)、T(P)；当 KEYOPT(1) =1 时 T(I)、T(J)、T(K)、T(L)、T(M)、T(N)。

支持特性：单元生死、单元技术自动选择、初应力、大挠度、大应变、线性扰动、材料力评价、非线性稳定、重新分区、应力刚化。

KEYOPT(1)：单元形状选项。为 0 时，8 节点四边形；为 1 时，6 节点三角形。

KEYOPT(3)：单元行为选项。为 0 时，平面应力；为 1 时，轴对称；为 2 时，平面应变（z

方向应变为零）；为 3 时，用实常数输入单元厚度的平面应力，为 5 时，广义平面应变。

KEYOPT(6)：单元公式选项。为 0 时，用纯位移法（默认）；为 1 时，使用 u-P 混合方程（平面应力无效）。

3）PLANE183 输出数据

单元结果输出包括节点解和单元解，其定义如表 12-11 所示，表 12-12 中列出了可通过 ETABLE 命令用序列号方式输出的数据。

表 12-11 PLANE183 单元输出的定义

名 称	定 义	O	R
EL	单元编号	—	Y
NODES	单元节点。当 KEYOPT(1) = 0 时，I、J、K、L；当 KEYOPT(1) = 1 时，I、J、K	—	Y
MAT	材料模型编号	—	Y
THICK	厚度	—	Y
VOLU	体积	—	Y
XC, YC	输出单元结果的位置	Y	注 4
PRES	压力 P1 在节点 J,I；P2 在 K,J；P3 在 L,K；P4 在 I,L。P4 只在 KEYOPT(1) = 0 时	—	Y
TEMP	温度 T(I)、T(J)、T(K)、T(L)。T(L)只在 KEYOPT(1) = 0 时	—	Y
S:X, Y, Z, XY	应力 （平面应力单元 SZ = 0.0）	Y	Y
S:1, 2, 3	主应力	—	Y
S:INT	应力强度	—	Y
S:EQV	等效应力	—	Y
EPEL:X, Y, Z, XY	弹性应变	Y	Y
EPEL:EQV	等效弹性应变 [注 7]	—	Y
EPTH:X, Y, Z, XY	热应变	注 3	注 3
EPTH:EQV	等效热应变 [注 7]	—	注 3
EPPL:X, Y, Z, XY	塑性应变[注 8]	注 1	注 1
EPPL:EQV	等效塑性应变 [注 7]	—	注 1
EPCR:X, Y, Z, XY	蠕变应变	注 2	注 2
EPCR:EQV	等效蠕变应变[注 7]	注 2	注 2
EPTO:X, Y, Z, XY	总机械应变(EPEL + EPPL + EPCR)	Y	—
EPTO:EQV	总等效机械应变 (EPEL + EPPL + EPCR)	Y	—
NL:SEPL	塑性屈服应力	注 1	注 1
NL:EPEQ	累积等效塑性应变	注 1	注 1
NL:CREQ	累积等效蠕变应变	注 1	注 1
NL:SRAT	塑性屈服(1 = 屈服，0 =未屈服)	注 1	注 1
NL:PLWK	塑性功/体积	注 1	注 1
NL:HPRES	静水压力	注 1	注 1
SEND:ELASTIC, PLASTIC, CREEP	应变能密度（变形比能）	—	注 1
LOCI:X, Y, Z	积分点位置	—	注 5
SVAR:1, 2, ... , N	状态变量	—	注 6

注：[1] 只有在单元有非线性材料，或启用了大挠曲效应（NLGEOM, ON）时输出。
[2] 只有在单元有蠕变载荷时输出。
[3] 只有在单元有热载荷时输出。
[4] 只有在质心作为*GET 项时可用。
[5] 仅当 OUTRES,LOCI 时使用。
[6] 仅在使用子程序 UserMat 和命令 TB,STATE 时可用。
[7] 等效应变使用有效泊松比。对于弹性应变和热应变由 MP,PRXY 设置，对于塑性应变和蠕变应变该值设定为 0.5。
[8] 对形状记忆合金材料模型，应变输出为塑性应变 EPPL。

表 12-12 项目和序列号表

变量名		ETABLE 和 ESOL 命令输入项							
	Item	E	I	J	K	L	M	N	O	P
P1	SMISC	—	2	1	—	—	—	—	—	—
P2	SMISC	—	—	4	3	—	—	—	—	—
P3	SMISC	—	—	—	6	5	—	—	—	—
P4 [注 1]	SMISC	—	7	—	—	8	—	—	—	—
THICK	NMISC	1	—	—	—	—	—	—	—	—

注：[1] P4 只在 KEYOPT(1) = 0 时。

如图 12-31 所示，单元应力方向平行于全局坐标系方向。

对于轴对称分析，SX、SY、SZ 和 SXY 应力分别对应径向、轴向、周向及面内剪切应力，EPxxX、EPxxY、EPxxZ 和 EPxxXY 分别对应径向、轴向、周向及面内剪切应变。

4）注意事项

（1）单元面积必须为正。

（2）如图 12-30 所示，该单元必须位于全球 XY 平面。轴对称分析时，全球 Y 轴必须是对称轴、模型应创建在 +X 象限。

图 12-31 单元应力方向

（3）当删除一个面上中间节点时，则沿该面位移按线性变化，而不是按抛物线规律变化。

（4）KEYOPT(1)=0 时，应至少使用两个单元，以避免沙漏模式。

（5）KEYOPT(1)=0 时，可以为节点 K、L 和 O 定义相同的节点号来构造退化的三角形单元，该三角形单元的位移函数及求解与规则的三角形 6 节点单元（KEYOPT(1)= 1）相同，但可能效率稍低。因此，建议采用三角形形状选项（KEYOPT(1)= 1）。

（6）如果使用混合方法（KEYOPT(6)=1），则所有中间节点必须存在，且必须使用稀疏求解器。

（7）应力刚化在几何非线性分析中（NLGEOM，ON）始终适用，预应力可以通过 PSTRES 命令激活。

实例 E12-5　PLANE182、PLANE183 单元的应用

1）平面应力问题

问题描述：如图 12-32 所示的钢制均匀薄板承受的载荷 P 为 3000N。求薄板在 aa 截面上的拉应力。

图 12-32 带孔薄板

```
L=0.1 $ B=0.03 $ RR=0.0075/2 $ T=0.002 $ P=3000   !板长度L、宽度B、厚度T，孔半径RR，载荷P
/PREP7                                             !打开前处理器
ET,1,PLANE182                                      !定义单元类型
MP,EX,1,2E11 $   MP,PRXY,1,0.3                     !创建材料模型
RECTNG,0,L/2,0,B/2 $ PCIRC,RR $ ASBA,1,2           !创建整个面的四分之一
ESIZE,0.005 $ AMESH,3 $ KREFINE,6, , , 2           !创建有限元模型
FINISH                                             !退出前处理器
/SOLU                                              !打开求解器
DL,9,,UY $ DL,10,,UX                               !施加约束
FK,2,FX,P/2/T                                      !施加集中力载荷
SOLVE                                              !求解
FINISH                                             !退出求解器
/POST1                                             !进入通用后处理器
PATH,P1,2,30,20                                    !定义路径及属性
PPATH,1,,0,RR $ PPATH,2,,0,B/2                     !指定路径点
PDEF, SX, S, X                                     !向路径映射数据
PLPATH, SX $ PLPAGM, SX                            !显示路径图
PASAVE,S,P1,txt                                    !保存路径数据到文件
FINISH                                             !退出通用后处理器
```

2）轴对称问题

问题描述：厚壁圆筒内、外半径分别为 r_1=50mm、r_2=100mm，长度为 300mm，两端用堵头密闭，内孔作用压力 P=10MPa。求厚壁圆筒的径向、切向、轴向应力。本例解析解请参照实例。

```
R1=0.05 $ R2=0.1 $ L=0.3 $ P=10E6                  !参数
/PREP7                                             !打开前处理器
ET,1,PLANE183,,,1                                  !定义单元类型，选择轴对称分析
MP,EX,1,2E11 $   MP,PRXY,1,0.3                     !创建材料模型
RECTNG,R1,R2,0,L                                   !创建圆筒的子午面
ESIZE,0.005 $ AMESH,1                              !创建有限元模型
FINISH                                             !退出前处理器
/SOLU                                              !打开求解器
DL,1,,UY                                           !施加约束
SFL, 4, PRES, P                                    !在内孔施加压力载荷
NSEL,S,LOC,Y,L $ *GET,NNN,NODE,,COUN               !选择上端面上节点，查询其数目并保存于变量NNN
```

```
F, ALL, FY, -3.14159*R1*R1*P/NNN $ ALLS    !在端面上节点施加集中力载荷,总和等于 $\pi r_1^2 P$
SOLVE                                      !求解
FINISH                                     !退出求解器
/POST1                                     !打开通用后处理器
NSEL,S,LOC,Y,L-0.1,L $ ESLN,U              !选择非集中力作用单元
PLNSOL, S,X $ PLNSOL, S,Y $ PLNSOL, S,Z    !显示径向、轴向、周向应力云图
FINISH                                     !退出通用后处理器
```

12.2.8　SOLID185

1）SOLID185 单元描述

SOLID185 是一个 3D 实体单元,有 8 个节点,每个节点有三个自由度:沿 x、y 和 z 方向移动。单元具有塑性、超弹性、应力刚化、蠕变、大挠曲、大应变能力,它还具有用混合方程模拟几乎不可压缩弹塑性材料和完全不可压缩超弹性材料的能力。

SOLID185 有两种形式:均匀的结构实体(KEYOPT(3)=0,默认)、分层的结构实体(KEYOPT(3)=1),SOLID185 单元的高阶单元是 SOLID186。

2）SOLID185 均匀结构实体单元说明

该单元适合于一般 3D 结构的建模,它允许在不规则的区域使用棱柱、四面体和金字塔等退化单元(图 12-33)。支持各种单元技术,如完全积分的 $\overline{B}$ 方法、均匀缩减积分法、增强应变法等。

3）SOLID185 均匀结构实体单元输入数据

如图 12-33 所示为单元的几何形状、节点位置。单元由 8 个节点和正交各向异性材料性能定义,默认的单元坐标系沿着全局坐标系方向,用户可以用 ESYS 命令自定义单元坐标系,正交异性材料的方向由单元坐标系定义。

图 12-33　SOLID185 几何描述

节点载荷包括节点位移约束和节点力。压力是单元的面载荷,单元面编号见图 12-33,压力为正时指向单元。温度作为体载荷可以在节点上输入,节点 I 温度为 T(I),默认值为 TUNIF;如果其他的所有温度没有指定,则默认为 T(I);对于其他的输入模式,未指定的温度默认为 TUNIF。

KEYOPT(6) = 1 时使用 u-P 混合方程,可用 INISTATE 命令施加单元初始应力。

可用 ESYS 命令定义单元坐标系,以便定义正交各向异性材料的方向。使用 RSYS 命令来选择结果坐标系是材料坐标系或全局坐标系。使用超弹材料时,应力和应变始终是在全球直角坐标系下输出,而不是材料、单元坐标系。

该单元自动计入压力刚化效应。当因为压力刚化效应而导致非对称刚度矩阵时,需要使用 NROPT,UNSYM 命令。

SOLID185 单元输入摘要如下。

节点:I、J、K、L、M、N、O、P。

自由度：UX、UY、UZ。

实常数：KEYOPT(2)= 0 时，没有；KEYOPT(2)=1 时，HGSTF（沙漏刚度比例因子），默认值是 1.0，任意正数是有效的，如果设置为 0.0，值会自动重置为 1.0。

材料属性：EX/ EY/ EZ（弹性模量）、PRXY/PRYZ/PRXZ 或 NUXY/NUYZ/NUXZ（泊松比）、GXY/ GYZ/GXZ（剪切模量）、ALPX/ALPY/ALPZ（线膨胀系数）或 CTEX/CTEY/CTEZ（瞬时热膨胀系数）或 THSX/THSY/THSZ（热应变）、DENS（密度）、ALPD（质量阻尼系数 α）、BETD（刚度阻尼系数 β）。

表面载荷：压力。face 1，J-I-L-K；face 2，I-J-N-M；face 3，J-K-O-N；face 4，K-L-P-O；face 5，L-I-M-P；face 6，M-N-O-P。

体载荷：温度。T(I)、T(J)、T(K)、T(L)、T(M)、T(N)、T(O)、T(P)。

支持特性：单元生死、单元技术自动选择、初应力、大挠度、大应变、线性扰动、材料力评价、非线性稳定、重新分区、应力刚化。

KEYOPT(2)：单元技术选项。为 0 时，完全积分法的 $\bar{B}$ 方法（默认）；为 1 时，沙漏控制的均匀缩减积分法；为 2 时，增强应变法；为 3 时，简化的增强应变法。

KEYOPT(3)：层结构选项。为 0 时，均匀的结构实体（默认）；为 1 时，分层的结构实体。

KEYOPT(6)：单元公式选项。为 0 时，用纯位移法（默认）；为 1 时，使用 u-P 混合方程。

4）均匀结构实体单元的单元技术

SOLID185 均匀结构实体单元可以采用完全积分法、均匀缩减积分法、增强应变法或简化增强应变法。

当选择增强应变法（KEYOPT(2)= 2）时，单元引入 9 个内部自由度（用户无法访问），处理剪切闭锁和 4 个内部自由度处理体积闭锁。

5）SOLID185 均匀结构实体单元输出数据

单元结果输出包括节点解和单元解，其定义如表 12-13 所示，表 12-14 中列出了可通过 ETABLE 命令用序列号方式输出的数据。

表 12-13 SOLID185 单元输出的定义

名 称	定 义	O	R
EL	单元编号	—	Y
NODES	节点 I、J、K、L、M、N、O、P	—	Y
MAT	材料模型编号	—	Y
VOLU:	体积	—	Y
XC, YC, ZC	输出单元结果的位置	Y	注 3
PRES	压力 P1 在节点 J, I, L, K；P2 在 I, J, N, M；P3 在 J, K, O, N；P4 在 K, L, P, O；P5 在 L, I, M, P；P6 在 M, N, O, P	—	Y
TEMP	温度 T(I)、T(J)、T(K)、T(L)、T(M)、T(N)、T(O)、T(P)	—	Y
S:X, Y, Z, XY, YZ, XZ	应力	Y	Y
S:1, 2, 3	主应力	—	Y
S:INT	应力强度	—	Y
S:EQV	等效应力	—	Y
EPEL:X, Y, Z, XY, YZ, XZ	弹性应变	Y	Y
EPEL:EQV	等效弹性应变 [注 6]	—	Y
EPTH:X, Y, Z, XY, YZ, XZ	热应变	注 2	注 2

(续表)

名 称	定 义	O	R
EPTH:EQV	等效热应变 [注6]	注2	注2
EPPL:X, Y, Z, XY, YZ, XZ	塑性应变[注7]	注1	注1
EPPL:EQV	等效塑性应变 [注6]	注1	注1
EPCR:X, Y, Z, XY, YZ, XZ	蠕变应变	注1	注1
EPCR:EQV	等效蠕变应变[注6]	注1	注1
EPTO:X, Y, Z, XY, YZ, XZ	总机械应变(EPEL + EPPL + EPCR)	Y	—
EPTO:EQV	总等效机械应变 (EPEL + EPPL + EPCR)	Y	—
NL:SEPL	塑性屈服应力	注1	注1
NL:EPEQ	累积等效塑性应变	注1	注1
NL:CREQ	累积等效蠕变应变	注1	注1
NL:SRAT	塑性屈服(1 = 屈服，0 = 未屈服)	注1	注1
NL:HPRES	静水压力	注1	注1
SEND:ELASTIC, PLASTIC, CREEP	应变能密度（变形比能）	—	注1
LOCI:X, Y, Z	积分点位置	—	注4
SVAR:1, 2, … , N	状态变量	—	注5

注：[1] 只有在单元有非线性材料，或启用了大挠曲效应（NLGEOM，ON）时输出。
　　[2] 只有在单元有热载荷时输出。
　　[3] 只有在质心作为*GET 项时可用。
　　[4] 仅当 OUTRES,LOCI 时使用。
　　[5] 仅在使用子程序 UserMat 和命令 TB,STATE 时可用。
　　[6] 等效应变使用有效泊松比。对于弹性应变和热应变由 MP,PRXY 设置，对于塑性应变和蠕变应变该值设定为 0.5。
　　[7] 对形状记忆合金材料模型，应变输出为塑性应变 EPPL。

表 12-14　项目和序列号表

变量名	ETABLE 和 ESOL 命令输入项							
	Item	I	J	K	L	M	N	O	P
P1	SMISC	2	1	4	3	–	–	–	–
P2	SMISC	5	6	–	–	8	7	–	–
P3	SMISC	–	9	10	–	–	12	11	–
P4	SMISC	–	–	13	14	–	–	16	15
P5	SMISC	18	–	–	17	19	–	–	20
P6	SMISC	–	–	–	-	21	22	23	24

如图 12-34 所示，单元应力方向平行于全局坐标系方向。

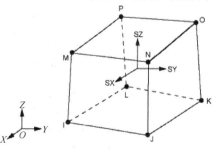

图 12-34　单元应力方向

6）SOLID185 均匀结构实体单元注意事项

（1）单元体积不能为零。

（2）单元节点编号如图 12-33 所示，面 IJKL 和 MNOP 可以互换。直接创建单元时如果输入节点顺序不正确的话，会导致单元扭曲成分离的两部分。

（3）所有单元都必须有 8 个节点。如图 12-33 所示，可以通过定义重复节点编号形成棱柱、金字塔和四面体形单元。

（4）为退化形状单元指定完全积分的 $\bar{B}$ 方法或增强应变法，使用退化位移函数和常规积分方案。

（5）如果使用混合方法（KEYOPT(6)=1），则不支持带阻尼的特征值求解，且必须使用稀疏求解器。

（6）对于循环对称模态分析，建议使用增强应变法。

（7）应力刚化在几何非线性分析中（NLGEOM，ON）始终适用，预应力可以通过 PSTRES 命令激活。

12.2.9 SOLID186

1）SOLID186 单元描述

SOLID186 是一个 3D 20 节点实体单元，是具有二次位移函数的高阶单元，每个节点有三个自由度，沿 x、y 和 z 方向的移动。单元具有塑性、超弹性、蠕变、应力刚化、大挠曲、大应变能力，它还具有用混合方程模拟几乎不可压缩弹塑性材料和完全不可压缩超弹性材料的能力。

SOLID186 有两种形式：均匀的结构实体（KEYOPT(3)=0，默认）、分层的结构实体（KEYOPT(3)=1），SOLID186 单元的低阶单元是 SOLID185。

2）SOLID186 均匀结构实体单元说明

该单元十分适合于不规则形状结构的网格划分，可具有任意的空间方向。

3）SOLID186 均匀结构实体单元输入数据

如图 12-35 所示为单元的几何形状、节点位置和单元坐标系。可以通过定义重复节点形成棱柱、金字塔和四面体形单元，SOLID187 与该单元类似，但为 10 节点四面体单元。

图 12-35　SOLID186 几何描述

单元由 20 个节点和正交各向异性材料性能定义，正交异性材料的方向与单元坐标系方向一致，默认的单元坐标系沿着全局坐标系方向。

节点载荷包括节点位移约束和节点力。压力是单元的面载荷，单元面编号见图 12-35，压力为正时指向单元。温度作为体载荷可以在节点上输入，节点 I 温度为 T(I)，默认值为 TUNIF；如果其他的所有温度没有指定，则默认为 T(I)；如果指定了所有角节点的温度，各中间节点的温度默认为相邻角节点温度的平均值；对于其他的输入模式，未指定的温度默认为 TUNIF。

可用 ESYS 命令定义单元坐标系，以便定义正交各向异性材料的方向。使用 RSYS 命令来选择结果坐标系是材料坐标系或全局坐标系。使用超弹材料时，应力和应变始终是在全球直角坐标系下输出，而不是材料、单元坐标系。

KEYOPT(6) = 1 时使用 u-P 混合方程。可用 INISTATE 命令施加单元初始应力。

该单元自动计入压力刚化效应。当因为压力刚化效应而导致非对称刚度矩阵时，需要使用 NROPT,UNSYM 命令。

SOLID186 单元输入摘要如下。

节点：I、J、K、L、M、N、O、P、Q、R、S、T、U、V、W、X、Y、Z、A、B。

自由度：UX、UY、UZ。

实常数：没有。

材料属性：EX/ EY/ EZ（弹性模量）、PRXY/PRYZ/PRXZ 或 NUXY/NUYZ/NUXZ（泊松比）、GXY/ GYZ/GXZ（剪切模量）、ALPX/ALPY/ALPZ（线膨胀系数）或 CTEX/CTEY/CTEZ（瞬时热膨胀系数）或 THSX/THSY/THSZ（热应变）、DENS（密度）、ALPD（质量阻尼系数 α）、BETD（刚度阻尼系数 β）。

表面载荷：压力。face 1，J-I-L-K；face 2，I-J-N-M；face 3，J-K-O-N；face 4，K-L-P-O；face 5，L-I-M-P；face 6，M-N-O-P。

体载荷：温度。T(I)、T(J)、T(K)、T(L)、T(M)、T(N)、T(O)、T(P)、T(Q)、T(R)、T(S)、T(T)、T(U)、T(V)、T(W)、T(X)、T(Y)、T(Z)、T(A)、T(B)。

支持特性：单元生死、单元技术自动选择、初应力、大挠度、大应变、线性扰动、材料力评价、非线性稳定、应力刚化。

KEYOPT(2)：单元技术选项。为 0 时，均匀缩减积分法（默认）；为 1 时，完全积分法。

KEYOPT(3)：层结构选项。为 0 时，均匀的结构实体（默认）；为 1 时，分层的结构实体。

KEYOPT(6)：单元公式选项。为 0 时，用纯位移法（默认）；为 1 时，使用 u-P 混合方程。

4）SOLID186 均匀结构实体技术

SOLID186 单元支持均匀缩减积分法、完全积分法。

均匀缩减积分法有助于防止在体积几乎不可压缩时发生体积闭锁。然而，为使沙漏模式不在模型中传播，应在模型的每个方向上至少有两层单元。

完全积分法不会引起沙漏模式，但体积几乎不可压缩时可能发生体积闭锁。这种方法主要用于纯线性分析，或当模型在每个方向上仅有一层单元时。

5）SOLID186 均匀结构实体单元输出数据

单元结果输出包括节点解和单元解，其定义如表 12-15 所示，表 12-16 中列出了可通过 ETABLE 命令用序列号方式输出的数据。

表 12-15 SOLID186 单元输出的定义

名 称	定 义	O	R
EL	单元编号	—	Y
NODES	节点 I、J、K、L、M、N、O、P	—	Y
MAT	材料模型编号	—	Y
VOLU:	体积	—	Y
XC, YC, ZC	输出单元结果的位置	Y	注3
PRES	压力 P1 在节点 J, I, L, K; P2 在 I, J, N, M; P3 在 J, K, O, N; P4 在 K, L, P, O; P5 在 L, I, M, P; P6 在 M, N, O, P	—	Y
TEMP	温度 T(I)、T(J)、T(K)、T(L)、T(M)、T(N)、T(O)、T(P)。	—	Y
S:X, Y, Z, XY, YZ, XZ	应力	Y	Y
S:1, 2, 3	主应力	—	Y
S:INT	应力强度	—	Y
S:EQV	等效应力	—	Y
EPEL:X, Y, Z, XY, YZ, XZ	弹性应变	Y	Y
EPEL:EQV	等效弹性应变 [注6]	Y	Y
EPTH:X, Y, Z, XY, YZ, XZ	热应变	注2	注2
EPTH:EQV	等效热应变 [注6]	注2	注2
EPPL:X, Y, Z, XY, YZ, XZ	塑性应变[注7]	注1	注1
EPPL:EQV	等效塑性应变 [注6]	注1	注1
EPCR:X, Y, Z, XY, YZ, XZ	蠕变应变	注1	注1
EPCR:EQV	等效蠕变应变[注6]	注1	注1
EPTO:X, Y, Z, XY, YZ, XZ	总机械应变(EPEL + EPPL + EPCR)	Y	—
EPTO:EQV	总等效机械应变 (EPEL + EPPL + EPCR)	Y	—
NL:SEPL	塑性屈服应力	注1	注1
NL:EPEQ	累积等效塑性应变	注1	注1
NL:CREQ	累积等效蠕变应变	注1	注1
NL:SRAT	塑性屈服(1 = 屈服，0 =未屈服)	注1	注1
NL:HPRES	静水压力	注1	注1
SEND:ELASTIC, PLASTIC, CREEP	应变能密度（变形比能）	—	注1
LOCI:X, Y, Z	积分点位置	—	注4
SVAR:1, 2, ... , N	状态变量	—	注5

注：[1] 只有在单元有非线性材料，或启用了大挠曲效应（NLGEOM, ON）时输出。
 [2] 只有在单元有热载荷时输出。
 [3] 只有在质心作为*GET 项时可用。
 [4] 仅当 OUTRES,LOCI 时使用。
 [5] 仅在使用子程序 UserMat 和命令 TB,STATE 时可用。
 [6] 等效应变使用有效泊松比。对于弹性应变和热应变由 MP,PRXY 设置，对于塑性应变和蠕变应变该值设定为 0.5。
 [7] 对形状记忆合金材料模型，应变输出为塑性应变 EPPL。

表 12-16 项目和序列号表

变量名	ETABLE 和 ESOL 命令输入项								
	Item	I	J	K	L	M	N	O	P	Q,...,B
P1	SMISC	2	1	4	3	—	—	—	—
P2	SMISC	5	6	—	—	8	7	—	—
P3	SMISC	—	9	10	—	—	12	11	—
P4	SMISC	—	—	13	14	—	—	16	15
P5	SMISC	18	—	—	17	19	—	—	20
P6	SMISC	—	—	—	—	21	22	23	24

如图 12-36 所示，单元应力方向平行于单元坐标系方向。

6）SOLID186 均匀结构实体单元注意事项

（1）单元体积不能为零。

（2）单元节点编号如图 12-35 所示，面 IJKL 和 MNOP 可以互换。直接创建单元时如果输入节点顺序不正确的话，会导致单元扭曲成分离的两部分。

（3）当删除单元边上中间节点时，则沿该边位移按线性变化，而不是按抛物线规律变化。

（4）在使用均匀缩减积分法（KEYOPT(2) = 0）时，为避免出现沙漏模式，应在模型的每个方向上至少有两个单元。

（5）单元退化成棱柱、金字塔和四面体形状时，会使用相应的退化位移函数。其中，金字塔形状应慎用，使用金字塔形状时单元尺寸要小，以尽量减小应力梯度。金字塔单元最好用于内部填充或单元过渡区。

（6）如果使用混合方法（KEYOPT(6)=1），则不能移去中间节点，不推荐使用退化形状，且必须使用稀疏求解器（默认）。

（7）应力刚化在几何非线性分析中（NLGEOM，ON）始终适用，预应力可以通过 PSTRES 命令激活。

实例 E12-6　在离心力作用下的循环对称结构分析

问题描述：分析如图 12-37 所示的圆盘在高速旋转时因为离心力作用产生的应力和变形。

图 12-36　单元应力方向

图 12-37　圆盘

```
N=4000 $ R1=0.05 $ R2=0.2 $ ANG=36      !转速 N（r/min）、内半径 R1、外半径 R2、扇区角度 ANG
/PREP7                                   !进入预处理器
ET, 1, SOLID186                          !选择单元类型
MP, EX, 1, 2E11 $ MP, PRXY, 1, 0.3 $ MP, DENS, 1, 7800
                                         !定义材料模型，密度为 7800
CYL4,0,0,R2,- ANG/2,R1, ANG/2,0.005 $ CYL4,0.09,0,0.01,,,,0.005
                                         !创建圆柱体
CYL4,0.14266,0.04635,0.02 ,,,,0.005$ CYL4,0.14266,-0.04635,0.02,,,,0.005
VSBV,1,ALL                               !作布尔减运算，形成基本扇区
SMRTSIZE,4 $ ESIZE,0.0025 $ VSWEEP,ALL   !指定单元尺寸，扫略单元
FINI                                     !退出预处理器
/SOLU                                    !进入求解器
CSYS,1                                   !切换全局圆柱坐标系为活跃坐标系
```

```
ASEL,S,LOC,Y,-ANG/2 $ ASEL,A,LOC,Y,ANG/2 $ DA,ALL,SYMM
                                    !选择基本扇区的两侧表面，施加对称约束
ALLS $ DA,4,UZ                      !在面 4 上施加约束
OMEGA,,,N*2*3.14/60                 !施加绕全局 z 轴的角速度载荷
SOLVE                               !求解
FINI                                !退出求解器
/POST1                              !进入通用后处理器
RSYS,1                              !设置结果坐标系为全局圆柱坐标系
PLNSOL,S,X $ PLNSOL,S,Y             !显示径向应力和切向应力云图
PLNSOL,U,X                          !显示径向变形云图
FINI                                !退出通用后处理器
```

12.2.10 SHELL181

1. SHELL181 单元描述

SHELL181 适合分析薄到中等厚度壳结构，该单元有 4 个节点，每个节点有 6 个自由度：沿 x、y 和 z 方向的平移，以及绕 x、y 和 z 轴的转动。如果采用薄膜选项，则只有平移自由度。退化的三角形选项（图 12-38）只在填充单元时使用。

图 12-38 SHELL181 几何描述

SHELL181 非常适合线性分析、包括大转动和（或）大应变的非线性分析。非线性分析中壳的厚度可以变化。该单元支持完全积分和缩减积分。该单元考虑分布压力载荷的随动效应。

SHELL181 可用于创建复合壳体或夹层结构等分层结构，复合壳体的计算精度由一阶剪切变形理论（通常的 Mindlin-Reissner 壳理论）决定。

该单元公式基于对数应变和真实应力。单元支持有限膜应变（拉伸），但假定在一个时间增量内曲率变化是很小的。

2. SHELL181 输入数据

如图 12-38 所示为单元的几何形状、节点位置和单元坐标系，该单元由壳横截面信息及四个节点 I、J、K 和 L 定义。

1）单层壳的定义

可以用如下命令通过定义截面来定义壳厚度和其他信息：

SECTYPE, SHELL

SECDATA,THICKNESS

定义单层壳截面还提供了积分点的数量、材料方向等其他选项。

2）多层壳的定义

壳截面的创建命令允许定义多层壳，可为每层指定厚度、材料、方向和积分点的数量。

可以用壳截面创建命令为各层指定沿厚度方向的积分点数目，该积分点数目可选择为 1、3、5、7 或 9。如果只有 1 个，则该点位于该层顶面和底面的中间位置。如果是三个或更多个点，则两个点分别位于该层顶面和底面上，其余点分布在两点之间且各点距离相等。默认时每层厚度方向有三个积分点，但当定义单层壳和存在塑性时，该数目在求解时改变为至少是 5。

在定义壳的层时，可以使用以下附加功能：

（1）SHELL181 接受预积分的壳截面类型（SECTYPE, GENS）。

（2）当单元与 GENS 类型截面关联时，厚度、材料的定义不是必需的。

（3）可以使用函数工具定义厚度为全局（或局部）坐标或节点号的函数（SECFUNCTION）。

（4）可以指定偏移（SECOFFSET）。

（5）截面可以用来自 FiberSIM.xml 文件的数据部分定义（SECTYPE, SHELL，FIBERSIM）。

3）其他输入

该单元 S1 轴（壳表面坐标）默认方向与单元中心的第一参数方向对齐，单元第一参数方向为从 LI 边中点到 JK 边中点方向，即图 12-38 所示的 x_0 方向。对于矩形单元，默认方向与坐标系中相同（第一表面方向与 IJ 边对齐）。对于空间翘曲或以其他方式扭曲的单元，因为在单元内采用单积分点（默认），采用默认方向表示应力状态更好。

可以用 SECDATA 命令指定旋转角度 THETA 来改变每层的第一表面方向 S1。对某个单元，可以在单元平面内指定单一的旋转角度，支持层方向设置。可以用 ESYS 命令定义单元坐标系方向。

该单元支持退化的三角形形状。但是，除非用于填充单元和薄膜分析（KEYOPT(1)= 1）时，否则不推荐使用。在大挠度薄膜分析时，三角形单元一般比较可靠。

选择 KEYOPT(1)= 2 时，可计算外表面的应力和应变。当作为三维单元表面的覆盖单元使用时，此选项是类似于表面应力选项，但其更经常且适合应用于非线性分析。在这种情况下，该单元不提供任何的刚度、质量和载荷。该选项只能用于单层壳。对于其他设置，SHELL181 总是输出层中心处的应力和应变。

SHELL 单元用罚函数法建立独立旋转自由度（绕壳表面法线）和面内位移分量的关系，在默认情况下，ANSYS 会选择适当的罚刚度，旋转刚度系数可以通过 SECCONTROL 命令来指定。

节点载荷包括节点位移约束和节点力。压力是单元的面载荷，单元面编号见图 12-38，压力为正时指向单元。因为壳侧边上压力输入的是单位长度上力的大小，所以每单位面积数值等于该输入值与壳的厚度相乘。

温度作为体载荷可以在单元外表面的角部和层间界面的角部输入。第一个角部的温度 T1

的默认值为 TUNIF。如果其他的所有温度未指定，则默认为 T1。当 KEYOPT(1)= 0 时，且正确输入了 NL + 1（NL 为层数）组温度，则各组温度被依次施加于各层的四个角部，最后一组温度用于顶层的四个角部。当 KEYOPT(1)=1 时，且正确输入了 NL 个温度，则每层四个角各施加一个温度，即 T1 用于 T1、T2、T3 和 T4，T2（输入值）用于 T5、T6、T7 和 T8 等。对于其他的任何输入方式，未指定的温度均默认为 TUNIF。

SHELL181 使用 KEYOPT(3)控制选择一致缩减积分和非协调的完全积分。为提高非线性分析的性能，默认使用一致缩减积分。

用沙漏控制的缩减积分有些使用限制。例如，图 12-39 所示的发生面内弯曲的悬臂梁及带加强筋的悬臂梁，在梁厚度方向必须有一定数量的单元。使用一致缩减积分获得的单元性能提升足以与划分更多的单元相当，在相对精细的网格划分中，很大程度上沙漏问题可以不必考虑。

图 12-39 悬臂梁

当使用了缩减积分选项，可通过比较总能量（ETABLE 中的 SENE）和沙漏控制产生的伪能量（ETABLE 中的 AENE）来检查求解结果的精度。如果伪能量与总能量的比值小于 5%，则结果一般是可接受的。总能量和伪能量也可在求解计算过程中用 OUTPR,VENG 监测。

双线性位移函数单元采用完全积分时，面内弯曲刚度较大。SHELL181 使用非协调模式以提高弯曲为主问题的结果精度，此方法也被称为"附加形函数法"或"泡沫法"，该方法能通过分片试验。当采用非协调模式时，必须使用完全积分，KEYOPT(3)= 2 意味着包括非协调模式和完全积分。KEYOPT(3)=2 时，SHELL181 没有伪机械能。即便是粗糙网格，此特殊方法也有很高的精度。

当采用默认选项且遇到任何与沙漏相关的困难问题时，可选择 KEYOPT(3)=2。如果网格较粗糙且单元以面内弯曲为主，选择 KEYOPT(3)=2 也是必要的。ANSYS 建议所有的分层单元也采用该选项。

KEYOPT(3)= 2 限制条件较少，可尽量选择此选项。当然可以如图 12-39 所示悬臂梁那样，根据问题特点选择合适的选项以改善单元的性能。该悬臂梁是用壳建模、主要承受面内弯曲的典型实例，在这种情况下，使用 KEYOPT(3)= 2 是最有效的选择。而缩减积分需要精细的网格，例如，上述悬臂梁问题缩减积分需要沿梁厚度有四个单元，而用非协调模式的完全积分只需要一个单元。对于带筋板的结构，最有效的选择是筋板选 KEYOPT(3)=2，其余壳选 KEYOPT(3)=0。

当指定 KEYOPT(3)=0 时，SHELL181 用沙漏控制方法分析薄膜和弯曲模式。默认时，SHELL181 为金属材料和超弹性材料计算沙漏参数。可用 SECCONTROL 命令指定沙漏刚度比例因子。

当 KEYOPT(5)= 1 时，单元包括初始曲率效应，可计算由有效曲率变化而产生的壳膜、厚度应变。该公式在曲壳结构模拟中通常有更高的精确度，尤其是在厚度应变较显著时，或者材料在厚度方向上的各向异性不能忽略时，或者厚壳结构是不均衡叠层结构或壳偏移时。各单元的初始曲率从节点处壳法线方向计算，每个节点的壳法线由周围 SHELL181 单元壳法线求平均值得到。粗糙或高度扭曲的壳单元可能在恢复单元曲率时会导致显著的错误，因此该选项仅用于足够光滑和精细的网格。为确保原始网格计算正确性，在曲率计算时若节点法线与单元壳法线的夹角大于 25°，节点法线会被替换为单元壳法线。

SHELL181 包括横向剪切变形的线性效应。为避免剪切闭锁，使用 Bathe-Dvorkin 假定剪切应变公式，单元的横向剪切刚度是一个 2×2 矩阵，如式（12-1）所示。

$$E = \begin{bmatrix} E_{11} & E_{12} \\ \text{sym} & E_{22} \end{bmatrix} \quad (12\text{-}1)$$

横向剪切刚度用 SECCONTROL 命令定义。对于各向同性材料的单层壳，默认横向剪切刚度如式（12-2）所示。

$$E = \begin{bmatrix} kGh & 0 \\ 0 & kGh \end{bmatrix} \quad (12\text{-}2)$$

式中，k =5/6，G 为剪切模量，h 为壳的厚度。

SHELL181 可以使用线弹性、弹塑性、蠕变、超弹性等材料特性。弹性材料只有各向同性、各向异性和正交各向异性线弹性材料可以使用，von Mises 屈服、等向强化塑性模型可以使用的选项有 BISO（双线性等向强化）、MISO（多线性等向强化）和 NLISO（非线性等向强化），随动强化塑性模型可以使用的选项有 BKIN（双线性随动强化）、MKIN 和 KINH（多线性随动强化）、CHAB（非线性随动强化）。塑性分析时假定弹性性质是各向同性的，而正交各向异性弹性材料的塑性分析，ANSYS 假定弹性模量为 EX 和泊松比为 NUXY。

包括 2、3、5 或 9 参数的 Mooney-Rivlin 材料模型、Neo-Hookean 模型、多项式模型、Arruda-Boyce 模型、用户自定义模型等超弹性材料，均可以使用该单元。泊松比用于指定材料的可压缩性，如果小于 0，泊松比被设定为 0；如果大于或等于 0.5，泊松比设定为 0.5（完全不可压缩）。

各向同性和正交各向异性的热膨胀系数都可以使用 MP,ALPX 输入。若为超弹性材料，则假定为各向同性膨胀。可用 TREF 命令指定全局参考温度。如果用 MP,REFT 命令定义了单元材料模型的参考温度，则在该单元用材料模型的参考温度取代全局参考温度。如果用 MP,REFT 命令定义了层材料模型的参考温度，则在该层用材料模型的参考温度取代全局及单元参考温度。

采用沙漏控制的缩减积分（KEYOPT(3)=0）时，如果使用的质量矩阵与积分规则不一致，就会出现低频伪模态。SHELL181 使用投影法能有效地过滤该单元沙漏模式的惯性贡献部分，为此必须使用一致质量矩阵。在用该单元进行模态分析时，建议用 LUMPM,OFF 命令关闭集中质量矩阵。但采用完全积分（KEYOPT(3)=2）时，集中质量选项是可以使用的。

KEYOPT(8)=2 时，在结果文件中存储单层或多层壳单元中面的结果数据。该单元用 SHELL,MID 命令指定计算中面结果时，得到的是直接计算值，而不是顶部和底部结果的平均值。当顶部和底部结果的平均值不适合时，应使用该选项来获得正确的中面结果（膜结果）。例如，非线性材料分析时的中面应力和应变，在谱分析模态组合时涉及中面结果的平方操作等。

KEYOPT(9)=1 时，可从用户子程序读取初始厚度。

可用 INISTATE 命令施加单元初始应力。

该单元自动计入压力刚化效应。当因为压力刚化效应而导致非对称刚度矩阵时，需要使用 NROPT,UNSYM 命令。

4）SHELL181 单元输入摘要

节点：I、J、K、L。

自由度：当 KEYOPT(1) = 0 时，UX、UY、UZ、ROTX、ROTY、ROTZ；当 KEYOPT(1) = 1 时，UX、UY、UZ。

实常数：没有。

材料属性：EX/ EY/ EZ（弹性模量）、PRXY/PRYZ/PRXZ 或 NUXY/NUYZ/NUXZ（泊松比）、ALPX/ALPY/ALPZ（线膨胀系数）或 CTEX/CTEY/CTEZ（瞬时热膨胀系数）或 THSX/THSY/THSZ（热应变）、DENS（密度）、GXY/ GYZ/GXZ（剪切模量）、ALPD（质量阻尼系数 α）。

用 MAT 命令为单元（所有层）指定 BETD（刚度阻尼系数 β）、ALPD 和 DMPR（常量的材料阻尼系数）等材料性能。

可以为单元指定 REFT（参考温度），也可以为每一层指定参考温度。

表面载荷：压力。face 1, I-J-K-L（底面、沿法线正向）；face 2, I-J-K-L (顶面、沿法线负方向)；face 3, J-I；face 4, K-J；face 5, L-K；face 6, I-L。

体载荷：温度。对于 KEYOPT(1)=0（弯曲和薄膜分析），T1、T2、T3、T4 为层 1 的底面角部温度，T5、T6、T7、T8 为层 1、2 界面处角部温度；下一层同样，如果共有 NL 层，则最多有 4（NL+1）个温度。对于单元的一个层，共需施加 8 个温度。对于 KEYOPT(1)=1（仅薄膜分析），T1、T2、T3、T4 为层 1 的角部温度，T5、T6、T7、T8 为 2 层的角部温度，其他层类似，对所有层最多有 4 NL 个温度。因此，对于单元的一个层，共需施加 4 个温度。

支持特性：单元生死、单元技术自动选择、初应力、大挠度、大应变、线性扰动、非线性稳定、分层壳截面及预积分的普通均匀壳截面、应力刚化。

KEYOPT(1)：单元刚度选项。为 0 时，弯曲和薄膜刚度（默认）；为 1 时，只有薄膜刚度；为 2 时，只计算应力、应变。

KEYOPT(3)：积分选项。为 0 时，沙漏控制的缩减积分（默认）；为 1 时，非协调的完全积分。

KEYOPT(5)：曲壳公式选项。为 0 时，标准公式（默认）；为 1 时，考虑初始曲率效应的高级公式。

KEYOPT(8)：层数据存储选项。为 0 时，仅存储多层单元的底层底部和顶层顶部的数据（默认）；为 1 时，存储多层单元所有层顶部和底部的数据（注：数据量可能过大）；为 2 时，存储单层或多层单元所有层的顶部、底部和中面数据。

KEYOPT(9)：用户厚度选项。为 0 时，不使用用户子程序定义初始厚度（默认）；为 1 时，从用户子程序 UTHICK 读取初始厚度。

3. 输出数据

单元结果输出包括节点解和单元解，其定义如表 12-17 所示，表 12-18 中列出了可通过 ETABLE 命令用序列号方式输出的数据。

表 12-17　SHELL181 单元输出的定义

名　称	定　义	O	R
EL	单元编号和名称	Y	Y
NODES	节点 I、J、K、L	—	Y
MAT	材料模型编号	—	Y
THICK	平均厚度	—	Y
VOLU:	体积	—	Y
XC, YC, ZC	输出单元结果的位置	Y	注 4
PRES	压力 P1 在节点 I,J,K,L；P2 在 I,J,K,L；P3 在 J, I；P4 在 K,J；P5 在 L,K；P6 在 I,L	—	Y
TEMP	T1、T2、T3、T4 为层 1 的底部温度，T5、T6、T7、T8 为层 1、2 界面处角部温度；下一层同样，如果共有 NL 层，则最多有 4（NL+1）个温度	—	Y
LOC	顶面、中面、底面或积分点位置	—	注 1
S:X, Y, Z, XY, YZ, XZ	应力	注 3	注 1
S:1, 2, 3	主应力	—	注 1
S:INT	应力强度	—	注 1
S:EQV	等效应力	—	注 1
EPEL:X, Y, Z, XY	弹性应变	注 3	注 1
EPEL:EQV	等效弹性应变 [注 7]	—	注 1
EPTH:X, Y, Z, XY	热应变	注 3	注 1
EPTH:EQV	等效热应变 [注 7]	—	注 1
EPPL:X, Y, Z, XY	平均塑性应变	注 3	注 2
EPPL:EQV	等效塑性应变 [注 7]	—	注 2
EPCR:X, Y, Z, XY	平均蠕变应变	注 3	注 2
EPCR:EQV	等效蠕变应变[注 7]	—	注 2
EPTO:X, Y, Z, XY	总机械应变(EPEL + EPPL + EPCR)	注 3	—
EPTO:EQV	总等效机械应变 (EPEL + EPPL + EPCR)	—	—
NL:SEPL	塑性屈服应力	—	注 2
NL:EPEQ	累积等效塑性应变	—	注 2
NL:CREQ	累积等效蠕变应变	—	注 2
NL:SRAT	塑性屈服(1 = 屈服，0 = 未屈服)	—	注 2
NL:PLWK	塑性功/体积	—	注 2
NL:HPRES	静水压力	—	注 2
SEND:ELASTIC, PLASTIC, CREEP	应变能密度（变形比能）	—	注 2
N11, N22, N12	单位长度上的面内的力	—	Y
M11, M22, M12	单位长度上的面外的力矩	—	注 8
Q13, Q23	单位长度上的横向剪切力	—	注 8
$\varepsilon_{11}, \varepsilon_{22}, \varepsilon_{12}$	薄膜应变	—	Y
k_{11}, k_{22}, k_{12}	曲率	—	注 8
γ_{13}, γ_{23}	横向剪切应变	—	注 8
LOCI:X, Y, Z	积分点位置	—	注 5

（续表）

名 称	定 义	O	R
SVAR:1, 2, …, N	状态变量	—	注6
ILSXZ	层间剪切应力 SXZ	—	Y
ILSYZ	层间剪切应力 SYZ	—	Y
ILSUM	层间剪切应力矢量的大小	—	Y
ILANG	层间剪切应力矢量的角度（从单元 x 轴朝 y 轴方向测量，单位：度）	—	Y
Sm: 11, 22, 12	薄膜应力	—	Y
Sb: 11, 22, 12	弯曲应力	—	Y
Sp: 11, 22, 12	峰值应力	—	Y
St: 13, 23	平均横向剪切应力	—	Y

注：[1] 输出顶面、中面、底面应力结果。

[2] 非线性求解时输出顶面、中面、底面结果，只有在单元有非线性材料，或启用了大挠曲效应（NLGEOM, ON）时输出。

[3] 应力、总应变、塑性应变、弹性应变、蠕变应变和热应变可在单元坐标系下输出（在厚度方向的所有截面点）。如果使用层，则结果在该层的坐标系下输出。

[4] 只有在质心作为*GET 项时可用。

[5] 仅当 OUTRES,LOCI 时使用。

[6] 仅在使用子程序 UserMat 和命令 TB,STATE 时可用。

[7] 等效应变使用有效泊松比。对于弹性应变和热应变由 MP,PRXY 设置，对于塑性应变和蠕变应变该值设定为 0.5。

[8] 只有薄膜刚度时（KEYOPT(1)=1）此结果不可用。

表 12-18 项目和序列号表

变 量 名	ETABLE 和 ESOL 命令输入项					
	Item	E	I	J	K	L
N11	SMISC	1	—	—	—	—
N22	SMISC	2	—	—	—	—
N12	SMISC	3	—	—	—	—
M11	SMISC	4	—	—	—	—
M22	SMISC	5	—	—	—	—
M12	SMISC	6	—	—	—	—
Q13	SMISC	7	—	—	—	—
Q23	SMISC	8	—	—	—	—
$\varepsilon 11$	SMISC	9	—	—	—	—
$\varepsilon 22$	SMISC	10	—	—	—	—
$\varepsilon 12$	SMISC	11	—	—	—	—
k11	SMISC	12	—	—	—	—
k22	SMISC	13	—	—	—	—
k12	SMISC	14	—	—	—	—
$\gamma 13$	SMISC	15	—	—	—	—
$\gamma 23$	SMISC	16	—	—	—	—
THICK	SMISC	17	—	—	—	—
P1	SMISC	—	18	19	20	21
P2	SMISC	—	22	23	24	25

(续表)

变量名	ETABLE 和 ESOL 命令输入项					
	Item	E	I	J	K	L
P3	SMISC	—	27	26	—	—
P4	SMISC	—	—	29	28	—
P5	SMISC	—	—	—	31	30
P6	SMISC	—	32	—	—	33
Sm: 11	SMISC	34	—	—	—	—
Sm: 22	SMISC	35	—	—	—	—
Sm: 12	SMISC	36	—	—	—	—
Sb: 11	SMISC	37	—	—	—	—
Sb: 22	SMISC	38	—	—	—	—
Sb: 12	SMISC	39	—	—	—	—
Sp: 11 (壳底部)	SMISC	40	—	—	—	—
Sp: 22 (壳底部)	SMISC	41	—	—	—	—
Sp: 12 (壳底部)	SMISC	42	—	—	—	—
Sp: 11 (壳顶部)	SMISC	43	—	—	—	—
Sp: 22 (壳顶部)	SMISC	44	—	—	—	—
Sp: 12 (壳顶部)	SMISC	45	—	—	—	—
St: 13	SMISC	46	—	—	—	—
St: 23	SMISC	47	—	—	—	—

变量名	ETABLE 和 ESOL 命令输入项		
	Item	第 i 层底部	第 NL 层顶部
ILSXZ	SMISC	8 (i - 1) + 51	8 (NL - 1) + 52
ILSYZ	SMISC	8 (i - 1) + 53	8 (NL - 1) + 54
ILSUM	SMISC	8 (i - 1) + 55	8 (NL - 1) + 56
ILANG	SMISC	8 (i - 1) + 57	8 (NL - 1) + 58

部分应力输出项目如图 12-40 所示。KEYOPT(8)选项控制输出到结果文件的数据类型，LAYER 命令可指定进行数据处理的层序号。层间剪切应力 SYZ 和 SXZ 可在层界面上计算。KEYOPT(8)必须被设置为 1 或 2，才能在通用后处理器 POST1 输出这些应力。

因为膜应变和单元曲率的原因，单元广义应力结果（如 N11、M11、Q13）平行于单元坐标系，而广义应变只能用 SMISC 选项获得单元质心处的结果。横向剪切力 Q13、Q23 只有合成形式，可用 SMISC,7 或 8 获得。横向剪切应变 $\gamma 13$ 和 $\gamma 23$ 均沿厚度方向不变，分别用 SMISC,15 和 SMISC,16 获得。

ANSYS 计算关于壳参考平面的力矩 M11、M22、M12。在默认情况下，壳参考平面是壳的中面，也可以用 SECOFFSET 命令偏移参考平面到任意其他指定位置。设参考平面和中面的偏移量为 L，则关于中面的力矩 $\overline{M11}$、$\overline{M22}$、$\overline{M12}$ 可以由关于参考平面的广义应力计算得到：

图 12-40　单元应力输出

$$\begin{cases} \overline{M11} = M11 - L \times N11 \\ \overline{M22} = M22 - L \times N22 \\ \overline{M12} = M12 - L \times N12 \end{cases} \quad (12\text{-}3)$$

SHELL181 不支持很多单元基本输出，但 POST1 提供更全面的输出处理工具，可用 OUTRES 命令将要求的结果存储在数据库中。

4．注意事项

（1）除了作为填充单元外，建议不要使用该单元的三角形式，尤其是在高应力梯度区。

（2）单元面积不能为零。零面积单元最常发生在单元编号错误时。

（3）单元厚度不能为零，也不能在角点渐变为零，但允许零厚度层。

（4）多载荷步求解时，不能在载荷步间改变单元层数。

（5）当单元使用预积分壳截面，有附加限制。

（6）当使用缩减积分（KEYOPT(3)= 0）计算不平衡层结构时，SHELL181 忽略转动惯量的影响，且假定所有的惯性作用都发生在节点平面上，即单元的质量特性对不平衡层结构和偏移没有影响。

（7）多数复合分析都需要捕捉应力梯度，建议设置 KEYOPT(3)= 2。

（8）假定单元层之间无相对滑动，剪切变形已包含在单元位移函数中，假定原中面法线变形后仍然为直线。

（9）壳截面的横向剪切刚度由能量等效方法估算得到（广义截面力和应变对照材料的应力和应变），单元相邻层的杨氏模量比值越大，计算的准确性越差。

（10）层间剪切应力计算是基于简化的单向假定及各方向弯曲互不影响。若想得到更精确的层间剪切应力计算结果，可采用壳-实体子模型技术。

（11）在定义叠层截面时允许使用超弹材料模型和弹塑性材料模型，但求解精确程度会受壳理论的基本假设限制，最好采用实体模型。

（12）超弹材料层方向角无效。

（13）在使用该单元模拟包括带不平衡叠层结构或壳偏移的厚曲壳结构前，要在一个简单的典型模型上用完整的 3D 实体单元模型进行验证。可能会低估厚曲壳的刚度，尤其是偏移量较大且结构受扭矩作用时，这时可考虑使用曲壳公式（KEYOPT(5)=1）。

（14）沿单元厚度方向应力即法向应力 SZ 始终为零。

（15）该单元用全牛顿-拉普森法（NROPT,FULL,ON）求解效果最好。

（16）应力刚化在几何非线性分析中（NLGEOM,ON）始终适用，预应力效用可以通过 PSTRES 命令激活。

（17）在非线性分析时，如果某积分点上定义的非零厚度变为零（即小于指定公差），则求解过程终止。

（18）当单层截面只有一个积分点时，或 KEYOPT(1) = 1 时，该单元没有弯曲刚度，可能导致求解和收敛困难。

实例 E12-7　SHELL181 单元的应用

1）基本应用

```
/PREP7                                          !进入预处理器
ET, 1, SHELL181                                 !选择单元类型
MP, EX, 1, 2E11 $ MP, PRXY, 1, 0.3              !定义材料模型
SECT,1,SHELL $ SECDATA, 0.005                   !创建壳截面
RECTNG,0,0.15,-0.05,0.05                        !创建矩形面
CYL4,0.015,-0.035,0.005 $ CYL4,0.015,0.035,0.005 !创建圆形面
CYL4,0.135,-0.035,0.005 $ CYL4,0.135,0.035,0.005 $ ASBA,1,ALL
                                                !创建圆形面，对面做布尔减运算
K,31 $ K,32,0.1 $ K,33,,,0.07 $ A,31,32,33      !创建关键点，由关键点创建面
KWPAVE,32 $ WPROT,0,90 $ ASBW,6                 !用工作平面切割面
WPROT,0,0,90 $ ASBW,ALL
NUMMRG,KP                                       !合并关键点
ESIZE,0.005 $ AMESH,ALL $ KREF,24, , ,1,3       !创建有限元模型
FINI                                            !退出预处理器
/SOLU                                           !进入求解器
LSEL,S,LOC,X $ DL,ALL,,ALL                      !在选定线上施加全约束
ASEL,S,LOC,Z $ SFA,ALL,1,PRES,0.5E6 $ ALLS      !在选定面上施加压力载荷
SOLVE                                           !求解
FINI                                            !退出求解器
/POST1                                          !进入通用后处理器
/ESHAPE,1                                       !按壳截面定义显示单元形状
PLNSOL,U,SUM $ PLNSOL, S,EQV                    !显示变形云图和等效应力云图
FINI                                            !退出求解器
```

2）用绑定接触创建有限元模型

```
/PREP7                                          !进入预处理器
ET, 1, SHELL181                                 !选择单元类型
ET, 2, TARGE170 $ KEYOPT, 2, 5, 2               !目标单元、SHELL-SHELL 约束
ET, 3, CONTA175 $ KEYOPT, 3, 2, 2 $ KEYOPT, 3, 12, 5
                                                !接触单元、MPC 算法、接触面行为为绑定
MP, EX, 1, 2E11 $ MP, PRXY, 1, 0.3              !定义材料模型
SECT,1,SHELL $ SECDATA, 0.005                   !创建壳截面
RECTNG,0,0.15,-0.05,0.05                        !创建矩形面
CYL4,0.015,-0.035,0.005 $ CYL4,0.015,0.035,0.005    !创建圆形面
CYL4,0.135,-0.035,0.005 $ CYL4,0.135,0.035,0.005$ ASBA,1,ALL
                                                !创建圆形面，对面做布尔减运算
K,31 $ K,32,0.1 $   K,33,,,0.07 $ A,31,32,33    !创建关键点，由关键点创建面
ESIZE,0.005 $ AMESH,ALL $ KREF,32, , ,1,3       !创建有限元模型
LSEL,S,,,21 $ NSLL,S,1 $ TYPE, 3 $ ESURF        !创建接触单元
ALLS $ ASEL, S,,,6 $ NSLA, S, 1 $ TYPE, 2 $ ESURF !创建目标单元
FINI                                            !退出预处理器
/SOLU                                           !进入求解器
LSEL,S,LOC,X $ DL,ALL,,ALL                      !在选定线上施加全约束
ASEL,S,LOC,Z $ SFA,ALL,1,PRES,0.5E6             !在选定面上施加压力载荷
ALLS $ SOLVE                                    !求解
FINI                                            !退出求解器
/POST1                                          !进入通用后处理器
/ESHAPE,1                                       !按壳截面定义显示单元形状
PLNSOL,U,SUM $ PLNSOL, S,EQV                    !显示变形云图和等效应力云图
FINI                                            !退出通用后处理器
```

12.3 ANSYS 结构分析常用材料模型

12.3.1 常用材料模型的分类

ANSYS 结构分析使用的材料属性参数有线性参数（Linear）、非线性参数（Nonlinear）、密度（Density）、热膨胀参数（Thermal Expansion）、阻尼（Damping）、摩擦系数（Friction Coefficient）、特殊材料（Specialized Materials）等。所谓材料模型就是一组分析所需要的材

线弹性材料 (Linear Elastic) { 各向同性(Isotropic) 正交各向异性(Orthotropic) 各向异性(Anisotropic)

图 12-41 线性材料模型

料特性参数，可分为线性、非线性和特殊材料等三类，ANSYS 结构分析使用的线性和非线性材料模型如图 12-41 和图 12-42 所示，图中各符号含义：B—双线性（Bilinear）、M—多线性（Multilinear）、N—非线性（Nonlinear）、E—显式（Explicit）、I—隐式（Implicit）。线弹性材料特性用 MP 命令输入，非线性材料和特殊材料特性用 TB、TBDATA 命令输入。

图 12-42　非线性材料模型

12.3.2　常用材料模型的创建

1）各向同性线弹性材料模型
用 MP 命令输入所需参数，例如，定义碳钢的线弹性材料模型为：
MP, EX, 1, 2E11　　　　　　　　　　　!弹性模量/Pa
MP, PRXY, 1, 0.3　　　　　　　　　　　!泊松比
MP, DENS, 1, 7800　　　　　　　　　　!密度/kg/m³

2）正交各向异性线弹性材料模型
用 MP 命令输入所需参数，例如，某碳纤维增强聚合物材料模型为：

!正交各向异性材料需要 9 个独立的弹性常数：3 个弹性模量、3 个主泊松比和 3 个剪切模量
MP, EX, 1, 175E9 $ MP, EY, 1, 32E9 $ MP, EZ, 1, 8.3E9   !弹性模量/Pa
MP, PRXY, 1, 0.25 $ MP, PRYZ 1, 0.31 $ MP, PRXZ, 1, 0.25   !主泊松比
MP, GXY, 1, 12E9 $ MP, GYZ, 1, 5.7E9 $ MP, GXZ, 1, 12E9   !剪切模量/Pa

3）双线性等向强化模型

用两种斜率（弹性和塑性）来表示材料应力应变行为的经典材料模型（与应变率无关）。用 MP 命令输入弹性模量、泊松比和密度，用 TB 和 TBDATA 命令输入屈服强度和切线模量。如镍合金的材料模型为：

MP,EX,1,1.8E11   !弹性模量/Pa
MP,PRXY,1,0.31   !泊松比
MP,DENS,1,8490   !密度/kg/m^3
TB,BISO,1   !定义双线性等向强化模型
TBDATA,1,900E6, 445E6   !屈服极限/Pa、切向模量/Pa

4）双线性随动强化模型

用两种斜率（弹性和塑性）来表示材料应力应变行为的经典材料模型（与应变率无关）。用 MP 命令输入弹性模量、泊松比和密度，用 TB 和 TBDATA 命令输入屈服强度和切线模量。如钛合金的材料模型为：

MP,EX,1,1E11   !弹性模量/Pa
MP,PRXY,1,0.36   !泊松比
MP,DENS,1,4650   !密度/kg/m^3
TB,BKIN,1   !定义双线性随动强化模型
TBDATA,1,70E6, 112E6   !屈服极限/Pa、切向模量/Pa

12.4 直接生成有限元模型

12.4.1 节点的创建和操作

1）创建节点

菜单：Main Menu→Preprocessor→Modeling→Create→Nodes→In Active CS
　　　Main Menu→Preprocessor→Modeling→Create→Nodes→On Working Plane
命令：N, NODE, X, Y, Z, THXY, THYZ, THZX

命令说明：NODE 为节点编号，默认时最大编号加 1。如果输入的节点编号与已有的节点相同，则覆盖已有节点。X,Y,Z 为在当前激活坐标系上的坐标值。THXY, THYZ, THZX 为节点坐标系统 z 轴、x 轴和 y 轴的旋转角度。默认时节点坐标系平行于全球直角坐标系。

2）在两个节点间填充多个节点

菜单：Main Menu→Preprocessor→Modeling→Create→Nodes→Fill between Nds
命令：FILL, NODE1, NODE2, NFILL, NSTRT, NINC, ITIME, INC, SPACE

命令说明：NODE1, NODE2 为要填充两个节点的编号。NFILL 为要填充节点的数目。NSTRT 指定要填充的第一个节点的编号。NINC 指定要填充节点编号的增量。ITIME 为填充的次数，INC 为每次填充时 NODE1, NODE2, NSTRT 的增量。SPACE 为间距比，即最后的间距与

第一个间距的比值，默认时为 1，即等间距。新创建节点相邻间距的比值相等，位置与当前激活坐标系有关。

3）按二次曲线填充节点

菜单：Main Menu→Preprocessor→Modeling→Create→Nodes→Quadratic Fill

命令：QUAD, NODE1, NINTR, NODE2, NFILL, NSTRT, NINC, PKFAC

命令说明：NODE1, NINTR, NODE2 用于定义二次曲线，分别为起点、通过点、终点。NFILL 为要填充节点的数目。NSTRT 指定要填充的第一个节点的编号。NINC 指定要填充节点编号的增量。PKFAC 为顶点位置因子，PKFAC =0.5 时，顶点在 NINTR 处；0<PKFAC<0.5 时，顶点在 NINTR 和 NODE2 之间；0.5<PKFAC<1 时，顶点在 NODE1 和 NINTR 之间。

4）复制节点

菜单：Main Menu→Preprocessor→Modeling→Copy→Nodes→Copy

命令：NGEN, ITIME, INC, NODE1, NODE2, NINC, DX, DY, DZ, SPACE

命令说明：ITIME 为复制的次数，INC 为生成节点的编号增量。NODE1, NODE2, NINC 指定源节点，按编号从 NODE1 到 NODE2 增量为 NINC 定义节点的范围，NODE1 =ALL 时，对所有选定的节点进行复制，NODE1 可以使用组件的名称。DX, DY, DZ 为当前活跃坐标系下的坐标增量。SPACE 为间距比，即最后的间距与第一个间距的比值，默认时为 1，即等间距。

5）其他的节点创建和操作命令

CENTER：在 2 或 3 个节点的圆心处创建一个节点。

NSYM：镜像节点。当前活跃坐标系可以是直角或非直角坐标系。

NSCALE：缩放或移动节点。

12.4.2 单元的创建和操作

1）连接节点创建单元

菜单：Main Menu→Preprocessor→Modeling→Create→Elements–Auto Numbered→Thru Nodes

命令：E, I, J, K, L, M, N, O, P

命令说明：I, J, K, L, M, N, O, P 为节点编号。

指定节点的顺序、相对位置、数目等必须与单元类型的要求匹配。该命令最多可指定 8 个节点，可使用 EMORE 命令指定更多的节点。单元编号自动生成。单元使用 MAT、TYPE、REAL、SECNUM 和 ESYS 属性的当前或默认值。

2）复制单元

菜单：Main Menu→Preprocessor→Modeling→Copy→Elements→Auto Numbered

命令：EGEN, ITIME, NINC, IEL1, IEL2, IEINC, MINC, TINC, RINC, CINC, SINC, DX, DY, DZ

命令说明：ITIME 为复制的次数，NINC 为生成节点的编号增量。IEL1, IEL2, IEINC 指定源单元，按编号从 IEL1 到 IEL2（默认为 IEL1）增量为 IEINC（默认为 1）定义单元的范围；IEL1=ALL 时，对所有选定的单元进行复制，IEL1 可以使用组件的名称。MINC, TINC, RINC, CINC, SINC 为材料模型、单元类型、实常数集、单元坐标系、截面 ID 编号增量。DX, DY, DZ 为生成单元的节点不存在时，节点位置增量。

使用 EGEN 命令复制单元之前，可以先创建或复制生成单元的节点。

实例 E12-8　直接生成有限元模型的实例

```
L=10 $ M=15 $ O=5 $ R=0.06 $ A=0.3 $ H=0.04
                                    !点数和尺寸
/PREP7                              !进入预处理器
ET, 1, SOLID185                     !选择单元类型
MP, EX, 1, 2E11 $ MP, PRXY, 1, 0.3  !创建材料模型
CSYS,1                              !将全局圆柱坐标系切换为活跃坐标系
N,1,R $ N,L,A $ N,(M-1)*L+1,R,90 $ N,M*L,A,90
                                    !创建节点
FILL, 1, (M-1)*L+1, M-2, L+1,L      !填充节点
CSYS,0                              !将全局直角坐标系切换为活跃坐标系
FILL, L, M*L, M-2, 2*L,L            !填充节点
*DO,I,1,M $ FILL, (I-1)*L+1, I*L, L-2, (I-1)*L+2,1,,,4 $ *ENDDO
                                    !填充节点
NGEN,O, M*L, ALL, , , , ,- H/(O-1),1  !复制节点
E,1,2,L+2,L+1,1+ M*L,2+ M*L,L,L+2+ M*L,L+1+ M*L
                                    !创建单元
EGEN, L-1, 1, ALL $ EGEN, M-1, L, ALL $ EGEN, O-1, M*L, ALL
                                    !复制单元
NSYM, X, L*M*O,ALL $ NSYM, Y, 2* L*M*O,ALL
                                    !镜像节点
ESYM, , L*M*O,ALL $ ESYM, , 2*L*M*O,ALL
                                    !镜像单元
NUMMRG,NODE, , ,LOW                 !合并节点
FINI                                !退出预处理器，模型见图 12-43
```

图 12-43　有限元模型

12.5　创建有限元模型的高级技术

12.5.1　自适应单元划分

ANSYS 自适应网格划分是基于误差估计的。软件通过建立模型、求解，得到计算结果并进行误差估计，以确定网格划分是否足够细。如果不够的话，程序会自动细化网格以减少误差，通过一系列求解和误差估计过程，最终使得误差低于用户指定的数值。

1）自适应网格划分的先决条件

ANSYS 进行自适应网格划分，要使用软件预先定义好的宏 ADAPT.MAC。使用该宏，用户创建的模型必须满足以下条件：

（1）标准的 ADAPT 过程只适用于单次求解的线性静力结构分析和线性稳态热分析。

（2）应只使用一种材料模型。因为 ANSYS 误差计算是根据平均节点应力进行的，平均节点应力在不同材料过渡位置上往往是不能计算的。单元的能量误差与材料弹性模量有关，因此，两个相邻单元即使应力连续，能量误差也会由于材料不同而不一致。另外，模型中应避免

出现壳单元厚度突变,因为这也会造成应力平均出现问题。

(3) 应使用支持误差计算的单元类型。

(4) 实体模型必须是可以划分网格的。

2) 自适应网格划分的基本过程

(1) 与普通的线性静力结构分析和线性稳态热分析一样,先进入预处理器 PREP7,按上述要求指定单元类型、实常数集、材料模型。

(2) 建立分析的实体模型,用户可以不指定单元大小、不划分网格,ADAPT 宏会自动划分网格。

(3) 在预处理器 PREP7 或者求解器 SOLUTION 中,指定分析类型、分析选项,施加约束和载荷。在标准的 ADAPT 过程中,仅可以施加实体载荷和惯性载荷。

(4) 如果在预处理器 PREP7 中,要退出预处理器。

(5) 在开始(BEGIN)级或求解器 SOLUTION 中,执行 ADAPT 宏,激活自适应网格划分。

(6) 查看结果。

3) 自适应网格划分的一些说明

(1) 选择自适应网格划分区域。如果模型的某个区域网格划分对误差影响较小,或者存在应力奇异点等,可以将这些区域从自适应网格划分中排除,以提高分析速度。

用户可以通过构造面选择集或体选择集来选择自适应网格划分区域。此时,ADAPT 宏只在选择的区域调整网格的大小,但在执行 ADAPT 宏之前必须在预处理器 PREP7 中对整个模型划分网格。

(2) 可以对标准 ADAPT 宏进行修改,以适应用户的特殊要求。

(3) 虽然不必指定单元初始尺寸,但合理指定却有利于自适应收敛。

(4) 映射网格划分适用于 2D 实体和 3D 壳单元,但面的映射划分效果不明显。

(5) 映射网格划分适用于 3D 实体单元,对体进行映射划分比自由划分效果要好得多。

(6) 在自适应网格划分时,有中间节点的单元比线性单元要好。

(7) 不要使用集中力或尖角等引起奇异性的结构。

(8) 在多数情况下,用一系列小的简单区域代替大的复杂区域会得到更好的网格划分。

(9) 在已知的最大响应位置创建一个关键点。

(10) 可以在 Jobname.ADPT 文件中查看自适应网格划分部分以确定出错原因。

(11) 模型中有过度扭曲时,网格划分就会出错。

4) ADAPT 宏命令

菜单:Main Menu→Solution→Solve→Adaptive Mesh

命令:ADAPT, NSOLN, STARGT, TTARGT, FACMN, FACMX, KYKPS, KYMAC

命令说明:NSOLN 为允许求解的次数,最小为 1,默认为 5。STARGT,TTARGT 分别为以能量形式定义的结构、热误差百分比,当小于该值时,自适应网格划分及求解过程结束,默认为 5;如果输入-1,则没有设置。STARGT 用于结构分析,TTARGT 用于热分析。FACMN,FACMX 为在关键点附近的单元尺寸缩放的最小、最大因子,默认值分别为 0.25 和 2。KYKPS=0(默认)时,在所有关键点处修改单元尺寸;KYKPS=1 时,仅在选择的关键点处修改单元尺寸,其他部分不进行自适应网格划分,这需要在其他部分预先划分网格。KYMAC=0(默认)时,使用标准的 ADAPT.MAC 文件;KYMAC=1 时,使用用户编写的辅助宏文件。

实例 E12-9　自适应网格划分实例——受压薄板

1）问题描述

如图 12-44 所示为一钢制带圆孔受压薄板，一端固定，一端受压力 p 作用，p=10MPa，试计算薄板的强度。

图 12-44　受压薄板

2）命令流

```
/PREP7                                              !打开预处理器
ET,1,PLANE182                                       !选择单元类型
MP,EX,1,2E11 $ MP,PRXY,1,0.3                        !创建材料模型
RECTNG,0,0.03,0,0.1$RECTNG,0.03,0.17,0,0.1$RECTNG,0.17,0.2,0,0.1   !创建矩形面
AGLUE,ALL                                           !粘接面
CYL4,0.1,0.05,0,,0.01                               !创建圆面
ASBA,4,2                                            !作布尔减运算
SMRT,OFF                                            !关闭智能网格
AMESH,ALL                                           !划分单元
DL,4,,ALL                                           !在线上施加约束
SFL,10,PRES,10E6                                    !在线上施加压力载荷
FINISH                                              !退出预处理器
ASEL,S,,,3                                          !选择自适应网格划分区域
ADAPT,10                                            !激活自适应网格划分
/POST1                                              !进入通用后处理器
ALLS                                                !选择所有
EPLOT                                               !显示单元
PLNSOL,S,EQV,0,1                                    !显示 von Mises 应力云图
FINISH                                              !退出通用后处理器
```

12.5.2　子模型技术

1）概述

用有限元法进行结构分析时，常遇到以下问题：当结构具有凹槽或孔洞时，其附近将发生应力集中，即该处的应力很大而且变化剧烈。为了正确反映此项应力，必须把该处的网格划分得很密，但是网格加密以后会加大计算量，耗费过多的计算时间，而且如果相邻单元的尺寸相差过于悬殊，可能还会引起很大的计算误差。这时，为了解决问题，可将计算分成两次进行。首先，建立一个总体网格密度比较稀疏的粗糙模型，只是把关心区域附近的网格划分得比别处稍微密一些，以粗略反映关心区域的应力分布情况，如图 12-45（a）。这时，主要的目的在于计

算出别处的结果，并计算出 AB 一线上各节点的位移。第二次计算时，只以 $ABCD$ 部分为计算对象建立子模型，如图 12-45（b）所示，把凹槽或孔洞附近的网格划分得充分细密，而将第一次计算所得的 AB 一线上各节点的位移作为已知量输入，即可将凹槽、孔洞附近关心区域的结果计算得充分精密，该方法称作子模型技术。

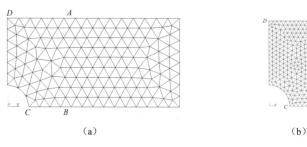

图 12-45 子模型技术

2）子模型技术的特点
（1）减少甚至取消了有限元实体模型中所需的复杂传递区域。
（2）使得用户可以在感兴趣的区域就不同的设计（如不同的圆角半径）进行分析。
（3）帮助用户验证网格划分是否足够细。
（4）节约计算时间，减少工作量。
（5）模型中只能使用 SOLID、SHELL 单元。
（6）过程较烦琐。

3）子模型方法的步骤
子模型方法是以粗糙模型的分析结果为边界条件对子模型进行二次分析的过程，主要包括 5 个步骤：
（1）生成并分析较粗糙模型。
（2）生成子模型。生成子模型的过程相当于进行一个新模型的创建，但是子模型所采用的单元类型、单元实常数和材料特性应与粗糙模型完全相同，子模型的位置(相对全局坐标原点)应与粗糙模型的相应部分完全相同。
（3）形成切割边界插值。这是子模型法的关键步骤，实际上是定义子模型相对于粗糙模型的边界位置。在 ANSYS 中，子模型的边界不必选择通过粗糙模型的节点，而是可以任意选择。当定义好一个任意的边界后，ANSYS 会自动根据粗糙模型上节点位移值插值计算出子模型边界上的位移值。
（4）分析子模型。
（5）子模型的合理性验证。

实例 E12-10 子模型技术实例——受压薄板

1）问题描述
分析模型仍然采用图 12-44 所示的受压薄板，分析其 von Mises 应力分布情况。由于结构形状和载荷存在对称性，可取薄板的四分之一并施加对称约束进行分析。

2）命令流
!建立并分析粗糙模型

```
FINI $ /CLEAR $ /FILNAME,Plane                    !新建分析
L=0.2 $ B=0.1 $ T=0.01 $ R=0.01                    !板长度 L、宽度 B、厚度 T，孔半径 R
/PREP7                                             !打开预处理器
ET,1,SOLID186                                      !选择单元类型
MP,EX,1,2E11 $ MP,PRXY,1,0.3                       !创建材料模型
BLOCK,0,L/2,0,B/2,0,T $ CYLIND,R,0,T,0,360 $ VSBV,1,2    !创建几何模型
ESIZE,0.04 $ MSHAPE,1 $ MSHKEY,0 $ VMESH,3         !创建有限元模型
FINI                                               !退出预处理器
/SOLU                                              !打开求解器
DA,11,UY $ DA,12,UX $ DA,15,UZ                     !在面上施加约束
SFA, 6,,PRES,-1E7                                  !在面上施加压力载荷
SOLVE                                              !求解
SAVE                                               !保存数据库
FINI                                               !退出求解器
!建立子模型
/CLEAR                                             !清除数据库，开始新分析
L=0.2 $ B=0.1 $ T=0.01 $ R=0.01                    !板长度 L、宽度 B、厚度 T，孔半径 R
/FILNAME,SUBMODE                                   !定义新的任务名
/PREP7                                             !打开预处理器
ET,1, SOLID186                                     !定义单元类型
MP,EX,1,2E11 $ MP,PRXY,1,0.3                       !创建材料模型
BLOCK,0,3*R,0, 3*R,0,T $ CYLIND,R,0,T,0,360 $ VSBV,1,2   !创建几何体
SMRTSIZE,4 $ ESIZE,0.005 $ MSHAPE,1 $ MSHKEY,0 $ VMESH,3    !创建有限元模型
NSEL,S,LOC,X, 3*R $ NSEL,A,LOC,Y, 3*R              !选择切割边界上节点
NWRITE                                             !将切割边界上节点写入 Jobname.NODE 文件
ALLS                                               !选择所有
SAVE                                               !保存数据库
FINI                                               !退出预处理器
!形成切割边界插值
RESUME, Plane,DB                                   !恢复粗糙模型的数据库
/POST1                                             !进入通用后处理器
FILE, Plane,RST                                    !读粗糙模型的结果文件
CBDOF                                              !对切割边界插值
FINI                                               !退出通用后处理器
!求解子模型
RESUME,SUBMODE,DB                                  !恢复子模型的数据库
/SOLU                                              !进入求解器
DA,11,UY $ DA,12,UX $ DA,15,UZ                     !在面上施加约束
/INPUT, SUBMODE,CBDO                               !施加切割边界自由度约束
SOLVE                                              !求解子模型
FINI                                               !退出求解器
/POST1                                             !进入通用后处理器
PLNSOL,S, EQV                                      !显示 von Mises 应力云图
FINI                                               !退出通用后处理器
```

第13章 加载和求解

载荷是有限元模型的物理条件,有限元分析是求解有限元模型在载荷作用下的响应。ANSYS的载荷是广义的,既包括作用于结构上的力,也包括其位移边界条件。

13.1 载荷和载荷步

13.1.1 载荷的类型

1) 不同物理学科的载荷类型
(1) 结构分析。包括位移、力、压力、温度等。
(2) 热分析。包括温度、热流率、对流、热生成率、无限表面等。
(3) 磁场分析。包括磁势、励磁电压、磁通量、磁电流、流源密度、无限表面等。
(4) 电场分析。包括电位、电流、电荷、电荷密度、无限表面等。
(5) 流体场分析。包括速度、压力等。

2) 按载荷性质和作用位置分类
按载荷性质和作用位置分共有6类,包括DOC约束、集中载荷、表面载荷、体载荷、惯性载荷和耦合场载荷。
(1) DOC约束 (DOF Constraint)。将选定的节点自由度指定为已知量,也称为位移边界条件。在结构分析中为节点位移。
(2) 集中载荷 (Force)。它是作用在节点上的力载荷,结构分析为力和力矩。
(3) 表面载荷 (Surface load)。它是作用在结构表面上的力载荷,结构分析为压力。
(4) 体载荷 (Body load)。它是作用在整个结构上的力载荷,结构分析有温度载荷等。
(5) 惯性载荷 (Inertia load)。它是由结构惯性引起的力载荷,结构分析包括由于重力加速度、角速度、角加速度引起的惯性载荷。
(6) 耦合场载荷 (Coupled field load)。将一种物理场分析的结果作为另一种物理场分析的载荷,例如,将流体场分析得到的压力作为结构分析的力载荷。

3) 按载荷作用的模型类型分类
按载荷作用的模型类型可分为实体模型载荷和有限元模型载荷。实体模型载荷施加在几何实体模型的关键点、线、面和体上,有限元模型载荷施加在有限元模型的节点和单元上。

实体模型载荷独立于有限元模型,不受有限元网格改变的影响。由于一般情况下实体模型的关键点、线、面和体数量远少于节点、单元的数量,在几何实体上加载比在有限元模型上加载更方便、更简单,尤其是在GUI操作时。但在几何实体上加载时载荷的方向要受到限制。而在有限元模型上加载优缺点与几何实体上加载相反。

在求解前,ANSYS会自动将实体模型载荷转换为有限元模型载荷。因此,如果在有限元模型的单元或节点上施加了载荷，同时在包含该单元或节点的实体模型上也施加了载荷，则后者会覆盖前者。用户也可进行人工转换。

13.1.2 载荷步、子步和平衡迭代

1）载荷步（Load Steps）

ANSYS 用载荷步表示载荷的历程。如图 13-1 所示，在载荷过程中，载荷步①是线性加载的过程，载荷步②载荷保持恒定，载荷步③是卸载的过程。

ANSYS 只支持如图 13-1 所示的斜坡载荷和阶跃载荷两种载荷的变化形式，按其他形式变化的载荷需要离散为这两种形式。

2）子步（Substeps）

子步是一个载荷步内的计算点，时间步长（Time Step Size）就是子步之间的时间间隔。在不同分析中，子步的作用是不同的。

图 13-1 载荷步

（1）在非线性静态或稳态分析中，使用子步是为了逐渐施加载荷以便能获得精确解。

（2）在瞬态分析中，使用子步是为了满足瞬态时间积分法则，即为获得精确解，时间步长应小于一个极限值。

（3）在谐波分析中，一个子步是一个频率，使用多个子步可获得频率范围内多个频率处的解。

3）平衡迭代（Equilibrium Iterations）

平衡迭代是求解非线性问题时在子步上为达到收敛而反复进行的迭代、修正计算。

4）ANSYS 时间（Time）的意义

在瞬态分析或者与速率有关的静态分析（蠕变和黏塑性）中，ANSYS 时间与通常的时间意义相同，载荷步的开始和结束点就是实际时间的起点和终点。

在与时间无关的分析中，ANSYS 时间是识别载荷步和子步的计数器。例如，ANSYS 会自动将第一个载荷步结束时间指定为 1，将第二个载荷步结束时间指定为 2，而如果第一个载荷步和第二个载荷步间有 4 个子步，则指定第二个子步时间为 1.2。

13.1.3 载荷步选项

载荷步选项包括对载荷进行控制的选项和其他选项，包括常规选项、动力学选项、非线性选项、输出控制选项、其他选项等。不同载荷步的载荷步选项是可以不同的。

1．常规选项

常规选项包括对瞬态和静态分析时载荷步结束时间、子步数或时间步长、斜坡载荷或阶跃载荷、用于热应力计算的参考温度等的设置。

可按菜单路径 Main Menu→Solution→Sol'n Controls 执行命令，打开如图 13-2 所示的"Solution Controls"对话框，多数的常规选项都可以在该对话框下设置。

图 13-2 Solution Controls 对话框

1）时间选项

命令：TIME, TIME

该选项指定在瞬态和静态分析中载荷步的结束时间。在瞬态分析或者与速率有关的分析中，参数 TIME 是真实的物理时间；在与时间无关的分析中，TIME 是跟踪参数。不能将 TIME 设置为 0，而如果需要以 0 为分析的开始时间，则可以指定一个非常小的值（如 10^{-6}）来近似。如果设置 TIME 为 0 或空白或不设置，则软件使用默认时间，第一个载荷步结束时间为 1，后续载荷步结束时间依次加 1。

2）子步数和时间步长

对于非线性或瞬态分析，需要指定每个载荷步的子步数。DELTIM 命令指定时间步长，NSUBST 命令指定子步数。默认时，每个载荷步用一个子步。

菜单：Main Menu→Preprocessor→Loads→Load Step Opts→Time/Frequenc→Time & Time Step
　　　Main Menu→Solution→Load Step Opts→Time/Frequenc→Time & Time Step

命令：DELTIM, DTIME, DTMIN, DTMAX, Carry

菜单：Main Menu→Preprocessor→Loads→Load Step Opts→Time/Frequenc→Freq & Substeps
　　　Main Menu→Solution→Load Step Opts→Time/Frequenc→Freq & Substeps

命令：NSUBST, NSBSTP, NSBMX, NSBMN, Carry

命令说明：

参数 DTIME 为当前载荷步的时间步长。当自动时间步长打开时，为开始时间步长。如果 SOLCONTROL,ON 和使用接触单元 TARGE169、TARGE170、CONTA171、CONTA172、CONTA173、CONTA174、CONTA175、CONTA176 或 CONTA177 时，根据不同物理问题，DTIME 默认值为载荷步时间跨度的 1 倍或 1/20；如果 SOLCONTROL,ON，但没有使用上述接触单元，默认值等于载荷步的时间跨度；如果 SOLCONTROL,OFF，默认值为最近 DELTIM 命令指定的值。

参数 DTMIN, DTMAX 为自动时间步长打开时的最小时间步长、最大时间步长，DTMAX 应大于 DTMIN。如果 SOLCONTROL,ON，软件根据物理性质确定默认值。如果 SOLCONTROL,OFF，默认值为最近 DELTIM 命令指定的值；当没有最近指定值时，DTMIN 取为 DTIME，DTMAX 取为载荷步的时间跨度。

参数 Carry=OFF 时，使用 DTIME 为每个载荷步的开始时间步长；Carry=ON、自动时间步长打开时，使用上一载荷步最后一个时间步长作为开始时间步长。DELTIM 和 NSUBST 两个命令的 Carry 参数相同。

参数 NSBSTP 为子步数，载荷步的时间跨度除以子步数即时间步长；在自动时间步长打开时，用于定义第一个时间步长。NSBMX, NSBMN 为自动时间步长打开时的最大和最小子步数，由二者可确定最小时间步长、最大时间步长。各参数的默认值与 DELTIM 命令对应参数类似。

3）自动时间步长

菜单：Main Menu→Preprocessor→Loads→Load Step Opts→Time/Frequenc→Time & Time Step

Main Menu→Solution→Load Step Opts→Time/Frequenc→Time & Time Step

命令：AUTOTS, Key

命令说明：Key=OFF，关闭自动时间步长；Key=ON，打开；Key= AUTO，软件指定。

自动时间步长打开时，软件会根据结构的响应、子步内载荷增量的大小等因素自动计算最佳的时间步长。

4）载荷变化类型

菜单：Main Menu→Preprocessor→Loads→Load Step Opts→Time/Frequenc→Time & Time Step

Main Menu→Solution→Load Step Opts→Time/Frequenc→Time & Time Step

命令：KBC, KEY

命令说明：Key=0（默认），斜坡载荷，每个子步的载荷值是上一载荷步和当前载荷步的载荷值的线性插值。Key=1，阶跃载荷，第一个子步的载荷值为当前载荷步的载荷值，且在所有子步中保持不变，只在瞬态分析或者与速率有关的分析中使用。

如果 SOLCONTROL,ON，静态分析、瞬态分析（TIMINT,OFF 时）的默认值为斜坡载荷，瞬态分析（TIMINT,ON 时）的默认值为阶跃载荷；如果 SOLCONTROL,OFF，所有类型的瞬态或非线性分析的默认值均为斜坡载荷。

注意事项：

（1）在同一载荷步中，不要改变 KEY 的值。

（2）当采用斜坡载荷、第一次加载时，总是从 0 开始，而不管载荷的初始状态或前一载荷步自由度的值。

（3）采用表格形式的载荷或边界条件时，载荷值按表格函数确定，而忽略 KBC 的设置。

5）参考温度

菜单：Main Menu→Preprocessor→Loads→Define Loads→Settings→Reference Temp

Main Menu→Solution→Define Loads→Settings→Reference Temp

命令：TREF, TREF

命令说明：参考温度 TREF 按式（13-1）计算热应变，默认值为 0。

$$EPTH = ALPX(T - TREF) \tag{13-1}$$

式中，ALPX 为线膨胀系数，T 为当前温度。

2．动力学选项

此类选项主要应用在瞬态或动态分析中。

1）时间积分效应

菜单：Main Menu→Preprocessor→Loads→Analysis Type→Sol'n Controls→Transient

Main Menu→Solution→Analysis Type→Sol'n Controls→Transient

命令：TIMINT, Key, Lab

命令说明：Key=OFF 时，没有瞬态效应，即静态或稳态；Key=ON 时，包括因质量或惯性产生的瞬态影响。Lab 为自由度标签，可取值为 ALL（默认）、STRUC、THERM、ELECT、MAG、FLUID、DIFFU。

2）谐波分析时载荷的频率范围

菜单：Main Menu→Preprocessor→Loads→Load Step Opts→Time/Frequenc→Freq and Substeps
　　　Main Menu→Solution→Load Step Opts→Time/Frequenc→Freq and Substeps

命令：HARFRQ, FREQB, FREQE, --, LogOpt

命令说明：FREQB, FREQE 为开始、终止频率，计算频率点的间隔为(FREQE −FREQB)/NSBSTP，最后一个点为 FREQE，而 FREQB 不计算。其中，NSBSTP 用 NSUBST 命令定义。LogOpt 为对数频率范围。

3）阻尼

菜单：Main Menu→Preprocessor→Loads→Load Step Opts→Time/Frequenc→Damping
　　　Main Menu→Solution→Load Step Opts→Time/Frequenc→Damping

命令：ALPHAD, VALUE
　　　BETAD, VALU
　　　DMPRAT, RATIO

命令说明：ALPHAD、BETAD、DMPRAT 命令分别定义质量阻尼、刚度阻尼和常量模态阻尼比。

4）瞬态分析选项

菜单：Main Menu→Preprocessor→Loads→Analysis Type→Analysis Options
　　　Main Menu→Solution→Analysis Type→Analysis Options

命令：TRNOPT, Method, MAXMODE, --, MINMODE, MCout, TINTOPT

命令说明：Method 用于指定瞬态分析的求解方法，为 FULL（默认）时，完全法；为 MSUP 时，振型叠加法；为 VT 时，变技术法。MAXMODE, MINMODE 为用振型叠加法计算响应时使用最大和最小模态阶次编号，MAXMODE 的默认值为模态分析计算得到的最高模态，MINMODE 的默认值为 1。MCout 用于控制在振型叠加法时是否输出模态坐标。TINTOPT 选择瞬态分析时的积分方法，为 NMK 或 0（默认）时，Newmark 法；为 HHT 或 1 时，HHT 法（仅在完全法时有效）。

3．非线性选项

1）平衡迭代次数

菜单：Main Menu→Preprocessor→Loads→Load Step Opts→Nonlinear→Equilibrium Iter
　　　Main Menu→Solution→Load Step Opts→Nonlinear→Equilibrium Iter

命令：NEQIT, NEQIT, FORCEkey

命令说明：NEQIT 为每个子步允许的平衡迭代最多次数，SOLCONTROL,ON 时，根据不同物理性质默认值为 15～26；SOLCONTROL,OFF 时，默认值为 25。FORCEkey 用于控制迭代的最少次数。

该选项的目的是限制每个子步的平衡迭代次数。当求解在 NEQIT 范围内不能收敛、且自动时间步长打开时,软件尝试将时间步长减半重新计算。如果重新计算不能进行,软件将终止或进入下一载荷步(根据 NCNV 命令设置)。

2)收敛值

菜单:Main Menu→Preprocessor→Loads→Load Step Opts→Nonlinear→Convergence Crit
　　　Main Menu→Solution→Load Step Opts→Nonlinear→Convergence Crit

命令:CNVTOL, Lab, VALUE, TOLER, NORM, MINREF

命令说明:Lab 为收敛标签,结构分析时,位移收敛(Displacement Convergence)标签有 U(位移)、ROT(转动角度)、HDSP(静水压力);力收敛(Force Convergence)标签有 F(力)、M(力矩)、DVOL(体积)。

VALUE 为 Lab 的参考值,默认值为软件计算参考值或 MINREF 的最大值。对于自由度,该参考值是基于所选择的 NORM 和当前总自由度值;对于力载荷,该参考值是基于所选的 NORM 和施加的载荷。

TOLER 为 VALUE 的相对误差。在 SOLCONTROL,ON 时,公差默认值对于力和力矩为 0.5%,体积为 0.01%,位移但没有转动自由度时为 5%,静水压力为 5%。在 SOLCONTROL,OFF 时,公差默认值对于力和力矩为 0.1%,体积为 0.001%。

NORM 为范数选项。NORM=2(默认)时,为 L2 范数,检查 SRSS 值即残差平方和的平方根;NORM=1 时,为 L1 范数,检查残差绝对值的和;NORM=0 时,为无穷范数,检查每个自由度的值。

MINREF 为程序计算参考值允许的最小值。当 VALUE 为空且 MINREF 小于 0 时,没有最小值。默认值对于力和力矩为 0.01,但当 SOLCONTROL,OFF 时为 1.0。

该命令用于指定平衡迭代的收敛标准值(VALUE*TOLER)。每次迭代后,将计算力或位移的实际范数并与标准值比较,如果小于后者即满足收敛准则时,平衡迭代结束。显然,设置较小的收敛标准值可以提高计算精度,但会增加迭代次数和计算量。下面是自定义收敛准则的例子:

CNVTOL,F,10000,0.005,0

CNVTOL,U,10,0.001,2

采用软件自动控制时,多数情况都同时采用 L2 范数的位移收敛检测和力(以及力矩)收敛检测,公差默认值分别为 5%和 0.5%。

如果用户改变了某个收敛准则,则所有的默认收敛准则都将被覆盖。因此,如果自定义位移收敛准则,也需要重新定义力收敛准则。

3)终止选项

菜单:Main Menu→Preprocessor→Loads→Load Step Opts→Nonlinear→Criteria to Stop
　　　Main Menu→Solution→Load Step Opts→Nonlinear→Criteria to Stop

命令:NCNV, KSTOP, DLIM, ITLIM, ETLIM, CPLIM

命令说明:在迭代不收敛时,若 KSTOP=0,继续分析;若 KSTOP=1(默认),停止分析、退出软件;若 KSTOP=2,停止分析、但不退出软件。DLIM 为节点 DOF 最大值限制,如果超过该限制,则退出软件,默认值为 1E10。ITLIM,ETLIM, CPLIM 分别为累计迭代次数限制、软件运行时间限制和 CPU 运行时间限制,如果超过该限制,则退出软件,默认为没有限制。

4. 输出控制选项

写入数据库 Jobname.DB 和结果文件 Jobname.R**的结果数据,用于结果的后处理,如列表和图形显示。写入输出文件 Jobname.OUT 的结果数据用于打印输出。

1）控制写入数据库和结果文件的结果数据

菜单：Main Menu→Preprocessor→Loads→Load Step Opts→Output Ctrls→DB/Results File

　　　Main Menu→Solution→Load Step Opts→Output Ctrls→DB/Results File

命令：OUTRES, Item, Freq, Cname, -- , NSVAR

命令说明：Item 为写入的结果数据项目。Item=ALL（默认）时，除 LOCI 和 SVAR 的所有项目。Item= CINT 时，为由 CINT 命令生成的所有可用结果。Item= ERASE 时，恢复所有参数为默认值。Item= STAT 时，列表参数的当前值。Item= BASIC 时，NSOL, RSOL, NLOAD, STRS, FGRAD, FFLUX 记录等结果。Item= NSOL 时，节点 DOF 解。Item= RSOL 时，节点支反力解。Item=V 和 A 时，结构全瞬态分析的节点速度、加速度。Item= ESOL 时，单元结果。

Freq 为写入结果的频率。Freq=n 时，每隔 n 个子步（包括最后一个子步）写入一组数据；Freq=－n 时，写入 n 个等间隔子步结果；Freq=ALL 时，所有子步；Freq=LAST 时，最后一个子步（为静分析和瞬态分析的默认值）。

Cname 为组件或部件名，指定只输出该组件或部件的结果。为空时，输出所有实体的结果。

2）控制写入输出文件的结果数据

菜单：Main Menu→Preprocessor→Loads→Load Step Opts→Output Ctrls→Solu Printout

　　　Main Menu→Solution→Load Step Opts→Output Ctrls→Solu Printout

命令：OUTPR, Item, Freq, Cname

命令说明：参数意义与 OUTRES 命令基本相同。

13.2 DOF 约束

施加 DOF 约束就是设置节点自由度的值，并且在求解过程中保持不变。不同物理环境下的 DOF 类型如表 13-1 所示。

表 13-1　不同物理环境下的 DOF 类型

物理环境	DOF 类型	ANSYS 标识	施加 DOF 约束的菜单路径
结构	位移 转角 翘曲	UX、UY、UZ ROTX、ROTY、ROTZ WARP	MainMenu→Preprocessor→Define Load→Apply→Structural→Displacement Main Menu→Solution→Define Load→Apply→Structural→Displacement
热	温度	TEMP	MainMenu→Preprocessor→Define Load→Apply→Thermal→Temperature Main Menu→Solution→Define Load→Apply→Thermal→Temperature
电场	电压 电动势	VOLT EMF	MainMenu→Preprocessor→Define Load→Apply→Electric→Boundary Main Menu→Solution→Define Load→Apply→Electric→Boundary
磁场	矢量势 标量势	AX、AY、AZ MAG	MainMenu→Preprocessor→Define Load→Apply→Magnetic→Boundary Main Menu→Solution→Define Load→Apply→Magnetic→Boundary
流体	速度 压力 湍流动能 湍流耗散率	VX、VY、VZ PRES ENKE ENDS	MainMenu→Preprocessor→Define Load→Apply→Fluid/CFD Main Menu→Solution→Define Load→Apply→Fluid/CFD

13.2.1 施加 DOF 约束

1）在节点上施加 DOF 约束

菜单：Main Menu→Solution→Define Load→Apply→Structural→Displacement→On Nodes

命令：D, Node, Lab, VALUE, VALUE2, NEND, NINC, Lab2, Lab3, Lab4, Lab5, Lab6

命令说明：Node, NEND, NINC 指定施加约束的节点，按编号从 Node 到 NEND（默认为 Node）增量为 NINC（默认为 1）定义单元编号的范围。Node 可以是 ALL 或组件的名称。

Lab 为自由度标签，结构分析时有 UX、UY、UZ、ROTX、ROTY、ROTZ 和 WARP；Lab=ALL 时，为所有有效的自由度。

VALUE 为自由度的值或表格型数组的名称，表格型数组的名称用％tabname％表示。可以使用表格输入的结构自由度包括 UX、UY、UZ、ROTX、ROTY、ROTZ。

VALUE2 为自由度的第二个值。当为复数输入时，VALUE 为实部，VALUE2 为虚部。

Lab2, Lab3, Lab4, Lab5, Lab6 为其他有效的自由度，VALUE 对这些自由度也有效。

自由度的方向由节点坐标系确定，转角自由度的单位为弧度。

2）在关键点上施加 DOF 约束

菜单：Main Menu→Solution→Define Load→Apply→Structural→Displacement→On Keypoints

命令：DK, KPOI, Lab, VALUE, VALUE2, KEXPND, Lab2, Lab3, Lab4, Lab5, Lab6

命令说明：KPOI 为施加约束的关键点，可以是 ALL 或组件的名称。KEXPND 为扩展键，KEXPND=0 时，只在关键点 KPOI 处的节点上施加约束；KEXPND=1 时，约束扩展到两关键点连线上的所有节点。

其余参数意义与 D 命令中对应参数相同。

3）在线上施加 DOF 约束

菜单：Main Menu→Solution→Define Load→Apply→Structural→Displacement→On Lines

命令：DL, LINE, AREA, Lab, Value1, Value2

命令说明：LINE 为施加约束的线，可以是 ALL 或组件的名称。AREA 为包含 LINE 的面编号，只在 Lab= SYMM 和 ASYM 时有效，对称面法线在该面上，默认为选定包含线 LINE 的面中的最小编号。Lab 为自由度标签，结构分析时可取 SYMM、ASYM、UX、UY、UZ、ROTX、ROTY、ROTZ 和 WARP。Value1 为自由度的值或表格型数组的名称，表格型数组的名称用％tabname％表示。可以使用表格输入的结构自由度包括 UX、UY、UZ、ROTX、ROTY、ROTZ。

4）在面上施加 DOF 约束

菜单：Main Menu→Solution→Define Load→Apply→Structural→Displacement→On Areas

命令：DA, AREA, Lab, Value1, Value2

命令说明：AREA 为施加约束的面，可以是 ALL 或组件的名称。

其余参数意义与 DL 命令中对应参数相同。

5）在节点上施加对称和反对称约束

菜单：Main Menu→Solution→Define Load→Apply→Structural→Displacement→Symmetry B.C.→On Nodes

Main Menu→Solution→Define Load→Apply→Structural→Displacement→Antisymm B.C.→On Nodes

命令：DSYM, Lab, Normal, KCN

命令说明：Lab=SYMM，对称约束；Lab=ASYM，反对称约束。Normal 为对称面的法线方向，Normal=X 或 Y 或 Z 时，法线方向为 KCN 坐标系的 X、Y、Z 轴方向。KCN 为坐标系编号，用于指定对称面的法线方向。

ANSYS 处理时，首先将节点坐标系自动旋转到坐标系 KCN，然后再生成零值约束。由 DSYM 命令施加对称和反对称约束产生位移自由度约束如表 13-2 所示。

表 13-2　由对称和反对称约束产生位移自由度约束

Normal	SYMM		ASYM	
	2D	3D	2D	3D
X	UX, ROTZ	UX, ROTZ, ROTY	UY	UY, UZ, ROTX
Y	UY, ROTZ	UY, ROTZ, ROTX	UX	UX, UZ, ROTY
Z	—	UZ, ROTX, ROTY	—	UX, UY, ROTZ

13.2.2　约束操作

DKDELE/ DLDELE/ DADELE/ DDELE：删除在关键点/线/面/节点上的自由度约束。
DTRAN：将施加在几何实体模型上的自由度约束转换到有限元模型。
DLIST/ DKLIST/ DLLIST/ DALIST：列表显示在节点/关键点/线/面上的自由度约束。

13.2.3　对称和反对称约束

充分利用对称性可以有效地减小有限元模型的规模和计算量的大小，对称和反对称是常见的两种对称特性。如图 13-3（a）所示，当结构和载荷都同时对称于某一平面时，称为具有对称性，此时，结构反力、内力、变形、应力等也是对称的。而如图 13-3（b）所示，当结构相对于某一平面是对称的，载荷是反对称的，则称为具有反对称性，此时，结构的反力、内力、变形、应力等也是反对称的。而当在线性对称结构上作用图 13-3（c）所示的任意载荷时，可将问题分解为对称问题和反对称问题的组合。

图 13-3　对称性

可以在 DL 和 DA 命令中选择 SYMM 或 ASYM 标签，或用 DSYM 命令施加对称和反对称约束。也可以如实例 E12-6 那样，直接在对称面上施加垂直该面方向的零值约束作为对称约束。

实例 E13-1　对称性应用实例——作用任意载荷的对称结构

1）问题描述

如图 13-4（a）所示为一圆截面简支梁，跨度 $L=1\text{m}$，圆截面直径 $D=30\text{mm}$，作用在梁上的集中力 $P=1000\text{N}$，作用点距支座 A 的距离 $a=0.2\text{m}$，已知梁材料的弹性模量 $E=2\times10^{11}\text{N/m}^2$。

梁结构具有对称性，载荷是任意的。当进行线性分析时，可将问题分解为图 13-4（b）所示的对称问题和图 13-4（c）所示的反对称问题的组合。

图 13-4　圆截面简支梁

取梁的左半部分为对象，在 O 点分别施加对称约束和反对称约束进行有限元分析，将结果分别进行相加和相减，即可分别得图 13-4（a）所示的简支梁中点左右两半部分的结果。

由材料力学知识可得，梁截面的惯性矩为

$$I = \frac{\pi D^4}{64} = \frac{\pi \times 0.03^4}{64} = 3.976\times10^{-8}\text{ m}^4$$

最大挠度

$$f_{\max} = \frac{Pa}{9\sqrt{3}EIL}\sqrt{\left(L^2-a^2\right)^3}$$

$$= \frac{1000\times 0.2}{9\sqrt{3}\times 2\times 10^{11}\times 3.976\times 10^{-8}}\sqrt{\left(1-0.2^2\right)^3} = 1.517\times 10^{-3}\text{ m}$$

2）命令流

```
L=1 $ R=0.03/2 $ A=0.2 $ P=1000          !梁参数
/FILNAME, E13-4                           !定义任务名
/PREP7                                    !进入预处理器
ET, 1, BEAM188                            !选择单元类型
MP, EX, 1, 2E11 $ MP, PRXY, 1, 0.3        !定义材料模型
SECTYPE,1, BEAM, CSOLID $ SECDATA,R       !定义梁截面
K, 1 $ K, 2, L/2 $ LSTR, 1, 2             !创建梁的一半作为实体模型
HPTCREATE, LINE, 1,,RATIO, 2*A/L          !在直线上创建硬点，用于施加载荷
LESIZE, 1,,,50 $ LMESH, 1                 !创建有限元模型
EMODIF,ALL,SEC,1                          !修改单元截面号为 1
FINISH                                    !退出预处理器
N1= NODE(0,0,0) $ N2= NODE(L/2,0,0)       !获得梁两个端部节点编号 N1、N2
/SOLU                                     !进入求解器
D,ALL,UZ,,,,,ROTX,ROTY                    !在所有节点上施加约束，使梁只在 XY 平面内运动
```

```
D,N1,UX,,,,UY                          !在节点 N1 上施加位移约束，只有 ROTZ 自由
NSEL,S,,,N2 $ DSYM, SYMM, X $ ALLS     !在节点 N2 上施加对称约束，只有 UY 自由
FK, 3, FY, -P/2                        !在硬点上施加集中力载荷
LSWRITE, 1                             !写载荷步文件 1
DDELE, N2, ALL                         !删除第一个载荷步施加在节点 N2 上的位移约束
NSEL,S,,,N2 $ DSYM, ASYM, X $ ALLS     !在节点 N2 上施加反对称约束，UX=ROTY=ROTZ=0
LSWRITE, 2                             !写载荷步文件 2
LSSOLVE, 1, 2, 1                       !从载荷步文件求解
FINISH                                 !退出求解器
/POST1                                 !进入通用后处理器
LCDEF, 1, 1 $ LCDEF, 2, 2              !用载荷步 1、2 创建载荷工况 1、2
LCASE, 1                               !读载荷工况 1 到内存
LCOPER, ADD, 2                         !将载荷工况 2 与内存数据（载荷工况 1）求和
PLDISP                                 !显示变形，与解析解符合
LCWRITE,3,LoadCase3                    !写数据库到文件 LoadCase3，并创建载荷工况 3
FINISH                                 !退出通用后处理器
```

13.2.4 约束冲突

用 DK、DL、DA 等命令在模型上施加约束时，各约束间可能会发生冲突。可能的冲突有：
（1）在两条线的公共关键点上，两个 DL 命令施加的约束互相冲突。
（2）在线的关键点上用 DK 命令施加的约束与在线上用 DL 命令施加的约束冲突。
（3）在两个面的公共关键点或线上，两个 DA 命令施加的约束互相冲突。
（4）在面上用 DA 命令施加的约束与在面的所属线上用 DL 命令施加的约束、在所属关键点用 DK 命令施加的约束互相冲突。

ANSYS 在求解之前，要把施加在实体模型上的约束转换为施加在实体所属节点上的约束，转换的顺序是按施加约束实体编号的升序，首先 DA(DOC)，然后 DA(SYMM 和 ASYM)、DL(DOC)、DL(SYMM 和 ASYM)，最后 DK。其中，DX（X 为 A、L、K）表示施加约束的命令，括弧内表示施加约束的类型。如果存在约束矛盾，在转换过程中，后转换到节点上的约束会覆盖掉先转换过来的约束。在实体上施加的约束会覆盖用 D 命令直接施加在节点上的约束。

13.3 集中载荷

集中载荷是点载荷，它施加在节点或关键点上，其方向由节点坐标系的方向决定。结构分析的集中载荷包括力（FX、FY、FZ）和力矩（MX、MY、MZ）。

1）在节点上施加集中载荷
菜单：Main Menu→Solution→Define Loads→Apply→Structural→Force/Moment→On Nodes
命令：F, NODE, Lab, VALUE, VALUE2, NEND, NINC
命令说明：NODE 为施加集中载荷的节点，可以是 ALL 或组件的名称。Lab 为有效的集中

载荷标签，结构分析有 FX, FY, FZ 及 MX, MY, MZ。VALUE 为集中载荷的值或表格型数组的名称，表格型数组的名称用%tabname%表示。VALUE2 为集中载荷的第二个值，当为复数输入时，VALUE 为实部，VALUE2 为虚部。NEND, NINC 与 NODE 一起构造节点编号的范围，NODE 为第一个、NEND 为最后一个、NINC 为编号增量，集中载荷同样施加在该范围的节点上。

2）在关键点上施加集中载荷

菜单：Main Menu→Solution→Define Loads→Apply→Structural→Force/Moment→On Keypoints

命令：FK, KPOI, Lab, VALUE, VALUE2

命令说明：KPOI 为施加集中载荷的关键点，可以是 ALL 或组件的名称，其余参数与 F 相同。

3）其他集中载荷操作命令

FDELE/FKDELE：删除在节点/关键点上的集中载荷。

FTRAN：将施加在几何实体模型上的集中载荷转换到有限元模型。

FLIST/FKLIST：列表显示在节点/关键点上的集中载荷。

13.4 表面载荷

表面载荷是作用在面法向上的分布载荷，可以施加在模型的面、线、单元或节点上。结构分析时表面载荷是压力。

13.4.1 施加表面载荷

1）在线上施加表面载荷

菜单：Main Menu→Solution→Define Loads→Apply→Structural→Pressure→On Lines

命令：SFL, Line, Lab, VALI, VALJ, VAL2I, VAL2J

命令说明：Line 为施加表面载荷的线，可以是 ALL 或组件的名称。结构分析时 Lab=PRES。VALI, VALJ 为线上第一个和第二个关键点处的表面载荷值，也可以是表格型数组的名称。如果 VALJ 为空，则默认为 VALI。VAL2I, VAL2J 为复数输入时的虚部，而 VALI, VALJ 为实部。

该命令对 2D 面单元、轴对称壳单元的边界线有效，对 3D 实体单元的线无效。对于 2D 面单元，表面载荷值为"力/面积"；对于轴对称壳单元，表面载荷值为"力/长度"。

2）在面上施加表面载荷

菜单：Main Menu→Solution→Define Loads→Apply→Structural→Pressure→On Areas

命令：SFA, Area, LKEY, Lab, VALUE, VALUE2

命令说明：Area 为施加表面载荷的面，可以是 ALL 或组件的名称。LKEY 为施加载荷的面号（默认为1），该值在 ANSYS Help 单元参考中，每种单元类型的单元输入"Surface Loads"项中有专门的介绍。如果施加压力的面是体的表面，则 LKEY 无效。结构分析时 Lab=PRES。VALUE 为表面载荷值，也可以是表格型数组的名称。VALUE2 在结构分析时无效。

该命令对 3D 实体单元和壳单元的面有效，对 2D 面单元无效。

3）在节点上施加表面载荷

菜单：Main Menu→Solution→Define Loads→Apply→Structural→Pressure→On Nodes

命令：SF, Nlist, Lab, VALUE, VALUE2

命令说明：Nlist 为施加表面载荷的节点，可以是 ALL 或组件的名称。结构分析时 Lab=PRES。VALUE 为表面载荷值，也可以是表格型数组的名称。VALUE2 为复数输入时的虚部，而 VALUE 为实部。

Nlist 为用于识别表面的节点列表，其包含的节点数目必须足够定义单元表面，不能只对单个节点使用该命令。施加表面载荷的单元面上所有节点（包括中间节点，如果有的话）及单元本身都必须被选择。如果由节点列表定义的单元面与其他的被选定相邻单元所共享，则表面载荷不被施加。

SF 命令只适用于面和体单元。

4）在单元上施加表面载荷

菜单：Main Menu→Solution→Define Loads→Apply→Structural→Pressure→On Elements

命令：SFE, Elem, LKEY, Lab, KVAL, VAL1, VAL2, VAL3, VAL4

命令说明：Elem 为施加表面载荷的单元，可以是 ALL 或组件的名称。LKEY 为施加载荷的面号（默认为 1），该值在 ANSYS Help 单元参考中，每种单元类型的单元输入"Surface Loads"项中有专门的介绍。结构分析时 Lab=PRES 或 FREQ（只在谐波分析时使用）。KVAL =0 或 1 时，VAL1, VAL2, VAL3, VAL4 用于定义压力的实部；KVAL =2 时，VAL1, VAL2, VAL3, VAL4 用于定义压力的虚部。VAL1 为表面载荷的第一个值（通常在单元面第一个节点处）或表格型数组的名称，单元面上节点顺序在 ANSYS Help 单元参考中给出。VAL2, VAL3, VAL4 为单元面第二、三、四个节点处的表面载荷值，如果三个参数全部为空，则全部默认为 VAL1，在单元上施加常量表面载荷。

5）在梁单元上施加压力载荷

菜单：Main Menu→Solution→Define Loads→Apply→Structural→Pressure→On Beams

命令：SFBEAM, Elem, LKEY, Lab, VALI, VALJ, VAL2I, VAL2J, IOFFST, JOFFST, LENRAT

命令说明：Elem 为施加表面载荷的梁单元，可以是 ALL 或组件的名称。LKEY 为施加载荷的面号（默认为1）。结构分析时 Lab=PRES。如图 13-5 所示，VALI, VALJ 为在节点 I 和 J 处的表面载荷值，若 VALJ 为空，则默认为 VALI；VALJ=0 时，输入 0。VAL2I, VAL2J 为在节点 I 和 J 处的第二个表面载荷值，未使用。IOFFST, JOFFST 为从节点 I、J 的偏移距离。LENRAT 为偏移距离标志，为 0（默认）时，偏移输入为长度；为 1 时，偏移输入为长度比（0.0～1.0）。

图 13-5　在梁单元上施加压力载荷

对于梁单元的横向和切向载荷其单位为"力/长度"，而端部载荷其单位为"力"。

实例 E13-2　在梁单元上施加压力载荷

1）均匀分布的压力载荷

L=1 $ R=0.015 $ A=0.1 $ Q=200　　　　　　!梁长度 L、圆截面半径 R、压力到支座距离 A、压力 Q

```
/PREP7                                          !进入预处理器
ET, 1, BEAM188                                  !选择单元类型
MP, EX, 1, 2E11 $ MP, PRXY, 1, 0.3              !定义材料模型
SECTYPE,1, BEAM, CSOLID $ SECDATA,R             !定义梁截面
K, 1 $ K, 2, L $ LSTR, 1, 2                     !创建梁的实体模型
HPTCREATE, LINE,1,,RATIO, A/L                   !在线上创建硬点
HPTCREATE, LINE,1,,RATIO, 1-A/L
LESIZE, 1,,,50 $ LMESH, 1                       !创建有限元模型
EMODIF,ALL,SEC,1                                !修改单元截面号为 1
FINISH                                          !退出预处理器
N1= NODE(0,0,0) $ N2= NODE(L,0,0)               !获得梁两个端部节点编号 N1、N2
/SOLU                                           !进入求解器
D,N1,UX,,,,,UY,UZ,ROTX,ROTY $ D,N2,UX,,,,,UY,UZ,ROTX,ROTY
                                                !在节点 N1、N2 上施加位移约束,只有 ROTZ 自由
NSEL,S,LOC,X,A,L-A $ ESLN,S,1                   !选择施加压力载荷的单元
SFBEAM,ALL, 2, PRES,Q ,Q                        !在梁单元上施加压力载荷,如图 13-6(a)所示
ALLS                                            !选择所有实体
SOLVE                                           !求解
FINI                                            !退出求解器
/POST1                                          !进入通用后处理器
PLDISP                                          !显示变形
FINISH                                          !退出通用后处理器
```

(a)　　　　　　　　　　　　　　　(b)

图 13-6　在梁单元上施加压力载荷

2）线性分布的压力载荷

```
L=1 $ R=0.015 $ A=0.15 $ Q1=100 $ Q2=400 $ M=50
                                                !压力 Q1、Q2,节点数 M
DELQ=(Q2-Q1)/(L-2*A)                            !压力增量
/PREP7                                          !进入预处理器
ET, 1, BEAM188                                  !选择单元类型
MP, EX, 1, 2E11 $ MP, PRXY, 1, 0.3              !定义材料模型
SECTYPE,1, BEAM, CSOLID $ SECDATA,R             !定义梁截面
N1=NINT(A/L*M) $ N2=NINT((L-A)/L*M)             !施加压力的第一个和最后一个节点 N1、N2,NINT 取整
N, 1 $   N,N1,A  $  N,N2,L-A  $   N,M,L         !创建节点
FILL,1,N1,N1-2,2,1 $ FILL,N1,N2,N2-N1-1,N1+1,1 $ FILL,N2,M,M-N2-1,N2+1,1   !填充节点
E,1,2 $ EGEN,M-1,1,1                            !创建有限元模型
FINISH                                          !退出预处理器
/SOLU                                           !进入求解器
D,1,UX,,,,,UY,UZ,ROTX,ROTY $ D,M,UX,,,,,UY,UZ,ROTX,ROTY   !在节点 1、M 上施加位移约束
*DO,I,N1,N2-1                                   !开始循环
```

```
NSEL,S,,,I,I+1 $ ESLN,S,1                    !选择施加压力载荷的单元
SFBEAM,ALL,2,PRES,(NX(I)-NX(N1))*DELQ+Q1,(NX(I+1)-NX(N1))*DELQ+Q1
                                             !在单元上施加压力,NX()获得节点的 X 坐标
*ENDDO                                       !结束循环
ALLS                                         !选择所有实体,如图 13-6(b)所示
/PSF,PRES,NORM,2,0,1 $ EPLOT                 !用箭头显示压力
SOLVE                                        !求解
FINI                                         !退出求解器
/POST1                                       !进入通用后处理器
PLDISP                                       !显示变形
FINISH                                       !退出通用后处理器
```

13.4.2 表面载荷操作

SFLDELE/ SFADELE/SFDELE/SFEDELE:删除施加在线/面/节点/单元上的表面载荷。
SFTRAN:将施加在几何实体模型上的表面载荷转换到有限元模型上。
SFLIST/ SFELIST / SFLLIST / SFALIST:列表显示在节点/单元/线/面上的表面载荷。

13.4.3 压力梯度及加载

1)定义压力梯度
菜单:Main Menu→Solution→Define Loads→Settings→For Surface Ld→Gradient
命令:SFGRAD, Lab, SLKCN, Sldir, SLZER, SLOPE
命令说明:结构分析时 Lab=PRES。SLKCN 为梯度坐标系编号,默认为 0,即全局直角坐标系。Sldir 为梯度在坐标系 SLKCN 上的方向,Sldir=X 时,梯度沿 X 轴方向(默认),对于非直角坐标系为沿 R 方向;Sldir=Y 时,梯度沿 Y 轴方向,对于非直角坐标系为沿 θ 方向;Sldir=Z 时,梯度沿 Z 轴方向,对于球形或环形坐标系为 Φ 方向。SLZER 为压力值 CVALUE=VALUE 处的坐标,VALUE 为施加压力命令输入的压力载荷值。SLOPE 为梯度值,即单位长度或角度的载荷大小。

在任何时刻,只有一个压力梯度是活跃的,可以重复使用 SFGRAD 命令重新定义压力梯度。可用不带参数的 SFGRAD 命令删除已定义的压力梯度。

2)节点上压力载荷值
定义压力梯度后,以后所有用 SF、SFE、SFL 或 SFA 命令施加的压力载荷都按该梯度变化。即坐标为 COORD 的节点处的压力载荷值为

CVALUE= VALUE+SLOPE*(COORD-SLZER)

其中,VALUE 是随后的 SF、SFE、SFL 或 SFA 命令指定的载荷值。

实例 E13-3 在容器中施加静水压力

```
!容器内部盛有液面高度为 15mm 的水
H=0.015                                      !液面高度 H
```

```
/PREP7                                          !进入预处理器
ET, 1, PLANE182 $ ET, 2, SOLID185               !选择单元类型
MP, EX, 1, 2E11 $ MP, PRXY, 1, 0.3              !定义材料模型
K,1,,-0.001 $ K,2,0.005,-0.001 $ K,3,0.008,0.019 $ K,4,0.00699,0.019   !创建关键点
K,5,0.00639,H $ K,6,0.00414 $K,7
A, 1,2,3,4,5,6,7                                !用关键点创建面
ESIZE,0.0005 $ MSHAPE,0 $ MSHKEY,0 $ AMESH,1    !划分面单元
EXTOPT, ESIZE, 15 $ EXTOPT, ACLEAR, 1           !设置挤出选项：段数为15、清除面单元
VROTAT, 1,,,,,,1, 7, 360                        !面绕轴挤出形成回转体，并产生体单元
FINISH                                          !退出预处理器
/SOLU                                           !进入求解器
SFGRAD,PRES,0,Y,H,-1000*9.8                     !定义压力梯度
CSYS,5 $ LSEL,S,LOC,X,0.00414 $ ASLL,S          !选择施加压力载荷的面
SFA,ALL,,PRES,0                                 !施加压力载荷
ALLS                                            !选择所有实体
SFTRAN                                          !转换载荷
EPLOT                                           !显示单元
FINI                                            !退出求解器
```

13.4.4 函数加载

当表面载荷按线性规律变化时，可以使用梯度加载。而当表面载荷值随作用位置呈复杂规律变化时，需进行函数加载。当表面载荷的数值与节点编号存在对应关系时，可使用 SFFUN 命令输入。但一般情况下，输入按函数变化的表面载荷可以使用直接定义表格数组的方法或函数编辑器。

实例 E13-4　用表格数组进行函数加载—静水压力

```
!容器内部盛有液面高度为15mm 的水
PMAX=1000*9.8*0.015                             !$P_{MAX}=\rho g h$，$\rho$ 为水密度，$g$ 为重力加速度，$h$ 为液面高度
*DIM,HP,TABLE,3,1,1,Y                           !定义表格型数组 HP，表的行与全局坐标 Y 对应
HP(1,0)=0,0.015,0.019                           !数组 HP 第 0 列的值
HP(0,1)=1,PMAX,0,0                              !数组 HP 第 1 列的值
/PREP7                                          !进入预处理器
ET, 1, PLANE182 $ ET, 2, SOLID185               !选择单元类型
MP, EX, 1, 2E11 $ MP, PRXY, 1, 0.3              !定义材料模型
K,1,,-0.001 $ K,2,0.005,-0.001 $ K,3,0.008,0.019 $ K,4,0.00699,0.019   !创建关键点
$ K,5,0.00414 $K,6
A, 1,2,3,4,5,6                                  !用关键点创建面
ESIZE,0.0005 $ MSHAPE,0 $ MSHKEY,0 $ AMESH,1    !划分面单元
EXTOPT, ESIZE, 15 $ EXTOPT, ACLEAR, 1           !设置挤出选项：段数为15、清除面单元
VROTAT, 1,,,,,,1, 6, 360                        !面绕轴挤出形成回转体，并产生体单元
```

```
FINISH                                      !退出预处理器
/SOLU                                       !进入求解器
CSYS,5 $ LSEL,S,LOC,X,0.00414 $ ASLL,S      !选择施加压力载荷的面
SFA,ALL,,PRES,%HP%                          !施加压力，节点压力按 Y 坐标由数组 HP 线性插值确定
ALLS                                        !选择所有实体
SFTRAN                                      !转换载荷
EPLOT                                       !显示单元
FINI                                        !退出求解器
```

实例 E13-5 用函数编辑器定义表面载荷

1) 问题描述

平板上作用的压力分布规律为 $p = \begin{cases} 5e^{-\frac{r}{4}}, & (r < 0.3) \\ 0, & (r \geq 0.3) \end{cases}$ MPa，式中，r 为点到压力中心的距离。

2) 操作步骤

（1）用函数编辑器定义表面载荷的分布函数。选择菜单 Utility Menu→Parameters→Functions→Define/Edit。按图 13-7（a）所示步骤设置函数的特性、状态变量，按图 13-7（b）、（c）所示步骤输入函数表达式，按图 13-7（d）所示步骤将函数用文件名 pres.func 保存于工作目录下。

（2）将函数读入表格型数组。选择菜单 Utility Menu→Parameters→Functions→Read From File。在图 13-8（a）所示对话框中选择函数文件 pres.func，在图 13-8（b）所示对话框中输入表格型数组名称为 hp。

(a)

(b)

图 13-7 定义函数

(c)　　　　　　　　　　　　　　　　　(d)

图 13-7　定义函数（续）

(a)　　　　　　　　　　　　　　　　　(b)

图 13-8　读入函数

（3）在分析过程中进行函数加载，命令流如下：

```
/PREP7                              !进入预处理器
ET, 1, SOLID185                     !选择单元类型
MP, EX, 1, 2E11 $ MP, PRXY, 1, 0.3  !定义材料模型
BLOCK,-0.5,0.5,-0.5,0.5,0,0.2       !创建六面体
ESIZE,0.05 $ VMESH,1                !创建有限元模型
FINISH                              !退出预处理器
/SOLU                               !进入求解器
```

```
SFA,2,,PRES,%HP%                        !施加压力载荷
ALLS                                    !选择所有实体
SFTRAN                                  !转换载荷
/VIEW,1,1 $ /PSF,PRES,NORM,2 $ EPLOT    !显示右视图,用箭头显示压力,显示单元
FINI                                    !退出求解器
```

13.4.5 表面效应单元

三维表面效应单元 SURF154 用于结构分析,可覆盖于任何三维单元表面,以施加各种表面载荷和表面效应。单元节点数可以是 4 或 8,由 KEYOPT(4) 控制。ANSYS 默认该单元坐标系的 x 轴与单元 IJ 边平行。

如图 13-9 所示,压力作为表面载荷施加在单元的表面上。

图 13-9　SURF154 单元

当 KEYOPT(2)=0 时,面 1、2、3 的压力正方向与单元坐标系的正方向相同(除非在 z 的负方向作用法向压力)。face=1,压力作用在表面的法向;face=2,压力作用在表面的切向(x 向);face=3,压力作用在表面的切向(y 向)。

当 KEYOPT(2)=1,压力载荷依照局部坐标系方向施加在单元面上。面 1、2、3 分别为局部坐标系的 x、y、z 方向。注意:该局部坐标系必须已经定义,并且在创建单元时用 ESYS 命令设置了该坐标系。

在 SURF154 单元上施加压力使用 SFE 命令。

实例 E13-6　用表面效应单元施加切向压力——转矩的施加

1)问题描述

分析两端受扭转的等直圆轴的扭切应力。已知:圆截面直径 D=50mm,长度 L=120mm,作用在圆轴两端上的转矩 M_n=1.5×10³ N·m。

2)操作步骤

```
FINI $ /CLEAR $ /FILNAME, SURF154       !清除数据库,新建分析,定义任务名
/PREP7                                  !进入预处理器
ET,1,PLANE183 $ ET,2,SOLID186           !选择单元类型
ET,3,SURF154,,1,,1                      !表面效应单元,压力坐标系为局部坐标系,无中间节点
MP,EX,1,2.08E11 $ MP,PRXY,1,0.3         !定义材料模型
RECTNG,0,0.025, 0,0.12                  !创建矩形面
```

```
LESIZE,1,,,5 $ LESIZE,2,,,8                    !指定直线划分单元段数
MSHAPE,0 $ MSHKEY,1 $ AMESH,1                  !四边形形状、映射网格、对面划分单元
EXTOPT,ESIZE,5 $  EXTOPT,ACLEAR,1              !设置单元挤出选项
VROTAT,1,,,,,,1,4,360                          !面绕轴挤出形成圆柱体，并产生体单元
WPROT,0,-90                                    !旋转工作平面
CSWPLA,11,1,1,1                                !在工作平面原点处创建局部坐标系11并激活
NSEL,S,LOC,Z,0.12 $ ESLN $ NSLE,S,1 $ NSEL,R,LOC,X,0.025
                                               !选择最上面一层单元及其在圆柱面上的所有节点
TYPE,3 $ ESYS,11 $ ESURF, ALL                  !创建表面效应单元
ALLS                                           !选择所有
FINISH                                         !退出预处理器
/SOLU                                          !进入求解器
ASEL,S,LOC,Z,0 $ DA,ALL,ALL                    !在圆柱体的底面施加全约束
ESEL,S,TYPE,,3                                 !选择表面效应单元
SFE,ALL,2,PRES,,1.5E3/0.025/(0.015*3.14159*0.05)
                                               !在表面效应单元上施加切向压力载荷
ALLS                                           !选择所有
SOLVE                                          !求解
FINISH                                         !退出求解器
/POST1                                         !进入通用后处理器
RSYS,11                                        !指定结果坐标系为局部坐标系11
NSEL,S,LOC,Z,0,0.045 $    ESLN,R,1             !选择z=0～0.045的节点和单元
PLESOL,S,YZ                                    !显示剪应力 $\tau_{xy}$
FINISH                                         !退出通用后处理器
```

13.5 体 载 荷

在结构分析中，体载荷有温度、频率和通量，其标识分别为TEMP、FREQ和FLUE。

13.5.1 施加体载荷

在结构上施加温度载荷的常用命令如下所述。
在线上施加温度载荷：BFL, Line, TEMP, VAL1, VAL2, VAL3, VAL4。
在面上施加温度载荷：BFA, Area, TEMP, VAL1, VAL2, VAL3, VAL4。
在体上施加温度载荷：BFV, Volu, TEMP, VAL1, VAL2, VAL3, PHASE。
在关键点上施加温度载荷：BFK, Kpoi, TEMP, VAL1, VAL2, VAL3, PHASE。
在节点上施加温度载荷：BF, Node, TEMP, VAL1, VAL2, VAL3, VAL4, VAL5, VAL6。
在单元上施加温度载荷：BFE, Elem, TEMP, STLOC, VAL1, VAL2, VAL3, VAL4。
在节点上施加均匀温度：TUNIF, TEMP。
命令菜单路径为Main Menu→Solution→Define Loads→Apply→Structural→Temperature。

13.5.2 操作体载荷

BFLDELE/BFADELE/BFVDELE/BFKDELE/BFDELE/BFEDELE：删除线/面/体/关键点/节点/单元上的温度载荷。

BFLIST/BFELIST/BFKLIST/BFLLIST/BFALIST/BFVLIST：列表显示节点/单元/关键点/线/面/体上的温度载荷。

BFTRAN：将施加在几何实体模型上的体载荷转换到有限元模型上。

TREF：定义计算热应变的基准温度。

13.5.3 惯性载荷

惯性载荷是与质量有关的载荷，包括加速度、角速度和角加速度。

施加加速度的命令有 ACEL、CMACEL，施加角速度的命令有 OMEGA、CMOMEGA、CGOMGA，施加角加速度的命令有 DOMEGA、CMDOMEGA、DCGOMG。惯性载荷没有专门的删除命令，要删除一个惯性载荷，可设置载荷值为零，且为斜坡载荷。

ACEL、OMEGA 和 DOMEGA 命令在整个结构上施加加速度、角速度和角加速度，其方向与全局直角坐标系方向平行。CMACEL 命令与 ACEL 命令类似，不同点是在单元组件上施加加速度，而不是整个结构。

由于结构上的惯性力方向与加速度方向相反，所以要想在某一方向施加重力载荷，则必须用 ACEL 命令在其相反方向施加加速度载荷。例如，以下命令流在整个结构上沿+Y方向上施加一个加速度载荷，相当于在-Y方向上施加了一个重力载荷。

ACEL,0,9.8,0   !重力加速度 9.8m/s^2

可用 CGOMGA 和 DCGOMG 命令指定全局原点关于加速度坐标系的角速度、角加速度，而加速度坐标系原点在全局直角坐标系中的位置可用 CGLOC 命令指定。使用该命令可以在静态分析中考虑科里奥利效应（即科氏加速度）。

CMOMEGA 和 CMDOMEGA 命令用于指定组件关于用户自定义旋转轴的角速度、角加速度。

只有模型具有质量时，惯性载荷才有效。质量通常用材料模型的密度属性来施加，也可以用质量单元（如 MASS21）来直接施加。

13.6 特殊载荷

13.6.1 耦合场载荷

在耦合场分析中，通常需要将第一个分析的计算结果作为载荷施加于第二个分析中。例如，可以将热分析计算得到的节点温度作为体载荷施加在结构分析中，可以将流体分析中计算得到的压力作为表面载荷施加在结构分析中。

施加耦合场载荷要使用 LDREAD 命令，该命令从一个结果文件中读取结果数据，并将其作为载荷施加在模型上。

菜单：Main Menu→Solution→Define Loads→Apply→Structural→Pressure→From Fluid Analy

Main Menu→Solution→Define Loads→Apply→Structural→Temperature→From Therm Analy

Main Menu→Solution→Define Loads→Apply→Structural→Force/Moment→From Mag Analy

Main Menu→Solution→Define Loads→Apply→Structural→Force/Moment→From Reactions

命令：LDREAD, Lab, LSTEP, SBSTEP, TIME, KIMG, Fname, Ext, --

命令说明：Lab 为载荷标签。

Lab=TEMP 时，来自热分析的温度可在结构分析、显式动力学分析或其他分析中作为节点体载荷施加（BF）。如果热分析使用 SHELL131 或 SHELL132 单元，温度作为单元体载荷施加（BFE），在多数情况下，仅在结构壳单元的顶部和底部施加温度，而内部温度会被忽略。结构壳单元 SHELL181 和 SHELL281 的横截面上所有温度都需要输入，所以热模型和结构模型的温度点数必须精确匹配。当在 LDREAD 操作中使用 SHELL131 或 SHELL132 信息时，所有单元类型应指定同样的热自由度。当与 KIMG=1 和 KIMG=2 一起使用时，温度可分别作为后续热分析的节点载荷或初始条件。

Lab=PRES，来自流体分析中的压力作为表面载荷施加在结构分析中。对于壳单元，用参数 KIMG 指定施加表面载荷的单元面。

Lab=REAC，来自任意分析的支反力，作为集中载荷施加在其他的任意分析中，其值位于节点坐标系。

LSTEP 为要读取数据的载荷步数，默认为 1。如果 LSTEP= LAST，则读入最后一步的数据。

SBSTEP 为要读取数据的子步数，如果为零或空，则读入载荷步 LSTEP 的最后一个子步。

当 LSTEP 和 SBSTEP 均为零或空时，TIME 指定要读取数据的时间点。

来自谐分析的结果，当 KIMG=0 时，读入实部；KIMG=1 时，读入虚部。当 Lab=PRES 时，KIMG 为施加表面载荷的单元面。当 Lab=TEMP 时，KIMG=0 时，温度为体载荷（BF）；KIMG=1 时，温度为节点载荷（D）；KIMG=0 时，温度为初始条件（IC）。在显式动力学分析中，KIMG 只取 0。

Fname 为数据文件的目录路径和文件名，目录路径默认为工作目录，文件名默认为工作名。

Ext 为数据文件的扩展名，Fname 为空时默认为 RST。

13.6.2 初始状态

可以指定初始状态（Initial State）为结构分析的载荷。支持初始状态载荷的分析类型有静态分析或全积分瞬态分析（线性或非线性的）、模态分析、屈曲分析和谐分析。初始状态必须在分析的第一载荷步中施加。

所谓初始状态，指的是结构在分析开始时的状态。在通常情况下，初始时结构是没有变形和应力的，但也有初始应力或应变不为零的场合。

ANSYS 初始状态所支持的数据类型有：

（1）初始应力（Initial Stress）；

（2）初始应变（Initial Strain）；

（3）初始塑性应变（Initial Plastic Strain）；

（4）初始蠕变（Initial Creep Strain）。

用 INISTATE 命令施加初始应力载荷，该命令只能对新技术单元施加初始应力，支持初始应力载荷的单元类型有 LINK180、BEAM188、BEAM189、PLANE182、PLANE183、SOLID185、SOLID186、SOLID187、SOLID285、SHELL181、SHELL209、SHELL208、SHELL281 等。

命令：INISTATE, Action, Val1, Val2, Val3, Val4, Val5, Val6, Val7, Val8, Val9

命令说明：Action 用于指定 INISTATE 命令的行为。Action = SET 时，定义初始应力状态坐标系、数据类型和材料类型参数；Action = DEFINE 时，定义真实的状态值和相对应的单元、积分点、层信息。Action = WRITE 时，在执行 SOLVE 命令之前，将初始应力写入文件；Action = READ 时，读入文件中的初始应力；Action = LIST 时，列表初始应力状态；Action = DELE 时，删除所选择单元的初始应力状态数据。Val1, Val2, Val3, Val4, Val5, Val6, Val7, Val8, Val9 为与 Action 参数对应的输入参数。该命令的经常用法有如下所述。

（1）INISTATE, SET, Val1, Val2。

参数 Val1, Val2 的用法见表 13-3。

表 13-3 参数 Val1, Val2

Val1	Val2
CSYS	指定坐标系。 Val2=-2，单元坐标系；Val2=-1，材料坐标系；Val2=0，全局直角坐标系；Val2=0~10，ANSYS 定义的坐标系；Val2≥11，局部坐标系
DTYP	指定数据类型。 Val2= STRE，应力数据（默认）；Val2=EPEL，应变数据；Val2=EPPL，塑性应变数据
MAT	指定材料类型。 Val2 为材料模型编号；Val2 = 0 时，使基于材料的初始应力状态无效、基于积分点的初始应力状态数据有效
NODE	启用基于节点的初始状态。 VAL2=0 时，禁用基于节点的初始状态；VAL2=1 时，所有后续 INISTATE 命令使用基于节点的格式

（2）INISTATE, DEFINE, ELID, Eint, Klayer, Parmint, Cxx, Cyy, Czz, Cxy, Cyz, Cxz。

ELID 为单元编号，如果为空，选择单元选择集中的所有单元。Eint 为高斯积分点，默认为全部，在基于材料的初始应力状态下无效。Klayer 为层编号。ParmInt 为层的截面积分点，或梁截面单元的积分点，默认为全部，在基于材料的初始应力状态下无效。Cxx, Cyy, Czz, Cxy, Cyz, Cxz 为应力、应变、或、塑性应变值。

（3）INISTATE, WRITE, FLAG, , , , CSID, Dtype。

FLAG=1 时，输出初始状态文件；FLAG=0 时，不输出。CSID 用于定义初始状态的坐标系，CSID=0（默认）时，对实体单元在全局直角坐标系中写；CSID=-1 或 MAT 时，在材料坐标系中写；CSID=-2 或 ELEM 时，对杆、梁和层单元在单元坐标系中写。Dtype 设置写入 ist 文件中的数据类型，Dtype=S 时，输出应力；Dtype=EPEL，输出应变；Dtype=EPPL，输出塑性应变。

（4）INISTATE, READ, Fname, Ext, Path。

从初始状态文件读取初始状态数据，Fname, Ext, Path 为初始状态文件名、扩展名和路径。

13.6.3 预紧力载荷

根据机械设计理论，螺栓拧紧后，螺栓拉力、被连接件压力均为预紧力 Q_0。当连接承受工作拉力 Q_e 后，螺栓拉力变为 $Q_0 + \dfrac{k_b}{k_b + k_c} Q_e$，被连接件残余预紧力为 $Q_0 - \dfrac{k_c}{k_b + k_c} Q_e$，式中，$\dfrac{k_b}{k_b + k_c}$、$\dfrac{k_c}{k_b + k_c}$ 分别为螺栓和被连接件的相对刚度。所以螺栓结构的受力是比较复杂的，分析计算时必须考虑预紧力的大小。

ANSYS 可以很方便地模拟螺栓预紧，其步骤是：

（1）创建几何实体模型并划分单元。

（2）用 PSMESH 命令创建预紧截面，预紧截面由一系列 PRETS179 预紧单元模拟。

（3）用 SLOAD 命令施加预紧力载荷。

（4）求解。

1）预紧单元 PRETS179

PRETS179 单元被用来在已划分好单元的螺栓上定义二维或三维预紧截面，螺栓单元类型可以是任意的二维或三维单元 SOLID、BEAM、SHELL、PIPE 或者 LINK。预紧截面由一系列预紧单元模拟，预紧单元像钩子一样把螺栓的两半连在一起（图 13-10）。

PRETS179 单元有三个节点 I、J、K。节点 I、J 是端部节点，位置通常是重合的。节点 K 是预紧节点，其位置任意，具有一个位移自由度 UX（UX 代表被定义的预紧方向），用于定义预紧力载荷，如 FX 力或 UX 位移。

PRETS179 单元仅能使用拉伸载荷，忽略弯曲或扭转载荷。

图 13-10 预紧单元

2）PSMESH 命令

功能：把划分好单元的螺栓切割成两部分，并使用预紧单元创建、划分预紧截面。

菜单：Main Menu→Preprocessor→Modeling→Create→Elements→Pretension→Pretensn Mesh

命令：PSMESH, SECID, Name, P0, Egroup, NUM, KCN, KDIR, VALUE, NDPLANE, PSTOL, PSTYPE, ECOMP, NCOMP

命令说明：SECID 为预紧截面号。

Name 为预紧截面名称。

P0 为预紧节点号，如果该节点不存在，则将被定义；为空白时，则默认为最高的节点号加 1。

Egroup, NUM 指定 PSMESH 命令将操作的单元组，Egroup=L/A/V 时，PSMESH 命令在编号为 NUM 的线/面/体的单元上进行操作；Egroup=ALL 时，PSMESH 命令在所有被选择的单元上进行操作，NUM 被忽略。

KCN 为截面和法线方向所用的坐标系号。

KDIR 为在 KCN 坐标系下，预紧截面的法线方向。如果 KCN 是直角坐标系，则法线方向平行于 KDIR 轴而不管预紧节点的位置；如果 KCN 是非直角坐标系，则预紧截面法线方向为在预紧节点位置与坐标系 KCN 的 KDR 方向对齐。

VALUE：在 KDIR 轴上预紧截面的位置点。

3）SLOAD 命令

功能：施加预紧力载荷。

菜单：Main Menu→Solution→Define Loads→Apply→Structural→Pretnsn Sectn

命令：SLOAD, SECID, PLNLAB, KINIT, KFD, FDVALUE, LSLOAD, LSLOCK

命令说明：SECID 为预紧截面编号。

PLNLAB 为预紧载荷顺序标签。格式为"PLnn"，nn 为 1～99。值为 DELETE 时，删除 SECID 截面上所有载荷。

KINIT 为载荷 PL01 的动作键。KINIT=LOCK 时，在预紧截面上约束（连接）切断平面（默认）；KINIT=SLID 时，在预紧截面上解除切断平面的约束（连接）；KINIT= TINY 时，施加一个小的载荷在想要的载荷之前，以避免不收敛，在 KFD = FORC 时有效。

KFD 为力/位移选择键。KFD= FORC（默认）时，在预紧截面施加力；KFD= DISP 时，在预紧截面施加位移（调整）。

FDVALUE：预紧载荷值。

LSLOAD：施加预紧载荷的载荷步数。

LSLOCK：在该载荷步开始由预紧载荷产生的位移被锁定。只在 KFD= FORC 时有效。

ANSYS 施加预紧力载荷的顺序是：首先，在第一个载荷步中施加预紧力或位移；然后，在第二个载荷步中锁定预紧截面位移，并施加工作载荷。

实例 E13-7　施加预紧力载荷

1）在单个螺栓连接施加预紧力载荷

```
/CLEAR $ /FILNAME,E13-7                          !清除数据库，新建分析，指定工作名
R1=0.04 $ R2=0.025 $ R3=0.021 $ R4=0.02 $ R5=0.015 $ H=0.005  !尺寸
                                                 !创建模型
/PREP7                                           !进入预处理器
ET,1,SOLID186 $ ET,2,TARGE170 $ ET,3,CONTA174    !选择结构实体单元、目标单元、接触单元
R,1,,,1 $ R,2,,,1 $ R,3,,,1                      !定义实常数集 1、2、3 用于识别接触对，KFN=1
MP,EX,1,2E11 $ MP,PRXY,1,0.3                     !定义材料模型
/VIEW,1,1,1,1                                    !改变观察方向
CYLIND,R1,R3,H,2*H,180,90 $ CYLIND, R1,R3,3*H,2*H,180,90
                                                 !创建被连接件和螺栓、螺母的 1/4
CYLIND,R4,R5,H,3*H,180,90 $ CYLIND, R4,R5,3*H,4*H,180,90 $ CYLIND,R2,R4, 3*H,4*H,180,90
CYLIND, R4,R5,H,0,180,90 $ CYLIND, R2,R4,H,0,180,90
VGLUE,3,4,5,6,7                                  !粘接
VATT,1,1,1 $ ESIZE,0.002 $ MSHKEY, 1 $ MSHAPE,0 $ VMESH,ALL    !创建有限元模型
ASEL,S,,,51 $ NSLA,S,1 $ REAL,1 $ TYPE, 2 $ ESURF $ ALLS       !在螺栓和被连接件间创建接触对
ASEL,S,,,8 $ NSLA,S,1 $ REAL,1 $ TYPE,3 $ ESURF $ ALLS
```

```
ASEL,S,,,7 $ NSLA,S,1 $ REAL,2 $ TYPE,2 $ ESURF $ ALLS
                                    !在两个被连接件间创建接触对
ASEL,S,,,2 $ NSLA,S,1 $ REAL,2 $ TYPE,3 $ ESURF $ ALLS
ASEL,S,,,1 $ NSLA,S,1 $ REAL,3 $ TYPE,2 $ ESURF $ ALLS
                                    !在螺栓和另一个被连接件间创建接触对
ASEL,S,,,55 $ NSLA,S,1 $ REAL,3 $ TYPE,3 $ ESURF $ ALLS
ASEL,S,,,1 $ NSLA,S,1 $ CP,1,UZ,ALL            !进行自由度耦合
ASEL,S,,,8 $ NSLA,S,1 $ CP,2,UZ,ALL $ ALLS
PSMESH,1,EXAMPLE,,VOLU,3,0,Z,0.01,,,,ELEMS !在体 3（螺栓）上 Z=0.01 处创建预紧截面 1
FINI                                !退出预处理器
/SOLU                               !进入求解器
ASEL,S,LOC,Y,0 $ DA,ALL,UY          !施加约束
ASEL,S,LOC,X,0 $ DA,ALL,UX $ ALLS
VSEL,S,,,3 $ NSLV,S,1 $ NSEL,R,LOC,Z,0.01 $ D,ALL,UZ $ ALLS
SLOAD,1,PL01,,FORCE,5000,1,2        !在第一个载荷步施加预紧力 Q0=5000 N，从第二个载荷
                                    !步开始锁定预紧力产生的位移
SOLVE                               !求解第一个载荷步
SFA,8,,PRES,-1000/ 0.91028E-03 $ SFA,1,,PRES,-1000/ 0.91028E-03
                                    !施加工作载荷，即工作拉力 Qe =1000 N
SOLVE                               !求解第二个载荷步
FINI                                !退出求解器
/POST1                              !进入通用后处理器
PLNSOL,S,Z                          !显示 Z 方向应力
ASEL,S,,,2 $ NSLA,S,1               !选择被连接件接合面及节点
SET,FIRST                           !读第一个载荷步结果
PRNLD, F                            !显示 FZ 的和为预紧力 5000N
SET,NEXT                            !读第二个载荷步结果
PRNLD, F                            ! FZ 的和为残余预紧力 4021.3N
ALLS                                !选择所有
FINI                                !退出通用后处理器
```

2）汽缸缸体和端盖间螺纹连接的受力分析

```
FINI $ /CLEAR $ /FILNAME,E13-7      !新建分析
R1=0.05 $ R2=0.045 $ R3=0.035 $ R4=0.03 $ R=0.0025 $ H=0.005  !尺寸
/PREP7                              !进入预处理器
ET,1,SOLID186 $ ET,2,TARGE170 $ ET,3,CONTA174   !选择单元类型
MP,EX,1,2E11 $ MP,PRXY,1,0.3        !定义材料模型
R,2,,,1 $ R,3,,,1 $ R,4,,,1         !创建实常数集，用于识别接触对
/VIEW,1,1,1,1                       !改变观察方向
CYLIND,R1,0,0,H $ CYLIND,R4,0,0,H $ VOVLAP,1,2
                                    !创建端盖
VSEL,NONE $ CYLIND,R1,R4,H,2*H $ CYLIND,R3,R4,H,0.02
                                    !创建缸体
VOVLAP,ALL $ VSEL,ALL $ CM,VVV1,VOLU $ VSEL,NONE
```

```
                                          !创建体组件 VVV1
WPOFF,R2 $ CYLIND,R,0,-H/2,2.5*H $ CYLIND,2*R,0,0,-H/2 $ CYLIND,2*R,0,2*H,2.5*H
                                          !创建螺栓和螺母
WPCSYS,-1 $ CSYS,1 $ VGEN,6,ALL,,,,60 $ VOVLAP,ALL
VSEL,NONE $ WPOFF,R2 $ CYLIND,R,0,0,2*H $WPCSYS,-1 $ CSYS,1 $ VGEN,6,ALL,,,,60
CM,VVV2,VOLU $ VSEL,ALL $ VSBV,VVV1,VVV2
                                          !创建体组件 VVV2,形成螺纹孔
VATT,1,1,1 $ ESIZE,0.0025    $ MSHAPE,0 $ VSWEEP,ALL
                                          !创建有限元模型
ASEL,S,,,144,164,4 $ NSLA,S,1 $ REAL,2 $ TYPE, 2 $ ESURF $ ALLS
                                          !在螺母和被连接件间创建接触对
ASEL,S,,,183 $ NSLA,S,1 $ REAL,2 $ TYPE,3 $ ESURF $ ALLS
ASEL,S,,,182 $ NSLA,S,1 $ REAL,3 $ TYPE, 2 $ ESURF $ ALLS
                                          !在两被连接件间创建接触对
ASEL,S,,,168 $ NSLA,S,1 $ REAL,3 $ TYPE,3 $ ESURF $ ALLS
ASEL,S,,,146,166,4 $ NSLA,S,1 $ REAL,4 $ TYPE, 2 $ ESURF $ ALLS
                                          !在螺栓和被连接件间创建接触对
ASEL,S,,,169 $ NSLA,S,1 $ REAL,4 $ TYPE,3 $ ESURF $ ALLS
*DO,I,1,6 $ PSMESH,I,,,VOLU,I+23,0,Z,H,,,,ELEMS%I% $ *ENDDO
                                          !在螺栓上创建预紧截面
FINI                                      !退出预处理器
/SOLU                                     !进入求解器
D,ALL,UX $ D,ALL,UY $ DA,16,ALL           !施加约束
*DO,I,1,6 $ SLOAD,I,PL01,,FORCE,5000,1,2 $ *ENDDO
                                          !施加预紧力
SOLVE                                     !求解第一个载荷步
SFA,6,,PRES,15000/ 0.28274E-02            !施加工作载荷
SOLVE                                     !求解第二个载荷步
FINI                                      !退出求解器
/POST1                                    !进入通用后处理器
ASEL,S,,,182 $ NSLA,S,1                   !选择被连接件接合面上节点
SET,FIRST                                 !读第一个载荷步结果
PRNLD, F                                  !FZ 的和为预紧力
SET,NEXT                                  !读第二个载荷步结果
PRNLD, F                                  !FZ 的和为残余预紧力
FINI                                      !退出通用后处理器
```

13.7 求 解 器

13.7.1 概述

ANSYS 根据有限元模型、施加的约束和载荷建立有限元方程,然后使用不同的求解器求解方程的基本解,进而获得导出解。

ANSYS 提供的求解器包括稀疏矩阵直接（SPARSE）求解器、预处理共轭梯度（PCG）求解器、雅可比共轭梯度（JCG）求解器、不完全乔利斯基共轭梯度（ICCG）求解器、准最小余量（QMR）求解器，其中，稀疏矩阵直接求解器采用直接消元法，其余求解器均为迭代求解器。表 13-4 列出了各共享内存求解器的一些特点，用户在求解具体问题选择求解器时可参考。

表 13-4　共享内存求解器

求解器	典型应用	适用的模型大小	内存使用	硬盘使用
稀疏矩阵直接求解器	非线性分析要求有较高的鲁棒性和求解速度的场合；对于线性分析，当用迭代求解器收敛缓慢时，尤其有病态矩阵时	100 000DOF～5 MDOF*（超出此范围也能很好使用）	最优核外求解时，1GB/MDOF；核内求解时，10GB/MDOF	最优核外求解时：10GB/MDOF 核内求解：1GB/MDOF
PCG 求解器	与稀疏矩阵直接求解器比较，减少了对硬盘的读写，最适合于使用实体单元和精细网格的大型模型，是 ANSYS 最强大的迭代求解器	500 000DOF～20 MDOF+	MSAVE,ON 时，0.3GB/MDOF；MSAVE,OFF 时，1 GB/MDOF	0.5 GB/MDOF
JCG 求解器	特别适合单场求解（热、磁、声学和多物理场），计算速度快、内存需求最小，鲁棒性不如 PCG 求解器	500 000DOF～20 MDOF+	0.5 GB/MDOF	0.5 GB/MDOF
ICCG 求解器	采用了比 JCG 求解器更复杂的预处理，在更加困难的问题时比 JCG 更好，甚至 JCG 求解失败时也可使用 ICCG 求解，如非对称热分析	50 000～1 000 000+DOF	1.5 GB/MDOF	0.5 GB/MDOF
QMR 求解器	高频电磁场分析	50 000～1 000 000+DOF	1.5 GB/MDOF	0.5 GB/MDOF

注：MDOF 表示 10^6 个自由度。

可用 EQSLV 命令选择求解器：

菜单：Main Menu→ Preprocessor→ Loads→ Analysis Type→ Analysis Options

Main Menu→ Solution→ Load Step Options→ Sol'n Control

Main Menu→ Solution→ Analysis Options

命令：EQSLV, Lab, TOLER, MULT, --, KeepFile

命令说明：Lab 为求解器类型，Lab=SPARSE，稀疏矩阵直接求解器；Lab=JCG，雅可比共轭梯度求解器；Lab=ICCG，不完全乔利斯基共轭梯度求解器；Lab=QMR，准最小余量求解器；Lab=PCG，预处理共轭梯度求解器。除模态、屈曲分析外，其他分析的默认求解器是稀疏矩阵直接求解器。

TOLER 为迭代求解的公差值，仅在使用 JCG、ICCG、QMR、PCG 求解器有效，其默认值参见 ANSYS Help。

MULT 为迭代乘子，用于控制迭代计算的最大次数，只在 PCG 求解器中使用。非线性分析的默认值为 2.5，线性分析的默认值为 1.0。最大迭代次数等于 MULT 与模型自由度数的乘积。在一般情况下，使用 MULT 的默认值就足够达到收敛，但对于病态的矩阵可适当增大，推荐范围是 1.0～3.0。

KeepFile 用于控制删除或保留稀疏矩阵直接求解器的运行文件。

13.7.2 求解器类型

1) 稀疏矩阵直接（SPARSE）求解器

该求解器支持实矩阵与复矩阵、对称与非对称矩阵，仅适用于静分析、完全法谐响应分析、完全法瞬态分析、子结构分析、PSD 谱分析。对线性与非线性分析均有效，特别是经常遇到非正定矩阵的非线性分析时。非常适合于网格拓扑结构发生变化的接触分析。其他典型的应用有：有限元模型由 SHELL 单元和 BEAM 单元混合构建，或者由 SHELL 单元（或 BEAM 单元）与 SOLID 单元混合构建，具有多分支的结构，如汽车尾气排放和涡轮叶片。

用 BCSOPTION 命令控制稀疏矩阵求解器对内存的使用。用核内求解时，基本不需要对硬盘进行读写，能大幅度提高求解速度；而核外求解会受到读写硬盘速度的影响。

该求解器兼顾了计算速度和鲁棒性。在一般情况下，在核内运行时，它比 PCG 求解器需要更多的内存（约 10 倍），以获得最佳性能。当内存较少时，求解器将同时工作在核内和核外，会显著降低求解器的性能。

该求解器在分布式内存及共享内存模式下都可以运用，支持使用 GPU 加速。

2) 预处理共轭梯度（PCG）求解器

与稀疏矩阵直接求解器比较，PCG 求解器需要较小的硬盘空间，求解较大模型时计算速度更快。对于板、壳、3-D 模型、较大 2-D 模型，以及有对称矩阵、稀疏矩阵、正定或非正定矩阵的非线性求解等问题十分有效。需要的内存至少是 JCG 求解器的两倍。只对静分析、完全法瞬态分析和 LANCZOS 扩展的模态分析有效，还可以用于子结构分析的使用超单元阶段，可以有效求解带有约束方程的有限元方程。

该求解器在分布式内存及共享内存模式下都可以运用。可以用 MSAVE 命令，使 PCG 求解器在应用时节省内存。可用 PCGOPT 命令提高分析难度的水平来处理因高单元纵横比、接触、塑性而产生的病态问题，支持使用 GPU 加速。

3) 雅可比共轭梯度（JCG）求解器

适合于静分析、完全法谐响应分析和完全法瞬态分析，可用于结构分析、热分析和多物理场分析。可用于求解对称矩阵、非对称矩阵、复数矩阵、正定矩阵、非正定矩阵，推荐在结构和多物理场的三维谐响应分析中使用该求解器。在求解传热、电磁、压电及声场问题时有较高效率。

该求解器在分布式内存及共享内存模式下都可以运用，支持使用 GPU 加速。

4) 不完全乔利斯基共轭梯度（ICCG）求解器

类似于 JCG 求解器，可用于静分析、完全法谐响应分析和完全法瞬态分析，可用于结构分析、热分析和多物理场分析。可用于求解对称矩阵、非对称矩阵、复数矩阵、正定矩阵、非正定矩阵。该求解器需要比 JCG 求解器更多的内存，但求解病态矩阵时鲁棒性比 JCG 求解器更强。

该求解器只能在共享存储器模式下运行，不支持使用 GPU 加速。

5) 准最小余量（QMR）求解器

可用于完全法谐响应分析，可用于高频电磁场分析，可用于求解对称矩阵、复数矩阵、正定矩阵、非正定矩阵。QMR 求解器比 ICCG 求解器更稳定。

该求解器只能在共享存储器模式下运行,不支持使用 GPU 加速。

13.8 分析类型

ANSYS 支持七种分析类型:静分析(Static)、屈曲分析(Buckling)、模态分析(Modal)、谐响应分析(Harmonic)、瞬态分析(Transient)、子结构分析(Substructure)、谱分析(Spectrum)。

可用 ANTYPE 命令选择分析类型。

菜单:Main Menu→Solution→Analysis Type→New Analysis
　　　Main Menu→Solution→Analysis Type→Restart
命令:ANTYPE, Antype, Status, LDSTEP, SUBSTEP, Action

命令说明:Antype 为分析类型,默认为先前指定的分析类型,如果没有指定,则为静分析。Antype=STATIC 或 0,静分析,适用于所有自由度。 Antype= BUCKLE 或 1,屈曲分析,只适用于结构自由度。屈曲分析之前要预先进行带预应力效应的静分析。Antype=MODAL 或 2,模态分析,适用于结构和流体自由度。Antype= HARMIC 或 3,谐响应分析,适用于结构、流体、磁和电自由度。Antype= TRANS 或 4,瞬态分析,适用于所有自由度。Antype= SUBSTR 或 7,子结构分析,适用于所有自由度。Antype= SPECTR 或 8,谱分析,只适用于结构自由度。谱分析之前要预先进行模态分析。

Status 为分析状态。Status=NEW(默认),新分析。Status=REST,重启动分析。
LDSTEP, SUBSTEP, Action 为重启动参数。
与各种分析类型相关的选项和设置参见后续各章内容。

13.9 多载荷步求解

对于瞬态分析,载荷是随时间变化的,必须用多载荷步求解。当载荷随时间变化缓慢或不需要考虑结构质量和阻尼时,也可以用多载荷步的静分析进行求解。多载荷步求解时,后续载荷步的计算是在前面载荷步的基础上进行的。

多载荷步求解的方法如下:
(1)用多个 SOLVE 命令直接求解;
(2)用载荷步文件求解;
(3)用载荷数组参数求解。

13.9.1 用多个 SOLVE 命令直接求解

该方法在每个载荷步的后面都执行一个 SOLVE 命令,其优点是简单、直接,缺点是在 GUI 操作时必须在前一个载荷步计算结束后才能定义下一个载荷步。该方法操作步骤是:
/SOLU　　　　　　　　　　　　　　!进入求解器
!第一个载荷步

```
    NSUBST,                              !定义载荷步选项及其他选项
    D,                                   !施加约束
    F,                                   !施加载荷
    ……
    SOLVE                                !求解第一个载荷步
!第二个载荷步
    NSUBST,                              !定义载荷步选项及其他选项
    D,                                   !施加约束
    F,                                   !施加载荷
    ……
    SOLVE                                !求解第二个载荷步
    ……
    FINI                                 !退出求解器
```

13.9.2　用载荷步文件求解

该方法首先用 LSWRITE 命令将载荷和载荷步选项写入载荷步文件中，然后用 LSSOLVE 命令读载荷步文件并求解多载荷步。该方法使用较方便。

1）LSWRITE 命令

菜单：Main Menu→Preprocessor→Loads→Load Step Opts→Write LS File

　　　Main Menu→Solution→Load Step Opts→Write LS File

命令：LSWRITE, LSNUM

命令说明：LSNUM 为载荷步文件的编号，默认为 LSNUM 当前最大值+1。命令 LSWRITE,STAT 列出 LSNUM 的当前值，LSWRITE,INIT 重置为 1。载荷步文件被命名为 Jobname.Sn，其中 n 是指定的 LSNUM 值（为1～9时，前面加"0"）。

该命令将选定模型的所有载荷和载荷步选项数据写入载荷步文件，每个载荷步需要写一个载荷步文件。该命令不能捕捉实常数（R）、材料性能（MP）、自由度耦合（CP）或约束方程（CE）所做的更改。如果实体没有划分网格，则实体模型载荷不被保存。如果有实体模型载荷，则会转化到有限元模型上。

可用 LSCLEAR,FE 命令删除有限元模型载荷。可用 LSREAD 命令读一个载荷步文件。可用 LSDELE 命令删除载荷步文件。LSWRITE 不支持下列命令：DJ、FJ、GSBDATA、GSGDATA、ESTIF、EKILL、EALIVE、MPCHG 和 OUTRES，不能使用生死选项。

2）LSSOLVE 命令

菜单：Main Menu→Solution→Solve→From LS Files

命令：LSSOLVE, LSMIN, LSMAX, LSINC

命令说明：LSMIN, LSMAX, LSINC 为载荷步文件编号的范围，从 LSMIN 到 LSMAX 步长为 LSINC。LSMAX 默认为 LSMIN，LSINC 默认为 1。

执行 LSSOLVE 命令时要调用宏文件 LSSOLVE.MAC。LSSOLVE 不能使用生死选项，不支持循环对称分析、不支持重新启动。

3）操作步骤

```
/SOLU                                    !进入求解器
```

```
!第一个载荷步
NSUBST,                           !定义载荷步选项及其他选项
D,                                !施加约束
F,                                !施加载荷
……
LSWRITE,1                         !写第一个载荷步的载荷和载荷步选项到载荷步文件 Jobname.S01
!第二个载荷步
NSUBST,                           !定义载荷步选项及其他选项
D,                                !施加约束
F,                                !施加载荷
……
LSWRITE,2                         !写第二个载荷步的载荷和载荷步选项到载荷步文件 Jobname.S02
……
LSSOLVE,1,2,1                     !从载荷步文件求解
FINI                              !退出求解器
```

13.9.3 用载荷数组参数求解

该方法主要用于瞬态或非线性静（稳态）分析，需要定义表格型数组参数和使用 DO 循环。如图 13-11 所示，表格型数组用于定义随时间变化的载荷。

（a）

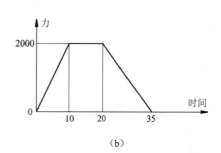
（b）

图 13-11　表格型数组

用载荷数组参数求解步骤如下，具体应用参见实例 E13-4 "用表格数组进行函数加载——静水压力"。

```
*DIM,FORCE,TABLE,4,1,1,TIME       !定义表格型数组
FORCE (1,0)=0,10,20,35            !输入数组元素的值
FORCE (0,1)=1,0,2000,2000,0
……
/SOLU                             !进入求解器
NSUBST,                           !定义载荷步选项及其他选项
D,                                !施加约束
F,ALL,FY, %FORCE%                 !用表格型数组施加载荷
……
SOLVE                             !求解
FINI                              !退出求解器
```

该方法很容易实现复杂载荷的输入，缺点是不能改变载荷步选项。

第14章 结果后处理

14.1 概 述

ANSYS 提供了两个后处理器,用于结果查看。通用后处理器 POST1 用于查看选定模型在某一时间点的结果,而时间历程后处理器用于查看模型上选定点的结果随时间的变化情况。如果要查看整个模型的结果在整个时间历程上的变化情况,则需要使用动画技术。

典型的后处理过程是:

(1)设置要读入结果的项目,并把结果数据从结果文件读入内存。
(2)设置绘图、列表等选项,用绘图、列表、查询等方法查看结果数据。
(3)对结果进行判断或输出。

14.1.1 结果文件

结果文件的名称取决于分析所属的学科,结构分析和耦合场分析的结果文件为 Jobname.RST,热分析为 Jobname.RTH,磁场分析为 Jobname.RMG。流体场分析的结果文件扩展名是 RST 或 RTH,如果有结构自由度存在,则扩展名是 RST。

用 OUTRES 命令控制写入结果文件中的数据项目和时间间隔。

14.1.2 基本解和导出解

结果数据包括基本解和导出解。

基本解是每个节点的自由度结果,结构分析中为节点位移结果,热分析中为节点温度结果,磁分析中为节点磁势结果,基本解属于节点解。

导出解是基于基本解计算出的结果,如结构分析的应力和应变、热分析的热梯度与通量、磁场分析的磁通等。导出解通常在每个单元的节点、积分点和质心处计算,导出解也就是单元解。而当这些数据被平均到节点上时除外,这时它们是节点解。

不同学科的基本解和导出解如表 14-1 所示。

表 14-1 不同学科的基本解和导出解

学 科	基 本 解	导 出 解
结构分析	位移	应力、应变、反力等
热分析	温度	热梯度、通量等
磁场分析	磁势	磁通量、磁流密度等
电场分析	标量电势	电场、电通密度等
流体场分析	速度、压力	压力梯度、热通量等

14.2 通用后处理器

通用后处理器 POST1 用于查看选定模型在某一时间点或频率的结果。POST1 提供了丰富的手段，用于结果的查看和处理，简单的有图形和列表显示等，复杂的如载荷工况组合等。

可使用/POST1（Main Menu→ General Postproc）命令进入通用后处理器。

14.2.1 读取结果数据到数据库

用 POST1 查看结果，第一步就是把结果从数据文件读入数据库中。读入数据前包括节点、单元等模型数据必须存在于数据库中。如果没有，可以用 RESUME 命令（Utility Menu→ File→ Resume Jobname.db）读取数据库文件 Jobname.DB。读入数据库的结果数据和模型数据必须匹配，否则后处理无法进行。

1）指定从结果文件读取的数据项

菜单：Main Menu→General Postproc→Data & File Opts

命令：INRES, Item1, Item2, Item3, Item4, Item5, Item6, Item7, Item8

命令说明：Item1, Item2, Item3, . . . , Item8 为数据项。

为 ALL（默认）时，所有数据类型；

为 BASIC 时，基本数据项，包括 NSOL, RSOL, NLOAD, STRS, FGRAD, FFLUX 记录等；

为 NSOL 时，节点 DOF 解；

为 RSOL 时，节点支反力解；

为 ESOL 时，单元解，包括以下所有项目：

为 NLOAD、STRS、EPEL、EPTH、EPPL、EPCR、FGRAD、FFLUX、MISC 时，结果分别为单元节点载荷、单元节点应力、单元弹性应变、单元热应变（或初应变、膨胀应变）、单元塑性应变、单元蠕变应变、单元节点梯度、单元节点通量、单元其他数据（SMISC 和 NMISC）。

用该命令可以减少读入数据库中的结果数量。因为 OUTRES 命令设置了写入结果文件的数据项，所以 INRES 应与其匹配。

2）指定结果文件

菜单：Main Menu→General Postproc→Data & File Opts

命令：FILE, Fname, Ext, --

命令说明：Fname 为结果文件目录路径和文件名，目录路径默认为工作目录，文件名默认为任务名。Ext 为扩展名，为空时，对结构分析默认为 RST。

3）从结果文件读结果数据

菜单：Main Menu→General Postproc→Read Results

命令：SET, Lstep, Sbstep, Fact, KIMG, TIME, ANGLE, NSET, ORDER

命令说明：LSTEP 为要读取数据的载荷步数（默认为 1）。LSTEP=N 时，读第 N 个载荷步；LSTEP= FIRST 时，读第一个子步的数据；LSTEP= LAST 时，读最后一个子步的数据；LSTEP= NEXT 时，读下一个子步的数据；LSTEP= PREVIOUS 时，读上一个子步的数据；LSTEP= NEAR 时，读时间最接近参数 TIME 的子步的数据；LSTEP= LIST 时，扫描结果文件，列表每一个载荷步的概要。

Sbstep 为子步数。默认为载荷步的最后一个子步（屈曲和模态分析除外）。对于屈曲和模态分析，Sbstep 为模态数。Lstep=LIST、Sbstep = 0 或 1 时，列出载荷步的基本信息；Sbstep=2 时，还列出载荷步的标题和标识符号。

Fact 为读入数据的缩放因子，为空或零时默认为 1。该因子只适用于位移和应力结果，非零值不能用于不可求和项目。

KIMG 只用于复数结果（谐响应分析或复杂的模态分析）。KIMG=0 或 REAL（默认）时，存储复数结果的实部；KIMG=1、2 或 IMAG 时，存储复数结果的虚部；KIMG=3 或 AMPL 时，存储幅值；KIMG=4 或 PHAS 时，存储相位角，单位为度，大小介于-180°～180°之间。

TIME 为要读取数据的时间点，对于谐响应分析是频率，对于屈曲分析是载荷因子。该参数仅在下列情况下使用：当 LSTEP= NEAR 时，读取最接近 TIME 子步的数据；当 LSTEP 和 Sbstep 都为零（或空）时，读取时间为 TIME 的数据。使用弧长法求解时，不要用 TIME 来确定读入的数据。如果 TIME 介于两个求解时间点之间，则读入结果为两个结果的线性插值。

ANGLE 为圆周位置（0°～360°），用于谐响应分析。

NSET 为要读入的数据组编号。

ORDER=ORDER 时，按固有频率升序方式对谐响应分析结果排序或对屈曲分析的载荷因子排序。

4）读取模型选定部分的结果

菜单：Main Menu→General Postproc→Read Results→By Load Step
　　　Main Menu→General Postproc→Read Results→By Set Number
　　　Main Menu→General Postproc→Read Results→By Time/Freq

命令：SUBSET, Lstep, SBSTEP, FACT, KIMG, TIME, ANGLE, NSET

命令说明：参数意义与 SET 命令对应参数相同。

5）从结果文件读数据并追加到数据库

菜单：Main Menu→General Postproc→Read Results→By Load Step
　　　Main Menu→General Postproc→Read Results→By Set Number
　　　Main Menu→General Postproc→Read Results→By Time/Freq

命令：APPEND, LSTEP, SBSTEP, FACT, KIMG, TIME, ANGLE, NSET

命令说明：参数意义与 SET 命令对应参数相同。

SET、SUBSET 命令用从结果文件读取的新数据覆盖数据库中的当前数据，而 APPEND 命令将读取的数据追加到数据库中的现有数据中。

14.2.2 结果坐标系

在求解中产生的结果数据如位移、应力、应变、梯度等，其中的基本解和节点解在节点坐标系下、导出解和单元解在单元坐标系下存储到数据库和结果文件中，然而结果数据要变换到结果坐标系（RSYS）下来进行图形、列表显示和单元表数据存储。默认的结果坐标系为全局直角坐标系。例如图 14-1（a）所示应力分量 SX 云图使用的结果坐标系为全局直角坐标系，则应力 SX 为水平方向应力；而图 14-1（b）所示云图结果坐标系为全局圆柱坐标系，则应力 SX 为 SR，即径向应力。

（a）RSYS=0　　　　　　　　　　　　（b）RSYS=1

图 14-1　结果坐标系

ANSYS 用 RSYS 命令选择结果坐标系。

菜单：Main Menu→General Postproc→Options for Outp

命令：RSYS, KCN

命令说明：KCN 为坐标系。

KCN=0（默认）时，全局直角坐标系。

KCN=1 时，全局圆柱坐标系。

KCN=2 时，全局球坐标系。

KCN>10 时，已有的局部坐标系。

KCN=SOLU 时，求解坐标系。求解坐标系对于单元数值是每个单元的单元坐标系；对于节点数值是节点坐标系；如果使用了 LAYER,N 命令，则为层坐标系。谱分析默认值为 SOLU。

KCN=LSYS 时，层坐标系。

有些结果总是显示在单元坐标系上，而不管当前的结果坐标系如何，例如，力、力矩、LINK 单元的应变等。在多数情况下，改变结果坐标系并不会影响结果的数值。但在模态叠加时因为涉及开方运算，使结果的线性关系失效。这时，应该将结果坐标系设置为求解坐标系。

14.2.3　单元表

单元表相当于一个电子表格，每一行代表一个单元，每一列代表单元的结果数据，如单元应力、体积、质心坐标等。例如，在结构分析中，单元能量不能直接显示或列表，则可以把它读入单元表中，用单元表可列出各单元的能量值。

单元表有两个功能：一是可对单元表中数据进行各种数学运算；二是可访问其他方法无法直接访问的结果数据。

1．定义单元表

菜单：Main Menu→General Postproc→Element Table→Define Table

命令：ETABLE, Lab, Item, Comp, Option

命令说明：Lab 为用户定义的单元表标签，后续操作中将用该标签引用单元表数据。用户最好指定一个有意义的标签，为空时默认为参数 Item 和 Comp 的前四个字母的组合。

Item 为项目。Comp 为项目成分。二者的标识、意义由单元类型决定，定义单元表时可查看 ANSYS Help 中的单元库。

Option 为多值项目数据存储选项。Option=MIN 时，存储指定项目成分的最小单元节点值；Option=MAX 时，存储指定项目成分的最大单元节点值；Option= AVG（默认）时，存储平均到单元质心的指定项目成分值。

2．定义单元表的两种方法

与输出到单元表中数据类型相对应，定义单元表方法也有两种，一是用组件名称的方法，一种是用序列号的方法。

如表 14-2 所示，用组件名称定义单元表用于访问常规单元结果数据，所有的单值数据项目和多数的多值项目都可以用该方法访问。例如，下列命令定义单元表 SX 访问单元的 x 方向应力：

ETABLE,SX,S,X

表 14-2 结构分析常规单元结果数据

Item	Comp	说明	Item	Comp	说明
U	X, Y, Z	X, Y, Z 方向位移	EPTT	X, Y, Z, XY, YZ, XZ	总应变分量（EPEL++ EPTH+ EPPL EPCR）
ROT	X, Y, Z	绕 X, Y, Z 轴转角		1, 2, 3	总主应变
S	X, Y, Z, XY, YZ, XZ	应力分量		INT	总应变强度
	1, 2, 3	主应力		EQV	总等效应变
	INT	应力强度	NL	SEPL	等效应力（从应力-应变曲线）
	EQV	等效应力		SRAT	应力状态比率
EPEL	X, Y, Z, XY, YZ, XZ	弹性应变分量		HPRES	静水压力
	1, 2, 3	弹性主应变		EPEQ	累计等效塑性应变
	INT	弹性应变强度	SEND	ELASTIC	弹性变形能密度
	EQV	弹性等效应变		PLASTIC	塑性变形能密度
EPTH	X, Y, Z, XY, YZ, XZ	热应变分量		CREEP	蠕变变形能密度
	1, 2, 3	热主应变		DAMAGE	损伤变形能密度
	INT	热应变强度		VDAM	黏性阻尼变形能密度
	EQV	热等效应变		VREG	黏正规化变形能密度
EPPL	X, Y, Z, XY, YZ, XZ	塑性应变分量	SERR		结构能量误差
	1, 2, 3	塑性主应变	F	X, Y, Z	结构力，即单元节点力的和
	INT	塑性应变强度	M	X, Y, Z	结构力矩，即单元节点力矩的和
	EQV	塑性等效应变	SEDN		变形能密度
EPCR	X, Y, Z, XY, YZ, XZ	蠕变应变分量	AENE		人工能量
	1, 2, 3	蠕变主应变	CENT	X, Y, Z	未变形时单元质心在活跃坐标系中的坐标
	INT	蠕变应变强度	BFE	TEMP	体温度，仅面、体单元时有效
	EQV	蠕变等效应变			
EPSW		膨胀应变			
EPTO	X, Y, Z, XY, YZ, XZ	总机械应变分量（EPEL+ EPPL+ EPCR）			
	1, 2, 3	总机械主应变			
	INT	总机械应变强度			
	EQV	总机械等效应变			

在 ANSYS Help 的单元库中，每种单元都有两个表格。在第一个表格"Element Output Definitions"的 Name 列中，凡是有冒号的数据项都可以用组件名称定义单元表的方法访问，其中冒号前的标识为 Item 项，冒号后的标识（如果有的话）为 Comp 项。第二个表格"Item and Sequence Numbers"给出了用序列号方法访问的数据及其序列号。具体内容见参阅 12.2 节。

用序列号方法定义单元表可以访问非平均、非单值的结果数据。这类数据包括积分点数据、从结构线单元和接触单元得到的所有导出解数据、层单元的层数据等。例如，下列命令定义单元表 FA 访问 LINK180 单元的轴向力：

ETABLE, FA, SMISC, 1

3．单元表的操作

1）用云图显示单元表数据

菜单：Main Menu→General Postproc→Element Table→Plot Elem Table
　　　Main Menu→General Postproc→Plot Results→Contour Plot→Elem Table
　　　Utility Menu→Plot→Results→Contour Plot→Elem Table Data

命令：PLETAB, Itlab, Avglab

命令说明：Itlab 为用户定义的标签，即 ETABLE 命令的 Lab 参数。Avglab 为平均操作选项，Avglab=NOAV（默认）时，不平均公共节点的结果；Avglab=AVG，平均公共节点的结果。

2）列表显示单元表数据

菜单：Main Menu→General Postproc→Element Table→List Elem Table
　　　Main Menu→General Postproc→List Results→Elem Table Data
　　　Utility Menu→List→Results→Element Table Data

命令：PRETAB, Lab1, Lab2, Lab3, Lab4, Lab5, Lab6, Lab7, Lab8, Lab9

命令说明：Lab1～Lab9 为单元表标签。

3）保存单元表

可以通过保存数据库来保存单元表，相应命令为 SAVE。

4．单元表数据的数学运算

在 ANSYS 通用后处理器 POST1 中，所有的数据运算都是基于单元表的。

1）绝对值选项

菜单：Main Menu→General Postproc→Element Table→Abs Value Option

命令：SABS, KEY

命令说明：KEY 为绝对值开关，KEY=0，在操作中使用代数值；KEY=1，在操作中使用绝对值。

该选项控制在后续的加、列和、乘、求极值运算中是使用单元表数据本身还是绝对值。

2）计算并显示各单元表数据的总和

菜单：Main Menu→General Postproc→Element Table→Sum of Each Item

命令：SSUM

3）对两个单元表求和得到一个新单元表

菜单：Main Menu→General Postproc→Element Table→Add Items

命令：SADD, LabR, Lab1, Lab2, FACT1, FACT2, CONST

命令说明：LabR 为分配给新单元表的标签。Lab1, Lab2 为要求和的两个已存在的单元表。FACT1, FACT2 为比例系数，为 0 或空时默认为 1。CONST 为常数。

该命令将同一单元在单元表 Lab1 和 Lab2 中的数据按下式运算，并将结果分配给单元表 LabR：

LabR = (FACT1*Lab1) + (FACT2*Lab2) + CONST

4）对两个单元表求积得到一个新单元表

菜单：Main Menu→General Postproc→Element Table→Multiply

命令：SMULT, LabR, Lab1, Lab2, FACT1, FACT2

命令说明：各参数意义与 SADD 命令对应参数相同。

该命令将同一单元在单元表 Lab1 和 Lab2 中的数据按下式运算，并将结果分配给单元表 LabR：

LabR = (FACT1*Lab1)*(FACT2*Lab2)

5）由两个单元表的最大值构造一个新单元表

菜单：Main Menu→General Postproc→Element Table→Find Maximum

命令：SMAX, LabR, Lab1, Lab2, FACT1, FACT2

命令说明：各参数意义与 SADD 命令对应参数相同。

该命令将同一单元在单元表 Lab1 和 Lab2 中的数据按下式运算，并将结果分配给单元表 LabR：

LabR = MAX{(FACT1*Lab1),(FACT2*Lab2)}

6）由两个单元表的最小值构造一个新单元表

菜单：Main Menu→General Postproc→Element Table→Find Minimum

命令：SMIN, LabR, Lab1, Lab2, FACT1, FACT2

命令说明：各参数意义与 SADD 命令对应参数相同。

该命令将同一单元在单元表 Lab1 和 Lab2 中的数据按下式运算，并将结果分配给单元表 LabR：

LabR = MIN{(FACT1*Lab1),(FACT2*Lab2)}

7）指数运算

菜单：Main Menu→General Postproc→Element Table→Exponentiate

命令：SEXP, LabR, Lab1, Lab2, EXP1, EXP2

命令说明：参数 LabR, Lab1, Lab2 意义与 SADD 命令对应参数相同。EXP1, EXP2 为指数。

该命令将同一单元在单元表 Lab1 和 Lab2 中的数据按下式运算，并将结果分配给单元表 LabR：

LabR =|Lab1|^{EXP1}*|Lab2|^{EXP2}

注意：指数运算前总是对单元表数据取绝对值。

8）求两个矢量的叉积

菜单：Main Menu→General Postproc→Element Table→Cross Product

命令：VCROSS, LabXR, LabYR, LabZR, LabX1, LabY1, LabZ1, LabX2, LabY2, LabZ2

命令说明：LabXR, LabYR, LabZR 为分配给结果矢量的 X,Y,Z 分量标签。LabX1, LabY1,

LabZ1 为第一个矢量的 X,Y,Z 分量标签。LabX2, LabY2, LabZ2 为第二个矢量的 X,Y,Z 分量标签。

该命令所有参数都是单元表的标签，由 X,Y,Z 三个分量构成一个矢量。

设某单元在单元表 LabX1、LabY1、LabZ1 中的值为 A_X、A_Y、A_Z，在单元表 LabX2、LabY2、LabZ2 中的值为 B_X、B_Y、B_Z，于是可以构造两个矢量：

$$A = A_X \boldsymbol{i} + A_Y \boldsymbol{j} + A_Z \boldsymbol{k}, \quad B = B_X \boldsymbol{i} + B_Y \boldsymbol{j} + B_Z \boldsymbol{k}$$

式中，$\boldsymbol{i}$、$\boldsymbol{j}$、$\boldsymbol{k}$ 分别为 X、Y、Z 方向的单位矢量。

则两个矢量的叉积 C 为

$$C = A \times B = \begin{vmatrix} \boldsymbol{i} & \boldsymbol{j} & \boldsymbol{k} \\ A_X & A_Y & A_Z \\ B_X & B_Y & B_Z \end{vmatrix}$$

而两个矢量的点积 D 为

$$D = A \cdot B = A_X B_X + A_Y B_Y + A_Z B_Z$$

命令 VCROSS 将叉积矢量 C 的三个分量的值分别分配给单元表 LabXR, LabYR, LabZR。而下一个命令 VDOT 将点积 D 的值分配给单元表 LabR。

9）求两个矢量的点积

菜单：Main Menu→General Postproc→Element Table→Dot Product

命令：VDOT, LabR, LabX1, LabY1, LabZ1, LabX2, LabY2, LabZ2

命令说明：LabR 为分配给结果单元表的标签。LabX1, LabY1, LabZ1, LabX2, LabY2, LabZ2 等参数的含义与 VCROSS 命令相同

5．安全系数

所谓安全系数，是单元许用应力与实际应力比值；而安全裕度是安全系数减 1。用单元表计算安全系数或安全裕度的步骤是：

（1）定义存储应力的单元表；

（2）用 SALLOW 命令输入许用应力；

（3）用 SFCALC 命令计算安全系数或安全裕度存储到单元表；

（4）用 PLETAB 命令或 PRETAB 命令以图形或列表显示安全系数或安全裕度单元表。例如：

ETABLE, ,S,EQV   !定义单元表存储单元等效应力
SALLOW,400E6   !指定许用应力
SFCALC,FACTOR, SEQV,,1   !计算安全系数，存储到单元表 FACTOR
PLETAB,FACTOR,NOAV   !用云图显示单元表 FACTOR

6．注意事项

（1）ETABLE 命令及所有的单元表数学运算命令都只对选定单元有效。

（2）当数据库更新后，单元表数据不会自动更新。单元表的状态有当前（CURRENT）、以前（PREVIOUS）和混合（MIXED）三种，可用 ETABLE,REFL 命令更新单元表的值。

（3）ETABLE,REFL 命令对单元表数学运算结果无效，除非重新计算。

14.2.4 结果图形显示

当计算结果存储到数据库后,就可以用图形或列表的形式来显示它们。

图形显示是最直观、最有效的查看结果方法,在 POST1 中可采用的方法有云图(等高线图形)、变形图、矢量图、反作用力图、粒子轨迹图。

1. 图形显示设置

1) 图形设备及设置

ANSYS 提供的图形设备有 Win32、3D,可以按 Windows 菜单路径"开始"→所有程序→ANSYS18.2→Mechanical APDL Product Launcher 18.2 执行命令,打开图 14-2 所示对话框,在"Graphics Device Name"下拉列表框中选择图形设备,然后单击"Run"按钮,启动 ANSYS。

图 14-2 Mechanical APDL Product Launcher 对话框(图已修改)

执行 ANSYS 命令 Utility Menu→PlotCtrls→Device Options,打开图 14-3 所示对话框,显示设备 Win32、3D 提供的设备选项分别如图 14-3(a)和图 14-3(b)所示。

Win32、3D 显示设备都支持矢量模式(Vector mode)。矢量模式打开时,用线框图形显示面、体、单元及后处理图形;矢量模式关闭(默认)时,使用光栅模式,用颜色填充实体。

抖动(Dither)用于颜色间过渡的平滑处理,只在 Gouraud 或 Phong 阴影显示下、用 Z-buffer 光栅模式绘图时才有作用。在 3D 显示设备中没有抖动选项。

两种设备都支持 AVI 和 Bitmap 格式的动画文件,但 3D 显示设备还支持 Display List 格式的动画文件。Bitmap 和 Display List 格式的动画文件(默认)在 ANSYS 图形窗口显示动画,可以用 ANSYS 动画播放器播放。AVI 格式的动画文件用 Windows 媒体播放器播放。

（a）Win32 设备　　　　　　　　　　　（b）3D 设备

图 14-3　设备选项对话框

2）实体编号和颜色的显示控制

● 控制是否显示实体或项目的编号和颜色命令

菜单：Utility Menu→PlotCtrls→Numbering

命令：/PNUM, Label, KEY

命令说明：Label 为实体或项目的类型。Label=NODE 时，在节点和单元图形中显示节点编号；Label=ELEM 时，在单元图形中显示单元编号和颜色；Label= SEC/MAT/TYPE/REAL/时，在单元和几何实体模型图形中显示截面/材料模型/单元类型/实常数集编号和颜色；Label=ESYS 时，在单元和几何实体模型图形中显示单元坐标系编号；Label=KP 时，在几何实体模型图形中显示关键点编号；Label=LINE/AREA/VOLU 时，在几何实体模型图形中显示线/面/体的编号，同时在线/面/体上显示颜色。

KEY=0（默认），Label 的编号和颜色关闭；KEY=1，打开。

● 控制如何显示实体或项目的编号、颜色命令

菜单：Utility Menu→PlotCtrls→Numbering

命令：/NUMBER, NKEY

命令说明：NKEY=0（默认）时，同时显示编号和颜色；NKEY=1 时，只显示颜色；NKEY=2 时，只显示编号；NKEY=-1 时，编号和颜色均不显示。

3）符号显示控制

● 边界条件及值的显示控制

菜单：Utility Menu→PlotCtrls→Symbols

命令：/PBC, Item, --, KEY, MIN, MAX, ABS

命令说明：Item 为显示符号的项目。Item=U，为施加的移动约束；Item=ROT，为施加的转动约束；Item=TEMP，为施加的温度载荷；Item=F 或 FORC，为施加的结构集中力；Item=M 或 MOME，为施加的结构力矩；Item=CP，为耦合节点；Item=CE，为有约束方程的节点；Item=NFOR，为 POST1 中的节点力；Item=NMOM，为 POST1 中的节点力矩；Item=RFOR，为 POST1 中的支反力；Item=RMOM，为 POST1 中的支反力矩；Item=PATH，为路径；Item=ACEL，为全局加速度；Item=OMEG，为全局角速度和角加速度；Item=ALL，为所有项目。

KEY=0，显示符号；KEY=1，不显示符号；KEY=2，显示符号和值。

MIN, MAX 用于控制显示值的范围。

ABS 为绝对值选项。ABS=0 时，值为代数值；ABS=1 时，值为绝对值。

边界条件（Boundary Condition）指的是施加的自由度约束、载荷、耦合、约束方程、路径等。

- 表面载荷符号的显示控制

菜单：Utility Menu→PlotCtrls→Symbols

命令：/PSF, Item, Comp, KEY, KSHELL, Color

命令说明：结构分析时 Item=PRES，为表面载荷为压力。Item=NORM/TANX/TANY/INRM/ITNX/ITNY 时，分别为结构法向压力的实部、x 向切向压力的实部、y 向切向压力的实部、法向压力的虚部、x 向切向压力的虚部、y 向切向压力的虚部。

KEY 控制表面载荷符号的显示。KEY=0（默认）时，不显示；KEY=1 时，用轮廓线显示；KEY=2 时，用箭头显示；KEY=3 时，用云图显示，线和面的表面载荷在实体模型图中显示为箭头。

KSHELL 用于控制壳单元表面载荷符号的可见性。KSHELL=0（默认），仅显示可见载荷表面上的符号；KSHELL=1 时，显示所有表面的符号。

- 体载荷符号的显示控制

菜单：Utility Menu→PlotCtrls→Symbols

命令：/PBF, Item, --, KEY

命令说明：Item 为体载荷项目，结构分析为 TEMP。KEY=0 时，不显示体载荷的云图；KEY=1 时，显示。

- 其他符号的显示控制

菜单：Utility Menu→PlotCtrls→Symbols

命令：/PSYMB, Label, KEY

命令说明：Item 为项目。Item= CS 时，局部坐标系；Item= NDIR 时，节点坐标系（只在旋转节点）；Item= ESYS 时，单元坐标系（只在单元图形）；Item= LDIR 时，线的方向（只在线图形）；Item= LDIV 时，线被单元划分的段数。

KEY=0（默认）时，不显示符号；KEY=1 时，显示。

- 设置显示位移乘子

菜单：Utility Menu→PlotCtrls→Style→Displacement Scaling

命令：/DSCALE, WN, DMULT

命令说明：WN 为窗口编号，默认为 1。DMULT 用于设置显示位移乘子，设置 DMULT=0 或 AUTO 时，显示位移乘子由系统计算；DMULT=1 时，显示位移没有缩放；DMULT= FACTOR 时，显示位移乘子由 FACTOR 确定；DMULT=USER（用户指定数值），显示位移乘子等于 USER。

通常位移相对结构尺寸很小，为清楚地观察位移，需要将显示的位移乘以显示位移乘子。

- 图形显示模式切换

菜单：Utility Menu→PlotCtrls→Style→Hidden-Line Options

命令：/GRAPHICS, Key

命令说明：Key=FULL，为完全图形模式，显示完全的模型几何形状及结果。Key=POWER，增强图形模式（默认）。

增强图形模式显示速度快，在材料、几何、实常数不连续处不进行结果平均处理，可同时显示 SHELL 单元顶面和底面的应力。完全图形模式显示参数少，在用户间有更好的可移植性，显示结果总是和打印结果一致。

2．云图

云图显示应力、温度等结果项在模型上的变化，是 ANSYS 后处理最常使用的结果图形。

1）显示云图

● 用云图显示节点结果

菜单：Main Menu→General Postproc→Plot Results→Contour Plot→Nodal Solu

命令：PLNSOL, Item, Comp, KUND, Fact, FileID

命令说明：Item, Comp 为显示的项目和分量，可用的标识见表 14-3。

表 14-3　结构分析 PLNSOL 命令有效的 Item, Comp

Item	Comp	说　明	Item	Comp	说　明
\multicolumn{3}{c}{1. 节点自由度结果}	\multicolumn{3}{c}{3. 接触结果（增强图形模式，3D 模型）}
U	X, Y, Z, SUM	结构 X, Y, Z 方向位移及矢量和	CONT	STAT	接触状态[2]
ROT	X, Y, Z	结构绕 X, Y, Z 轴转角及矢量和		PENE	穿透
WARP		翘曲		PRES	接触压力
\multicolumn{3}{c}{2. 单元结果}		SFRIC	接触摩擦应力
S	X, Y, Z, XY, YZ, XZ	应力分量		STOT	接触总应力
	1, 2, 3	主应力		SLIDE	接触滑动距离
	INT	应力强度		GAP	接触间隙
	EQV	等效应力		FLUX	接触面上总热流
EPXX[1]	X, Y, Z, XY, YZ, XZ	应变分量	\multicolumn{3}{l}{注：[1] XX=EL，弹性应变；XX=TH，热应变；XX=PL，应变（EPEL+ EPPL+ EPCR）；XX=TT，总应变（EPEL+ EPTH+ EPPL+ EPCR）。 [2] 为 3 时，黏合接触为 2 时，滑动接触为 1 时，开放、近接触为 0 时，开放、不接触}
	1, 2, 3	主应变			
	INT	应变强度			
	EQV	等效应变			
EPSW		膨胀应变			
SEND	ELASTIC	弹性变形能密度			
	PLASTIC	塑性变形能密度			
	CREEP	蠕变变形能密度			
	DAMAGE	损伤变形能密度			
	VDAM	黏性阻尼变形能密度			
	VREG	黏正规化变形能密度			

KUND=0 时，在云图中只显示变形后的结构；KUND=1 时，在云图中同时显示变形前后的单元；KUND=2 时，在云图中同时显示变形前后结构的边界形状。

Fact 用于 2D 显示接触分析结果的缩放因子，默认值为 1。

FileID 文件索引号。

节点结果云图在选择的节点和单元上显示，在单元边界保持连续。云图在单元内的值由节点值线性插值确定，在公共节点上取平均值。如果要显示中间节点的值，则应先执行命令/EFACET,2。

如图 14-4 所示为节点等效应力云图，对应命令为

PLNSOL, S, EQV, 0, 1　　　　　　　　　　!显示节点 von Mises 等效应力云图

- 用云图显示单元结果

菜单：Main Menu→General Postproc→Plot Results→Contour Plot→Element Solu

命令：PLESOL, Item, Comp, KUND, Fact

命令说明：各参数意义与 PLNSOL 命令相同。PLESOL 命令的 Item 参数有效项没有节点自由度结果项，但包括 SMISC 和 NMISC 项。

单元结果云图在选择单元中显示，在单元边界是不连续的。云图不在公共节点上取平均值，只在单元内线性插值。

如图 14-5 所示为单元等效应力云图，对应命令为

PLESOL, S, EQV, 0, 1　　　　　　　　　　!显示单元 von Mises 等效应力云图

图 14-4　节点等效应力云图

图 14-5　单元等效应力云图

- 用云图显示单元表数据

菜单：Main Menu→General Postproc→Element Table→Plot Elem Table

　　　Main Menu→General Postproc→Plot Results→Contour Plot→Elem Table

命令：PLETAB, Itlab, Avglab

命令说明：Itlab 为要显示的单元表标签。Avglab= NOAV（默认），在公共节点对结果不做平均处理；Avglab= AVG ，在公共节点对结果做平均处理。

- 用云图显示线单元数据

菜单：Main Menu→General Postproc→Plot Results→Contour Plot→Line Elem Res

命令：PLLS, LabI, LabJ, Fact, KUND

命令说明：LabI, LabJ 为存储节点 I 和 J 结果的单元表。Fact 为显示比例因子（默认为1），为负值时，反转显示。

KUND=0 时，云图显示在未变形结构中；KUND=1 时，云图显示在变形结构中。

实例 E14-1　用云图显示线单元数据实例——作刚架的弯矩图

绘制如图 14-6 所示刚架的弯矩图。

图 14-6　刚架

```
L1=1$ L2=0.8 $ A=0.2 $ Height =0.05 $ P=2000    !刚架尺寸和载荷,Height 为正方形截面的高度
/PREP7                                          !进入预处理器
ET, 1, BEAM188,,,2                              !选择单元类型,二次位移函数
MP, EX, 1, 2E11 $ MP, PRXY, 1, 0.3              !定义材料模型
SECTYPE, 1, BEAM, RECT $ SECDATA,Height,Height
                                                !定义截面
K,1, $ K,2,0,L2 $K,3,A, L2 $ K,4,L1,L2 $ K,5,L1 !创建关键点
L,1,2 $ *REPEAT,4,1,1                           !创建直线
ESIZE,0.05 $ LMESH,ALL                          !划分单元
FINI                                            !退出预处理器
/SOLU                                           !进入求解器
DK,1,ALL $ DK,5,ALL                             !在关键点上施加位移约束
F,NODE(A, L2,0),FY,-P                           !施加集中力
SOLVE                                           !求解
FINI                                            !退出求解器
/POST1                                          !进入通用后处理器
ETABLE, MyI, SMISC,3 $ ETABLE,MyJ , SMISC,16    !定义单元表,存储单元节点 I 和 J 处的弯矩
PLLS, MyI, MyJ                                  !用云图显示弯矩图
FINI                                            !退出通用后处理器
```

2)云图样式

可用/CTYPE 和/SSCALE 命令(Utility Menu→PlotCtrls→Style→Contours→Contour Style)设置云图的样式。ANSYS 支持的云图样式包括:

Normal:标准云图,如图 14-7(a)所示。

Isosurface:显示等值面,如图 14-7(b)所示。

Particle Grad:显示粒子梯度,如图 14-7(c)所示。

Gradient triad:显示梯度三元组,如图 14-7(d)所示。

Topographic:以地质方式显示。

(a) Normal　　(b) Isosurface　　(c) Partical Grad　　(d) Gradient Triad

图 14-7　云图样式

各种样式中,只有 Normal 和 Isosurface 可以在增强图形模式下显示,其他样式都必须在完全图形模式下显示。

3. 变形图

菜单:Main Menu→General Postproc→Plot Results→Deformed Shape

命令:PLDISP, KUND

命令说明：KUND=0，只显示变形后的结构；KUND=1，同时显示变形后和未变形的结构；KUND=2，同时显示变形后的结构和未变形的结构边界，如图 14-8 所示。

（a）KUND=0　　　　（b）KUND=1　　　　（c）KUND=2

图 14-8　变形图

4．矢量图

菜单：Main Menu→General Postproc→Plot Results→Vector Plot→Predefined →Predefined
Main Menu→General Postproc→Plot Results→Vector Plot→User-defined

命令：PLVECT, Item, Lab2, Lab3, LabP, Mode, Loc, Edge, KUND

命令说明：Item 为显示的项目。

Mode 控制显示模式。Mode 为空时，使用/DEVICE 命令参数 KEY 的设置；Mode=RAST，光栅模式；Mode=VECT，矢量模式。

Loc 控制显示矢量的位置。Loc=ELEM（默认），在单元质心显示；Loc=NODE，在单元节点显示。

图 14-9　位移矢量图

Edge 控制单元边界的显示。Edge 为空时，使用/EDGE 命令参数 KEY 的设置；Edge=OFF，不显示单元边界；Edge=ON，显示单元边界。

KUND=0，显示未变形的结构；KUND=1，显示变形后的结构。

如图 14-9 所示，矢量图用箭头显示矢量的大小和方向。典型的矢量如位移、转角、磁矢量势、磁通密度、热通量、热梯度、流体速度、主应力等。

5．面操作

1) 创建面

菜单：Main Menu→General Postproc→Surface Operations→Create Surface

命令：SUCR, SurfName, SurfType, nRefine, Radius, blank, blank, TolOut

命令说明：SurfName 定义面的名称。

SurfType 指定面的类型。SurfType=CPLANE 时，指定面为窗口的切割平面，而切割平面是工作平面（/CPLANE,1）；SurfType=SPHERE 时，指定面为球心在工作平面原点的球面；SurfType=INFC 时，指定面为轴线在 WZ 轴、长度从-∞～+∞的圆柱面。

nRefine 指定面上网格精细化等级。SurfType=CPLANE 时，nRefine 为 0～3 间的整数，默认值为 0；SurfType=SPHERE 和 INFC 时，nRefine 为沿 90°角的分割段数，最小值为 9，默认

值为 9。

Radius 为球面或圆柱面的半径。

SUCR 命令创建面并存储面的以下数据：GCX,GCY,GCZ 为面上每个点的全局直角坐标，NORMX,NORMY,NORMZ 为面上每个点单位法线矢量的分量，DA 为每一点的影响面积。

2）映射结果到面

菜单：Main Menu→General Postproc→Surface Operations→Map results

命令：SUMAP, RSetName, Item, Comp

命令说明：RSetName 指定映射结果的标签。Item, Comp 为结果的项目和分量，可行项与命令 PLNSOL 相同。

3）用图形显示面上的结果

菜单：Main Menu→General Postproc→Surface Operations→Plot Results

命令：SUPL, SurfName, RSetName, KWIRE

命令说明：SurfName 为面的名称，可以为 ALL。RSetName 为结果标签。

4）列表显示面上的结果

菜单：Main Menu→General Postproc→Surface Operations→Print Results

命令：SUPR, SurfName, RSetName

命令说明：SurfName 为面的名称，可以为 ALL。RSetName 为结果标签。

5）对面上的结果作数学运算

• 常用计算

菜单：Main Menu→General Postproc→Surface Operations→Math Operations

命令：SUCALC, RSetName, lab1, Oper, lab2, fact1, fact2, const

命令说明：RSetName 指定运算得到结果的标签。

lab1, lab2 为第一个、第二个用于计算的面结果标签。

Oper 为要执行的运算。ADD ——(lab1 + lab2 + const)；SUB ——(lab1 - lab2 + const)；MULT ——(lab1 * lab2 + const)；DIV ——(lab1 / lab2 + const)；EXP ——(lab1 ^ fact1 + lab2 ^ fact2 + const)；COS ——(cos (lab1) + const)；SIN ——(sin (lab1) + const)；ACOS ——(acos (lab1) + const)；ASIN ——(asin (lab1) + const)；ATAN ——(atan (lab1) + const)；ATA2 ——(atan2 (lab1 / lab2) + const)；LOG ——(log (lab1) + const)；ABS ——(abs (lab1) + const)；ZERO ——(0 + const)。

fact1, fact2 为指数（Oper= EXP 时）。const 为常数。

• 平均、积分和求和计算

菜单：Main Menu→General Postproc→Surface Operations→Math Operations

命令：SUEVAL, Parm, lab1, Oper

命令说明：Parm 为 APDL 参数名称，用于存储运算结果。lab1 为要运算的面结果标签。

Oper 为要执行的运算。Oper=SUM，求和；Oper=INTG，在面上对结果 lab1 求积分；Oper=AVG，对结果 lab1 求加权平均值，加权系数为面积。

• 其他数学运算

SUVECT 命令：点积、叉积、比例

实例 E14-2　面操作实例——计算实体单元某个面上的内力

```
L=0.4 $ A=0.05 $ R=0.015 $ P=1E4        !梁尺寸和载荷
/PREP7                                   !进入预处理器
ET, 1, SOLID186                          !选择单元类型
MP, EX, 1, 2E11 $ MP, PRXY, 1, 0.3       !定义材料模型
BLOCK,0,A,0,A,0,L $ CYL4, A/2, A/2.2, R, , , ,L $ VSBV,1,2
                                         !创建几何体
ESIZE,0.0037 $ LESIZE, 9, 0.008 $ VSWEEP,ALL   !划分单元
FINI                                     !退出预处理器
/SOLU                                    !进入求解器
ASEL,S,LOC,Z $ DA, ALL, ALL              !在面上施加位移约束
ASEL,S,LOC,Y,A $ SFA, ALL, , PRES, P $ ALLS    !施加压力
SOLVE                                    !求解
FINI                                     !退出求解器
/POST1                                   !进入通用后处理器
SUCR,MySurface, CPLANE,3                 !定义面,在当前工作平面所在位置
SUMAP,MySz,S,Z $ SUMAP, MySyz,S,YZ       !映射应力分量 Sz、Syz 到面,定义数据 MySz、MySyz
SUPL,ALL,MySz $ SUPL,ALL, MySyz          !显示数据 MySz、MySyz
SUEVAL, Yc, Gcy, AVG $ SUEVAL,Fz,MySz,INTG $ M2= Yc* Fz
```
!计算面形心坐标 $y_c = \int_A y \mathrm{d}A / A$,轴向力 $F_z = \int_A \sigma_z \mathrm{d}A$

```
SUCALC,ys, Gcy, MULT, MySz $ SUEVAL, M1, ys, INTG
```
!计算对过形心 y 轴的力矩 $M = \int_A \sigma_z (y - y_c) \mathrm{d}A = M_1 - M_2$

```
M=M1-M2 $ SUEVAL, Q, MySyz, INTG         !计算剪力 Q = \int_A \sigma_{yz} \mathrm{d}A
FINI                                     !退出通用后处理器
```

14.2.5　路径图

参见实例 E12-5,路径图是结果沿模型上预定路径变化的曲线图。绘制路径图的步骤:
（1）用 PATH 命令定义路径的属性。
（2）用 PPATH 命令定义路径上的点。
（3）用 PDEF 命令映射结果到路径。
（4）用 PLPATH 和 PLPAGM 命令显示结果。

1. 定义路径名称及属性

菜单：Main Menu→General Postproc→Path Operations→Define Path
命令：PATH, NAME, nPts, nSets, nDiv
命令说明：NAME 为路径名称。nPts 为定义路径的点数,最小为 2,最大为 1000,默认值为 2。nSets 为可以映射到路径上数据的数目,至少为 4,默认为 30。nDiv 为路径相邻两个定义点间的分段数,默认值为 20。

可定义多条路径,但当前只有一条是活跃的。路径定义点和数据存储在内存中,在退出 POST1 后,路径信息将被删除。可用 PASAVE 命令将路径信息保存在一个文件中,可用 PARESU 命令将路径信息从文件读到内存。nDiv 的数量将影响精度,但受节点和单元数量的限

制，nDiv 过大也没有意义。

2．通过指定节点或位置定义路径

菜单：Main Menu→General Postproc→Path Operations→Define Path

命令：PPATH, POINT, NODE, X, Y, Z, CS

命令说明：POINT 为路径点数，必须小于或等于 PATH 命令指定的 nPts 值。NODE 为作为路径点的节点的编号。X, Y, Z 用于定义路径点在全局直角坐标系下的位置，在 NODE 为空时有效。CS 指定在相邻路径点间插值时使用的坐标系，为空时使用活跃坐标系。

一个 PPATH 命令定义一个路径点，一个路径由若干个路径点定义。可以指定节点 NODE 为路径点，也可以由坐标 X, Y, Z 定义路径点。计算线性应力时，必须以节点来定义路径。

3．映射数据到路径

菜单：Main Menu→General Postproc→Path Operations→Map onto Path

命令：PDEF, Lab, Item, Comp, Avglab

命令说明：Lab 为指定的映射数据的标签。Item, Comp 为映射数据的项目和分量，基本与 PLNSOL 命令相同。Avglab= AVG（默认），结果跨单元平均；Avglab= NOAV，不平均。

XG,YG,ZG,S 为系统提供的四个数据项。其中，XG,YG,ZG 为路径上点在全局直角坐标系下的坐标，S 为路径上点到初始路径点的距离。

4．显示映射到路径的数据

1）用曲线图显示映射到路径的数据

菜单：Main Menu→General Postproc→Path Operations→Plot Path Item→On Graph

命令：PLPATH, Lab1, Lab2, Lab3, Lab4, Lab5, Lab6

命令说明：Lab1, Lab2, Lab3, Lab4, Lab5, Lab6 为要显示的数据标签。

2）沿路径的几何形状显示数据

菜单：Main Menu→General Postproc→Path Operations→Plot Path Item→On Geometry

命令：PLPAGM, Item, Gscale, Nopt

命令说明：Item 为要显示的数据标签。Gscale 为缩放比例因子，默认为 1。Nopt 控制节点显示，Nopt 为空时，不显示节点；Nopt=NODE 时，同时显示路径数据和节点。

3）列表显示路径数据

菜单：Main Menu→General Postproc→Path Operations→Plot Path Item→List Path Items

命令：PRPATH, Lab1, Lab2, Lab3, Lab4, Lab5, Lab6

命令说明：I Lab1, Lab2, Lab3, Lab4, Lab5, Lab6 为要列表显示的数据标签。

5．对路径数据进行数学运算

1）常用计算

菜单：Main Menu→General Postproc→Path Operations

命令：PCALC, Oper, LabR, Lab1, Lab2, FACT1, FACT2, CONST

命令说明：Oper 为要执行的运算，运算方法和规则见表 14-4。

表 14-4 PCALC 命令运算方法和规则

运算方法	命令	运算规则
Oper=ADD	PCALC,ADD,LabR,Lab1,Lab2,FACT1,FACT2,CONST	LabR = (FACT1*Lab1) + (FACT2*Lab2) + CONST
Oper=MULT	PCALC,MULT,LabR,Lab1,Lab2,FACT1	LabR = Lab1* Lab2 * FACT1
Oper=DIV	PCALC,DIV,LabR,Lab1,Lab2,FACT1	LabR = (Lab1/Lab2) * FACT1
Oper=EXP	PCALC,EXP,LabR,Lab1,Lab2,FACT1,FACT2	LabR = ($\|$Lab1$\|^{FACT1}$) + ($\|$Lab2$\|^{FACT2}$)
Oper=DERI	PCALC,DERI,LabR,Lab1,Lab2,FACT1	LabR = FACT1 * d(Lab1)/d(Lab2)
Oper=INTG	PCALC,INTG,LabR,Lab1,Lab2,FACT1	LabR = $\int_s$ Lab1 d(Lab2)
Oper=SIN COS ASIN ACOS LOG	PCALC,Oper,LabR,Lab1,,FACT1,,CONST	LabR = FACT2 * sin(FACT1 * Lab1) + CONST LabR = FACT2 * cos(FACT1 * Lab1) + CONST LabR = FACT2 * sin^{-1}(FACT1 * Lab1) + CONST LabR = FACT2 * cos^{-1}(FACT1 * Lab1) + CONST LabR = FACT2 * log(FACT1 * Lab1) + CONST

LabR 为分配给运算结果的标签或参数。

lab1, lab2 为第一个、第二个用于计算的结果标签。

FACT1, FACT2, CONST 为系数或指数、常数。

2）其他数学运算

其他数学运算包括点积、叉积等。

14.2.6 列表操作

用图形显示结果比较直观，而通过列表用文本显示有助于查看精确的结果，方便存档；还可以对数据进行排序，以方便认识结果。

1. 列表节点和单元解数据

1）列表节点解数据

菜单：Main Menu→General Postproc→List Results→Nodal Solution

命令：PRNSOL, Item, Comp

命令说明：Item, Comp 为列表显示的数据项目和分量，可用项见表 14-5。

表 14-5 PRNSOL 的 Item 和 Comp

Item	Comp	说明
U	X,Y,Z	结构 X, Y, Z 方向位移
	COMP	结构 X, Y, Z 方向位移及矢量和
ROT	X,Y,Z	结构绕 X, Y, Z 轴转角
	COMP	结构绕 X, Y, Z 轴转角及矢量和
S	COMP	X, Y, Z, XY, YZ, XZ 应力分量
	PRIN	主应力 S1, S2, S3，应力强度 SINT，等效应力 SEQV
EPXX[1]	COMP	X, Y, Z, XY, YZ, XZ 应变分量
	PRIN	主应变，应变强度，等效应变
SEND		弹性、塑性、蠕变、损伤、黏性阻尼和黏正规化变形能密度

注：[1] XX=EL，弹性应变；XX=TH，热应变；XX=PL，塑性应变；XX=CR，蠕变应变；XX=TO，总机械应变（EPEL+ EPPL+ EPCR）；XX=TT，总应变（EPEL+ EPTH+ EPPL+ EPCR）。

该命令列出选定节点的结果。列表顺序默认按节点编号升序排列，也可以用 NSORT 命令自定义排序。分量结果的方向由结果坐标系决定，默认为全局直角坐标系方向。

2）列表单元解数据

菜单：Main Menu→General Postproc→List Results→Element Solution

命令：PRESOL, Item, Comp

命令说明：Item, Comp 为列表显示的数据项目和分量，可用项见表 14-6。

表 14-6 PRESOL 的 Item 和 Comp

Item	Comp	说 明
S	COMP 或空白	X, Y, Z, XY, YZ, XZ 应力分量
	PRIN	主应力 S1, S2, S3，应力强度 SINT，等效应力 SEQV
EPXX[1]	COMP 或空白	X, Y, Z, XY, YZ, XZ 应变分量
	PRIN	主应变，应变强度，等效应变
SEND	ELASTIC	弹性变形能密度
	PLASTIC	塑性变形能密度
	CREEP	蠕变变形能密度
	DAMAGE	损伤变形能密度
F[2]		结构力 X, Y, Z 方向分量，类型由 FORCE 命令指定
M[2]		结构力矩 X, Y, Z 方向分量，类型由 FORCE 命令指定
FORC[2]		所有的结构力和力矩分量，类型由 FORCE 命令指定
BFE		温度体载荷
ELEM[2]		线单元的所有结果
SERR[2]		结构能量误差
KENE[2]		动能
VOLU[2]		单元的体积
CENT[2]		单元质心在活跃坐标系下的 X, Y, Z 坐标
LOCI		积分点位置
SMISC	Snum	用序列号 Snum 表示的可求和单元数据项
NMISC	Snum	用序列号 Snum 表示的不可求和单元数据项

注：[1] XX=EL，弹性应变；XX=TH，热应变；XX=PL，塑性应变；XX=CR，蠕变应变；XX=TO，总机械应变（EPEL+ EPPL+ EPCR）；XX=TT，总应变（EPEL+ EPTH+ EPPL+ EPCR）。

[2] 在增强图形模式下不可用。

2．列表支反力和载荷

1）列表支反力

菜单：Main Menu→General Postproc→List Results→Reaction Solu

　　　Utility Menu→List→Results→Reaction Solution

命令：PRRSOL, Lab

命令说明：Lab 为支反力的类型。Lab 为空时，前 10 个可用支反力；Lab 为 FX, FY 或 FZ 时，支反力分量；Lab 为 F 时，所有支反力分量；Lab 为 MX, MY 或 MZ 时，支反力矩分量；Lab 为 M 时，所有支反力矩分量；Lab 为 BMOM 时，双力矩。

该命令按顺序列表显示所选定的约束节点上的反力。对于耦合节点和参与约束方程的节点，将反力的总和输出在主节点上。分量结果的方向由结果坐标系决定，默认为全局直角坐标系方向。PRRSOL 命令输出的是包括静态力、阻尼力和惯性力在内总的反力，但是模态分析和模态叠加法的瞬态分析只包括静态反力。

2）列表显示单元节点载荷的总和

菜单：Main Menu→General Postproc→List Results→Nodal Loads
　　　Utility Menu→List→Results→Nodal Loads

命令：PRNLD, Lab, TOL, Item

命令说明：Lab 为节点载荷类型，与 PRRSOL 命令相同。

TOL 用于定义误差限，小于误差限的载荷将不显示。TOL>0 时，误差限为 TOL 乘以载荷的最大绝对值；TOL=0 时，显示所有节点载荷；TOL<0 时，误差限为 TOL 的绝对值。默认值为 1E-9 乘以载荷的最大绝对值。

ITEM 选择显示的节点。ITEM 为空（默认）时，显示不包括接触单元上节点的结果；ITEM 为 CONT 时，只显示接触单元上节点的结果；ITEM 为 BOTH 时，显示所有节点的结果。

3．列表其他数据

PRETAB 命令：列表显示单元表数据，见 14.2.3 节。
PRVECT 命令：列表显示选定单元指定矢量的大小和方向余弦。
PRPATH 命令：列表显示路径数据，见 14.2.4 节。
PRSECT 命令：计算并列表显示预定路径的线性应力。
PRERR 命令：列表显示选定单元能量百分比误差。
SSUM 命令：计算并列表单元表数据的和。

4．节点和单元数据排序

在默认情况下，列表显示数据均按节点或单元编号升序进行排列，但有时按其他量排列更方便于结果的查看，而用*GET 命令获得数据的最大值或最小值时也需要先进行排序。

1）对节点数据排序

菜单：Main Menu→General Postproc→List Results→Sorted Listing→Sort Nodes
　　　Utility Menu→Parameters→Get Scalar Data

命令：NSORT, Item, Comp, ORDER, KABS, NUMB, SEL

命令说明：Item, Comp 为数据项目和分量，可用项见表 14-3。

ORDER=0，降序排列；ORDER=1，升序排列。

KABS=0，按数据的实际值排列；KABS=1，按绝对值排列。

NUMB 设置排列节点的个数。命令按指定的顺序对数据进行排列，取前 NUMB 个数据进行列表显示。

SEL 设置排序后是否选择节点。

按该命令排序后，所有后续执行的 PRNSOL 命令均显示排序后的结果。默认按节点编号升序排列。例如，要获得节点位移的最大值，并列表显示节点位移最大的前 10 个数据，可用下列命令流：

NSORT,U,SUM,,,10　　　　　　　　　　　!排序
PRNSOL,U,COMP　　　　　　　　　　　　!列表显示
*GET,umax,SORT, ,MAX　　　　　　　　　!将位移最大值存储于参数 umax

2)对单元表数据排序

菜单:Main Menu→General Postproc→List Results→Sorted Listing→Sort Elems

命令:ESORT, Item, Lab, ORDER, KABS, NUMB

命令说明:Item= ETAB。

Lab 为要排序的单元表标签。

ORDER=0,降序排列;ORDER=1,升序排列。

KABS=0,按数据的实际值排列;KABS=1,按绝对值排列。

NUMB 设置排列节点的个数。命令按指定的顺序对数据进行排列,取前 NUMB 个数据进行列表显示。

该命令默认按单元编号升序排列。对单元数据排序必须将数据先存入单元表中。

3)其他命令

NUSORT 命令:恢复节点数据的默认排列顺序。

EUSORT 命令:恢复单元表数据的默认排列顺序。

14.2.7 结果查询

POST1 可以在模型上直接查询某些点的结果。这种结果查看方法只能在 GUI 下进行,没有对应的相关命令。

Main Menu→General Postproc→Query Results→Element Solu 命令查询单元结果。

Main Menu→General Postproc→Query Results→Subgrid Solu 命令查询子栅格结果,只在增强图形模式下使用。单元上子栅格的数量由/EFACET,Num 命令控制。

Main Menu→General Postproc→Query Results→Nodal Solu 命令节点结果,只在完全图形模式下使用。

执行上述命令后,在弹出的如图 14-10 所示对话框中选择要查询结果的 Item 和 Comp,单击"Ok"按钮后,弹出如图 14-11 所示的结果查询器,用鼠标在模型上选择即可查询结果。

图 14-10 查询结果对话框

图 14-11 结果查询器

14.2.8 载荷工况

在典型的后处理过程中,先要将一个数据集(如载荷步 1 的数据)读入数据库中,然后进行图形、列表显示、计算等操作。每次读入新的数据集时,POST1 都要清除数据库中已有的数据。如果想在两个数据集间进行操作(如比较大小),则需要创建载荷工况。载荷工况应用见实例 E13-1。

载荷工况是被赋予了参考号的结果数据集。例如,可以定义载荷步 2 的第 5 个子步的数据集为载荷工况 1,定义 Time=9.5s 的数据集为载荷工况 2,等等。ANSYS 最多可以定义 99 个载荷工况,但当前数据库中只能存储一个载荷工况。

载荷工况组合是载荷工况之间的操作,其中一个载荷工况的数据已存储到数据库中,其他载荷工况的数据存储在结果文件或载荷工况文件中。操作的结果将覆盖数据库,并可以进行图形和列表显示。

典型的载荷工况组合包括以下步骤:
(1)用 LCDEF 或 LCFILE 命令创建载荷工况。
(2)用 LCASE 命令将载荷工况读入数据库。
(3)用 LCOPER 命令进行载荷工况操作。

1. 创建一个载荷工况

1)从结果文件创建载荷工况

菜单:Main Menu→General Postproc→Load Case→Create Load Case

命令:LCDEF, LCNO, LSTEP, SBSTEP, KIMG

命令说明:LCNO 指定载荷工况指针编号(1~99),默认为上一个值+1。LSTEP 为载荷步数,默认为 1。SBSTEP 为子步数,默认为最后一个子步。KIMG 仅在复数结果时有效,KIMG=0 时,使用复数结果的实部;KIMG=1 时,使用虚部。

该命令创建了一个指向结果文件中结果集的指针,用 LCASE 或 LCOPER 命令可以将该指针所指向的数据读入数据库中。可用 LCDEF,ERASE 命令删除所有载荷工况指针和载荷工况文件,可用 LCDEF,LCNO,ERASE 命令删除载荷工况指针 LCNO 和对应的载荷工况文件。

2)从载荷工况文件创建载荷工况

菜单:Main Menu→General Postproc→Load Case→Create Load Case

命令:LCFILE, LCNO, Fname, Ext, --

命令说明:LCNO 指定载荷工况指针编号(1~99),默认为上一个值+1。Fname 为载荷工况文件路径及文件名,路径默认为工作目录,文件名默认为任务名。Ext 为扩展名,默认为 Lxx,xx 为 01~99。

该命令创建了一个指向载荷工况文件的指针,用 LCASE 或 LCOPER 命令可以将该指针所指向的数据读入数据库中。该命令用于重建一个载荷工况的指针或用多个指针指向同一数据集。

2. 读载荷工况数据到数据库

菜单:Main Menu→General Postproc→Load Case→Read Load Case

命令：LCASE, LCNO

命令说明：LCNO 为载荷工况指针编号，默认为 1。

该命令将载荷工况指针指向的数据读入数据库中，读入前数据库中的结果部分及施加的力和位移将被清除。

3．载荷工况操作

1）数据的可求和性

数据按是否可求和分为：可求和的、不可求和的及常量。在默认情况下，载荷工况运算只针对可线性叠加的数据，如位移、应力分量等。而其他一些数据，如塑性应变、单元体积等，是不能求和的，因为对之求和没有意义。

可求和数据能够参与数据库操作。所有基本解是可求和的，导出解的应力分量、弹性应变等也是可求和的。不可求和的数据如塑性应变、热应变等非线性数据。常量数据如单元体积、单元质心等不具有求和意义的数据。ANSYS 常用数据按可求和性分类见表 14-7。

表 14-7 ANSYS 数据的可求和性分类

可求和数据	矢量数据	U、ROT、S、EPEL、F、M、SMISC
	标量数据	TEMP、ENKE、ENDS
不可求和数据	矢量数据	EPPL、EPTH、NL、BFE、NMISC
	标量数据	SENE、KENE
常量数据		VOLU、CENTX、CENTY、CENTZ

不同类型数据在进行载荷工况运算时处理方法是不同的。

2）操作设置

LCSUM 命令：设置是否对非可求和项目进行载荷工况操作。

LCSEL 命令：选择载荷工况的子集。

LCABS 命令：设置载荷工况操作时是否使用绝对值。

LCFACT 命令：定义载荷工况操作时的缩放因子。

SUMTYPE 命令：应力选项，设置后续操作中单元应力的操作方法。

3）载荷工况操作

菜单：Main Menu→General Postproc→Load Case

命令：LCOPER, Oper, LCASE1, Oper2, LCASE2

命令说明：Oper 为操作方法，可用的有：

ZERO：对数据库结果部分清零；

SQUA：对数据库数据求平方；

SQRT：对数据库数据的绝对值求平方。

LPRIN：重新计算线单元的主应力。

ADD：把载荷工况 LCASE1 的数据加到数据库。

SUB：从数据库中减去载荷工况 LCASE1 的数据。

SRSS：求数据库和载荷工况 LCASE1 数据的平方和的平方根。

MIN：比较、确定数据库和载荷工况 LCASE1 数据的最小值，将结果存储到数据库中。

MAX：比较、确定数据库和载荷工况 LCASE1 数据的最大值，将结果存储到数据库中。

ABMN：比较、确定数据库和载荷工况 LCASE1 数据绝对值的最小值，将带符号的结果存储到数据库中。

ABMX：比较、确定数据库和载荷工况 LCASE1 数据绝对值的最大值，将带符号的结果存储到数据库中。

LCASE1 为第一个载荷工况的指针，ALL 时对所有选定的载荷工况进行操作。

Oper2 为第二个操作。Oper2= MULT 时，进行乘法运算，即 LCASE1*LCASE2；Oper2= CPXMAX 时，用于复数操作。

LCASE2 为第二个载荷工况的指针。

该命令运算的结果是：

Database = Database Oper (LCASE1 Oper2 LCASE2)

4）把数据库中的结果数据写入载荷工况文件

菜单：Main Menu→General Postproc→Load Case →Write Load Case

命令：LCWRITE, LCNO, Fname, Ext, --

命令说明：LCNO 为载荷工况指针编号。Fname 为载荷工况文件路径及文件名，路径默认为工作目录，文件名默认为任务名。Ext 为扩展名，默认为 Lxx，xx 为 01～99。

该命令将数据库中的结果数据写入载荷工况文件，并创建一个载荷工况 LCNO，载荷工况指针指向写入载荷工况文件中的结果集。默认时，该命令写入到文件的是可求和数据及常量数据，而不可求和数据、边界条件和节点载荷不被写入。

14.2.9 误差估计

对有限元分析结果进行验证无疑是至关重要的，而结果正确性的判定一般要依赖相关的专业知识。例如，支反力结果应该与施加的载荷相平衡，否则，分析就有可能存在问题。而 ANSYS 的误差估计技术只是提供一种参考的判定手段。

1）结构能量百分比误差

结构系统应该是连续的，但有限元法的计算结果能够保证位移是连续的，而应力却不能保证连续，进而会导致能量误差。

设第 i 个单元上的节点 n 处的应力为 σ_{in}（应力为矢量）。若节点 n 为公共节点，则各个单元在该节点的应力是不同的，设平均值为 σ_{na}，于是在第 i 个单元上的节点 n 上存在应力差

$$\Delta\sigma_{in} = \sigma_{na} - \sigma_{in}$$

在单元 i 上存在能量误差

$$e_i = \frac{1}{2}\int_v [\Delta\sigma]^T D^{-1} \Delta\sigma \mathrm{d}v$$

式中，D 为单元的弹性矩阵，v 为单元的体积。

整个结构的能量误差为

第14章 结果后处理

$$E = \sum e_i$$

以变形能为基础,对能量误差进行标准化处理,即得结构能量百分比误差

$$E = 100\left(\frac{e}{U+e}\right)^{0.5}$$

式中,U 为整个结构的变形能。

2)显示结构能量百分比误差(SEPC)命令

菜单:Main Menu→General Postproc→List Results→Percent Error

命令:PRERR

命令说明:该命令用于结构分析和热分析。

在实例 E13-6 命令流后面再执行以下命令流:

```
/POST1                              !进入通用后处理器
ESEL,S,TYPE,,2                      !选择结构单元
PRERR                               !显示结构能量百分比误差,结果为30.534
NSEL,S,LOC,Z,0,0.045 $ ESLN,R,1    !选择 z=0～0.045 的节点和单元
PRERR                               !显示结构能量百分比误差,结果为0.18256
FINISH                              !退出通用后处理器
```

上述命令流执行的第一个 PRERR 命令显示结构能量百分比误差较大,为 30.534%,原因是选择的单元中包括集中力作用单元,分析误差较大。

14.3 时间历程后处理器

14.3.1 概述

时间历程后处理器 POST26 用于查看模型中选定点计算结果随时间或频率的变化情况,或者是与时间相关参数的变化情况。POST26 可以使用图形、线图、表格显示结果,也可以对结果进行数学运算。最常用的结果处理是在瞬态分析中显示结果项与时间的关系,或者在非线性结构分析中显示力和变形的关系等。

用 POST26 查看结果是基于变量的,其一般步骤是:

(1)进入 POST26。

(2)定义时间历程变量。

(3)对变量进行必要的数学运算。

(4)进行结果查看。

用/POST26 命令可以进入时间历程后处理器,菜单路径为 Main Menu→TimeHist Postpro。

进行一个分析过程,ANSYS 会将分析结果存储在结果文件(*.RST、*.RTH 等)中。当进入后处理器时,会自动加载该结果文件,也可以用 FILE 命令加载其他可用的结果文件。

在 POST26 中创建的数据集和变量可以在当前 ANSYS 会话中保持,即执行 FINISH 命令后上述数据仍存储于数据库中。

14.3.2 用变量查看结果

1. 定义变量

最多可定义 200 个变量，软件将变量 TIME 保留给时间，变量 FREQ 保留给频率，并指定编号为 1。用户可为变量指定一个标识符，若没有，则 ANSYS 将分配一个。除了标识符，ANSYS 还可用参考号来查询和操作变量。

由结果文件中结果数据定义一个变量，相当于设置了一个指向结果数据的指针和为数据存储区建立了一个标签。存储变量是把结果数据从结果文件读到数据库中。在 GUI 操作中，定义和自动存储变量一并进行；而在用命令方法操作时，定义和存储变量分两步分别进行。

定义变量的命令有：NSOL 命令用节点数据定义变量，ESOL 命令用单元的节点数据定义变量，RFORCE 命令用节点反力定义变量，ANSOL 命令用平均的节点数据定义变量，EDREAD 命令用显式动力学分析结果定义变量，等等。存储变量可用 STORE 命令进行，而用 PLVAR、PRVAR 命令显示变量或用 ADD、QUOT 命令操作变量时，会同时自动存储变量。

1）用节点数据定义变量

菜单：Main Menu→TimeHist Postpro→Define Variables

命令：NSOL, NVAR, NODE, Item, Comp, Name, SECTOR

命令说明：NVAR 为变量名称或编号。变量编号应大于 1，小于 NUMVAR 命令规定的最大值。变量名称应不超过 8 个字符。如果变量名称或变量编号与已有变量相同，则覆盖之。

NODE 读取数据的节点编号。

Item, Comp 为结果的项目和分量，可用项见表 14-8。

表 14-8 NSOL 命令的 Item, Comp

Item	Comp	说明	Item	Comp	说明
U	X, Y, Z	沿 X, Y, Z 方向结构位移	ACC	X, Y, Z	在瞬态动力学分析时，沿 X, Y, Z 方向加速度
ROT	X, Y, Z	绕 X, Y, Z 轴转角	OMG	X, Y, Z	在瞬态动力学分析时，绕 X, Y, Z 轴角速度
VEL	X, Y, Z	在瞬态动力学分析时，沿 X, Y, Z 方向速度	DMG	X, Y, Z	在瞬态动力学分析时，绕 X, Y, Z 轴角加速度

Name 为变量标识，默认由 Item, Comp 的前四个字母组合而成。

SECTOR 为扇区编号。

2）用单元数据定义变量

菜单：Main Menu→TimeHist Postpro→Define Variables

命令：ESOL, NVAR, ELEM, NODE, Item, Comp, Name

命令说明：ELEM, NODE 为读取数据的单元及其节点编号。Item, Comp 为结果的项目和分量，可用项见表 14-9。

NVAR, Name 参数与 NSOL 命令相同。

第14章 结果后处理

表 14-9 ESOL 命令的 Item, Comp

Item	Comp	说明	Item	Comp	说明
1. 组件名方法			STAT		接触状态
S	X, Y, Z, XY, YZ, XZ	应力分量		PENE	穿透
	1, 2, 3	主应力		PRES	接触压力
	INT	应力强度		SFRIC	接触摩擦应力
	EQV	等效应力	CONT	STOT	接触总应力
EPXX[1]	X, Y, Z, XY, YZ, XZ	应变分量		SLIDE	接触滑动距离
	1, 2, 3	主应变		GAP	接触间隙
	INT	应变强度		FLUX	接触面上总热流
	EQV	等效应变		CNOS	在子步中接触状态变化数
NL	SEPL	等效应力（从应力-应变曲线）		FPRS	流体穿透压力
	SRAT	应力状态比	F	X, Y, Z	结构力分量
	HPRES	静水压力	M	X, Y, Z	结构力矩分量
	EPEQ	累计等效塑性应变	SENE		刚性能量
	CREQ	累计等效蠕变应变	KENE		动能
	PSV	塑性状态变量	VOLU		单元体积
	PLWK	塑性功/体积	BFE	TEMP	温度体载荷
SEND	ELASTIC	弹性变形能密度	2. 序列号方法		
	PLASTIC	塑性变形能密度	SMISC	snum	可求和项目
	CREEP	蠕变变形能密度	NMISC	snum	不可求和项目
	DAMAGE	损伤变形能密度	LS	snum	线单元弹性应力
	VDAM	黏性阻尼变形能密度	LEPEL	snum	线单元应变
	VREG	粘正规化变形能密度	LEPTH	snum	线单元热应变
CDM	DMG	损伤变量	LEPPL	snum	线单元塑性应变
	LM	原始材料的最大预变形能	LEPCR	snum	线单元蠕变应变
			LBFE	snum	线单元温度

注：[1] XX=EL，弹性应变；XX=TH，热应变；XX=PL，塑性应变；XX=CR，蠕变应变；XX=TO，总机械应变（EPEL+EPPL+EPCR）；XX=TT，总应变（EPEL+EPTH+EPPL+EPCR）。

3）用支反力数据定义变量

菜单：Main Menu→TimeHist Postpro→Define Variables

命令：RFORCE, NVAR, NODE, Item, Comp, Name

命令说明：NVAR, NODE, Name 参数与 NSOL 命令相同。Item, Comp 为结果的项目和分量，结构分析 Item 取 F 或 M，为支反力或力矩；Comp 取 X, Y, Z 方向。

2. 变量的数学操作

1）加减运算

菜单：Main Menu→TimeHist Postpro→Math Operations→Add

命令：ADD, IR, IA, IB, IC, Name, --, --, FACTA, FACTB, FACTC

公式：IR = (FACTA * IA) + (FACTB * IB) + (FACTC * IC)

命令说明：IR 为指定的运算结果变量编号。IA, IB, IC 为参与运算的变量编号。Name 为结果变量名称。FACTA, FACTB, FACTC 为系数，默认为 1，为负数时进行减运算。

2）乘运算

菜单：Main Menu→TimeHist Postpro→Math Operations→Multiply

命令：PROD, IR, IA, IB, IC, Name, --, --, FACTA, FACTB, FACTC

公式：IR = (FACTA * IA) * (FACTB * IB) * (FACTC * IC)

3）除运算

菜单：Main Menu→TimeHist Postpro→Math Operations→Divide

命令：QUOT, IR, IA, IB, --, Name, --, --, FACTA, FACTB

公式：IR =(FACTA * IA)/(FACTB * IB)

4）绝对值运算

菜单：Main Menu→TimeHist Postpro→Math Operations→Square Root

命令：SQRT, IR, IA, --, --, Name, --, --, FACTA

公式：IR = | FACTA * IA |

对复数结果求绝对值是计算其模。

5）求平方根运算

菜单：Main Menu→TimeHist Postpro→Math Operations→Absolute Value

命令：ABS, IR, IA, --, --, Name, --, --, FACTA

公式：IR = $\sqrt{FACTA*IA}$

6）指数运算

菜单：Main Menu→TimeHist Postpro→Math Operations→Exponentiate

命令：EXP, IR, IA, --, --, Name, --, --, FACTA, FACTB

公式：IR = FACTB*EXP(FACTA * IA)

7）常用对数运算

菜单：Main Menu→TimeHist Postpro→Math Operations→Common Log

命令：CLOG, IR, IA, --, --, Name, --, --, FACTA, FACTB

公式：IR = FACTB*LOG(FACTA * IA)

8）自然对数运算

菜单：Main Menu→TimeHist Postpro→Math Operations→Natural Log

命令：NLOG, IR, IA, --, --, Name, --, --, FACTA, FACTB

公式：IR = FACTB*LN(FACTA * IA)

9）求导数运算

菜单：Main Menu→TimeHist Postpro→Math Operations→Derivative

命令：DERIV, IR, IY, IX, --, Name, --, --, FACTA

公式：IR = FACTA * d(IY)/d(IX)

10）求积分运算

菜单：Main Menu→TimeHist Postpro→Math Operations→Integrate

命令：INT1, IR, IY, IX, --, Name, --, --, FACTA, FACTB, CONST

公式：IR = $\int$ (FACTA * IY) d(FACTB * IX) + CONST

11）将变量赋值给数组

菜单：Main Menu→TimeHist Postpro→Table Operations→Variable to Par

命令：VGET, Par, IR, TSTRT, KCPLX

命令说明：Par 为数组参数，也可以指定开始赋值的数组元素。IR 为变量编号。TSTRT 为变量 IR 的用于赋值的开始时间。KCPLX=0 时，用变量 IR 的实部；KCPLX=1 时，用变量 IR 的虚部。

必须预先用*DIM 命令定义数组 Par。可用*VLEN 命令控制赋值的次数。循环赋值时，只对多维数组的第一个下标增加。例如，以下命令将变量 2 赋值给数组 AAA，从数组的第 5 个元素开始：

```
*DIM,AAA,ARRAY,163,1,1              !定义数组 AAA
/POST26                              !进入时间历程后处理器
NSOL, 2, 1, U, Y, uy                 !定义变量 2
VGET, AAA(5),2                       !将变量 2 赋值给数组 AAA，从数组的第 5 个元素开始
FINISH                               !退出时间历程后处理器
```

以下命令将变量 2 和 3 分别赋值给数组 BBB 的第一列和第二列：

```
*DIM,BBB,ARRAY,10,2,1                !定义数组 BBB
/POST26                              !进入时间历程后处理器
NSOL, 2, 1, U, Y, uy1 $ NSOL, 3, 21, U, Y, uy21   !定义变量 2 和 3
VGET,BBB(1,1),2 $ VGET,BBB(1,2),3    !将变量赋值给数组
FINISH                               !退出时间历程后处理器
```

12）将数组赋值给变量

菜单：Main Menu→TimeHist Postpro→Table Operations→Parameter to Var

命令：VPUT, Par, IR, TSTRT, KCPLX, Name

命令说明：各参数与 VGET 命令相同，IR 为新创建变量的编号。

3．查看变量

1）列表变量

菜单：Main Menu→TimeHist Postpro→List Variables

命令：PRVAR, NVAR1, NVAR2, NVAR3, NVAR4, NVAR5, NVAR6

命令说明：NVAR1, NVAR2, NVAR3, NVAR4, NVAR5, NVAR6 为待列表的变量。

该命令同时列表时间（或频率）与变量。

2）用图线显式变量

菜单：Main Menu→TimeHist Postpro→Graph Variables

命令：PLVAR, NVAR1, NVAR2, NVAR3, NVAR4, NVAR5, NVAR6, NVAR7, NVAR8, NVAR9, NVAR10

命令说明：图线的 x 轴由 XVAR 命令定义，默认为 TIME（或 FREQ）。

3）图形设置命令

PLTIME 命令：定义显示的时间范围。

XVAR 命令：定义图线 x 轴表示的变量，默认为 TIME（或 FREQ）。

VARNAM 命令：命名变量。

SPREAD 命令：为后续命令打开虚线误差曲线。

PLCPLX 命令：指定图线显示复数变量的幅值、相位角、实部或虚部。

4．保存变量到数据库

菜单：Main Menu→TimeHist Postpro→Store Data
命令：STORE, Lab, NPTS
命令说明：Lab 为保存变量的方式。Lab= MERGE（默认）时，添加新定义的变量到数据库；Lab= NEW 时，清除以前的结果，保存新变量；Lab= APPEN 时，追加到以前保存的变量中；Lab= ALLOC 时，分配 N 个 存储空间；Lab= PSD 时，创建一组 PSD 计算的新频率点。
NPTS 为存储的时间点数。

5．时间历程变量观察器

当进行 POST26 或执行命令 Main Menu→TimeHist Postpro→Variable Viewer 时，ANSYS 会打开图 14-12 所示的变量观察器。在变量观察器下，可以用交互方式完成对变量的绝大多数操作，下面对其功能进行简要介绍。

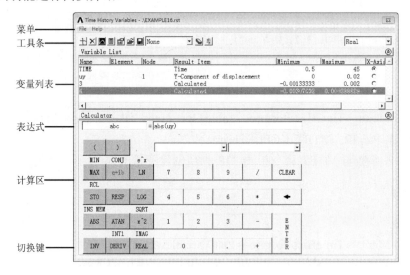

图 14-12　变量观察器

1）菜单

File 菜单项下命令可以打开结果文件，以及关闭变量观察器；Help 命令打开帮助文档。

2）工具条

"Add Data"按钮用于打开"Add Time-History Variable"对话框，定义变量。

"Delete Data"按钮用于删除在变量列表中选择的变量。

"Graph Data"按钮用图线显示在变量列表中选择的变量。

"List Data" 按钮列表显示在变量列表中选择的变量。

"Properties"按钮用于设置选定变量属性及总体属性。

"Import Data"按钮用于打开"Import Data"对话框，从文件输入数据到变量。

"Export Data"按钮用于打开"Export Data"对话框，输出变量到文件、数组或表格。

3）变量表

用于显示定义的时间历程变量，可以在列表中选择和处理变量。

4）表达式

在表达式区域，左侧的"Variable Name Input Area"输入框用于输入变量名称或编号，右侧的"Expression Input Area"输入框用于输入表达式。

5）计算区

用于输入表达式。

14.4 动画技术

使用动画可以查看整个模型的结果在时间历程上的变化情况，包括非线性和与时间有关的结果都可以动画显示，显示效果生动直观。与 POST26 一样，在显示动画前，也必须用 SET 命令（Main Menu→General Postproc→Read Results）将结果数据从结果文件读到数据库中。

在 PC 上，ANSYS 支持三种格式的动画文件：AVI 格式、Bitmap 格式和 Display List 格式，其中 Display List 格式只能在 3D 显示设备中使用。Bitmap 和 Display List 格式的动画文件（默认）在 ANSYS 图形窗口中显示动画，可以用 ANSYS 动画播放器播放。AVI 格式的动画文件用 Windows 媒体播放器播放。在 Display List 格式动画文件的播放过程中，可以对模型用 ANSYS 的视图缩放、旋转、平移等命令进行动态显示操作，其他格式则不行。可用 Utility Menu→PlotCtrls→Device Options 命令选择动画文件格式。

1．直接生成动画

在通用后处理器 POST1 下，可以用 Utility Menu→PlotCtrls→Animate 命令生成动画，ANSYS 提供的动画类型有：

mode shape：生成、显示模态变形动画。
deformed shape：生成、显示结构变形动画。
Deformed Results：以云图形式动画显示结构位移。
Over Time：生成、显示指定时间范围数据结果的动画。
Time-harmonic：生成、显示时间-谐响应结果或复数模态的动画。
Over Results：按结果范围生成、显示动画。
Q-Slice Contours：生成、显示 Q 切片的云图动画。
Q-Slice Vectors：生成、显示 Q 切片的矢量图动画。
Isosurfaces：生成、显示等值面动画。

生成、显示动画时，一般需要指定以下选项：

No.of frames to create：生成动画的帧数。帧数越多，越能反映时间上的细节，但生成动画花费的时间和存储空间就越多。

Time Delay：时间延迟，相邻两帧图形之间的时间间隔。

2．通过存储帧创建动画

菜单：Utility Menu→PlotCtrls→Redirect Plots→To Segment Memory
Utility Menu→PlotCtrls→Redirect Plots→Delete Segments

Utility Menu→PlotCtrls→Redirect Plots→Segment Status

命令：/SEG, Label, Aviname, DELAY

命令说明：Label 为存储选项。Label=SINGL 时，存储后续显示在一个段（覆盖当前存储）；Label=MULTI 时，存储后续显示在多个段；Label=DELET 时，删除所有当前存储段的数据；Label=OFF 时，停止存储显示数据；Label=STAT 时，显示段状态。

Aviname 为存储帧动画文件的名称，默认为 Jobname，文件扩展名为 AVI。

该命令将随后在图形窗口显示的图形存储到内存中。

实例 E14-3　通过存储帧创建动画——展成法加工齿轮模拟

```
M=2 $ Z=20 $ PI=3.1415926                              !定义参量
R=M*Z/2                                                !分度圆半径
/PREP7                                                 !打开预处理器
CYL4,,,R+M                                             !创建齿顶圆面
LSEL,NONE                                              !不选择线
X0=SQRT((R+M)*(R+M)-(R-1.25*M)*(R-1.25*M))-2.5*M*TAN(PI/9)!计算刀具到齿坯距离
K,5,X0,-R-1.25*M                                       !创建关键点
K,6,X0+2.5*M*TAN(PI/9),-R+1.25*M
K,7,X0+0.5*PI*M,-R+1.25*M
K,8,X0+0.5*PI*M+2.5*M*TAN(PI/9),-R-1.25*M
K,9,X0+PI*M,-R-1.25*M
L,5,6 $ *REPEAT,4,1,1                                  !创建直线
LGEN,Z+5,5,8,1,PI*M                                    !复制线
K,1000,X0,-R-2*M $ K,1001,X0+(Z+5)*PI*M,-R-2*M!创建关键点
L,5,1000 $ L,1000,1001 $ L,1001,(Z+5)*5+4              !创建直线
NUMMRG, KP,,,,LOW $ AL,ALL $ ALLS                      !合并关键点，由线创建面，得到刀具
N=50                                                   !将 360°N 等分
/SEG,DELE                                              !删除当前内存段中所有数据
/SEG,MULTI,GEAR,0.1                                    !保存随后显示到内存段，动画文件名为 GEAR
*DO,I,1,N+10                                           !循环开始，进行展成运动
    KSEL,S,LOC,Y,0,R+M $ LSLK,S $ ASLL,S $ CM,AAA1,AREA!选择齿坯圆面
ASEL,INVE $ CM,AAA2,AREA $ ALLS                        !选择其他面即刀具
CSYS,1 $ AGEN,,AAA1,,,,-360/N,,,,1                     !转动齿坯圆面
CSYS,0 $ AGEN,,AAA2,,,-2*PI*R/N,,,,,1 $ AGEN,2,AAA2!移动刀具面
ASBA,AAA1,AAA2                                         !减运算，用刀具切割齿坯
    APLOT $ /USER,1                                    !显示面，关闭图形自动适合窗口模式
*ENDDO                                                 !退出循环
/SEG,OFF,GEAR,0.1                                      !关闭内存段的存入
ANIM,1,1                                               !动画显示
FINISH                                                 !退出预处理器
```

第 15 章 其他辅助功能

15.1 文件和文件管理

15.1.1 概述

当建立一个分析任务时,ANSYS 会自动创建大量的文件来存储和恢复数据,这些文件以任务名(Jobname)为文件名的基础,通过对任务名自动添加字符或使用不同扩展名来区别文件的类型。ANSYS 文件的扩展名可以有 1~4 个字符。

一些比较重要的 ANSYS 文件类型和格式参见表 15-1。

表 15-1 ANSYS 的文件类型和格式

文件类型	扩展名	存储	文件格式
数据库文件	.DB	模型、载荷、约束、输入输出数据	二进制
日志文件	.LOG	运行过程中的每一个命令	ASCⅡ
错误与警告文件	.ERR	运行过程中的所有错误和警告信息	ASCⅡ
输出文件	.OUT	用于显示输出的各种信息	ASCⅡ
结果文件 结构和耦合场分析 热分析 磁场分析 流体力学分析	.RST .RTH .RMG .RFL	运算过程中所有结果数据	二进制

在所有文件中,数据库文件是最重要的文件,所有的模型、载荷、约束数据、输入输出数据都存放在该文件中。工作时数据库文件被读入内存,该部分内存被称为数据库,各个处理器通过数据库的读写进行相互通信。

各种文件的文件名是以任务名为基础的,所以开始一个新的任务时,最好定义一个新的任务名。否则,ANSYS 使用默认任务名 File。

要注意的是,在默认的情况下,日志文件、错误与警告文件总是在尾部追加数据,而不是覆盖原有文件。另外,在默认时,ANSYS 创建的文件都保存在工作文件夹下,当前工作文件夹的位置可以用 Utility Menu→File→Change Directory 命令查看或修改。

15.1.2 文件操作

1. 改变任务名、工作文件夹和标题

1)改变任务名

菜单:Utility Menu→File→Change Jobname

命令：/FILNAME, Fname, Key

命令说明：Fname 为指定的任务名，最多包括 32 个字符。默认为初始任务名（Initial Jobname）。可以按 Windows 菜单路径"开始"→所有程序→ANSYS15.0→Mechanical APDL Product Launcher 15.0 执行命令，在打开对话框中的"File Management"选项卡中设置初始任务名，默认为 File。

Key=0 或 OFF 时，继续使用当前的日志、错误警告、锁定和页文件；Key=1 或 ON 时，使用新的日志、错误警告、锁定和页文件。

2）改变工作文件夹

菜单：Utility Menu→File→Change Directory

命令说明：为方便管理，ANSYS 将分析产生的文件全部保存在工作文件夹中，应该对每次分析建立一个单独的工作文件夹。

推荐按另一种方法设置工作文件夹。在启动 ANSYS 前，按 Windows 菜单路径"开始"→所有程序→ANSYS15.0→Mechanical APDL Product Launcher 15.0 执行命令，在打开对话框中的"File Management"选项卡中设置工作文件夹。

3）改变标题

菜单：Utility Menu→File→Change Title

命令：/TITLE, Title

命令说明：Title 为指定的标题，最多由 72 个字母和数字组成。标题显示在图形窗口下方，可方便对分析的了解。

2．数据库文件操作

1）清除数据库，新建一个分析

菜单：Utility Menu→File→Clear & Start New

命令：/CLEAR, Read

命令说明：Read=START（默认）时，重读 start150.ans 文件；Read=NOSTART 时，不重读 start150.ans 文件。

2）保存数据库文件

菜单：Utility Menu→File→Save as

　　　Utility Menu→File→Save as Jobname.db

命令：SAVE, Fname, Ext, --, Slab

命令说明：Fname 为文件夹路径和文件名，文件夹路径默认为工作文件夹，文件名默认为任务名。Ext 为扩展名，默认为 DB。

Slab 为保存数据选项。Slab= ALL（默认）时，保存包括模型数据、结果数据和后处理数据（如元素表）等所有的数据；Slab= MODEL 时，只保存实体模型、有限元模型和载荷等模型数据；Slab= SOLU 时，只保存模型数据和结果数据（节点和单元结果）。

该命令保存当前数据库（内存）的所有数据到数据库文件。在 GUI 模式下执行该命令时，会先将当前的 Fname.DB 文件写入数据库备份文件 Fname.DBB。在需要的时候，可以用 RESUME 命令恢复到数据库。

为了能够恢复到错误和失误之前的数据库，建议在 GUI 模式下进行操作时，每隔一段时间存储一次数据库文件。在操作结果不清楚时,也最好先存储一下数据库文件。

3)从数据库文件恢复数据库

菜单:Utility Menu→File→Resume from

　　　Utility Menu→File→Resume Jobname.db

命令:RESUME, Fname, Ext, --, NOPAR, KNOPLOT

命令说明:Fname 为文件夹路径和文件名,文件夹路径默认为工作文件夹,文件名默认为任务名。Ext 为扩展名,默认为 DB。

NOPAR=0(默认)时,用保存在 Fname.DB 中的数据替换数据库中的所有数据;NOPAR=1 时,替换数据库中除标量参数以外的所有数据。

KNOPLOT=1 时,禁止自动显示模型图形。

3.列表文件内容

1)列表显示日志文件

菜单:Utility Menu→List→Files→LOG File

命令说明:ANSYS 将每次执行过的命令追加在日志文件的尾部,日志文件的默认名为 File.LOG。利用该文件可根据 GUI 操作形成命令流文件。

2)列表显示错误警告文件

菜单:Utility Menu→List→Files→Error File

命令说明:错误警告文件存储错误警告信息,默认名为 File.ERR。

4.导入几何体

1)导入在 UG/NX 软件中创建的几何体

菜单:File→Import→NX

命令:~UGIN, Name, Extension, Path, Entity, LAYER, FMT

命令说明:Name, Extension, Path 为 NX 零件文件的名称、扩展名和文件夹路径。

Entity=0 或 Solid(默认)时,只导入体;Entity=1 或 Surface 时,只导入面;Entity=2 或 Wireframe 时,只导入线;Entity=3 或 All 时,导入所有实体。

LAYER 为要导入的层数。

FMT 为在 ANSYS 中的存储格式。

2)从 Parasolid 文件导入几何体

菜单:File→Import→PARA

命令:~PARAIN, Name, Extension, Path, Entity, FMT, Scale

命令说明:Name, Extension, Path, Entity, FMT 参数与~UGIN 命令相同。

Scale 为模型尺寸的缩放比例。Scale=0(默认)时,不缩放;Scale=1 时,允许缩放。

15.2　实体选择、组件和部件

实体选择是用同样特性的实体构造选择集,以便对它们进行统一的处理,这在对模型的一部分进行加载、加快显示速度、有选择性地观察结果时都有帮助。将选择集命名即定义了一个组件，组件的集合又可以构造成部件。

15.2.1 实体选择

1. 在 GUI 模式选择实体

执行实体选择命令 Utility Menu→Select→Entitys 后，即弹出图 15-1 所示的对话框，其组成和使用方法如下所述。

图 15-1　选择实体对话框

1）选择实体类型

要选择的实体类型包括关键点、线、面、体、节点、单元等。可以为每一种实体单独构造选择集。

2）选择方法

By Num/Pick：通过输入实体编号或在图形窗口直接选择进行选择。

Attached to：通过与其他类型的实体选择集相关联进行选择。

By Location：通过在活跃坐标系上的坐标范围进行选择。

By Attribute：通过单元类型、实常数集编号、材料模型编号等属性进行选择。

Exterior：选择实体的边界。

By Results：通过结果数据的范围进行选择。

Live Elem's：选择活的单元。

Adjacent：选择相邻的单元。

By Hard Points：选择与硬点关联的实体。

Concatenated：选择用 ACCAT 或 LCCAT 命令形成的面连接或线连接。

By Length/Radius：通过用线的长度或半径选择线。

3）定位设置

用于构造选择范围。该区域显示的内容与选择方法有关。

4）选择功能设置

设置选择范围及形成选择集的方法如下所述。

From Full：从全部模型中构造一个新的实体选择集。

Reselect：从当前实体选择集中再次选择。

Also Select：把新选择的实体添加到当前实体选择集中。

Unselect：把新选择的实体从当前实体选择集中去掉。

5）动作按钮

Sele All：全部选择该类型（"选择实体类型"下拉列表框中选择的）的实体。

Invert：反向选择。全部模型中除当前实体选择集以外的实体被选择。

Sele Belo：选择已选择实体所属的低级实体。例如，若当前选择了某个面，则单击该按钮后，所有属于该面的线和关键点被选中。

Sele None：撤销对该类型（"选择实体类型"下拉列表框中选择的）所有实体的选择。

以上动作按钮的功能如图 15-2 所示。

图 15-2　选择功能设置

2．实体选择命令

1）构造节点选择集

菜单：Utility Menu→Select→Entities

命令：NSEL, Type, Item, Comp, VMIN, VMAX, VINC, KABS

命令说明：Type 设置选择范围及形成选择集的方法。Type=S（默认）时，从全集中构造一个新的实体选择集；Type=R 时，从当前实体选择集中再次选择；Type=A 时，把新选择的实体添加到当前实体选择集中；Type=U 时，把新选择的实体从当前实体选择集中去掉；Type=ALL 时，选择全集；Type=NONE 时，选择空集；Type= INVE 时，反向选择；Type=STAT 时，显示当前选择状态。

参数 Item, Comp, VMIN, VMAX, VINC, KABS 只在 Type=S,R,A,U 时有效。

Item, Comp 为选择的项目和分量，可行项见表 15-2，Item 默认为 NODE。Item=Pick 或 P 时，在窗口选择。

表 15-2　NSEL 命令的 Item, Comp

Item	Comp	说明	Item	Comp	说明
\multicolumn{3}{c}{1.输入值}			3.单元结果
NODE		节点编号	S	X, Y, Z, XY, YZ, XZ	应力分量
EXT		所选单元的外部节点		1, 2, 3	主应力
LOC	X, Y, Z	在活跃坐标系下的 X, Y, Z 坐标		INT, EQV	应力强度、等效应力
ANG	XY, YZ, XZ	角度 THXY、THYZ 或 THZX	EPXX[2]	X, Y, Z, XY, YZ, XZ	应变分量
M		主节点编号		1, 2, 3	主应变
CP		耦合集编号		INT, EQV	应变强度、等效应变
D[1]	U	所有的方向位移约束	EPSW		膨胀应变
	UX, UY, UZ	X, Y, Z 方向位移约束	NL	SEPL	等效应力（从曲线）
	ROT	所有的转角约束		SRAT	应力状态比
	ROTX, ROTY, ROTZ	绕 X, Y, Z 轴转角约束		HPRES	静水压力
F[1]	F	施加的所有的结构力		EPEQ	累计等效塑性应变
	FX, FY, FZ	施加的 X, Y, Z 方向结构力		PSV	塑性状态变量
	M	施加的所有的结构力矩		PLWK	塑性功/体积
	MX, MY, MZ	施加的绕 X, Y, Z 轴结构力矩	CONT	STAT	接触状态
\multicolumn{3}{c}{2.节点结果}		PENE	穿透
U	X, Y, Z, SUM	X, Y, Z 方向位移或矢量和		PRES	接触压力
ROT	X, Y, Z, SUM	绕 X, Y, Z 轴转角或矢量和		SFRIC	接触摩擦应力
TEMP		温度		STOT	接触总应力
PRES		压力		SLIDE	接触滑动距离

注：[1] 如果是复数，则只有幅值可用。

[2] XX=EL，弹性应变；XX=TH，热应变；XX=PL，塑性应变；XX=CR，蠕变应变；XX=TO，总机械应变（EPEL+EPPL+EPCR）。

VMIN 为项目范围的最小值，在 item 为节点编号、数据集编号、坐标值、载荷值或结果值时有效，可以用组件名。

VMAX 为项目范围的最大值，默认值为 VMIN。对于结果值，VMIN>0 时，VMAX 默认为无穷大；VMIN<0 时，VMAX 默认为 0。

VINC 为项目范围的增量，仅用于项目值为整数时，默认为 1。

KABS=0，值带符号；KABS=1，绝对值。

例如，以下命令流根据坐标选择节点：

CSYS,1　　　　　　　　　　　　　　　　!激活全局圆柱坐标系
NSEL,S,LOC,X,0,0.01　　　　　　　　　　!选择 0<R<0.01 的节点
NSEL,R,LOC,Y,0　　　　　　　　　　　　!选择 0<R<0.01 且 θ=0 的节点

2）构造单元选择集

菜单：Utility Menu→Select→Entities

命令：ESEL, Type, Item, Comp, VMIN, VMAX, VINC, KABS

命令说明：各参数意义与 NSEL 命令相同。Item, Comp 的可行项见表 15-3，参数 Item 的默认值为 ELEM。VMIN 在 item 为单元编号、属性编号、载荷值或结果值时有效。

表 15-3　ESEL 命令的 Item, Comp

Item	Comp	说　　明	Item	Comp	说　　明
ELEM		单元编号	LIVE		活着的单元
ADJ		与单元 VMIN 相邻的单元	LAYER		层数
CENT	X, Y, Z	活跃坐标系下单元质心坐标	SEC		横截面编号
TYPE		单元类型编号	SFE	PRES	单元压力
ENAME		单元名称或识别号	BFE	TEMP	单元温度
MAT		材料模型编号	PATH	Lab	所有被路径穿过的单元
REAL		实常数集编号	ETAB	Lab	单元表
ESYS		单元坐标系编号			

例如，以下命令流根据属性选择单元：

ESEL,S,TYPE,,4　　　　　　　　　　!选择单元类型 1 的单元
ESEL,U,REAL,,1　　　　　　　　　　!从当前单元选择集中去掉实常数集为 1 的单元

3）构造体选择集

菜单：Utility Menu→Select→Entities

命令：VSEL, Type, Item, Comp, VMIN, VMAX, VINC, KSWP

命令说明：参数 Type, Item, Comp, VMIN, VMAX, VINC 意义与 NSEL 命令相同。Item, Comp 的可行项见表 15-4，参数 Item 的默认值为 VOLU。VMIN 在 item 为体编号、属性编号、坐标值时有效。

表 15-4　VSEL 命令的 Item, Comp

Item	Comp	说　　明	Item	Comp	说　　明
VOLU		体编号	MAT		与体关联的材料模型编号
LOC	X, Y, Z	活跃坐标系下体质心坐标	REAL		与体关联的实常数集编号
TYPE		与体关联的单元类型编号	ESYS		与体关联的单元坐标系编号

KSWP=0 时，只选择体；KSWP=1（只在 Type = S 时有效）时，选择体，同时选择体所属的面、线和关键点，以及体上的单元和节点。

例如，以下命令流根据属性选择单元：

VSEL,S,LOC,Z,0,0.1　　　　　　　　!选择质心坐标 0<Z<0.1 的体

4）构造面选择集

菜单：Utility Menu→Select→Entities

命令：ASEL, Type, Item, Comp, VMIN, VMAX, VINC, KSWP

命令说明：各参意义与 VSEL 命令相同。Item, Comp 的可行项见表 15-5，参数 Item 的默认值为 AREA。VMIN 在 item 为面编号、属性编号、坐标值时有效。

表 15-5 ASEL 命令的 Item, Comp

Item	Comp	说明	Item	Comp	说明
AREA		面的编号	MAT		与面关联的材料模型编号
EXT		所选体的外部面	REAL		与面关联的实常数集编号
LOC	X, Y, Z	活跃坐标系下面质心坐标	ESYS		与面关联的单元坐标系编号
HPT		与硬点关联的面	SECN		与面关联的横截面编号
TYPE		与面关联的单元类型编号	ACCA		用 ACCAT 命令连接的面

例如，以下命令流选择面的全集：

ASEL,ALL

5）构造线选择集

菜单：Utility Menu→Select→Entities

命令：LSEL, Type, Item, Comp, VMIN, VMAX, VINC, KSWP

命令说明：各参意义与 VSEL 命令相同。Item, Comp 的可行项见表 15-6，参数 Item 的默认值为 LINE。VMIN 在 item 为线编号、属性编号、坐标值时有效。

表 15-6 LSEL 命令的 Item, Comp

Item	Comp	说明	Item	Comp	说明
LINE		线的编号	TYPE		与线关联的单元类型编号
EXT		所选面的外部线	REAL		与线关联的实常数集编号
LOC	X, Y, Z	活跃坐标系下线质心坐标	ESYS		与线关联的单元坐标系编号
TAN1	X, Y, Z	线起点外单位切矢量的分量	SEC		与线关联的横截面编号
TAN2	X, Y, Z	线终点外单位切矢量的分量	LENGTH		线的长度
NDIV		线被分割的段数	RADIUS		线的半径
SPACE		线各段的间距比例	HPT		与硬点关联的线
MAT		与线关联的材料模型编号	LCCA		用 LCCAT 命令连接的线

6）构造关键点选择集

菜单：Utility Menu→Select→Entities

命令：KSEL, Type, Item, Comp, VMIN, VMAX, VINC, KABS

命令说明：各参意义与 VSEL 命令相同。Item, Comp 的可行项见表 15-7，参数 Item 的默认值为 KP。VMIN 在 item 为关键点编号、属性编号、坐标值时有效。

表 15-7 KSEL 命令的 Item, Comp

Item	Comp	说明	Item	Comp	说明
KP		关键点的编号	MAT		与关键点关联的材料模型编号
EXT		所选线的外部关键点	TYPE		与关键点关联的单元类型编号
HPT		硬点	REAL		与关键点关联的实常数集编号
LOC	X, Y, Z	活跃坐标系下的坐标	ESYS		与关键点关联的单元坐标系编号

7）通过与其他实体选择集关联创建选择集

创建节点选择集命令。

NSLA, Type, NKEY：节点与当前面选择集关联。

NSLE, Type, NodeType, Num：节点与当前单元选择集关联。

NSLK, Type：节点与当前关键点选择集关联。

NSLL, Type, NKEY：节点与当前线选择集关联。

NSLV, Type, NKEY：节点与当前体选择集关联。

创建单元选择集命令。

ESLA, Type：单元与当前面选择集关联。

ESLL, Type：单元与当前线选择集关联。

ESLN, Type, EKEY, NodeType：单元与当前节点选择集关联。

ESLV, Type：单元与当前体选择集关联。

创建体选择集命令。

VSLA, Type, VLKEY：体与当前面选择集关联。

创建面选择集命令。

ASLL, Type, ARKEY：面与当前线选择集关联。

ASLV, Type：面与当前体选择集关联。

创建线选择集命令。

LSLA, Type：线与当前面选择集关联。

LSLK, Type, LSKEY：线与当前关键点选择集关联。

创建关键点选择集命令。

KSLL, Type：关键点与当前线选择集关联。

KSLN, Type：关键点与当前节点选择集关联。

例如，以下命令流选择面 2 及面 2 上的节点：

ASEL,S,,,2   !选择面 2
NSLA,S,1   !选择面 2 所有节点

例如，以下命令流选择线 2、4、6、8 及与这些线相连的面：

LSEL,S,,,2,8,2   !选择线 2、4、6、8
ASLL,S   !选择与线 2、4、6、8 相连的面

8）选择所有实体

菜单：Utility Menu→Select→Everything

Utility Menu→Select→Everything Below

命令：ALLSEL, LabT, Entity

命令说明：LabT 为选择的类型，LabT=ALL（默认），选择 Entity 实体类型及比 Entity 低级实体类型的所有实体；LabT= BELOW，选择 Entity 实体类型当前选择集中实体所属的所有低级实体。

Entity 为实体类型。可取 ALL（默认）、VOLU、AREA、LINE、KP、ELEM、NODE。

例如，以下命令流选择面 2 及所属低级实体：

ASEL,S,,,2   !选择面 2

ALLSEL,BELOW, AREA   !选择面2所属线和关键点

15.2.2 组件和部件

1．组件

组件就是命名了的实体选择集。

1）创建组件

菜单：Utility Menu→Select→Comp/Assembly→Create Component

命令：CM, Cname, Entity

命令说明：Cname 指定组件名称。Entity 为形成组件实体类型，可取 VOLU、AREA、LINE、KP、ELEM、NODE。

由 Entity 类型实体的当前选择集形成组件。

例如，以下命令流创建节点组件 NNN1：

ASEL,S,,,1,4,1   !选择面1、2、3、4
LSEL,S,EXT   !选择面集合外部的线
NSLL,S,1   !选择线选择集上的节点
CM,NNN,NODE   !创建节点组件

2）选择组件和部件

菜单：Utility Menu→Select→Comp/Assembly→Select Comp/Assembly

命令：CMSEL, Type, Name, Entity

命令说明：Type 设置选择范围和选择组件的方法，Type 可取 S（默认）、R、U、A、ALL 和 NONE，意义与 NSEL 命令相同。Name 为组件和部件的名称。Entity 为实体类型，可取 VOLU、AREA、LINE、KP、ELEM、NODE。

3）部件

由组件或其他部件形成部件。

菜单：Utility Menu→Select→Comp/Assembly→Create Assembly

命令：CMGRP, Aname, Cnam1, Cnam2, Cnam3, Cnam4, Cnam5, Cnam6, Cnam7, Cnam8

命令说明：Aname 为部件名称。Cnam1, Cnam2, Cnam3, Cnam4, Cnam5, Cnam6, Cnam7, Cnam8 为形成部件的组件或其他部件名称。

15.3 坐 标 系

15.3.1 坐标系和工作平面概述

ANSYS 的各种操作如建模、划分网格、加载以及结果显示都是基于坐标系和工作平面的，所以，对坐标系进行深入的了解是十分必要的。

ANSYS 用坐标系编号标识不同的坐标系。定义和引用不同的坐标系编号，就是定义和引用不同的坐标系。

根据用途,ANSYS 的坐标系分为以下六类:

(1)全局坐标系(Global Coordinate System)和局部坐标系(Local Coordinate System):用于定位几何实体的位置。全局坐标系由 ANSYS 软件定义,局部坐标系由用户定义。

(2)工作平面坐标系(Working Plane CS):也是用于定位几何实体的位置。

(3)节点坐标系(Nodal Coordinate System):用于定义每个节点的自由度和节点载荷的方向。

(4)单元坐标系(Element Coordinate System):用于确定材料特性主轴和单元内力与位移的方向。

(5)显示坐标系(Display Coordinate System):用于几何实体形状参数的列表和显示。

(6)结果坐标系(Result Coordinate System):可以在普通后处理操作中将节点或单元结果转换到另外一个坐标系中,以便显示、列表和后处理操作。

1)全局坐标系

全局坐标系用于定位几何实体的位置,是一个绝对的参考系。ANSYS 提供了三种总体坐标系:直角坐标系、圆柱坐标系、球坐标系,三种坐标系都是右手系,它们有共同的原点——全局原点。在默认情况下,ANSYS 使用直角坐标系。这三种坐标系的示意图如图 15-3 所示。

全局直角坐标系(Global Cartesian)的编号为 0,坐标为(x, y, z)。

(a)直角坐标系　　(b)圆柱坐标系　　(c)球坐标系

图 15-3　全局坐标系

圆柱坐标系(Cylindrical CS)有两种:一种标识为 Global Cylindrical,坐标系编号为 1,$r\theta$ 平面与全局直角坐标系的 xy 平面重合,$\theta=0°$ 为全局 $+x$ 方向,$\theta=90°$ 为全局 $+y$ 方向,旋转轴与全局 z 轴重合;另一种标识为 Global Cylindrical Y,坐标系编号为 5,$r\theta$ 平面与全局直角坐标系的 xz 平面重合,$\theta=0°$ 为全局 $+x$ 方向,$\theta=90°$ 为全局 $-z$ 方向,旋转轴与全局直角坐标系 y 轴重合。两种圆柱坐标系的坐标均为(r, θ, z)。

球坐标系(Global Spherical):坐标系编号为 2,坐标(r, θ, Φ)。

2)局部坐标系

用户可以根据需要,建立自己的坐标系,称为局部坐标系。局部坐标系的坐标系编号大于 10,一旦某个局部坐标系被定义,它立即成为活跃坐标系。局部坐标系的种类有直角坐标系、圆柱坐标系、球坐标系和环坐标系,前 3 种比较常用,环坐标系十分复杂,一般不用。

全局坐标系和局部坐标系都可用于几何定位,但在任一时刻只能有一个是活跃起作用的。把某一个坐标系激活为活跃坐标系,可使用 Utility Menu→WorkPlane→Change Active CS to 命令。某一个坐标系成为活跃坐标系后,如果未做改变,则一直处于活跃状态。需要注意的是,不论活跃坐标系的种类如何,ANSYS 总是以 x、y、z 来标识 3 个坐标。

3）显示坐标系 DSYS

在默认情况下，ANSYS 对节点和关键点列表时，显示的总是全局直角坐标系下的坐标。如果要显示节点和关键点在其他坐标系下的坐标，需要改变显示坐标系。显示坐标系分别是全局直角坐标系和全局圆柱坐标系时，一些关键点的列表情况如图 15-4 所示。改变显示坐标系使用命令 Utility Menu→WorkPlane→Change Display CS to。

```
LIST ALL SELECTED KEYPOINTS.   DSYS=    0        LIST ALL SELECTED KEYPOINTS.   DSYS=    1
 NO.              X,Y,Z LOCATION                  NO.              X,Y,Z LOCATION
   1  1.000000   0.000000   0.000000               1  1.000000   0.000000   0.000000
   2  0.000000   1.000000   0.000000               2  1.000000  90.00000   0.000000
   3  0.2588190  0.9659258  0.000000               3  1.000000  75.00000   0.000000
   4  0.5000000  0.8660254  0.000000               4  1.000000  60.00000   0.000000
   5  0.7071068  0.7071068  0.000000               5  1.000000  45.00000   0.000000
   6  0.8660254  0.5000000  0.000000               6  1.000000  30.00000   0.000000
   7  0.9659258  0.2588190  0.000000               7  1.000000  15.00000   0.000000
              (a) DSYS=0                                        (b) DSYS=1
```

图 15-4 显示坐标系

改变显示坐标系也会对实体显示产生影响，如果没有特殊需要，在使用实体创建、绘图命令之前，应将显示坐标系改变为全局直角坐标系。

4）节点坐标系 NSYS

节点坐标系主要用于定义每个节点的自由度和节点载荷的方向。以下输入数据是在节点坐标系下定义的：自由度约束、集中力、主自由度、从自由度、约束方程；在 POST26 后处理器中，以下输出数据是在节点坐标系下定义的：自由度解、节点力、支反力；在 POST1 后处理器中，所有数据都是在结果坐标系定义。

每个节点都有自己的节点坐标系，在默认情况下，它总是平行于全局直角坐标系，而与创建节点时的活跃坐标系无关。当在节点上施加与全局直角坐标系方向不同的约束和载荷时，需要将节点坐标系旋转到所需方向。

5）单元坐标系 ESYS

单元坐标系用于定义各向异性材料特性的方向、表面载荷的方向、单元结果的输出方向等。每个单元都有自己的单元坐标系，它们都是右手直角坐标系。多数单元坐标系的默认方向按如下规则定义：

（1）线单元的 x 方向是从该单元的节点 I 指向节点 J，单元 y 轴和单元 z 轴由节点 K 或 θ 定义。当节点 K 省略或 $\theta=0$ 时，单元 y 轴总是平行于全局坐标系的 xy 平面；当单元 x 轴平行于全局坐标系的 z 轴时，单元 y 轴与全局坐标系的 y 轴重合。

（2）壳单元的 x 方向是从节点 I 指向节点 J；z 轴过节点 I 垂直于壳表面，正向由 I、J 和 K 节点按右手定则确定，y 轴垂直于 x 轴和 z 轴。

（3）二维和三维实体单元的单元坐标系通常平行于全局直角坐标系。

有些单元不符合这些规则，具体情况参见 ANSYS 帮助文档。在定义单元类型时，可以通过其选项选择采用的单元坐标系。

大变形分析时，单元坐标系随着单元的刚性旋转而旋转。

6）结果坐标系 RSYS

计算结果中的基本解和节点解都定义在节点坐标系上，导出解或单元解定义在单元坐标系上。但是无论如何，结果数据总是旋转到结果坐标系上显示，默认的结果坐标系为全局直角坐标系。可以使用 Main Menu→General Postproc→Options for Outp 命令将结果坐标系改变为其他坐标系。

需要注意的是，有的单元结果数据总是在单元坐标系上定义并显示。

大变形分析时，单元坐标系随着单元的刚性旋转而旋转。结果显示时，各应力、应变和其他导出的单元数据也将包含刚性旋转效果。

有关结果坐标系的具体操作参见 14.2 节。

7）工作平面

工作平面是一个二维绘图平面，它主要用于创建实体时的定位和定向。在一个时刻只能有一个工作平面，工作平面的位置和方向可以改变。在默认的情况下，工作平面为全局直角坐标系的 xy 平面，工作平面的 x 轴、y 轴和原点与全局直角坐标系的 x 轴、y 轴和原点重合。与工作平面相对应，有一个工作平面坐标系，坐标系编号为 4。

有关工作平面的具体操作参见 11.3 节。

15.3.2 有关坐标系的操作

1. 切换活跃坐标系

菜单：Utility Menu→WorkPlane→Change Active CS to→Global Cartesian
　　　Utility Menu→WorkPlane→Change Active CS to→Global Cylindrical
　　　Utility Menu→WorkPlane→Change Active CS to→Global Spherical
　　　Utility Menu→WorkPlane→Change Active CS to→Global Cylindrical Y
　　　Utility Menu→WorkPlane→Change Active CS to→Specified Coord Sys
　　　Utility Menu→WorkPlane→Change Active CS to→Working Plane

命令：CSYS, KCN

命令说明：KCN 为指定的活跃坐标系的编号。KCN=0（默认）时，为全局直角坐标系；KCN=1 时，为全局圆柱坐标系，全局 z 轴为旋转轴；KCN=2 时，为全局球坐标系；KCN=4 或 WP 时，为工作平面坐标系；KCN=5 时，为全局圆柱坐标系，全局 y 轴为旋转轴；KCN>10 时，已定义的局部坐标系。

工作平面坐标系会随工作平面位置和方向的变化进行更新。

2. 切换显示坐标系

菜单：Utility Menu→WorkPlane→Change Display CS to→Global Cartesian
　　　Utility Menu→WorkPlane→Change Display CS to→Global Cylindrical
　　　Utility Menu→WorkPlane→Change Display CS to→Global Spherical
　　　Utility Menu→WorkPlane→Change Display CS to→Specified Coord Sys

命令：DSYS, KCN

命令说明：KCN 为坐标系的编号，可取 0、1、2 或先前定义的局部坐标系编号。

3. 定义局部坐标系

1）在工作平面原点定义局部坐标系

菜单：Utility Menu→WorkPlane→Local Coordinate System→Create Local CS→At WP Origin

命令：CSWPLA, KCN, KCS, PAR1, PAR2

命令说明：KCN 为局部坐标系编号，必须大于 10。如果与以前定义的局部坐标系编号相同，则重定义。

KCS 为坐标系类型。KCS=0 或 CART 时，为直角坐标系；KCS=1 或 CYLIN 时，为圆柱或椭圆坐标系；KCS=2 或 SPHE 时，为球或椭圆球坐标系；KCS=3 或 TORO 时，为环坐标系。

PAR1 用于椭圆、椭圆球或环坐标系。KCS=1 或 2 时，PAR1 是椭圆 Y 方向半轴与 X 方向半轴的比（默认为 1）；KCS=3 时，PAR1 是圆环体的主半径。

PAR2 用于椭圆球坐标系。KCS=2 时，PAR2 是椭圆 Z 方向半轴与 X 方向半轴的比（默认为 1）。

例如，以下命令流创建椭圆球坐标系：

```
/PREP7                          !进入预处理器
CSWPLA,11,2,2,3                 !创建椭圆球坐标系
K,1,1,0,0 $ K,2,1,90,0 $ K,3,1,0,90   !创建关键点
KLIST,ALL,,,COORD               !列表关键点，显示坐标系为全局直角坐标系。列表显示见图 15-5
FINISH                          !退出预处理器
```

```
LIST ALL SELECTED KEYPOINTS.   DSYS=      0

 NO.          X,Y,Z LOCATION                THXY,THYZ,THZX ANGLES
   1    1.000000    0.000000    0.000000    0.0000    0.0000    0.0000
   2    0.000000    2.000000    0.000000    0.0000    0.0000    0.0000
   3    0.000000    0.000000    3.000000    0.0000    0.0000    0.0000
```

图 15-5 列表关键点

2）通过 3 个关键点定义局部坐标系

菜单：Utility Menu→WorkPlane→Local Coordinate System→Create Local CS→By 3 Keypoints

命令：CSKP, KCN, KCS, PORIG, PXAXS, PXYPL, PAR1, PAR2

命令说明：关键点 PORIG 定义坐标系的原点。关键点 PXAXS 定义坐标系的+x 轴方向。关键点 PXYPL 与关键点 PORIG、PXAXS 共同定义坐标系的 xy 平面，PXYPL 在坐标系的第一或第二象限。其余参数与 CSWPLA 命令相同。

3）通过 3 个节点定义局部坐标系

菜单：Utility Menu→WorkPlane→Local Coordinate System→Create Local CS→By 3 Nodes

命令：CS, KCN, KCS, NORIG, NXAX, NXYPL, PAR1, PAR2

命令说明：该命令与 CSKP 命令基本相同。

4）通过位置和方向定义局部坐标系

菜单：Utility Menu→WorkPlane→Local Coordinate System→Create Local CS→At Specified

Loc

命令：LOCAL, KCN, KCS, XC, YC, ZC, THXY, THYZ, THZX, PAR1, PAR2

命令说明：XC，YC，ZC 为局部坐标系原点在全局直角坐标系下的坐标。THXY，THYZ，THZX 为关于局部 Z,X,Y 轴的转角，其余参数与 CSWPLA 命令相同。

4．旋转节点坐标系

1）将节点坐标系旋转到当前活跃坐标系的方向

菜单：Main Menu→Preprocessor→Modeling→Move/Modify→Rotate Node CS→To Active CS

命令：NROTAT, NODE1, NODE2, NINC

命令说明：NODE1, NODE2, NINC 为节点编号范围，从 NODE1 开始到 NODE2 结束，NINC 为增量。NODE1 可以为 ALL 或组件名称。

例如，以下命令流将旋转到节点坐标系当前活跃坐标系：

/PREP7	!进入预处理器
CSYS,1	!激活全局圆柱坐标系
NSEL,S,,,1,100,1	!选择节点
NROTAT,ALL	!将所节点的节点坐标系旋转到全局圆柱坐标系
D,ALL,UY	!施加径向约束
FINISH	!退出预处理器

2）按给定的旋转角度旋转节点坐标系

菜单：Main Menu→Preprocessor→Modeling→Move/Modify→Rotate Node CS→By Angles

命令：NMODIF, NODE, X, Y, Z, THXY, THYZ, THZX

命令说明：NODE 为节点编号，可以为 ALL 或组件名称。X，Y，Z 为节点在新坐标系上的坐标。THXY，THYZ，THZX 参数意义与 LOCAL 命令相同。

3）直接设置节点坐标系的 3 个坐标轴方向

菜单：Main Menu→Preprocessor→Modeling→Move/Modify→Rotate Node CS→By Vectors

命令：NANG, NODE, X1, X2, X3, Y1, Y2, Y3, Z1, Z2, Z3

命令说明：NODE 为节点编号。X1，X2，X3 为新节点坐标系 x 轴方向单位矢量在全局直角坐标系 x, y, z 方向的投影。Y1，Y2，Y3 为新节点坐标系 y 轴方向单位矢量在全局直角坐标系 x,y,z 方向的投影。Z1，Z2，Z3 为新节点坐标系 z 轴方向单位矢量在全局直角坐标系 x,y,z 方向的投影。

4）将节点坐标系旋转到面的法线方向

菜单：Main Menu→Preprocessor→Modeling→Move/Modify→Rotate Node CS→To Surf Norm→On Area

命令：NORA, AREA, NDIR

命令说明：AREA 为面的编号。NDIR=-1 时，节点坐标系旋转到面法线的相反方向，默认值为与面法线方向相同。

5．改变结果坐标系

见 14.2.2 节。

实例 E15-1　坐标系及选择操作的应用实例——圆轴扭转分析

1）问题描述

设等直圆轴的圆截面直径 $D=50$mm，长度 $L=120$mm，作用在圆轴两端上的转矩 $M_n=1.5\times10^3$N·m，现分析圆轴的变形和剪应力。由材料力学知识可得：

圆截面对圆心的极惯性矩为

$$I_P=\frac{\pi D^4}{32}=\frac{\pi\times 0.05^4}{32}=6.136\times 10^{-7}\text{m}^4$$

圆截面的抗扭截面模量为

$$W_n=\frac{\pi D^3}{16}=\frac{\pi\times 0.05^3}{16}=2.454\times 10^{-5}\text{m}^{-3}$$

圆截面上任意一点的剪应力与该点半径成正比，在圆截面的边缘上有最大值

$$\tau_{\max}=\frac{M_n}{W_n}=\frac{1.5\times 10^3}{2.454\times 10^{-5}}=61.1\text{MPa}$$

等直圆轴距离为 0.045m 的两截面间的相对转角

$$\varphi=\frac{M_n L}{GI_p}=\frac{1.5\times 10^3\times 0.045}{80\times 10^9\times 6.136\times 10^{-7}}=1.375\times 10^{-3}\text{rad}$$

2）GUI 分析步骤

（1）改变任务名。选择菜单 Utility Menu→File→Change Jobname，弹出如图 15-6 所示的对话框，在"[/FILNAM]"文本框中输入 E15-1，单击"OK"按钮。

图 15-6　改变任务名对话框

（2）选择单元类型。选择菜单 Main Menu→Preprocessor→Element Type→Add/Edit/Delete，弹出如图 15-7 所示的对话框，单击"Add"按钮；弹出如图 15-8 所示的对话框，在左侧列表中选"Structural Solid"，在右侧列表中选"Quad 8node 183"，单击"Apply"按钮；再在右侧列表中选"Brick 20node 186"，单击"OK"按钮，单击图 15-7 所示对话框中的"Close"按钮。

图 15-7　单元类型对话框

图 15-8　单元类型库对话框

(3)定义材料模型。选择菜单 Main Menu→Preprocessor→Material Props→Material Models,弹出如图 15-9 所示对话框,在右侧列表中依次选择"Structural"、"Linear"、"Elastic"、"Isotropic",弹出如图 15-10 所示对话框,在"EX"文本框中输入 2.08e11(弹性模量),在"PRXY"文本框中输入 0.3(泊松比),单击"OK"按钮,然后关闭如图 15-9 所示对话框。

图 15-9 材料模型对话框

(4)创建矩形面。选择菜单 Main Menu→Preprocessor→Modeling→Create→Areas→Rectangle→By Dimensions,弹出如图 15-11 所示的对话框,在"X1, X2"文本框中分别输入 0, 0.025,在"Y1, Y2"文本框中分别输入 0, 0.12,单击"OK"按钮。

图 15-10 材料特性对话框

图 15-11 创建矩形面对话框

(5)划分单元。选择菜单 Main Menu→Preprocessor→Meshing→MeshTool,弹出如图 15-12 所示的对话框,单击"Size Controls"区域中"Lines"后的"Set"按钮,弹出选择窗口,选择矩形面的任一短边,单击"OK"按钮,弹出如图 15-13 所示的对话框,在"NDIV"文本框中输入 5,单击"Apply"按钮,再次弹出选择窗口,选择矩形面的任一长边,单击"OK"按钮,再次弹出如图 15-13 所示的对话框,在"NDIV"文本框中输入 8,单击"OK"按钮,在"Mesh"区域,选择单元形状为"Quad"(四边形),选择划分单元的方法为"Mapped"(映射)。单击"Mesh"按钮,弹出选择窗口,选择面,单击"OK"按钮,单击如图 15-12 所示对话框中的"Close"按钮。

(6)设定挤出选项。选择菜单 Main Menu→Preprocessor→Modeling→Operate→Extrude→Elem Ext Opts,弹出图 15-14 所示的对话框,在"VAL1"文本框中输入 5(挤出段数),选定 ACLEAR 为"Yes"(清除矩形面上单元),单击"OK"按钮。

图 15-12　划分单元工具对话框

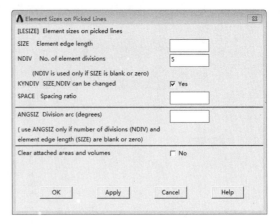

图 15-13　单元尺寸对话框

（7）由面旋转挤出体。选择菜单 Main Menu→Preprocessor→Modeling→Operate→Extrude→Areas→About Axis，弹出选择窗口，选择矩形面，单击"OK"按钮；再次弹出选择窗口，选择矩形面在 Y 轴上的两个关键点，单击"OK"按钮；随后弹出如图 15-15 所示的对话框，在"ARC"文本框中输入 360，单击"OK"按钮。

图 15-14　单元挤出选项对话框

图 15-15　由面旋转挤出体对话框

（8）在图形窗口显示单元。选择菜单 Utility Menu→Plot→Elements。

（9）改变观察方向。单击图形窗口右侧显示控制工具条上的 按钮。

（10）旋转工作平面。选择菜单 Utility Menu→WorkPlane→Offset WP by Increment，弹出如图 15-16 所示的对话框，在"XY, YZ, ZX Angles"文本框中输入 0, -90，单击"OK"按钮。

（11）创建局部坐标系。选择菜单 Utility Menu→WorkPlane→Local Coordinate System→Create Local CS→At WP Origin，弹出如图 15-17 所示的对话框，在"KCN"文本框中输入 11，选择"KCS"为"Cylindrical 1"，单击"OK"按钮，即创建一个代号为 11、类型为圆柱坐标系的局部坐标系，并激活使之成为当前坐标系。

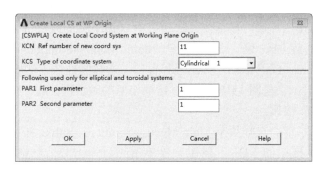

图 15-16　平移工作平面对话框　　　　　　图 15-17　创建局部坐标系对话框

（12）选中圆柱面上的所有节点。选择菜单 Utility Menu→Select→Entities，弹出如图 15-18 所示的对话框，在各下拉列表框、文本框、单选按钮中依次选择或输入"Nodes""By Location""X coordinates""0.025""From Full"，单击"Apply"按钮。

（13）旋转节点坐标系到当前坐标系。选择菜单 Main Menu→Preprocessor→Modeling→Move/Modify→Rotate Node CS→To Active CS，弹出选择窗口，单击"Pick All"按钮。

（14）施加径向约束。选择菜单 Main Menu→Solution→Define Loads→Apply→Structural→Displacement→On Nodes，弹出选择窗口，单击"Pick All"按钮，弹出如图 15-19 所示的对话框，在"Lab2"列表框中选择"UX"，单击"OK"按钮。

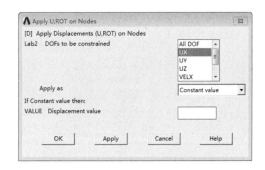

图 15-18　选择实体对话框　　　　　　图 15-19　在节点上施加约束对话框

（15）选中圆柱面最上端的所有节点。激活如图 15-18 所示"选择实体对话框"，在各下拉列表框、文本框、单选按钮中依次选择或输入"Nodes""By Location""Z coordinates""0.12""Reselect"，单击"Apply"按钮。

（16）施加切向集中载荷。选择菜单 Main Menu→Solution→Define Loads→Apply→Structural→Force/Moment→On Nodes，弹出选择窗口，单击"Pick All"按钮，弹出如图 15-20 所示的对话框，在"Lab"下拉列表框中选择"FY"，在"VALUE"文本框中输入 1500，单击"OK"按钮。这样，在结构上一共施加了 40 个大小为 1500N 的集中力，它们对圆心力矩的和为 1500N·m。

（17）选择所有。选择菜单 Utility Menu→Select→Everything。

（18）在图形窗口显示体。选择菜单 Utility Menu→Plot→Volumes。

（19）施加约束。选择菜单 Main Menu→Solution→Define Loads→Apply→Structural→Displacement→On Areas，弹出选择窗口，选择圆柱体下侧底面（由 4 部分组成），单击"OK"按钮，弹出一个与图 15-19 所示对话框相似的对话框，在"Lab2"列表框中选择"All DOF"，单击"OK"按钮。

（20）求解。选择菜单 Main Menu→Solution→Solve→Current LS，单击"Solve Current Load Step"对话框中的"OK"按钮。再单击随后弹出对话框中的"Yes"按钮。出现"Solution is done！"提示时，求解结束，即可查看结果了。

（21）显示变形。选择菜单 Main Menu→General Postproc→Plot Results→Deformed Shape，在弹出的对话框中，选中"Def+undeformed"（变形+未变形的单元边界），单击"OK"按钮，结果如图 15-21 所示。

图 15-20 在节点上施加载荷对话框　　　　　图 15-21 圆轴的变形

（22）改变结果坐标系为局部坐标系。选择菜单 Main Menu→General Postproc→Options for Outp，弹出如图 15-22 所示的对话框，在"RSYS"下拉列表框中选择"Local system"，在"Local System reference no"文本框中输入 11，单击"OK"按钮。

图 15-22 输出选项对话框

(23）选择 $z=0.045$m、$\theta=0°$的所有节点。在如图 15-18 所示的"选择实体对话框"中，在各下拉列表框、文本框、单选按钮中依次选择或输入"Nodes""By Location""Z coordinates""0.045""From Full"，然后单击"Apply"按钮；再在各下拉列表框、文本框、单选按钮中依次选择或输入"Nodes""By Location""Y coordinates""0""Reselect"，然后单击"Apply"按钮。

（24）列表显示节点位移。选择菜单 Main Menu→General Postproc→List Results→Nodal Solution，弹出如图 15-23 所示的对话框，在列表中依次选择"Nodal Solution→DOF Solution→Y-Component of displacement"，单击"OK"按钮，列表结果如图 15-24 所示。

NODE	UY
18	0.34383E-04
47	-0.35605E-15
55	0.34389E-05
65	0.68778E-05
77	0.10313E-04
87	0.13749E-04
99	0.17190E-04
109	0.20632E-04
121	0.24065E-04
131	0.27498E-04
143	0.30942E-04

MAXIMUM ABSOLUTE VALUES
NODE   18
VALUE   0.34383E-04

图 15-23 列表节点结果对话框　　图 15-24 节点位移结果

结果表明在 18 号节点上有最大的切向位移 3.4383×10^{-5}m，对应的转角 $\varphi=3.4383\times10^{-5}/0.025=1.375\times10^{-3}$rad，与理论结果完全一致。

（25）选择单元。在如图 15-18 所示的"选择实体对话框"中，在各下拉列表框、文本框、单选按钮中依次选择或输入"Nodes""By Location""Z coordinates""0,0.045""From Full"，然后单击"Apply"按钮；再在各下拉列表框、单选按钮中依次选择或输入"Elements""Attached to""Nodes all""Reselect"，然后单击"Apply"按钮。这样做的目的是，在下一步显示应力时，不包含集中力作用点附近的单元，以得到更好的计算结果。

（26）查看结果，用显示剪应力云图。选择菜单 Main Menu→General Postproc→Plot Results→Contour Plot→Elements Solu，弹出类似如图 15-23 所示的对话框，在列表中依次选择"Elements Solution→Stress →YZ shear Stress"，单击"OK"按钮，结果如图 15-25 所示，可以看出，剪应力的最大值为61.7MPa，与理论结果比较相符。

3）命令流

```
R=0.025 $ L=0.12                    !圆轴尺寸
/PREP7                              !进入预处理器
ET, 1, PLANE183 $ ET, 2, SOLID186   !选择单元类型
MP, EX, 1, 2.08E11 $ MP, PRXY, 1, 0.3  !定义材料模型
RECTNG, 0, R, 0, L                  !创建矩形面
```

```
LESIZE,1,,,5 $ LESIZE, 2,,,8 $ MSHKEY,1$ AMESH, 1
                                          !创建有限元模型
EXTOPT, ESIZE,5 $ EXTOPT,ACLEAR,1 $ VROTAT,1,,,,,,1,4,360
                                          !设置挤出选项,面旋转挤出
/VIEW, 1, 1, 1, 1                         !改变观察方向
WPROT, 0, -90 $ CSWPLA, 11, 1, 1, 1       !旋转工作平面,创建并激活局部坐标系 11
NSEL, S, LOC, X, 0.025 $ NROTAT, ALL      !选择 r=0.025 的节点,将节点坐标系旋转到局部坐标系 11
FINISH                                    !退出预处理器
/SOLU                                     !进入求解器
D, ALL, UX                                !在选择的节点上施加径向位移约束
NSEL, R, LOC, Z, 0.12 $ F, ALL, FY, 1500  !选择 r=0.025 且 z=0.12 的节点,施加切向集中力
ALLSEL, ALL                               !选择所有
DA, 2, ALL $ DA, 6, ALL $ DA, 10, ALL $ DA, 14, ALL
                                          !在圆柱体的底面施加全约束
SOLVE                                     !求解
FINISH                                    !退出求解器
/POST1                                    !进入通用后处理器
PLDISP, 1                                 !显示变形
RSYS, 11                                  !指定结果坐标系为局部坐标系 11
NSEL, S, LOC, Z, 0.045 $ NSEL, R, LOC, Y, 0  !选择 z=0.045 且 θ=0 的节点
PRNSOL, U, Y                              !列表所选择节点的切向位移
NSEL, S, LOC, Z, 0, 0.045 $ ESLN, R, 1    !选择 0≤z≤0.045 的节点及单元
PLESOL, S, YZ                             !显示剪应力 $\tau_{yz}$
ALLS                                      !选择所有
FINISH                                    !退出通用后处理器
```

图 15-25　剪应力的计算结果

第 16 章　结构线性静力学分析

16.1　概　　述

1. 结构静力学分析

结构静力学分析用于对在恒定载荷作用下结构的变形、应力、应变和支反力等的研究，也可用于分析惯性及阻尼效应对结构响应的影响并不显著的动力学问题。结构静力学分析在实际中广泛应用，而且是其他分析类型的基础，结构静力学分析是最重要的一种分析类型。

结构静力学分析中，有限元方程为

$$K\delta=R$$

式中，K 为总体刚度矩阵，δ 为结构的节点位移列阵，R 为结构的节点载荷列阵。

如果总体刚度矩阵 K 是常量矩阵，则问题是线性的，否则问题是非线性的。非线性静力学问题包括材料非线性、大变形、蠕变、应力刚化、接触等问题，处理时要比线性静力学问题复杂得多，本书将在第 18 章进行专门研究，本章只研究线性静力学问题。

2. 结构线性静力学分析步骤

ANSYS 结构线性静力学分析分为三个步骤：
（1）前处理，建立有限元模型。
（2）施加载荷和约束并求解。
（3）后处理，查看结果。

1）建立有限元模型
（1）用/CLEAR 命令清除数据库，新建分析。
（2）改变工作文件夹；用/FILNAME 命令指定任务名；用/TITLE 指定标题。
（3）进入前处理器。
（4）用 ET 命令定义单元类型，指定单元选项。

结构分析要使用结构单元，常用的结构单元有：杆单元 LINK180，梁单元 BEAM188、BEAM189，平面单元 PLANE182、PLANE183，空间单元 SOLID185、SOLID186，壳单元 SHELL181、SHELL281 等。使用的其他单元还有接触单元 TARGE169、TARGE170、CONTA171、CONTA172、CONTA173、CONTA174、CONTA175、CONTA176、CONTA177、CONTA178，弹簧单元 COMBIN14、COMBIN39、COMBIN40，质量单元 MASS21，线性执行机构 LINK11，等等。

（5）定义单元实常数。
是否定义单元实常数及实常数的类型均由所使用的单元类型决定。

(6) 指定材料特性。

结构分析必须定义材料的弹性模量 EX 及泊松比 PRXY。如果施加惯性载荷，则必须定义能求出质量的参数，一般情况是密度 DENS。如果施加温度体载荷，就需要定义线膨胀系数 ALPX。材料特性可以是线性的或非线性的、各向同性的或各向异性的、不随温度变化的或随温度变化的，线性静力学分析时材料特性只能是线性的。

(7) 创建横截面。

是否创建横截面及横截面的类型均由所使用的单元类型决定。

(8) 建立几何模型。

几何模型的维数应该与所选择单元类型相关。例如，使用 3D 实体单元时，需要建立 3D 实体模型；不同类型单元同时使用时，则几何模型的各部分应与使用单元相匹配。几何模型可以用在 ANSYS 中直接创建，也可以从其他 CAD 软件中导入。

(9) 建立有限元模型。

2）加载并求解

(1) 进入求解器。

(2) 指定分析类型、分析选项，选择求解器等。

静态分析是默认的分析类型。线性静力学分析需要指定的分析选项有输出控制选项、参考温度、质量矩阵选项等。

(3) 施加载荷。

结构静力学分析可用的载荷有：DOF 约束包括位移 UX、UY、UZ 和转角 ROTX、ROTY、ROTZ 以及翘曲 WARP，集中载荷包括力 FX、FY、FZ 和力矩 MX、MY、MZ，表面载荷是压力 PRES，体载荷为温度 TEMP，惯性载荷包括加速度、角速度和角加速度等。

(4) 用 SOLVE 命令求解。

3）查看结果

(1) 进入通用后处理器。

(2) 查看结果。

在结构静力学分析的后处理中，可以显示变形云图，列表显示节点力、力矩及总和，列表显示支反力、力矩及总和，用云图和列表显示节点或单元结果，用矢量图显示矢量结果，查询结果，用图形或列表显示单元表数据，可以作路径图，进行载荷工况操作，列出结构百分比能量误差等。

16.2 桁架结构

桁架结构是由杆件通过铰接而成的结构，各杆轴线都通过铰的中心，载荷和支座反力均作用在铰上。所有杆件均可近似为二力杆，只承受轴向的拉力或压力。如果所有杆件的轴线都在一个平面上，则为平面桁架，否则为空间桁架。桁架结构普遍应用于桥梁、房屋等建筑结构，在机械结构中也有很多的应用，如起重机的吊臂等。

由于杆件的长度远大于横截面尺寸，桁架结构可以用杆单元模拟。这类单元只有平动位移自由度，没有角位移自由度。只能承受轴向的拉压，不能承受弯矩。ANSYS 可采用的杆单元只有 LINK180，属于 3D 单元。

平面桁架结构分析相对比较简单，具体操作参见实例 E10-1"入门实例——平面桁架的受力分析"。下面介绍一个空间桁架的实例，其中比较重要的步骤是有限元模型的创建。

实例 E16-1　复杂静定桁架的内力计算

1）问题描述及解析解

如图 16-1 所示为一静定的复杂桁架，现分析其各杆内力情况。

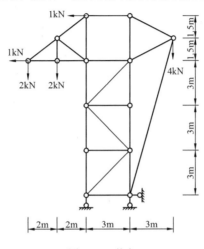

图 16-1　桁架

2）命令流

/CLEAR	!新建分析
/FILNAME,E16-1	!定义任务名
A=2 $ B=3	!桁架的尺寸
/PREP7	!进入前处理器
ET,1,LINK180	!选择单元类型
MP,EX,1,2E11 $ MP,PRXY,1,0.3	!定义材料模型
R,1,0.03	!定义实常数
N,1 $ N,2,B $ NGEN,5,2,ALL,,,,B	!创建并复制节点
N,20,-A,3*B $ N,21,-2*A,3*B	!创建节点
N,22,-A,3.5*B $ N,23,2*B,3.5*B	!创建节点
E,1,2 $ EGEN,5,2,ALL	!创建并复制单元
ESEL,NONE $ E,1,3 $ E,2,4 $ EGEN,4,2,ALL	!创建并复制单元
E,7,20 $ E,20,21 $ E,21,22 $ E,20,22 $ E,22,9 $ E,8,23	!创建单元
E,10,23 $ E,2,23 $ E,1,4 $ E,4,5 $ E,5,8 $ E,7,22	!创建单元
ALLS	!选择所有
FINI	!退出前处理器
/SOLU	!进入求解器

D,1,UX,0,,,,UY,UZ	!施加约束,固定铰支座
D,2,,0,,,,UY,UZ	!施加约束,可移铰支座
F,20,FY,-2000 $ F,21,FY,-2000 $ F,21,FX,-1000	!施加集中力
F,9,FX,-1000 $ F,23,FY,-4000	!施加集中力
SOLVE	!求解
FINI	!退出求解器
/POST1	!进入通用后处理器
PLDISP,0	!显示变形
ETABLE, FA, SMISC, 1	!定义单元表,存储杆轴向力
PRETAB, FA	!列表单元表
FINI	!退出通用后处理器

16.3 梁 结 构

梁是工程中一种常用结构,梁的长度远大于横截面尺寸,它主要承受弯矩作用。

ANSYS15.0 支持的梁单元有两种:BEAM188 和 BEAM189。BEAM188 是三维 2 节点梁单元;BEAM189 是三维三节点梁单元,是一个高阶单元,精度高于 BEAM188。除此以外,两种单元的特点基本相同。两种单元适合于分析从细长到中等粗短的梁结构,都基于铁木辛科梁理论,考虑了剪切变形的影响。每个节点有六个或七个自由度,包括沿 x、y、z 方向的平动和绕 x、y、z 轴的转动,即挠曲和转角是相互独立的自由度,第七个自由度是横截面的翘曲(WARP)。可以承受轴向拉压、弯曲和扭转载荷。

也可用梁单元模拟刚架。

实例 E16-2 悬臂梁的静力学分析

1)问题描述及解析解

如图 16-2 所示为一悬臂梁,图 16-3 为梁的横截面形状和尺寸,分析其在集中力 P 作用下的变形和应力。已知截面各尺寸 H=50mm、h=43mm、B=35mm、b=32mm,梁的长度 L=1m,集中力 P=1000N。钢的弹性模量 E=2×10^{11}N/m^2,泊松比 μ=0.3。

图 16-2 悬臂梁

图 16-3 横截面形状和尺寸

根据材料力学的知识,梁横截面对 x 轴的惯性矩为

$$I_{xx} = \frac{BH^3 - bh^3}{12} = \frac{35 \times 50^3 - 32 \times 43^3}{12} \times 10^{-12} = 1.526 \times 10^{-7} \text{m}^4$$

该梁自由端的挠度为

$$f = \frac{PL^3}{3EI_{xx}} = \frac{1000 \times 1^3}{3 \times 2 \times 10^{11} \times 1.526 \times 10^{-7}} = 10.924 \times 10^{-3} \text{ m}$$

梁最大弯曲应力为

$$\sigma = \frac{MH}{2I_{xx}} = \frac{1000 \times 1 \times 0.05}{2 \times 1.526 \times 10^{-7}} = 163.8 \text{ MPa}$$

2）GUI 分析步骤

（1）过滤界面。选择菜单 Main Menu→Preferences，弹出如图 16-4 所示的对话框，选中"Structural"项，单击"OK"按钮。

（2）选择单元类型。选择菜单 Main Menu→Preprocessor→Element Type→Add/Edit/Delete，弹出如图 16-5 所示的对话框，单击"Add"按钮；弹出如图 16-6 所示的对话框，在左侧列表中选"Structural Beam"，在右侧列表中选"2 node 188"，单击"OK"按钮；返回图 16-5 所示的对话框，单击"Close"按钮。

图 16-4　过滤对话框

图 16-5　单元类型对话框

图 16-6　单元类型库对话框

（3）定义梁的横截面。选择菜单 Main Menu→Preprocessor→Sections→Beam→Common Sections，弹出如图 16-7 所示的对话框，选择"Sub-Type"为"I"（横截面形状），在"W1""W2""W3""t1""t2""t3"文本框中分别输入 0.035、0.035、0.05、0.0035、0.0035、0.003，单击"OK"按钮。

(4) 定义材料模型。选择菜单 Main Menu→Preprocessor→Material Props→Material Models，弹出如图 16-8 所示的对话框，在右侧列表中依次选择"Structural""Linear""Elastic""Isotropic"，弹出如图 16-9 所示的对话框，在"EX"文本框中输入 2E11（弹性模量），在"PRXY"文本框中输入 0.3（泊松比），单击"OK"按钮，然后关闭图 16-8 所示的对话框。

图 16-7　设置横截面对话框　　　　　　　　图 16-8　材料模型对话框

(5) 创建关键点。选择菜单 Main Menu→Preprocessor→Modeling→Create→Keypoints→In Active CS，弹出如图 16-10 所示的对话框，在"NPT"文本框中输入 1，在"X, Y, Z"文本框中分别输入 0, 0, 0，单击"Apply"按钮；在"NPT"文本框中输入 2，在"X, Y, Z"文本框中分别输入 1, 0, 0，单击"Apply"按钮；在"NPT"文本框中输入 3，在"X, Y, Z"文本框中分别输入 0.5, 0.5, 0，单击"OK"按钮。

图 16-9　材料特性对话框　　　　　　　　图 16-10　创建关键点的对话框

(6) 显示关键点编号。选择菜单 Utility Menu→PlotCtrls→Numbering，在弹出的对话框中，将 Keypoint numbers（关键点号）打开，单击"OK"按钮。

(7) 创建直线。选择菜单 Main Menu→Preprocessor→Modeling→Create→Lines→Lines→

Straight Line，弹出选择窗口，选择关键点 1 和 2，单击"OK"按钮。

（8）划分单元。选择菜单 Main Menu→Preprocessor→Meshing→MeshTool，弹出"MeshTool"对话框。

选择"Element Attributes"的下拉列表框为"Lines"，单击下拉列表框后面的"Set"按钮，弹出选择窗口，选择线，单击"OK"按钮，弹出如图 16-11 所示的对话框，选择"Pick Orientation Keypoint(s)"为 Yes，单击"OK"按钮，弹出选择窗口，选择关键点 3，单击"OK"按钮，则横截面垂直于关键点 1、2、3 所在平面，z 轴（见图 16-3）指向关键点 3。

单击"Size Controls"区域中"Lines"后的"Set"按钮，弹出选择窗口，选择直线，单击"OK"按钮，弹出如图 16-12 所示的对话框，在"NDIV"文本框中输入 50，单击"OK"按钮。单击"MeshTool"对话框"Mesh"区域的"Mesh"按钮，弹出选择窗口，选择直线，单击"OK"按钮，最后关闭"MeshTool"对话框。

图 16-11 单元属性对话框

图 16-12 单元尺寸对话框

（9）施加约束。选择菜单 Main Menu→Solution→Define Loads→Apply→Structural→Displacement→On Keypoints，弹出选择窗口，选择关键点 1，单击"OK"按钮，弹出如图 16-13 所示的对话框，在列表中选"All DOF"，单击"OK"按钮。

（10）施加载荷。选择菜单 Main Menu→Solution→Define Loads→Apply→Structural→Force/Moment→On Keypoints，弹出选择窗口，选择关键点 2，单击"OK"按钮，弹出如图 16-14 所示的对话框，选择"Lab"为"FY"，在"VALUE"文本框中输入-1000，单击"OK"按钮。

图 16-13 施加约束对话框

图 16-14 在关键点施加载荷对话框

（11）求解。选择菜单 Main Menu→Solution→Solve→Current LS，单击"Solve Current Load Step"对话框中的"OK"按钮。出现"Solution is done！"提示时，求解结束，即可查看结果了。

(12) 显示变形。选择菜单 Main Menu→General Postproc→Plot Results→Deformed Shape，在弹出的对话框中选中"Def shape only"，单击"OK"按钮，结果如图 16-15 所示，从图中看出，最大位移为 0.011019m，与理论结果一致。

图 16-15 悬臂梁的变形

(13) 定义单元表，存储弯曲应力。选择菜单 Main Menu→General Postproc→Element Table→Define Table，弹出如图 16-16 所示的对话框，单击"Add"按钮。弹出如图 16-17 所示的对话框，在"Lab"文本框中输入 SF，在"Item, Comp"两个列表中分别选择"By sequence num""SMISC,"，在右侧列表下方文本框中输入"SMISC, 34"（单元+z 侧的弯曲应力，见表 12-7、表 12-8），单击"OK"按钮，然后关闭图 16-16 所示的对话框。

图 16-16 定义单元表对话框　　　　　　　　图 16-17 选择数据对话框

(14) 列表单元表数据。选择菜单 Main Menu→General Postproc→Element Table→List Elem Table，弹出如图 16-18 所示的对话框，在列表中选择"SF"，单击"OK"按钮。

结果如图 16-19 所示。与理论解对照，二者完全一致。

图 16-18 列表单元表对话框　　　　　　　　图 16-19 单元弯曲应力（部分）

3）命令流

```
/CLEAR                                    !清除数据库，新建分析
/FILNAME, E16-2                           !定义任务名为
/PREP7                                    !进入前处理器
ET, 1, BEAM189                            !选择单元类型
SECTYPE,1, BEAM,I $                       !截面类型
SECOFFSET,CENT                            !节点在截面质心
SECDATA,0.035,0.035,0.05,0.0035,0.0035,0.003   !截面参数
MP, EX, 1, 2E11 $ MP, NUXY, 1, 0.3        !定义材料模型
K, 1, 0, 0, 0 $ K, 2, 1, 0, 0 $ K, 3, 0.5, 0.5, 0   !创建关键点
LSTR, 1, 2                                !创建直线
LESIZE, 1,,,50                            !指定直线划分单元段数为50
LATT,,,,,3                                !指定关键点3为截面方向点
LMESH, 1                                  !对直线划分单元
FINISH                                    !退出前处理器
/SOLU                                     !进入求解器
DK, 1, ALL                                !在关键点上施加位移约束，模拟固定端
FK, 2, FY, -1000                          !在关键点上施加集中力载荷
SOLVE                                     !求解
FINISH                                    !退出求解器
/POST1                                    !进入通用后处理器
PLDISP                                    !显示变形云图
ETABLE, SF, SMISC, 34                     !定义单元表，存储杆轴向力
PRETAB, SF                                !列表单元表
FINISH                                    !退出通用后处理器
```

实例 E16-3 空间桁架桥的静力学分析

分析图 16-20 所示的空间桁架桥的受力、变形和应力情况，各杆按刚性连接。

图 16-20 空间桁架桥

```
/CLEAR $ /FILNAME,E16-3                   !新建分析，定义任务名
LENGTH=12 $ HEIGHT=16 $ WIDTH=14 $ N=6    !桥的尺寸
/PREP7                                    !进入前处理器
ET,1,BEAM188                              !选择单元类型
```

```
MP,EX,1,2E11 $ MP,PRXY,1,0.3 $ MP,DENS,1,7850        !定义材料模型
SECTYPE,1.BEAM,I $ SECDATA,0.4,0.4,0.4,0.016,0.016,0.016    !定义横截面1
SECTYPE,2,BEAM,I $ SECDATA, 0.3,0.3,0.4,0.012,0.012,0.012   !定义横截面2
N,1 $ NGEN,N+1,1,1,,,LENGTH                          !创建并复制节点
NGEN,4,10,ALL,,,,,-WIDTH/3                           !复制节点
N,102,LENGTH,HEIGHT, $ NGEN,N-1,1,102,,,LENGTH       !创建并复制节点
NGEN,2,30,102,106,,,,-WIDTH                          !复制节点
!创建横梁、纵梁
TYPE,1 $ MAT,1 $ SECNUM,1                            !为随后定义的单元指定默认属性
E,1,11 $ *REPEAT,3,10,10 $ EGEN,N+1,1,ALL,,,,,,,,LENGTH   !创建并复制单元
ESEL,NONE                                            !将单元选择集置为空集
E,1,2 $ *REPEAT,4,10,10 $ EGEN,N,1,ALL,,,,,,,,LENGTH !创建并复制单元
!创建主桁
ESEL,NONE                                            !将单元选择集置为空集
E,1,102 $ E,3,102 $ EGEN,N/2,2,ALL,,,,,,,,2*LENGTH   !创建并复制单元
EGEN,2,30,ALL,,,,,,,,-WIDTH                          !复制单元
ESEL,NONE                                            !将单元选择集置为空集
E,2,102 $ EGEN,N-1,1,ALL,,,,,,,,LENGTH               !创建并复制单元
EGEN,2,30,ALL,,,,,,,,-WIDTH                          !复制单元
ESEL,NONE                                            !将单元选择集置为空集
E,102,103 $ EGEN,N-2,1,ALL,,,,,,,,LENGTH             !创建并复制单元
EGEN,2,30,ALL,,,,,,,,-WIDTH                          !复制单元
!创建主桁纵向联结系
SECNUM,2                                             !指定横截面2
ESEL,NONE                                            !将单元选择集置为空集
E,1,32 $ E,2,31 $ EGEN,N,1,ALL,,,,,,,,LENGTH         !创建并复制单元
ESEL,NONE                                            !将单元选择集置为空集
E,102,133 $ E,103,132 $ EGEN,N-2,1,ALL,,,,,,,,LENGTH !创建并复制单元
E,102,132 $ *REPEAT,N-1,1,1                          !创建单元
ALLS                                                 !选择所有
FINI                                                 !退出前处理器
/SOLU                                                !进入求解器
NSEL,S,LOC,X $ D,ALL,UX,0,,,,UY,UZ                   !施加约束,固定铰支座
NSEL,S,LOC,X,LENGTH*N $ D,ALL,0,,,,UY,UZ             !施加约束,可移铰支座
NSEL,S,,,4,34,30 $ F,ALL,FY,-10000                   !施加集中力
ALLS $ ACEL,0,9.8,0                                  !施加重力加速度
SOLVE                                                !求解
FINI                                                 !退出求解器
/POST1                                               !进入通用后处理器
/ESHAPE,1                                            !在单元图形中显示梁的横截面
PLDISP,0                                             !显示变形
```

```
ETABLE, FX, SMISC, 1 $ ETABLE, SDIR,SMISC, 31      !定义单元表,存储杆轴向力、轴向应力
PRETAB, FX, SDIR                                   !列表单元表
PLNSOL, S,EQV                                      !显示等效应力云图
FINI                                               !退出求解器
```

实例 E16-4 连续梁的内力计算

连续梁的尺寸和载荷如图 16-21 所示,作此梁的剪力图和弯矩图。

图 16-21 连续梁

```
/CLEAR $ /FILNAME,E16-4                            !新建分析,定义任务名
/PREP7                                             !进入前处理器
ET,1,BEAM189                                       !选择单元类型
MP,EX,1,2E11 $ MP,PRXY,1,0.3                       !定义材料模型
SECTYPE,1, BEAM, CSOLID $ SECDATA,0.3              !定义横截面
K,1 $ K,2,2 $ K,3,4 $ K,4,8 $ K,5,13 $ K,6,16 $ K,7,17
                                                   !创建关键点
L,1,2 $ *REPEAT,6,1,1                              !创建直线
LESIZE, ALL,0.05 $ LMESH, ALL                      !创建有限元模型
FINI                                               !退出前处理器
/SOLU                                              !进入求解器
DK, 2, UX,,,,UY,UZ,ROTX,ROTY                       !施加约束,固定铰支座
DK, 4,,,,,UY,UZ,ROTX,ROTY                          !施加约束,可移铰支座
DK, 5,,,,,UY,UZ,ROTX,ROTY
DK, 7,,,,,UY,UZ,ROTX,ROTY
FK, 3, FY, -36000 $ FK, 6, FY, -40000              !施加集中力
NSEL,S,LOC,X,0,2 $ ESLN,S,1 $ SFBEAM,ALL,2,PRES,2000   !在梁单元上施加压力
NSEL,S,LOC,X,8,13 $ ESLN,S,1 $ SFBEAM,ALL,2,PRES,2400
ALLS                                               !选择所有
SOLVE                                              !求解
FINI                                               !退出求解器
/POST1                                             !进入通用后处理器
ETABLE, MzI, SMISC,3 $ ETABLE,MzJ, SMISC,16        !定义单元表,存储单元节点 I 和 J 处的弯矩
PLLS, MzI, MzJ                                     !用云图显示弯矩图
ETABLE, SFyI, SMISC,6 $ ETABLE,SFyJ, SMISC,19      !定义单元表,存储单元节点 I 和 J 处的剪力
PLLS, SFyI, SFyJ                                   !用云图显示剪力
FINI                                               !退出求解器
```

实例 E16-5　用自由度释放创建梁单元的铰接连接

1）问题描述

多跨静定梁的尺寸和载荷如图 16-22 所示，梁的两跨在 A 点铰接在一起，作此梁的剪力图和弯矩图。

图 16-22　多跨静定梁

2）自由度释放简介

梁单元之间的连接包括刚性连接和铰接。铰接的两个单元在铰接点处具有相同的线位移，但角位移不同，即两单元在铰接点存在相对转动；铰接只能传递力，不能传递力矩。而刚性连接的两个单元在铰接点处有相同的线位移和角位移，既传递力又传递力矩。

在 ANSYS 中，创建刚性连接时，只需要各梁单元在铰接点处有公共节点即可。而创建铰接时就相对复杂得多，一种方法是在铰接点处分别创建属于不同单元的节点，然后对这些节点的线位移进行自由度耦合；另外一种方法是针对 BEAM188/BEAM189 梁单元，先在铰接点处创建刚性连接，然后释放铰接点处节点的转动自由度。后一种方法相对简单。

释放自由度使用 ENDRELEASE, --, TOLERANCE, Dof1, Dof2, Dof3, Dof4 命令。参数 TOLERANCE 为相邻单元间的角度公差，默认为 20°；当相邻单元在一条直线上时，应取 TOLERANCE=-1。Dof1, Dof2, Dof3, Dof4 为释放的自由度。释放自由度操作步骤如下：

```
ESEL,S,                              !选择需要释放自由度的梁单元
NSEL,S,                              !选择需要释放自由度的铰接点处节点
ENDRELEASE,,,ROTZ                    !释放自由度，以绕 z 轴的转动自由度为例
```

3）命令流

```
/CLEAR $ /FILNAME,E16-5              !新建分析，定义任务名
/PREP7                               !进入前处理器
ET,1,BEAM189                         !选择单元类型
MP,EX,1,2E11 $ MP,PRXY,1,0.3         !定义材料模型
SECTYPE,1, BEAM, CSOLID $ SECDATA,0.2 !定义横截面
K,1 $ K,2,4 $ K,3,6 $ K,4,10         !创建节点
L,1,2 $ *REPEAT,3,1,1                !创建直线
LESIZE, ALL,0.05 $ LMESH, ALL        !创建有限元模型
NSEL,S,,,NODE(6,0,0) $ ESLN,S $ ENDRELEASE,,-1,ROTZ   !释放自由度
FINI                                 !退出前处理器
/SOLU                                !进入求解器
DK, 1, UX,,,,UY,UZ,ROTX,ROTY         !施加约束，固定铰支座
DK, 2,,,,,UY,UZ,ROTX,ROTY            !施加约束，可移铰支座
DK, 4,,,,,UY,UZ,ROTX,ROTY
NSEL,S,LOC,X,6,10 $ ESLN,S,1 $ SFBEAM,ALL,2,PRES,2000   !在梁单元上施加压力
ALLS                                 !选择所有
SOLVE                                !求解
FINI                                 !退出求解器
/POST1                               !进入通用后处理器
```

```
ETABLE, MzI, SMISC,3 $ ETABLE,MzJ, SMISC,16    !定义单元表,存储单元节点 I 和 J 处的弯矩
PLLS, MzI, MzJ                                  !用云图显示弯矩图
ETABLE, SFyI, SMISC,6 $ ETABLE,SFyJ, SMISC,19  !定义单元表,存储单元节点 I 和 J 处的剪力
PLLS, SFyI, SFyJ                                !用云图显示剪力
FINI                                            !退出通用后处理器
```

16.4 板壳结构

由厚度比面内特征尺寸小得多的平板或曲壳组成的结构称为板壳结构。

在 ANSYS 中，SHELL 单元采用面内的平面应力单元和板壳弯曲单元的叠加，常用的有 SHELL181 和 SHELL281 单元。SHELL181 单元适合分析薄到中等厚度壳结构，考虑了横向剪切变形的影响。该单元有 4 个节点，每个节点有 6 个自由度：沿 x、y 和 z 方向的平移，以及绕 x、y 和 z 轴的转动。如果采用薄膜选项，则只有平移自由度。SHELL281 单元有 8 个节点，是 SHELL181 单元的高阶单元。

实例 E16-6 薄板弯曲问题的理论解和有限元解的对比

1）问题描述

四边简支的方形薄板受横向均布压力作用。已知板边长 $a=1$m，厚度 $t=0.01$m，板面压力 $p=10\,000$Pa，弹性模量 $E=2\times10^{11}$Pa，泊松比 $\mu=0.3$。

根据薄板理论，参数 D 为

$$D = \frac{Et^3}{12(1-\mu^2)} = \frac{2\times10^{11}\times0.01^3}{12(1-0.3^2)} = 18315 \text{N}\cdot\text{m}$$

在板面中心有最大挠度，其大小为

$$w_{\max} = 0.00406\frac{pa^4}{D} = \frac{0.00406\times1000\times1^4}{18315} = 2.2127\times10^{-3}\text{m}$$

在板面中心有最大应力，其大小为

$$\sigma_{\max} = 0.2874\frac{pa^2}{t^2} = \frac{0.2874\times10000\times1^2}{0.01^2} = 28.74\text{MPa}$$

2）命令流
```
/CLEAR $ /FILNAME,E16-6                         !新建分析,定义任务名
A=1 $ T=0.01 $ P=10000                          !薄板尺寸及载荷大小
/PREP7                                          !进入前处理器
ET,1, SHELL281                                  !选择单元类型
MP,EX,1,2E11 $ MP,PRXY,1,0.3                    !定义材料模型
SECT,1,SHELL $ SECDATA, 0.01                    !定义壳单元横截面
RECT,0,A/2,0,A/2                                !根据对称性,取板的四分之一进行分析
ESIZE,,20 $ AMESH,1                             !创建有限元模型
FINI                                            !退出前处理器
/SOLU                                           !进入求解器
DL,1,, SYMM $ DL,4,, SYMM                       !施加对称约束
LSEL,S,,,2 $ NSLL,S,1 $ D,ALL,UX,,,,,UY,UZ      !施加简支约束
```

```
LSEL,S,,,3 $ NSLL,S,1 $ D,ALL,UX,,,,,UY,UZ    !施加简支约束
SFA,1,,PRES, P                                !施加压力载荷
ALLS                                          !选择所有
SOLVE                                         !求解
FINI                                          !退出求解器
/POST1                                        !进入通用后处理器
PLNSOL, U,Z                                   !显示 z 方向位移云图
PLNSOL, S,X                                   !显示 x 方向应力云图
FINI                                          !退出通用后处理器
```

实例 E16-7　壳单元结果与其他类型单元结果的对比——简支梁

用壳单元分析承受横向均布压力的箱形截面简支梁的变形和弯曲应力。

```
/CLEAR $ /FILNAME,E16-7                       !新建分析，定义任务名
L=3 $ H=0.4 $ B=0.25 $ T=0.02                 !梁长度 L、横截面高度 H、宽度 B、厚度 T
/PREP7                                        !进入前处理器
ET,1, SHELL181                                !选择单元类型
MP,EX,1,2E11 $ MP,PRXY,1,0.3                  !定义材料模型
SECT,1,SHELL $ SECDATA,T                      !定义壳单元横截面
BLOCK,0,L,T/2,H-T/2,T/2,B-T/2                 !在中面位置创建六面体
VDELE,1 $ ADELE,5,6                           !只删除体，删除端部面
ESIZE,0.1$ AMESH,ALL                          !创建有限元模型
WPOFF,,H/2                                    !偏移工作平面原点到中性层
NSEL,S,LOC,X,0                                !选择端面上所有节点
CSWPLA,11,1,1,1                               !创建局部坐标系
NROTAT,ALL                                    !旋转节点坐标系到活跃坐标系
D,ALL,UX $ D,ALL,UZ                           !施加约束，模拟端面节点绕中性轴刚性转动
CSYS,0 $ NSEL,S,LOC,X,L                       !选择另一端面上所有节点
WPOFF,L                                       !偏移工作平面原点到另一端面中性层
CSWPLA,12,1,1,1                               !创建局部坐标系
NROTAT,ALL                                    !旋转节点坐标系到活跃坐标系
D,ALL,UX $ D,ALL,UZ                           !施加约束，模拟另一端面节点绕中性轴刚性转动
FINI                                          !退出前处理器
/SOLU                                         !进入求解器
SFL, 2, PRES, 50E3 $ SFL, 7, PRES, 50E3       !施加压力载荷，总压力为 100kN/m
ALLS                                          !选择所有
SOLVE                                         !求解
FINI                                          !退出求解器
/POST1                                        !进入通用后处理器
PLDISP,0                                      !显示变形
PLNSOL, S,X                                   !显示等效应力云图
FINI                                          !退出通用后处理器
```

使用壳单元的结果与使用梁单元、3D 实体单元的分析结果以及解析结果的对比如表 16-1 所示，由此可见壳单元的精度、运算量情况。

表 16-1　简支梁的分析结果对比

分析方法	最大变形（mm）	最大弯曲应力（MPa）	节点数量	单元数量	备注
解析结果	1.020	43.5	—	—	未考虑剪切影响
SHELL 单元	1.143	44.9	434	420	
BEAM 单元	1.124	43.6	61	20	
SOLID 单元	1.122	42.4	3388	1680	

16.5　平面结构

1. 平面问题

所谓平面问题指的是弹性力学的平面应力问题和平面应变问题。

当结构为均匀薄板，作用在板上的所有面力和体力的方向均平行于板面，而且不沿厚度方向发生变化时，可以近似认为只有平行于面的三个应力分量 σ_x、σ_y、τ_{xy} 不为零，所以这种问题就被称为平面应力问题。

设有无限长的柱状体，在柱状体上作用的面力和体力的方向与横截面平行，而且不沿长度而发生变化。此时，可以近似认为只有平行于横截面的三个应变分量 ε_x、ε_y、γ_{xy} 不为零，所以这种问题就被称为平面应变问题。

2. 轴对称问题

对于回转体结构，其形状对称于中心轴，如果其承受的载荷也对称于该中心轴，则该回转体上的变形、应变、应力同样也对称于该中心轴，这样的问题即可简化为轴对称问题。分析时可只取一子午面进行研究，于是将一个空间问题简化为一个平面问题。

3. ANSYS 平面单元

ANSYS 提供的平面单元有两种：PLANE182 和 PLANE183。PLANE182 单元有四个节点，每个节点有两个自由度：沿 x 和 y 方向的移动。PLANE183 单元是一种高阶的 2D 8 节点或 6 节点单元，具有二次位移函数，非常适合于模拟不规则网格。它有 8 个节点或 6 个节点，每个节点有两个自由度：沿 x 和 y 方向的移动。两种单元都可以用于求解平面应力、平面应变、广义平面应变或轴对称问题，可以通过 KEYOPT(3) 来设置。

两种单元必须创建于全球 XY 平面。轴对称分析时，全球 Y 轴必须是对称轴、模型应创建在 +X 象限。用于模拟平面应力问题时，应取板面进行分析，节点力应输入单元单位厚度上力的大小。用于模拟平面应变问题时，应取横截面进行分析。用于模拟轴对称问题时，应取子午面进行分析，施加节点力时，应输入该节点对应的圆周上所有载荷的总和。

关于平面应力问题和轴对称问题的实例参见实例 E12-5，下面介绍关于平面应变问题的实例。

实例 E16-8　平面问题的求解实例——厚壁圆筒问题

1）问题描述及解析解

如图 16-23 所示为一厚壁圆筒，其内半径 r_1=50mm，外半径 r_2=100mm，作用在内孔上的压

力 p=10MPa,无轴向压力,轴向长度很大可视为无穷。计算厚壁圆筒的径向应力σ_r和切向应力σ_t沿半径 r 方向的分布。

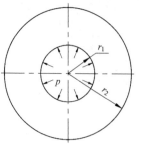

图 16-23 厚壁圆筒

根据材料力学的知识,σ_r、σ_t沿 r 方向分布的解析解为

$$\begin{cases} \sigma_r = \dfrac{r_1^2 p}{r_2^2 - r_1^2}\left(1 - \dfrac{r_2^2}{r^2}\right) \\ \sigma_t = \dfrac{r_1^2 p}{r_2^2 - r_1^2}\left(1 + \dfrac{r_2^2}{r^2}\right) \end{cases}$$

该问题符合平面应变问题的条件,故可以简化为平面应变问题进行分析。另外,根据对称性,可取圆筒的四分之一并施加垂直于对称面的约束进行分析。

2)GUI 操作步骤

(1)过滤界面。选择菜单 Main Menu→Preferences,弹出如图 16-24 所示的对话框,选中"Structural"项,单击"OK"按钮。

(2)选择单元类型。选择菜单 Main Menu→Preprocessor→Element Type→Add/Edit/Delete,弹出如图 16-25 所示的对话框,单击"Add"按钮;弹出如图 16-26 所示的对话框,在左侧列表中选"Structural Solid",在右侧列表中选"8node 183",单击"OK"按钮;返回图 16-25 所示的对话框,单击"Options"按钮,弹出如图 16-27 所示的对话框,选择"K3"为"Plane strain"(平面应变),单击"OK"按钮,单击图 16-25 所示的对话框中的"Close"按钮。

图 16-24 过滤界面对话框

图 16-25 单元类型对话框

图 16-26 单元类型库对话框

图 16-27 单元选项对话框

（3）定义材料模型。选择菜单 Main Menu→Preprocessor→Material Props→Material Models，弹出如图 16-28 所示的对话框，在右侧列表中依次选择"Structural""Linear""Elastic""Isotropic"，弹出如图 16-29 所示的对话框，在"EX"文本框中输入 2e11（弹性模量），在"PRXY"文本框中输入 0.3（泊松比），单击"OK"按钮，然后关闭图 16-28 所示的对话框。

图 16-28 材料模型对话框

注意：从解析公式中可以看出，径向应力 σ_r 和切向应力 σ_t 与弹性模量无关，但是，弹性模量在有限元分析中却是必需的。

（4）创建几何实体模型。选择菜单 Main Menu→Preprocessor→Modeling→Create→Areas→Circle→By Dimensions，弹出如图 16-30 所示的对话框，在"RAD1""RAD2""THETA2"文本框中分别输入 0.1、0.05 和 90，单击"OK"按钮。

图 16-29 材料特性对话框

图 16-30 创建面对话框

（5）划分单元。选择菜单 Main Menu→Preprocessor→Meshing→MeshTool，弹出如图 16-31 所示的对话框，本步骤所有操作全部在此对话框下进行。单击"Size Controls"区域中"Lines"后的"Set"按钮，弹出选择窗口，选择面的任一直线边，单击"OK"按钮，弹出如图 16-32 所示的对话框，在"NDIV"文本框中输入 6，单击"Apply"按钮，再次弹出选择窗口，选择面的任一圆弧边，单击"OK"按钮，再次弹出如图 16-32 所示的对话框，在"NDIV"文本框中输入 8，单击"OK"按钮，在"Mesh"区域，选择单元形状为"Quad"（四边形），选择划分单元的方法为"Mapped"（映射）。单击"Mesh"按钮，弹出选择窗口，选择面，单击"OK"按钮，单击图 16-31 所示的对话框中的"Close"按钮。

图 16-31 划分单元工具对话框

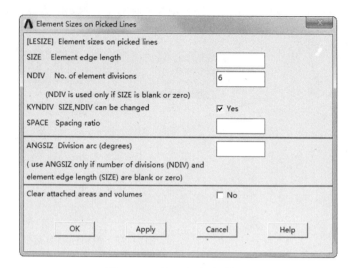

图 16-32 单元尺寸对话框

（6）施加约束。选择菜单 Main Menu→Solution→Define Loads→Apply→Structural→Displacement→On Lines，弹出选择窗口，选择面的水平直线边，单击"OK"按钮，弹出如图 16-33 所示的对话框，在列表中选择"UY"，单击"Apply"按钮，再次弹出选择窗口，选择面的垂直直线边，单击"OK"按钮，在图 16-33 所示对话框的列表中选择"UX"，单击"OK"按钮，沿两个对称面垂直方向施加约束等效于施加对称约束。

（7）施加压力载荷。选择菜单 Main Menu→Solution→Define Loads→Apply→Structural→Pressure→On Lines，弹出选择窗口，选择面的内侧圆弧边（较短的一条圆弧），单击"OK"按钮，弹出如图 16-34 所示的对话框，在"VALUE"文本框中输入 10e6，单击"OK"按钮。

图 16-33 施加约束对话框

图 16-34 施加压力载荷对话框

（8）求解。选择菜单 Main Menu→Solution→Solve→Current LS，单击"Solve Current Load Step"对话框中的"OK"按钮，出现"Solution is done！"提示时，求解结束，即可查看结果了。

（9）在图形窗口显示节点。选择菜单 Utility Menu→Plot→Nodes。

（10）定义路径。选择菜单 Main Menu→General Postproc→Path Operations→Define Path→

By Location，弹出如图 16-35 所示的对话框，在"Name"文本框中输入 p1，在"nPts"文本框中输入 2，单击"OK"按钮，接着弹出如图 16-36 所示的对话框，在"NPT"文本框中输入 1，在"X"文本框中输入 0.05，单击"OK"按钮，再次弹出如图 16-36 所示的对话框，在"NPT"文本框中输入 2，在"X"文本框中输入 0.1，单击"OK"按钮，然后单击图 16-36 所示对话框中的"Cancel"按钮，关闭对话框。

图 16-35　定义路径对话框

图 16-36　定义路径点对话框

（11）将数据映射到路径上。选择菜单 Main Menu→General Postproc→Path Operations→Map onto Path，弹出如图 16-37 所示的对话框，在"Lab"文本框中输入 SR，在"Item, Comp"两个列表中分别选"Stress""X-direction SX"，单击"Apply"按钮；再次弹出如图 16-37 所示的对话框，在"Lab"文本框中输入 ST，在"Item, Comp"两个列表中分别选"Stress""Y-direction SY"，单击"OK"按钮。

注意：该路径上各节点 X、Y 方向上的应力即径向应力 σ_r 和切向应力 σ_t。

（12）作路径图。选择菜单 Main Menu→General Postproc→Path Operations→Plot Path Item→On Graph，弹出如图 16-38 所示的对话框，在列表中选"SR""ST"，单击"OK"按钮。

图 16-37　映射数据对话框

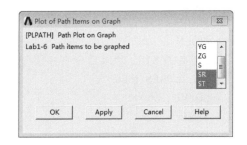

图 16-38　路径图对话框

图 16-39 所示的路径图是径向应力 σ_r 和切向应力 σ_t 关于半径的分布曲线。图中横轴为径向尺寸（单位：m），纵轴为应力（单位：Pa），横轴的零点对应厚壁圆筒的内径，横坐标为 5×10^{-2}m 的点对应厚壁圆筒的外径。读者可以用计算问题的解析解来检验有限元分析结果的精确程度。

图 16-39　径向应力 σ_r 和切向应力 σ_t 随半径的分布情况

另外，读者可能已注意到：在以上分析过程中，输入数据的长度单位是 m，力的单位是 N；在分析结果中，应力的单位是 Pa（N/m²）。也就是说，如果输入数据的单位是国际制单位，则输出数据的单位也是国际制单位；同样，如果输入数据的单位是英制单位，则输出数据的单位也是英制单位。这就是 ANSYS 对单位问题的处理方法，即对输入数据的单位不做要求，输出单位是输入单位的导出单位。

3）命令流

命令	说明
/CLEAR	!清除数据库，新建分析
/FILNAME, E16-8	!定义任务名
/PREP7	!进入前处理器
ET, 1, PLANE183,,,2	!选择单元类型、设置单元选项
MP, EX, 1, 2E11 $ MP, PRXY, 1, 0.3	!定义材料模型
PCIRC, 0.1, 0.05, 0, 90	!创建圆形面
LESIZE, 4,,,6 $ LESIZE, 3,,,8	!指定线划分单元段数
MSHAPE, 0	!指定单元形状为四边形
MSHKEY, 1	!指定映射网格
AMESH, 1	!对面划分单元
FINISH	!退出前处理器
/SOLU	!进入求解器
DL, 4,,UY $ DL, 2,,UX	!在线上施加位移约束
SFL, 3, PRES, 10E6	!在线上施加压力载荷
SOLVE	!求解
SAVE	!保存数据库
FINISH	!退出求解器
/POST1	!进入通用后处理器
PATH, P1, 2	!定义路径
PPATH,1,,0.05 $ PPATH,2,,0.1	!指定路径点
PDEF, SR, S, X $ PDEF, ST, S, Y	!向路径映射数据
PLPATH, SR, ST	!显示路径图
FINISH	!退出通用后处理器

16.6 空间结构

空间结构如果不能简化为杆、梁、壳或者平面结构，则需要创建完整的 3D 实体几何模型，使用 3D 实体单元创建有限元模型，这要花费相当多的计算成本。ANSYS 常用的 3D 实体单元有 SOLID185 和 SOLID186。SOLID185 单元有 8 个节点，每个节点有三个自由度：沿 x、y 和 z 方向的移动。SOLID186 单元是一个 3D 20 个节点实体单元，是具有二次位移函数的高阶单元，每个节点也有三个自由度：沿 x、y 和 z 方向的移动。

实例 E16-9 空间问题的求解实例——扳手的受力分析

1）问题描述

图 16-40（a）所示为一内六角螺栓扳手，其轴线形状和尺寸见图 16-40（b），横截面为一外接圆半径为 10mm 的正六边形，拧紧力 F 为 600N，计算扳手拧紧时的应力分布。

2）GUI 分析步骤

（1）改变任务名。选择菜单 Utility Menu→File→ Change Jobname，弹出如图 16-41 所示的对话框，在"[/FILNAM]"文本框中输入 E16-9，单击"OK"按钮。

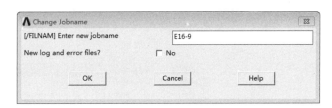

图 16-40　内六角螺栓扳手　　　　　　图 16-41　改变任务名称对话框

（2）过滤界面。选择菜单 Main Menu→Preferences，弹出如图 16-42 所示的对话框，选中"Structural"项，单击"OK"按钮。

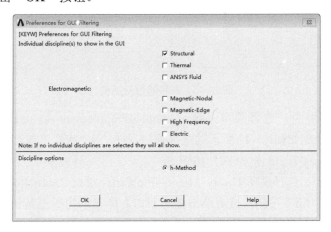

图 16-42　过滤界面对话框

（3）选择单元类型。选择菜单 Main Menu→Preprocessor→Element Type→Add/Edit/Delete，弹出如图 16-43 所示的对话框，单击"Add"按钮，弹出如图 16-44 所示的对话框，在左侧列表中选"Structural Solid"，在右侧列表中选"Quad 4node 182"，单击"Apply"按钮；再在右侧列表中选"Brick 8node 185"，单击"OK"按钮，单击图 16-43 所示对话框中的"Close"按钮。

图 16-43　单元类型对话框　　　　　图 16-44　单元类型库对话框

（4）定义材料模型。选择菜单 Main Menu→Preprocessor→Material Props→Material Models，弹出如图 16-45 所示的对话框，在右侧列表中依次选择"Structural""Linear""Elastic""Isotropic"，弹出如图 16-46 所示的对话框，在"EX"文本框中输入 2e11（弹性模量），在"PRXY"文本框中输入 0.3（泊松比），单击"OK"按钮，然后关闭图 16-45 所示的对话框。

图 16-45　材料模型对话框

（5）创建正六边形面。选择菜单 Main Menu→Preprocessor→Modeling→Create→Areas→Polygon→Hexagon，弹出如图 16-47 所示的选择窗口，在"WP X""WP Y"和"Radius"文本框中分别输入 0、0 和 0.01，单击"OK"按钮。

（6）改变观察方向。选择菜单 Utility Menu→PlotCtrls→Pan Zoom Rotate，在弹出的对话框中，依次单击"Iso""Fit"按钮，或者单击图形窗口右侧显示控制工具条上的 按钮。

（7）显示关键点、线的编号。选择菜单 Utility Menu→PlotCtrls→Numbering，在弹出的对话框中，将 Keypoint numbers（关键点号）和 Line numbers（线号）打开，单击"OK"按钮。

图 16-46　材料特性对话框

图 16-47　选择窗口

（8）创建关键点。选择菜单 Main Menu→Preprocessor→Modeling→Create→Keypoints→In Active CS，弹出如图 16-48 所示的对话框，在"NPT"文本框中输入 7，在"X, Y, Z"文本框中分别输入 0, 0, 0，单击"Apply"按钮；在"NPT"文本框中输入 8，在"X, Y, Z"文本框中分别输入 0, 0, 0.05，单击"Apply"按钮；在"NPT"文本框中输入 9，在"X, Y, Z"文本框中分别输入 0, 0.1, 0.05，单击"OK"按钮。

（9）创建直线。选择菜单 Main Menu→Preprocessor→Modeling→Create→Lines→Lines→Straight Line。弹出选择窗口，分别选择关键点 7 和 8、8 和 9，创建两条直线，单击"OK"按钮。

（10）创建圆角。选择菜单 Main Menu→Preprocessor→Modeling→Create→Lines→Line Fillet，弹出选择窗口，分别选择直线 7、8，单击"OK"按钮，弹出如图 16-49 所示的对话框，在"RAD"文本框中输入 0.015，单击"OK"按钮。

图 16-48　创建关键点的对话框

图 16-49　圆角对话框

（11）创建直线。选择菜单 Main Menu→Preprocessor→Modeling→Create→Lines→Lines→Straight Line，弹出选择窗口，分别选择关键点 1 和 4，单击"OK"按钮。

（12）将六边形面分割成两部分。选择菜单 Main Menu→Preprocessor→Modeling→Operate→Booleans→Divide→Area by Line，弹出选择窗口，选择六边形面，单击"OK"按钮；再次弹出选择窗口，选择上一步在关键点 1 和 4 间创建的直线，单击"OK"按钮。

六边形面被分割为两个四边形面，它们可以映射网格。

（13）划分单元。选择菜单 Main Menu→Preprocessor→Meshing→MeshTool，弹出如图 16-50 所示的对话框，单击"Size Controls"区域中"Lines"后的"Set"按钮，弹出选择窗口，选择直线 2、3、4，单击"OK"按钮，弹出如图 16-51 所示的对话框，在"NDIV"文本框中输入 3，单击"Apply"按钮；再次弹出选择窗口，选择直线 7、9、8，单击"OK"按钮，删除

"NDIV"文本框中的3,在"SIZE"文本框中输入0.01,单击"OK"按钮。

图 16-50 划分单元工具对话框

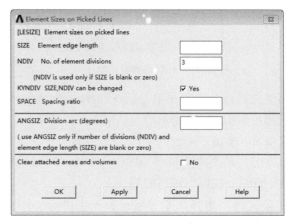

图 16-51 单元尺寸对话框

在"Mesh"区域,选择单元形状为"Quad"(四边形),选择划分单元的方法为"Mapped"(映射)。单击"Mesh"按钮,弹出选择窗口,选择六边形面的两部分,单击"OK"按钮。

(14)在图形窗口显示直线。选择菜单 Utility Menu→Plot→Lines。

(15)由面沿直线挤出体,平面单元挤出形成空间单元。选择菜单 Main Menu→Preprocessor→Modeling→Operate→Extrude→Areas→Along Lines,弹出选择窗口,选择六边形面的两部分,单击"OK"按钮,再次弹出选择窗口,依次选择直线7、9、8,单击"OK"按钮。

(16)清除面单元。选择菜单 Main Menu→Preprocessor→Meshing→Clear→Areas,弹出选择窗口,选择 z=0 的两个平面即扳手短臂端面,单击"OK"按钮。

面单元模拟一个平面结构,如果不清除的话,分析模型实际有两个结构,会增加运算成本。

(17)在图形窗口显示单元。选择菜单 Utility Menu→Plot→Elements。

(18)施加约束。选择菜单 Main Menu→Solution→Define Loads→Apply→Structural→Displacement→On Areas,弹出选择窗口,选择 z=0 的两个平面即扳手短臂端面,单击"OK"按钮,弹出如图 16-52 所示的对话框,在列表中选择"All DOF",单击"OK"按钮。

(19)施加载荷。选择菜单 Main Menu→Solution→Define Loads→Apply→Structural→Force/Moment→On Keypoints,弹出选择窗口,选择扳手长臂端面的六个顶点,单击"OK"按钮,弹出如图 16-53 所示的对话框,选择"Lab"为"FX",在"VALUE"文本框中输入 100,单击"OK"按钮。

(20)求解。选择菜单 Main Menu→Solution→Solve→Current LS,单击"Solve Current Load Step"对话框中的"OK"按钮。出现"Solution is done!"提示时,求解结束,即可查看结果了。

图 16-52 在面上施加约束对话框

图 16-53 在关键点施加力载荷对话框

（21）查看结果，显示变形。选择菜单 Main Menu→General Postproc→Plot Results→Deformed Shape，弹出如图 16-54 所示的对话框，选中"Def+undef edge"（变形+未变形的模型边界），单击"OK"按钮，结果如图 16-55 所示。

图 16-54 显示变形对话框

图 16-55 扳手的变形

（22）查看结果，显示 Von Mises 等效应力云图。选择菜单 Main Menu→General Postproc→Plot Results→Contour Plot→Nodal Solu，弹出如图 16-56 所示的对话框，在列表中依次选择"Nodal Solution→Stress→Von Mises SEQV"（Von Mises 应力即第四强度理论的当量应力，$\sigma_e = \sqrt{\left[(\sigma_1-\sigma_2)^2 + (\sigma_2-\sigma_3)^2 + (\sigma_3-\sigma_1)^2\right]/2}$，式中 σ_1、σ_2 和 σ_3 为主应力），单击"OK"按钮，结果如图 16-57 所示，可以看出，Von Mises 应力的最大值为 $0.146×10^9$Pa，即 146MPa。

（23）偏移工作平面到节点。选择菜单 Utility Menu→WorkPlane→Offset WP to→Nodes，弹出选择窗口，在选择窗口的文本框中输入 159，单击"OK"按钮。

（24）选择结果图形类型，作切片图。选择菜单 Utility Menu→PlotCtrls→Style→Hidden Line Options，弹出如图 16-58 所示的对话框，选择"/TYPE Type of Plot"为"Section"，选择"/CPLANE"为"Working plane"，单击"OK"按钮。

图 16-59 为工作平面所在位置模型的切片图。图 16-57 显示的结果图形是模型外表面各点的结果，利用切片图可以显示模型内部各点的结果。

图 16-56　用云图显示节点结果对话框

图 16-57　扳手的 Von Mises 应力

图 16-58　结果图形类型对话框

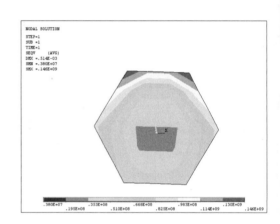

图 16-59　切片

（25）保存结果。选择菜单 Utility Menu→File→Save as Jobname.db，ANSYS 没有 UNDO（撤销）功能，在做一些可能出现错误的操作时，最好先保存一下数据库文件，以备需要时可以恢复原来的数据。为了保证叙述的连贯，这里仅仅在分析过程的最后进行了保存操作，读者可不局限于此。

3）命令流

```
/CLEAR                                          !清除数据库，新建分析
/FILNAME, E16-9                                 !定义任务名
/PREP7                                          !进入前处理器
ET, 1, PLANE182 $ ET, 2, SOLID185               !选择单元类型
MP, EX, 1, 2E11 $ MP, PRXY, 1, 0.3              !定义材料模型
RPR4, 6, 0, 0, 0.01                             !创建正六边形面
K, 7, 0, 0, 0 $ K, 8, 0, 0, 0.05 $ K, 9, 0, 0.1, 0.05   !创建关键点
LSTR, 7, 8 $ LSTR, 8, 9                         !创建直线
LFILLT, 7, 8, 0.015                             !创建圆角
LSTR, 1, 4                                      !创建直线
ASBL, 1, 10                                     !用线切割正六边形面
LESIZE, 2,,,3 $ LESIZE, 3,,,3 $ LESIZE, 4,,,3   !指定直线划分单元段数为3
```

```
LESIZE, 7, 0.01 $ LESIZE, 8, 0.01 $ LESIZE, 9, 0.01   !指定线上单元边长度
MSHAPE, 0                                              !指定单元形状为四边形
MSHKEY, 1                                              !指定映射网格
AMESH, ALL                                             !对面划分单元
VDRAG, ALL,,,,,,7, 9, 8                                !面沿着线挤出形成扳手体和体单元
ACLEAR, 2, 3, 1                                        !清除面单元
FINISH                                                 !退出前处理器
/SOLU                                                  !进入求解器
DA, 2, ALL $ DA, 3, ALL                                !在面上施加位移约束
KSEL, S,,,24, 29, 1                                    !选择扳手长臂端面上所有关键点
FK, ALL, FX, 100                                       !在选择的关键点上施加集中力载荷
KSEL, ALL                                              !选择所有关键点
SOLVE                                                  !求解
SAVE                                                   !保存数据库
FINISH                                                 !退出求解器
/POST1                                                 !进入通用后处理器
/VIEW, 1, 1, 1, 1                                      !改变视点
PLDISP, 2                                              !显示变形云图
PLNSOL, S, EQV, 0, 1                                   !显示 Von Mises 应力云图
NWPAVE, 159                                            !偏移工作平面原点到节点 159
/TYPE, 1, SECT                                         !设置图形类型
/CPLANE, 1                                             !设置工作平面为剪切面
/REPLOT                                                !重画图形，作切片图
FINISH                                                 !退出通用后处理器
```

实例 E16-10 用实体单元计算转轴的应力

1）问题描述

轴的结构、尺寸和轴上零件的安装方式如图 16-60 所示，传递转矩为 T=260N·m，齿轮上径向力和切向力的合力为 F=30 000N，带轮上压轴力为 5000N，计算其应力分布情况。

（a）轴和轴上零件   （b）轴的尺寸

图 16-60 轴的结构

2）问题分析

该轴既承受弯矩又传递转矩，由于用有限元方法分析轴在弯矩和转矩作用下的应力、变形时施加的约束是不同的，所以需要用两个载荷步分别对弯矩和转矩的作用进行分析，然后用载荷工况进行叠加。

转矩在两个键槽间的轴段间传递，但为简化分析，在安装带轮轴段圆柱面上施加切向力以

模拟转矩 T，在轴的另一侧即右侧端面施加全约束，以模拟扭转。这样，在轴的危险截面处作用的转矩仍然是 T，且危险截面远离端部，所以对计算的影响很小。

因为轴承允许轴的轴线发生偏转，其作用相当于铰支座，受弯矩作用的轴可以简化为简支梁。如果忽略剪力的影响，弯曲时轴的横截面绕中性轴作刚性转动。根据此特性，可以在轴的实体单元模型上施加铰支座约束。施加铰支座约束的步骤：

（1）创建一个类型为圆柱坐标系的局部坐标系，其旋转轴与铰支座的轴线一致。
（2）选择铰支座所在截面上的节点，将其节点坐标系旋转到局部坐标系。
（3）在选择的节点上施加径向约束。

3）命令流

```
/CLEAR                                      !清除数据库，新建分析
/PREP7                                      !进入前处理器
ET, 1, SOLID186                             !选择单元类型
MP, EX, 1, 2E11 $ MP, PRXY, 1, 0.3          !创建材料模型
K,1 $ K,2,0,0.0375 $ K,3,0.1,0.0375 $ K,4,0.1,0.044 $ K,5,0.2,0.044!创建关键点
K,6,0.2,0.0475 $ K,7,0.332,0.0475 $ K,8,0.332,0.056
K,9,0.428, 0.056 $ K,10,0.428,0.065 $ K,11,0.452,0.065
K,12,0.452,0.055 $ K,13,0.492,0.055 $ K,14,0.492,0.0475
K,15,0.556,0.0475 $ K,16,0.556
A,1,2,3,4,5,6,7, 8,9, 10,11,12,13,14,15,16  !由关键点创建面
VROTAT, 1, , , , , , 1, 16 $ CM,VVV1,VOLU   !面旋转挤出形成回转体，创建体的组件
WPOFF,,,0.0375                              !偏移工作平面
CYL4, 0.015, 0,0.01, , , -0.0075            !创建圆柱体
BLOCK,0.015,0.085,-0.01,0.01,-0.0075,0      !创建六面体
CYL4, 0.085, 0,0.01, , , -0.0075            !创建圆柱体
VSBV,VVV1,ALL $ CM,VVV1,VOLU                !对体作减运算，形成键槽
WPOFF,0.332,,0.0185
CYL4, 0.019, 0,0.016, , , -0.011
BLOCK,0.019,0.077,-0.016,0.016,-0.011,0
CYL4, 0.077, 0,0.016, , , -0.011
VSBV,VVV1,ALL                               !形成另一键槽
ESIZE,0.01 $ SMRTSIZE,2 $ MSHKEY, 0 $ MSHAPE,1   !尺寸控制，自由网格，四面体形状
VMESH,ALL                                   !对体划分单元
WPCSYS,-1,0                                 !工作平面对齐到全局直角坐标系
WPROT,,,90 $ CSWPLA,11,1,1,1                !旋转工作平面，创建并激活局部坐标系
NSEL,S,LOC,X,0.0375 $ NSEL,R,LOC,Z,0,0.1    !选择安装带轮轴段圆柱面上的节点
*GET, NNN, NODE, 0, COUNT                   !查询节点数量，赋给变量 NNN
NROTAT,ALL                                  !旋转所选节点的节点坐标系到活跃坐标系
F,ALL,FY,-260/0.0375/NNN $ D,ALL,UX         !施加切向力模拟转矩，施加径向约束
WPCSYS,-1,0 $ WPOFF,0.232 $ WPROT,,-90 $ CSWPLA,12,1,1,1
                                            !选择左侧支点截面上节点，并旋转节点坐标系
NSEL,S,LOC,Y,90 $ NSEL,A,LOC,Y,270 $ CM,NNN1,NODE
NROTAT,ALL
WPCSYS,-1,0 $ WPOFF,0.524 $ WPROT,,-90 $ CSWPLA,13,1,1,1
```

```
                                            !选择右侧支点截面上节点,并旋转节点坐标系
NSEL,S,LOC,Y,90 $ NSEL,A,LOC,Y,270 $ CM,NNN2,NODE
NROTAT,ALL
FINI                                        !退出前处理器
/SOLU                                       !进入求解器
CSYS,0 $ ASEL,S,LOC,X, 0.556 $ DA,ALL,ALL $ ALLS   !在轴的右端面施加全约束
SOLVE                                       !求解扭转载荷步
LSCLEAR,ALL                                 !清除第一个载荷步施加的所有载荷和约束
CMSEL,S,NNN1 $ CMSEL,A,NNN2 $ D,ALL,UX $ D,ALL,UZ   !在两支点施加径向约束
ALLS                                        !选择所有
SFA,41,,PRES,30000/0.112/0.096 $ SFA,57,,PRES,30000/0.112/0.096!施加齿轮力
SFA,35,,PRES,5000/0.1/0.075 $ SFA,51,,PRES,5000/0.1/0.075!施加带轮上压轴力
SOLVE                                       !求解弯曲载荷步
FINI                                        !退出求解器
/POST1                                      !进入通用后处理器
LCDEF, 1, 1 $ LCDEF, 2, 2                   !用载荷步1、2创建载荷工况1、2
LCASE, 1                                    !读载荷工况1到内存
LCOPER, ADD, 2                              !将载荷工况2与内存数据(载荷工况1)求和
PLDISP                                      !显示变形
FINISH                                      !退出通用后处理器
```

实例 E16-11 在连杆上施加轴承载荷

1)轴承载荷

两零件用销轴及孔形成铰接时,零件孔要承受轴承载荷。轴承载荷属于表面分布载荷,施加在孔的圆柱表面压缩侧上,方向沿表面法线方向,大小与压力作用处在轴承载荷合力垂直平面上的投影面积成正比。

2)操作步骤

(1)定义局部坐标系。选择菜单 Utility Menu→WorkPlane→Local Coordinate Systems→Create Local CS→At WP Origin,弹出如图 16-61 所示的对话框,在"KCN"文本框中输入 11,选择"KCS"为"Cylindrical 1",单击"OK"按钮,即创建一个代号为 11、类型为圆柱坐标系的局部坐标系,并激活使之成为当前坐标系。

图 16-61 创建局部坐标系对话框

(2)用函数编辑器定义表面载荷的分布函数。选择菜单 Utility Menu→Parameters→Functions→Define/Edit,按图 16-62 (a) 所示步骤设置和定义函数,按图 16-62 (b) 所示步骤

(a)   (b)

图 16-62 定义函数

将函数用文件名 BearingLoad.func 保存于工作目录下。其中，分布函数计算式为：

$$p(\varphi) = \frac{2F}{\pi rL}\cos\varphi$$

式中，p 为压力，F 为轴承载荷合力，r 为内孔半径，L 为孔的长度，φ 为位置角。在本例中：

$$p(\varphi) = \frac{2\times 1000}{3.1415926\times 0.02\times 0.01}\cos\varphi = 3.183\times 10^6 \cos\varphi$$

（3）将函数读入表格型数组。选择菜单 Utility Menu→Parameters→Functions→Read From File，在图 16-63（a）所示对话框中选择函数文件 BearingLoad.func，在图 16-63（b）所示对话框中输入表格型数组名称为 P。

(a)   (b)

图 16-63 读入函数

（4）在分析过程中进行函数加载——命令流。

```
A=0.2 $ R=0.02 $ T=0.01 $ F=1000          !尺寸和载荷
/PREP7                                     !进入前处理器
ET, 1, PLANE183 $ ET,2,SOLID186            !选择单元类型
MP, EX, 1, 2E11 $ MP, PRXY, 1, 0.3         !定义材料模型
K,1 $ K,2,A                                !创建关键点
CIRCLE,1,R,,,180 $ CIRCLE,1,R*2,,,180      !创建圆弧线
CIRCLE,2,R,,,180 $ CIRCLE,2,R*2.5,,,180
L2ANG,4,8                                  !作圆弧的公切线
L,8,5 $ L,3,11 $L,9,12                     !创建直线
LDELE,3,4 $ LDELE,10                       !删除多余的线
AL,ALL                                     !由线创建面
ESIZE,0.005 $ AMESH,1                      !对面划分单元
EXTOPT,ESIZE,2                             !设置挤出段数
EXTOPT,ACLEAR,1                            !设置挤出后清除面单元
VEXT,1,,,,,T                               !挤出形成体，根据对称性创建二分之一模型
CSWPLA,11,1,1,1                            !创建并激活局部坐标系
NSEL,S,LOC,X,R                             !选择左侧内孔表面节点
NROTAT,ALL                                 !旋转节点坐标系到活跃坐标系
D,ALL,UX,,,,,UZ                            !施加径向和轴向约束
KWPAVE, 2                                  !偏移工作平面原点到关键点2
CSWPLA,11,1,1,1                            !创建并激活局部坐标系
NSEL,S,LOC,X,R $ NSEL,R,LOC,Y,0,90         !选择右侧内孔压缩侧表面节点
NROTAT,ALL                                 !旋转节点坐标系到活跃坐标系
FINI                                       !退出前处理器
/SOLU                                      !进入求解器
ASEL,S,LOC,Y $ ASEL,A,LOC,Y,180            !选择对称面上各面
DA,ALL,UY                                  !施加面垂直方向约束
SFA,11,,PRES,%P%                           !施加压力载荷
ALLS                                       !选择所有实体
SFTRAN                                     !转换实体模型载荷为有限元模型载荷
/PSF,PRES,NORM,2 $ EPLOT                   !用箭头显示压力，显示单元
SOLVE                                      !求解
FINI                                       !退出求解器
/POST1                                     !进入通用后处理器
PLNSOL, U,SUM                              !显示位移云图
/EXPAND,2,RECT,HALF,,0.00001 $ /REPLOT     !扩展显示模型及结果
FINI                                       !退出求解器
```

第 17 章 ANSYS 结构动力学分析

17.1 概　　述

结构动力学用于计算结构振动问题及动态响应问题，即在动载荷下结构的应力、应变、变形分析。求解结构动力学问题需要求解结构的动力学方程

$$M\ddot{\delta} + C\dot{\delta} + K\delta = R(t) \tag{17-1}$$

式中，K、C、M 分别为结构的总体刚度矩阵、总体阻尼矩阵和总体质量矩阵，δ 为结构节点位移列阵，R 为结构节点载荷列阵。

当外力为零且不考虑阻尼时，可以得到无阻尼自由振动方程

$$M\ddot{\delta} + K\delta = 0 \tag{17-2}$$

由式（17-1）可知，在不同类型载荷作用下的结构响应是不同的，相应的 ANSYS 结构动力学分析类型有模态分析、谐响应分析、瞬态动力学分析和谱分析。模态分析用于计算线性结构的固有频率和振型等自由振动特性，也是其他分析类型的基础。谐响应分析用于分析线性结构承受随时间按正弦规律变化的载荷作用时的稳态响应。瞬态动力学分析用于分析结构承受随时间按任意规律变化的载荷作用时的动力响应。而谱分析是将模态分析的结果和已知谱结合，以确定结构的动力响应，如地震、风载等不确定载荷或随时间变化载荷的响应分析。

17.2 模 态 分 析

17.2.1 模态分析的求解方法

结构自由振动时，各节点作简谐运动，设结构节点位移列阵为

$$\delta = \varphi \sin \omega t \tag{17-3}$$

式中，ω 为自由振动的圆频率；φ 为节点振幅向量，即振型。将式（17-3）代入自由振动方程（17-2），得齐次方程

$$(K-\omega^2 M)\varphi = 0 \quad 或 \quad K\varphi = \lambda M\varphi \tag{17-4}$$

显然自由振动节点振幅不能全为零，即方程存在非零解，因此有行列式

$$\left| K - \omega^2 M \right| = 0 \tag{17-5}$$

欲求满足方程（17-4）的 ω^2 和 φ，这是典型的广义特征值问题。式中，令 $\lambda = \omega^2$，称之为矩阵 K 的特征值；向量 φ 也称特征向量。

显然，结构的自由度越高，方程（17-5）的阶次就越高，求解的运算量也就越大。但实际中有研究价值的往往是低阶频率及振型。

模态分析的过程又称模态提取。ANSYS 模态提取方法有：块兰索斯法（Block Lanczos）、

预条件兰索斯法（PCG Lanczos）、子空间法（Subspace）、超节点法（Supernode）、非对称矩阵法（Unsymmetric）、阻尼法（Damped）、QR 阻尼法（Damped System）。其中，非对称矩阵法用于求解非对称矩阵问题，如流固耦合问题。阻尼法和 QR 阻尼法用于阻尼不能忽视的场合，如轴承的问题，QR 阻尼法更快、效率更高。超节点法适用于一次性求解高达 10 000 阶的模态，也可用于模态叠加法或 PSD 分析的模态提取，以获得结构的高频响应。当阶次超过 200 时，超节点法比块兰索斯法快得多。块兰索斯法是默认的提取方法，用于大型对称特征值问题的求解，使用稀疏矩阵直接求解器。预条件兰索斯法适用于自由度超过 500 000 的大型对称特征值问题，用于处理共轭梯度（PCG）求解器迭代求解。子空间法也是用于大型对称特征值问题的求解，使用稀疏矩阵直接求解器。

用得比较多的方法是块兰索斯法、预条件兰索斯法和子空间法，这三种方法都是将大型矩阵的广义特征值问题转化为中小型矩阵的标准特征值问题，计算量较小。

17.2.2 模态分析步骤

模态分析包括建模、施加载荷和求解、扩展模态和查看结果四个步骤。

1）建模

模态分析的建模过程与其他分析相似，包括定义单元类型、定义单元实常数、定义材料模型、建立几何模型和划分网格等。模态分析中必须指定弹性模量 EX（或某种形式的刚度）和密度 DENS（或某种形式的质量）。

但需注意的是，模态分析是线性分析，非线性特性将被忽略掉。如果指定了非线性单元，它们将被当作线性的。例如，分析中包含了接触单元，则系统取其初始状态的刚度值并且不再改变。材料性质可以是线性的、各向同性的或正交各向异性的、恒定的或与温度相关的。

2）施加载荷和求解

该步骤包括指定分析类型、指定分析选项、施加约束、设置载荷选项，并进行固有频率的求解等。

在一般的模态分析（预应力效应除外）中，唯一有效的载荷是零位移约束。即使施加了非零位移约束，软件也会用零位移约束代替。在未施加位移约束的方向上，则会计算出零频率的刚体位移模态或非零频率的自由体模态。即使施加了外力，对模态分析也不会产生影响。

需要指定的选项有模态提取方法选项 MODOPT、扩展模态选项 MXPAND、集中质量矩阵选项 LUMPM、预应力选项 PSTRES。

3）扩展模态

如果要在 POST1 中观察结果，则必须先扩展模态，即将振型写入结果文件。过程包括重新进入求解器、激活扩展处理及其选项、指定载荷步选项、扩展处理等。

扩展模态可以在独立步骤单独进行，也可以在施加载荷和求解阶段同时进行。

4）查看结果

包括频率、振型、应力分布等模态分析的结果写入结果文件 Jobname.RST 中，可用 SET, LIST 列表固有频率。而查看某个频率下的结果时，必须用 SET 命令将结果读入内存。查看结果的方法与静力学分析基本相同。振型、应力、应变等结果只是相对值，而非绝对值。

17.2.3 模态分析选项

1）指定分析类型

菜单：Main Menu→Solution→Analysis Type→New Analysis

命令：ANTYPE, Antype, Status, LDSTEP, SUBSTEP, Action

命令说明：Antype 指定分析类型，默认为先前指定；若没有指定，则为静态分析。Antype=STATIC 或 0 时，为静态分析，适用于所有自由度。Antype=BUCKLE 或 1 时，为屈曲分析，使用预先进行的静态分析施加预应力效果，屈曲分析只用于结构自由度。Antype=MODAL 或 2 时，为模态分析，适用于结构和流体自由度。Antype=HARMIC 或 3 时，为谐波分析，适用于结构、流体、磁、电自由度。Antype=TRANS 或 4 时，为瞬态分析，适用于所有自由度。Antype=SUBSTR 或 7 时，为子结构分析，适用于所有自由度。Antype=SPECTR 或 8 时，为谱分析，需预先进行模态分析，谱分析只用于结构自由度。

Status 指定分析状态。Status=NEW（默认）时，为新分析。Status=RESTART 时，为重启动先前的分析，适用于静态、模态和瞬态（全积分或模式叠加法）分析。

LDSTEP、SUBSTEP、Action 等参数只在 Status=RESTART 时使用。

2）模态提取方法选项

菜单：Main Menu→Solution→Analysis Type→Analysis Options

命令：MODOPT, Method, NMODE, FREQB, FREQE, Cpxmod, Nrmkey, ModType, BlockSize, --, --, Scalekey

命令说明：Method 指定模态提取方法。Method= LANB 时，为块兰索斯法。Method= LANPCG 时，为预条件兰索斯法。Method= SNODE 时，为超节点法。Method= SUBSP 时，为子空间法。Method= UNSYM 时，为非对称矩阵法。Method= DAMP 时，为阻尼法。Method= QRDAMP 时，为 QR 阻尼法。Method= VT 时，为可变技术。

NMODE 为要提取的模态数。NMODE 大小与 Method 有关，其没有默认值，必须指定。如果 Method = LANB、LANPCG 或 SNODE 时，能提取的模态数等于结构施加所有约束后的自由度数。建议：当 Method= LANPCG 时，NMODE 应小于 100；当 Method=SNODE 时，对于 2-D PLANE 或 3-D SHELL/BEAM 单元，NMODE 应大于 100，对于 3-D SOLID 单元，NMODE 应大于 250。

FREQB 指定感兴趣频率范围的开始频率（或低端频率）。当 Method = LANB、SUBSP、UNSYM、DAMP 或 QRDAMP 时，FREQB 也代表特征值迭代过程中的第一个频移点。如果 Method = UNSYM 或 DAMP、FREQB 为零或空时，FREQB 默认为-1；其他方法时，FREQB 默认值由软件内部计算。提取接近频移点的特征值是最准确的，LANB、SUBSP、UNSYM 和 QRDAMP 方法在内部使用多个频移点。对于 LANB、LANPCG、SUBSP、UNSYM、DAMP 和 QRDAMP 方法，如果 FREQB 指定一个正值，则从该点开始计算和输出特征值。对于 UNSYM 和 DAMP 方法，如果指定一个负值，则从零开始计算和输出特征值。

FREQE 为结束频率或高端频率。除 SNODE 外的其他提取方法，默认为计算所有频率，而不管其最大值。SNODE 方法的默认值为 100Hz，为了提高计算效率，不能将 FREQE 设置得过高。

参数 Cpxmod 只在 QRDAMP 方法时有效。当 Cpxmod=ON 时，计算复合特征形状。当 Cpxmod=OFF（默认）时，不计算复合特征形状，如果模态分析后进行模态叠加这是必需的。

Nrmkey=OFF（默认）时，将振型对质量矩阵作归一化处理，如果模态分析后进行谱分析或模态叠加，则应选择 Nrmkey=OFF。Nrmkey=ON 时，对单位矩阵作归一化处理。

ModType 指定模态类型，只用于非对称特征值求解。

BlockSize 指定块兰索斯或子空间法使用的块向量的大小。

Scalekey 为声-结构耦合分析时的矩阵缩放键。

3）扩展模态选项

菜单：Main Menu→Solution→Analysis Type→Analysis Options

命令：MXPAND, NMODE, FREQB, FREQE, Elcalc, SIGNIF, MSUPkey, ModeSelMethod

命令说明：NMODE 为扩展和写入结果文件的模态数目或数组名。如果为空或 ALL，指定频率范围内所有模态被扩展。NMODE=-1 时，不扩展且不写模态到结果文件。

FREQB、FREQE 指定扩展模态的频率范围。如果 FREQB 和 FREQE 都是空，则默认为提取模态的整个频率范围。

Elcalc=NO（默认）时，不计算单元结果、支反力和能量。Elcalc=YES 时，计算。

SIGNIF 为阈值，只扩展重要性水平超过 SIGNIF 的模态，仅当 ModeSelMethod 为默认时适用。

MSUPkey=NO 时，不写单元结果到模态文件 Jobname.MODE。MSUPkey=YES 时，写单元结果到模态文件，为后续 PSD、瞬态或谐波分析使用。

ModeSelMethod 指定模态选择方法。

4）集中质量矩阵选项

菜单：Main Menu→Solution→Analysis Type→Analysis Options

命令：LUMPM, Key

命令说明：Key=OFF（默认）时，使用一致质量矩阵；Key=ON 时，使用集中质量矩阵。

5）预应力选项 PSTRES

菜单：Main Menu→Solution→Analysis Type→Analysis Options

命令：PSTRES, Key

命令说明：Key=OFF（默认）时，不计算（或包括）预应力效应。Key=ON 时，计算（或包括）预应力效应。

实例 E17-1　模态分析实例——均匀直杆的固有频率分析

1）问题描述及解析解

如图 17-1 所示为一根长度为 L 的等截面直杆，一端固定，另一端自由。已知杆材料的弹性模量 $E=2\times10^{11}\text{N/m}^2$，密度 $\rho=7850\text{kg/m}^3$，杆长 $L=0.1\text{m}$，要求计算直杆纵向振动的固有频率。

根据振动学理论，假设直杆均匀伸缩，则等截面直杆纵向振动第 i 阶固有频率为

$$\omega_i = \frac{(2i-1)\pi}{2L}\sqrt{\frac{E}{\rho}} \quad (\text{rad/s})(i=1,2,\cdots) \qquad (17\text{-}6)$$

图 17-1　均匀直杆

将角频率 ω_i 转化为频率 f_i，并将已知参数代入，可得

$$f_i = \frac{\omega_i}{2\pi} = \frac{2i-1}{4L}\sqrt{\frac{E}{\rho}} = \frac{2i-1}{4\times 0.1}\sqrt{\frac{2\times 10^{11}}{7850}} = 12619(2i-1) \text{ Hz} \tag{17-7}$$

由此计算出直杆的前 5 阶频率，如表 17-1 所示。

表 17-1 均匀直杆的固有频率

阶 次	1	2	3	4	5
频率（Hz）	12619	37857	63094	88332	113570

2）GUI 分析步骤

（1）改变任务名。选择菜单 Utility Menu→File→Change Jobname，弹出如图 17-2 所示的对话框，在"[/FILNAM]"文本框中输入 E17-1，单击"OK"按钮。

（2）选择单元类型。选择菜单 Main Menu→Preprocessor→Element Type→Add/Edit/Delete，弹出如图 17-3 所示的对话框，单击"Add"按钮，弹出如图 17-4 所示的对话框，在左侧列表中选"Solid"，在右侧列表中选"20node 186"，单击"OK"按钮，再单击图 17-3 所示对话框中的"Close"按钮。

图 17-2 改变任务名对话框　　　　　　　　图 17-3 单元类型对话框

图 17-4 单元类型库对话框

（3）定义材料模型。选择菜单 Main Menu→Preprocessor→Material Props→Material Models，弹出如图 17-5 所示的对话框，在右侧列表中依次选择"Structural""Linear""Elastic""Isotropic"，弹出如图 17-6 所示的对话框，在"EX"文本框中输入 2E11（弹性模量），在"PRXY"文本框中输入 0.3（泊松比），单击"OK"按钮；再选择右侧列表中

"Structural"下的"Density",弹出如图 17-7 所示的对话框,在"DENS"文本框中输入 7850(密度),单击"OK"按钮,然后关闭如图 17-5 所示的对话框。

图 17-5 材料模型对话框

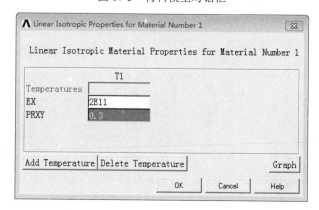

图 17-6 材料特性对话框

(4)创建六面体。选择菜单 Main Menu→Preprocessor→Modeling→Create→Volumes→Block→By Dimension,弹出如图 17-8 所示的对话框,在"X1,X2"文本框中分别输入 0, 0.01,在"Y1,Y2"文本框中分别输入 0, 0.01,在"Z1,Z2"文本框中分别输入 0, 0.1,单击"OK"按钮。

图 17-7 定义密度对话框

图 17-8 创建六面体对话框

(5)改变观察方向。选择菜单 Utility Menu→PlotCtrls→Pan Zoom Rotate,在弹出的对话框中依次单击"Iso""Fit"按钮,或者单击图形窗口右侧显示控制工具条上的按钮。

(6)划分单元。选择菜单 Main Menu→Preprocessor→Meshing→MeshTool,弹出如图 17-9

所示的对话框，单击"Size Controls"区域中"Lines"后的"Set"按钮，弹出选择窗口，任意选择块 x 轴和 y 轴方向的边各一条（短边），单击"OK"按钮，弹出如图 17-10 所示的对话框，在"NDIV"文本框中输入 3，单击"Apply"按钮；再次弹出选择窗口，选择块 z 轴方向的边（长边），单击"OK"按钮，在"NDIV"文本框中输入 15，单击"OK"按钮。

图 17-9　划分单元工具对话框

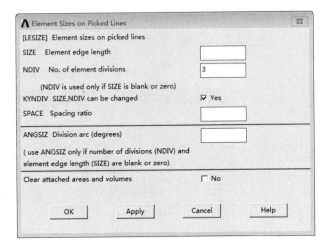

图 17-10　单元尺寸对话框

在如图 17-9 所示对话框的"Mesh"区域中，选择单元形状为"Hex"（六面体），选择划分单元的方法为"Mapped"（映射），单击"Mesh"按钮，弹出选择窗口，选择块，单击"OK"按钮。

（7）施加约束。选择菜单 Main Menu→Solution→Define Loads→Apply→Structural→Displacement→On Areas，弹出选择窗口，选择 $z=0$ 的平面，单击"OK"按钮，弹出如图 17-11 所示的对话框，在列表中选择"UZ"，单击"Apply"按钮；再次弹出选择窗口，选择 $y=0$ 的平面，单击"OK"按钮，弹出如图 17-11 所示的对话框，在列表中选择"UY"，单击"Apply"按钮；再次弹出选择窗口，选择 $x=0$ 的平面，单击"OK"按钮，弹出如图 17-11 所示的对话框，在列表中选择"UX"，单击"OK"按钮。所加约束与图 17-1 不同，主要是为了与解析解所做的轴向振动假设一致。约束施加得正确与否，对结构模态分析的影响十分显著，因此对于该问题应十分注意，保证对模型施加的约束与实际情况尽量符合。

（8）指定分析类型。选择菜单 Main Menu→Solution→Analysis Type→New Analysis，弹出如图 17-12 所示的对话框，选择"Type of Analysis"为"Modal"，单击"OK"按钮。

（9）指定分析选项。选择菜单 Main Menu→Solution→Analysis Type→Analysis Options，弹出如图 17-13 所示的对话框，在"No. of modes to extract"文本框中输入提取频率数 5，单击"OK"按钮，弹出"Block Lanczos Method"对话框，单击"OK"按钮。

（10）指定要扩展的模态数。选择菜单 Main Menu→Solution→Load Step Opts→Expansionpass→Single Expand→Expand modes，弹出如图 17-14 所示的对话框，在"NMODE"文本框中输入 5，单击"OK"按钮。

图 17-11 在面上施加约束对话框

图 17-12 指定分析类型对话框

图 17-13 模态分析选项对话框

图 17-14 扩展模态对话框

（11）求解。选择菜单 Main Menu→Solution→Solve→Current LS，单击"Solve Current Load Step"对话框中的"OK"按钮，出现"Solution is done!"提示时，求解结束，即可查看结果。

（12）列表固有频率。选择菜单 Main Menu→General Postproc→Results Summary，弹出如图 17-15 所示的窗口，列表中显示了模型的前 5 阶频率，与表 17-1 对照，可以看出结果虽然存在一定的误差，但与解析解是基本符合的。查看完毕后，关闭该窗口。

（13）从结果文件读结果。选择菜单 Main Menu→General Postproc→Read Results→First Set。

（14）改变观察方向，以利于更好地观察模型的模态。选择菜单 Utility Menu→PlotCtrls→Pan Zoom Rotate，在弹出的对话框中，单击"Left"按钮，或单击图形窗口右侧显示控制工具条上的 按钮。

（15）用动画观察模型的一阶模态。选择菜单 Utility Menu→PlotCtrls→Animate→Mode Shape，弹出如图 17-16 所示的对话框，单击"OK"按钮，观察完毕，单击"Animation Controller"对话框中的"Close"按钮。

（16）观察其余各阶模态。选择菜单 Main Menu→General Postproc→Read Results→Next Set，依次将其余各阶模态的结果读入，然后重复步骤（15）。

观察完模型的各阶模态后，请读者自行分析频率结果产生误差的原因，并改进以上分析过程。

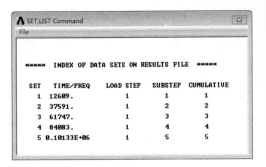

图 17-15 结果摘要　　　　　　　　　图 17-16 模态动画对话框

3）命令流

命令	注释
/CLEAR	!清除数据库，新建分析
/FILNAME, E17-1	!定义任务名
/PREP7	!进入前处理器
ET, 1, SOLID186	!选择单元类型
MP, EX, 1, 2E11 $ MP, PRXY, 1, 0.3 $ MP, DENS, 1, 7850	!定义材料模型
BLOCK, 0, 0.01, 0, 0.01, 0, 0.1	!创建六面体
LESIZE, 1,,,3 $ LESIZE, 2,,,3 $ LESIZE, 9,,,15	!指定直线划分单元段数
MSHAPE, 0	!指定单元形状为六面体
MSHKEY, 1	!指定映射网格
VMESH, 1	!对六面体划分单元
FINISH	!退出前处理器
/SOLU	!进入求解器
ANTYPE, MODAL	!指定分析类型为模态分析
MODOPT, LANB, 5	!指定分析选项，提取模态数为 5
MXPAND, 5	!扩展模态数为 5
DA, 1, UZ $ DA, 3, UY $ DA, 5, UX	!在面上施加位移约束
SOLVE	!求解
SAVE	!保存数据库
FINISH	!退出求解器
/POST1	!进入通用后处理器
SET, LIST	!列表固有频率
SET, FIRST	!读第一阶模态的结果
/VIEW, 1, -1	!改变观察方向
/REPLOT	!重画图形
PLDI	!显示位移
ANMODE, 10, 0.5,,0	!动画振型
SET, NEXT	!读下一阶模态的结果
PLDI	
ANMODE, 10, 0.5,,0	
FINISH	!退出通用后处理器

实例 E17-2 模态分析实例——斜齿圆柱齿轮的固有频率分析

1) 问题描述及解析解

图 17-17 所示为一标准渐开线斜齿圆柱齿轮。已知：齿轮的模数 m_n=2mm，齿数 z=24，螺旋角 β=10°，其他尺寸如图所示，建立其几何模型并分析其固有频率。

图 17-17 斜齿圆柱齿轮

2) 命令流

```
/CLEAR                                      !清除数据库，新建分析
/FILNAME, E17-2                             !定义任务名
/PREP7                                      !进入前处理器
ET, 1, SOLID185                             !选择单元类型
MP, EX, 1, 2E11 $ MP, PRXY, 1, 0.3 $ MP, DENS, 1, 7800   !定义材料模型
K, 1, 21.87E-3 $ K, 2, 22.82E-3, 1.13E-3 $ K, 3, 24.02E-3, 1.47E-3   !创建关键点
K, 4, 24.62E-3, 1.73E-3 $ K, 5, 25.22E-3, 2.08E-3 $ K, 6, 25.82E-3, 2.4E-3
K, 7, 26.92E-3, 3.23E-3 $ K, 8, 27.11E-3
BSPLIN, 2, 3, 4, 5, 6, 7                    !用样条曲线创建齿廓曲线
LSYMM, Y, 1                                 !镜像齿廓曲线
LARC, 2, 9, 1 $ LARC, 7, 10, 8              !创建圆弧
AL, ALL                                     !由线创建面
CSYS, 1                                     !切换活跃坐标系为全球圆柱坐标系
VEXT, 1,,,0, 8.412, 0.02                    !面挤出形成体(齿槽)
VGEN, 24, 1,,,0, 360/24                     !复制体
CSYS, 0                                     !切换活跃坐标系为全球直角坐标系
CYL4, 0, 0, 0.01, 0, 0.02637, 360, 0.02     !创建圆柱体
BLOCK, -0.003, 0.003, 0, 0.0128, 0, 0.02    !创建块
VSBV, 25, ALL                               !布尔减运算
SMRTSIZE, 9                                 !设置智能单元尺寸级别
ESIZE, 0.002                                !设置总体单元尺寸
MSHAPE, 1                                   !指定单元形状为四面体
MSHKEY, 0                                   !指定自由网格
VMESH, ALL                                  !对体划分单元
```

CSYS, 1	!切换活跃坐标系为全球圆柱坐标系
NSEL, S, LOC, X, 0.01	!选择 r=0.01(内孔表面)的节点
NROTAT, ALL	!将所选择节点的节点坐标系旋转到全球圆柱坐标系
D, ALL, UX	!在选择的节点上施加径向约束
ALLSEL, ALL	!选择所有
FINISH	!退出前处理器
/SOLU	!进入求解器
ANTYPE, MODAL	!指定分析类型为模态分析
MODOPT, LANB, 5	!指定分析选项,提取模态数为 5
MXPAND, 5	!扩展模态数为 5
DA, 208, UX	!在键槽侧面上施加垂直方向位移约束
NSEL, S, LOC, Z, 0	!选择 z=0 的节点
NSEL, A, LOC, Z, 0.02	!选择 z=0.02 的节点,并添加到节点选择集中
NSEL, R, LOC, X, 0, 0.015	!选择 z=0 或 z=0.02、0≤r≤0.015 的节点
D, ALL, UZ	!在选择的节点上施加位移约束
ALLSEL, ALL	!选择所有
SOLVE	!求解
FINISH	!退出求解器
/POST1	!进入通用后处理器
SET, LIST	!列表固有频率
FINISH	!退出通用后处理器

实例 E17-3 有预应力模态分析实例——弦的横向振动

1)有预应力模态分析步骤

有预应力模态分析用于计算有预应力结构的固有频率和振型,如对高速旋转锯片的分析。除了首先要进行静力学分析,把预应力施加到结构上外,有预应力模态分析的过程与普通的模态分析基本一致。

(1)建模并进行静力学分析。进行静力学分析时,预应力效果选项必须打开(PSTRES, ON),关于集中质量的设置(LUMPM)必须与随后进行的有预应力模态分析一致。静力学分析过程与普通的静力学分析完全一致。

(2)重新进入求解器,进行模态分析。同样,预应力效果选项也必须打开(PSTRES, ON)。另外,静力学分析中生成的文件 Jobname.EMAT 和 Jobname.ESAV 必须都存在。

(3)扩展模态后在后处理器中查看它们。

图 17-18 张紧的琴弦示意图

2)问题描述及解析解

图 17-18 所示为一根被张紧的琴弦,已知琴弦的横截面面积 $A=10^{-6}m^2$,长度 $L=1m$,琴弦材料密度 $\rho=7800kg/m^3$,张紧力 $T=2000N$,计算其固有频率。

根据振动学理论,琴弦的固有频率计算过程如下:

琴弦单位长度的质量为

$$\gamma = \rho A = 7800 \times 10^{-6} = 7.8 \times 10^{-3} \, kg/m$$

波速为

$$a = \sqrt{\frac{T}{\gamma}} = \sqrt{\frac{2000}{7.8 \times 10^{-3}}} = 506.4 \text{ m/s}$$

琴弦的第 i 阶固有频率为

$$f_i = \frac{ia}{2L} = \frac{i \times 506.4}{2 \times 1} = 253.2i \text{ Hz} \quad (i=1, 2, \cdots) \tag{17-8}$$

按式（17-8）计算出琴弦的前 10 阶频率，如表 17-2 所示。

表 17-2 琴弦的固有频率

阶 次	1	2	3	4	5	6	7	8	9	10
频率（Hz）	253.2	506.4	759.6	1012.8	1266.0	1519.2	1772.4	2025.6	2278.8	2532.0

3）命令流

```
/CLEAR                                          !清除数据库，新建分析
/FILNAME, E17-3                                 !定义任务名
/PREP7                                          !进入前处理器
ET, 1, LINK180                                  !选择单元类型
MP, EX, 1, 2E11 $ MP, PRXY, 1, 0.3 $ MP, DENS, 1, 7800
                                                !定义材料模型
R, 1, 1E-6                                      !定义实常数，横截面面积
K, 1, 0, 0, 0 $ K, 2, 1, 0, 0                   !创建关键点
LSTR, 1, 2                                      !创建直线
LESIZE, 1,,,50                                  !指定直线划分单元段数为 50
LMESH, 1                                        !对直线划分单元
FINISH                                          !退出前处理器
/SOLU                                           !进入求解器，进行静力分析
DK, 1, ALL $ DK, 2, UY $ DK, 2, UZ              !在关键点上施加位移约束
FK, 2, FX, 2000                                 !在关键点上施加集中力载荷
PSTRES, ON                                      !打开预应力效果
SOLVE                                           !求解
SAVE                                            !保存数据库
FINISH                                          !退出求解器
/SOLU                                           !进入求解器，进行模态分析
ANTYPE, MODAL                                   !指定分析类型为模态分析
MODOPT, LANB, 20                                !指定分析选项，提取模态数为 20
MXPAND, 20                                      !扩展模态数为 20
DK, 2, UX                                       !在关键点上施加位移约束
PSTRES, ON                                      !打开预应力效果
SOLVE                                           !求解
FINISH                                          !退出求解器
/POST1                                          !进入通用后处理器
SET, LIST                                       !列表固有频率
SET, FIRST                                      !读第一阶频率的结果
PLDI                                            !显示位移
ANMODE, 10, 0.5,,0                              !动画振型
```

```
SET, NEXT                                    !读下一阶频率的结果
PLDI
ANMODE, 10, 0.5,,0
FINISH                                       !退出通用后处理器
```

实例 E17-4　循环对称结构模态分析实例——转子的固有频率分析

1）循环对称性

对于直齿轮、涡轮、叶轮等具有循环对称性的结构，可以通过仅分析结构的一个扇区来计算整个结构的固有频率和振型，这样可以极大地节省计算容量，提高计算效率。

要掌握 ANSYS 循环对称结构模态分析，必须先了解一些基本概念。

（1）基本扇区

基本扇区是整个结构沿圆周的任意重复部分，整个结构可看作由基本扇区沿圆周重复若干次得到。

（2）节径

节径指的是结构的振型中贯穿整个结构的零位移线，如图 17-19 所示。

图 17-19　节径

（3）谐波指数

谐波指数等于振型中的节径数目，循环对称结构模态分析按谐波指数确定载荷步。

2）循环对称结构模态分析的步骤

（1）建立基本扇区的几何模型。

（2）指定对称循环分析。

即用 CYCLIC 命令初始化对称循环分析并生成相应数据，该命令可以自动检测得到对称循环的各种信息，如边缘组成、对称循环次数、扇区角度等。

（3）划分单元。

（4）施加约束，求解。

在该步骤中，需要对分析类型、模态分析选项、扩展模态选项、对称循环选项进行设置，施加位移约束，进行求解。

（5）查看结果。为了查看整个结构的结果，需要先执行/CYCEXPAND 命令，将基本扇区扩展成一个 360°的模型。

用 SET,LIST 命令列表结果摘要时，默认是按照谐波指数的增加排列的，而相对应的固有频率却不是按大小顺序排列的。要按频率大小排列，需指定 SET 命令的 ORDER 参数为 ORDER。

3）问题描述

形状对称循环的刚性转子尺寸如图 17-20 所示，已知其内孔全约束，现对其进行模态分析。

图 17-20 转子

4）命令流

```
/CLEAR                                              !清除数据库，新建分析
/FILNAME, E17-4                                     !定义任务名
/PREP7                                              !进入前处理器
ET, 1, SHELL181                                     !选择单元类型
SECTYPE,1,SHELL $ SECDATA,0.005                     !定义截面，壳厚度
MP, EX, 1, 2E11 $ MP, PRXY, 1, 0.3 $ MP, DENS, 1, 7800   !定义材料模型
CYL4,0,0,0.2,-18,0.05,18 $ CYL4,0.09,0,0.01         !创建圆形面
CYL4,0.14266,0.04635,0.02 $ CYL4,0.14266,-0.04635,0.02
ASBA,1,ALL                                          !布尔减运算，形成基本扇区
CYCLIC                                              !指定对称循环分析
SMRTSIZE,4                                          !智能尺寸级别
ESIZE,0.005                                         !指定全局单元边长度
MSHAPE,0                                            !指定单元形状为四边形
MSHKEY,0                                            !指定自由网格
AMESH,ALL                                           !对面划分单元
/CYCEXPAND,,ON                                      !打开循环对称分析扩展选项
FINI                                                !退出前处理器
/SOLU                                               !进入求解器
ANTYPE, MODAL                                       !指定分析类型为模态分析
MODOPT, LANB, 5                                     !指定分析选项，提取模态数为5
MXPAND, 5                                           !扩展模态数为5
DL,3,,ALL                                           !在线上施加位移约束
SOLVE                                               !求解
FINI                                                !退出求解器
/POST1                                              !进入通用后处理器
SET,LIST,,,,,,,ORDE                                 !列表固有频率
SET,,,,,,,6                                         !从结果文件读结果
PLNSOL,U,SUM                                        !显示变形
FINI                                                !退出通用后处理器
```

17.3 谐响应分析

17.3.1 谐响应分析概述

谐响应分析主要用于确定线性结构承受随时间按正弦规律变化载荷时的稳态响应。通过谐

响应分析，可以得到结构的响应频率曲线及峰值响应，对结构的动力特性做出评估，以克服共振、疲劳及其他受迫振动引起的不良影响。

谐响应分析是线性分析，会忽略包括接触、塑性等所有非线性特性。不考虑瞬态效应，可以包括预应力效应。另外，还要求所有载荷必须具有相同的频率。

谐响应分析求解方法有完全法（Full）和模态叠加法（Mode Superposition）。

1）完全法

完全法是最简单有效的方法，但花费的计算成本也较高，其优点是：

（1）不必关心如何选取振型。

（2）它采用完整的系数矩阵计算谐响应，不涉及质量矩阵的近似。

（3）系数矩阵可以是对称的，也可以是非对称的。非对称系数矩阵的典型应用是声学和轴承问题。

（4）用单一的过程计算出所有的位移和应力。

（5）可施加所有类型的载荷，包括节点力、强迫非零位移和单元载荷（压力和温度）等。

（6）能有效地使用实体模型载荷。

其缺点是用稀疏矩阵直接求解器求解时计算成本较高，但用 JCG 求解器、ICCG 求解器求解某些 3D 问题时效率很高。

2）模态叠加法

模态叠加法通过对模态分析得到的振型乘以因子并求和来计算结构的响应，其优点是：

（1）对于许多问题，比完全法更快、计算成本更低。

（2）在预先进行的模态分析中施加的单元载荷，可用 LVSCALE 命令用在谐响应分析中。

（3）可以使解按固有频率聚集，以得到更光滑、更精确的响应曲线。

（4）可以考虑预应力效果。

（5）允许考虑模态阻尼。

缺点是不能施加非零位移。

17.3.2 谐响应分析步骤

1. 完全法

完全法谐响应分析包括建模、施加载荷和求解、查看结果这三个步骤。

1）建模

完全法谐响应分析的建模过程与其他分析相似，包括定义单元类型、定义单元实常数、定义材料模型、建立几何模型和划分网格等。但需注意的是：谐响应分析是线性分析，非线性特性将被忽略；必须定义材料的弹性模量和密度，或某种形式的刚度或质量。材料性质可以是线性的、各向同性的或正交各向异性的、恒定的或与温度相关的。

2）施加载荷和求解

在该步骤中，需要指定分析类型和选项、施加载荷、指定载荷步选项，并进行求解。

分析选项包括：分析类型选项、求解方法选项、解格式选项、质量矩阵选项、求解器选项。

根据谐响应分析的定义，施加的所有载荷都随时间按正弦规律变化。指定一个完整的正弦载荷需要确定三个参数：幅值（Amplitude）、相位角（Phase Angle）、载荷频率范围（Forcing

Frequency Range），或者实部、虚部和载荷频率范围。

幅值是载荷的最大值。

相位角是载荷领先或滞后参考时间的量度，在如图 17-21 所示的复平面上，相位角是以实轴为起始的角度。当存在多个有相位差的载荷时，必须指定相位角。相位角不能直接定义，而是由加载命令的 VALUE 和 VALUE2 参数指定载荷的实部和虚部。载荷的实部、虚部与幅值、相位角的关系见图 17-21。

图 17-21 简谐载荷

为得到响应曲线，需要指定载荷的频率范围。所有载荷的频率必须相同。

载荷类型包括位移约束、集中载荷、压力、温度体载荷和惯性载荷。可以在关键点、线、面、体等实体模型上施加载荷，也可以在节点、单元等有限元模型上施加载荷。施加载荷命令相关内容见第 13 章。

载荷步选项包括：普通选项有谐响应解的数目、是斜坡载荷还是阶跃载荷，动力学选项有强迫振动频率范围、阻尼，输出选项有打印输出选项、数据库和结果文件输出选项、结果外推选项。

3）查看结果

分析计算得到的所有结果也都是按正弦规律变化的。可以用 POST1 或 POST26 查看结果，POST1 用于查看在特定频率下整个模型的结果，POST26 查看模型特定点在整个频率范围内的结果。通常的处理顺序是首先用 POST26 找到临界频率，然后用 POST1 在临界频率处查看整个模型。

POST26 用结果-频率对应关系表即变量来查看结果，1 号变量被软件内定为频率。先定义变量，然后可以绘制变量-频率曲线，或者列表变量-频率，列表变量的极限值。

在 POST1 中，先用 SET 命令读某一频率的结果到内存，然后进行结果的查看。

2．模态叠加法

模态叠加法谐响应分析包括建模、获得模态解、用模态叠加法进行谐响应分析、扩展解、查看结果这五个步骤，其中建模和查看结果过程与完全法相同，下面介绍其他步骤。

1）获得模态解

分析过程与普通的模态分析基本相同，要注意的是：

（1）可以使用的模态提取方法有块兰索斯法、预条件兰索斯法、子空间法、超节点法、非对称矩阵法、QR 阻尼法。

（2）确保提取出对谐响应有贡献的所有模态。

（3）使用 QR 阻尼法时，必须在模态分析中指定阻尼，在谐响应分析中定义附加阻尼。

（4）如果需要施加简谐单元载荷（如压力、温度或加速度等），则必须在模态分析中施加。这些载荷在模态分析时会被忽略，但会计算相应的载荷向量并保存到振型文件中，以便在模态叠加时使用。

（5）在模态分析和谐响应分析中不能改变模型。

2）用模态叠加法进行谐响应分析

进行模态叠加需要满足以下条件：

（1）模态文件 Jobname.MODE 必须可用。

（2）如果加速度载荷 ACEL 存在于模态叠加分析中，则 Jobname.FULL 文件必须是可用的。

（3）数据库中必须包括与模态分析相同的模型。

（4）如果在模态分析中创建了载荷向量并把单元结果写到了 Jobname.MODE 文件，则单元模态载荷文件 Jobname.MLV 必须是可用的。

具体分析步骤如下：

（1）再次进入求解器。

（2）定义分析类型和分析选项。与完全法的不同点是：要选择模态提取方法为模态叠加法。指定叠加的模态数，为提高解的精度，模态数应超过强迫载荷频率范围的 50%。添加在模态分析计算出的残差矢量，可以包含更高频率模态的贡献。将解按结构的固有频率进行聚集，以得到更光滑、更精确的响应曲线。

（3）施加载荷。与完全法的不同点是：只有集中力、加速度及在模态分析中产生的载荷向量是有效的。

（4）指定载荷步选项。需要指定频率范围和解的数量。必须指定某种形式的阻尼，否则共振频率的响应将是无穷大。

（5）求解。

（6）退出求解器。

3）扩展解

扩展解是根据谐响应分析计算位移、应力和力的解，该计算只在指定的频率和相位角上进行，所以扩展前应查看谐响应分析的结果，以确定临界频率和相位角。

因为谐响应分析的位移解可用于后处理，所以只需要位移解时不需要扩展解，而需要应力、力的解时扩展是必需的。

扩展解时谐响应分析的 RFRQ、DB 文件及模态分析的 MODE、EMAT、LMODE、ESAV、MLV 文件必须可用。数据库中必须包含与谐响应分析相同的模型。

扩展模态的过程是：

（1）重新进入求解器。

（2）激活扩展过程及选项，包括扩展过程开关选项、扩展解数量选项等。

（3）指定载荷步选项，可用的是输出控制选项。

（4）求解扩展过程。

（5）重复第（2）步到第（4）步，对其他解进行扩展。每个扩展过程在结果文件中都单独保存为一个载荷步。

（6）退出求解器。

17.3.3 谐响应分析操作

用 ANTYPE 命令指定分析类型，参见模态分析。

1)选择求解方法

菜单：Main Menu→Solution→Analysis Type→Analysis Options

命令：HROPT, Method, MAXMODE, MINMODE, MCout, Damp

命令说明：Method 指定求解方法。Method= AUTO（默认）时，由软件自动选择最有效的方法。Method= FULL 时，为完全法。Method= MSUP 时，为模态叠加法。Method=VT 时，为基于完全法的变技术方法。

MAXMODE 和 MINMODE 分别指定模态叠加法计算响应的最大模态和最小模态。MAXMODE 的默认值为模态分析计算出的最高模态，MINMODE 的默认值为 1。

MCout 指定是否输出模态坐标。

Damp 为模态阻尼，只在 Method=VT 时有效。

2)指定频率范围

菜单：Main Menu→Solution→Load Step Opts→Time/Frequenc→Freq and Substeps

命令：HARFRQ, FREQB, FREQE, --, LogOpt

命令说明：FREQB 和 FREQE 分别指定频率范围的下限和上限。如果 FREQE 为空，则只计算频率 FREQB。

LogOpt 指定对数频率范围。

3)指定解的数量

菜单：Main Menu→Solution→Load Step Opts→Time/Frequenc→Freq and Substeps

命令：NSUBST, NSBSTP, NSBMX, NSBMN, Carry

命令说明：NSBSTP 指定解的数量。

解平均分布在 HARFRQ 命令指定频率范围内。例如，HARFRQ 命令定义的频率范围是 30～40Hz，由 NSBSTP 参数指定解的数量为 10，则计算频率为 31Hz、32Hz、33Hz、…、40Hz 时结构的响应，而不计算频率范围下限的结果。

4)阻尼

必须指定某种形式的阻尼，否则对共振频率的响应将是无穷大。

质量阻尼系数用 ALPHAD 命令输入，刚度阻尼系数用 BETAD 命令输入，常数结构阻尼系数用 DMPSTR 命令输入，材料的质量阻尼系数用 MP,ALPD 命令输入，材料的刚度阻尼系数用 MP,BETD 命令输入，材料的常数结构阻尼系数用 MP,DMPR 命令输入，材料的结构阻尼系数用 TB,SDAMP 命令输入，黏弹性阻尼用 TB,PRONY 命令输入。

5)输出控制选项

用命令 OUTRES 控制写入数据库和结果文件的结果数据，用 OUTPR 命令控制写入输出文件的结果数据。命令的使用参见 13.1 节。

6)施加载荷

可施加的载荷类型有位移约束、集中力、压力、温度体载荷，可以在实体模型上施加，也可以在有限元模型上施加。施加载荷命令参见 13.2～13.5 节，一般用命令的 VALUE 参数输入实部，用 VALUE2 参数输入虚部。

实例 E17-5 完全法分析实例——单自由度系统的受迫振动

1)问题描述及解析解

单自由度系统如图 17-22 所示，质量 m=1kg，弹簧刚度 k=10 000N/m，阻尼系数 c=63N·s/m，

作用在系统上的激振力 $f(t)=F_0\sin\omega t$，$F_0=2000\text{N}$，ω 为激振频率。

图 17-22 单自由度系统

根据振动学理论，系统的固有频率为

$$f_n = \frac{1}{2\pi}\sqrt{\frac{k}{m}} = \frac{1}{2\pi}\sqrt{\frac{10000}{1}} = 15.9\,\text{Hz}$$

受迫振动规律为

$$x(t) = \frac{F_0}{k\sqrt{(1-\lambda^2)^2 + (2\zeta\lambda)^2}}\sin(\omega t - \varphi) \tag{17-9}$$

式中，λ——频率比，$\lambda = \dfrac{\omega}{\omega_n}$；

ω_n——系统的固有角频率，$\omega_n = \sqrt{\dfrac{k}{m}} = \sqrt{\dfrac{10000}{1}} = 100\,\text{rad/s}$；

ζ——阻尼比，$\zeta = \dfrac{c}{2\sqrt{mk}} = \dfrac{63}{2\sqrt{1\times 10000}} = 0.315$；

φ——振动响应与激振力的相位差，$\varphi = \arctan\dfrac{2\zeta\lambda}{1-\lambda^2}$。

共振频率为

$$f_r = f_n\sqrt{1-2\zeta^2} = 15.9\sqrt{1-2\times 0.315^2} = 14.2\,\text{Hz}$$

共振幅值为

$$B_r = \frac{F_0}{c\omega_n} = \frac{2000}{63\times 100} = 0.317\,\text{m}$$

2）GUI 分析步骤

（1）改变任务名。选择菜单 Utility Menu→File→Change Jobname，弹出如图 17-23 所示的对话框，在"[/FILNAM]"文本框中输入 E17-5，单击"OK"按钮。

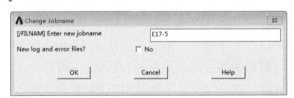

图 17-23 改变任务名对话框

（2）选择单元类型。选择菜单 Main Menu→Preprocessor→Element Type→Add/Edit/Delete，弹出如图 17-24 所示的对话框，单击"Add"按钮；弹出如图 17-25 所示的对话框，在左侧列表中选"Structural Mass"，在右侧列表中选"3D mass 21"，单击"Apply"按钮；再次弹出如图 17-25 所示的对话框，在左侧列表中选"Combination"，在右侧列表中选"Spring-damper 14"，单击"OK"按钮；单击如图 17-24 所示对话框中的"Close"按钮。

（3）定义实常数。选择菜单 Main Menu→Preprocessor→Real Constants→Add/Edit/Delete，弹出如图 17-26 所示的对话框，单击"Add"按钮，弹出如图 17-27 所示的对话框，在列表中选择"Type 1 MASS21"，单击"OK"按钮，弹出如图 17-28 所示的对话框，在"MASSX"文本框中输入 1，单击"OK"按钮；返回如图 17-26 所示的对话框，单击"Add"按钮，再次弹出如图 17-27 所示的对话框，在列表中选择"Type 2 COMBIN14"，单击"OK"按钮，弹出如图 17-29 所示的对话框,在"K"文本框中输入 10000,在"CV1"文本框中输入 63,单击"OK"按钮;返回如图 17-26 所示的对话框,单击"Close"按钮。于是,定义了 MASS21 单元的质量为 1kg,COMBIN14 单元的刚度和阻尼系数分别为 10000N/m 和 63N·s/m。

图 17-24　单元类型对话框　　　　　　图 17-25　单元类型库对话框

图 17-26　实常数对话框　　　　　　图 17-27　选择单元类型对话框

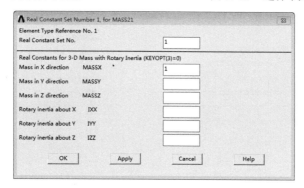

图 17-28　设置实常数对话框 1

（4）创建节点。选择菜单 Main Menu→Preprocessor→Modeling→Create→Nodes→In Active CS,弹出如图 17-30 所示的对话框,在"NODE"文本框中输入 1,在"X, Y, Z"文本框中分别输入 0, 0, 0,单击"Apply"按钮;在"NODE"文本框中输入 2,在"X, Y, Z"文本框中分别

输入1, 0, 0，单击"OK"按钮。

图17-29 设置实常数对话框2　　　　　　图17-30 创建节点的对话框

（5）设置要创建单元的属性。选择菜单 Main Menu→Preprocessor→Modeling→Create→Elements→Elem Attributes，弹出如图17-31所示的对话框，选择"TYPE"为2 COMBIN14，选择"REAL"为2，单击"OK"按钮。

（6）创建弹簧阻尼单元。选择菜单 Main Menu→Preprocessor→Modeling→Create→Elements→Auto Numbered→Thru Nodes，弹出选择窗口，选择节点1和2，单击"OK"按钮。

（7）设置要创建单元的属性。选择菜单 Main Menu→Preprocessor→Modeling→Create→Elements→Elem Attributes，弹出如图17-31所示的对话框，选择"TYPE"为1 MASS21，选择"REAL"为1，单击"OK"按钮。

（8）创建质量单元。选择菜单 Main Menu→Preprocessor→Modeling→Create→Elements→Auto Numbered→Thru Nodes，弹出选择窗口，选择节点2，单击"OK"按钮。

（9）显示节点和单元编号。选择菜单 Utility Menu→PlotCtrls→Numbering，弹出如图17-32所示的对话框，将"Node numbers"（节点号）打开，选择"Elem/Attrib numbering"为Element numbers（显示单元号），单击"OK"按钮。

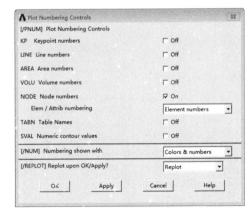

图17-31 单元属性对话框　　　　　　图17-32 图号控制对话框

（10）施加约束。选择菜单 Main Menu→Solution→Define Loads→Apply→Structural→Displacement→On Nodes，弹出选择窗口，选择节点1，单击"OK"按钮，弹出如图17-33所示的对话框，在"Lab2"列表中选择"All DOF"，单击"OK"按钮；再次执行命令，弹出选择

窗口，选择节点 2，单击"OK"按钮，再次弹出如图 17-33 所示的对话框，在"Lab2"列表中选择"UY""UZ""ROTX""ROTY""ROTZ"，单击"OK"按钮。

（11）指定分析类型。选择菜单 Main Menu→Solution→Analysis Type→New Analysis。弹出如图 17-34 所示的对话框，选择"Type of analysis"为"Harmonic"，单击"OK"按钮。

图 17-33　在节点上施加约束对话框　　　　图 17-34　指定分析类型对话框

（12）指定激振频率范围和解的数目。选择菜单 Main Menu→Solution→Load Step Opts→Time/Frequenc→Freq and Substeps，弹出如图 17-35 所示的对话框，在"HARFRQ"文本框中输入 0 和 50（在 ANSYS 中，频率单位为 Hz），在"[NSUBST]"文本框中输入 25，选择"[KBC]"为"Stepped"，单击"OK"按钮。

（13）施加载荷。选择菜单 Main Menu→Solution→Define Loads→Apply→Structural→Force/Moment→On Nodes，弹出选择窗口，选择节点 2，单击"OK"按钮，弹出如图 17-36 所示的对话框，选择"Lab"为"FX"，在"VALUE"文本框中输入 2000，单击"OK"按钮。

图 17-35　指定频率范围对话框　　　　图 17-36　施加载荷对话框

（14）求解。选择菜单 Main Menu→Solution→Solve→Current LS，单击"Solve Current Load Step"对话框中的"OK"按钮。出现"Solution is done!"提示时，求解结束，从下一步开始，进行结果的查看。

（15）定义变量。选择菜单 Main Menu→TimeHist Postpro→Define Variables，弹出如图 17-37 所示的对话框，单击"Add"按钮，弹出如图 17-38 所示的对话框，选择"Type of variable"为"Nodal DOF result"，单击"OK"按钮，弹出选择窗口，选择节点 2，单击"OK"按钮，弹出如图 17-39 所示的对话框，在"Name"文本框中输入 Dispx，单击"OK"按钮，返回如图 17-37 所示的对话框，单击"Close"按钮。

图 17-37　定义变量对话框

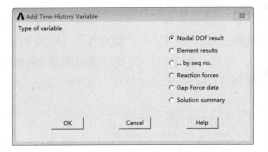

图 17-38　变量类型对话框

（16）用曲线图显示变量的幅值。选择菜单 Main Menu→TimeHist Postpro→Graph Variables，弹出如图 17-40 所示的对话框，在"NVAR1"文本框中输入 2，单击"OK"按钮。于是得到系统振动幅值与频率的关系曲线，如图 17-41 所示。与解析解对比，可见分析结果是相当准确的。

图 17-39　定义数据类型对话框

图 17-40　选择显示变量对话框

（17）选择曲线图显示相位角。选择菜单 Main Menu→TimeHist Postpro→Settings→Graph。弹出如图 17-42 所示的对话框，选择"[PLCPLX]"为"Phase angle"，单击"OK"按钮。

图 17-41　幅频响应曲线

图 17-42　设置曲线图对话框

（18）用曲线图显示变量的相位角。重复步骤（16），于是得到振动响应与激振力的相位差与频率的关系曲线，如图 17-43 所示。

图 17-43　相频响应曲线

3）命令流

/CLEAR	!清除数据库，新建分析
/FILNAME, E17-5	!定义任务名
/PREP7	!进入前处理器
ET, 1, MASS21 $ ET, 2, COMBIN14	!选择单元类型
R, 1, 1 $ R, 2, 10000, 63	!定义实常数
N, 1, 0, 0, 0 $ N, 2, 1, 0, 0	!创建节点
TYPE, 2 $ REAL, 2	!指定单元属性
E, 1, 2	!创建单元
TYPE, 1 $ REAL, 1	
E, 2	
FINISH	!退出前处理器
/SOLU	!进入求解器
ANTYPE, HARMIC	!指定分析类型为谐响应分析
D, 1, ALL $ D, 2, UY,,,,, UZ ,ROTX, ROTY ,ROTZ	!在节点上施加位移约束
HARFRQ, 0, 50	!指定频率范围
NSUBST, 25	!指定解的数目
KBC, 1	!指定阶跃载荷
F, 2, FX, 2000	!在节点上施加集中力载荷
SOLVE	!求解
SAVE	!保存数据库
FINISH	!退出求解器
/POST26	!进入时间历程后处理器
NSOL, 2, 2, U, X, DispX	!定义变量
PLVAR, 2	!用曲线图显示变量 2
PLCPLX, 1	!设置用曲线图显示变量的相位角
PLVAR, 2	
FINISH	!退出时间历程后处理器

实例 E17-6　模态叠加法分析实例——悬臂梁的受迫振动

/CLEAR	!清除数据库，新建分析
/FILNAME, E17-6	!定义任务名
!创建模型	
/PREP7	!进入前处理器
ET,1,SOLID186	!选择单元类型
MP,EX,1,2E11 $ MP,PRXY,1,0.3 $ MP,DENS,1,7800	!创建材料模型
DMPRAT,0.01	!设置常量模态阻尼比
/VIEW,1,1,1,1	!改变观察方向
BLOCK,0,0.005,0,0.005,0,0.06	!创建六面体
ESIZE,0.002 $ VMESH,1	!划分单元
FINISH	!退出前处理器
!模态分析	
/SOLU	!进入求解器
ANTYPE,MODAL	!指定分析类型为模态分析
MODOPT,LANB,2	!提取模态方法为 BLOCK LANCZOS 法，提取二阶模态
MXPAND,2,,,YES	!扩展二阶模态，计算单元结果
DA,1,ALL	!施加约束
SAVE	!保存数据库
SOLVE	!求解模态分析
FINISH	!退出求解器
!模态叠加法谐响应分析	
/SOLU	!重新进入求解器
ANTYPE,HARMIC	!谐响应分析
HROPT,MSUP	!模态叠加法
HROUT,OFF	!指定输出幅值和相位角
LSEL,S,,,7 $ NSLL,S,1	!选择悬臂端处线 7 上所有节点
F,ALL,FY,10	!施加集中力载荷
ALLS	!选择所有
HARFRQ,1000,1200	!频率范围
NSUBST,50	!解的数目
KBC,1	!阶跃载荷
SAVE	!保存数据库
SOLVE	!求解谐响应分析
FINISH	!退出求解器
!查看结果，确定临界频率	
/POST26	!进入时间历程后处理器
FILE,,RFRQ	!读入文件
NSOL, 2, 41, U, Y, DISPY	!定义变量，存储悬臂端位移
PLVAR, 2	!用曲线图显示变量 2
FINISH	!退出时间历程后处理器
!扩展模态	
/SOLU	!再次进入求解器

第 17 章 ANSYS 结构动力学分析

```
EXPASS,ON                          !扩展模态
EXPSOL,,,1136 $ HREXP,-94          !扩展计算的频率和相位角
SOLVE                              !求解扩展模态
FINISH                             !退出求解器
!查看结果
/POST1                             !进入通用后处理器
SET,,,,,1136                       !读结果到数据库
PLDISP,2                           !显示变形
PLNSOL,S,X                         !显示应力云图
FINISH                             !退出通用后处理器
```

17.4 瞬态动力学分析

瞬态动力学分析又称时间历程分析，主要用于确定结构承受随时间按任意规律变化的载荷时的响应。它可以确定结构在静载荷、瞬态载荷和正弦载荷的任意组合作用下随时间变化的位移、应力和应变。载荷与时间的相关性使得质量和阻尼效应对分析十分重要。

17.4.1 瞬态动力学分析方法

瞬态动力学分析也采用完全法（Full）和模态叠加法（Mode Superposition）两种方法。

1）完全法

完全法采用完整的系统矩阵计算瞬态响应，是普遍使用的方法，它允许包括塑性、大变形、大应变、接触等所有类型的非线性。完全法计算成本较高，如果分析中没有包含任何非线性，应该优先考虑使用模态叠加法。

完全法的优点是：

（1）容易使用，而不必考虑选择模态。

（2）允许所有类型的非线性。

（3）采用完整矩阵，不用考虑质量矩阵的近似。

（4）一次计算得到所有的位移和应力。

（5）允许施加所有类型的载荷，包括节点力、非零位移、压力和温度。允许用 TABLE 数组施加位移边界条件。

（6）可以使用实体模型载荷。

完全法的缺点是计算成本较高。

2）模态叠加法

模态叠加法将模态分析得到的振型乘以参与因子并求和来计算结构的响应。

模态叠加法的优点是：

（1）在很多问题上比完全法更快、计算成本更低。

（2）在预先进行的模态分析中施加的单元载荷可以通过 LVSCALE 命令应用到瞬态动力学分析。

（3）可以使用模态阻尼。

模态叠加法的缺点是：

（1）在整个瞬态分析过程中，时间步长必须保持恒定，自动时间步是不允许的。

（2）唯一允许的非线性是简单的点-点接触。

（3）不允许非零位移。

17.4.2　完全法瞬态动力学分析步骤

与其他分析类型一样，完全法瞬态动力学分析也包括建模、施加载荷和求解、查看结果等几个步骤。

1）建模

建模过程与其他分析相似，要注意的是：

（1）可以使用线性和非线性单元。

（2）必须指定材料的弹性模量和密度。材料特性可以是线性的或非线性的、各向同性的或各向异性的、恒定的或随温度变化的。

（3）可以使用单元阻尼、材料阻尼和比例阻尼系数。

确定单元密度时应该注意的是：

（1）网格应精细到能够求解感兴趣的最高阶振型。

（2）要观察应力、应变区域的网格应该比只观察位移区域精细一些。

（3）如果要包括非线性，网格应足够能捕获到非线性效果。

（4）如果考虑应力波的传播，网格要精细到可以计算出波效应。一般原则是沿波传播方向在每个波长上有20个单元。

2）施加载荷和求解

该步骤包括指定分析类型、设置求解控制选项、设置初始条件、设置其他选项、施加载荷、保存载荷步、求解等。

（1）用/SOLU命令进入求解器。

（2）用ANTYPE命令指定分析类型为TRANS（瞬态分析）。

（3）用TRNOPT命令指定分析方法为FULL（完全法）。

（4）施加初始条件。

瞬态动力学可以施加随时间按任意规律变化的载荷。要指定这些载荷，需要把载荷对时间的关系曲线划分成适当的载荷步。在载荷-时间曲线上，每个拐角都应作为一个载荷步，如图17-44（a）所示。

图17-44　载荷-时间曲线

如图 17-44（b）所示，施加瞬态载荷的第一个载荷步通常是建立初始条件，即零时刻的初始位移和初始速度。如果没有设置，两者都将被设为 0。

施加初始条件的方法有使用 IC 命令或从静载荷步开始两种。

然后指定后续的载荷步和载荷步选项，即指定每一个载荷步的时间值、载荷值、是阶跃载荷还是坡度载荷以及其他载荷步选项。最后，将每一个载荷步写入文件并一次性求解所有载荷步。

（5）设置求解选项。

求解选项包括基本选项、瞬态选项、其余选项。基本选项包括大变形效应选项、自动时间步长选项、积分时间步长选项、数据库输出控制选项。瞬态选项包括时间积分效应选项、载荷变化选项、质量阻尼选项、刚度阻尼选项、时间积分方法选项、积分参数选项。其余选项包括求解运算选项、非线性选项、高级非线性选项等类型。

（6）施加载荷。

载荷类型和施加载荷命令参见第 13 章。

（7）保存当前载荷步设置到载荷步文件。

（8）重复步骤（5）～（7），为每一个载荷步设置求解选项、施加载荷、保存载荷步文件等。

（9）从载荷步文件求解。

也可以按 13.9 节介绍的其他方法进行求解。

3）查看结果

与谐响应分析类似。具体命令参见 14.3 节。

17.4.3 模态叠加法瞬态动力学分析步骤

模态叠加法瞬态动力学分析包括建模、获得模态解、获取模态叠加瞬态解、扩展模态叠加解、查看结果等几个步骤。其中建模、查看结果与完全法瞬态动力学分析相同，获得模态解与模态叠加法谐响应分析相同。下面简单介绍其余步骤。

1）获取模态叠加瞬态解

进行模态叠加需要满足以下条件：

（1）模态文件 Jobname.MODE 必须可用。

（2）如果加速度载荷（ACEL）存在于模式叠加分析中，则 Jobname.FULL 文件必须是可用的。

（3）数据库中必须包括与模态分析相同的模型。

（4）如果在模态分析中创建了载荷向量并把单元结果写到了 Jobname.MODE 文件，则单元模态载荷文件 Jobname.MLV 必须是可用的。

具体分析步骤如下所述。

（1）再次进入求解器。

（2）定义分析类型和分析选项。与完全法的不同点是：

① 模态叠加法瞬态动力学分析不能使用完整的求解控制对话框，但必须使用求解命令的标准设置。

② 可以重启动。

③ 用 TRNOPT 命令指定求解方法为模态叠加法。用 TRNOPT 命令指定叠加的模态数，为

提高解的精度，应至少包括对动态响应有影响的所有模态。如果希望得到较高阶频率的响应，则应指定较高阶模态。默认时，采用模态分析时计算出的所有模态。

④ 非线性选项不可用。

（3）限定间隙条件。

（4）施加载荷。

限定的条件有：

① 只有用 F 命令施加的集中力、用 ACEL 命令施加的加速度载荷是可用的。

② 可用 LVSCALE 命令施加在模态分析中创建载荷向量，以便在模型上施加压力、温度等单元载荷。

通常需要指定多个荷载步施加瞬态分析载荷，第一个载荷步用于建立初始条件。

（5）建立初始条件。

在模态叠加法瞬态分析中，第一次求解结束时时间为 0。建立的初始条件和时间步长针对整个瞬态分析。一般来说，适用于第一个载荷步唯一的载荷是初始节点力。

（6）指定载荷和载荷步选项。

通用选项包括时间选项（TIME）、阶跃载荷还是斜坡载荷选项（KBC），输出控制选项包括打印输出选项（OUTPR）、数据库和结果文件输出选项（OUTRES）。

（7）用 LSWRITE 命令将每一个载荷步都写到载荷步文件。

（8）用 LSSOLVE 命令求解。

（9）退出求解器。

2）扩展模态叠加解

扩展解是根据瞬态分析计算位移、应力和力的解，该计算只在指定时间点上进行，所以扩展前应查看瞬态分析的结果，以确定扩展的时间点。

因为瞬态分析的位移解可用于后处理，所以只需要位移解时不需要扩展解。而需要应力、力的解时，扩展是必需的。

扩展解时，瞬态分析的 RDSP、DB 文件及模态分析的 MODE、EMAT、ESAV、MLV 文件必须可用。该数据库必须包含与模态分析相同的模型。

扩展模态的步骤如下：

（1）重新进入求解器。

（2）激活扩展过程及选项。包括扩展过程开关选项、扩展解数量选项等。

（3）指定载荷步选项。可用的是输出控制选项。

（4）求解扩展过程。

（5）重复步骤（2）～（4），对其他解进行扩展。每个扩展过程在结果文件中都单独保存为一个载荷步。

（6）退出求解器。

17.4.4　瞬态动力学分析操作

1．施加初始条件

1）用 IC 命令施加非零初始位移、速度

菜单：Main Menu→Solution→Define Loads→Apply→Initial Condit'n→Define

命令:IC, NODE, Lab, VALUE, VALUE2, NEND, NINC

命令说明:NODE 指定施加初始条件的节点,可以为 ALL 或组件名称。

Lab 为自由度标签。结构分析可用的有 UX,UY,UZ(位移或线速度)、ROTX,ROTY,ROTZ(转角或角速度)、HDSP(静水压力)。Lab=ALL 时,使用所有可用标签。

VALUE 为一阶自由度的初始值,结构分析为位移和转角,结构分析时默认值为 0。该值位于节点坐标系下,转角单位为弧度。

VALUE2 为二阶自由度的初始值,用于指定结构的初始速度或角速度,结构分析时默认值为 0。该值位于节点坐标系下,角速度单位为弧度/时间。

NEND、NINC 与 NODE 参数一起定义施加初始条件的节点编号范围。NEND 默认为 NODE,NINC 默认为 1。

IC 命令用于静态分析和完全法瞬态分析。在瞬态分析中,初始值指定为第一个载荷步开始时即 $t=0$ 时的值。初始条件总是阶跃载荷(KBC,1)。求解后,该初始条件将被求解结果覆盖而不可用。

2)用静载荷步施加零初始位移和非零初始速度

```
!载荷步 1—静态分析
TIMINT,OFF                    !关闭时间积分效应
D,ALL,UY,0.001                !施加小的位移
TIME,0.004                    !设置小的时间间隔,y 方向初始速度= 0.001/0.004 = 0.25
LSWRITE,1                     !写载荷步文件 1
!载荷步 2—瞬态分析
DDEL,ALL,UY                   !删除载荷步 1 施加的位移载荷
TIMINT,ON                     !打开时间积分效应
……
```

3)用静载荷步施加非零初始位移和非零初始速度

```
!载荷步 1—静态分析
TIMINT,OFF                    !关闭时间积分效应
D,ALL,UY,1                    !施加初始位移 UY=1
TIME,0.4                      !设置时间间隔,y 方向初始速度= 1/0.4 = 2.5
LSWRITE,1                     !写载荷步文件 1
!载荷步 2—瞬态分析
DDEL,ALL,UY                   !删除载荷步 1 施加的位移载荷
TIMINT,ON                     !打开时间积分效应
……
```

4)用静载荷步施加非零初始位移和零初始速度

```
!载荷步 1—静态分析
TIMINT,OFF                    !关闭时间积分效应
D,ALL,UY,1                    !施加初始位移 UY=1
TIME,0.001                    !设置小的时间间隔
NSUBST,2                      !两个子步
KBC,1                         !阶跃载荷。若用 1 个子步或斜坡载荷,则初始速度非零
LSWRITE,1                     !写载荷步文件 1
!载荷步 2—瞬态分析
```

```
TIMINT,ON                              !打开时间积分效应
TIME,                                  !设置瞬态分析的时间间隔
DDEL,ALL,UY                            !删除载荷步 1 施加的位移载荷
KBC,0                                  !斜坡载荷
……
5）施加非零初始加速度
!载荷步 1
ACEL,,9.8                              !施加初始加速度
TIME,0.001                             !设置小的时间间隔
NSUBST,2                               !两个子步
KBC,1                                  !阶跃载荷
LSWRITE,1                              !写载荷步文件 1
!载荷步 2—瞬态分析
TIME,                                  !设置瞬态分析的时间间隔
DDEL,                                  !删除载荷步 1 施加的位移载荷
KBC,0                                  !斜坡载荷
……
```

2．设置选项

1）大变形效应选项

菜单：Main Menu→Solution→Analysis Type→Analysis Options

　　　Main Menu→Solution→Analysis Type→Sol'n Controls→Basic

命令：NLGEOM, Key

命令说明：Key=OFF（默认），忽略大变形效应，即小变形分析。Key=ON，包括大变形效应。

大变形效应包括大挠度、大转动、大应变等效应，与单元类型有关。当包括大变形效应（NLGEOM,ON）时，应力刚化效应也自动包括。在求解器中使用时，该命令必须在第一个载荷步。

2）自动时间步长选项

菜单：Main Menu→Solution→Analysis Type→Sol'n Controls→Basic

　　　Main Menu→Solution→Load Step Opts→Time/Frequenc→Time-Time Step

　　　Main Menu→Solution→Load Step Opts→Time/Frequenc→Time and Substeps

命令：AUTOTS, Key

命令说明：Key=OFF，不使用自动时间步长。Key=ON，使用自动时间步长。Key=AUTO，由软件指定，建议采用此选项。

当 Key=ON 时，如果 DTIME（由 DELTIM 命令指定）小于时间跨度或 NSBSTP（由 NSUBST 命令指定）大于 1，则时间步长预测和对分技术被采用。

对于大多数问题，建议用户打开自动时间步长，并用 DELTIM 和 NSUBST 命令指定积分时间步长的上限和下限。

3）积分时间步长选项

DELTIM 命令可以直接指定积分时间步长，NSUBST 命令指定子步数间接指定积分时间步长。积分时间步长的确定原则参见 17.4.5 节。

菜单：Main Menu→Solution→Analysis Type→Sol'n Controls→Basic

　　　Main Menu→Solution→Load Step Opts→Time/Frequenc→Time-Time Step

命令：DELTIM, DTIME, DTMIN, DTMAX, Carry

命令说明：DTIME 为当前载荷步的时间步长，如果自动时间步长正在使用，DTIME 是开始的时间步长。DTMIN 和 DTMAX 分别为自动时间步长使用时的最小和最大时间步长。Carry=OFF 时，用 DTIME 作为每个载荷步的开始时间步长；Carry=ON 时，如果自动时间步长正在使用，则以上一载荷步的最后时间步长为开始时间步长。

菜单：Main Menu→Solution→Analysis Type→Sol'n Controls→Basic

　　　Main Menu→Solution→Load Step Opts→Time/Frequenc→Freq and Substeps

命令：NSUBST, NSBSTP, NSBMX, NSBMN, Carry

命令说明：NSBSTP 为当前载荷步的子步数，如果自动时间步长正在使用，则 NSBSTP 限定第一个子步的大小。NSBMX 和 NSBMN 分别为自动时间步长使用时的最大和最小子步数。Carry 参数与 DELTIM 命令相同。

4）数据库输出控制选项

参见 13.1.3 节的 OUTRES 命令。

5）时间积分效应选项

菜单：Main Menu→Solution→Analysis Type→Sol'n Controls→Transient

　　　Main Menu→Solution→Load Step Opts→Time/Frequenc→Time Integration

命令：TIMINT, Key, Lab

命令说明：Key=OFF 时，不包括瞬态效应，为静态或稳态分析。Key=ON 时，包括瞬态效应。Lab 为自由度标签，Lab=ALL（默认）时，应用所有可用自由度；Lab=STRUC 时，为结构自由度。

6）阶跃载荷或斜坡载荷选项的确定

参见 13.1.3 节的 KBC 命令。

7）阻尼选项

ALPHAD 命令指定质量阻尼，BETAD 命令指定刚度阻尼。

菜单：Main Menu→Solution→Analysis Type→Sol'n Controls→Transient

　　　Main Menu→Solution→Load Step Opts→Time/Frequenc→Damping

命令：ALPHAD, VALUE

　　　BETAD, VALUE

命令说明：VALUE 为阻尼的大小。

3．从载荷步文件求解瞬态分析

用 LSWRITE 命令写载荷步文件，用 LSSOLVE 命令求解多载荷步，参见 13.9.2 节。

17.4.5　积分时间步长的确定

积分时间步长的大小对计算效率、计算精度和收敛性都有显著的影响。积分时间步长越小，计算精度越高，收敛性越好，但计算效率也越低。太大的积分时间步长会使高阶频率的响应产生较大的误差。选择积分时间步长时应遵循以下原则。

1）考虑结构的响应频率

结构的响应可以看作各阶模态响应的叠加，积分时间步长 Δt 应小到能够解出对结构响应有显著贡献的最高阶模态。设 f 是需要考虑的结构最高阶模态的频率（Hz），积分时间步长 Δt 应小于 $1/(20f)$。如果要计算加速度结果，可能需要更小的积分时间步长。

2）考虑载荷的变化

积分时间步长应足够小，以跟随载荷的变化。对于阶跃载荷，积分时间步长 Δt 应取 $1/(180f)$ 左右。

3）考虑接触的影响

在结构中存在接触或发生碰撞时，积分时间步长应小到足以捕获在两个接触表面之间的动量传递，否则将出现明显的能量损失而导致碰撞不是完全弹性的。积分时间步长可按下式确定：

$$\Delta t = \frac{1}{Nf_c} \tag{17-10}$$

式中，f_c 为接触频率，$f_c = \frac{1}{2\pi}\sqrt{\frac{k}{m}}$，$k$ 为间隙刚度，m 为在间隙上的有效质量。

N 为每个周期的点数。为了尽量减少能量损耗，N 至少取 30。如果要计算加速度结果，N 可能需要更大的值。对于模态叠加法，N 必须至少为 7。

4）考虑波的影响

求解波的传播效应，积分时间步长应该是足够小到能够捕捉到波。

实例 E17-7　瞬态动力学分析实例——凸轮机构

1）问题描述及解析解

如图 17-45 所示为一对心直动尖顶从动件盘形凸轮机构，从动件位移 s 随时间的变化情况如图 17-46 所示。

图 17-45　凸轮机构

图 17-46　凸轮机构从动件的运动规律

图 17-47　改变任务名对话框

2）GUI 操作分析步骤

（1）改变任务名。选择菜单 Utility Menu→File→Change Jobname，弹出如图 17-47 所示的对话框，在"[/FILNAM]"文本框中输入 E17-7，单击"OK"按钮。

(2)选择单元类型。选择菜单 Main Menu→Preprocessor→Element Type→Add/Edit/Delete，弹出如图 17-48 所示的对话框，单击"Add"按钮；弹出如图 17-49 所示的对话框，在左侧列表中选"Solid"，在右侧列表中选"Quad 4 node 182"，单击"Apply"按钮；再在右侧列表中选"Brick 8 node 185"，单击"OK"按钮，单击如图 17-48 所示对话框中的"Close"按钮。

图 17-48　单元类型对话框

图 17-49　单元类型库对话框

(3)定义材料模型。选择菜单 Main Menu→Preprocessor→Material Props→Material Models，弹出如图 17-50 所示的对话框，在右侧列表中依次选择"Structural""Linear""Elastic""Isotropic"，弹出如图 17-51 所示的对话框，在"EX"文本框中输入 2e11（弹性模量），在"PRXY"文本框中输入 0.3（泊松比），单击"OK"按钮；再选择右侧列表中"Structural"下的"Density"，弹出如图 17-52 所示的对话框，在"DENS"文本框中输入 7800（密度），单击"OK"按钮，然后关闭如图 17-50 所示的对话框。

图 17-50　材料模型对话框

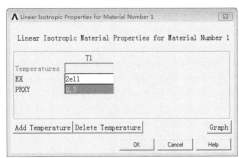

图 17-51　材料特性对话框

(4)显示关键点、线的编号。选择菜单 Utility Menu→PlotCtrls→Numbering，在弹出的对话框中，将 Keypoint numbers（关键点号）和 Line numbers（线号）打开，单击"OK"按钮。

(5)创建关键点。选择菜单 Main Menu→Preprocessor→Modeling→Create→Keypoints→In Active CS。弹出如图 17-53 所示的对话框，在"NPT"文本框中输入 1，在"X, Y, Z"文本框中分别输入 0, 0, 0，单击"Apply"按钮；在"NPT"文本框中输入 2，在"X, Y, Z"文本框中分别输入 0.015, 0.015, 0，单击"Apply"按钮；在"NPT"文本框中输入 3，在"X, Y, Z"文本框中分别输入 0.015, 0.1, 0，单击"Apply"按钮；在"NPT"文本框中输入 4，在"X, Y, Z"文本框中分别输入 0, 0.1, 0，单击"OK"按钮。

图 17-52 定义密度对话框

图 17-53 创建关键点的对话框

（6）创建直线。选择菜单 Main Menu→Preprocessor→Modeling→Create→Lines→Lines→Straight Line，弹出选择窗口，分别选择关键点 1 和 2、2 和 3、3 和 4、4 和 1，创建四条直线，单击"OK"按钮。

（7）由线创建面。选择菜单 Main Menu→Preprocessor→Modeling→Create→Areas→Arbitrary→By Lines，弹出选择窗口，依次选择直线 1、2、3、4，单击"OK"按钮。

（8）划分单元。选择菜单 Main Menu→Preprocessor→Meshing→MeshTool，弹出如图 17-54 所示的对话框，单击"Size Controls"区域中"Lines"后的"Set"按钮，弹出选择窗口，选择直线 1 和 3，单击"OK"按钮，弹出如图 17-55 所示的对话框，在"NDIV"文本框中输入 2，单击"Apply"按钮；再次弹出选择窗口，选择直线 2，单击"OK"按钮，在"NDIV"文本框中输入 10，单击"OK"按钮。

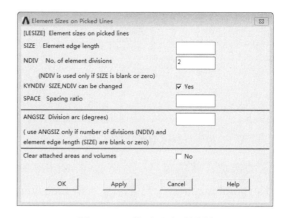

图 17-54 划分单元工具对话框   图 17-55 单元尺寸对话框

在"Mesh"区域，选择单元形状为"Quad"（四边形），选择划分单元的方法为"Mapped"（映射），单击"Mesh"按钮，弹出选择窗口，选择面，单击"OK"按钮。

（9）设定单元挤出选项。为下一步由面挤出体时形成单元做准备。选择菜单 Main Menu→Preprocessor→Modeling→Operate→Extrude→Elem Ext Opts，弹出如图 17-56 所示的对话框，选择下拉列表框"TYPE"为"2 SOLID185",在"VAL1"文本框中输入 4,将"ACLEAR"选择为"Yes",单击"OK"按钮。

(10)由面绕轴挤出回转体。选择菜单 Main Menu→Preprocessor→Modeling→Operate→Extrude→Areas→About Axis,弹出选择窗口,选择面,单击"OK"按钮;再次弹出选择窗口,选择关键点 1 和 4,单击"OK"按钮;再单击随后弹出的"Sweep Areas About Axis"对话框中的"OK"按钮。

(11)在图形窗口显示单元。选择菜单 Utility Menu→Plot→Elements。

(12)改变观察方向。选择菜单 Utility Menu→PlotCtrls→Pan Zoom Rotate,在弹出的对话框中,依次单击"Iso""Fit"按钮,或者单击图形窗口右侧显示控制工具条上的 按钮。

(13)旋转工作平面。选择菜单 Utility Menu→WorkPlane→Offset WP by Increment,弹出如图 17-57 所示的对话框,在"XY,YZ,ZX Angles"文本框中输入 0,-90,单击"OK"按钮。

图 17-56 单元挤出选项对话框

图 17-57 平移、旋转工作平面对话框

(14)创建局部坐标系。选择菜单 Utility Menu→WorkPlane→Local Coordinate System→Create Local CS→At WP Origin,弹出如图 17-58 所示的对话框,选择下拉列表框"KCS"为"Cylindrical 1",单击"OK"按钮。于是创建了一个代号为 11 的局部坐标系,类型为圆柱坐标系,原点与全球原点重合,$r\theta$ 平面与工作平面重合,同时也与全球直角坐标系的 xz 平面重合。在状态行中显示"csys=11",表示新建的局部坐标系已被激活。

图 17-58 创建局部坐标系对话框

（15）显示面的编号。选择菜单 Utility Menu→PlotCtrls→Numbering，在弹出的对话框中，将"Keypoint numbers"和"Line numbers"关闭，将"Area numbers"（面号）打开，单击"OK"按钮。

（16）在图形窗口显示面。选择菜单 Utility Menu→Plot→Areas。

（17）创建选择集，选择圆柱面上节点。选择菜单 Utility Menu→Select→Entities，弹出如图 17-59 所示的对话框，选择实体类型为"Areas"，选择创建选择集的方法为"By Num/Pick"，选中"From Full"，单击"Apply"按钮，弹出选择窗口，选择面 3、7、11 和 15（柱面），单击"OK"按钮；再在如图 17-60 所示的对话框中选择实体类型为"Nodes"，选择创建选择集的方法为"Attached to"，选中"Areas, all"，选中"From Full"，单击"OK"按钮。

图 17-59　选择实体对话框 1　　　　　图 17-60　选择实体对话框 2

（18）在图形窗口显示节点。选择菜单 Utility Menu→Plot→Nodes。

（19）旋转节点坐标系。选择菜单 Main Menu→Preprocessor→Modeling→Move/Modify→Rotate Node CS→To Active CS。弹出选择窗口，单击"Pick All"按钮。

（20）施加约束。选择菜单 Main Menu→Solution→Define Loads→Apply→Structural→Displacement→On Nodes，弹出选择窗口，单击"Pick All"按钮，弹出如图 17-61 所示的对话框，在列表中选择"UX"和"UY"，单击"OK"按钮。

由于选中的节点（从动件圆柱表面上的节点）的坐标系在上一步被旋转到与 11 号局部坐标系对齐，所以此时施加的 x、y 方向约束就分别是径向约束和切向约束。

（21）选择所有实体。选择菜单 Utility Menu→Select→Everything。

（22）在图形窗口显示单元。选择菜单 Utility Menu→Plot→Elements。

（23）指定分析类型。选择菜单 Main Menu→Solution→Analysis Type→New Analysis，弹出如图 17-62 所示的对话框，选择"Type of analysis"为"Transient"，单击"OK"按钮，在随后弹出的"Transient Analysis"对话框中，单击"OK"按钮。

（24）确定数据库和结果文件中包含的内容。选择菜单 Main Menu→Solution→Load Step Opts→Output Ctrls→DB/Results File，弹出如图 17-63 所示的对话框，选择下拉列表框"Item"为"All items"，选中"Every substep"，单击"OK"按钮。

第 17 章 ANSYS 结构动力学分析

图 17-61 施加约束对话框

图 17-62 指定分析类型对话框

提示：如果该菜单项未显示在界面上，可以选择菜单 Main Menu→Solution→Unabridged Menu，以显示 Main Menu→Solution 下所有菜单项。

（25）施加载荷。选择菜单 Main Menu→Solution→Define Loads→Apply→Structural→Force/Moment→On Keypoints，弹出选择窗口，选择关键点 4（即模型顶面的中心），单击"OK"按钮，弹出如图 17-64 所示的对话框，选择"Lab"为"FY"，在"VALUE"文本框中输入-1000，单击"OK"按钮。

图 17-63 数据库和结果文件控制对话框

图 17-64 在关键点施加力载荷对话框

（26）指定第一个载荷步时间和时间步长。选择菜单 Main Menu→Solution→Load Step Opts→Time/Frequenc→Time-Time Step，弹出如图 17-65 所示的对话框，在"[TIME]"文本框中输入 10，在"[DELTIM] Time step size"文本框中输入 0.5，选择"[KBC]"为"Ramped"，选择"[AUTOTS]"为"ON"，在"[DELTIM] Minimum time step size"文本框中输入 0.2，在"Maximum time step size"文本框中输入 1，单击"OK"按钮。

（27）施加第一个载荷步的位移载荷。选择菜单 Main Menu→Solution→Define Loads→Apply→Structural→Displacement→On Keypoints，弹出选择窗口，选择关键点 1（即模型的尖点），单击"OK"按钮，弹出如图 17-66 所示的对话框，在列表中选"UY"，在"VALUE"文本框中输入 0.02，单击"OK"按钮。

（28）写第一个载荷步文件。选择菜单 Main Menu→Solution→Load Step Opts→Write LS File，弹出如图 17-67 所示的对话框，在"[LSNUM]"文本框中输入 1，单击"OK"按钮。

365

图 17-65　确定载荷步时间和时间步长对话框

图 17-66　施加位移载荷对话框

图 17-67　写载荷步文件对话框

（29）指定第二个载荷步时间和时间步长。选择菜单 Main Menu→Solution→Load Step Opts→Time/Frequenc→Time-Time Step，弹出如图 17-65 所示的对话框，在"[TIME]"文本框中输入 20，单击"OK"按钮。

（30）写第二个载荷步文件。选择菜单 Main Menu→Solution→Load Step Opts→Write LS File，弹出如图 17-67 所示的对话框，在"LSNUM"文本框中输入 2，单击"OK"按钮。

（31）指定第三个载荷步时间和时间步长。选择菜单 Main Menu→Solution→Load Step Opts→Time/Frequenc→Time-Time Step，弹出如图 17-65 所示的对话框，在"[TIME]"文本框中输入 35，单击"OK"按钮。

（32）施加第三个载荷步的位移载荷。选择菜单 Main Menu→Solution→Define Loads→Apply→Structural→Displacement→On Keypoints　弹出选择窗口，选择关键点 1（即模型的尖点），单击"OK"按钮，弹出如图 17-66 所示的对话框，在列表中选"UY"，在"VALUE"文本框中输入 0，单击"OK"按钮。

（33）写第三个载荷步文件。选择菜单 Main Menu→Solution→Load Step Opts→Write LS File，弹出如图 17-67 所示的对话框，在"LSNUM"文本框中输入 3，单击"OK"按钮。

（34）指定第四个载荷步时间和时间步长。选择菜单 Main Menu→Solution→Load Step Opts→Time/Frequenc→Time-Time Step，弹出如图 17-65 所示的对话框，在"[TIME]"文本框中输入 45，单击"OK"按钮。

（35）写第四个载荷步文件。选择菜单 Main Menu→Solution→Load Step Opts→Write LS File，弹出如图 17-67 所示的对话框，在"LSNUM"文本框中输入 4，单击"OK"按钮。

（36）求解。选择菜单 Main Menu→Solution→Solve→From LS Files，弹出如图 17-68 所示的对话框，在"LSMIN"文本框中输入 1，在"LSMAX"文本框中输入 4，单击"OK"按钮。

图 17-68 从载荷步文件求解对话框

求解结束，从下一步开始，进行结果查看。

（37）定义变量。选择菜单 Main Menu→TimeHist Postpro→Define Variables，弹出如图 17-69 所示的对话框，单击"Add"按钮，弹出如图 17-70 所示的对话框，选择"Type of variable"为"Nodal DOF result"，单击"OK"按钮，弹出选择窗口，选择位于模型尖点处的节点，单击"OK"按钮，弹出如图 17-71 所示的对话框，在"Name"文本框中输入 uy，在右侧列表中选择"UY"，单击"OK"按钮，返回如图 17-69 所示的对话框，单击"Close"按钮。于是定义了一个变量 2，它表示从动件的位移 s。

图 17-69 定义变量对话框

图 17-70 变量类型对话框

（38）对变量进行求微分操作。把变量 2 对时间 t 微分，得到从动件的速度 v；把速度 v 对时间 t 微分，得到从动件的加速度 a。选择菜单 Main Menu→TimeHist Postpro→Math Operations→Derivative，弹出如图 17-72 所示的对话框，在"IR"文本框中输入 3，在"IY"文本框中输入 2，在"IX"文本框中输入 1，单击"Apply"按钮，再次弹出如图 17-72 所示的对话框，在"IR"文本框中输入 4，在"IY"文本框中输入 3，在"IX"文本框中输入 1，单击"OK"按钮。

经过以上操作，得到两个新的变量 3 和 4。其中，变量 3 是变量 2 对变量 1 的微分，而变量 2 是位移 s，变量 1 是时间 t（系统设定），所以，变量 3 就是速度 v；同理可知，变量 4 就是加速度 a。

图 17-71　定义数据类型对话框　　　　　　　图 17-72　对变量微分对话框

（39）用曲线图显示位移和速度。选择菜单 Main Menu→TimeHist Postpro→Graph Variables，弹出如图 17-73 所示的对话框，在"NVAR1"文本框中输入 2，在"NVAR2"文本框中输入 3，单击"OK"按钮，结果如图 17-74 所示。

图 17-73　选择显示变量对话框　　　　　　　图 17-74　位移和速度曲线

（40）用曲线图显示位移和加速度。选择菜单 Main Menu→TimeHist Postpro→Graph Variables，弹出如图 17-73 所示的对话框，在"NVAR1"文本框中输入 2，在"NVAR2"文本框中输入 4，单击"OK"按钮，结果如图 17-75 所示。

图 17-75　位移和加速度曲线

可见，除加速度不能为无穷大外，其余结果与理论值相同。

3）命令流

/CLEAR	!清除数据库，新建分析
/FILNAME, E17-7	!定义任务名
/PREP7	!进入前处理器
ET, 1, PLANE182 $ ET, 2, SOLID185	!选择单元类型
MP, EX, 1, 2E11 $ MP, PRXY, 1, 0.3 $ MP, DENS, 1, 7800	!定义材料模型
K, 1 $ K, 2, 0.015, 0.015 $ K, 3, 0.015, 0.1 $ K, 4, 0, 0.1	!创建关键点
LSTR, 1, 2 $ LSTR, 2, 3 $ LSTR, 3, 4 $ LSTR, 4, 1	!创建直线
AL, ALL	!由线创建面
LESIZE, 1,,,2 $ LESIZE, 3,,,2 $ LESIZE, 2,,,10	!指定直线划分单元段数
AATT, 1, 1, 1	!指定单元属性
MSHAPE, 0	!指定单元形状为四边形
MSHKEY, 1	!指定映射网格
AMESH, ALL	!对面划分单元
TYPE, 2 $ EXTOPT, ESIZE, 4 $ EXTOPT, ACLEAR, 1	!指定单元挤出选项
VROTAT, 1,,,,,1, 4, 360	!面绕轴挤出形成回转体，并产生体单元
WPROT, 0, -90	!旋转工作平面
CSWPLA, 11, CYLIN	!在工作平面原点处创建局部坐标系 11 并激活
ASEL, S,,,3, 15, 4 $ NSLA, S, 1	!选择圆柱面上的所有节点
NROTAT, ALL	!将所选择节点的节点坐标系旋转到局部坐标系 11
D, ALL, UX $ D, ALL, UY	!在选择的节点上施加约束
ALLSEL, ALL	!选择所有
FINISH	!退出前处理器
/SOLU	!进入求解器
ANTYPE, TRANS	!指定分析类型为瞬态动力学分析
OUTRES, ALL, ALL	!确定数据库和结果文件中包含的内容
FK, 4, FY, -1000	!在关键点上施加集中力载荷
AUTOTS, ON	!打开自动载荷步
DELTIM, 0.5, 0.2, 1	!指定积分时间步长
KBC, 0	!斜坡载荷
TIME, 10	!第 1 个载荷步，指定载荷步时间
DK, 1, UY, 0.02	!在关键点上施加位移载荷
LSWRITE, 1	!写载荷步文件
TIME, 20 $ LSWRITE, 2	!第 2 个载荷步
TIME, 35 $ DK, 1, UY, 0 $ LSWRITE, 3	!第 3 个载荷步
TIME, 45 $ LSWRITE, 4	!第 4 个载荷步
LSSOLVE, 1, 4, 1	!求解
SAVE	!保存数据库
FINISH	!退出求解器
/POST26	!进入时间历程后处理器
NSOL, 2, 1, U, Y, uy	!定义变量 2
DERIV, 3, 2, 1 $ DERIV, 4, 3, 1	!将变量对时间 t 求微分
PLVAR, 2, 3 $ PLVAR, 2, 4	!用曲线图显示变量
FINISH	!退出时间历程后处理器

实例 E17-8　施加初始条件实例——将单自由度系统的质点从平衡位置拨开

/CLEAR	!清除数据库，新建分析

```
/FILNAME, E17-8                               !定义任务名
/PREP7                                        !进入前处理器
ET, 1, MASS21 $ ET, 2, COMBIN14               !选择单元类型
R, 1, 1 $ R, 2, 10000, 8                      !定义实常数
N, 1, 0, 0, 0 $ N, 2, 1, 0, 0                 !创建节点
TYPE, 2 $ REAL, 2                             !指定单元属性
E, 1, 2                                       !创建单元
TYPE, 1 $ REAL, 1
E, 2
FINISH                                        !退出前处理器
/SOLU                                         !进入求解器
ANTYPE, TRANS                                 !瞬态动力学分析
D, 1, ALL $ D, 2, UY,,,,, UZ ,ROTX, ROTY ,ROTZ
                                              !在节点上施加位移约束

!载荷步 1—静态分析
TIMINT,OFF                                    !关闭时间积分效应
D,2,UX,0.2                                    !施加初始位移 UX=0.2
TIME,0.001                                    !设置小的时间间隔
NSUBST,2                                      !两个子步
KBC,1                                         !阶跃载荷
LSWRITE,1                                     !写载荷步文件 1
!载荷步 2—瞬态分析
TIMINT,ON                                     !打开时间积分效应
TIME, 0.5                                     !设置瞬态分析的时间间隔
DELTIM, 0.0005,0.0001,0.001                   !设置积分时间步长
AUTOTS,ON                                     !打开自动时间步长
DDEL,2,UX                                     !删除载荷步 1 施加的位移载荷
KBC,0                                         !斜坡载荷
OUTRES,ALL,ALL                                !输出控制
LSWRITE,2                                     !写载荷步文件 2
LSSOLVE, 1, 2, 1                              !求解
FINISH                                        !退出求解器
/POST26                                       !进入时间历程后处理器
NSOL, 2, 2, U, X, ux                          !定义变量 2
DERIV, 3, 2, 1                                !将变量 2 对时间 t 求微分,速度
DERIV, 4, 3, 1                                !将变量 3 对时间 t 求微分,加速度
PLVAR, 2 $ PLVAR,3 $ PLVAR, 4                 !用曲线图显示变量
FINISH                                        !退出时间历程后处理器
```

实例 E17-9 施加初始条件实例——抛物运动

```
/CLEAR                                        !清除数据库,新建分析
/FILNAME, E17-9                               !定义任务名
/PREP7                                        !进入前处理器
ET,1,SOLID185                                 !选择单元类型
MP,EX,1,2E11$ MP,PRXY,1,0.3 $ MP,DENS,1,7800  !创建材料模型
BLOCK,0,0.05,0,0.05,0,0.05                    !创建实体模型
```

```
ESIZE,0.01 $ VMESH,1              !划分单元
FINISH                            !退出前处理器
/SOLU                             !进入求解器
ANTYPE, TRANS                     !瞬态动力学分析
D,ALL,UX,,,,,UZ                   !施加约束
!载荷步 1—施加初始速度
TIMINT,OFF                        !关闭时间积分效应
D,ALL,UY,0.005                    !施加小的位移
TIME,0.001                        !设置小的时间间隔,初始速度= 0.005/0.001 = 5
LSWRITE,1                         !写载荷步文件 1
!载荷步 2—施加初始加速度
DDEL,ALL,UY                       !删除载荷步 1 施加的位移载荷
TIMINT,ON                         !打开时间积分效应
ACEL,,9.8                         !施加初始加速度
TIME,0.002                        !设置小的时间间隔
NSUBST,2                          !两个子步
KBC,1                             !阶跃载荷
LSWRITE,2                         !写载荷步文件 2
!载荷步 3—瞬态分析
TIME,1                            !设置瞬态分析的时间间隔
DELTIM, 0.005,0.001,0.01          !设置积分时间步长
AUTOTS,ON                         !打开自动时间步长
KBC,0                             !斜坡载荷
OUTRES,ALL,ALL                    !输出控制
LSWRITE,3                         !写载荷步文件 3
LSSOLVE, 1, 3, 1                  !求解
FINISH                            !退出求解器
/POST26                           !进入时间历程后处理器
NSOL, 2, 1, U, Y                  !定义变量 2
DERIV, 3, 2, 1                    !将变量 2 对时间 t 求微分,速度
DERIV, 4, 3, 1                    !将变量 3 对时间 t 求微分,加速度
PLVAR, 2 $ PLVAR,3 $ PLVAR, 4     !用曲线图显示变量
FINISH
```

实例 E17-10　瞬态动力学分析实例——连杆机构的运动学分析

1）概述

本例用 ANSYS 的瞬态动力学分析方法对连杆机构进行运动学分析,分析过程与普通的瞬态动力学分析基本相同,其关键在于 MPC184 单元的创建,现在简单介绍。

MPC184 为多点约束单元,可以用于结构动力学分析,以模拟刚性杆、刚性梁、滑移、销轴、万向接头等约束,由 KEYOPT（1）决定。当 KEYOPT（1）=6 时,为销轴单元(MPC184-Revolute)。MPC184-Revolute 单元有 2 个节点 I 和 J,每个节点有 6 个自由度 UX、UY、UZ、ROTX、ROTY、ROTZ,支持大变形。创建 MPC184-Revolute 单元时,要为单元指定 REVOLUTE JOINT 类型的截面,在截面属性中指定各节点的局部坐标系。销轴将在局部坐标系的原点创建,转轴由单元选项 KEYOPT（4）确定,节点 I 和 J 应该在被连接的单元上。

提示:本分析必须将大变形选项打开。

2）问题描述及解析解

如图 17-76 所示为一曲柄滑块机构，曲柄长度 R=250mm、连杆长度 L=620mm、偏距 e=200mm，曲柄为原动件，转速为 n_1=30r/min，求滑块 3 的位移 s_3、速度 v_3、加速度 a_3 随时间变化情况。

根据机械原理的知识，该问题的解析解十分复杂，使用不太方便。本例用图解法解决问题，由于过程比较烦琐，而且只是为了验证有限元解的正确性，所以关于滑块 3 的位移 s_3、速度 v_3、加速度 a_3 随时间 t 变化情况的图形没有必要给出。在这里只求解了以下数据：

滑块的行程 H=535.41mm。

机构的极位夹角为 θ=19.43°，于是机构的行程速比因数为

$$K = \frac{180° + \theta}{180° - \theta} = 1.242$$

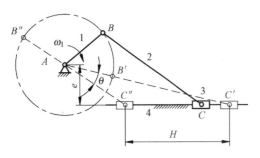

图 17-76 曲柄滑块机构

由于机构的一个工作循环周期为 $T = \frac{60}{n_1} = 2s$，所以机构工作行程经历的时间为

$$T_1 = \frac{K}{K+1}T = 1.108s$$

空回行程经历的时间为

$$T_2 = T - T_1 = 0.892s$$

3）命令流

```
/CLEAR                                          !清除数据库，新建分析
PI=3.1415926 $ R=0.25 $ L=0.62 $ E=0.2 $ OMGA1=30
                                                !定义参量
T=60/OMGA1 $ FI0=ASIN(E/(R+L))
AX=0 $ AY=0
BX=R*COS(FI0) $ BY=-R*SIN(FI0)
CX=(R+L)*COS(FI0) $ CY=-E
/FILNAME, E17-10                                !定义任务名
/PREP7                                          !进入前处理器
ET,1,MPC184,6,,,1                               !选择 MPC184 单元、销轴单元、绕 z 轴旋转
ET, 2, BEAM188                                  !选择梁单元
MP, EX, 1, 2E11 $ MP, PRXY, 1, 0.3 $ MP, DENS, 1, 1E-14   !定义材料模型
LOCAL,11,0,BX,BY                                !创建局部坐标系
SECTYPE,1,JOINT,REVO $ SECJOIN,,11,11           !定义销轴截面
SECTYPE, 2, BEAM, CSOLID $ SECOFFSET, CENT $ SECDATA,0.01    !定义梁截面
CSYS,0                                          !激活全球直角坐标系
N, 1, AX, AY $ N, 2, BX, BY $ N, 3, BX, BY $ N, 4, CX, CY
                                                !创建节点
TYPE, 1 $ SECN, 1                               !指定单元属性
E, 2, 3                                         !创建销轴单元
TYPE, 2 $ SECN,2                                !指定单元属性
E, 1, 2 $ E, 3, 4                               !创建梁单元模拟杆
FINISH                                          !退出前处理器
```

```
/SOLU                                        !进入求解器
ANTYPE, TRANS                                !指定分析类型为瞬态动力学分析
NLGEOM, ON                                   !打开大变形选项
DELTIM, T/25                                 !指定积分时间步长
KBC, 0                                       !斜坡载荷
TIME, T                                      !指定载荷步时间
OUTRES, BASIC,ALL                            !确定数据库和结果文件中包含的内容
CNVTOL, F, 2, 0.1 $ CNVTOL, M,2, 0.1         !设定非线性分析的收敛值
D, 1, UX,,,,, UY, UZ, ROTX, ROTY $ D, 4, UY  !在节点上施加约束
D, 1, ROTZ, 2*PI                             !在节点上施加位移载荷
SOLVE                                        !求解
SAVE                                         !保存数据库
FINISH                                       !退出求解器
/POST26                                      !进入时间历程后处理器
NSOL, 2, 4, U, X                             !定义变量
DERIV, 3, 2, 1 $ DERIV, 4, 3, 1              !将变量对时间t求微分
PLVAR, 2 $ PLVAR, 3 $ PLVAR, 4               !用曲线图显示变量
FINISH                                       !退出求解器
```

实例 E17-11　瞬态动力学分析实例——车辆通过桥梁

1）概述

一质量为 10t 的载重车以 40km/h 的速度通过桥梁，桥梁的跨度为 20m，试分析载重车通过时桥梁的变形情况。

2）命令流

```
/CLEAR                                       !清除数据库，新建分析
/FILNAME, E17-11                             !定义任务名
N=100 $ LEN=20 $ V=40                        !等分数，桥梁长度，车辆速度
/PREP7                                       !进入前处理器
ET,1, BEAM188                                !选择单元类型
SECTYPE,1, BEAM, CSOLID $ SECDATA,0.5        !定义横截面
MP,EX,1,2E11 $ MP,PRXY,1,0.3 $ MP,DENS,1,3000 !定义材料模型
K,1,0,0,0 $ K,2,LEN,0,0                      !创建关键点
LSTR,1,2                                     !创建直线
LESIZE,1,,,N $ LMESH,1                       !对线划分单元
FINISH                                       !退出前处理器
/SOLU                                        !进入求解器
ANTYPE, TRANS                                !瞬态分析
KBC, 1                                       !阶跃载荷
OUTRES, BASIC,ALL                            !输出控制
DK,1,UX,,,, UY, UZ, ROTX ,ROTY               !在关键点上施加位移约束
DK,2,UY,,,, UZ, ROTX ,ROTY
T_TOL=3600*LEN*1E-3/V                        !载重车通过桥梁需要的时间
*DO,I,1,N                                    !循环开始
    NSEL,S,LOC,X,I*LEN/N                     !选择第I个节点
    F,ALL,FY,-10000*9.8                      !在选择的关键点上施加集中力载荷
    NSEL,INVE                                !选择除第I个节点以外的节点
```

```
        F,ALL,FY,0              !在选择的关键点上施加零载荷
        ALLS                    !选择所有
        TIME,I*T_TOL/N          !载荷步时间
        SOLVE                   !求解
*ENDDO                          !退出循环
FINI                            !退出求解器
/POST26                         !进入时间历程后处理器
N1=NODE(LEN/2,0,0)              !坐标为(LEN/2,0,0)的节点编号
NSOL,2,N1,U,Y                   !定义变量
PLVAR,2                         !显示变量,变形最大值发生在 T_TOL/2 时刻
FINI                            !退出时间历程后处理器
/POST1                          !进入普通后处理器
SET,,,,,T_TOL/2                 !读 T_TOL/2 时刻的结果到内存
PLDISP,0                        !显示变形
FINI                            !退出普通后处理器
```

17.5 谱 分 析

17.5.1 概述

谱分析是一种将模态分析结果和已知谱联系起来的计算结构位移和应力的分析方法,主要用于确定结构对随机载荷或时间变化载荷(如地震载荷、风载)的动力响应。

谱是谱值和频率的关系曲线,反映了时间-历程载荷的强度和频率之间的关系。

1. 谱分析的类型

ANSYS 支持的谱分析的类型有响应谱分析、动力设计分析方法、随机振动分析,其中响应谱分析和动力设计分析方法属于定量分析,因为分析的输入和输出都是实际数据的最大值,而随机振动分析属于概率性分析方法,因为其输入和输出数量仅表示发生的概率。

(1)响应谱分析。响应谱是系统对一个时间-历程载荷函数的响应,是一个响应和频率的关系曲线,其中响应可以是位移、速度、加速度、力等。谱分析的输出是每个模态输入谱的最大响应。每个模态的最大响应是已知的,而相对相位却是未知的,所以有各种模态组合的方法。

响应谱分为单点响应谱(SPRS)和多点响应谱(MPRS)。单点响应谱指在模型的一个点集上定义一条响应谱,例如,在图 17-77(a)所示结构的所有支持点处,图 17-77(b)指在模型的不同点集上定义不同响应谱。

(2)动力设计分析方法(DDAM)。应用一系列经验公式和振动设计表得到的谱来分析系统,是一种用于评价船舶设备耐冲击性的技术。

(3)随机振动分析(PSD)。该分析又称功率谱密度分析,用于随机振动分析,以得到系统的功率谱密度与频率的关系曲线。

图 17-77 响应谱

2. 进行谱分析应满足的条件

（1）谱分析是线性分析，非线性特性将被忽略掉。

（2）对单点响应谱和动力设计分析方法，结构应被已知方向和已知频率分量的谱激励，并且该激励同时发生在所有支持点（地震谱）上。因此，要求结构所有支持点被激励产生的运动必须相同。

17.5.2 单点响应谱分析步骤

1）创建有限元模型

该步骤与其他分析类型相同。需要注意的是：不能使用非线性单元和非线性材料特性，必须定义材料的弹性模量 EX 和密度 DENS。材料特性可以是线性的、各向同性的或各向异性的、恒定的或随温度变化的。可以定义使用阻尼比、材料阻尼和比例阻尼。

2）获得模态解

该步骤用于计算结构的频率和振型，与普通的模态分析过程基本相同。需要注意的是：可以使用的模态提取方法有块兰索斯法、预条件兰索斯法、超节点法或子空间法等。所提取的模态数应足以计算出感兴趣频率范围内的响应。材料的阻尼必须在模态分析时定义。必须在施加激励谱的位置施加位移约束。求解模态分析后，退出求解器，扩展所有模态。

3）进行谱分析

包括指定分析类型、设置分析选项、定义载荷、求解设置等。

具体分析步骤如下：

（1）用/SOLU 命令进入求解器。

（2）用 ANTYPE, SPECTR 指定分析类型为谱分析。用 SPOPT 命令指定进行单点响应谱分析和求解模态数。选择模态的数目应足以覆盖谱的频率范围和结构响应特性。模态数越大，解的精度越高。

（3）用 SRSS、CQC、DSUM、GRP、NRLSUM、ROSE 等命令指定相对应的模态组合方法。

这些命令用于三种不同类型响应的计算，当命令参数 Label=DISP 时，计算包括位移、应力、力等位移响应；Label=VELO 时，计算速度、应力速度、力速度等速度响应；Label=ACEL 时，计算加速度、应力加速度、力加速度等加速度响应。

用这些命令可以指定组合时使用模态力的方法。

DSUM 方法允许输入地震或冲击谱的持续时间。CQC 方法必须定义阻尼。

（4）指定谱选项和阻尼等载荷步选项。谱选项包括激励谱类型、激励方向、谱值与频率关系曲线等。

用 SVTYP，命令指定激励谱类型。激励谱的类型可以是位移谱、速度谱、加速度谱、力谱等。除了力谱外其余谱均为地震谱，即它们都被假定为在支撑处（位移约束）输入。

用 SED 命令指定激励方向。该方向从全局原点指向所定义的点。

用 FREQ 和 SV 命令定义分别定义谱值与频率关系曲线上点的频率和谱值。曲线上最多可有 100 个点。可以定义一个关系曲线族，每条曲线用于不同的阻尼比。

设置系列激励频率和谱之间的对应关系：Main Menu→Solution→Load Step Opts→Spectrum→Single Point→Freq Table 和 Spectr Values，首先定义频率系列，然后定义相应谱值，频率系列必须按升序排列。

用 BETAD、ALPHAD、DMPRAT、MDAMP 命令定义刚度阻尼、质量阻尼、常阻尼比、模态阻尼。如果指定了多种阻尼，软件会计算出每个频率的有效阻尼比，由有效阻尼比对谱曲线对数内插计算谱值。如果没有指定阻尼，软件自动选择阻尼最小的谱曲线。

（5）求解谱分析。

（6）如果有另外的激励谱，则重复第（4）、第（5）步的操作。

（7）退出求解器。

4）查看结果

单点响应谱分析结果以 POST1 命令的形式写入模式组合文件 Jobname.MCOM 中，这些命令依据模态组合方法指定的方式合并最大模态响应，计算出结构总响应。总响应包括总位移（或总速度、总加速度）以及在扩展过程中保存于结果文件中的总应力（或总应力速度、总应力加速度）、应变（或应变速度、应变加速度）、支反力（或支反力速度、支反力加速度）。

查看结果前要用/INPUT 命令读入 Jobname.MCOM 文件。

用 PLDISP 命令显示变形。用 PLNSOL 或 PLESOL 命令显示应力、应变、变形等云图。用 PLETAB 命令显示单元表数据云图。用 PLLS 命令显示线单元数据云图。用 PLVECT 命令显示矢量结果。用 PRNSOL、PRESOL、PRRFOR、FSUM、NFORCE、PRNLD 等命令列表结果。

也可以按建模、获得模态解、进行谱分析、扩展模态、组合模态、查看结果六个步骤进行。

实例 E17-12　谱分析实例——地震谱作用下的结构响应分析

1）问题描述及解析解

图 17-77 所示为一钢制板梁结构，计算其在高度方向地震谱作用下的响应。结构尺寸 a=0.5m、b=0.5m、h=0.3m，板厚度 5mm，梁横截面边长为 10mm 的正方形，地震谱见表 17-3。

表 17-3　地震谱

频率（Hz）	50	100	240	380
位移（mm）	1	0.5	0.8	0.7

2）GUI 操作步骤

（1）改变任务名。选择菜单 Utility Menu→File→Change Jobname。弹出如图 17-78 所示的对话框，在"[/FILNAM]"文本框中输入 E17-12，单击"OK"按钮。

图 17-78　改变任务名对话框

（2）选择单元类型。选择菜单 Main Menu→Preprocessor→Element Type→Add/Edit/Delete，弹出如图 17-79 所示的对话框，单击"Add"按钮，弹出如图 17-80 所示的对话框，在左侧列表中选"Structural Shell"，在右侧列表中选"3D 4node 181"，单击"Apply"按钮；再在左侧列表中选"Structural Beam"，在右侧列表中选"2 node 188"，单击"OK"按钮；单击如图 17-79 所示对话框中的"Close"按钮。

（3）定义材料模型。选择菜单 Main Menu→Preprocessor→Material Props→Material Models，弹出如图 17-81 所示的对话框，在右侧列表中依次选择"Structural""Linear""Elastic""Isotropic"，弹出如图 17-82 所示的对话框，在"EX"文本框中输入 2e11（弹性模量），在"PRXY"文本框中输入 0.3（泊松比），单击"OK"按钮；再选择右侧列表中"Structural"下的

"Density",弹出如图 17-83 所示的对话框,在"DENS"文本框中输入 7800(密度),单击"OK"按钮,然后关闭如图 17-81 所示的对话框。

图 17-79 单元类型对话框

图 17-80 单元类型库对话框

图 17-81 材料模型对话框

图 17-82 材料特性对话框

图 17-83 定义密度对话框

(4)定义壳单元的截面。选择菜单 Main Menu→Preprocessor→Sections→Shell→Lay-up→Add/Edit,弹出如图 17-84 所示的对话框,在"Thickness"文本框中输入 0.005(壳厚度),单击"OK"按钮。

(5)定义梁单元的截面。选择菜单 Main Menu→Preprocessor→Sections→Beam→Common Sections,弹出如图 17-85 所示的对话框,在"ID"文本框中输入 2,选择"Sub-Type"为"■"(横截面形状),在"B"文本框中输入 0.01,在"H"文本框中输入 0.01,单击"OK"按钮。

图 17-84 创建壳截面

图 17-85 创建梁截面

（6）创建关键点。选择菜单 Main Menu→Preprocessor→Modeling→Create→Keypoints→In Active CS，弹出如图 17-86 所示的对话框，在"NPT"文本框中输入 1，在"X, Y, Z"文本框中分别输入 0, 0, 0，单击"Apply"按钮；在"NPT"文本框中输入 2，在"X, Y, Z"文本框中分别输入 0.5, 0, 0，单击"Apply"按钮；在"NPT"文本框中输入 3，在"X, Y, Z"文本框中分别输入 0.5, 0, 0.5，单击"Apply"按钮；在"NPT"文本框中输入 4，在"X, Y, Z"文本框中分别输入 0, 0, 0.5，单击"OK"按钮。

（7）复制关键点。选择菜单 Main Menu→Preprocessor→Modeling→Copy→Keypoints，弹出选择窗口，单击"Pick All"按钮；随后弹出如图 17-87 所示的对话框，在"DY"文本框中输入"0.3"，单击"OK"按钮。

（8）改变观察方向。选择菜单 Utility Menu→PlotCtrls→Pan Zoom Rotate，在弹出的对话框中，单击"Iso"按钮。或者，单击图形窗口右侧显示控制工具条上的 按钮。

图 17-86 创建关键点对话框

图 17-87 复制关键点对话框

（9）显示关键点、线编号。选择菜单 Utility Menu→PlotCtrls→Numbering，弹出图 17-88 所示的对话框，将关键点号和线号打开，单击"OK"按钮。

（10）由关键点创建面。选择菜单 Main Menu→Preprocessor→Modeling→Create→Areas→Arbitrary→Through KPs。弹出选择窗口，依次选择关键点 5、6、7、8，单击"OK"按钮。

（11）创建直线。选择菜单 Main Menu→Preprocessor→Modeling→Create→Lines→Lines→Straight Line，弹出选择窗口，分别在关键点 1 和 5、2 和 6、3 和 7、4 和 8 之间创建直线，单击"OK"按钮。

（12）划分单元。选择菜单 Main Menu→Preprocessor→Meshing→MeshTool，弹出如图 17-89 所示的对话框，本步骤操作均在该对话框下进行。

图 17-88 图号控制对话框　　　　　　　　　　　图 17-89 划分单元对话框

选择"Element Attributes"的下拉列表框为"Areas"，单击下拉列表框后面的"Set"按钮，弹出选择窗口，选择面，单击选择窗口的"OK"按钮，弹出图 17-90 所示的对话框，选择"TYPE"下拉列表框为 1 SHELL181，选择"SECT"下拉列表框为 1（单元截面），单击"OK"按钮。

选择"Element Attributes"的下拉列表框为"Lines"，单击下拉列表框后面的"Set"按钮，弹出选择窗口，选择线 5、6、7、8，单击选择窗口的"OK"按钮，弹出"Line Attributes"对话框，选择"TYPE"下拉列表框为 2 BEAM188，选择"SECT"下拉列表框为 2，单击"OK"按钮。

单击"Size Controls"区域中"Global"后的"Set"按钮，弹出如图 17-91 所示的对话框，在"SIZE"文本框中输入 0.05，单击"OK"按钮；在图 17-89 所示的对话框的"Mesh"区域，选择实体类型为"Areas"，单击"Mesh"按钮，弹出选择窗口，选择面，单击"OK"按钮；在"Mesh"区域，选择实体类型为"Lines"，单击"Mesh"按钮，弹出选择窗口，选择线 5、6、7、8，单击"OK"按钮。

图 17-90 面属性对话框　　　　　　　　　　图 17-91 总体单元尺寸对话框

关闭如图 17-89 所示的对话框。

以下开始模态分析。

（13）指定分析类型。选择菜单 Main Menu→Solution→Analysis Type→New Analysis，弹出如图 17-92 所示的对话框，选择"Type of Analysis"为"Modal"，单击"OK"按钮。

（14）指定分析选项。选择菜单 Main Menu→Solution→Analysis Type→Analysis Options，弹出如图 17-93 所示的对话框，选择"Mode extraction method"（模态提取方法）为 Block Lanczos，在"No. of modes to extract"文本框中输入 10，单击"OK"按钮；弹出"Block Lanczos Method"对话框，单击"OK"按钮。

图 17-92　指定分析类型对话框

图 17-93　模态分析选项对话框

（15）选择支持点处的节点。选择菜单 Utility Menu→Select→Entities，弹出如图 17-94 所示的对话框，在各下拉列表框、文本框、单选按钮中依次选择或输入"Nodes""By Location""Y coordinates""0""From Full"，单击"OK"按钮。

（16）施加约束。选择菜单 Main Menu→Solution→Define Loads→Apply→Structural→Displacement→On Nodes，弹出选择窗口，单击"Pick All"按钮，弹出如图 17-95 所示的对话框，在"Lab2"列表中选择"All DOF"，单击"OK"按钮。

图 17-94　选择实体对话框

图 17-95　在节点上施加约束对话框

（17）选择所有。选择菜单 Utility Menu→Select→Everything。

（18）求解模态分析。选择菜单 Main Menu→Solution→Solve→Current LS，单击"Solve Current Load Step"对话框中的"OK"按钮，出现"Solution is done!"提示时，求解结束。

（19）退出求解器。选择菜单 Main Menu→Finish。

以下开始谱分析。

（20）指定分析类型。选择菜单 Main Menu→Solution→Analysis Type→New Analysis，弹出如图17-92所示的对话框，选择"Type of Analysis"为"Spectrum"，单击"OK"按钮。

（21）指定分析选项。选择菜单 Main Menu→Solution→Analysis Type→Analysis Options，弹出如图17-96所示的对话框，选择"Sptype"为 Single-pt resp（单点响应谱），在"No. of modes for solu"文本框中输入10（参与计算的模态数），单击"OK"按钮。

（22）指定激励谱类型和激励方向。选择菜单 Main Menu→Solution→Load Step Opts→Spectrum→Single Point→Settings，弹出如图17-97所示的对话框，选择"SVTYP"为 Seismic displac（位移谱），在"SEDX, SEDY, SEDZ"文本框中分别输入 0, 1, 0，单击"OK"按钮。

图 17-96　谱分析选项对话框

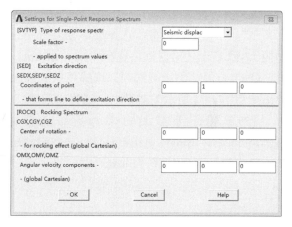

图 17-97　单点响应谱设置对话框

（23）定义激励谱频率。选择菜单 Main Menu→Solution→Load Step Opts→Spectrum→Single Point→Freq Table，弹出如图17-98所示的对话框，在"FREQ1, FREQ2, FREQ3, FREQ4"文本框中分别输入 50, 100, 240, 380，单击"OK"按钮。

（24）定义激励谱谱值。选择菜单 Main Menu→Solution→Load Step Opts→Spectrum→Single Point→Spectr Values，弹出如图17-99所示的对话框，在"Damping ratio for this curve"文本框中输入1，单击"OK"按钮，弹出如图17-100所示的对话框，在"SV1, SV2, SV3, SV4"文本框中分别输入 1E-3, 0.5E-3, 0.8E-3, 0.7E-3，单击"OK"按钮。

图 17-98　频率表对话框

图 17-99　阻尼比对话框

图 17-100　谱值对话框

（25）求解谱分析。选择菜单 Main Menu→Solution→Solve→Current LS，单击"Solve Current Load Step"对话框中的"OK"按钮，出现"Solution is done!"提示时，求解结束。

（26）退出求解器。选择菜单 Main Menu→Finish。

以下进行模态扩展。

（27）指定分析类型。选择菜单 Main Menu→Solution→Analysis Type→New Analysis，弹出如图 17-92 所示的对话框，选择"Type of Analysis"为"Modal"，单击"OK"按钮。

（28）打开模态扩展选项。选择菜单 Main Menu→Solution→Analysis Type→ExpansionPass，弹出如图 17-101 所示的对话框，选择"EXPASS"选项为"On"，单击"OK"按钮。

（29）指定要扩展的模态数。选择菜单 Main Menu→Solution→Load Step Opts→ExpansionPass→Single Expand→Expand modes，弹出图 17-102 所示的对话框，在"NMODE"文本框中输入 10，选择"Elcalc"为"Yes"，单击"OK"按钮。

图 17-101　扩展模态选项对话框

图 17-102　扩展模态对话框

（30）求解模态扩展。选择菜单 Main Menu→Solution→Solve→Current LS，单击"Solve Current Load Step"对话框中的"OK"按钮，出现"Solution is done!"提示时，求解结束。

（31）退出求解器。选择菜单 Main Menu→Finish。

以下进行模态组合。

（32）指定分析类型。选择菜单 Main Menu→Solution→Analysis Type→New Analysis，弹出如图 17-92 所示的对话框，选择"Type of Analysis"为"Spectrum"，单击"OK"按钮。

（33）指定组合方法。选择菜单 Main Menu→Solution→Load Step Opts→Spectrum→Single Point→Mode Combine→SRSS Method，弹出如图 17-103 所示的对话框，在"SIGNIF"文本框中输入 0.1，单击"OK"按钮。

（34）求解模态组合。选择菜单 Main Menu→Solution→Solve→Current LS，单击"Solve Current Load Step"对话框中的"OK"按钮。出现"Solution is done!"提示时，求解结束。

（35）退出求解器。选择菜单 Main Menu→Finish。

以下进行结果查看。

（36）列表固有频率。选择菜单 Main Menu→General Postproc→Results Summary，弹出如图 17-104 所示的窗口，列表中显示了模型频率。

图 17-103　SRSS 模态组合对话框

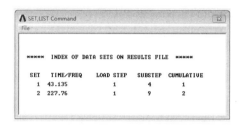

图 17-104　频率列表

（37）读入 MCOM 文件。选择菜单 Utility Menu>File>Read Input from，弹出如图 17-105 所示的对话框，在工作文件夹中选择"E17-12.mcom"，单击"OK"按钮。

图 17-105　读文件对话框

（38）列表节点位移，选择菜单 Main Menu→General Postproc→List Results→Nodal Solution，弹出如图 17-106 所示的对话框，在列表中依次选择"Nodal Solution→ DOF Solution→ Displacement vector sum"，单击"OK"按钮，弹出如图 17-107 所示的窗口，列表中显示各节点位移。

图 17-106　列表节点结果对话框

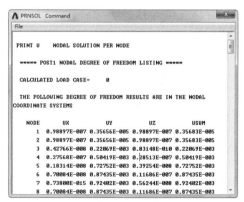

图 17-107　位移列表

3）命令流

```
/CLEAR                                          !清除数据库,新建分析
/FILNAME, E17-12                                !定义任务名
/PREP7                                          !进入前处理器
ET,1,SHELL181 $ ET, 2,BEAM188                   !选择单元类型
SECTYPE,1,SHELL $ SECDATA,0.005                 !定义壳截面
SECTYPE,2, BEAM, RECT $ SECDATA,0.01,0.01       !定义梁截面
MP, EX, 1, 2E11 $ MP, PRXY, 1, 0.3 $ MP, DENS, 1, 7800   !定义材料模型
K,1 $ K,2,0.5 $ K,3,0.5,0,0.5 $ K,4,0,0,0.5     !创建关键点
KGEN,2,ALL,,,,0.3                               !复制关键点
A,5,6,7,8                                       !由关键点创建面
LSTR,1,5 $ LSTR,2,6 $ LSTR,3,7 $ LSTR,4,8       !由关键点创建直线
ESIZE,0.05 $ AATT,,,1,,1 $ AMESH,ALL            !对面划分单元
LATT,,,2,,,,2 $ LMESH,5,8,1                     !对线划分单元
FINISH                                          !退出前处理器
/SOLU                                           !进入求解器
ANTYPE,MODAL                                    !指定分析类型为模态分析
MODOPT, LANB, 10                                !指定 Block Lanczos 法提取模态,挤出频率数为10
NSEL, S, LOC, Y, 0                              !选择 Y=0 的节点
D, ALL,ALL                                      !在选择的节点上施加位移约束
ALLS                                            !选择所有
SOLVE                                           !求解
FINISH                                          !退出求解器
/SOLU                                           !进入求解器
ANTYPE,SPECTR                                   !指定分析类型为谱分析
SPOPT,SPRS,10                                   !单点响应谱分析,10 阶模态参与计算
SVTYP,3                                         !激励谱为位移谱
SED,,1                                          !激励方向为全局直角坐标系的 Y 轴正向
FREQ,50,100,240,380                             !激励频率
SV,1,1E-3,0.5E-3,0.8E-3,0.7E-3                  !激励谱值
SOLVE                                           !求解
FINISH                                          !退出求解器
/SOLU                                           !进入求解器
ANTYPE, MODAL                                   !指定分析类型为模态分析,进行模态扩展
EXPASS,ON                                       !打开模态扩展选项
MXPAND,10,,,YES,0.001                           !扩展频率数为 10
SOLVE                                           !求解
FINISH                                          !退出求解器
/SOLU                                           !进入求解器
ANTYPE,SPECTR                                   !指定分析类型为谱分析,进行模态组合
SRSS,0.1,DISP                                   !SRSS 方法组合,重要性因子 SIGNIF 为 0.1
SOLVE                                           !求解
FINISH                                          !退出求解器
/POST1                                          !进入普通后处理器
SET,LIST                                        !列表频率
/INPUT,,MCOM                                    !读入 MCOM 文件
PRNSOL,U                                        !列表节点位移
FINISH                                          !退出普通后处理器
```

第 18 章　非线性分析

18.1　非线性分析的基本概念

18.1.1　概述

有限元问题可以归纳为求解有限元方程组 $Ku=f$。如果结构的总体刚度矩阵 K 是不变的，则该方程组是线性的，载荷 f 和位移 u 也呈线性关系，该类分析称为线性分析。但许多问题是非线性的，结构的总体刚度矩阵是变化的，由载荷产生的位移按非线性变化，求解这类问题用线性理论是不准确的，必须用非线性理论求解。

按产生非线性的原因不同，通常将结构非线性问题分为三类：几何非线性问题、材料非线性问题和状态非线性问题。一个实际问题中可能存在某种非线性，也可能存在多种非线性。

1．几何非线性

几何非线性指的是因为大应变、大位移、应力刚化及旋转软化等现象引起的结构非线性响应。如图 18-1 所示为一钓鱼竿，在初始状态时钓鱼竿很柔软，承受很小载荷就会发生很大的挠曲变形。但是随着变形的增大，力臂明显减小，这时钓鱼竿的刚度明显变大，这就是大变形引起的非线性响应。

图 18-1　几何非线性

2．材料非线性

材料非线性指的是材料的应力应变关系呈非线性变化（见图 18-2），主要体现为塑性、超弹性、蠕变等，这些特性往往受加载历史、环境温度、加载时间总量等因素影响。

（a）金属材料应力应变曲线　　　　　（b）蠕变

图 18-2　材料非线性

3．状态非线性

状态非线性指的是结构的状态发生突然变化，如接触、单元生死、结构失稳等。由于接触在机械结构中普遍存在，所以接触是状态非线性中一个特殊且重要的类型。

18.1.2 非线性有限元方程的求解方法

1. Newton-Raphson 方法

非线性问题有限元方程组 $Ku=f$ 是非线性的，求解非线性方程一般用 Newton-Raphson 方法（简称 NR 法）。

Newton-Raphson 方法将一个载荷步划分为若干个子步，经过平衡迭代迫使在每个子步的末端达到平衡收敛（见图 18-3），这实际是用线性方程近似非线性方程的过程。设非线性方程为 $K(u)u=f$，已知子步初始位移为 u_0、载荷增量为 Δf，现欲求子步末端位移 u_1，则用 NR 法求解的迭代公式为

$$\begin{cases} K(u^{(n)})\Delta u^{(n+1)} = \Delta F^{(n+1)} \\ u^{(n+1)} = u^{(n)} + \Delta u^{(n+1)} \end{cases} \quad (18-1)$$

式中，$\Delta F^{(n+1)} = \Delta f - K(u^{(n)})u^{(n+1)}$，并称作不平衡力；$n$ 为迭代次数，$u^{(0)}=u_0$。迭代过程如图 18-3（a）所示，该方法称为完全 NR 法。

用完全 NR 法每次迭代都要修改一次总体刚度矩阵，导致计算量巨大，因此可以采用改进 NR 法。改进 NR 法只在每个子步开始时修改总体刚度矩阵，在子步中每次平衡迭代时保持不变（见图 18-3（b））。此时，只需在第一次迭代时计算并存储系数矩阵 K 的逆矩阵 K^{-1}，以后每次迭代时代入公式 $\Delta u^{(n+1)} = K^{-1}\Delta F^{(n+1)}$ 计算即可。改进 NR 法每次迭代所用的计算时间较少，但迭代次数变多，收敛速度降低。

NR 法的基本思路是对一个非线性分析过程，根据指定的载荷增量 Δf（称为载荷控制）或指定的位移增量 Δu（称为位移控制），将一个载荷步划分为多个子步，在每个子步内，经过一系列平衡迭代达到收敛，来追踪真实的加载路径，以实现问题的求解。但在接近如图 18-4 所示的极值点时，往往会因为载荷或位移增量无法准确指定而导致计算失败或结果跳跃。这时，单纯载荷（位移）控制无法越过极值点以追踪完整的加载路径。

(a) 完全 NR 法（一个子步）　　(b) 改进 NR 法　　　　(a) 载荷控制　　　　(b) 位移控制

图 18-3　Newton-Raphson 方法　　　　　　　　图 18-4　极值点

2. 弧长法

弧长法属于双重目标控制方法，即在求解过程中同时控制载荷和位移增量。如图 18-5 所示，弧长法的迭代路径是一个以 $(u_0, F(u_0))$ 为圆心、以 l 为半径的圆弧，即有

$$(u^{(i)} - u_0)^2 + (\lambda^{(i)}\Delta f - F(u_0))^2 = l^2 \quad (18-2)$$

式中，λ 为载荷因子；$\lambda^{(i)}$、$u^{(i)}$ 为第 i 次迭代时的载荷因子和位移；Δf 为载荷增量。

18.1.3 非线性分析的特性

1．非线性求解的组织级别

非线性求解过程分为三个操作级别：载荷步、子步和平衡迭代。

如图 18-6 所示，按载荷随时间变化的情况定义载荷步，并假定载荷在载荷步内按线性规律变化。载荷步是顶层，求解选项、载荷和位移边界条件都在载荷步范围内定义。

图 18-5 弧长法原理

每个载荷步被划分为多个子步，通过逐步加载以得到较高的计算精度。

在每个子步内，软件通过一系列的平衡迭代在子步末端达到收敛（见图 18-3 和图 18-5）。

2．收敛检查

用 Newton-Raphson 方法每次进行迭代前，都要检查不平衡量的大小。当不平衡量小到许可范围内时，认为迭代收敛，得到平衡解。

ANSYS 默认以力/力矩、位移/转角等不平衡量为收敛判据。力收敛检查是对不平衡力进行绝对度量，而位移收敛检查是相对度量。如图 18-7 所示，只进行位移收敛检查有可能产生错误结果，所以总是以力收敛检查为主，位移收敛检查作为辅助手段使用。

图 18-6 非线性求解的组织级别

图 18-7 位移收敛检查

默认时，ANSYS 检查不平衡力和力矩的 L2 范数是否小于等于许可值，双重检查时还检查位移和转角的 L2 范数。L2 范数等于矢量各分量平方和的平方根。

3．过程依赖性

如果系统的能量在外载荷卸掉后能复原到外载荷作用以前，则称系统为保守的。如果因为塑性变形、滑动摩擦等原因能量被系统所消耗，则称系统为非保守的。

保守系统是过程无关的，即系统的结果只与施加载荷的总和有关，而与施加载荷的顺序和增量无关。非保守系统是过程相关的，系统的结果与加载历史有关。过程相关时，要求缓慢加载到最终载荷值，以获得精确的结果。

4．自动时间步长

时间步长越短，子步数越多，计算时间也就越长。可以由用户直接指定时间步长，也可以激活自动时间步长，由软件根据结构特性和系统特性相应自动调整时间步长，从而获得精度和成本间的均衡。

使用自动时间步长，可以激活软件的二分法。二分法是一种对迭代收敛失败自动矫正的方法。当平衡迭代不收敛时，二分法将时间步长二等分，然后从最后收敛的子步自动重启动。如果需要，软件可在载荷步内反复使用二分法，直到收敛为止，但当时间步长小于设定的最小时间步长时，会自动停止求解。

5．载荷方向

如图 18-8 所示，在 ANSYS 软件中，集中力和加速度载荷的方向不随单元的变形而变化，始终保持最初方向；而表面分布载荷总是沿着变形单元的法向，属于跟随力。

图 18-8　载荷方向

18.2　非线性分析的基本过程

18.2.1　非线性分析的步骤

非线性分析仍然包括 3 个步骤：建模，施加载荷并求解，查看结果。但需要在分析过程中增加非线性特性。

1．建模

非线性分析建模中可能包含特殊的单元或非线性特性。除此以外，建模过程与线性分析类似。

2．施加载荷并求解

（1）进入求解器。
（2）用 ANTYPE 命令指定分析类型。
（3）设置求解控制参数及分析选项。
（4）加载。
（5）用 SOLVE 命令或多载荷步求解。
（6）退出求解器。

3．查看结果

可用 POST1 查看某个时间点选定模型的结果或生成动画，可用 POST26 查看模型上某点的结果随时间变化情况。对于非线性结果，叠加原理不能成立，不能使用载荷工况。除此以外，其他查看结果的方法都能使用。

查看结果前，可通过查看输出文件（可观察输出窗口）、错误警告文件查看收敛情况。

1）用 POST1 查看结果

（1）进入 POST1。

（2）用 SET 命令读入需要的载荷步和子步结果。

载荷步和子步可依据编号或时间来识别，但不能用时间识别弧长法的结果。迭代不收敛的子步编号为 999999。如果用时间识别，则 TIME 最好精确地对应于子步结束时间，因为其他时间点计算结果是不收敛的，存在较大的计算误差。

（3）用 PLDISP、PLNSOL、PLESOL、PLETAB、PLLS 等命令查看结果。

2）用 POST26 查看结果

（1）如果计算是收敛的，则进入 POST26。

（2）定义变量。

（3）查看变量。

18.2.2　非线性分析的操作

1. 激活大应变选项

菜单：Main Menu→Solution→Analysis Type→Analysis Options

　　　Main Menu→Solution→Analysis Type→Sol'n Controls→Basic

命令：NLGEOM, Key

命令说明：Key= OFF（默认）时，忽略大应变效应，即小变形分析；Key= ON 时，根据单元类型情况，包括大挠度或大应变效应。

2. Newton-Raphson 选项

菜单：Main Menu→Solution→Analysis Type→Analysis Options

命令：NROPT, Option1, Option2, Optval

命令说明：Option1 指定非线性方程的求解方法。Option1= AUTO（默认）时，由软件自动选择；Option1= FULL 时，完全 NR 法；Option1=MODI 时，改进 NR 法；Option1=INIT 时，在每一次平衡迭代中均使用初始刚度矩阵；Option1=UNSYM 时，完全 NR 法，用于非对称单元矩阵。

Option2=CRPL 时，用于静态蠕变分析时激活改进 NR 法和蠕变率极限。仅当 Option1= AUTO 时有效。

Optval 为自适应下降开关。Optval=ON 时，使用自适应下降，存在摩擦接触时，ON 为默认值。Optval=OFF 时，不使用自适应下降。

自适应下降技术可以改善迭代的收敛性。如果自适应下降关闭，则每次迭代时均使用切线刚度矩阵；如果自适应下降打开，则迭代保持稳定时使用切线刚度矩阵，一旦程序在迭代中检测到发散倾向，将使用切线刚度矩阵和割线刚度矩阵的加权组合。

自适应下降只能用于完全 NR 法，用其他求解方法时自适应下降不可用。

3. 非线性选项

1）线性搜索

菜单：Main Menu→Solution→Analysis Type→Sol'n Controls→Nonlinear

　　　　Main Menu→Solution→Load Step Opts→Nonlinear→Line Search

命令：LNSRCH, Key

命令说明：Key = OFF 时，不使用线性搜索；Key = ON 时，使用线性搜索；Key = AUTO 时，由软件自动选择使用或不使用线性搜索。在不存在接触单元时，默认使用线性搜索。

除非在 NROPT 命令中明确要求使用自适应下降，否则使用线性搜索时自适应下降不被激活，一般不建议同时使用。

2）非线性分析预测器

菜单：Main Menu→Solution→Analysis Type→Sol'n Controls→Nonlinear

　　　　Main Menu→Solution→Load Step Opts→Nonlinear→Predictor

命令：PRED, Sskey, --, Lskey

命令说明：Sskey 为子步预测开关。Sskey=OFF 时，关闭预测；Sskey=ON 时，在第一个子步后的所有子步中使用预测；Sskey=AUTO 时，除了某些例外情况外，均使用预测。

Lskey 为载荷步预测开关。Lskey=OFF（默认）时，关闭载荷步预测；Lskey=ON 时，从载荷步的第一个子步开始使用预测，但必须 Sskey=ON。

使用预测器可以加速迭代收敛。在非线性响应比较平滑或振荡收敛时比较有效，在大转动或黏弹性分析时可能导致发散，此时应关闭预测器。

3）收敛准则

菜单：Main Menu→Solution→Analysis Type→Sol'n Controls→Nonlinear

　　　　Main Menu→Solution→Load Step Opts→Nonlinear→Convergence Crit

　　　　Main Menu→Solution→Load Step Opts→Nonlinear→Harmonic

　　　　Main Menu→Solution→Load Step Opts→Nonlinear→Static

　　　　Main Menu→Solution→Load Step Opts→Nonlinear→Transient

命令：CNVTOL, Lab, VALUE, TOLER, NORM, MINREF

命令说明：Lab 为收敛判据标签。进行结构分析时，位移收敛标签有 U（位移）、ROT（转角）；力收敛标签有 F（力）、M（力矩）。

VALUE 为 Lab 的典型值。如果输入负值，则删除以前定义的 Lab 收敛值，但不删除其默认值。默认值为软件计算的参考值和参数 MINREF 的最大值。对于自由度标签，上述参考值基于所选定的 NORM 和当前总自由度值；对于力标签，上述参考值基于所选定的 NORM 和所施加的载荷。

TOLER 为参数 VALUE 的公差。当 SOLCONTROL,ON 时，力和力矩标签的 TOLER 默认值为 0.5%，转动自由度不存在时，位移标签 TOLER 的默认值为 5%；当 SOLCONTROL,OFF 时，力和力矩标签的 TOLER 默认值为 0.1%。

NORM 指定范数选项。NORM=2（默认）时，为 L2 范数，检测矢量各分量平方和的平方根；NORM=1 时，为 L1 范数，检测矢量各分量绝对值的和；NORM=0 时，为无穷范数，检测每个 DOC 的值。

MINREF 为软件计算参考值的最小值。如果 MINREF 为负且 VALUE 为空，则无最小值。力和力矩标签的 MINREF 默认值为 0.01，但当 SOLCONTROL,OFF 时默认值为 1.0。

平衡迭代时，将 Lab 标签所指定的不平衡量的范数与 VALUE•TOLER 进行比较来进行收敛检查。一般情况下，默认的收敛准则即能满足使用要求。用户一旦用 CNVTOL 命令改变了某个收敛准则，则软件会自动删除所有的默认收敛准则。

4）指定最大平衡迭代次数

菜单：Main Menu→Solution→Analysis Type→Sol'n Controls→Nonlinear
　　　Main Menu→Solution→Load Step Opts→Nonlinear→Equilibrium Iter

命令：NEQIT, NEQIT, FORCEkey

命令说明：NEQIT 为每个子步允许的平衡迭代最大次数。当 SOLCONTROL,ON 时，NEQIT 默认值根据物理特性为 15～26；当 SOLCONTROL,OFF 时，NEQIT 默认值为 25。

FORCEkey= FORCE 时，强制在每个子步进行一次迭代；为空时，由 SOLCONTROL 控制迭代的最小数目。该参数只在 NEQIT=1 和 SOLCONTROL,ON 时使用。

5）回退控制

菜单：Main Menu→Solution→Analysis Type→Sol'n Controls→Nonlinear
　　　Main Menu→Solution→Load Step Opts→Nonlinear→Cutback Control

命令：CUTCONTROL, Lab, VALUE, Option

命令说明：Lab 指定回退准则。Lab= PLSLIMIT 时，如果在一个子步内最大等效塑性应变的计算结果超过参数 VALUE，则软件执行一次回退（二分），VALUE 的默认值为 15％。Lab=CRPLIMIT 时，如果在一个子步内最大等效蠕变比的计算结果超过所设定的极限值，则执行回退。Lab=DSPLIMIT 时，如果在一个子步内最大位移增量的计算结果超过 VALUE，则执行回退，VALUE 的默认值为 1.0E7。Lab= NPOINT 时，在二阶动力学方程中，如果每个循环的求解点数小于 VALUE，则执行回退，VALUE 的默认值为 13。Lab= NOITERPREDICT 时，如果 VALUE=0（默认），则内部的自动时间步长规划将预测收敛的迭代次数，并在 NEQIT 指定的迭代次数之前执行回退；如果 VALUE=1，则在回退之前，必须达到 NEQIT 指定的迭代次数。Lab= CUTBACKFACTOR 时，改变二分时的回退值，默认值为 0.5，VALUE 必须大于 0.0、小于 1.0，该选项只在 AUTOTS,ON 时有效。

VALUE 为定义回退准则的数值，参见上文。

Option 指定蠕变分析类型，只在 Lab=CRPLIMIT 时有效。

4．高级非线性选项

1）中止分析选项

菜单：Main Menu→Solution→Analysis Type→Sol'n Controls→Advanced NL
　　　Main Menu→Solution→Load Step Opts→Nonlinear→Criteria to Stop

命令：NCNV, KSTOP, DLIM, ITLIM, ETLIM, CPLIM

命令说明：KSTOP 指定不收敛时软件的行为。KSTOP=0 时，不终止分析、继续运行，即尽管不收敛，也要继续下一子步的运行；KSTOP=1（默认）时，终止分析，退出软件；KSTOP=2 时，终止分析，但不退出软件。

DLIM 指定节点自由度计算值的界限。如果超过此界限，则终止软件。结构分析时默认值为 1.0E6。

ITLIM 指定累加的平衡迭代次数界限。如果超过此界限，则终止软件。默认值为无穷。

ETLIM 指定用时的界限。如果超过此界限，则终止软件。默认值为无穷。
CPLIM 指定 CPU 时间的界限。如果超过此界限，则终止软件。默认值为无穷。

2）激活弧长法

菜单：Main Menu→Solution→Analysis Type→Sol'n Controls→Advanced NL
　　　Main Menu→Solution→Load Step Opts→Nonlinear→Arc-Length Opts

命令：ARCLEN, Key, MAXARC, MINARC

命令说明：Key=OFF（默认）时，不使用弧长法；Key=ON 时，使用弧长法。
MAXARC, MINARC 为参考弧长半径的最大、最小倍数，默认值分别为 25 和 1/1000。

5. 非线性求解默认值设置与算法控制

菜单：Main Menu→Solution→Load Step Opts→Nonlinear→Mixed U-P Toler
　　　Main Menu→Solution→Load Step Opts→Solution Ctrl

命令：SOLCONTROL, Key1, Key2, Key3, Vtol

命令说明：Key1=ON 或 1（默认）时，激活优化后的系列非线性求解命令的默认值；Key1=OFF 时，恢复默认值到 ANSYS5.4 版本以前的值。

18.3 几何非线性分析

18.3.1 几何非线性概述

因为结构变形而导致结构总体刚度矩阵具有非线性，这类问题属于几何非线性问题。

在有限元分析过程中，首先要为每个单元创建在局部坐标系下的单元刚度矩阵，然后将其转化为在全局坐标系下的单元刚度矩阵，进而集合为结构总体刚度矩阵。当单元的形状或尺寸发生较大变化时，会导致单元刚度矩阵变化。当单元的方向发生较大改变时，会导致单元刚度矩阵向全局坐标系转化时发生变化。

当缆索、薄膜等结构承受较大应力时，面内应力对面外刚度有极大影响，即发生应力刚化。

18.3.2 应力和应变

如图 18-9 所示杆件受单向拉伸时，工程应变 ε 和工程应力 σ 分别定义为

图 18-9　单向拉伸

$$\varepsilon = \frac{\Delta l}{l_0} \qquad (18\text{-}3)$$

$$\sigma = \frac{P}{A_0} \qquad (18\text{-}4)$$

式中，l_0、A_0 为杆件原始长度和横截面面积，$\Delta l = l - l_0$。

而真实（对数）应变 $\varepsilon_{\text{true}}$ 和真实应力 σ_{true} 分别定义为

$$\varepsilon_{\text{true}} = \ln \frac{l}{l_0} \qquad (18\text{-}5)$$

$$\sigma_{true} = \frac{P}{A} \tag{18-6}$$

工程应变和真实应变的关系为 $\varepsilon_{true}=\ln(1+\varepsilon)$，工程应力和真实应力的关系为 $\sigma_{true}=\sigma(1+\varepsilon)$。当工程应变很小时，真实应变等于工程应变，真实应力等于工程应力。

在大应变求解中，所有应力、应变的输入和结果均采用真实应变和真实应力。

18.3.3　几何非线性分析的注意事项

（1）根据需要选择具有大应变、大位移分析能力的单元类型。
（2）应使单元形状有适当的纵横比，不能有大的顶角和扭曲单元。
（3）应避免单点集中力和单点约束。
（4）在大变形分析中，节点坐标系不随变形而更新，节点结果显示在原始节点坐标系上，但多数单元坐标系随变形而更新，所以单元应变、应力结果随单元坐标系变化。

实例 E18-1　结构非线性分析——盘形弹簧载荷和变形关系分析

1）问题描述

如图 18-10 所示，已知盘形弹簧的内径为 d=50mm，外径为 D=100mm，厚度为 t=2mm，自由高度为 H_0=4mm，载荷为 F=2400N，现研究其载荷和变形间的关系。

图 18-10　盘形弹簧

2）命令流

```
/CLEAR                                  !清除数据库，新建分析
DI=0.05 $ DO=0.1 $ T=0.002 $ H0=0.004 $ F=2340  !定义参数
/PREP7                                  !进入前处理器
ET, 1, PLANE183,,,1                     !选择单元类型
MP, EX, 1, 2.06E11 $ MP, PRXY, 1, 0.3   !定义材料模型
ALFA=ATAN((H0-T)/(DO/2-DI/2))           !计算角度 ALFA
L=(H0-T*COS(ALFA))/SIN(ALFA)            !计算弹簧截面的长度
WPOFF,DO/2 $ WPROT,90-ALFA*180/3.14159  !偏移、旋转工作平面
RECTNG,0,-T,0,L                         !创建矩形截面
ESIZE,2E-4                              !指定单元边长度
AMESH,1                                 !划分单元
FINISH                                  !退出前处理器
/SOLU                                   !进入求解器
ANTYPE, TRANS                           !指定分析类型为瞬态分析
FK,3,FY,-F                              !在关键点上施加集中力载荷
DK,1,UY                                 !在关键点上施加 Y 方向约束
LNSRCH, ON                              !打开线性搜索
```

```
NLGEOM, ON                                  !打开大变形选项
AUTOT, ON                                   !打开自动时间步长
NSUBST, 20,30, 10                           !指定子步数目
KBC, 0                                      !斜坡载荷
OUTRES, ALL, ALL                            !输出所有子步所有项目的结果
TIME,1                                      !指定载荷步时间
SOLVE                                       !求解
FINISH                                      !退出求解器
/POST26                                     !进入时间历程后处理器
NSOL, 2, NODE(0.02492, 0.004,0), U, Y       !定义变量2，存储最上方节点的Y方向位移
RFORCE,3,NODE(0.04984, -0.002,0),F,Y        !定义变量3，存储施加有位移约束节点的Y方向支反力
ABS, 4, 2                                   !求变量2的绝对值，存储于变量4
XVAR,4                                      !指定曲线图X轴为变量4
PLVAR, 3                                    !用曲线图显示变量3，参见图18-11
FINISH                                      !退出时间历程后处理器
```

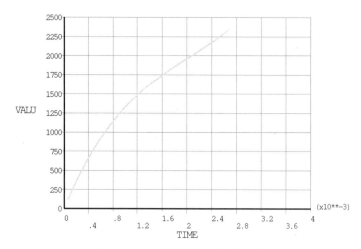

图 18-11　盘形弹簧的载荷-变形曲线

18.3.4　屈曲分析

1. 屈曲分析的基本知识

屈曲分析是一种用于确定结构开始变得不稳定时的临界载荷和屈曲模态形状的技术。ANSYS 提供了非线性屈曲分析和特征值（线性）屈曲分析两种方法，特征值屈曲分析即教科书里传统的弹性屈曲分析方法，非线性屈曲分析比特征值屈曲分析更精确，是实际中更常用的方法。

经典的屈曲分析采用特征值屈曲分析法，所谓特征值失稳计算就是用结构的材料刚度矩阵减去载荷作用下结构的几何刚度乘以一个系数，当总刚度矩阵奇异时的该系数就是失稳特征值。它适用于对一个理想弹性结构的理想屈曲强度（歧点）进行预测，主要是使用特征值公式计算造成结构负刚度的应力刚度阵的比例因子。结构在达到屈曲载荷之前其位移-变形曲线表现出线性关系，达到屈曲以后其位移-变形曲线表现出非线性关系，此种方法满足于经典理论。然而，在实际工程结构中会有一定的初始缺陷，并且在使用过程中会出现材料非线性及大变形等非线性因

素，使结构并不全是在其理想弹性屈曲强度处发生屈曲，故特征值屈曲经常产生非保守结果，即临界载荷值较大，不适用于工程结构屈曲分析，由此应运而生的是非线性屈曲分析法。该方法是包括材料非线性、大变形等非线性因素的静力分析法，计算过程可以一直进行到结构的限制载荷或最大载荷。因此，在实际结构的设计和估计中宜采用后一种方法。

2．特征值屈曲分析过程

1）建立模型

建模过程与其他分析相似，包括定义单元类型、定义单元实常数、定义材料特性、建立几何模型和划分网格等。但需注意的是：必须定义材料的弹性模量或某种形式的刚度。另外，特征值屈曲分析属于线性分析，非线性特性将被忽略。

2）获得静力学解

该过程与一般的静力学分析基本一致，但需注意：

（1）必须打开预应力效果选项，因为该分析需要计算应力刚度矩阵。

（2）通常需要为结构施加一个单位载荷，由屈曲分析计算出的特征值即为屈曲载荷（临界载荷）。

（3）在凝聚法特征值屈曲分析中，不接受非零约束。

（4）在求解结束后要退出求解器。

3）获得特征值屈曲解

获得特征值屈曲解的步骤如下：

（1）进入求解器。

（2）用 ANTYPE 命令指定分析类型为特征值屈曲分析（Eigen Buckling）。

（3）用 BUCOPT 命令指定提取方法、提取的特征值数目（NMODE），一般取 NMODE 为 1。

（4）用 OUTPR、OUTRES 命令指定输出控制。

（5）如果要查看屈曲模态形状，需用 MXPAND 命令扩展模态。

（6）求解。

（7）退出求解器。

4）查看结果

ANSYS 屈曲分析的结果有屈曲载荷系数、屈曲模态形状、相对应力分布等。查看结果使用 POST1 后处理器。

用 SET,LIST 命令显示屈曲载荷系数。

因为在结果文件中，每个模态均作为一个子步进行保存，所以要观察屈曲模态形状，必须用 SET,FIRST 等命令将相应的模态读入。

用 PLDISP 命令显示屈曲模态形状。

用 PLNSOL、PLESOL 命令显示相对应力分布。

3．非线性屈曲分析过程

1）建立模型

建模过程与其他分析相似，包括选择单元类型、定义单元实常数、定义材料特性、定义横截面、建立几何模型和划分网格等。

2）求解

（1）进入求解器。

（2）指定分析类型。非线性屈曲分析属于非线性静力学分析。

（3）定义分析选项。激活大变形效应。

（4）施加初始几何缺陷或初始扰动。可以先进行线性屈曲分析，将分析得到的屈曲模态形状乘以一个较小的系数后作为初始扰动施加到结构上，本例即采用该方法。

（5）施加载荷。施加的载荷应比预测值高10%～21%。

（6）定义载荷步选项。

（7）设置弧长法。

（8）求解。

3）查看结果

在POST26时间历程后处理器中，建立载荷和位移关系曲线，从而确定结构的临界载荷。

实例 E18-2 特征值屈曲分析实例——压杆稳定性问题

1）问题描述及解析解

某构件的受力可以简化成如图18-12所示的模型，细长杆件承受压力，两端铰支。根据材料力学的知识，当杆件承受的压力 P 超过临界压力 P_{lj} 时，杆件将丧失稳定性。已知杆的横截面形状为矩形，横截面的高度 h 和宽度 b 均为0.03m，杆的长度 $l=2$m，使用的材料为Q235A，弹性模量 $E=2\times 10^{11}$Pa，则杆件的临界压力 P_{lj} 可用如下方法计算：

杆横截面的惯性矩：

$$I = \frac{bh^3}{12} = \frac{(3\times 10^{-2})^4}{12} = 6.75\times 10^{-8} \text{ m}^4$$

杆横截面的面积：

$$A = bh = 3\times 10^{-2} \times 3\times 10^{-2} = 9\times 10^{-4} \text{ m}^2$$

杆横截面的最小惯性半径：

$$i = \sqrt{\frac{I}{A}} = \sqrt{\frac{6.75\times 10^{-8}}{9\times 10^{-4}}} = 8.66\times 10^{-3} \text{ m}$$

杆的柔度：

$$\lambda = \frac{\mu l}{i} = \frac{1\times 2}{8.66\times 10^{-3}} = 231$$

式中，μ 为受压杆的长度系数，两端铰支时 $\mu=1$。

因为受压杆用Q235A制造且 $\lambda > 100$，所以应该用欧拉公式计算其临界压力。根据欧拉公式有

$$P_{lj} = \frac{\pi^2 EI}{(\mu l)^2} = \frac{\pi^2 \times 2\times 10^{11} \times 6.75\times 10^{-8}}{(1\times 2)^2} = 33310 \text{ N}$$

图18-12 受压杆

2）命令流

```
/CLEAR                          !清除数据库，新建分析
/FILNAME, E18-2                 !定义任务名
/PREP7                          !进入前处理器
ET, 1, BEAM189                  !选择单元类型
```

```
MP, EX, 1, 2E11 $ MP, PRXY, 1, 0.3              !定义材料模型
SECTYPE,1, BEAM, RECT $ SECDATA,0.03,0.03       !定义矩形梁截面
K, 1, 0, 0, 0 $ K, 2, 0, 2, 0                   !创建关键点
LSTR, 1, 2                                      !创建直线
LESIZE, 1,,,10                                  !指定直线划分单元段数为10
TYPE, 1 $ MAT, 1 $ SECN, 1                      !指定单元属性
LMESH, 1                                        !对直线划分单元
FINISH                                          !退出前处理器
/SOLU                                           !进入求解器
ANTYPE, STATIC                                  !进行静力学分析
PSTRES, ON                                      !打开预应力效果
DK, 1, UX,,,, UY, UZ,  ROTX, ROTY               !在关键点上施加位移约束
DK, 2, UX,,,, UZ, ROTX, ROTY
FK, 2, FY, -1                                   !在关键点上施加集中力载荷
SOLVE                                           !求解
FINISH                                          !退出求解器
/SOLU                                           !进入求解器
ANTYPE, BUCKLE                                  !进行屈曲分析
BUCOPT, LANB, 1                                 !提取的特征值数目为1
MXPAND, 1                                       !扩展模态
OUTPR, ALL, ALL                                 !设置结果输出
SOLVE                                           !求解
SAVE                                            !保存数据库
FINISH                                          !退出求解器
/POST1                                          !进入通用后处理器
SET, FIRST                                      !读入第一个模态结果
SET, LIST                                       !列表屈曲载荷系数
PLDISP, 2                                       !显示结构失稳变形
FINISH                                          !退出通用后处理器
```

实例 E18-3　非线性屈曲分析实例——悬臂梁

1）问题描述及解析解

图 18-13（a）所示为一悬臂梁，图 18-13（b）为梁的横截面形状，分析其在集中力 P 作用下的临界载荷。已知截面各尺寸 H=50mm、h=43mm、B=35mm、b=32mm，梁的长度 L=0.5m。钢的弹性模量 E=2×10^{11}N/m^2，泊松比 μ=0.3。

2）命令流

```
/CLEAR
L=0.5
/FILNAME, E18-3                                 !定义任务名
/PREP7                                          !进入前处理器
ET, 1, BEAM189                                  !选择单元类型
```

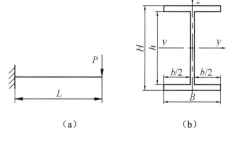

图 18-13　工字悬臂梁

```
SECTYPE,1, BEAM,I $ SECDATA,0.035,0.035,0.05,0.0035,0.0035,0.003    !定义截面
MP, EX, 1, 2E11 $ MP, PRXY, 1, 0.3                                  !定义材料模型
K, 1, 0, 0, 0 $ K, 2, L, 0, 0 $ K, 3, 0.5, 0.5, 0                   !创建关键点
LSTR, 1, 2                                                          !创建直线
LESIZE, 1,,,100 $ LATT,,,,,3 $ LMESH, 1                             !创建有限元模型
FINISH                                                              !退出前处理器
/SOLU                                                               !进入求解器,开始静力学分析
DK, 1, ALL                                                          !在关键点1上施加全约束,模拟固定端
FK, 2, FY, -1                                                       !在关键点2上施加集中力载荷
PSTRES, ON                                                          !打开预应力选项
/ESHAPE,1                                                           !显示单元形状
/VIEW,1,1,1,1                                                       !改变视点
/REPLOT                                                             !重画图形
SOLVE                                                               !求解
FINISH                                                              !退出求解器
/SOLU                                                               !再次进入求解器,开始线性屈曲分析
ANTYPE, BUCKLE                                                      !进行线性屈曲分析
BUCOPT, LANB, 1                                                     !提取的特征值数目为1
MXPAND, 1,,,YES                                                     !扩展模态、计算单元结果
OUTRES, ALL, ALL                                                    !设置结果输出
SOLVE                                                               !求解
SAVE                                                                !保存数据库
FINISH                                                              !退出求解器
/PREP7                                                              !进入前处理器
UPGEOM,0.0001,1,1,'E18-3','RST'                                     !施加初始扰动
FINISH                                                              !退出前处理器
/SOLU                                                               !进入求解器,开始非线性屈曲分析
ANTYPE, STATIC                                                      !进行静力学分析
NLGEOM, ON                                                          !打开大变形选项
ARCLEN, ON                                                          !使用弧长法
NSUBST,1000                                                         !设置子步数
FK, 2, FY, -14000                                                   !施加载荷
SOLVE                                                               !求解
SAVE                                                                !保存数据库
FINISH                                                              !退出求解器
/POST26                                                             !进入时间历程后处理器
EPLOT                                                               !显示单元
NSOL, 2, NODE(L,0,0), U, Z                                          !定义变量
RFORCE,3,NODE(0,0,0),F,Y
ABS, 4, 2                                                           !求变量2的绝对值,存储于变量4
XVAR,4                                                              !指定曲线图X轴的变量为4
PLVAR,3                                                             !绘制载荷-位移曲线
FINISH                                                              !退出时间历程后处理器
```

18.4 材料非线性分析

18.4.1 材料非线性概述

塑性、非线性弹性、超弹性、混凝土材料具有非线性应力-应变关系，蠕变、粘塑性和粘弹性存在与时间、温度和应力相关的非线性。

1. 金属材料的塑性

如图 18-14 所示，在材料的弹性阶段，当卸掉外载荷时，材料的变形是可恢复的。金属材料的弹性变形一般是很小的，通常符合虎克定律：

$$\sigma = E\varepsilon$$

式中，σ 为应力；ε 为应变；E 为弹性模量。

当材料的应力超过其弹性极限时，会产生永久的塑性变形，而应力超过材料的屈服极限 σ_s 时，材料进入屈服阶段。

塑性应变的大小可能是加载速度的函数。如果塑性应变的大小与时间无关，则称作率无关性塑性；否则，称作率相关性塑性。大多数材料有一定程度的率相关性，但在一般的分析中可以忽略，而认为是率无关的。

2. 其他材料的非线性特性

（1）率相关性塑性也可称为粘塑性，材料的塑性应变大小是加载速度与时间的函数。

（2）材料的蠕变行为也是率相关的，蠕变应变是随时间变化的不可恢复应变，但蠕变的时间尺度要比率相关性塑性大得多。

（3）非线性弹性材料具有非线性应力-应变关系，但应变是可以恢复的。

（4）超弹性材料应力-应变关系由一个应变能密度函数定义，用于模拟橡胶、泡沫类材料，变形是可以恢复的。

（5）粘弹性是一种率相关的材料特性，用于模拟塑料对应力的响应兼有弹性固体和黏性流体的双重特性。

（6）混凝土材料具有模拟断裂和压碎的能力。

（7）膨胀是指材料在中子流作用下的体积扩大效应。

Ⅰ—弹性阶段　Ⅱ—屈服阶段　Ⅲ—强化阶段

图 18-14　金属材料的应力-应变曲线

18.4.2 塑性力学的基本法则

材料的应力-应变曲线及典型特征是通过单向拉伸实验得到的，当材料处于复杂应力状态时，必须基于增量理论的基本法则将单轴应力状态的结果进行推广。

1. 屈服准则

屈服准则指的是当应力状态满足一定关系时，材料开始进入塑性状态。ANSYS 主要使用 von Mises 屈服准则和 Hill 屈服准则。

1）von Mises 屈服准则

塑性金属材料常用的屈服准则为 von Mises 屈服准则，其等效应力为

$$\sigma_e = \sqrt{\left[(\sigma_1-\sigma_2)^2+(\sigma_2-\sigma_3)^2+(\sigma_3-\sigma_1)^2\right]/2} \tag{18-7}$$

式中，σ_1、σ_2、σ_3 为主应力。当结构某处的等效应力 σ_e 超过材料的屈服极限 σ_s 时，将会发生塑性变形。如图 18-15 所示，在三维空间中，屈服面是一个以 $\sigma_1=\sigma_2=\sigma_3$ 为轴的圆柱面；在二维图中，屈服面是一个椭圆。在屈服面内部的任意应力状态都是弹性的，而在外部是塑性的。

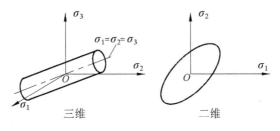

图 18-15 屈服面

Mises 屈服准则用于各向同性材料，在 ANSYS 中，所有率无关材料模型均采用 Mises 屈服准则。常用非线性材料模型如双线性等向强化（Bilinear Isotropic Hardening）、多线性等向强化（Multilinear Isotropic Hardening）、双线性随动强化（Bilinear Kinematic Hardening）、多线性随动强化（Multilinear Kinematic Hardening）均采用 Mises 屈服准则。

2）Hill 屈服准则

Hill 屈服准则用于各向异性材料，可以考虑材料弹性参数的各向异性和屈服强度的各向异性。Hill 屈服准则是 von Mises 屈服准则的延伸，用 Hill 模型确定 6 个方向上的实际屈服应力。

2. 流动准则

流动准则定义了塑性应变增量的分量和应力分量及应力增量分量之间的关系，规定了发生屈服时塑性应变的方向。当塑性流动方向与屈服面的外法线方向相同时称为相关流动准则，如金属材料和其他具有不可压缩非弹性行为的材料；当塑性流动方向与屈服面的法线方向不相同时称为非相关流动准则，如摩擦材料。

在 ANSYS 中，所有率无关材料模型均采用相关流动准则。

3. 强化准则

在单向应力状态下，典型金属材料的应力应变状态分为弹性阶段、屈服阶段、强化阶段和破

坏阶段。若在强化阶段卸载后再重新加载，其屈服应力会提高。在复杂应力状态下，强化准则描述在塑性流动过程中屈服面如何变化。常用的强化准则有随动强化、等向强化和混合强化。

随动强化中，屈服面的大小保持不变，并沿屈服方向平移（见图 18-16（a））。随动强化的应力-应变曲线如图 18-16（b）所示，压缩时的后继屈服极限减小量等于拉伸时屈服极限的增加量，因此这两种屈服极限间总能保持 $2\sigma_s$ 的差值，这种现象称作 Bauschinger 效应。随动强化通常用于小应变、循环加载的情况。

图 18-16　随动强化

等向强化中，对 von Mises 屈服准则来说，屈服面随塑性流动，在所有方向均匀膨胀（见图 18-17（a））。等向强化的应力-应变曲线如图 18-17（b）所示，压缩时的后继屈服极限等于拉伸时达到的最大应力。等向强化经常用于大应变或比例（非周期）加载的分析。

图 18-17　等向强化

18.4.3　输入材料数据

定义图 18-18（a）所示的双线性等向强化或双线性随动强化材料模型时，使用两个斜率来定义材料的应力-应变曲线。定义该模型时，需要定义的特性参数包括弹性模量、泊松比、屈服极限、切线模量。定义图 18-18（b）所示的多线性等向强化或多线性随动强化材料模型时，使用多个对应的应力-应变值来定义材料曲线。

输入材料数据的具体过程请参见实例。

（a）双线性　　　　　　　　　　　　　　（b）多线性

图 18-18　应力-应变曲线

实例 E18-4　材料非线性分析实例——自增强厚壁圆筒承载能力研究

1）问题描述及解析解

自增强处理是提高厚壁容器承载能力和疲劳寿命的一种行之有效的工艺方法，广泛应用于各种高压容器的设计与制造中。厚壁圆筒经自增强处理后之所以能够提高其承载能力和疲劳寿命，是因为在圆筒内表面一定区域内形成了有利的残余应力。因此，控制残余应力的大小，掌握其分布规律，是自增强处理技术的关键。

图 18-19 所示钢制厚壁圆筒，其内半径 r_1=50mm，外半径 r_2=100mm，作用在内孔上的自增强压力 p=375MPa，工作压力 p_1=250MPa，无轴向压力，轴向长度视为无穷。材料的屈服极限 σ_s=500MPa，无强化。要求计算自增强处理后厚壁圆筒的承载能力。

图 18-19　厚壁圆筒问题

根据弹塑性力学理论，圆筒在自增强压力的作用下，其内部已发生屈服。根据 von Mises 屈服条件，弹塑性区分界面半径 ρ 可由下式计算得到：

$$p = \frac{2}{\sqrt{3}}\sigma_s\left(\ln\frac{\rho}{r_1} + \frac{r_2^2 - \rho^2}{2r_2^2}\right)$$

将上式中各参数的值代入，可解出 ρ=0.08m。加载时，厚壁圆筒的应力分布为

弹性区（$\rho \leq r \leq r_2$）
$$\begin{cases}\sigma_r = -\dfrac{\sigma_s}{\sqrt{3}}\dfrac{\rho^2}{r_2^2}\left(\dfrac{r_2^2}{r^2} - 1\right) \\ \sigma_t = \dfrac{\sigma_s}{\sqrt{3}}\dfrac{\rho^2}{r_2^2}\left(\dfrac{r_2^2}{r^2} + 1\right)\end{cases}$$

塑性区（$r_1 \leq r \leq \rho$）
$$\begin{cases}\sigma_r = \dfrac{2}{\sqrt{3}}\sigma_s\ln\dfrac{r}{r_1} - p \\ \sigma_t = \dfrac{2}{\sqrt{3}}\sigma_s\left(1 + \ln\dfrac{r}{r_1}\right) - p\end{cases}$$

将两式代入数值，可得 $r=r_1, \rho, r_2$ 处的切向应力 σ_t 分别为 202MPa、473MPa 和 369MPa。卸载后，厚壁圆筒内的残余应力分布为

弹性区（$\rho \leqslant r \leqslant r_2$）
$$\begin{cases} \sigma_r = -\frac{\sigma_s}{\sqrt{3}}\frac{\rho^2}{r_2^2}\left(\frac{r_2^2}{r^2}-1\right)+\frac{pr_1^2}{r_2^2-r_1^2}\left(\frac{r_2^2}{r^2}-1\right) \\ \sigma_t = \frac{\sigma_s}{\sqrt{3}}\frac{\rho^2}{r_2^2}\left(\frac{r_2^2}{r^2}+1\right)-\frac{pr_1^2}{r_2^2-r_1^2}\left(\frac{r_2^2}{r^2}+1\right) \end{cases}$$

塑性区（$r_1 \leqslant r \leqslant \rho$）
$$\begin{cases} \sigma_r = \frac{2}{\sqrt{3}}\sigma_s \ln\frac{r}{r_1}-p+\frac{pr_1^2}{r_2^2-r_1^2}\left(\frac{r_2^2}{r^2}-1\right) \\ \sigma_t = \frac{2}{\sqrt{3}}\sigma_s\left(1+\ln\frac{r}{r_1}\right)-p-\frac{pr_1^2}{r_2^2-r_1^2}\left(\frac{r_2^2}{r^2}+1\right) \end{cases}$$

将两式代入数值，可得 $r=r_1, \rho, r_2$ 处的残余切向应力 σ_t 分别为-422MPa、153MPa 和 119MPa。根据对称性，可取圆筒的 1/4 并施加垂直于对称面的约束进行分析。

2）命令流

```
/CLEAR                                    !清除数据库，新建分析
/FILNAME, E18-4                           !定义任务名
/PREP7                                    !进入前处理器
ET, 1, PLANE183,,,2                       !选择单元类型、设置单元选项
MP, EX, 1, 2E11 $ MP, PRXY, 1,0 .3        !定义材料模型
TB, BKIN, 1, 1 $ TBTEMP, 0 $ TBDATA, 1, 500E6, 0    !屈服极限 500e6，切线模量 0
PCIRC, 0.1, 0.05, 0, 90                   !创建圆形面
ESIZE, 0.003 $                            !指定单元边长度为 0.003
MSHKEY, 1                                 !指定映射网格
MSHAPE, 0                                 !指定单元形状为四边形
AMESH, ALL                                !对面划分单元
FINISH                                    !退出前处理器
/SOLU                                     !进入求解器
DL, 4,,UY $ DL, 2,,UX                     !在线上施加位移约束
AUTOTS, ON                                !打开自动载荷步选项
DELTIM, 0.2, 0.1, 0.3                     !指定载荷子步步长
KBC, 0                                    !斜坡载荷
TIME, 1                                   !指定第一个载荷步时间
SFL, 3, PRES, 375E6                       !在线上施加压力载荷
LSWRITE                                   !写载荷步文件
TIME, 2                                   !指定第二个载荷步时间
SFL, 3, PRES, 0                           !在线上施加压力载荷
LSWRITE                                   !写载荷步文件
TIME, 3                                   !指定第三个载荷步时间
SFL, 3, PRES, 250E6                       !在线上施加压力载荷
LSWRITE                                   !写载荷步文件
LSSOLVE, 1, 3                             !求解
FINISH                                    !退出求解器
/POST1                                    !进入通用后处理器
RSYS, 1                                   !指定结果坐标系为全局圆柱坐标系
SET, 1                                    !读第一个载荷步
PLNSOL, S, EQV                            !显示 von Mises 应力云图
```

```
PATH,P1,2 $ PPATH,1,0,0.05 $ PPATH,2,0,0.1        !定义路径
PDEF,SE,S,EQV,AVG                                  !向路径映射数据
PLPATH, SE                                         !显示路径图
SET, 2                                             !读第二个载荷步
PDEF,SR,S,X $ PDEF,ST,S,Y                          !向路径映射数据
PLPATH, SR,ST                                      !显示路径图
SET, 3                                             !读第三个载荷步
PLNSOL, S, EQV                                     !显示 von Mises 应力云图
FINISH                                             !退出普通处理器
```

实例 E18-5　材料蠕变分析实例——受拉平板

1）蠕变简介

蠕变是指金属材料在长时间的恒温、恒载作用下，持续发生缓慢塑性变形的行为，大多数金属材料在高温下会表现出蠕变行为。蠕变与塑性变形不同，塑性变形通常在应力超过弹性极限之后才出现，而蠕变只要应力的作用时间相当长，在应力小于弹性极限时也能出现。

如果材料发生了蠕变，则在恒载作用下结构会发生持续变形；如果结构承受恒位移，则应力会随时间而减小，即产生应力松弛。

蠕变一般分为蠕变初始阶段（Primary）、蠕变稳定阶段（Secondary）和蠕变加速阶段（Tertiary），如图 18-20 所示。蠕变初始阶段时间很短，应变率随时间而减小；在蠕变稳定阶段，应变率以常速发展；在蠕变加速阶段，应变率急剧增大直至材料失效。研究蠕变行为，主要针对蠕变初始阶段和蠕变稳定阶段。

研究问题时一般以蠕变方程（又称本构关系）来表征蠕变行为，蠕变方程以蠕应变率的形式表示：

$$\mathrm{d}\varepsilon_{cr}/\mathrm{d}t = A\sigma^B \varepsilon^C t^D \tag{18-8}$$

式中，ε_{cr} 为蠕应变；t 为时间；A、B、C、D 是由实验得到的材料特性参数，一般与应力、应变、时间或温度相关。当 $D<0$ 时，蠕应变率随时间减小，材料处于蠕变初始阶段；当 $D=0$ 时，蠕应变率不随时间变化，材料处于蠕变稳定阶段。

在 ANSYS 中，有一个蠕应变率库供选择。

2）问题描述

一矩形平板，左端固定，右端作用有恒定压力 $p=100\mathrm{MPa}$，矩形平板尺寸如图 18-21 所示，材料的弹性模量为 $2\times10^{11}\mathrm{Pa}$，泊松比为 0.3，蠕变稳定阶段的蠕变方程为 $\mathrm{d}\varepsilon_{cr}/\mathrm{d}t = C_1\sigma^{C_2}$，其中 $C_1=3.125\times10^{-14}$，$C_2=5$。试分析平板右端的位移随时间的变化情况。

提示：为避免出现较小值，力的单位用 N，长度的单位用 mm，时间的单位用 h。

图 18-20　蠕变曲线

图 18-21　受拉矩形平板

3）命令流

```
/CLEAR                            !清除数据库，新建分析
/FILNAME, E18-5                   !定义任务名
/PREP7                            !进入前处理器
ET, 1, PLANE182                   !选择单元类型
MP,EX,1,2E5 $ MP,PRXY,1,0.3       !定义材料模型
TB,CREEP,1,,,10                   !激活蠕变选项，采用 Norton 方程 $d\varepsilon_{cr}/dt = C_1\sigma^{C2}e^{-C3/T}$
TBDATA,1,3.125E-14,5              !定义蠕变参数 C1=3.125E-14，C2=5，C3=0
RECT,0,100,0,30                   !创建矩形面
LESIZE,1,,,10 $ LESIZE,2,,,3      !指定线划分单元段数
MSHAPE,0                          !指定单元形状为四边形
MSHKEY,1                          !指定映射网格
AMESH,ALL                         !对面划分单元
FINI                              !退出前处理器
/SOLU                             !进入求解器
DL,4,,ALL                         !在线上施加位移约束
SFL,2,PRES,-100                   !在线上施加压力载荷
DELT,1E-6,1E-6,1E-6               !时间步长
TIME, 1E-6                        !指定时间
OUTRES,ALL,LAST                   !输出控制
SOLVE                             !求解
RATE, ON                          !激活蠕变分析
DELT,100,1,100
TIME,1000
SOLVE                             !求解
FINI                              !退出求解器
/POST1                            !进入通用后处理器
PLNSOL,S,EQV,0,1                  !用等高线显示 von Mises 应力
FINI                              !退出通用后处理器
/POST26                           !进入时间历程后处理器
N1=NODE(100,30,0)                 !将坐标为(100,30,0)的节点编号存储于变量 N1 中
NSOL,2,N1,U,X                     !定义变量
PLVAR,2                           !用曲线图显示变量
FINI                              !退出时间历程后处理器
```

18.5 状态非线性分析

18.5.1 接触概述

当两个物体表面相互接触并相切时，二者处于接触状态。从物理角度看，在形成接触的不同物体表面之间，可以沿法向自由分离和沿切向相互移动，但不能发生互相穿透（见图 18-22（a））；可以传递法向压缩力和切向摩擦力，但不能传递法向拉伸力。

图 18-22　接触方式

接触问题是最普遍的状态非线性问题，系统的刚度随接触状态而变化，是一种高度非线性行为，需要较多的计算资源。接触问题存在两个较大的难点：其一，在问题求解之前，不清楚接触区域的范围，即表面之间是接触还是分离是未知的，并且随载荷、材料、边界条件及其他因素变化；其二，接触问题常需计算摩擦力，各种摩擦模型都是非线性的，使问题的收敛更加困难。

接触问题有两个基本类型，即刚体-柔体的接触和柔体-柔体的接触。在刚体-柔体的接触问题中，有的接触面与它接触的变形体相比有较大的刚度而当作刚体，分析时不计算刚体内的应力。一般情况下，一种软材料和一种硬材料接触时，问题可以被近似为刚体-柔体的接触，许多金属成型问题归为此类接触。而柔体-柔体的接触是一种更普遍的类型，此时两个接触体具有近似的刚度，都为变形体。

18.5.2　接触问题的基本知识

1. 接触算法

接触问题用于处理接触体间的相互作用关系，只有满足接触力的传递、两接触面间没有穿透等要求，接触算法才能对接触力学行为进行准确分析。

ANSYS 使用的接触算法有罚函数法（penalty method）、拉格朗日算法（lagrange method）、扩展拉格朗日算法（augmented method）、罚函数法+拉格朗日算法（lagrange & penalty）。

1）罚函数法

罚函数法的基本原理是：计算每一载荷子步时先检查接触面和目标面间是否存在穿透，若没有则不做处理；如果有，则在接触面和目标面间引入一个法向接触力 F_N：

$$F_N = K_N x \tag{18-9}$$

式中，K_N 为法向接触刚度；x 为穿透深度（见图 18-22（b））。这相当于在接触面和目标面间沿法向放置一个弹簧，以限制穿透的大小。接触刚度越大，则穿透就越小，理论上在接触刚度为无穷大时，可以实现真实的接触状态，使穿透值等于零。但是，接触刚度过大会导致总体刚度矩阵病态，造成收敛困难。也就是说，接触刚度较大时，计算精度较高，但收敛困难。

2）拉格朗日算法

拉格朗日算法与罚函数法不同，不是采用力与位移的关系来求接触力，而是把接触力作为一个独立自由度，可以直接实现穿透为零的真实接触条件，是一种精确的接触算法。但由于自由度的增加，会使计算效率降低。在接触状态发生急剧变化时，会产生震颤。

3）扩展拉格朗日算法

扩展拉格朗日算法是不停更新接触刚度的罚函数法，这种更新不断重复，直到计算的穿透值小于允许值为止，允许穿透值用实常数 FTOLN 或 TOLN 设定。扩展拉格朗日算法的优点是总体刚度矩阵较少病态，各接触单元接触刚度的取值更合理。

扩展拉格朗日算法是 ANSYS 默认的接触算法。

2．接触刚度

ANSYS 软件会根据结构单元的特性估计一个默认的法向接触刚度值，用户可以用实常数 FKN 为法向接触刚度指定一个比例因子（FKN>0 时）或指定一个真正的值（FKN<0 时），比例因子一般在 0.01～10 之间。

法向接触刚度对计算精度和收敛的影响显著，选择一个合适的接触刚度对计算至关重要。在数学上为了保持平衡，需要有穿透值，然而物理接触实体是没有穿透的。选择大的接触刚度，会产生小的穿透和较高的计算精度，但太大的接触刚度会产生收敛困难，模型可能会振荡，接触表面可能会互相跳开。

当大面积实体接触时，可取比例因子 FKN = 1.0；基体较柔软或弯曲占主导部分时，可取 FKN = 0.01～0.1。

在分析中，可以先用较小的接触刚度值计算前几个子步，以检查穿透量和每一个子步中的平衡迭代次数。如果穿透量较大，则需要提高接触刚度重新分析；如果未收敛或收敛迭代次数过多，则需要降低接触刚度重新分析。可以反复改变接触刚度的大小，以观察其对计算结果的影响，直到接触压力、最大等效应力等计算结果不再明显改变为止。

3．摩擦力

在 ANSYS 中，两个接触面间可以是无摩擦的，也可以是有摩擦的。考虑摩擦时采用库仑模型，即两个表面接触时有黏合和滑动两种状态。在切向剪应力小于等效剪应力时，两个表面处于黏合状态；反之，两个表面开始相互滑动。

等效剪应力 τ 由下式确定：

$$\tau = \mu p + COHE \tag{18-10}$$

式中，μ 为摩擦因数；p 为接触压力；COHE 为凝聚滑动阻力。也可以用实常数 TAUMAX 人工指定等效剪应力。

在 ANSYS 中，摩擦因数 MU 作为接触单元的材料属性进行输入，各向同性摩擦模型时，用 TB 或 MP 命令指定单一摩擦因数 MU。例如：

MP,MU,1,0.2

软件默认值为表面间无摩擦，当接触行为为 rough（粗糙）或 bonded（绑定）时，软件将忽略摩擦因数 MU 值而假定摩擦力为无穷大。

除无摩擦粗糙接触和绑定接触的单元刚度矩阵是对称的之外，带摩擦接触问题会产生非对称刚度矩阵，相应地会提高求解成本、降低收敛速度。这时，可选择非对称求解选项 NROPT,UNSYM。

4．接触行为

standard：标准接触模式，即法向单向接触。接触分离时，法向压力为零。

rough：粗糙接触模式，用于模拟表面粗糙、无滑动的摩擦接触问题。忽略摩擦因数 MU 值，假定摩擦力为无穷大。

no separation（sliding permitted）：不分离接触模式。接触面和目标面一旦接触，法向不能分离，但切向可以滑动。

bonded：绑定接触模式。法向不分离，切向不能滑动。

no separation（always）：不分离接触模式。接触检查点初始在 Pinball 区域内，或一旦接触，法向不能分离，但切向可以滑动。

bonded（always）：绑定接触模式。接触检查点初始在 Pinball 区域内，或一旦接触，法向不分离，切向不能滑动。

bonded（initial contact）：初始绑定接触模式。

5．接触状态

接触单元的接触状态由接触单元和目标单元的相对位置和运动关系决定，ANSYS 通过检测确定每个接触单元的接触状态。STAT=0 时，为打开的远区接触；STAT=1 时，为打开的近区接触；STAT=2 时，为滑动接触；STAT=3 时，为黏合接触。

以接触单元的积分点为中心，以实常数 PINB 为半径确定的 2D 圆或 3D 球称为 Pinball 区域。当目标面未进入 Pinball 区域时，为打开的远区接触；当目标面进入 Pinball 区域后但未接触时，为打开的近区接触。

6．接触单元

ANSYS 通过在基体模型上创建目标单元和接触单元来识别潜在的接触面，并跟踪接触对的相对运动。ANSYS 支持 5 种接触方式，即点-点、点-面、面-面、线-线、线-面接触，每种方式都有相适用的单元。

点-点接触用于模拟单点和另一个确定点之间的接触，用多个点-点接触可以模拟面-面接触。为了使用点-点接触单元，需要预先知道接触位置，这类问题只适用于接触面之间有较小滑动的场合。如果两个接触面上的节点一一对应，相对滑动又忽略不计，两个面挠度（转动）保持小量，那么就可以用点-点接触单元来模拟该类问题，过盈装配问题是用点-点接触单元模拟面-面接触的典型例子。

点-面接触用于模拟某一点和任意形状的面的接触，也可使用多个点-面接触单元模拟棱边和面、面和面的接触。通过节点定义一个接触面，而面既可以是刚体也可以是柔体。使用这类接触单元，不必预先知道准确的接触位置，接触面之间也不需要保持一致的网格，并且允许有大的变形和大的相对滑动。

面-面接触可模拟刚体-柔体、柔体-柔体的面-面接触，是最常用的接触分析类型。

18.5.3　面-面接触

1．面-面接触分析简介

面-面接触分析可模拟刚体-柔体、柔体-柔体的面-面接触。对于两个边界的接触问题，需要指定一个边界作为目标面、另一个边界作为接触面，这两个面合起来称为接触对，软件通过相同的实常数编号来识别接触对。接触单元被约束，不能进入目标单元，而目标单元可以进入接触单元。对于刚体-柔体接触，总是将刚性面作为目标面，将柔性面作为接触面处理；对于柔体-柔体接触，目标面和接触面都是变形体。

面-面接触单元具有以下优点：支持低阶和高阶单元；支持有大滑动和摩擦的大变形；提供更多、更好的结果数据，例如，法向应力和摩擦应力；对接触表面的形状没有限制；允许各种复杂建模控制，如绑定接触、渐变初始渗透、支持单元死活等。

2．面-面接触单元

2D 面-面接触单元有目标单元 TARGE169、接触单元 CONTA171 和接触单元 CONTA172。3D 面-面接触单元有目标单元 TARGE170、接触单元 CONTA173 和接触单元 CONTA174。

CONTA171 单元为 2 节点面-面接触单元，可创建于没有中间节点的 2D 实体、壳或梁单元的表面，如 PLANE13、PLANE55、PLANE182、MATRIX50 和 SHELL208 等单元类型。

CONTA172 单元为 3 节点面-面接触单元，可创建于带中间节点的 2D 实体单元的表面，如 PLANE35，PLANE77、PLANE53、PLANE121、PLANE183、SHELL209、PLANE223、PLANE230 或 MATRIX50 等单元类型。

CONTA173 单元为 4 节点面-面接触单元，可创建于没有中间节点的 3D 实体或壳单元的表面，如 SOLID65、SOLID70、SOLID96、SOLID185、SOLID285、SOLSH190、SHELL28、SHELL41、SHELL131、SHELL157、SHELL181 或 MATRIX50 等单元类型。

CONTA174 单元为 8 节点面-面接触单元，可创建于有中间节点的 3D 实体或壳单元的表面，如 SOLID87、SOLID90、SOLID98、SOLID122、SOLID123、SOLID186、SOLID187、SOLID226、SOLID227、SOLID231、SOLID232、SHELL132、SHELL281 和 MATRIX50 等单元类型。

1）接触单元的选项

KEYOPT(1)：单元自由度。

KEYOPT(2)：接触算法。可选择扩展拉格朗日算法、罚函数法、多点约束方程、在法向采用拉格朗日算法+在切向采用罚函数法、纯拉格朗日算法。

KEYOPT(4)：接触检测点的位置。一般为高斯点。

KEYOPT(5)：CNOF/ICONT 自动调整。可用 CNOF 自动关闭间隙或减小穿透；用 ICONT 自动调整接触检测点到目标面。

KEYOPT(6)：接触刚度变化（KEYOPT(10)＞0 时）。

KEYOPT(7)：单元级时间步长控制。

KEYOPT(9)：初始穿透或间隙的影响。

KEYOPT(10)：接触刚度更新。可以选择：当在载荷步中重定义 FKN 时，则在每个载荷步中更新接触刚度，或者根据基体单元的当前平均应力，在每次迭代中更新。

KEYOPT(11)：壳或梁厚度影响。不考虑时，按中面计算接触；考虑时，按底面或顶面计算接触。

KEYOPT(12)：接触行为。

2）接触单元的实常数

R1：目标圆半径。

R2：超单元厚度。

FKN：法向接触刚度。

FTOLN：最大穿透范围。

ICONT：初始闭合系数。

PINB：Pinball 区域。

PMAX、PMIN：初始穿透范围的上限、下限。
TAUMAX：最大摩擦应力，即等效剪应力。
CNOF：接触面偏移量。
FKOP：接触分离刚度。
FKT：切向接触刚度。

其中，实常数 FKN、FTOLN、ICONT、PINB、FKOP 输入正值时为比例因子，输入负值时为真实值。

3. 面-面接触分析的步骤

1）建立基体模型并划分网格

需要建立代表基体的实体模型，与其他分析过程一样，要设置单元类型、实常数、材料特性等，并用恰当的单元类型为基体划分网格。

2）选择接触单元并设置单元选项

ANSYS 中面-面接触单元的类型、特点及选项如前文所述。

3）设置实常数

ANSYS 中使用实常数控制面-面接触单元的接触行为，并且不同的接触对必须定义不同的实常数号识别。

4）定义目标面和接触面，创建目标单元和接触单元

对于刚体-柔体的接触问题，应将刚性面定义为目标面，而将柔性面定义为接触面。对于柔体-柔体的面-面接触可按以下原则指定目标面和接触面：

（1）当凸面与平面或凹面接触时，应选择平面或凹面为目标面。

（2）当硬表面与软表面接触时，应选择硬表面为目标面。

（3）当大表面与小表面接触时，应选择大表面为目标面。

（4）如果结构已划分网格，当具有粗糙网格的表面与具有细密网格的表面接触时，应选择粗糙网格表面为目标面。

（5）如果一个面上的基础单元为高阶单元，另一个面上的基础单元为低阶单元，则应选择基础单元为低阶单元的面为目标面。

由于几何模型和潜在变形的多样性，有时候一个接触面的同一区域可能和多个目标面发生接触关系。此时，应该定义多个接触对（使用多组覆盖层接触单元），每个接触对有不同的实常数号。

创建目标单元和接触单元的方法见下文。

5）控制刚性目标单元的运动

6）施加必要的边界条件和载荷

7）定义求解和载荷步选项

在大多数面-面接触分析中推荐使用下列选项：

用 AUTOTS 命令打开自动时间步长。

用 NROPT 命令选择完全牛顿-拉夫逊迭代方法，关闭自适应下降因子。

用 NEQIT 命令设置合理的平衡迭代次数（25～50）。

用 PRED 命令打开时间步长预测器选项。

用 LNSRCH 命令使用线性搜索选项来使计算稳定化。

8）求解

9）查看结果

接触分析的结果包括常规的位移、应力、应变，还有接触压力、滑动等接触信息。可以使用 POST1 或 POST26 后处理器查看结果。

4．创建刚性目标单元

ANSYS 用基本图元直接创建刚性目标单元，而不是覆盖在基体单元上，如 2D 情况下使用直线、圆、圆弧、抛物线，3D 情况下使用圆柱面、圆锥面、球面、三角面等。

pilot 节点实际上是只有一个节点的单元，它是刚性目标面运动的控制器。每个刚性目标面只能有一个 pilot 节点，刚性目标面及其 pilot 节点应有相同的实常数号。可以指定刚性目标面的节点为 pilot 节点，也可以在其他任意位置定义 pilot 节点。可以在 pilot 节点上施加载荷和边界条件，但在下列情况下必须使用 pilot 节点：目标面上作用有转矩载荷或转动位移，或者目标面和其他单元相连时（如结构质量单元）。

1）直接创建刚性目标单元

以创建圆柱面目标单元为例。

```
ET, 1, TARGE170              !二维用 TARGE169 单元，三维用 TARGE170 单元
R, 1,0.05                    !用实常数指定圆柱面半径
N,100,0,0,0 $ N,101,0,0,0.2  !创建刚性目标单元的节点，其位置在圆柱面的轴线上
TYPE,1 $ REAL,1              !指定刚性目标单元的单元类型和实常数
TSHAP, CYLI                  !指定刚性目标单元的形状
E,100,101                    !创建刚性目标单元
```

2）划分刚性目标单元

先创建几何实体，然后用 LMESH、AMESH 命令划分单元。

ANSYS 将每一条直线划分为一个直线形状刚性目标单元，将圆弧划分为圆弧形状，将完整的圆划分为单一的圆形状，将样条曲线划分为抛物线形状。如果几何实体是一个完整的球、圆柱或圆锥，则 ANSYS 将之划分为相应形状的目标单元；如果是任意形状的表面，则用三角形划分单元。

3）创建 pilot 节点

可以用 KMESH 命令将关键点划分为 pilot 节点，也可以直接创建 pilot 节点，例如：

```
REAL,1            !指定与刚性目标单元相同的实常数号
N,101,1,2,0       !创建节点，也可以使用目标单元的节点
TSHAP,PILOT       !指定创建 pilot 节点
E,101             !创建 pilot 节点
```

5．创建柔性接触单元和目标单元

```
TYPE, …           !指定接触单元或目标单元类型编号
REAL, …           !指定实常数号，用同一个实常数号识别接触对
NSEL,S,…          !选择接触面上的节点
ESURF             !创建目标单元或接触单元
```

实例 E18-6 接触分析实例——平行圆柱体承受法向载荷时的接触应力分析

1）问题描述

两个半径分别为 $r_1=0.05\text{m}$、$r_2=0.1\text{m}$，长度均为 $L=0.01\text{m}$ 的平行圆柱体发生正接触，即接触线为两圆柱体的母线，作用在两圆柱体接触线法线方向上的压力总和为 $F_n=20000\text{N}$，两圆柱体均为钢制，分析两圆柱体的接触情况。

接触应力 σ_H 的大小可由弹性力学的赫兹公式求出：

$$\sigma_H = \sqrt{\dfrac{F_n}{\pi b} \cdot \dfrac{\dfrac{1}{\rho_1}+\dfrac{1}{\rho_2}}{\dfrac{1-\mu_1^2}{E_1}+\dfrac{1-\mu_2^2}{E_2}}} = \sqrt{\dfrac{20000}{3.14\times 0.01} \cdot \dfrac{\dfrac{1}{0.05}+\dfrac{1}{0.1}}{2\times \dfrac{1-0.3^2}{2\times 10^{11}}}} = 1449 \text{ MPa} \qquad (18\text{-}11)$$

式中　F_n——两圆柱体上作用的法向力；

　　　b——两圆柱体的接触宽度；

　　　E_1、E_2——两圆柱体材料的弹性模量；

　　　μ_1、μ_2——两圆柱体材料的泊松比；

　　　ρ_1、ρ_2——两圆柱体在接触处的曲率半径。

由于接触的影响只发生于结构的局部，另外圆柱体具有对称性，所以分析时只取两圆柱体的 1/4，以减少计算时间和计算容量。

2）命令流

```
/CLEAR                                      !清除数据库，新建分析
/FILNAME, E18-6                             !定义任务名
/PREP7                                      !进入前处理器
ET, 1, PLANE183 $ ET, 2, SOLID186           !选择结构单元类型
ET, 3, TARGE170 $ ET, 4, CONTA174,,,,,1     !选择目标单元和接触单元类型
R, 1,,, 10                                  !定义实常数
MP, EX, 1, 2E11 $ MP, PRXY, 1, 0.3          !定义材料模型
CYL4, 0, 0, 0.1, 0, 0, 90 $ CYL4, 0, 0.15, 0.05, -90, 0, 0   !创建圆形面
WPOFF, 0.008                                !偏移工作平面
WPROT, 0, 0, 90                             !旋转工作平面
ASBW, ALL                                   !用工作平面划分面
AATT, 1, 1, 1                               !指定面单元属性
ESIZE, 0.0075 $ MSHAPE, 0 $ MSHKEY, 0 $ AMESH, ALL      !对面划分单元
KREFINE, 2, 4, 2,5                          !在关键点附近重定义网格
TYPE, 2                                     !指定体单元类型
EXTOPT, ESIZE, 5                            !设置挤出段数为5
EXTOPT, ACLEAR, 1                           !设置挤出操作时清除面单元
VEXT, ALL,,,,,0.01                          !面挤出形成体，并产生体单元
ASEL, S,,,14 $ NSLA, S, 1                   !选择下方圆柱体接触面及面上节点
REAL, 1 $ TYPE, 3 $ ESURF                   !创建接触对的目标单元
ASEL, S,,,18 $ NSLA, S, 1                   !选择上方圆柱体接触面及面上节点
REAL, 1 $ TYPE, 4 $ ESURF                   !创建接触对的接触单元
ALLS
```

FINISH	!退出前处理器
/SOLU	!进入求解器
DA, 16, UY $ DA, 8, UY	!在面上施加约束
DA, 15, UX $ DA, 20, UX	
DA, 1, UZ $ DA, 9, UZ $ DA, 13, UZ $ DA, 17, UZ	
ASEL, S,,,11, 19, 8 $ NSLA, S, 1	!选择面及面上节点
SFA, ALL, 1, PRES, 20E6	!在选择的面上施加压力载荷
CP, 1, UY, ALL	!对所选择节点的自由度进行耦合
ALLS	!选择所有实体
LNSRCH, ON	!打开线性搜索
AUTOTS, ON	!打开自动时间步长
NSUBST, 5, 10, 3	!指定载荷子步数
OUTRES, ALL, ALL	!指定输出数据
SOLVE	!求解
FINISH	!退出求解器
/POST1	!进入通用后处理器
ESEL, S, TYPE,,4	!选择接触对的接触单元
ETABLE, PRES, CONT, PRES	!创建单元表
ETABLE, ST, CONT, STAT	
ETABLE, GAP, CONT, GAP	
ESORT, ETAB, PRES, 0	!对单元表数据排序
PRETAB, PRES, ST, GAP, PENE	!列表单元表
/VIEW,1,1,1	!改变观察方向
ALLS $ PLNSOL, CONT,PRES	!显示接触压力云图（接触应力），并与理论解比较
FINISH	!退出通用后处理器

实例 E18-7　接触分析实例——组合厚壁圆筒

1）组合厚壁圆筒

像火炮身管、人造水晶、高压容器等厚壁圆筒，在工作时要承受很高的内压。为提高其承载能力而增加圆筒的壁厚，但因为应力沿壁厚分布变得不均匀，往往不能收到预期的效果。这时，可以把两个圆筒以过盈配合方式连接成组合圆筒。

如图 18-23 所示，用过盈配合将两个厚壁圆筒套合在一起，外筒的内半径略小于内筒的外半径，即存在过盈量 δ。装配后，两圆筒接触面上会因为变形而产生相互压紧的装配压力 p，其与过盈量 δ 的关系由式（18-12）确定：

$$p = \frac{\delta}{r_2 \left[\dfrac{1}{E_i}\left(\dfrac{r_2^2+r_1^2}{r_2^2-r_1^2}-\mu_i\right) + \dfrac{1}{E_o}\left(\dfrac{r_3^2+r_2^2}{r_3^2-r_2^2}+\mu_o\right) \right]} \quad (18\text{-}12)$$

图 18-23　组合厚壁圆筒

式中，E_i、μ_i——内筒材料的弹性模量和泊松比；

E_o、μ_o——外筒材料的弹性模量和泊松比。

当内、外筒体为同一种材料时，有 $E_i = E_o = E$、$\mu_i = \mu_o = \mu$，公式（18-12）可化为

$$p = \frac{E\delta(r_3^2 - r_2^2)(r_2^2 - r_1^2)}{2r_2^3(r_3^2 - r_1^2)} \tag{18-13}$$

如图18-24（a）所示，装配压力 p 使内筒承受外压、切向应力为压应力，外筒承受内压、切向应力为拉应力。而单一整体厚壁圆筒在内压作用下的切向应力为图18-24（b）中双点画线所示。组合圆筒在内压作用下的应力分布为上述两种应力的叠加，如图18-24（b）中实线所示。显然，比单一的整体厚壁圆筒趋于均匀合理，承载能力也相应提高。

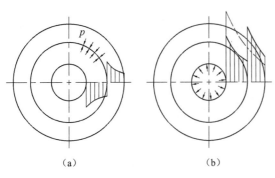

图18-24　组合圆筒

2）问题描述

图18-23所示为过盈配合连接而成的组合厚壁圆筒，已知：r_1=100mm，r_2=150mm，r_3=200mm，圆筒长度均为 l=500mm，过盈量 δ=0.25mm，圆筒均为钢制。试计算装配压力 p 及组合圆筒在承受工作内压为200MPa时的应力分布。

按式（18-13）可以计算出装配压力 p 的理论解：

$$\begin{aligned}p &= \frac{E\delta(r_3^2 - r_2^2)(r_2^2 - r_1^2)}{2r_2^3(r_3^2 - r_1^2)} \\ &= \frac{2\times 10^5 \times 0.25 \times (200^2 - 150^2) \times (150^2 - 100^2)}{2\times 150^3 \times (200^2 - 100^2)} = 54.01\text{MPa}\end{aligned} \tag{18-14}$$

3）命令流

```
/CLEAR                                              !清除数据库，新建分析
R1=0.1 $ R2=0.15 $ R3=0.2 $ L=0.5 $ DELTA=0.25E-3    !尺寸
/FILNAME, E18-7                                     !定义任务名
/PREP7                                              !进入前处理器
ET, 1, PLANE183,,, 1                                !选择实体单元类型
ET, 2, TARGE169 $ ET, 3, CONTA172                   !选择目标单元和接触单元类型
R, 1,,,1                                            !定义实常数
MP, EX, 1, 2E11 $ MP, PRXY, 1, 0.3                  !定义材料模型
RECT,R1,R2+Delta/2,0,L $ RECT,R2-Delta/2,R3,L,2*L   !创建矩形面
ESIZE, 0.0075 $   AMESH, ALL                        !对面划分单元
TYPE,2 $ LSEL,S,,,2 $ NSLL,S,1 $ ESURF              !创建目标单元
TYPE,3 $ LSEL,S,,,8 $ NSLL,S,1 $ ESURF              !创建接触单元
ALLS                                                !选择所有实体
FINISH                                              !退出前处理器
/SOLU                                               !进入求解器
DL,1,,UY                                            !施加约束
DL,5,,UY,-L                                         !施加位移载荷
LNSRCH, ON                                          !打开线性搜索
NLGEOM, ON                                          !打开大变形选项
TIME, 1                                             !指定载荷步时间
AUTOT, ON                                           !打开自动载荷步长
```

```
NSUBST, 5,10, 3                          !指定子步数目
KBC, 0                                   !斜坡载荷
OUTRES, ALL, ALL                         !输出所有子步所有项目的结果
SOLVE                                    !求解套合载荷步
SFL,4,PRES, 200E6                        !在内筒内孔施加工作压力
SOLVE                                    !求解施加工作压力载荷步
FINISH                                   !退出求解器
/POST1                                   !进入通用后处理器
SET,,,,,1                                !读第一个载荷步到数据库
PLNSOL, CONT,PRES                        !显示接触压力云图，对照理论解
SET,,,,,2                                !读第二个载荷步到数据库
PLNSOL, S,Z                              !显示切向应力云图
FINISH                                   !退出通用后处理器
```

实例 E18-8 非线性分析实例——将钢板卷制成圆筒（柔体-柔体接触）

1）问题描述

图 18-25 所示为用卷板机将钢板卷制成圆筒时分为 3 个步骤：首先，上辊下降使钢板发生挠曲，钢板挠曲线的最低点首先发生屈服；然后，下辊转动驱动钢板向前移动，使钢板各点发生同样的屈服形成圆筒；最后，圆筒卷制完成，上辊上升卸下筒体。

图 18-25 对称式三辊卷板机

用 ANSYS 模拟将钢板卷制成圆筒，相应地也分为 3 个步骤。由于第二个步骤需要模拟上、下辊转动，而 ANSYS 的 SOLIDn 单元不支持大转动，位移边界条件不能施加大的转动角度，所以上、下辊需要用壳单元建立有限元模型。上、下辊与钢板的作用需要用接触模拟，钢板卷制成圆筒材料发生屈服，产生大变形，故钢板卷制成圆筒包括状态非线性、材料非线性和结构非线性 3 种。

用 ANSYS 模拟将钢板卷制成圆筒，计算结果可以得到圆筒直径与上辊下压量的关系，上、下辊受力大小，上、下辊的变形，下辊驱动力矩，卸载回弹等重要数据。

2）命令流

```
/CLEAR                                   !清除数据库，新建文件
/FILNAM, E18-8                           !指定任务名
```

```
R1=0.38/2 $ R2=0.3/2 $ L=1.5 $ A=0.54 $ B=0.37        !上、下辊半径，长度，下辊中心距，上辊到下辊轴线
                                                      平面距离
/PREP7                                                !进入前处理器
ET, 1, SHELL181 $ ET, 2, SOLID185 $ ET,3,MPC184,1     !选择实体单元类型
MP, EX, 1, 2E11 $ MP,PRXY, 1, 0.3                     !定义材料模型 1
MP, EX, 2, 2E11 $ MP, DENS, 1, 7800 $ MP,PRXY, 1, 0.3 !定义材料模型 2
TB, BKIN, 2, 1 $ TBTEMP, 0 $ TBDATA,,240E6, 1E10      !屈服极限、切向模量
MP,MU,3,0.2                                           !定义材料模型 3
SECTYPE,1,SHELL $ SECDATA,0.05                        !定义壳截面
WPSTYL,,,,,,1 $ CSYS,4                                !设置工作平面坐标系为极坐标系，激活平面坐标系
*DO,I,1,4 $ K,I,R1,(I-1)*90 $ K,I+4,R1,(I-1)*90,L $ *ENDDO !创建关键点
A,1,2,6,5 $ A,2,3,7,6 $ A,3,4,8,7 $ A,4,1,5,8         !由关键点创建上辊圆柱面
ESIZE, 0.05 $ MSHAPE, 0 $ AMESH, ALL                  !对面划分单元
N,100000 $ N,100001,,,L                               !在上辊轴线上创建节点
TYPE,3 $ NNN=24                                       !创建刚性梁单元
*DO,I,1,NNN
  E,100000,NODE(R1,(I-1)*360/NNN,0)
  E,100001,NODE(R1,(I-1)*360/NNN,L)
*ENDDO
WPOFF,-A/2,-B                                         !偏移工作平面
*DO,I,1,4 $ K,I+10,R2,(I-1)*90 $ K,I+14,R2,(I-1)*90,L $ *ENDDO   !创建关键点
ASEL,NONE                                             !置面选择集为空集
A,11,12,16,15 $ A,12,13,17,16 $ A,13,14,18,17 $ A,14,11,15,18   !由关键点创建下辊圆柱面
AMESH, ALL                                            !对下辊圆柱面划分单元
N,200000 $ N,200001,,,L                               !在下辊轴线上创建节点
TYPE,3 $ NNN=20                                       !创建刚性梁单元
*DO,I,1,NNN
  E,200000,NODE(R2,(I-1)*360/NNN,0)
  E,200001,NODE(R2,(I-1)*360/NNN,L)
*ENDDO
WPOFF,A                                               !偏移工作平面
*DO,I,1,4 $ K,I+20,R2,(I-1)*90 $ K,I+24,R2,(I-1)*90,L $ *ENDDO   !创建关键点
ASEL,NONE                                             !置面选择集为空集
A,21,22,26,25 $ A,22,23,27,26 $ A,23,24,28,27 $ A,24,21,25,28   !由关键点创建下辊圆柱面
AMESH, ALL                                            !对下辊圆柱面划分单元
N,300000 $ N,300001,,,L                               !在下辊轴线上创建节点
TYPE,3 $ NNN=20                                       !创建刚性梁单元
*DO,I,1,NNN
  E,300000,NODE(R2,(I-1)*360/NNN,0)
  E,300001,NODE(R2,(I-1)*360/NNN,L)
*ENDDO
CSYS,0 $ WPCSYS,-1 $ WPSTYL,,,,,,0                    !激活全局直角坐标系，将工作平面恢复到原始状态
BLOCK, -0.9, 0.4, -R1, -R1-0.03, 0.3,L-0.3            !创建钢板
LESIZE, 42,,,2 $ MAT, 2 $ TYPE, 2  $ ESIZE, 0.05      !指定单元属性
```

```
VMESH, ALL                                              !对六面体钢板划分网格
ET, 4, TARGE170                                         !指定目标单元类型
ET, 5, CONTA173,,,,,1 $ KEYOPT, 5, 12, 1                !指定接触单元类型,设置为粗糙接触行为
R, 10,,,0.01 $ R, 11,,, 0.01 $ R, 12,,, 0.01            !定义实常数,KFN=0.01
ASEL, S,,,16 $ NSLA, S, 1                               !在钢板上表面和上辊表面建立接触对
MAT,3 $ REAL, 10 $ TYPE, 5$ ESURF
ASEL, S,,,1, 4, 1 $ NSLA, S, 1
REAL, 10 $ TYPE, 4 $ ESURF
ASEL, S,,,15 $ NSLA, S, 1                               !在钢板下表面和左下辊表面建立接触对
REAL, 11 $ TYPE, 5 $ ESURF
ASEL, S,,,5,8, 1 $ NSLA, S, 1
REAL, 11 $ TYPE, 4 $ ESURF
ASEL, S,,,15 $ NSLA, S, 1                               !在钢板下表面和右下辊表面建立接触对
REAL, 12 $ TYPE, 5 $ ESURF
ASEL, S,,,9, 12, 1 $ NSLA, S, 1
REAL, 12 $ TYPE, 4 $ ESURF
ALLS                                                    !选择所有实体
FINI                                                    !退出前处理器
/SOLU                                                   !进入求解器
NSEL,S,,,100000,100001                                  !选择上辊轴线节点
D,ALL,UX $ D,ALL,UZ $ D,ALL,UY,-0.045                   !在节点上施加约束和位移载荷,上辊下降
NSEL,S,,,200000,200001 $ NSEL,A,,,300000,300001         !选择下辊轴线节点
D,ALL,UX $ D,ALL,UZ $ D,ALL,UY                          !在节点上施加约束,下辊固定
NSLV,S,1                                                !选择钢板上节点
D,ALL,UZ                                                !在节点上施加约束
ALLS                                                    !选择所有实体
ANTYPE, TRANS                                           !瞬态分析
LNSRCH, ON                                              !打开线性搜索
NLGEOM, ON                                              !打开大变形选项
TIME, 1                                                 !指定载荷步时间
AUTOT, ON                                               !打开自动载荷步长
NSUBST, 20,30, 10                                       !指定子步数目
KBC, 0                                                  !斜坡载荷
OUTRES, ALL, ALL                                        !输出所有子步所有项目的结果
SOLVE                                                   !求解
NSEL,S,,,200000,200001 $ NSEL,A,,,300000,300001         !选择下辊轴线节点
D,ALL,ROTZ,-3.14                                        !施加转动位移载荷,下辊转动
ALLS                                                    !选择所有实体
TIME, 2                                                 !指定载荷步时间
NSUBST, 100,200, 50                                     !指定子步数目
SOLVE                                                   !求解
NSEL,S,,,100000,100001                                  !选择上辊轴线节点
D,ALL,UY,0                                              !施加位移载荷,上辊上升
ALLS                                                    !选择所有实体
```

ACEL, 0, 9.8	!施加重力加速度载荷
NSUBST, 60,200, 40	!指定子步数目
TIME,3	!指定载荷步时间
SOLVE	!求解
FINI	!退出求解器
/POST1	!进入通用后处理器
SET, LAST	!读最后载荷子步计算结果
PLNS, U, SUM	!变形云图
ANTIME, 50, 0.5,,1, 2, 0, 3	!用动画查看卷制圆筒过程中的变形情况
FINI	!退出通用后处理器

实例 E18-9 非线性分析实例——将钢板卷制成圆筒（刚体-柔体接触）

/CLEAR	!清除数据库，新建文件
/FILNAM, E18-9	!指定任务名
R1=0.38/2 $ R2=0.3/2 $ L=1.5 $ A=0.54 $ B=0.37	!上、下辊半径，长度，下辊中心距，上辊到下辊轴线平面距离
/PREP7	!进入前处理器
ET, 1, SOLID185	!指定单元类型，实体单元
ET, 2, TARGE170	!指定目标单元
ET, 3, CONTA173 $ KEYOPT, 3,12, 1	!指定接触单元，粗糙接触
ET,4, CONTA173	!指定接触单元
MP, EX, 1, 2E11 $ MP, DENS, 1, 7800 $ MP,PRXY, 1, 0.3	!定义材料模型 1
TB, BKIN, 1, 1 $ TBTEMP, 0 $ TBDATA,,240E6, 2E10	
R, 1,,,0.05, $ R, 2,,, 0.05 $ R, 3,,, 0.05	!定义实常数，用于创建接触对，接触刚度系数为 0.05
CYL4,0, 0,R1,, , L $ CYL4,-A/2, -B,R2,, ,, L $ CYL4,A/2, -B,R2,, ,, L	!创建圆柱体
VDELE,ALL	!删除体，保留面
ASEL,S,LOC,Z $ ASEL,A,LOC,Z,L $ ADELE,ALL $ ALLS	!删除端部面
TYPE,2	!创建目标单元
ASEL,S,LOC,Y,-R1,R1 $ REAL,1 $ AMESH, ALL	!在上辊圆柱面创建刚性目标面
ASEL,S,LOC,Y,-R1-1,-R1-0.001 $ ASEL,R,LOC,X,0,1	
REAL,2 $ AMESH, ALL	!在右下辊圆柱面创建刚性目标面
ASEL,S,LOC,Y,-R1-1,-R1-0.001 $ ASEL,R,LOC,X,0,-1	
REAL,3 $ AMESH, ALL	!在左下辊圆柱面创建刚性目标面
REAL,1 $ TSHAP,PILOT $ E,1	!创建上辊刚性目标面的控制节点
REAL,2 $ TSHAP,PILOT $ E,3	!创建右下辊刚性目标面的控制节点
REAL,3 $ TSHAP,PILOT $ E,5	!创建左下辊刚性目标面的控制节点
BLOCK, -0.9, 0.4, -R1, -R1-0.03, 0.3,L-0.3	!创建钢板几何模型
LESIZE, 36,,,2 $ MAT, 1 $ TYPE, 1 $ ESIZE, 0.05 $ VMESH, ALL	!创建钢板的有限元模型
TYPE, 3	!创建柔性接触面单元
REAL,1 $ ASEL, S,,,6 $ NSLA, S, 1 $ ESURF	!在钢板上表面创建与上辊间的柔性接触面
TYPE,4	!创建柔性接触面单元
REAL,2 $ ASEL, S,,,5 $ NSLA, S, 1 $ ESURF	!在钢板下表面创建与右下辊间的柔性接触面
REAL,3 $ ESURF	!在钢板上表面创建与左下辊间的柔性接触面
ALLS	!选择所有实体

FINI	!退出前处理器
/SOLU	!进入求解器
D,ALL,UZ	!施加约束
D,1,UX,,,,ROTX,ROTY, $ D,1,UY,-0.05	!在上辊刚性目标面上施加约束和位移
D,3,ALL $ D,5,ALL	!在下辊刚性目标面上施加约束
ANTYPE, TRANS	!瞬态分析
LNSRCH, ON	!打开线性搜索
NLGEOM, ON	!打开大变形选项
TIME, 1	!指定载荷步时间
AUTOT, ON	!打开自动载荷步长
NSUBST, 20,50, 10	!指定子步数目
KBC, 0	!斜坡载荷
OUTRES, ALL, ALL	!输出所有子步所有项目的结果
SOLVE	!求解
D,1,ROTZ,2	!在上辊刚性目标面上施加转动位移
TIME, 2	
NSUBST, 400,800,200	
SOLVE	
FINI	!退出求解器
/POST1	!进入通用后处理器
SET, LAST	!读最后载荷子步计算结果
PLNS, U, SUM	!变形云图
ANTIME, 50, 0.5,,1, 2, 0, 3	!用动画查看卷制圆筒过程中的变形情况
FINI	!退出通用后处理器

实例 E18-10 接触分析实例——斜齿圆柱齿轮传动分析

1）问题描述

由于实体单元不支持大转动，所以采用静力学分析类型。为分析一个齿对从进入啮合到退出啮合过程的啮合情况，可分别建立不同位置的模型进行研究，本例通过改变齿轮 2 端面啮合点半径来改变两个齿轮的啮合位置。为减少模型中节点和单元的数量，并且由于最多为双齿对啮合，所以只创建斜齿圆柱齿轮传动两对轮齿的局部模型。

2）命令流

/CLEAR	!清除数据库，新建文件
/FILNAM, E18-10	!指定任务名
!齿轮参数计算	
MN=0.002 $ Z1=25 $ Z2=42 $ BETA=10 $ B=0.01 $ T=3.1415926/180	!模数，齿数，螺旋角，齿宽，弧度、角度转换系数
MT=MN/ COS(BETA*T) $ ALPHAT=ATAN(TAN(20*T)/ COS(BETA*T))	!端面模数 MT、端面压力角 ALPHAT
R1= MT*Z1/2 $ R2= MT*Z2/2	!分度圆半径
RB1=R1*COS(ALPHAT) $ RB2=R2*COS(ALPHAT)	!基圆半径
RA1=R1+MN $ RA2=R2+MN	!齿顶圆半径
RF1=R1-1.25*MN $ RF2=R2-1.25*MN	!齿根圆半径

```
N=10                                              !段数 N
FI=TAN(20*T)/T -20                                !分度圆展角
ROU2=RA2!2-MN                                     !齿轮 2 端面啮合点半径，其大小可确定啮合位置
N1N2=(RB1+RB2)*TAN(20*T)                          !理论啮合线 N1N2 长度
N2K=SQRT(ROU2*ROU2-RB2*RB2) $ N1K=N1N2-N2K        !啮合点 K 到 $N_1$ 和 $N_2$ 点的距离
ROU1=SQRT(RB1*RB1+N1K*N1K)                        !齿轮 1 端面啮合点半径
FI1=ACOS(RB1/ROU1) $ FI2=ACOS(RB2/ROU2)           !角度
ALPHAK1=ACOS(RB1/ROU1) $ THETAK1=TAN(ALPHAK1)- ALPHAK1   !齿轮 1 啮合点处的展角
ALPHAK2=ACOS(RB2/ROU2) $ THETAK2=TAN(ALPHAK2)- ALPHAK2   !齿轮 2 啮合点处的展角
/PREP7                                            !进入前处理器
ET, 1, PLANE183 $ ET,2,SOLID186                   !选择实体单元类型
MP, EX, 1, 2E11 $ MP,PRXY, 1, 0.3                 !定义材料模型
!创建小齿轮
WPROT,20-(FI1+THETAK1)/T $ WPSTYL,,,,,,1 $ CSYS,4  !旋转工作平面，指定为极坐标系，激活工作平
                                                   面坐标系
I=1                                               !关键点编号 I
*DO,RK,RB1,RA1,(RA1-RB1)/N                        !开始循环
  ALPHAK=ACOS(RB1/RK) $ THETAK=TAN(ALPHAK)- ALPHAK   !计算压力角和展角
  K,I,RK, THETAK/T                                !创建关键点
  I=I+1                                           !关键点编号加 1
*ENDDO                                            !结束循环
BSPLIN,ALL                                        !创建渐开线
WPROT,FI+90/Z1                                    !旋转工作平面
K,12 $ K,13,RF1,-180/Z1+1 $ K,14,RF1,-180/Z1      !创建关键点
K,15,RF1-MN,-180/Z1 $ K,16,RF1-MN $ K,17,RA1
LARC, 13,14,12,RF1 $ LARC,11,17,12,RA1 $ LARC,15,16,12,RF1-MN  !创建圆弧
L2TAN,-1,2                                        !创建公切线
LSTR,14,15 $ LSTR,16,17                           !创建直线
AL,ALL                                            !由线创建面
ESIZE, 0.0005 $ AMESH, ALL $ LREFINE,1,5, 4, 1    !对面划分单元
WPSTYL,,,,,,0                                     !设置工作平面坐标系为直角坐标系
ARSYM, Y,ALL, , , 100                             !镜像面及单元
CSYS,1                                            !激活全局圆柱坐标系
EXTOPT, ESIZE, B/0.0015 $ EXTOPT, ACLEAR, 1       !设置挤出选项
VEXT, ALL,,,0, B*TAN(BETA*T)/R1/T, B              !面挤出形成螺旋齿
VGEN, 2, ALL, , , ,360/Z1                         !旋转复制，共两个齿
NUMMRG,NODE,1E-6                                  !合并节点
NSEL,S,LOC,X,RF1-MN $ NROTAT,ALL                  !选择齿圈内孔表面节点
*GET,NODE_NUM,NODE,,COUNT                         !获得节点数量
D,ALL,UX,,,,UZ $ F,ALL,FY,-50/NODE_NUM/(RF1-MN)   !在节点上施加约束及切向力，模拟转矩
!创建大齿轮
WPCSYS,-1 $ WPSTYL,,,,,,0 $ CSYS,4                !将工作平面恢复到原始状态，并激活
WPOFF,MT*(Z1+Z2)/2 $ WPROT,-180                   !移动、旋转工作平面
WPROT,20-(FI2+THETAK2)/T $ WPSTYL,,,,,,1          !旋转工作平面、设置工作平面坐标系为极坐标系
```

```
KSEL,NONE $ LSEL,NONE $ ASEL,NONE $ VSEL,NONE    !将实体选择集置为空集
NSEL,NONE $ ESEL,NONE
I=200                                              !关键点编号I
*DO,RK,RF2,RA2,(RA2-RF2)/N                         !开始循环
  ALPHAK=ACOS(RB2/RK) $ THETAK=TAN(ALPHAK)- ALPHAK    !计算压力角和展角
  K,I,RK, THETAK/T                                 !创建关键点
  I=I+1                                            !关键点编号加1
*ENDDO                                             !结束循环
BSPLIN,ALL                                         !创建渐开线
WPROT,90/Z2+FI                                     !旋转工作平面
K,302 $ K,303,RF2,-180/Z2 $ K,304,RF2-MN,-180/Z2   !创建关键点
K,305,RF2-MN $  K,306,RA2
LARC, 200,303,302,RF2 $ LARC,210,306,302,RA2       !创建圆弧和倒角
LARC,305,304,302,RF2-MN $  LFILLT,85,86,5E-4
LSTR,303,304 $ LSTR,305,306                        !创建直线
AL,ALL                                             !由线创建面
ESIZE, 0.00045 $ AMESH, ALL $ LREFINE,85,89, 4, 1  !对面划分单元
WPSTYL,,,,,,0                                      !设置工作平面坐标系为直角坐标系
ARSYM, Y,ALL                                       !镜像渐开线
WPSTYL,,,,,,1                                      !设置工作平面坐标系为极坐标系
EXTOPT, ESIZE, B/0.0015 $ EXTOPT, ACLEAR, 1        !设置挤出选项
VEXT, ALL,,,0, -B*TAN(BETA*T)/R2/T,B               !面挤出形成螺旋齿
VGEN, 2, ALL, , , ,-360/Z2                         !旋转复制,共两个齿
NUMMRG,NODE,1E-6                                   !合并节点
NSEL,R,LOC,X,RF2-MN $ NROTAT,ALL                   !选择齿圈内孔表面节点
*GET,NODE_NUM,NODE,,COUNT                          !获得节点数量
D,ALL,ALL                                          !施加全约束
ALLS                                               !选择所有实体
ET, 3, TARGE170 $ ET, 4, CONTA174,,,,,1            !选择目标、接触单元类型
R, 1,,,1 $ R, 2,,,1                                !定义实常数
REAL,1                                             !在一对轮齿齿面间创建接触对
TYPE,3 $ ASEL,S,,,21 $ NSLA, S, 1 $ ESURF $ALLS
TYPE,4 $ ASEL,S,,,57 $ NSLA, S, 1 $ ESURF $ ALLS
REAL,2                                             !在另一对轮齿齿面间创建接触对
TYPE,3 $ ASEL,S,,,4 $ NSLA, S, 1 $ ESURF $ ALLS
TYPE,4 $ ASEL,S,,,40 $ NSLA, S, 1 $ ESURF $ ALLS
FINI                                               !退出前处理器
/SOLU                                              !进入求解器
LNSRCH, ON                                         !打开线性搜索
TIME, 1                                            !指定载荷步时间
AUTOT, ON                                          !打开自动载荷步长
NSUBST, 5,20, 3                                    !指定子步数目
KBC, 0                                             !斜坡载荷
OUTRES, ALL, LAST                                  !输出最后子步所有项目的结果
```

```
SOLVE                              !求解
/POST1                             !进入通用后处理器
PLNSOL, CONT,PRES                  !显示接触压力（接触应力）云图（见图 18-26）
VSEL,S,,,1,4                       !选择一个齿轮体
ALLSEL,BELOW,VOLU                  !选择体所属的低级实体
PLNSOL, S,EQV                      !显示等效应力云图
FINI                               !退出求解器
```

(a) 第一对齿在轮 2 齿根附近接触（ROU2=R2-MN）　　(b) 第一对齿在轮 2 齿顶接触（ROU2=RA2）*

图 18-26　斜齿圆柱齿轮传动的接触压力

*注：在实际传动中，此时第一对齿的前一对齿还未退出啮合，所以实际接触应力比计算结果小得多。更进一步的分析可以采用三对轮齿。

实例 E18-11　利用 MPC 技术对 SOLID-SHELL 单元进行连接实例——简支梁

1）概述

很多情况下对整个模型各部分分别使用壳（SHELL）单元与实体（SOLID）单元进行单元划分，不仅可以减小计算量，而且计算精度不受影响。但是，壳单元又包括 3 个位移自由度和 3 个转动自由度，而三维实体单元只有 3 个位移自由度，二者之间连接时由于本身自由度的不同使转动自由度不连续，容易造成计算结果产生较大误差。

对于不同类型单元自由度不连续的问题，ANSYS 解决问题的方法有使用约束方程和 MPC 法。

（1）使用约束方程。

使用约束方程是传统的办法，即把一个节点的某个自由度与其他一个节点或多个节点的自由度通过某种关系方程联系起来。有如下形式：

$$C = \sum_{i=1}^{N} C_f(i)U(i) \tag{18-15}$$

式中，C 为常数；$C_f(i)$ 为系数；i 为节点号；$U(i)$ 为自由度；N 为方程项中的编号。

为建立有限元模型并构建约束方程，需要对实体部分与壳部分分别进行单元划分，需要注意的是，应使连接处实体单元与壳单元的节点位置重合并在划分完单元后合并节点，以保证实体与壳单元在连接处有公共节点。

显然，当公共节点较多时，需要建立的约束方程数目也相应较多，处理时比较困难。

（2）MPC 法。

MPC 即多点约束方程（Multipoint Constraint），利用它可以不需要连接处的节点一一对应就

能将不连续、自由度不协调的单元连接起来。MPC 法适用于 CONTA171、CONTA172、CONTA173、CONTA174 与 CONTA175 单元。使用 MPC 功能连接三维实体单元与壳单元是通过定义需要连接的实体部分与壳部分为接触关系，设置接触单元的接触算法为 MPC algorithm，并且定义接触面行为为绑定来实现的。绑定接触属于线性接触，不会导致非线性分析。用 MPC 法连接 SOLID-SHELL 单元需要做如下设置：

① 将连接处理为接触，对实体使用 TARGET 单元，对壳体使用 CONTACT 单元。
② 设置接触单元选项 KEYOPT(2)=2，激活 MPC 法；设置 KEYOPT(12)=5 或 6，设置为绑定接触。
③ 设置目标单元 TARGE170 选项 KEYOPT(5)，选择约束类型。

由于 MPC 法不需要逐一建立约束方程，不需要在实体与壳连接处有公共节点，所以 MPC 法过程简单，使用方便。

2）问题描述

梁的尺寸如图 18-27 所示，在梁的 2000mm×300mm 表面上作用有大小为 1MPa 的压力，两端 ϕ150 圆柱面为支撑表面，分析其应力和变形情况。

由于梁的形状和载荷都对称于梁跨度中点处的横截面，分析时可取梁长度的一半。

图 18-27　实体梁

3）命令流

```
/CLEAR                                          !清除数据库，新建分析
/FILNAME, E18-11                                !定义任务名
/PREP7                                          !进入前处理器
ET, 1, SOLID186 $ ET, 2, SHELL181               !选择实体单元类型
ET, 3, TARGE170 $ KEYOPT, 3, 5, 3               !选择目标单元类型，SOLID-SHELL 约束
ET, 4, CONTA175 $ KEYOPT, 4, 2, 2 $ KEYOPT, 4, 12, 5   !选择接触单元类型，MPC 法，接触面行为为绑定
SECTYPE,1,SHELL $ SECDATA,   0.02               !定义壳截面
R, 2                                            !实常数，用于识别接触对
MP, EX, 1, 2E11 $ MP, PRXY, 1, 0.3              !定义材料模型
/VIEW, 1, 1, 1, 1                               !改变观察方向
BLOCK, -0.14, 0.14, -0.14, 0.14,  0,0.98        !创建六面体
VDELE, 1,,,0                                    !只删除体
ADELE, 1, 2, 1, 1                               !删除面 1、2
BLOCK, -0.15, 0.15, -0.15, 0.15, 0.98, 1
K, 20, 0, 0, 0.98 $ K, 21, 0, 0.1, 0.98 $ K, 22, 0, 0.1, 1   !创建关键点
K, 23, 0, 0.075, 1 $ K, 24, 0, 0.075, 1.3 $ K, 25, 0, 0, 1.3
LSEL, NONE                                      !将线选择集置为空集
```

```
L, 20, 21 $ L, 21, 22 $ L, 22, 23 $ L, 23, 24 $ L, 24, 25 $ L, 25, 20    !由关键点创建线
LFILLT, 27, 28, 0.025                                !倒角
AL, ALL                                              !由线创建面
VROTAT, 11,,,,,,20, 25                               !由面旋转挤出形成回转体
ALLS                                                 !选择所有
VOVLAP, ALL                                          !交迭体
AATT, 1, , 2,,1                                      !指定单元属性
ESIZE, 0.02                                          !指定单元边长度
MSHAPE, 0                                            !指定单元形状为四边形
MSHKEY, 1                                            !指定映射网格
AMESH, 3, 6, 1                                       !对面 3、4、5、6 划分单元
VATT, 1, 1, 1                                        !指定单元属性
ESIZE, 0.0175
SMRTSIZE, 5                                          !指定智能尺寸级别
MSHAPE, 1                                            !指定单元形状为四面体
MSHKEY, 0                                            !自由网格
VMESH, ALL                                           !对所有体划分单元
ALLS                                                 !选择所有
ASEL, S,,,47 $ NSLA, S, 1                            !在面 47 上节点创建目标单元,实常数为 2
TYPE, 3 $ REAL, 2 $ ESURF $ ALLS
LSEL, S,,,5,8,1 $ NSLL, S, 1                         !在线 5、6、7、8 上节点创建接触单元,实常数为 2
TYPE, 4 $ REAL, 2 $ ESURF $ ALLS
FINISH                                               !退出前处理器
/SOLU                                                !进入求解器
ASEL, S,,,21, 27, 6 $ ASEL,A,,,15,33,18 $ NSLA, S, 1   !选择支撑处面 15、21、27、33 及面上节点
D, ALL, ALL                                          !在选择的节点上施加位移约束
ALLS                                                 !选择所有
NSEL, S, LOC, Z, 0                                   !选择对称面上的节点,即 Z=0 节点
D, ALL, UZ                                           !在选择的节点上施加位移约束
ALLS                                                 !选择所有
SFA, 4,2, PRES, 1E6*3/2.804 $ SFA, 8, 1, PRES, 1E6*3/2.804    !施加压力载荷
SOLVE                                                !求解
FINISH                                               !退出求解器
/POST1                                               !进入通用后处理器
PLNSOL, S, EQV, 0, 1                                 ! Von Mises 应力云图
FINISH                                               !退出通用后处理器
```

4）结构模型全部采用 SOLID 单元的分析命令流

```
/CLEAR                                               !清除数据库,新建分析
/PREP7                                               !进入前处理器
ET, 1, SOLID186                                      !选择单元类型
MP, EX, 1, 2E11 $ MP, PRXY, 1, 0.3                   !创建材料模型
/VIEW, 1, 1, 1, 1                                    !改变观察方向
BLOCK, -0.15, 0.15, -0.15, 0.15, 0, 1                !创建六面体
BLOCK, -0.15+0.02, 0.15-0.02, -0.15+0.02, 0.15-0.02, 0, 1-0.02
```

VSBV, 1, 2	!体1减体2
K, 20, 0, 0, 0.98 $ K, 21, 0, 0.1, 0.98 $ K, 22, 0, 0.1, 1	!创建关键点
K, 23, 0, 0.075, 1 $ K, 24, 0, 0.075, 1.3 $ K, 25, 0, 0, 1.3	
LSEL, NONE	!将线选择集置为空集
L, 20, 21 $ L, 21, 22 $ L, 22, 23 $ L, 23, 24 $ L, 24, 25 $ L, 25, 20	!创建线
LFILLT, 27, 28, 0.025	!倒角
AL, ALL	!由线创建面
VROTAT, 1,,,,,,20, 25	!旋转挤出
ALLS	!选择所有实体
VOVLAP, ALL	!搭接体
SMRTSIZE, 7	!指定智能尺寸级别
ESIZE, 0.01 $ LSEL, S,,,9, 12, 1 $ LSEL, A,,,21, 24, 1 $ LESIZE, ALL, 0.025	!指定单元尺寸控制
ALLS	
MSHAPE, 1 $ VMESH, 14	!对体划分单元
VSEL, U,,,14	!选择体
ESIZE, 0.02 $ SMRTSIZE, 5 $ VMESH, ALL	!对体划分单元
FINISH	!退出前处理器
/SOLU	!进入求解器
DA, 13, UZ	!在面上施加位移约束
ASEL, S,,,22, 28, 6 $ ASEL,A,,,16,34,18 $ NSLA, S, 1	!选择节点
D, ALL, ALL	!在节点上施加约束
ALLS	
SFA, 4, 1, PRES, 1E6	!在面上施加压力载荷
SOLVE	!求解
FINISH	!退出求解器
/POST1	!进入通用后处理器
PLNSOL, S, EQV, 0, 1	!显示等效应力云图
FINISH	!退出通用后处理器

18.6 单元生死技术

18.6.1 概述

如果要在模型中加入或删除材料,则需要相应的单元存在或消亡,单元生死技术用于杀死或重新激活所选择的单元。该技术主要用于隧道开挖、建筑物施工、顺序组装、焊接、退火等场合,可用的单元类型参见 ANSYS 单元手册。单元生死属于状态非线性问题。

被杀死的单元并不是从模型中删除,而是将其单元刚度矩阵乘以一个很小的因子 ESTIF,从而使死亡单元的应变、载荷、质量、阻尼和其他类似效果都变为零。单元出生并不是将新单元添加到模型中,而是将以前死亡的单元重新激活,当一个单元被重新激活后,其刚度、质量、单元载荷等恢复为其原始数值。

18.6.2 单元生死的实现和应用

可以在大多数静态和非线性瞬态分析中使用单元生死，其过程主要包括以下3步：

1. 建模

在前处理器 PREP7 中创建所有单元，包括在以后载荷步中被杀死的和要激活的单元。

2. 施加载荷并求解

（1）在第一个载荷步中杀死单元。

进入求解器 SOLUTION。

设置分析选项。用 NLGEOM 命令打开大变形选项；用 NROPT 命令设置牛顿-拉夫逊选项。

用 EKILL 命令杀死所有在后续载荷步中要重新激活的单元。

求解第一个载荷步。LSWRITE 命令不能与单元生死操作一起使用，需要用一系列 SOLVE 命令进行多载荷步求解。

以上过程可参照以下命令流：

```
/SOLU                    !进入求解器
TIME,...                 !设置载荷步时间值
NLGEOM,ON                !打开大变形选项
NROPT,FULL               !设置牛顿-拉夫逊选项
ESTIF,...                !设置非默认缩减因子（可选）
ESEL,...                 !选择在本载荷步中不激活的单元
EKILL,...                !杀死选择单元
ESEL,S,LIVE              !选择所有活动单元
NSLE,S                   !选择所有活动节点
NSEL,INVE                !选择所有非活动节点（不与活动单元相连的节点）
D,ALL,ALL,0              !约束所有不活动的节点自由度（可选）
NSEL,ALL                 !选择所有节点
ESEL,ALL                 !选择所有单元
D,...                    !施加合适的约束
F,...                    !施加合适的活动节点自由度载荷
SF,...                   !施加合适的单元载荷
BF,...                   !施加合适的体载荷
SAVE                     !保存数据库
SOLVE                    !求解
```

不与任何激活的单元相连的节点具有不活动自由度，其数值可能会产生浮动；另外，约束不活动自由度会减少求解方程的数目，并防止出现位置错误，因此，应约束不活动自由度，但在重新激活单元时要删除这些人为约束。作用于不与任何激活的单元相连的节点上的集中力载荷，也应该进行同样处理。

（2）在后继载荷步中杀死或重新激活单元。

用 EKILL 命令杀死单元。用 EALIVE 命令重新激活单元。

例如，第二个载荷步可以参照以下命令流：

```
TIME,...                          !设置载荷步时间值
ESEL,...                          !选择在本载荷步中不激活的单元
EKILL,...                         !杀死所选择的单元
ESEL,...                          !选择在本载荷步中激活的单元
EALIVE,...                        !重新激活所选择的单元
...
FDELE,...                         !删除不活动自由度的节点载荷
D,...                             !约束不活动自由度
...
F,...                             !在活动自由度上施加合适载荷
DDELE,...                         !删除重新激活的自由度上的约束
SAVE                              !保存数据库
SOLVE                             !求解
```

3．查看结果

由于在用图形、列表显示时，不激活单元会在节点结果平均时污染结果。所以，在单元显示或其他后处理操作前最好用选择功能将不激活的单元选出选择集。

18.6.3 使用 ANSYS 计算结果控制单元生死

在很多场合中，需要根据计算结果确定单元生死。例如，根据材料的温度杀死熔融的单元，根据材料的应力大小确定断裂的位置等。此时，可以用以下命令流选择并杀死相关单元：

```
/SOLU                             !进入求解器
...                               !标准的求解过程
SOLVE                             !求解
FINISH                            !退出求解器
/POST1                            !进入通用后处理器
SET,...                           !读结果到数据库
ETABLE,STRAIN,EPTO,EQV            !将结果数据存入单元表（本例为总应变）
ESEL,S,ETAB,STRAIN,0.20           !选择所有结果数据超过允许值的单元
FINISH                            !退出通用后处理器
/SOLU                             !重新进入求解器
ANTYPE,,REST                      !重启动分析
EKILL,ALL                         !杀死选择（超过允许值）的单元
ESEL,ALL                          !选择所有单元
...                               !继续求解
```

18.6.4 单元生死有关操作

1．杀死单元

菜单：Main Menu→Solution→Load Step Opts→Other→Birth & Death→Kill Elements

命令：EKILL, ELEM

命令说明：ELEM 为被杀死的单元，可以用 ALL 或组建名。

单元将在载荷步的第一个子步被杀死，然后在整个载荷步中保持该状态。

2．激活单元

菜单：Main Menu→Solution→Load Step Opts→Other→Birth & Death→Activate Elem

命令：EALIVE, ELEM

命令说明：ELEM 为被激活的单元，可以用 ALL 或组建名。

单元将在载荷步的第一个子步被激活。被激活单元具有零应变状态。

3．设置刚度矩阵缩减因子

菜单：Main Menu→Solution→Load Step Opts→Other→Birth & Death→StiffnessMult

命令：ESTIF, KMULT

命令说明：KMULT 为刚度矩阵缩减因子，默认值为 1.0E-6。

实例 E18-12　单元生死技术应用——厚壁圆筒自增强后精加工

```
/CLEAR                                        !清除数据库，新建分析
/FILNAME, E18-12                              !定义任务名
PPP=375E6                                     !自增强压力
/PREP7                                        !进入前处理器
ET, 1, PLANE183,,,1                           !选择单元类型
MP, EX, 1, 2E11 $ MP, PRXY,1,0 .3             !定义材料模型
TB, BKIN, 1, 1 $ TBTEMP, 0 $ TBDATA, 1, 500E6, 1E10   !屈服极限，切线模量
RECT,0.051,0.1,0, 0.1 $ RECT,0.05,0.051,0, 0.1       !创建矩形面
AGLUE,ALL                                     !黏结面
LESIZE,8, 0.002 $ LESIZE,9,0.0005             !单元尺寸控制
LESIZE,3,0.002,,,0.125 $ LESIZE,1,0.002,,,8
MSHKEY, 1 $ AMESH, ALL                        !对面映射划分单元
FINISH                                        !退出前处理器
/SOLU                                         !进入求解器
NSEL,S,LOC,Y $ D,ALL,UY $ ALLS                !施加约束
AUTOTS, ON                                    !打开自动时间步
DELTIM, 0.2, 0.1, 0.3                         !指定子步步长
KBC, 0                                        !斜坡载荷
TIME, 1                                       !指定第一个载荷步时间
SFL, 8, PRES, PPP                             !在线上施加自增强压力
SOLVE                                         !求解
TIME, 2                                       !指定第二个载荷步时间
SFL, 8, PRES, 0                               !在线上施加自增强压力，卸载
SOLVE                                         !求解
ASEL,S,,,3 $ ESLA,S,1 $ EKILL,ALL             !杀死被加工的材料单元
ALLS                                          !选择所有实体
```

TIME, 3	!指定第三个载荷步时间
SOLVE	!求解
FINISH	!退出求解器
/POST1	!进入通用后处理器
SET, 2	!读第二个载荷步
PLNSOL, S, Z	!显示切向应力云图
SET, 3	!读第三个载荷步
ESEL,S,LIVE	!选择被激活的单元
PLNSOL, S,Z	!显示切向应力云图
FINISH	!退出通用后处理器

实例 E18-13　单元生死技术应用——焊接模拟

1）问题描述

如图 18-28 所示为开 V 形坡口的两块钢板，现用焊接方法将二者对接起来。钢板材料为 20# 钢，焊缝为三层单道焊缝，每焊完一层焊缝后让钢板冷却至室温，然后再焊下一层焊缝。三层焊缝的焊接工艺参数见表 18-1。

要求计算钢板在焊接过程中的温度分布情况，分析钢板的热应力、热变形情况。

图 18-28　开 V 形坡口的两块钢板

表 18-1　三层焊缝的焊接工艺参数

焊接层数	焊接电流 I/A	焊接电压 U/V	焊接速度 m/s
1	150	20	0.005
2	200	20	0.0075
3	220	25	0.01

2）关键问题的处理

（1）材料特性参数。

进行焊接温度场分析需要的材料特性参数有导热系数 KXX、密度 DENS 和比热 C。进行结构场分析需要的材料特性参数有泊松比 PRXY、弹性模量 EX、热膨胀系数 ALPX、屈服强度 Yield Stss、切向模量 Tang Mods 等。由于上述材料特性参数随温度变化，焊接过程中钢板的温度从室温变化到 1500℃以上，然后又冷却至室温，温度变化幅度十分剧烈，所以材料特性参数的变化也比较大，分析时必须考虑该变化。

（2）相变潜热的处理。

焊接过程中存在固-液-固相变，因此将产生相变潜热，而相变潜热对分析温度场而言是一个不可忽略的因素。ANSYS 处理相变问题时采用热焓法，是通过定义不同温度下的焓值来解决的。焓可以描述为材料的密度与比热容的乘积对时间的积分，即

$$H = \int \rho c(t) \mathrm{d}T \tag{18-16}$$

式中，H 为热焓；ρ 为材料密度；T 为绝对温度，$c(t)$ 为材料的比热容，其是温度的函数。

材料热焓可以直接指定，也可以不直接指定。不直接指定时，ANSYS 由式（18-16）根据材

料的密度和比热容计算得到。

（3）单元生死。

在焊接过程中，焊接材料是逐渐依次填充在焊缝中的，即焊缝材料在焊接开始时并不存在，随着焊接过程的进行不断产生，要真实地模拟这一过程就必须用到 ANSYS 中的单元生死技术。单元的生或死是指如果在模型中加入或删除材料，模型中相应的单元就出生或死亡。

在模拟焊接过程时，首先要建立包括焊缝和钢板模型在内的整体模型，开始计算时先将焊缝单元杀死，随着焊接的进行，再逐步将这部分单元重新激活，相关命令流如下：

…
建立完整的有限元模型
ESEL, S, 焊缝单元
EKILL, ALL
ALLS
SOLVE
ESEL, S, 欲激活单元
EALIVE, ALL
ALLS
…
SOLVE

（4）高斯移动热源。

焊接热源具有集中、移动的特点，易形成对空间和时间梯度都很大的不均匀温度场，而这种不均匀温度场正是形成焊接残余应力与变形的根本原因。因此，焊接热源模型的建立对焊接温度场的正确模拟是至关重要的。实践证明，对于手工电弧焊、钨极氩弧焊等焊接方法，采用表面高斯热源（见图 18-29）可以得到比较满意的结果。高斯热源的热流密度函数为

$$q(r) = \frac{3Q}{\pi R^2} e^{-\frac{3r^2}{R^2}} \tag{18-17}$$

图 18-29　高斯热源

式中　e=2.71828。

Q —输入热量。$Q=\eta UI$，其中，η 为效率，U 为焊接电压，I 为焊接电流。

R —电弧有效加热半径。

r —点到电弧加热的中心距离。

热流密度是一种面载荷，式（18-17）可看成是其分布函数。通常把该载荷施加在单元的各个面上，并要求给定该单元面诸节点的热流密度值，具体命令流如下：

SFE, ELEM_NUM, SURFACE_NUM, HFLUX,, NODE1_VAL, NODE2_VAL, NODE3_VAL, NODE4_VAL

如果一个节点是公共节点，则用式（18-17）计算出的值需要平均分配到各个相邻单元上。

（5）结构场的计算。

由于是温度场导致结构场，反过来，结构场对温度场的影响很小，所以焊接过程的物理场为顺序耦合场，可以用间接法对焊接过程的结构场进行分析。

3）命令流

/CLEAR　　　　　　　　　　　　　　　　　　!清除数据库，新建文件
/FILNAME, E18-13　　　　　　　　　　　　　　!改变任务名
!开始热分析

```
!建立有限元模型
/PREP7                                          !进入前处理器
ET, 1, PLANE77                                  !平面热单元
ET, 2, SOLID90                                  !空间热单元
V=0.005                                         !焊接线速度
LENGTH=0.05                                     !钢板沿焊缝方向长度
L_NUMBER=LENGTH/V                               !沿焊缝方向单元段数
MPTEMP, 1, 0, 300, 600, 1000, 1300, 2000        !定义材料模型、温度表
MPDATA, DENS, 1, 1, 7859, 7770, 7659, 7600, 6750, 6750   !密度
MPDATA, DENS, 2, 1, 7859, 7770, 7659, 7600, 6750, 6750
MPDATA, C, 1, 1, 450, 514, 967, 1370, 2800, 2000         !比热
MPDATA, C, 2, 1, 450, 514, 967, 1370, 2800, 2000
MPDATA, KXX, 1, 1, 67, 53, 39, 31, 20, 20                !传导系数
MPDATA, KXX, 2, 1, 67, 53, 39, 31, 20, 20
RECT, 0, 0.10, 0, 0.01                          !因为对称,创建1/2实体模型
K, 5, 0.002
K, 6, 0.002, 0.002
K, 7, 0.00662, 0.01
K, 8, 0.00339, 0.01112
K, 9, 0, 0.0115
LARC, 7, 9, 8
A, 1, 5, 6, 7, 9
AGEN, 2, 2
ASBA, 1, 2
AGLUE, ALL
K, 20, 0, -0.00385
CIRCLE, 20, 0.008,,,90
CIRCLE, 20, 0.012,,,90
ASBL, 3, 4
ASBL, 2, 5
ESIZE, 0.00075
SMRTSIZE, 7
MSHAPE, 1
AMESH, 3, 5, 1
ESIZE, 0.003
AMESH, 1                                        !划分单元
EXTOPT, ESIZE, L_NUMBER
EXTOPT, ACLEAR, 1
MAT, 1
VEXT, 3, 5, 1,,,LENGTH                          !挤出
MAT, 2
VEXT, 1,,,,,LENGTH
NUMMRG, NODE                                    !合并两次挤出产生的位置重合的节点
ALLS
FINISH
```

!热分析求解
!进行稳态热分析,施加初始温度
/SOLU   !进入求解器
AUTOTS, ON   !打开自动时间步长
OUTPR, NSOL, ALL   !输出控制
OUTRES, NSOL, ALL
KBC, 1   !阶跃载荷
ANTYPE, TRANS   !瞬态分析
TIMINT, OFF   !关闭时间积分
NSUBST, 4   !子步数目
D, ALL, TEMP, 20   !施加初始温度
TIME, 0.01   !时间
SOLVE   !解答
!杀死焊缝单元
ESEL, S, MAT,,1   !选择焊缝单元
EKILL, ALL   !杀死单元
ESEL, ALL
TIME, 0.02
SOLVE
!开始激活焊缝单元,进行瞬态热分析
TIMINT, ON, THER   !打开时间积分,进行瞬态分析
DDELE, ALL, TEMP   !删除前面用 D 命令施加的温度载荷
TIME=0.02   !变量 TIME 的初始值
*DIM, QQ, ARRAY, 8   !定义数组,存储单元节点热流密度
*DIM, E_NODE, ARRAY, 20   !定义数组,存储单元所属节点编号
*GET, ELEM_MAX, ELEM, 0, NUM, MAX   !获取最大单元号
*GET, ELEM_MIN, ELEM, 0, NUM, MIN   !获取最小单元号
*GET, NODE_MAX, NODE, 0, NUM, MAX   !获取最大节点号
*GET, NODE_MIN, NODE, 0, NUM, MIN   !获取最小节点号
*DIM, NODE_AVE, ARRAY, NODE_MAX   !定义数组,存储节点相邻单元的数量
*DO, J, NODE_MIN, NODE_MAX   !计算节点相邻单元的数量,循环开始
   ALLS
   *IF, NSEL(J), EQ, 1, THEN
      NSEL, S,,,J   !选择节点 J
      ESLN, S   !选择节点 J 的相邻单元
      *GET, NODE_AVE(J), ELEM, 0, COUNT   !获取单元数量
   *ENDIF
*ENDDO   !计算节点相邻单元数量,循环结束
ALLS
*DO, KK, 1, 3   !计算三层焊缝温度场,循环开始
R=0.02   !电弧有效加热半径
*IF, KK, EQ, 1, THEN   !第一层焊缝的基本参数
   Q=3200*0.55   !输入热量
   QMAX=3*Q/3.1415926/R/R   !变量
   XC= 0.11190E-02   !第一层焊缝质心 X 坐标

```
        YC= 0.21451E-02                          !第一层焊缝质心 Y 坐标
        V_NUM=2                                  !第一层焊缝的体号
        TIME_INC=LENGTH/L_NUMBER/V               !第一层焊缝的时间增量
*ENDIF
*IF, KK, EQ, 2, THEN                             !第二层焊缝的基本参数
        Q=4500*0.55
        QMAX=3*Q/3.1415926/R/R
        XC= 0.20373E-02
        YC= 0.60454E-02
        V_NUM=1
        TIME_INC=LENGTH/L_NUMBER/1.5/V
*ENDIF
*IF, KK, EQ, 3, THEN                             !第三层焊缝的基本参数
        Q=5800*0.55
        QMAX=3*Q/3.1415926/R/R
        XC= 0.29574E-02
        YC= 0.94733E-02
        V_NUM=3
        TIME_INC=LENGTH/L_NUMBER/2/V
*ENDIF
*DO, J, 1, L_NUMBER                              !从头至尾激活第 KK 层焊缝,开始
        SFEDELE, ALL, ALL, HFLUX                 !删除以前施加的热流密度
        VSEL, S,,, V_NUM                         !选择第 KK 层焊缝所对应的体
        ESLV, S, 1                               !选择体上单元,即第 KK 层焊缝单元
        NSEL, R, LOC, Z, (J-1)*LENGTH/L_NUMBER+0.001, J*LENGTH/L_NUMBER-0.001
                                                 !选择第 J 行单元的中间节点
ESLN, R                                          !选择第 KK 层第 J 行单元
EALIVE, ALL                                      !激活单元
ALLS
ZC=(J-0.5)*LENGTH/L_NUMBER                       !第 KK 层第 J 行单元质心 Z 坐标
*DO, I, ELEM_MIN, ELEM_MAX                       !计算施加单元热流密度,循环开始
    *IF, ESEL(I), EQ, 1, THEN
        ESEL, S,,,I                              !选择第 I 个单元
    *DO, K, 1, 8                                 !计算第 I 单元前 8 个节点的热流密度
        *GET, E_NODE(K), ELEM, I, NODE, K        !获取第 I 个单元第 K 个节点的编号
    SS=E_NODE(K)
DISP=SQRT((NX(SS)-XC)*(NX(SS)-XC)+(NY(SS)-YC)*(NY(SS)-YC)+(NZ(SS)-ZC)*(NZ(SS)-ZC))
                                                 !计算节点到热中心点(质心)的距离
EEE=3*DISP*DISP/R/R                              !变量
*IF, EEE, LT, 25, THEN
    QQ(K)=QMAX*EXP(-EEE)/NODE_AVE(E_NODE(K))     !第 K 个节点的热流密度
*ELSE
    QQ(K)=0
*ENDIF
*ENDDO
```

```
*IF, QQ(1)+QQ(2)+QQ(3)+QQ(4), NE, 0, THEN
    SFE, I, 1, HFLUX,,QQ(1), QQ(2), QQ(3), QQ(4)      !在第 I 个单元第一个面上加热流密度
*ENDIF
*IF, QQ(1)+QQ(2)+QQ(5)+QQ(6), NE, 0, THEN
    SFE, I, 2, HFLUX,,QQ(1), QQ(2), QQ(6), QQ(5)      !在第 I 个单元第二个面上加热流密度
*ENDIF
*IF, QQ(6)+QQ(2)+QQ(3)+QQ(7), NE, 0, THEN
    SFE, I, 3, HFLUX,,QQ(2), QQ(3), QQ(7), QQ(6)      !在第 I 个单元第三个面上加热流密度
 *ENDIF
*IF, QQ(1)+QQ(4)+QQ(5)+QQ(7), NE, 0, THEN
    SFE, I, 5, HFLUX,,QQ(1), QQ(4), QQ(7), QQ(5)      !在第 I 个单元第五个面上加热流密度
*ENDIF
*IF, QQ(5)+QQ(6)+QQ(7)+QQ(8), NE, 0, THEN
    SFE, I, 6, HFLUX,,QQ(5), QQ(6), QQ(7), QQ(8)      !在第 I 个单元第六个面上加热流密度
*ENDIF
  ALLS
*ENDIF
*ENDDO                                                 !计算施加单元热流密度，循环结束
ALLS
ASEL, S, LOC, Z, 0                                     !选择边界面
ASEL, A, LOC, Z, LENGTH
ASEL, A,,,20, 22, 1
ASEL, A,,,17
SFA, ALL, 1, CONV, 30, 20                              !施加对流边界条件
ALLS
TIME=TIME+TIME_INC                                     !时间变量
NSUBST, 5, 10, 3                                       !步长
LNSRCH, ON                                             !打开线性搜索
TIME, TIME                                             !设定分析时间
SOLVE
*ENDDO                                                 !从头至尾激活第 KK 层焊缝，结束
TIME=TIME+3600                                         !空冷 3600s
NSUBST, 15, 30, 9
TIME, TIME
SFEDELE, ALL, ALL, HFLUX                               !空冷
SOLVE                                                  !解答
*ENDDO                                                 !计算三层焊缝温度场，循环结束
SAVE                                                   !保存
FINI
!开始结构分析
!前处理
/PREP7
ETCHG, TTS                                             !将热单元转换为结构单元
ET, 3, COMBIN14                                        !弹簧单元
R, 1, 1000000                                          !弹簧刚度
```

```
MPTEMP                                              !以下定义材料模型
MPTEMP, 1, 0, 300, 600, 1000, 1300, 1400, 2000      !温度表
MPDATA, EX, 1, 1, 2E11, 1.86E11, 1.35E11, 2E10, 2E7, 2E7, 2E7    !弹性模量
MPDATA, EX, 2, 1, 2E11, 1.86E11, 1.35E11, 2E10, 2E7, 2E7, 2E7
MPDATA, PRXY, 1, 1, 0.33, 0.33, 0.35, 0.36, 0.4, 0.4    !泊松比
MPDATA, PRXY, 2, 1, 0.33, 0.33, 0.35, 0.36, 0.4, 0.4
MPDATA, ALPX, 1, 1, 12E-6, 12.6E-6, 13.0E-6, 13.4E-6, 0, 0, 0    !线膨胀系数
MPDATA, ALPX, 1, 1, 12E-6, 12.6E-6, 13.0E-6, 13.4E-6, 0, 0, 0
MP, REFT, 1, 20                                     !参考温度
MP, REFT, 2, 20
TB, BKIN, 1, 5
TBTEMP, 15
TBDATA, 1, 280E6, 2E10                              !屈服极限，切向模量
TBTEMP, 800
TBDATA, 1, 10E6, 1E7
TBTEMP, 2500
TBDATA, 1, 10E6, 1E6
TBCOPY, BKIN, 1, 2                                  !复制材料 BKIN 数据
!以下创建弹簧单元，目的是防止结构产生较大的刚性位移，导致计算不收敛，由于弹簧
!刚度极小，弹簧力不大，对分析不会产生影响
K, 50, 0.11, 0.01
K, 51, 0.11, 0.01, LENGTH
L, 50, 3
L, 51, 25
TYPE, 3
REAL, 1
ESIZE,,1
LMESH, 49, 50, 1
FINISH
!结构分析的求解
/SOLU
DK, 10, ALL                                         !在关键点上施加全约束，不妨碍热变形
DA, 8, UX                                           !在对称面上施加垂直该面方向上的约束
DA, 14, UX
DA, 18, UX
ANTYPE, TRANS                                       !瞬态分析
OUTPR, ALL, ALL                                     !输出控制
OUTRES, ALL, ALL
KBC, 0
AUTOTS, ON
!杀死焊缝单元
TIME, 0.02
ESEL, S, MAT,,1
EKILL, ALL                                          !杀死单元
ESEL, ALL
```

```
NSUBST, 1
NLGEOM, ON                                      !打开大变形选项
SOLVE
TIME=0.02
!以下顺序激活焊缝单元
*DO, KK, 1, 3
  *IF, KK, EQ, 1, THEN
    V_NUM=2
    TIME_INC=LENGTH/L_NUMBER/V
  *ENDIF
  *IF, KK, EQ, 2, THEN
    V_NUM=1
    TIME_INC=LENGTH/L_NUMBER/1.5/V
  *ENDIF
  *IF, KK, EQ, 3, THEN
    V_NUM=3
    TIME_INC=LENGTH/L_NUMBER/2/V
  *ENDIF
  *DO, J, 1, L_NUMBER
    VSEL, S,,,V_NUM
    ESLV, S, 1
    NSEL, R, LOC, Z,  (J-1)*LENGTH/L_NUMBER+0.001, J*LENGTH/L_NUMBER-0.001
    ESLN, R
    EALIVE, ALL
   ALLS
   TIME=TIME+0.0001
   TIME, TIME
SOLVE
   TIME=TIME+TIME_INC-0.0001
     BFDELE, ALL, TEMP                          !删除以前施加的温度载荷
     LDREAD, TEMP,,,TIME,,,RTH                  !从热分析的结果文件读温度载荷
     NSUBST, 20, 100, 10
     LNSRCH, ON
     TIME, TIME
     SOLVE
  *ENDDO
   TIME=TIME+3600
     BFDELE, ALL, TEMP
     LDREAD, TEMP,,,TIME,,,RTH
     TIME, TIME
     SOLVE
     SAVE
*ENDDO
FINI
!查看结果
```

```
/POST1                              !进入通用后处理器
SET,,,,,1.02                        !从结果文件读 1.02s 的结果
PLNSOL, BFE, TEMP, 0, 1.0           !温度云图
PLNSOL, S, EQV, 0, 1.0              !应力云图
FINI
```
!重复以上过程,得到第一道焊缝不同时间的温度云图,如图 18-30 所示
!0.02~10.02s 为焊接过程,10.02s~3610.02s 为冷却过程

图 18-31 所示为范梅赛斯等效应力云图,可见焊接时(TIME=7.02s, 10.02s)应力较小,冷却结束时(TIME=3610s)应力即残余应力较大,达到 548MPa。

其他时间的结果读者可自行查看。

图 18-30 第一道焊缝不同时间的温度云图

图 18-31 范梅赛斯等效应力云图

实例 E18-14　单元生死技术应用——隧道开挖

1）问题描述

本例研究隧道开挖后用钢筋混凝土结构支撑的变形和应力情况。分析时首先创建包括围岩和钢筋混凝土结构在内的全部模型，然后按两个载荷步进行求解：（1）杀死钢筋混凝土单元，对围岩单元施加重力加速度载荷；（2）激活钢筋混凝土单元。

混凝土结构使用混凝土单元 SOLID65 划分单元。

3D 混凝土单元 SOLID65 用于模拟加筋或不加筋的 3D 实体结构，具有拉裂与压碎功能。在混凝土应用方面，用单元的实体性能来模拟混凝土，而用加筋性能来模拟钢筋的作用。该单元有 8 个节点，每个节点有 3 个自由度，即 X、Y、Z 三个方向上的线位移，并且可定义三个方向上的加筋情况。单元几何描述如图 18-32 所示，其形状可以退化为棱柱体或四面体。

图 18-32　SOLID65 单元几何描述

该单元与三维实体结构单元类似，只是增加了开裂与压碎功能。该单元最重要的是对材料的非线性处理，它可模拟混凝土开裂（3 个正交方向）、压碎、塑性变形及蠕变，还可模拟钢筋的拉伸、压缩、塑性变形及蠕变，但不能模拟钢筋的剪切。

单元输入数据包括 8 个节点和各向同性材料特性，单元包括一种实体材料和 3 种钢筋材料，用 TB 命令输入混凝土材料的特性参数，而钢筋的特性需在实常数中定义，包括材料模型号（MAT）、体积配筋比（VR）和方向角（THETA 和 PHI），钢筋的方向角可用/ESHAPE,1 命令以图形方式校验。

体积配筋比是指钢筋的体积与整个单元体积的比，钢筋的方向用单元坐标系中的两个角度（单位为°）来定义。当钢筋的材料模型号为 0 或等于单元的材料模型号时，则不考虑钢筋的作用。

另外，有关混凝土的材料特性如剪切传递系数、拉应力、压应力等均应在数据表中给出。

2）命令流

```
/CLEAR                                              !清除数据库，新建分析
/FILNAM,E18-14                                      !指定任务名
D2=3.2 $ D1=2.8                                     !钢筋混凝土结构的内、外径
/PREP7                                              !进入前处理器
ET,1,MESH200,6                                      !4 节点 3D 面单元，只用于划分单元
ET,2,SOLID185 $ ET,3,SOLID65                        !3D 结构单元和混凝土单元
MP,EX,1,4E9 $ MP,PRXY,1,0.32 $ MP,DENS,1,2200       !围岩材料模型
MP,EX,2,2E11 $ MP,PRXY,2,0.3 $ MP,DENS,2,7800       !钢筋材料模型
MP,EX,3,1.3585E10 $ MP,PRXY,3,0.2 $ MP,DENS,3,3000  !混凝土材料模型
TB,CONCR,3 $ TBTEMP,0 $ TBDATA,,0.5,0.95,1.43E6,-1
TB,MISO,3,,10                                       !多线性等向强化
TBPT,,200E-6,0.19*14.3E6 $ TBPT,,400E-6,0.36*14.3E6 !应力-应变曲线
TBPT,,600E-6,0.51*14.3E6 $ TBPT,, 800E-6,0.64*14.3E6 $ TBPT,,1000E-6,0.75*14.3E6
TBPT,,1200E-6,0.84*14.3E6 $ TBPT,,1400E-6,0.91*14.3E6 $ TBPT,,1600E-6,0.96*14.3E6
TBPT,,1800E-6,0.99*14.3E6 $ TBPT,,2000E-6,1*14.3 E6
R,1,2,0.001,0,0,2,0.002 $ RMORE,90,0,2,0.002,0,90   !实常数，指定配筋特性
RECTNG,-5*D2,5*D2,5*D2,-5*D2 $ PCIRC,D2/2,D1/2      !创建矩形和圆形面
AOVLA,1,2                                           !搭接面
ADELE,3                                             !删除面
ESIZE,,9 $ AMESH,ALL                                !对面划分网格
TYPE,2 $ MAT,2                                      !指定围岩单元属性
EXTOPT, ESIZE, 5 $ EXTOPT, ACLEAR, 1                !设置挤出选项
VEXT,4,,,,,5                                        !挤出形成围岩模型
CSWPLA,11,1,1,1                                     !创建局部坐标系,
ESYS,11$ TYPE,3 $ MAT,3                             !指定混凝土单元属性
VEXT,2,,,,,5                                        !挤出形成混凝土结构模型
NUMMRG,NODE, , ,LOW                                 !合并节点
/ESHAPE,1 $ /DEVICE,VECTOR,1                        !显示混凝土单元配筋方向
ESEL,S,TYPE,,3 $ EPLOT $
ALLS
/DEVICE,VECTOR,0
FINI                                                !退出前处理器
/SOLU                                               !进入求解器
CSYS,0                                              !激活全局直角坐标系
```

```
ASEL,S,LOC,X,-5*D2 $ ASEL,A,LOC,X,5*D2 $ DA,ALL,UX,0    !在面上施加约束
ASEL,S,LOC,Y,-5*D2 $ DA,ALL,UY
ASEL,S,LOC,Z $ DA,ALL,UZ
ALLSEL                                                   !选择所有实体
ACEL,,9.8                                                !施加重力加速度载荷
DELTIM,0.1,0.05,0.2                                      !设置时间步长
AUTOTS,ON                                                !使用自动时间步
PRED,ON                                                  !打开时间步长预测器
LNSRCH,ON                                                !打开线性搜索
NLGEOM,ON                                                !打开大位移选项
NROPT,FULL                                               !设定牛顿-拉夫逊选项
ESEL,S,TYPE,,3 $ EKILL,ALL                               !杀死混凝土单元
ESEL,INVE                                                !选择围岩单元
NSLE,S                                                   !选择围岩单元上的节点
NSEL,INVE                                                !选择混凝土单元上的节点
D,ALL,ALL                                                !在不活动自由度上施加所有约束
ALLS                                                     !选择所有实体
TIME,1                                                   !指定载荷步时间
SOLVE                                                    !求解
EALIVE,ALL                                               !激活所有单元
DDELE,ALL,ALL                                            !删除混凝土单元节点上的约束
SOLVE                                                    !求解
FINI                                                     !退出求解器
/POST1                                                   !进入通用后处理器
PLNSOL, U,SUM                                            !显示变形云图（见图18-33）
FINI                                                     !退出通用后处理器
```

图 18-33 结构变形云图

第19章 耦合场分析

19.1 耦合场分析概述

19.1.1 耦合场分析的定义

耦合场分析是指有限元分析时考虑了两种或多种物理场的相互作用。耦合场分为单向耦合和双向耦合。热应力属于典型的单向耦合问题,温度场产生结构热应变,但结构应变一般不影响温度分布。而流体-结构交互作用则属于双向耦合问题,流体压力会导致结构产生变形,结构变形后又使流体流动发生改变。单向耦合问题比较简单,不需要在两种物理场之间进行循环求解。而双向耦合问题则复杂得多,需要在两个物理场之间迭代直到收敛。

耦合场分析的典型应用有压力容器问题(热应力分析)、流体流动收缩问题(流体-结构分析)、感应加热问题(磁-热分析)、超声换能器问题(压电分析)、磁成形问题(磁-结构分析)等。

19.1.2 耦合场分析的类型

耦合场分析主要采用直接法和载荷传递法,另外,ANSYS 还提供了降阶模型法和耦合物理电路仿真法。

1. 直接法

直接法使用包含所有必要自由度的耦合场单元,ANSYS 的耦合场单元及功能见表19-1。直接法通常只进行一次分析,耦合是通过计算包含所需物理量的单元矩阵(强耦合)或单元载荷向量(弱耦合)来实现的。在用强耦合方法计算的线性问题中,通过一次迭代即可完成耦合场相互作用的计算,而弱耦合方法则至少需要两次迭代。对于非线性问题,强耦合和弱耦合方法都需要多次迭代。在常用的耦合场分析中,热-压力分析使用强耦合和弱耦合方法;速度-热-压力分析使用强耦合方法;压力-结构(声场)分析使用强耦合方法;结构-热分析使用强耦合或弱耦合方法,当有接触单元时使用强耦合方法。

使用弱耦合方法的耦合场单元在子结果分析中无效。在生成子结构过程中,迭代求解不可用,所以 ANSYS 会忽略所有弱耦合效应。

由于弱耦合场单元中可能会出现极端非线性行为,所以需要使用时间步长预测器和线性搜索选项来达到收敛。

为了提高瞬态耦合场分析的收敛速度,可以禁用不关心自由度的时间积分效应。例如,如果在热-结构瞬态耦合场分析中结构惯性和阻尼效果可以被忽略,则可以用 TIMINT,OFF,STRUC 命令关闭结构自由度的时间积分效应。

直接法耦合场分析的步骤参见实例 E19-3。

表 19-1　耦合场单元及功能

元素名称	说　明	元素名称	说　明
SOLID5	六面体耦合场单元	CONTA173	3D 面-面接触单元
PLANE13	四边形耦合场单元	CONTA174	3D 面-面接触单元
FLUID29	四边形声场单元	CONTA175	2D/3D 点-面接触单元
FLUID30	六面体声场单元	CONTA178	3D 点-点接触单元
LINK68	热-电线单元	CPT212	2D4 节点机械孔隙压力耦合实体单元
CIRCU94	压电路单元	CPT213	2D8 节点机械孔隙压力耦合实体单元
SOLID98	四面体耦合场单元	CPT215	3D8 节点机械孔隙压力耦合实体单元
FLUID116	热-流体管单元	CPT216	3D20 节点机械孔隙压力耦合实体单元
CIRCU124	通用电路单元	CPT217	3D10 节点机械孔隙压力耦合实体单元
TRANS126	1D 机电变换器	PLANE223	四边形耦合场单元
SHELL157	热-电壳单元	SOLID226	六面体耦合场单元
CONTA171	2D 面-面接触单元	SOLID227	四面体耦合场单元
CONTA172	2D 面-面接触单元		

2. 载荷传递法

载荷传递法包含两个或多个分析,每个分析都属于一种不同的物理场,将一个分析结果作为另一个分析的载荷来实现耦合。载荷传递法的类型如下:

1) ANSYS Workbench 平台上的系统耦合

可以在 Workbench 平台上使用系统耦合组件系统进行耦合场分析,即通过连接系统耦合组件系统、Mechanical、Fluent 和 External Data Systems,可以进行单向或双向流-固耦合(FSI)分析或热-结构耦合分析。

系统耦合分析可以在命令行中运行,而不必使用 Workbench 用户界面。

2) ANSYS 多物理场求解器

ANSYS 多物理场求解器可用于各类耦合场问题的求解,是载荷传递法的自动化工具。该方法鲁棒性好、准确、容易使用,取代了物理文件方法。每个物理场都有独立的几何模型和网格,通过面或体来进行耦合载荷的传递。使用多物理场求解器命令集来设定问题和定义求解顺序,求解器自动在不同的网格之间传递耦合载荷。取决于物理需求,该求解器可用于静分析、谐响应分析和瞬态分析。可以在一个求解顺序中(或顺序-并行混合方式)求解任意数量的物理场。

多物理场求解器有两个方案,分别用于不同场合。

(1) MFS-Single Code:基本的 ANSYS 多物理场求解器,用于模型较小,在一次执行中包含所有物理场的情况(如 ANSYS Multiphysics)。MFS-Single Code 使用迭代耦合,各物理场顺序求解,分别求解每个矩阵方程。求解器在各物理场之间迭代,直到通过各物理界面转移的载荷收敛。

(2) MFX-Multiple Code:增强的 ANSYS 多物理场求解器,用于模拟分布在多个执行过程中的物理场(如在 ANSYS 多物理场和 ANSYS CFX 之间)。MFX 求解器可以用于比 MFS 版本更大的模型。MFX-Multiple Code 求解器使用迭代耦合,各物理场可以同时求解,也可以顺序求解,但各个矩阵方程是分开求解的。该求解器在各物理场之间迭代,直到通过各物理界面转移的载荷收敛。

3) 物理文件

采用基于物理文件的载荷转移时,必须明确转移载荷所使用的物理环境。这一类分析的一个例子是顺序的热-应力分析，后续的应力分析中，施加热分析得到的节点温度作为体载荷。物理分析基于单一的有限元网格。用户创建定义物理环境的物理文件，这些文件对数据库进行配置并为给定的物理仿真准备单一的网格。一般过程是：读入第一个物理文件并求解；然后在下一个物理场中读入指定的载荷（这里是节点温度），并求解第二个物理场。

使用 LDREAD 命令将不同的物理环境联系到一起，并穿越节点-节点相似的网格，将第一个物理环境的指定结果数据作为下一个物理环境求解时施加的载荷，也可以使用 LDREAD 命令读取一个分析结果，作为后续分析载荷，而不必使用物理文件。

4）单向载荷传递

可以将单向载荷转移用于流-固耦合的相互作用分析。这一方法要求流体分析结果不对固体的载荷产生很大影响，反之亦然。从 ANSYS 多物理场分析得到的载荷可以单向转移到 CFX 流体分析中，或者由 CFX 流体分析得到的载荷可以单向转移到 ANSYS 多物理场分析。载荷转移发生在分析外部。

3．两种方法的对比

当耦合场的相互作用涉及高度耦合的物理场或高度非线性时，使用直接法是有利的，最好作为使用耦合公式的单个问题求解。直接耦合的例子包括压电分析、带有流体的共轭传热，以及电路-电磁耦合分析。具有特定公式的单元用于直接求解这些耦合场的相互作用。

对于不存在高度非线性相互作用的耦合问题，载荷转移方法更加有效、灵活，因为可以执行两个相互单独的分析。耦合可能是递归的，将执行不同物理过程之间的迭代，直到收敛达到期望水平。比如，在一个载荷转移的热-应力分析中，可以执行一个非线性传热分析，随后是一个瞬态静力分析。可以使用热分析的任何载荷步或时间点的节点温度作为应力分析的载荷。在载荷转移耦合分析中，可以执行一个非线性瞬态流固耦合分析，使用 FLOTRAN 流体单元和 ANSYS 结构、热或耦合场单元。

由于耦合场单元直接处理载荷的转移，直接耦合很少需要用户干预。有些分析必须使用直接耦合方法，如压电分析。载荷转移法要求更具体的定义和手工指定要转移的载荷，但是在不同网格和不同分析之间转移载荷时更灵活。

更一般的准则请参照 ANSYS Help。

19.2　热应力计算

19.2.1　ANSYS 热分析简介

当一个结构发生温度变化时，会发生膨胀或收缩。如果其膨胀或收缩受到限制，或者由于温度分布不均导致膨胀收缩程度不同，就会产生热应力。

用有限元法计算热应力时，首先进行热分析，然后进行结构分析，热分析是计算热应力的基础。热分析用于计算一个系统的温度分布及其他热物理参数，如热量获得或损失、热梯度、热流密度等。

ANSYS 热分析求解基于能量守恒的热平衡方程，用有限元法计算节点温度，并导出其他热物理参数。

1. 传热方式

根据传热机理的不同，传热有热传导、热对流、热辐射三种基本方式。

1）热传导

当物体内部或两个直接接触的物体之间存在温度差异时，热量会从物体温度的较高部分传递给较低部分或从温度较高的物体传递给相接触的温度较低的物体，这就是热传导。热传导遵循傅里叶定律：

$$q'' = -k\frac{dT}{dx} \tag{19-1}$$

式中，q'' 为热流密度，单位为 W/m^2；k 为导热系数，单位为 $W/(m \cdot ℃)$；负号表示热量流向温度降低的方向。

2）热对流

当固体的表面与其周围的流体之间存在温度差异时，所引起的热量交换就是热对流。热对流有自然对流和强制对流两类。热对流用牛顿冷却方程描述为

$$q'' = h(T_S - T_B) \tag{19-2}$$

式中，h 为对流换热系数，单位为 $W/(m^2 \cdot ℃)$；T_S、T_B 分别为固体表面和周围流体的温度。

3）热辐射

热辐射是指物体发射电磁能，并被其他物体吸收转变为热量的能量交换过程。物体温度越高，单位时间内辐射的热量就越多。热传导和热对流都需要有传热介质，而热辐射不需要。实质上，在真空中热辐射效率最高。在工程中一般考虑两个或两个以上物体之间的热辐射，系统中每个物体同时辐射并吸收热量。二者之间的净热量传递可以用斯特藩-玻尔兹曼方程来计算：

$$q = \varepsilon \sigma A_1 F_{12}(T_1^4 - T_2^4) \tag{19-3}$$

式中，q 为热流率；ε 为辐射率（黑度）；σ 为斯特藩-玻尔兹曼常数，约为 $5.67 \times 10^{-8} \, W/(m^2 \cdot K^4)$；$A_1$ 为辐射面 1 的面积；F_{12} 为由辐射面 1 到辐射面 2 的形状系数；T_1、T_2 分别为辐射面 1 和辐射面 2 的绝对温度。

由式（19-3）可知，包含热辐射的热分析是高度非线性的。

2. 稳态传热和瞬态传热

物体传热分为稳态传热和瞬态传热，相应的有限元热分析也分为稳态传热分析和瞬态传热分析。

1）稳态传热

如果流入系统的热量加上系统自身产生的热量等于流出系统的热量，则系统处于热稳态。在热稳态中，系统内各点的温度仅与位置有关，不随时间变化而变化。用有限元法进行稳态热分析的能量平衡方程（矩阵形式）为

$$\boldsymbol{KT} = \boldsymbol{Q} \tag{19-4}$$

式中，$\boldsymbol{K}$ 为热传导矩阵，包括导热系数、对流换热系数、辐射率及形状系数；$\boldsymbol{T}$ 为节点温度列矩阵；$\boldsymbol{Q}$ 为节点热流率列矩阵，包括热生成。

ANSYS 利用模型几何参数、材料热性能参数及所施加的边界条件，生成 3 个矩阵 $\boldsymbol{K}$、$\boldsymbol{T}$、$\boldsymbol{Q}$。

2）瞬态传热

瞬态传热过程是指一个系统的加热和冷却过程。在这个过程中，系统的温度、热流率、热边

界条件及系统内能不仅随位置不同而不同，而且随时间变化。根据能量守恒原则，瞬态热平衡方程（矩阵形式）为

$$C\dot{T} + KT = Q \tag{19-5}$$

式中，C 为比热矩阵，考虑系统内能的增加；$\dot{T}$ 为节点温度对时间的导数列矩阵。

3. 非线性热分析

当材料热性能参数（如导热系数 k、比热 c 等）、边界条件（如对流换热系数 h）随温度变化，或者考虑辐射传热时，则为非线性热分析。此时，热平衡方程（19-5）的系数矩阵 C、K 不是常量矩阵，方程是非线性的。

4. 热单元

ANSYS 中专门用于热分析的单元类型见表 19-2。

表 19-2 热分析的单元类型

元素名称	类型	自由度	说明
MASS71	1D/2D/3D 点	温度	热质量单元
LINK33	3D	温度	2 节点热传导单元
LINK34	2D/3D 线性	温度	2 节点热对流单元
LINK31	2D/3D 线性	温度	2 节点热辐射单元
PLANE55	2D 实体	温度	4 节点四边形单元
PLANE77	2D 实体	温度	8 节点四边形单元
PLANE35	2D 实体	温度	6 节点三角形单元
PLANE75	2D 轴对称实体	温度	4 节点四边形谐响应单元
PLANE78	2D 轴对称实体	温度	8 节点四边形谐响应单元
SOLID278	3D 实体	温度	8 节点六面体单元
SOLID279	3D 实体	温度	20 节点六面体单元
SOLID70	3D 实体	温度	8 节点六面体单元
SOLID90	3D 实体	温度	20 节点六面体单元
SOLID87	3D 实体	温度	10 节点四面体单元
SHELL131	3D 壳	多个温度	4 节点
SHELL132	3D 壳	多个温度	8 节点

19.2.2 稳态热分析步骤

稳态热分析用于研究稳定的热载荷对结构的影响，有时还用于瞬态热分析时计算初始温度场。稳态热分析的主要步骤如下。

1) 建模

稳态热分析的建模过程与其他分析相似，包括定义单元类型、定义单元实常数、定义材料特性、建立几何模型和划分网格等。但需注意的是，稳态热分析必须定义材料的导热系数。

2) 施加载荷和求解

（1）用 ANTYPE, STATIC 命令指定分析类型。

（2）施加载荷。用 D 等命令施加恒定的温度，用 F 等命令施加热流率，用 SF 等命令施加对

流或热流密度,用 BF 等命令施加生热率。

(3) 设置载荷步选项:

① 用 TIME 命令指定载荷步时间,用 NSUBST 命令指定每一载荷步的子步数,用 DELTIM 命令指定时间步长,用 KBC 命令指定阶跃或斜坡载荷等普通选项。

② 用 NEQIT 命令指定迭代次数,用 AUTOTS 命令打开自动时间步长,用 LNSRCH 命令打开线性搜索,用 PRED 命令激活步长预测等非线性选项。

③ 用 OUTPR 命令指定打印输出,用 OUTRES 命令指定数据库和结果文件输出等选项。

(4) 设置分析选项。用 NROPT 命令指定牛顿-拉夫逊选项(仅对非线性分析有用)、用 EQSLV 命令选择求解器。

(5) 求解。

3) 查看结果

稳态热分析时使用 POST1 后处理器查看结果。

19.2.3 瞬态热分析步骤

瞬态热分析用于计算系统随时间变化的温度场和其他热参数。一般用瞬态热分析计算温度场,并找到温度梯度最大的时间点,将此时间点的温度场作为热载荷进行应力计算。

瞬态热分析步骤与稳态热分析基本相同,主要不同是瞬态热分析中载荷是随时间变化的。

瞬态热分析的主要步骤如下。

1) 建模

瞬态热分析的建模过程与其他分析相似,包括定义单元类型、定义单元实常数、定义材料特性、建立几何模型和划分网格等。

注意:瞬态热分析必须定义材料的导热系数、密度和比热。

2) 施加载荷和求解

(1) 用 ANTYPE, TRANSIENT 命令指定分析类型。

(2) 获得瞬态热分析的初始条件。

① 用 TUNIF 或 D 命令定义均匀的初始温度场。

TUNIF 命令定义的初始温度仅对第一个子步有效,而用 D 命令施加的温度在整个瞬态热分析过程中均不变,应注意二者的区别。

② 用 IC 命令或先做稳态分析定义非均匀的初始温度场。

如果非均匀的初始温度场是已知的,则可以用 IC 命令施加。

而非均匀的初始温度场一般是未知的,此时必须先做稳态分析确定该温度场。该稳态分析与一般的稳态分析相同。注意:要设定载荷(如已知的温度、热对流等);要用 TIMINT,OFF 命令将时间积分关闭;设定只有一个子步、时间很短(如 0.01s)的载荷步。

(3) 设置载荷步选项。

用 TIME 命令指定每一个载荷步结束的时间,用 NSUBST 命令指定每一个载荷步的子步数或用 DELTIM 命令指定时间增量,用 KBC 命令指定阶跃或斜坡载荷等普通选项。

在进行非线性分析时,根据线性传导热传递,初始时间步长可按下式估算:

$$\text{ITS} = \delta^2 / 4\alpha \tag{19-6}$$

式中,δ 为沿热流方向热梯度最大处的单元边长度;α 为导温系数,$\alpha = k/\rho c$,其中,k 为导热系数，ρ 为密度，c 为比热。

用 NEQIT 命令指定迭代次数，用 AUTOTS 命令打开自动时间步长，用 TIMINT 命令打开时间积分等非线性选项。

用 OUTPR 命令指定打印输出，用 OUTRES 命令指定数据库和结果文件输出等选项。

（4）删除稳态分析时所施加的温度载荷。在通过稳态分析施加初始温度场时，需要进行该步骤。

（5）求解。

3）查看结果

可以用 POST26 或 POST1 查看结果。

实例 E19-1　瞬态热分析实例——水箱

1）问题描述

图 19-1 所示为一个温度为 500℃的铁块和一个温度为 400℃的铜块，将它们突然放入温度为 20℃的完全绝热的水箱中。忽略水的流动，试分析 1h 后铜块和铁块的最高温度，以及铜块和铁块的温度变化情况。

材料热物理性能参数见表 19-3。

图 19-1　水箱示意图

表 19-3　材料热物理性能参数

热性能参数	铜	铁	水
导热系数（W/(m·℃)）	383	70	2
密度（kg/m³）	8889	7833	996
比热（J/(kg·℃)）	390	448	4185

2）命令流

/CLEAR	!清除数据库，新建分析
/FILNAME, E19-1	!定义任务名
/PREP7	!进入前处理器
ET, 1, PLANE77	!选择单元类型
MP, KXX, 1, 383 $ MP, DENS, 1, 8889 $ MP, C, 1, 390	!定义材料模型 1，铜
MP, KXX, 2, 70 $ MP, DENS, 2, 7833 $ MP, C, 2, 448	!定义材料模型 2，铁
MP, KXX, 3, 2 $ MP, DENS, 3, 996 $ MP, C, 3, 4185	!定义材料模型 3，水
RECTNG, 0, 0.6, 0, 0.5 $ RECTNG, 0.15, 0.225, 0.225, 0.27	!创建矩形面
RECTNG, 0.342, 0.42, 0.225, 0.27	
AOVLAP, ALL	!搭接所有面
AATT, 1, 1, 1 $ MSHAPE, 0 $ MSHKEY, 1 $ ESIZE, 0.01 $ AMESH, 2	!对面 2 划分单元
AATT, 2, 1, 1 $ AMESH, 3	!对面 3 划分单元

```
AATT, 3, 1, 1 $ MSHKEY, 0 $ ESIZE, 0.03 $ AMESH, 4    !对面 4 划分单元
FINISH                                                !退出前处理器
/SOLU                                                 !进入求解器
ANTYPE, TRANS                                         !瞬态热分析
!进行稳态分析，施加初始温度
TIMINT, OFF                                           !关闭时间积分
TIME, 0.01                                            !指定载荷步时间
DELTIM, 0.01                                          !时间步长
DA,2,TEMP,400 $ DA,3,TEMP,500 $ DA,4,TEMP,20          !在面上施加温度载荷
SOLVE                                                 !求解
!开始瞬态热分析
TIME, 3600                                            !指定载荷步时间
TIMINT, ON                                            !打开时间积分
DELTIM, 50, 10, 200                                   !指定时间步长
AUTOTS, ON                                            !打开自动时间步长
DADELE, ALL, TEMP                                     !删除稳态分析时施加的温度自由度
OUTRES, ALL, ALL                                      !输出控制
SOLVE                                                 !求解
SAVE                                                  !保存数据库
FINISH                                                !退出求解器
/POST26                                               !进入时间历程后处理器
NSOL, 2, 106, TEMP,,TEMP_106                          !定义变量
PLVAR, 2                                              !用曲线图显示变量，如图 19-2 所示
FINISH                                                !退出时间历程后处理器
```

图 19-2 温度随时间变化情况

19.2.4 热应力计算方法

1. 概述

在 ANSYS 中可进行计算热应力的方法有 3 种：在结构上直接施加温度载荷、直接法、载荷传递法。第一种方法比较简单，主要用于结构温度场为已知且均匀分布的场合，下面介绍另外两

种方法。

2. 直接法

1)结构-热耦合场单元

ANSYS 结构-热耦合场单元及特点见表 19-4。对于结构-热耦合场分析,需要选择单元的 UX、UY、UZ 和 TEMP 自由度。对于 SOLID5 或 SOLID98 单元,应将 KEYOPT(1)设置为 0;对于 PLANE13 单元,应设置 KEYOPT(1)为 4;对于 PLANE223、SOLID226 或 SOLID227 单元,应设置 KEYOPT(1)为 11。

结构-热耦合场分析可以包括大变形或应力刚化。

如果要在瞬态分析和谐响应分析等动态分析类型中包括压热效应,则需要使用 PLANE223、SOLID226 或 SOLID227 单元。

表 19-4 结构-热耦合场单元及特点

单元名称	类　型	效　应	分析类型
SOLID5 PLANE13 SOLID98	六面体耦合场单元 四边形耦合场单元 四面体耦合场单元	热弹性(热应力)	静态分析 完全法瞬态分析
PLANE223 SOLID226 SOLID227	四边形耦合场单元 六面体耦合场单元 四面体耦合场单元	热弹性(热应力和压热) 结构材料非线性 热塑性	静态分析 完全法谐响应分析 完全法瞬态分析

2)直接法计算热应力的步骤

(1)选择表 19-4 所示的结构-热耦合场单元,并且设置 KEYOPT(1) 选择 UX、UY、UZ 和 TEMP 自由度。

(2)指定结构分析的材料特性。

对于各向同性或正交各向异性材料,用 MP 命令输入弹性模量(EX、EY、EZ)、泊松比(PRXY、PRYZ、PRXZ 或 NUXY、NUYZ、NUXZ)和剪切模量(GXY、GYZ 和 GXZ)。

对于各向异性材料,用 TB,ANEL 命令输入弹性刚度矩阵。

如果使用 PLANE223、SOLID226 或 SOLID227 单元,则可以用 TB 命令定义如下结构非线性材料模型。

① 塑性:PLASTIC、BISO、MISO、NLISO、BKIN、MKIN、KINH、CHABOCHE、HILL、SMA、CAST、EDP、GURSON。

② 粘弹性:PRONY、SHIFT。

③ 粘塑性/蠕变:CREEP、RATE。

(3)指定热分析的材料特性。

用 MP 命令指定热导率(KXX、KYY、KZZ)。如果考虑热瞬态效应,则需用 MP 命令指定密度(DENS)、比热(C)或焓(ENTH)。

(4)用 MP 命令指定热膨胀系数(ALPX、ALPY、ALPZ)、热应变(THSX、THSY、THSZ)或瞬时热膨胀系数(CTEX、CTEY、CTEZ)。

(5) 用 TREF 或 MP,REFT 命令指定参考温度,用于热应变计算。

(6) 施加结构和热分析的载荷和边界条件。

结构分析的载荷和边界条件包括位移(UX、UY、UZ)、力(F)、压力(PRES)和力密度(FORC)。

热分析的载荷和边界条件包括温度(TEMP)、热流量(HEAT)、对流(CONV)、热通量(HFLUX)、辐射(RDSF)和发热体(HGEN)。

(7) 指定分析类型并求解。

分析类型可以是静态分析、完全法瞬态分析或完全法谐响应分析。

(8) 如果使用 PLANE223、SOLID226 或 SOLID227 单元,则需要进行如下操作:

如果进行静态分析或完全法瞬态分析,则需要设置 KEYOPT(2)选择强或弱结构-热耦合。对于完全法谐响应分析,只能使用强结构-热耦合。

在使用单元 PLANE223、SOLID226 和 SOLID227 进行结构-热分析时,如果结构分析具有非线性,则建议使用结构-热自由度间的弱耦合并抑制热弹性阻尼的瞬态分析。当使用 SOLID226 单元时,应选择一致缩减积分。当 ETCONTROL 激活时,这些选项自动设置。

PLANE223、SOLID226 和 SOLID227 单元也支持在静态或瞬态分析中热塑性效应计算。

(9) 在后处理器中查看结构和热的结果。

结构的结果包括位移(U)、总应变(EPTO)、弹性应变(EPEL)、热应变(EPTH)、应力(S)、塑性热生成率(PHEAT)和总应变能(UT)。

热的结果包括温度(TEMP)、热梯度(TG)和热通量(TF)。

3. 用多物理场求解器求解

用多物理场求解器(MFS方案)计算热应力时包括以下步骤:

1) 建立场模型

建立场模型时,需要分别创建各物理场的有限元模型,并施加载荷和位移边界条件。每个模型根据物理场的不同,需要指定网格、边界条件、分析选项、输出选项等。除了有重复的几何模型外,这些有限元模型相对独立。它们可以存储在一个数据库中,也可以存储在不同的数据库中,但需用 MFIMPORT 命令指定接口。

2) 标记物理场间载荷传递的接口

本步骤指定表面或体作为物理场间载荷传递的接口,并设置接口编号。以表面为接口时,用于传递表面载荷;以体为接口时,用于传递体载荷。

定义表面载荷接口时,需用 SF 系列命令(包括 SF、SFA、SFE 或 SFL 命令)并指定 FSIN 标签。在每个物理场的接口表面,各执行一次 SF 系列命令,并且指定相同的接口编号,该接口编号将用于在 MFSURFACE 命令中指定传递载荷的接口。该操作可参照以下命令流:

```
ASEL,…                    !选择第一个物理场上的接口表面
NSLA,S,1                  !选择接口表面上的节点
SF,ALL,FSIN,1             !标记表面载荷接口,标签为 FSIN,接口编号为 1
…
ASEL,…                    !选择第二个物理场上的接口表面
NSLA,S,1                  !选择接口表面上的节点
SF,ALL,FSIN,1             !标记表面载荷接口,标签为 FSIN,接口编号为 1
```

定义体载荷接口时，需用 SFE 命令并指定 FVIN 标签。在每个物理场的接口体上，各执行一次 SFE 系列命令，并且指定相同的接口编号，该接口编号将用于在 MFVOLUME 命令中指定传递载荷的接口。该操作与定义表面载荷接口类似。

3）设置物理场求解选项

（1）定义物理场并控制求解。

用 MFELEM 命令根据单元类型定义物理场、用 MFEM 命令添加单元类型到物理场，或者用 MFIMPORT 命令从文件输入新的物理场。

用 MFFNAME 命令为每一个物理场指定文件名称。

用 MFCMMAND 命令为每一个物理场设置控制求解选项。

用 MFCLEAR 命令在设置新物理场选项前删除所有求解选项。

（2）设置载荷传递接口。

用 MFSURFACE 命令定义表面载荷传递，或者用 MFVOLUME 命令定义体载荷传递。需要指定载荷传递的接口、物理场、传递数据的标签。

（3）设置总体求解选项。

用 MFANALYSIS,ON 命令激活 MFS 分析。

用 MFINTER 命令指定接口载荷传递插值选项。

用 MFBUCKET 命令指定载荷传递插值搜索选项。

用 MFORDER 命令指定物理场的求解顺序。

用 MFEXTER 命令定义外部物理场。

（4）设置迭代求解选项。

用 MFI TER 命令设置最大迭代次数。

用 MFCONV 命令设置收敛值。

用 MFRELAX 命令设置松弛值。

（5）设置时间和频率控制。

用 MFTIME 命令设置 MFS 分析的终止时间。

用 MFDTIME 命令设置 MFS 分析的时间步长。

用 MFRSTART 命令重启动分析。

用 MFCALC 命令为每一个物理场指定计算频率。

用 MFOUTPUT 命令设置 MFS 分析的输出频率。

（6）用 MORPH 命令设置变形和重画网格。

（7）清除或列表设置。

用 MFCLEAR 命令清除设置，或者用 MFLIST 命令列表设置。

4）求解得到结果

用 SOLVE 命令求解，或者用 MFRSTART 命令重启动 MFS 分析。

5）后处理

进行后处理时，数据库必须是可用的且需要选择适当的结果文件。可用 FILE 命令在 POST1 或 POST26 下选择结果文件，结果文件名称应为由 MFFNAME 命令设置的名称。可以用标准的 POST1 或 POST26 命令查看结果。必须在查看结果之前用 ESEL 命令选择与结果文件相匹配的单元类型，MFS 分析不支持对所有物理场结果同时进行后处理。

实例 E19-2　在结构上直接施加温度载荷进行热应力计算——双金属簧片

1) 问题描述及解析解

分析类型为静力学分析，用 D 命令施加温度场，节点温度作为静力学分析的体载荷而不是节点自由度。

温度调节器所使用的双金属簧片的计算简图如图 19-3 所示。两簧片等厚、等宽，材料不同，二者紧密连成一体，其左端可视为固定端。第 1 个金属片为钢制，其弹性模量 $E_1=2\times10^{11}$Pa，线膨胀系数 $\alpha_1=10\times10^{-6}$/℃；第 2 个金属片为铜制，其弹性模量 $E_2=1.1\times10^{11}$Pa，线膨胀系数 $\alpha_2=16\times10^{-6}$/℃。簧片长度 $L=40$mm，高度 $h=0.5$mm。试分析温度升高 $\Delta t=100$℃时簧片自由端的挠度。

图 19-3　双金属簧片

根据材料力学的知识，容易得出簧片自由端的挠度为

$$f = \frac{6(\alpha_2-\alpha_1)\Delta t E_1 E_2 L^2}{h(E_1^2+E_2^2+14E_1E_2)} = 7.038\times10^{-4}\text{ m}$$

2) 命令流

```
/CLEAR                                           !清除数据库，新建分析
/FILNAME, E19-2                                  !定义任务名
/PREP7                                           !进入前处理器
ET, 1, SOLID186                                  !选择单元类型
MP, EX, 1, 2E11 $ MP, PRXY, 1, 0.3 $ MP, ALPX, 1, 10E-6    !定义材料模型 1
MP, EX, 2, 1.1E11 $ MP, PRXY, 2, 0.34 $ MP, ALPX, 2, 16E-6 !定义材料模型 2
BLOCK, 0, 0.04, 0, 0.0005, 0, 0.005              !创建六面体
BLOCK, 0, 0.04, 0.0005, 0.001, 0, 0.005
VGLUE, ALL                                       !黏结体
MSHKEY, 1 $ MSHAPE, 0 $ ESIZE, 0.0005            !指定单元属性
VATT, 1, 1, 1 $ VMESH, 3                         !对体 3 划分单元
VATT, 2, 1, 1 $ VMESH, 1                         !对体 1 划分单元
FINISH                                           !退出前处理器
/SOLU                                            !进入求解器
DA, 5, ALL $ DA, 16, ALL                         !在面上施加位移约束
BFV, ALL, TEMP, 100                              !在体上施加温度载荷
TREF, 0                                          !参考温度
SOLVE                                            !求解
FINISH                                           !退出求解器
/POST1                                           !进入通用后处理器
PLDISP, 2                                        !显示变形，对比理论结果
FINISH                                           !退出通用后处理器
```

实例 E19-3　用直接法计算热应力实例——液体管路

1) 问题描述

某液体管路内部通有液体，外部裹有保温层，保温层与空气接触，如图 19-4 所示。已知管路由铸铁制造，其导热系数为 70W/(m·℃)，弹性模量为 2×10^{11}N/m²，泊松比为 0.3，热膨胀系数

为 $12×10^{-6}$/℃；保温层的导热系数为 0.02W/(m·℃)，弹性模量为 $2×10^{10}$N/m²，泊松比为 0.4，热膨胀系数为 $1.2×10^{-6}$/℃；管路内液体压力为 0.3MPa，温度为 70℃，对流换热系数为 1W/(m²·℃)；空气温度为 –40℃，对流换热系数为 0.5W/(m²·℃)。

试分析管路内热应力的情况。

图 19-4　液体管路

2）命令流

命令	注释
/CLEAR	!清除数据库，新建分析
/FILNAME, E19-3	!定义任务名
/PREP7	!进入前处理器
ET, 1, PLANE13, 4,,1	!选择单元类型，指定单元自由度、轴对称选项
MP, KXX, 1, 70 $ MP, EX, 1, 2E11	!定义材料模型 1
MP, PRXY, 1, 0.3 $ MP, ALPX, 1, 1.2E-5	
MP, KXX, 2, 0.02 $ MP, EX, 2, 2E10	!定义材料模型 2
MP, PRXY, 2, 0.4 $ MP, ALPX, 2, 1.2E-6	
RECTNG, 0.14, 0.15, 0, 1 $ RECTNG, 0.15, 0.2, 0, 1	!创建矩形面
AGLUE, ALL	!黏结所有面
ESIZE, 0.01 $ MSHKEY, 1 $ MSHAPE, 0	!指定单元属性
AATT, 1, 1, 1 $ AMESH, 1	!对面 1 划分单元
AATT, 2, 1, 1 $ AMESH, 3	!对面 3 划分单元
FINISH	!退出前处理器
/SOLU	!进入求解器
SFL, 4, CONV, 1,,70 $ SFL, 6, CONV, 0.5,,-40	!在线上施加对流边界条件
DL, 1,,UY $ DL, 3,,UY $ DL, 9,,UY $ DL, 10,,UY	!在线上施加位移边界条件
SFL, 4, PRES, 3E5	!在线上施加压力载荷
TREF, 20	!参考温度
SOLVE	!求解
FINISH	!退出求解器
/POST1	!进入通用后处理器
PLNSOL, S, EQV	!显示 von Mises 应力云图，如图 19-5 所示
FINISH	!退出通用后处理器

图 19-5　液体管路的 von Mises 应力云图

实例 E19-4　用多物理场求解器（MFS 方案）计算热应力实例——液体管路

分析对象仍然是实例 E19-3 中的液体管路。

1）命令流

```
/CLEAR                                          !清除数据库，新建分析
/FILNAME, E19-3                                 !定义任务名
/PREP7                                          !进入前处理器
!建立热场模型
ET,1, PLANE77,,,1                               !热单元类型
MP, KXX, 1, 70 $ MP, KXX, 2, 0.02               !导热系数
RECTNG, 0.14, 0.15, 0, 1 $ RECTNG, 0.15, 0.2, 0, 1   !创建矩形面
AGLUE, ALL                                      !黏结所有面
ESIZE, 0.01 $ MSHKEY, 1 $ MSHAPE, 0             !指定单元属性
AATT, 1, 1, 1 $ AMESH, 1                        !对面 1 划分单元
AATT, 2, 1, 1 $ AMESH, 3                        !对面 3 划分单元
SFL, 4, CONV, 1,,70 $ SFL, 6, CONV, 0.5,,-40    !在线上施加对流边界条件
!建立结构场模型
ET,2, PLANE183,,,1                              !结构单元类型
MP, EX, 3, 2E11 $ MP, NUXY, 3, 0.3 $ MP, ALPX,3, 1.2E-5   !定义结构分析的材料模型 3
MP, EX, 4, 2E10 $ MP, NUXY, 4, 0.4 $ MP, ALPX, 4, 1.2E-6  !定义结构分析的材料模型 4
MP,REFT,3,20 $ MP,REFT,4,20                     !定义参考温度
ASEL,NONE                                       !将面选择集置为空集
RECTNG, 0.14, 0.15, 0, 1 $ RECTNG, 0.15, 0.2, 0, 1   !创建矩形面
AGLUE, ALL                                      !黏结所有面
ESIZE, 0.01 $ MSHKEY, 1 $ MSHAPE, 0             !指定单元属性
AATT, 3, 1,2 $ AMESH, 2                         !对面 2 划分单元
AATT, 4, 1, 2 $ AMESH, 5                        !对面 5 划分单元
DL, 5,,UY $ DL, 8,,UY $ DL, 16,,UY $ DL, 17,,UY !在线上施加位移边界条件
SFL, 11, PRES, 3E5                              !在线上施加压力载荷
```

```
ALLS                          !选择所有实体
BFE,ALL,FVIN,,1               !标记物理场间载荷传递的接口
FINISH                        !退出前处理器
/SOLU                         !进入求解器
MFAN,ON                       !激活 MFS 分析
MFEL,1,1                      !定义 1 号物理场——热
MFEL,2,2                      !定义 2 号物理场——结构
MFOR,1,2                      !指定求解顺序：先热后结构
MFTI,1                        !分析终止时间为 1
MFDT,0.1                      !时间步长为 0.1
MFIT,5                        !最多迭代 5 次
MFRE,ALL,0.5                  !指定物理场传递松弛因子
MFFN,1,THERM1                 !指定 1 号物理场文件名
MFFN,2,STRUC2                 !指定 2 号物理场文件名
MFVO,1,1,TEMP,2               !温度体载荷由 1 号物理场传递到 2 号物理场
ANTYP,STAT                    !静态分析
MFCM,1                        !写热分析选项
MFCM,2                        !写结构分析选项
SOLVE                         !求解
FINISH                        !退出求解器
/POST1                        !进入通用后处理器
FILE,THERM1,RTH               !读热物理场文件
SET,LAST                      !读入最后载荷步
ESEL,S,TYPE,,1                !选择热单元
PLNS,TEMP                     !显示温度云图
FINISH                        !退出通用后处理器
/POST1                        !进入通用后处理器
FILE,STRUC2,RST               !读结构物理场文件
SET,LAST                      !读入最后载荷步
ESEL,S,TYPE,,2                !选择结构单元
PLNS,S,EQV                    !显示等效应力云图,与图 19-5 的结果进行对比
FINISH                        !退出通用后处理器
```

19.3 流固耦合分析

19.3.1 ANSYS 流体动力学分析简介

1. 计算流体动力学理论简介

计算流体动力学（Computational Fluid Dynamics，CFD）是一门新兴的独立学科，它将数值计算方法和数据可视化技术有机结合起来，对流动、换热等相关物理现象进行模拟分析，是当今除理论分析、实验测量外，研究流体力学的又一种重要技术手段。尽管其发展时间不长，但随着计算机性能的不断提高，计算流体动力学在工程上的应用范围越来越广，大量的实验被计算流体

动力学分析所取代，进一步节约了人力物力。

2．CFD 系列软件简介

CFD 的应用与计算机技术的发展紧密相关，CFD 软件早在 20 世纪 70 年代就已在美国诞生，但在国内真正得到广泛应用则是最近几年的事。目前，CFD 软件已成为解决各种流体流动与传热问题的强有力工具，过去只能依靠实验手段才能获得的某些结果，现在已经完全可以借助 CFD 软件的模拟计算来准确获取。

CFD 软件的一般结构由前处理、求解器、后处理三部分组成。目前比较好的 CFD 软件有 CFX、Fluent、Phoenics、Star-CD、CFdesign、6SigmaDC，除了 Fluent、CFdesign 是美国公司的软件外，其他均是英国公司的产品。

下面主要介绍 Fluent 与 CFX 两款 CFD 软件：

（1）Fluent。

Fluent 是目前国际上比较流行的商用 CFD 软件包，在美国的市场占有率为 60%。但凡跟流体、热传递及化学反应等有关的工业均可使用。其具有丰富的物理模型、先进的数值方法及强大的前、后处理功能，在航空航天、汽车设计、石油天然气、涡轮机设计等方面有着广泛的应用。其在石油天然气工业上的应用包括燃烧、井下分析、喷射控制、环境分析、油气消散/聚积、多相流、管道流动等。

Fluent 软件设计基于 CFD 软件群的思想。从用户需求角度出发，针对各种复杂流动的物理现象，Fluent 软件采用不同的离散格式和数值方法，以期在特定的领域内使计算速度、稳定性和精度等达到最佳组合，从而高效率地解决各个领域的复杂流动计算问题。基于上述思想，Fluent 开发了适用于各个领域的流动模拟软件，这些软件能够模拟流体流动、传热传质、化学反应和其他复杂的物理现象，软件之间采用了统一的网格生成技术及共同的图形界面，而各软件之间的区别仅在于应用的工业背景不同，因此大大方便了用户。

（2）CFX。

CFX 由英国 AEA 公司开发，是一种实用流体工程分析工具，用于模拟流体流动、传热、多相流、化学反应、燃烧问题。其优势在于处理流动物理现象简单而几何形状复杂的问题，适用于直角/柱面/旋转坐标系、稳态/非稳态流动、瞬态/滑移网格、不可压缩/弱可压缩/可压缩流体、浮力流、多相流、非牛顿流体、化学反应、燃烧、辐射、多孔介质及混合传热过程。

CFX 能有效、精确地表达复杂几何形状，任意连接模块即可构造所需的几何图形。在每一个模块内，网格的生成可以确保迅速、可靠地进行，这种多块式网格允许扩展和变形，如计算汽缸中活塞的运动和自由表面的运动。滑动网格功能允许网格的各部分可以相对滑动或旋转，这种功能可以用于计算牙轮钻头与井壁间流体的相互作用。CFX 引进了各种公认的湍流模型，如 $k\text{-}\varepsilon$ 模型、低雷诺数 $k\text{-}\varepsilon$ 模型、RNG $k\text{-}\varepsilon$ 模型、代数雷诺应力模型、微分雷诺应力模型和微分雷诺通量模型等。

3．运用 CFX 软件的分析步骤

（1）把建好的模型导入 ICEM 中划分网格并定义边界名称，将划分完网格后的有限元模型导入 CFX 中。

（2）在 CFX-Pre（CFX 的前处理功能）中设定计算域、边界条件、初始条件、求解器等。

（3）通过 CFX-Solver 求解。

(4) 启动 CFX 后处理,查看结果。

实例 E19-5　运用 CFX 软件分析冷热水混合三通管

1)问题描述

冷热水混合三通管内孔尺寸如图 19-6 所示。管径为 ϕ100mm,左侧流入热水,流量为 0.3kg/s,温度为 373K(100℃),右侧流入冷水,流量为 0.6kg/s,温度为 293K(20℃)。

现运用 CFX 软件分析三通管内水的温度分布和流动情况。

2)分析步骤

(1)启动 CFX。在 Windows 开始菜单拾取程序 ANSYS15.0→Fluid Dynamics→CFX15.0。

(2)运行 CFX 前处理器 CFX-Pre。在 CFX15.0 界面拾取 按钮。

(3)新建工况。在 CFX-Pre 界面拾取菜单 File→New Case 或单击 按钮。在弹出的"New Case"对话框中单击"OK"按钮。

图 19-6　冷热水混合三通管内孔尺寸

(4)将在 ICEM 中创建的有限元模型导入 CFX 前处理器。拾取菜单 File→Import→Mesh。弹出如图 19-7 所示的对话框,选择"Files of type"下拉列表框为"FLUENT(*cas*msh)",在文件列表中选择文件"stglt.msh",然后单击"Open"按钮。

在 Outline 中拾取 stglt.msh 分支,视图窗口会显示如图 19-8 所示的有限元模型。

注:stglt.msh 文件可在华信教育资源网上下载,读者可将之复制到 ANSYS 工作目录下使用。

图 19-7　输入网格对话框

图 19-8　有限元模型

(5)创建流体域。

在 Outline 中右击 Flow Analysis 1 分支,拾取菜单 Insert→Domain,在弹出的"Insert Domain"对话框中,单击"OK"按钮。

在如图 19-9 所示的对话框中,设置流体域的材料参数。在"Basic Settings"选项卡中,"Location and Type"域选择"Location"为 Solid,"Fluid1"域选择"Material"为 Water;"Domain Models"域中"Reference Pressure"输入 1[atm](注:1 个标准大气压)。在"Fluid Models"选项卡中,"Heat Transfer"域选择"Option"为 Thermal Energy(流体域中有热能传递),在

"Turbulence"域选择"Option"为 K-Epsilon（k-ε 湍流模型），最后单击"OK"按钮。

（6）设置冷水进口边界。在 Outline 中右击 Domain 1 分支，拾取菜单 Insert→Boundary，在弹出的"Insert Boundary"对话框中，单击"OK"按钮。随后弹出如图 19-10 所示的对话框。在"Basic Settings"选项卡中，选择"Boundary Type"为 Inlet，选择"Location"为 cold water in。在"Boundary Details"选项卡中，"Mass and Momentum"域选择"Option"为 Mass Flow Rate，输入"Mass Flow Rate"为 0.6[kgs^-1]；在"Heat Transfer"域选择"Option"为 Total Temperature，输入"Total Temperature"为 293K。最后单击"OK"按钮。

图 19-9　设置流体域细节　　　　　图 19-10　设置冷水进口

（7）设置热水进口边界。在 Outline 中右击 Domain 1 分支，拾取菜单 Insert→ Boundary。在弹出的"Insert Boundary"对话框中，单击"OK"按钮。随后弹出如图 19-11 所示的对话框。在"Basic Settings"选项卡中，选择"Boundary Type"为 Inlet，选择"Location"为 hot water in。在"Boundary Details"选项卡中，在"Mass and Momentum"域选择"Option"为 Mass Flow Rate，输入"Mass Flow Rate"为 0.3[kgs^-1]；在"Heat Transfer"域选择"Option"为 Total Temperature，输入"Total Temperature"为 373K。最后单击"OK"按钮。

（8）设置出口边界。在 Outline 中右击 Domain 1 分支，拾取菜单 Insert→Boundary。在弹出的"Insert Boundary"对话框中，单击"OK"按钮。随后弹出如图 19-12 所示的对话框。在"Basic Settings"选项卡中，选择"Boundary Type"为 Outlet，选择"Location"为 outlet。在"Boundary Details"选项卡中，在"Mass And Momentum"域选择"Option"为 Average Static Pressure，输入"Relative Pressure"的值为 0[atm]。最后单击"OK"按钮。

（9）设置壁面边界。在 Outline 中右击 Domain 1 分支，拾取菜单 Insert→Boundary。在弹出的"Insert Boundary"对话框中，单击"OK"按钮。随后弹出如图 19-13 所示的对话框。在"Basic Settings"选项卡中，选择"Boundary Type"为 Wall，选择"Location"为 wall。单击"OK"按钮。

设置结束后，视图窗口会显示如图 19-14 所示的有限元模型。

图 19-11　设置热水进口边界

图 19-12　设置出口边界

图 19-13　设置壁面边界

图 19-14　设置后的有限元模型

（10）求解控制。双击 Outline 中的 Solver Control 分支，弹出如图 19-15 所示的对话框。在"Convergence Control"域中输入"Min.Iterations"的值为 1，输入"Max.Iterations"的值为 10，单击"OK"按钮。

（11）写求解输入文件。拾取菜单 Tools→Solve→Write Solver Input File，弹出如图 19-16 所示的对话框，在"File name"文本框中输入 stg.def，单击"Save"按钮。

（12）保存工况。拾取菜单 File→Save Case 或单击 按钮。弹出如图 19-17 所示的对话框，在"File name"文本框中输入 stg.cfx，单击"Save"按钮。

（13）退出 CFX-Pre。

（14）运行 CFX 求解管理器 CFX-Solver Manager。单击 按钮。

（15）定义运行并求解。在 CFX-Solver Manager 界面拾取菜单 File→Define Run，弹出如图 19-18 所示的对话框，在"Solver Input File"文本框中输入 stg.def 及路径，单击"Start Run"按钮，进行求解。弹出"Solve Run Finished Normally"对话框时，求解结束，记录该对话框显示的

结果文件名（*.res）后，关闭对话框。

（16）退出求解管理器 CFX-Solver Manager。

图 19-15 求解控制

图 19-16 写求解输入文件

图 19-17 保存工况

图 19-18 定义运行并求解

（17）运行 CFX 后处理器 CFX-Post。单击 按钮。

（18）装载结果。在 CFX-Post 界面拾取菜单 File→Load Results。载入求解产生的结果文件。

（19）建立中间截面并显示温度分布。在 Outline 中右击 User Locations and Plots 分支，拾取菜单 Insert→Location→Plane。在弹出的"Insert Plane"对话框中，单击"OK"按钮，随后弹出如图 19-19 所示的对话框。在"Color"选项卡中，选择"Mode"为 Variable，选择"Variable"为 Temperature。单击"Apply"按钮。温度分布如图 19-20 所示。

（20）查看流速流线。单击工具栏中的 按钮，在弹出的"Insert Streamline"对话框中，单击"OK"按钮，随后弹出如图 19-21 所示的对话框，在"Geometry"选项卡中，单击"Start From"文本框中的 按钮，在弹出的"Location Selector"对话框中，按住 Ctrl 键，同时选择 Boundary1 和 Boundary2，单击"OK"按钮。在 Outline 中单击 Plane 1 分支前的复选框，不显示中间截面。单击"Apply"按钮。流线分布如图 19-22 所示。

图 19-19　建立中间截面并显示温度

图 19-20　中间截面上的温度分布

图 19-21　设置流线

图 19-22　流线分布

19.3.2　ANSYS 流固耦合分析

流固耦合力学是流体力学与固体力学交叉而形成的一门力学分支,其研究固体在流场作用下的各种行为或固体变形、运动对流场的影响。流固耦合力学的重要特征是两相介质之间的相互作用,变形固体在流体载荷作用下会产生变形或运动。变形或运动又反过来影响流体运动,从而改变流体载荷的分布和大小,正是这种相互作用在不同条件下产生形形色色的流固耦合现象。

从数据传递角度出发,流固耦合分析还可以分为两种:单向流固耦合分析(one-way coupling)和双向流固耦合分析(two-way coupling)。单向流固耦合分析指耦合交界面处的数据传递是单向的,一般是指把 CFD 分析计算的结果(如力、温度和对流载荷)传递给固体结构分析,但是没有固体结构分析结果传递给流体分析。也就是说,只有流体分析对结构分析有重大影响,而结构分析的变形等非常小,以至于对流体分析的影响可以忽略不计。双向流固耦合分析是指数据交换是双向的,也就是说既有流体分析结果传递给固体结构分析,又有固体结构分析的结果(如位移、速度和加速度)反向传递给流体分析。

一般来讲,对大多数耦合作用现象,如果只考虑静态结构性能,则采用单向耦合分析便足够,但是如果考虑动力学特性,双向耦合分析则必不可少。

实例 E19-6 运用单向流固耦合分析水流通过变径管

1）问题描述

有一变径钢质管体如图 19-23 所示，管体右端面固定，壁厚为 3.5 mm，水流以 5 m/s 的速度冲入管体，试分析变径管体的受力变形情况。

图 19-23 变径管

2）分析步骤

步骤（1）～（18）为运用 CFX 对管内水流进行流体动力学分析。

（1）启动 CFX。在 Windows 开始菜单拾取程序 ANSYS15.0→Fluid Dynamics→CFX15.0。

（2）运行 CFX 前处理器 CFX-Pre。在 CFX15.0 界面中单击 按钮。

（3）新建工况。在 CFX-Pre 界面拾取菜单 File→New Case 或单击 按钮。在弹出的 "New Case" 对话框中单击 "OK" 按钮。

（4）将在 ICEM 中创建的有限元模型导入 CFX 前处理器。拾取菜单 File→Import→Mesh，弹出如图 19-24 所示的对话框，选择 "Files of type" 下拉列表框为 "FLUENT(*cas*msh)"，在文件列表中选择文件 "lgsl.msh"，然后单击 "Open" 按钮。在 Outline 中拾取 lgsl.msh 分支，视图窗口会显示如图 19-25 所示的有限元模型。

注：lgsl.msh 文件可在华信教育资源网上下载，读者可将之复制到 ANSYS 工作目录下使用。

图 19-24 输入网格对话框

图 19-25 有限元模型

（5）创建流体域。

在 Outline 中右击 Flow Analysis 1 分支，拾取菜单 Insert→Domain。在弹出的 "Insert Domain" 对话框中，单击 "OK" 按钮。

在如图 19-26 所示的对话框中，设置流体域的材料参数。在 "Basic Settings" 选项卡中，"Location and Type" 域选择 "Location" 为 Solid，"Fluid1" 域选择 "Material" 为 Water；"Domain Models" 域输入 "Reference Pressure" 为 1[atm]（注：1 个标准大气压）。在 "Fluid Models" 选项卡中，"Turbulence" 域选择 "Option" 为 K-Epsilon（k-ε 湍流模型）。最后单击 "OK" 按钮。

（6）设置水流进口边界。在 Outline 中右击 Domain 1 分支，拾取菜单 Insert→Boundary。在弹出的 "Insert Boundary" 对话框中，单击 "OK" 按钮。随后弹出如图 19-27 所示的对话框。在 "Basic Settings" 选项卡中，选择 "Boundary Type" 为 Inlet，选择 "Location" 为 inlet。在 "Boundary

Details"选项卡中,"Mass And Momentum"域选择"Option"为 Normal Speed,输入"Normal Speed"为 5[kgs^-1]。最后单击"OK"按钮。

图 19-26 设置流体域细节

图 19-27 设置水流进口边界

(7) 设置水流出口边界。在 Outline 中右击 Domain 1 分支,拾取菜单 Insert→Boundary。在弹出的"Insert Boundary"对话框中,单击"OK"按钮。随后弹出如图 19-28 所示的对话框,在"Basic Settings"选项卡中,选择"Boundary Type"为 Outlet,选择"Location"为 outlet。在"Boundary Details"选项卡中,"Mass And Momentum"域选择"Option"为 Average Static Pressure,输入"Relative Pressure"的值为 0[atm]。最后单击"OK"按钮。

(8) 设置壁面边界。在 Outline 中右击 Domain 1 分支,拾取菜单 Insert→Boundary。在弹出的"Insert Boundary"对话框中,单击"OK"按钮,随后弹出如图 19-29 所示的对话框。在"Basic Settings"选项卡中,选择"Boundary Type"为 Wall,选择"Location"为 wall。单击"OK"按钮。

图 19-28 设置水流出口边界

图 19-29 设置壁面边界

设置结束后,视图窗口会显示如图 19-30 所示的有限元模型。

(9)求解控制。双击 Outline 中的 Solver Control 分支,弹出如图 19-31 所示的对话框。在"Convergence Control"域中输入"Min.Iteration"的值为 1,输入"Max.Iteration"的值为 10,单击"OK"按钮。

图 19-30 设置后的有限元模型   图 19-31 求解控制

(10)写求解输入文件。拾取菜单 Tools→Solve→Write Solve Input File,弹出如图 19-32 所示的对话框,在"File name"文本框中输入 lgsl.def,单击"Save"按钮。

(11)保存工况。拾取菜单 File→Save Case 或单击 按钮,弹出如图 19-33 所示的对话框,在"File name"文本框中输入 lgsl.cfx,单击"Save"按钮。

图 19-32 写求解输入文件   图 19-33 保存工况

(12)退出 CFX-Pre。

(13)运行 CFX 求解管理器 CFX-Solver Manager。单击 按钮。

(14)定义运行并求解。在 CFX-Solver Manager 界面拾取菜单 File→Define Run,弹出如图 19-34 所示的对话框,在"Solver Input File"文本框中输入 lgsl.def 及路径,单击"Start Run"按钮进行求解,弹出"Solve Run Finished Normally"对话框,求解结束,记录该对话框显示的结果文件名(*.res)后关闭对话框。

(15)退出求解管理器 CFX-Solver Manager。

(16)运行 CFX 后处理器 CFX-Post。单击 按钮。

（17）装载结果。在 CFX-Post 界面拾取菜单 File→Load Results，载入求解产生的结果文件。

（18）查看流速流线。单击工具栏中的 按钮，在弹出的 "Insert Streamline" 对话框中单击 "OK" 按钮，随后弹出如图 19-35 所示的对话框。在 "Geometry" 选项卡中，选择 "Start From" 为 Boundary1，单击 "Apply" 按钮。

图 19-34　定义运行并求解

图 19-35　查看流速流线

流线分布如图 19-36 所示。

步骤（19）～（26）运用 ANSYS 流固耦合分析水流对变径管的影响。

（19）启动 ANSYS Mechanical APDL。

（20）创建结构分析的有限元模型。为节省篇幅，该过程采用以下命令流执行命令。

命令	说明
/CLEAR	!新建分析
/PREP7	!进入预处理器
ET,1,PLANE183 $ ET,2,SOLID186 $ ET,3,SURF154	!选择单元类型
MP,EX,1,2e11$ MP,PRXY,1,0.3	!定义材料模型
WPOFF,-0.04 $ CSYS,4	!偏移工作平面，激活工作平面坐标系
K,1,0,0.04 $ K,2,0,0.0435 $ K,3,0.04127, 0.0435	!创建关键点
K,4,0.07127,0.0185 $ K,5,0.08, 0.0185 $ K,6,0.08,0.015	
K,7,0.07,0.015 $ K,8,0.04,0.04 $ K,9 $ K,10,0.09	
A,1,2,3,4,5,6,7,8	
ESIZE,0.002 $ AMESH,ALL	!指定单元尺寸并划分单元
EXTOPT, ESIZE,10 $ EXTOPT,ACLEAR,1	!设置挤出选项
VROTAT,1,,,,,,9,10,360	!面旋转挤出
ASEL,S, , ,7,9 $ ASEL,A, , , 16,18	!选择变径管内壁面
ASEL,A, , ,25,27 $ ASEL,A, , ,34,36	
NSLA,S,1	!选择变径管内壁节点
TYPE,3	!指定单元类型为 surf154
ESURF	!生成表面效应单元
ALLSEL,ALL	!选择全部
CDWRITE, ALL, lgsl, CDB	!写有限元模型信息到文件 lgsl. CDB

（21）指定流固耦合界面。在已经装载水流流体分析结果文件的情况下，在 CFX-Post 中拾取菜单 File→Import→Import Mechanical CDB Surface。在弹出的如图 19-37 所示的对话框中，在"File"文本框中输入 lgsl.CDB 及路径，选择 Boundary（关联边界）为 Boundary3（壁面），单击"OK"按钮。

图 19-36　变径管内的水流流线分布图　　　　图 19-37　指定流固耦合界面

（22）导出 ANSYS 载荷文件。拾取菜单 File→Export→ Export Mechanical Load File。弹出如图 19-38 所示的对话框，在"File"文本框中输入 lgsl.sfe，选择"Export Data"为 Stress Vector，单击"Save"按钮。

（23）导入载荷文件到 ANSYS。返回 ANSYS Mechanical APDL 界面，拾取菜单 Utility Menu→File→Read Input From。弹出如图 19-39 所示的对话框，在列表中选择文件 lgsl.sfe，单击"OK"按钮。

图 19-38　导出 sfe 文件　　　　　　　　图 19-39　导入 sfe 文件

（24）施加约束。拾取菜单 Main Menu→Solution→Define Loads→Apply→Structural→Displacement→On Areas。弹出拾取窗口，拾取管的右端面，单击"OK"按钮，弹出如图 19-40 所示的对话框，在列表中选择"All DOF"，单击"OK"按钮。

（25）求解。拾取菜单 Main Menu→Solution→Solve→Current LS，单击"Solve Current Load Step"对话框中的"OK"按钮，出现"Solution is done!"提示，求解结束。

（26）查看结果，显示等效应力云图。拾取菜单 Main Menu→General Postproc→Plot Results→Contour Plot→Nodal Solu，弹出如图 19-41 所示的对话框，在列表中依次选择"Nodal Solution→Stress→von Mises stress"，单击"OK"按钮。

等效应力分布如图 19-42 所示。

第19章 耦合场分析

图 19-40 施加约束

图 19-41 查看结果

图 19-42 变径管等效应力分布图

第 20 章　参数化设计语言 APDL 及优化设计

APDL 是 ANSYS 参数化设计语言（ANSYS Parametric Design Language）的简称，是专门为 ANSYS 参数化设计开发的解释性计算机编程语言。通过 APDL 可以把 ANSYS 标准命令和宏命令组织起来，形成一个操作更灵活、功能更强的设计程序，从而提高了 ANSYS 的能力，拓展了 ANSYS 的应用范围，使参数化建模、设计修改、优化设计等成为可能。

与其他高级语言类似，APDL 也有参量、表达式、函数、分支和循环、重复和缩写、宏命令和用户子程序等功能。

20.1　参量及操作

20.1.1　参量的定义和赋值

1. 参量概念

参量是 APDL 的变量，允许用户在程序的任意位置定义参量，然后在其后引用该参量进行各种操作，参量提供了对程序进行控制和简化输入的途径，还可将参量保存于文件供以后使用。

参量可以是数字或字符，也可以是标量（单值的）或数组（多值的），ANSYS 对参量的数目没有限制。

参量值可在任何时间被重新定义。数组参量用*DO 循环命令赋值比较方便。可用* STATUS 命令列出除下画线开始和结束之外的参量值，可用 ANSYS 内部循环命令*VFILL 填充数组，可用* VPLOT 命令用图形显示数值型数组参量，用* VEDIT 命令图形化编辑数值型数组参量。

为参量赋空值则删除该参量，如果该参量是一个数组，则整个数组被删除。参量也可用*ASK 命令提示用户进行赋值，也可用* GET 命令获取 ANSYS 数据并赋给参量。参量也可用于参量替换。

2. 定义标量参量并赋值

菜单：Utility Menu→Parameters→Scalar Parameters
命令：*SET, Par, VALUE, VAL2, VAL3, VAL4, VAL5, VAL6, VAL7, VAL8, VAL9, VAL10
命令说明：Par 为参量名，长度不能超过 32 个字符，开头字符只能是字母，并且只能包含字母、数字和下画线，如 ABC、A3X、TOP_END。不能使用 ANSYS 命令名、函数名、标签名称、组件和部件名称等，用下画线开头的参量名（如_LOOP）由 ANSYS 保留使用，应避免使用。以下画线结尾的参量名称不能被* STATUS 命令列出。

VALUE 为参量赋值，可以是数值或字符串（单引号括起的最多为 32 个字符），如 PI=3.1416、

FILE_NAME= 'ABC3'等,也可以是一个参量或表达式,如 Y=X*X、B=X 等。

VAL2,VAL3,VAL4,VAL5,VAL6,VAL7,VAL8,VAL9,VAL10 用于数组。

*SET 命令定义一个参量并赋初值,参量可在程序运行后重新赋值。建议用以下等效命令代替*SET 命令:

Par = VALUE,VAL2,VAL3,…,VAL10

3. 参量运算表达式

可将参量运算表达式的值赋给一个数值参量。运算表达式的形式应为

$$E1oE2oE3\cdots oE10$$

式中,E1,E2,E3,…,E10 为常数、参量、函数或其他表达式,o 为运算符,许可的运算符有+、-、*、/、**、<、>。*表示乘法,**表示指数运算,如 A+B**C/D*E 是一个有效的参量表达式。<和>用于条件替换,当 E1<E2 为真时,表达式 E1<E2 的值为 E1;当 E1<E2 为假时,表达式 E1<E2 的值为 E2。例如,A=1、B=21、C=A<B 时,C 的值为 1;C=A>B 时,C 的值为 21。

表达式中各种运算的优先顺序为:(1)括号内部表达式,最里面括号首先运算。(2)幂运算,同级时从右到左。(3)乘法或除法,同级时从左到右。(4)一元运算,如+A、-A。(5)加法或减法,同级时从左到右。(6)逻辑运算,同级时从左到右。例如,表达式 A+B**C/D*E 的运算顺序是先 B**C,然后/D,再*E,最后+A。

4. 用*GET 命令及获取函数为参量赋值

1)从 ANSYS 中提取数据并为参量赋值

菜单:Utility Menu→Parameters→Get Scalar Data

命令:*GET, Par, Entity, ENTNUM, Item1, IT1NUM, Item2, IT2NUM

命令说明:Par 为参量名称。Entity 为实体关键字,可用的有 NODE、ELEM、KP、LINE、AREA、VOLU、PDS 等。ENTNUM 为实体编号或标签,有些情况下,ENTNUM 为空或零时表示该组的所有实体。Item1 为给定实体的特定项目名称。IT1NUM 为 Item1 的编号或标签。Item2, IT2NUM 与 Item1, IT1NUM 类似。

以下为*GET 命令的应用实例:

```
*GET,N500_X,NODE,500,LOC,X              !N500_X 为节点 500 的 X 坐标
*GET,E21_MAT,ELEM,21,ATTR,MAT           !E21_MAT 为单元 21 的材料模型编号
NSORT,U,SUM $ *GET,UMAX,SORT, ,MAX      !UMAX 为位移最大值
/PREP7 $ VSUM $ *GET,V2_VOLU,VOLU,2,VOLU !V2_VOLU 为体 2 的体积
*GET,SEQV_101,NODE,101,S,EQV            !SEQV_101 为节点 101 的等效应力
```

2)获取函数

在有些项目中,可以用获取函数代替 *GET 命令,例如,N500_X=NX(500)与命令 *GET,N500_X,NODE,500,LOC,X 的功效是一样的,其中,NX(N)是一个获取函数,其返回节点 N 的 X 坐标值。获取函数详见后文。

20.1.2 数组参量

数组是按行、列、面排列的一组参量,可以用数组名和顺序号引用数组元素。数组参量的维

数和类型必须由*DIM命令指定，未赋值的标量数组元素被初始化为一个接近于零的值，字符数组参量初始化为空。现有数组被重定义后数据将被删除。

1．数组的定义

菜单：Utility Menu→Parameters→Array Parameters→Define/Edit
命令：*DIM, Par, Type, IMAX, JMAX, KMAX, Var1, Var2, Var3, CSYSID
命令说明：Par 为数组名称，参见*SET 命令对参量名称的限制。

Type 为数组类型。Type= ARRAY（默认）时，为 FORTRAN 标准型数组，索引号为整数，是从 1 开始按行、列、面顺序变化的连续值，用于 1D、2D 和 3D 数组；Type=CHAR 时，数组元素是最多含 8 个字符的字符串，索引号是从 1 开始按行、列、面顺序变化的连续值；Type=TABLE 时，索引号是非整数且必须在填充表格时进行定义，行和列的索引号分别存储在零列和零行的数组元素中，并且初始化为一个接近零的值。索引号必须按升序排列，仅用于获取数组元素的值。当检索值与索引号不匹配时，通过最近的索引号及相应的数组元素进行线性内插，用于 1D、2D 和 3D 数组。

IMAX, JMAX, KMAX 分别为行、列、面的维数，默认值都为 1。

Var1, Var2, Var3 指定数组第一、第二、第三维度的变量名，默认值分别为 Row、Column、Plane，该参数只在 Type=TABLE 时有效。

CSYSID 为对应于坐标系 ID 号的整数。

数组的索引号与行、列和面相关。ARRAY 和 TABLE 型数组元素被初始化为零，CHAR 型数组元素被初始化为空。

用数组名加一个带括号的标识列表形式引用数组元素，如 A(2)、NEW_VAL（2,1,5）等。

以下命令用于定义数组：

*DIM,A,ARRAY,3   !元素为 A(1), A(2)和 A(3)
*DIM,B,,2,3   !元素为 B(1,1), B(2,1), B(1,2), B(2,2), B(1,3)和 B(2,3)

如果用表格型数组来定义边界条件，则 Var1、Var2 和 Var3 可以指定为一个主变量或独立参量。可用的主变量见表 20-1，而独立参量通过一个同名的附加表来定义。独立参量可以是一个或多个主变量或其他独立参量的函数，其必须与主变量相关。

表 20-1 主变量

主 变 量	标 签	主 变 量	标 签
时间	TIME	温度	TEMP
频率	FREQ	速度	VELOCITY
X 方向坐标	X	压力	PRESSURE
Y 方向坐标	Y	几何间隙/穿透	GAP
Z 方向坐标	Z	循环扇区编号	SECTOR

表格型数组载荷可以定义在全局直角坐标系（默认）或局部坐标系下，局部坐标系的类型可以是直角坐标系、圆柱坐标系或球坐标系。

2．数组的赋值

菜单：Utility Menu→Parameters→Scalar Parameters
命令：*SET, Par, VALUE, VAL2, VAL3, VAL4, VAL5, VAL6, VAL7, VAL8, VAL9, VAL10

命令说明：Par 为数组参量名。VALUE, VAL2, VAL3, VAL4, VAL5, VAL6, VAL7, VAL8, VAL9, VAL10 依次分配给数组元素，赋值的默认顺序为先列后行。

例如，用以下命令定义一维数组 **A** 并赋值，使 **A**=[1 2 3 4 5 6]^T。

*DIM,A,ARRAY,6	!定义数组 A
A(1)=1,2,3,4,5,6	!赋值，A(1)等价于 A(1,1,1)

例如，用以下命令定义二维数组 **B** 并赋值，使 $B = \begin{bmatrix} 1 & 3 & 5 \\ 2 & 4 & 6 \end{bmatrix}$。

*DIM,B,ARRAY,2,3	!定义数组 B
B(1,1)=1,2 $ B(1,2)=3,4 $ B(1,3)=5,6	!赋值

3．用函数填充数组

菜单：Utility Menu→Parameters→Array Parameters→Fill

命令：*VFILL, ParR, Func, CON1, CON2, CON3, CON4, CON5, CON6, CON7, CON8, CON9, CON10

命令说明：ParR 为数值型数组参量矢量的名称。Func 为填充函数。Func= DATA 时，用参数 CON1～CON10 为数组元素直接赋值。Func= RAMP 时，为斜坡函数 CON1+(n−1)* CON2，其中，n 为循环数（由* VLEN 命令指定）。Func=RAND 时，为基于均匀分布的随机函数，CON1,CON2 分别为下限和上限，默认值为 0.0 和 1.0。Func= GDIS 时，为基于高斯分布的随机函数，其中，CON1 为平均值（默认值为 0.0）、CON2 为标准偏差（默认值为 1.0）。

例如，以下命令为用函数为二维数组 **B** 赋值：

*DIM,B, ARRAY,4,3	!定义数组 B
*VFILL,B(1,1) , DATA,1,8	!直接赋值
*VFILL,B(1,2) , RAMP,1,3	!斜坡函数
*VFILL,B(1,3) , GDIS,,1	!基于高斯分布的随机函数
*STATUS,B,1,4,1,3	!列表显示数组

4．数组与文件的读写

1）从数据文件读数据到数组

菜单：Utility Menu→Parameters→Array Parameters→Read from File

命令：*VREAD, ParR, Fname, Ext, --, Label, n1, n2, n3, NSKIP

命令说明：ParR 为 array 型数组参量矢量的名称。Fname, Ext 为数据文件名和扩展名。Label 为顺序标签，可取 IJK, IKJ, JIK, JKI, KIJ, KJI 或空（IJK），其中，I、J、K 分别代表行、列、表。n1, n2, n3 为终值。例如，当 Label= KIJ 时，对数组赋值的顺序为(((ParR (i,j,k), k = 1,n1), i = 1, n2), j = 1, n3)。NSKIP 为从数据文件开始读数据时跳过的行数。

数据文件为文本文件。* VREAD 命令下必须紧接着一个数据格式语句。该数据格式语句指定每个数据的宽度、小数位数等，应符合 FORTRAN 语言数据格式的规定，如 4F6.0、I5、E6.2 等。

例如，用以下命令将图 20-1（a）所示的数据文件 A1.txt 读入数组 A 中，结果如图 20-1（b）所示：

*DIM,A,,6,2	!定义数组
*CREATE,ANTEMP	!创建宏
*VREAD, A, A1, TXT, ,IJK, 6, 2, 1,1	!读数据

(3F6.2)   !数据格式
*END   !结束宏
/INPUT,ANTEMP   !执行宏

(a)   (b)

图 20-1   *VREAD 命令的使用

2）保存数组数据到数据文件

菜单：Utility Menu→Parameters→Array Parameters→Write to File

命令：*VWRITE, Par1, Par2, Par3, Par4, Par5, Par6, Par7, Par8, Par9, Par10, Par11, Par12, Par13, Par14, Par15, Par16, Par17, Par18, Par19

命令说明：Par1～Par19 为写入到文件的参量、常数或数组，均为空时写入一个空行。

*VWRITE 后应紧接着一个数据格式语句，用于指定数据写入到文件的格式。

*DIM,B, ARRAY,2,3   !定义数组 B
B(1,1)=1,2 $ B(1,2)=3,4 $ B(1,3)=5,6   !赋值
*CREATE,ANTEMP   !创建宏
*CFOPEN,A2,DAT   !打开文件
*DO,I,1,3   !开始循环
*VWRITE,B(1,I)   !写数据到文件
(2F6.1)   !数据格式
*ENDDO   !结束循环
*CFCLOS   !关闭文件
*END   !结束宏
/INPUT,ANTEMP   !执行宏

3）从数据文件读数据到表格型数组

菜单：Utility Menu→Parameters→Array Parameters→Read from File

命令：*TREAD, Par, Fname, Ext, --, NSKIP

命令说明：Par 为表格型数组的名称。Fname, Ext 为数据文件名和扩展名。NSKIP 为从数据文件开始读数据时跳过的行数。

数据文件为文本文件，各个数据必须用制表符、空格或逗号分隔。

20.1.3 表格型数组的定义和应用

表格型数组为 Type=TABLE 的数值型数组,其允许在索引值间进行线性插值,该功能使表格型数组可用于定义函数,是数据输入和结果处理的有利工具。如图 20-2 所示,与 ARRAY 型数组不同,表格型数组包含 0 行和 0 列,用于存储访问数组的索引值,该索引值必须按顺序依次增大或不变,可用*TAXIS 命令指定索引的起始点和索引值。面的索引值位于每个面的 0,0 位置。

访问数据的列索引值存储于面 1 的 0 行,行索引值存储于面 1 的 0 列,可用面 1 的索引值访问所有面的数据。当为数组元素赋值时,仍使用传统的行和列索引号。

(a)索引值   (b)*VEDIT 命令对话框

图 20-2 表格型数组

例如,用以下命令定义一维表格型数组 FORCE 和二维表格型数组 A 并赋值使

$$\text{FORCE} = \begin{matrix} & 1.0 \\ 0 & \begin{bmatrix} 0 \\ 5.0 & 8.3 \\ 10.0 & 20.1 \end{bmatrix} \end{matrix} \qquad A = \begin{matrix} & 0.0 & 1.0 \\ 1.0 & \begin{bmatrix} 4.2 & 8.2 \\ 3.0 & 6.4 & 11.5 \\ 5.0 & 8.9 & 15.8 \\ 7.0 & 13.0 & 22.0 \end{bmatrix} \end{matrix}$$

```
*DIM,FORCE, TABLE,3                        !定义数组 F
FORCE (1,0)=0,5,10 $ FORCE (0,1)=1,0,8.3,20.1    !赋值
E=FORCE (7.5,1)                            !E=14.2
*DIM,A, TABLE,4,2                          !定义数组 A
A (1,0)=1,3,5,7 $ A (0,1)=0,4.2,6.4,8.9,13 $ A (0,2)=1,8.2,11.5,15.8,22  !赋值
XYZ=A(2,0.75)                              !XYZ=8.7125
```

其中,FORCE (7.5,1)按下式线性插值得到,A(2,0.75)也是按类似方法得到的:

$$\text{FORCE}(7.5,1) = 8.3 + (20.1 - 8.3) \times \frac{7.5 - 5.0}{10.0 - 5.0} = 14.2$$

施加载荷时可用"%表格型数组名称%"引用表格型数组数据。

实例 E20-1 用表格型数组施加载荷实例——施加随位置变化的压力载荷

1)命令流
/CLEAR   !清除数据库,新建分析

```
R1=0.1 $ R2=0.15 $ L=0.5 $ N=11            !尺寸
*DIM,Pressure, TABLE,N,1,1,Y               !定义数组 Pressure
*VFILL,Pressure(1,0) , RAMP,0,L/(N-1)      !填充数组
*VFILL,Pressure(1,1) , RAMP,80E6,0
*VFILL,Pressure(4,1) , RAMP,80E6,-10E6
*VPLOT,Pressure(1,0),Pressure(1,1)         !用图形显示数组
/FILNAME, E20-1                            !定义任务名
/PREP7                                     !进入前处理器
ET, 1, PLANE183,,, 1                       !选择实体单元类型
MP, EX, 1, 2E11 $ MP, PRXY, 1, 0.3         !定义材料模型
RECT,R1,R2,0,L                             !创建矩形面
ESIZE, 0.0075 $    AMESH, ALL              !对面划分单元
FINISH                                     !退出前处理器
/SOLU                                      !进入求解器
DL,1,,UY                                   !施加约束
SFL,4,PRES, %Pressure%                     !在内孔施加压力
SBCTRAN                                    !转换为有限元模型载荷
EPLOT                                      !显示单元,如图 20-3 所示
SOLVE                                      !求解
FINISH                                     !退出求解器
/POST1                                     !进入通用后处理器
PLNSOL, U,X                                !显示径向变形云图
FINISH                                     !退出通用后处理器
```

图 20-3　压力分布

实例 E20-2　用表格型数组施加载荷实例——施加随时间变化的力载荷

1) 命令流

```
/CLEAR                                     !清除数据库,新建分析
N=30 $ T=0.02 $ PI=3.1415926 $ M=10        !N 为等分数, T 为周期, M 为循环次数
*DIM,FORCE,TABLE,M*N+1,,,TIME              !定义数组 FORCE
*DO,I,1,M*N+1                              !用循环对数组赋值
  TT=T/N*(I-1)
  FORCE(I,0)=TT
  FORCE(I,1)=2000*SIN(2*PI*TT /T)
*ENDDO
```

```
*VPLOT,FORCE(1,0),FORCE(1,1)              !显示数组
/FILNAME, E20-2                           !定义任务名
/PREP7                                    !进入前处理器
ET, 1, MASS21 $ ET, 2, COMBIN14           !选择单元类型
R, 1, 1 $ R, 2, 10000, 63                 !定义实常数
N, 1, 0, 0, 0 $ N, 2, 1, 0, 0             !创建节点
TYPE, 2 $ REAL, 2 $ E, 1, 2               !创建弹簧单元
TYPE, 1 $ REAL, 1 $ E, 2                  !创建质点单元
FINISH                                    !退出前处理器
/SOLU                                     !进入求解器
ANTYPE, TRANS                             !瞬态分析
KBC, 1                                    !阶跃载荷
TIME,M*T                                  !设置瞬态分析时间
DELTIM, T/20,T/100,T/10                   !设置积分时间步长
AUTOTS,ON                                 !打开自动时间步长
KBC,0                                     !斜坡载荷
OUTRES,ALL,ALL                            !输出控制
D, 1, ALL $ D, 2, UY,,,,, UZ ,ROTX, ROTY ,ROTZ  !在节点上施加位移约束
F, 2, FX, %FORCE%                         !在节点上施加集中力载荷
SOLVE                                     !求解
FINISH                                    !退出求解器
/POST26                                   !进入时间历程后处理器
NSOL, 2, 2, U, X, DispX                   !定义变量
PLVAR, 2                                  !显示变量 2，如图 20-4 所示
FINISH                                    !退出时间历程后处理器
```

图 20-4　质点位移曲线

20.2　ANSYS 内部函数和获取函数

20.2.1　内部函数

与其他高级语言相同，ANSYS 也提供了大量的内部函数，用于数学运算、字符转换等操作，

内部函数通过对输入参数进行相应操作后返回一个值，表 20-2 为常用的内部函数及其功能。

表 20-2 内部函数

内部函数	功 能
ABS(x)	求 x 的绝对值
SIGN(x,y)	返回值的绝对值等于 x 的绝对值，符号与 y 相同，y=0 时取正号
CXABS(x,y)	$\sqrt{x^2+y^2}$
EXP(x)	指数函数 e^x
LOG(x)	自然对数 ln(x)
LOG10(x)	常用对数 lg(x)
SQRT(x)	x 的平方根 $\sqrt{x}$
NINT(x)	取与 x 最接近的整数，如 NINT(3.512)=4
MOD(x,y)	求 x/y 的余数
RAND(x,y)	返回一个均匀分布的随机数，x,y 分别为下限和上限
GDIS(x,y)	返回一个高斯分布的随机数，x,y 分别为均值和标准偏差
SIN(x)、COS(x)、TAN(x)	正弦函数、余弦函数、正切函数
ASIN(x)、ACOS(x)、ATAN(x)	反正弦函数、反余弦函数、反正切函数，输出值的范围 ASIN 和 ATAN 为$-\pi/2\sim\pi/2$，ACOS 为 $0\sim\pi$
SINH(x)、COSH(x)、TANH(x)	双曲正弦函数$(e^x-e^{-x})/2$、双曲余弦函数$(e^x+e^{-x})/2$、双曲正切函数$(e^x-e^{-x})/(e^x+e^{-x})$
ATAN2(y,x)	求 y/x 的反正切，输出值范围为$-\pi/2\sim\pi/2$
VALCHR (CPARM)	返回字符参量 CPARM 的数字值。如果 CPARM 不是数值，则返回 0.0
CHRVAL (PARM)	返回数值参量 PARM 的字符值
UPCASE(CPARM)	返回字符参量 CPARM 的大写字符串
LWCASE(CPARM)	返回字符参量 CPARM 的小写字符串

三角函数的输入角度和反三角函数的输出角度的单位可以是弧度（默认）或度，由 *AFUN 命令指定。

20.2.2 获取函数

可用的 ANSYS 内嵌获取函数见表 20-3。

表 20-3 获取函数

获取函数	说 明
一、获取实体的选择状态	
NSEL(N)	返回节点 N 的选择状态。返回值=-1 时，未选择；返回值=0 时，未定义；返回值=1 时，选择
ESEL(E)	返回单元 E 的选择状态。返回值=-1 时，未选择；返回值=0 时，未定义；返回值=1 时，选择
KSEL(K)	返回关键点 K 的选择状态。返回值=-1 时，未选择；返回值=0 时，未定义；返回值=1 时，选择
LSEL(L)	返回线 L 的选择状态。返回值=-1 时，未选择；返回值=0 时，未定义；返回值=1 时，选择
ASEL(A)	返回面 A 的选择状态。返回值=-1 时，未选择；返回值=0 时，未定义；返回值=1 时，选择
VSEL(V)	返回体 V 的选择状态。返回值=-1 时，未选择；返回值=0 时，未定义；返回值=1 时，选择
二、下一个选择的实体	
NDNEXT(N)	编号大于 N 的下一个已被选择的节点
ELNEXT(E)	编号大于 E 的下一个已被选择的单元
KPNEXT(K)	编号大于 K 的下一个已被选择的关键点
LSNEXT(L)	编号大于 L 的下一个已被选择的线

续表

获取函数	说明
ARNEXT(A)	编号大于 A 的下一个已被选择的面
VLNEXT(V)	编号大于 V 的下一个已被选择的体
三、位置	
CENTRX(E) CENTRY(E) CENTRZ(E)	返回单元 E 的质心在全局直角坐标系上 X、Y、Z 的坐标值。质心由该单元上已被选择的节点确定
NX(N) NY(N) NZ(N)	返回节点 N 在活跃坐标系上 X、Y、Z 的坐标值
KX(K) KY(K) KZ(K)	返回关键点 K 在活跃坐标系上 X、Y、Z 的坐标值
LX(L,LFRAC) LY(L,LFRAC) LZ(L,LFRAC)	返回线 L 上点 LFRAC(0.0~1.0) 的 X、Y、Z 坐标值
四、获得位置最近的点	
NODE(X,Y,Z)	返回活跃坐标系下坐标最接近点(X,Y,Z)的已选择节点。当有几个节点时，返回其中最小值
KP(X,Y,Z)	返回活跃坐标系下坐标最接近点(X,Y,Z)的已选择关键点。当有几个关键点时，返回其中最小值
五、获得距离	
DISTND(N1,N2)	返回节点 N1 和 N2 之间的距离
DISTKP(K1,K2)	返回关键点 K1 和 K2 之间的距离
DISTEN(E,N)	返回单元 E 的质心和节点 N 之间的距离。单元的质心由单元已被选择的节点确定
六、获得角度	
ANGLEN(N1,N2,N3)	返回由节点 N1,N2,N3 所确定的两条线的夹角（N1 为顶点），默认单位为弧度
ANGLEK(K1,K2,K3)	返回由关键点 K1,K2,K3 所确定的两条线的夹角（K1 为顶点），默认单位为弧度
七、获得最接近的实体	
NNEAR(N)	返回最接近节点 N 的节点
KNEAR(K)	返回最接近关键点 K 的关键点
ENEARN(N)	返回最接近节点 N 的单元。单元位置由已被选择的节点确定
八、获得面积	
AREAND(N1,N2,N3)	返回由节点 N1,N2,N3 所确定的三角形面积
AREAKP(K1,K2,K3)	返回由关键点 K1,K2,K3 所确定的三角形面积
ARNODE(N)	返回隶属于节点 N 的单元面积
九、获得法线	
NORMNX(N1,N2,N3) NORMNY(N1,N2,N3) NORMNZ(N1,N2,N3)	返回由节点 N1,N2,N3 所确定平面的法线方向上的余弦
NORMKX(K1,K2,K3) NORMKY(K1,K2,K3) NORMKZ(K1,K2,K3)	返回由关键点 K1,K2,K3 所确定平面的法线方向上的余弦
十、获得连接	
ENEXTN(N,LOC)	返回与节点 N 相连的单元，LOC 为单元在结果列表中的位置。不在列表时，返回 0
NELEM(E,NPOS)	返回单元 E 的第 NPOS（1~20）个节点编号

续表

获取函数	说 明
NODEDOF(N)	用 Bit 模式返回节点 N 的活动自由度，位 0 是 UX，位 1 是 UY，…，位 5 是 ROTZ。节点自由度为 UX,UY 时，返回值为 3（位 0,1）；节点自由度为 UX,UY,UZ 时，返回值为 7（位 0,1,2）；节点自由度为 UX,UY,UZ,ROTX,ROTY,ROTZ 时，返回值为 63（位 0,1,2,3,4,5）
十一、获得面	
ELADJ(E,FACE)	对于 2D 平面和 3D 空间实体单元，返回与单元 E 的面 FACE 相邻的单元
NDFACE(E,FACE,LOC)	返回单元 E 面 FACE 上 LOC 节点的编号
NMFACE(E)	返回包括选定节点单元 E 的面编号
ARFACE(E)	对于 2D 平面和 3D 空间实体单元，返回单元 E 上包含所选节点的面的面积。E 为轴对称单元时，返回全面积
十二、获得模型信息	
EATT(E,VAL)	返回单元 E 的属性。VAL=1 时，为 MAT；VAL=2 时，为 TYPE；VAL=3 时，为 REAL；VAL=4 时，为 SECN
RCON(R,LOC)	返回实常数 R 的第 LOC 值
十三、获得自由度结果	
UX(N)、UY(N)、UZ(N)	返回节点 N 的线位移
ROTX(N)、ROTY(N)、ROTZ(N)	返回节点 N 的角位移
TEMP(N)	返回节点 N 的温度
PRES(N)	返回节点 N 的压力

20.3　分支、循环和重复功能

20.3.1　分支

IF 语句用于实现条件转移，即根据不同条件执行程序的不同分支。IF 语句的基本格式为：
*IF, VAL1, Oper1, VAL2, Base1, VAL3, Oper2, VAL4, Base2
　　（分支 1）
*ELSE
　　（分支 2）
*ENDIF

其中，VAL1,VAL2,VAL3,VAL4 为比较用的参量或数值，只有操作运算符为 EQ 和 NE 时，才可以是字符串。Oper1, Oper2 为比较操作标签，可用的有 EQ（=）、NE（≠）、LT（<）、GT（>）、LE（≤）、GE（≥）、ABLT（绝对值小于）、ABGT（绝对值大于）。Base1 为逻辑表达式 Oper1 为真时进行的操作，Base1=STOP 时，程序停止；Base1= EXIT 时，退出*DO 循环；Base1= CYCLE 时，退出本次*DO 循环；Base1=THEN 时，执行分支 1。Base1 或为逻辑运算符 AND、OR、XOR，Base2 在 Base1 为逻辑运算符时有效。

例如，以下程序运行的结果是 B=2：
A=1
*IF,A,EQ,0,THEN
　　B=1
*ELSE

```
    B=2
*ENDIF
```
可以用嵌套 IF 语句来实现多分支条件转移。

20.3.2 循环

循环用于重复执行一组命令,ANSYS 用*DO 命令和*DOWHILE 命令实现循环控制。

1. *DO 循环

*DO 循环的格式为:

```
*DO, Par, IVAL, FVAL, INC
    (循环体)
*ENDDO
```

其中,参数 Par 为循环参量;IVAL, FVAL, INC 分别为循环初值、终值和增量。

例如,以下程序运行的结果是 S=30:

```
S=0
*DO,I,2,10,2
  S=S+I
*ENDDO
```

2. *DOWHILE 循环

*DOWHILE 循环的格式为:

```
*DOWHILE, Par
    (循环体)
*ENDDO
```

其中,参数 Par 为循环参量。Par 大于零时执行循环。

例如,以下程序运行的结果是 S=30:

```
I=10 $ S=0
*DOWHILE,I
  S=S+I
  I=I-2
*ENDDO
```

20.3.3 重复功能

ANSYS 的重复功能是用*REPEAT 命令去除命令流中的重复命令。*REPEAT 命令的格式为:

```
*REPEAT, NTOT, VINC1, VINC2, VINC3, VINC4, VINC5, VINC6, VINC7, VINC8, VINC9, VINC10, VINC11
```

其中,参数 NTOT 为总的重复次数;VINC1~VINC11 为值的增量。

例如,下列命令:

```
L,1,2
*REPEAT,5,1,1
```

与命令流

  L,1,2 $ L,2,3 $ L,3,4 $ L,4,5 $ L,5,6

等价。

实例 E20-3 简谐响应的叠加——结构同时作用多个正弦载荷时的响应分析

1）概述

  根据振动学理论，当线性结构上作用非简谐的周期激励时，可用谐波分析法求其响应。其基本原理是：首先，将周期激励分解为一系列简谐激励之和。然后，求出系统对各个简谐激励的响应。最后，由线性系统的叠加原理，将各个响应叠加起来，即得到系统对周期激励的响应。

  有些场合中，一个线性结构上作用有多个频率不同的激励，则总的响应为各激励单独响应的叠加。

  利用有限元软件求解结构问题时，位移 δ 是基本解，可以通过求解有限元方程直接得到。对结构进行强度计算时，需要的结果数据是应力、应变等，以及这些数据中的最大值。这些数据是导出结果，是求解阶段在基本解基础上计算出的结果。对结果的叠加不仅是对位移的叠加，而且要对其他导出结果进行叠加。由于结构作用载荷是随时间变化的，所以各种结果不仅与位置有关，而且是随时间变化的。

  利用 ANSYS 对单独作用正弦载荷 $f_1(t)$ 和 $f_2(t)$ 的结构进行分析，可以得到相应的位移解 δ_1 和 δ_2，ANSYS 直接给出的是解的实部 δ_{1r}、δ_{2r} 和虚部 δ_{1i}、δ_{2i}。将 δ_1 和 δ_2 进行叠加，并用时间函数形式表示

$$\delta = \delta_1 + \delta_2 = \delta_{1r}\cos\omega_1 t - \delta_{1i}\sin\omega_1 t + \delta_{2r}\cos\omega_2 t - \delta_{2i}\sin\omega_2 t \tag{20-1}$$

式中，ω_1、ω_2 分别为正弦载荷 $f_1(t)$ 和 $f_2(t)$ 的频率。

  按方程（20-1）可以计算出结构任意时刻的总体位移列矩阵，则该时刻相应的应变和应力为

$$\varepsilon = \boldsymbol{B}\boldsymbol{\delta}^e \tag{20-2}$$

式中，$\boldsymbol{B}$ 为单元几何矩阵；$\boldsymbol{\delta}^e$ 为单元节点位移列矩阵；ε 为单元内任意一点的应变。

$$\sigma = \boldsymbol{D}\varepsilon \tag{20-3}$$

式中，$\boldsymbol{D}$ 为弹性矩阵；σ 为单元内任意一点的应力。

  由此可见，叠加时可以由位移解 δ_1 和 δ_2 按式（20-1）计算出时刻 t 结构的位移，然后代入式（20-2）或式（20-3），计算可得到结构应力、应变，或者将叠加的位移结果作为载荷施加到结构上进行一次静力学分析，也可以得到结构的应力、应变结果。

  具体程序框图如图 20-5 所示。

2）问题描述

  图 20-6 为一支架，长、宽、高分别为 2m、1m、1m。板壳厚度为 0.02m。立柱几何特性：截面面积为 2×10^{-4} m^2，截面高度为 0.02m，截面宽度为 0.01m，惯性矩为 2×10^{-8} m^4。

  材料的弹性模量 $E=2\times10^{11}$ N/m^2，泊松比 $\mu=0.3$，密度 $\rho=7800$ kg/m^3。

  支架上的作用力可简化为施加在坐标为 (0.5,0,0.1) 的 A 点和坐标为 (1.5,0,0.2) 的 B 点上的正弦载荷。A 点处的载荷为 $F_x = 10000\cos 20\pi t$ N 和 $F_z = 10000\cos(20\pi t + \dfrac{\pi}{2})$ N。B 点处的载荷为 $F_x = 20000\cos(50\pi t + \dfrac{\pi}{4})$ N 和 $F_z = 20000\cos(50\pi t + \dfrac{3\pi}{4})$ N。

图 20-5　程序框图

图 20-6　支架

3）命令流

```
/CLEAR                                         !清除数据库，新建分析
/FILNAME, E20-3                                !定义任务名
!定义参数
WIDTH=1 $ LENGTH=2 $ HIGH=-1                   !宽度、长度、高度
MASS1_X=0.5 $ MASS1_HIGH=0.1                   !A 点位置
MASS2_X=1.5 $ MASS2_HIGH=0.2                   !B 点位置
!创建模型
/PREP7                                         !进入前处理器
ET,1,SHELL181 $ ET, 2,BEAM188 $ ET,3,MASS21    !选择单元类型
SECTYPE,1,SHELL $ SECDATA,0.02                 !定义壳截面
SECTYPE,2,BEAM,RECT $ SECOFFSET,CENT $ SECDATA,0.01,0.02  !定义梁截面
R,3,100                                        !定义 MASS21 单元的质量
MP,EX,1,2E11 $ MP,PRXY,1,0.3 $ MP,DENS,1,7800  !创建材料模型
/ANG,1,-30,ZS,1 $ /ANG,1,-30,XS,1 $ /ANG,1,-30,XS,1  !旋转视线方向
RECT,0,LENGTH,0,WIDTH                          !创建支架面板
K,5,,,HIGH $ K,6,LENGTH,,HIGH $ K,7,LENGTH,WIDTH,HIGH  !创建关键点
K,8,,WIDTH,HIGH
L,1,5 $ *REP,4,1,1                             !创建立柱
ESIZE,0.1 $ AMESH,ALL                          !划分壳单元
TYPE,2 $ SECN,2 $ LMESH,5,8                    !划分梁单元
*GET,NODE_COUNT,NODE, 0,COUNT
N,NODE_COUNT+1,MASS1_X,WIDTH/2,MASS1_HIGH      !在 A 点创建节点
N,NODE_COUNT+2,MASS2_X,WIDTH/2,MASS2_HIGH      !在 B 点创建节点
TYPE,3 $ REAL,3 $EN,NODE_COUNT+1,NODE_COUNT+1  !创建质量单元
EN,NODE_COUNT+2,NODE_COUNT+2
NSEL,S,LOC,X,MASS1_X-0.2,MASS1_X+0.2           !创建刚性区 1
NSEL,R,LOC,Y,WIDTH/2-0.2,WIDTH/2+0.2
```

```
CERIG,NODE_COUNT+1,ALL,ALL
NSEL,S,LOC,X,MASS2_X-0.2,MASS2_X+0.2          !创建刚性区 2
NSEL,R,LOC,Y,WIDTH/2-0.2,WIDTH/2+0.2
CERIG,NODE_COUNT+2,ALL,ALL
ALLS                                           !选择所有实体
FINI                                           !退出前处理器
/SOLU                                          !进入求解器
ANTYPE, HARMIC                                 !进行谐响应分析
NSEL,S,LOC,Z,HIGH $ D,ALL,ALL $ ALLS           !施加约束
HARFRQ,10                                      !频率为 10 Hz
NSUBST,1 $ KBC,1                               !指定载荷步选项
F,NODE_COUNT+1,FX,10000 $ F,NODE_COUNT+1,FZ,0,10000    !在 A 点施加载荷
SOLVE                                          !求解
HARFRQ,25                                      !频率为 25 Hz
FDELE,NODE_COUNT+1,FX $ FDELE,NODE_COUNT+1,FZ  !删除 A 点载荷
F,NODE_COUNT+2,FX,14142,14142 $                !在 B 点施加载荷
F,NODE_COUNT+2,FZ,-14142,14142
SOLVE                                          !求解
FINI                                           !退出求解器
!结果处理
/POST1                                         !进入通用后处理器
*GET,NODE_COUNT,NODE, 0,COUNT                  !获取模型节点数量
*DIM,NODE_U1,ARRAY,NODE_COUNT,6,2              !定义数组
*DIM,NODE_U2,ARRAY,NODE_COUNT,6,2
SET,1,,,0                                      !读入第一个载荷步结果的实部
*DO,I,1,NODE_COUNT                             !将位移的实部存储于数组 NODE_U1 中
  NODE_U1(I,1,1)=UX(I) $ NODE_U1(I,2,1)=UY(I) $ NODE_U1(I,3,1)=UZ(I)
  NODE_U1(I,4,1)=ROTX(I) $ NODE_U1(I,5,1)=ROTY(I) $ NODE_U1(I,6,1)=ROTZ(I)
*ENDDO
SET,1,,,1                                      !读入第一个载荷步结果的虚部
*DO,I,1,NODE_COUNT                             !将位移的虚部存储于数组 NODE_U1 中
  NODE_U1(I,1,2)=UX(I) $ NODE_U1(I,2,2)=UY(I) $ NODE_U1(I,3,2)=UZ(I)
   NODE_U1(I,4,2)=ROTX(I) $ NODE_U1(I,5,2)=ROTY(I) $   NODE_U1(I,6,2)=ROTZ(I)
*ENDDO
SET,2,,,0                                      !读入第二个载荷步结果的实部
*DO,I,1,NODE_COUNT                             !将位移的实部存储于数组 NODE_U2 中
  NODE_U2(I,1,1)=UX(I) $ NODE_U2(I,2,1)=UY(I) $ NODE_U2(I,3,1)=UZ(I)
   NODE_U2(I,4,1)=ROTX(I) $ NODE_U2(I,5,1)=ROTY(I) $ NODE_U2(I,6,1)=ROTZ(I)
*ENDDO
SET,2,,,1                                      !读入第二个载荷步结果的虚部
*DO,I,1,NODE_COUNT                             !将位移的虚部存储于数组 NODE_U2 中
  NODE_U2(I,1,2)=UX(I) $ NODE_U2(I,2,2)=UY(I) $ NODE_U2(I,3,2)=UZ(I)
   NODE_U2(I,4,2)=ROTX(I) $ NODE_U2(I,5,2)=ROTY(I) $ NODE_U2(I,6,2)=ROTZ(I)
*ENDDO
```

```
FINI                                    !退出通用后处理器
!静力学分析，以得到叠加后的结果
/SOLU                                   !进入求解器
ANTYPE, STATIC                          !静力学分析
FDELE,ALL,FX $ FDELE,ALL,FZ             !删除载荷
TTT=0.2                                 !取分析时间为正弦载荷的公共周期 0.2 s
N=64                                    !将[0，TTT]区间 N 等分
PI=3.1415926
!用循环语句按式(20-1)对位移进行叠加，得到每个时间点下每个节点的位移
*DO,I,1,N
 T=TTT/N*I
 *DO,J,1,NODE_COUNT
  UX1=NODE_U1(J,1,1)*COS(20*PI*T)-NODE_U1(J,1,2)*SIN(20*PI*T)
  UX2=NODE_U2(J,1,1)*COS(50*PI*T)-NODE_U2(J,1,2)*SIN(50*PI*T)
  D,J,UX,UX1+UX2
  UY1=NODE_U1(J,2,1)*COS(20*PI*T)-NODE_U1(J,2,2)*SIN(20*PI*T)
  UY2=NODE_U2(J,2,1)*COS(50*PI*T)-NODE_U2(J,2,2)*SIN(50*PI*T)
  D,J,UY,UY1+UY2
  UZ1=NODE_U1(J,3,1)*COS(20*PI*T)-NODE_U1(J,3,2)*SIN(20*PI*T)
  UZ2=NODE_U2(J,3,1)*COS(50*PI*T)-NODE_U2(J,3,2)*SIN(50*PI*T)
  D,J,UZ,UZ1+UZ2
  ROTX1=NODE_U1(J,4,1)*COS(20*PI*T)-NODE_U1(J,4,2)*SIN(20*PI*T)
  ROTX2=NODE_U2(J,4,1)*COS(50*PI*T)-NODE_U2(J,4,2)*SIN(50*PI*T)
  D,J,ROTX,ROTX1+ROTX2
  ROTY1=NODE_U1(J,5,1)*COS(20*PI*T)-NODE_U1(J,5,2)*SIN(20*PI*T)
  ROTY2=NODE_U2(J,5,1)*COS(50*PI*T)-NODE_U2(J,5,2)*SIN(50*PI*T)
  D,J,ROTY,ROTY1+ROTY2
  ROTZ1=NODE_U1(J,6,1)*COS(20*PI*T)-NODE_U1(J,6,2)*SIN(20*PI*T)
  ROTZ2=NODE_U2(J,6,1)*COS(50*PI*T)-NODE_U2(J,6,2)*SIN(50*PI*T)
  D,J,ROTZ,ROTZ1+ROTZ2
 *ENDDO
 TIME,T                                 !指定载荷步时间
 SOLVE                                  !求解
*ENDDO
FINI                                    !退出求解器
/POST26                                 !进入时间历程后处理器
NSOL,2,146,U,Z                          !定义变量
PLVAR,2                                 !见图 20-7
FINI                                    !退出时间历程后处理器
/POST1                                  !进入通用后处理器
SET,FIRST                               !读载荷步
ESEL,S,TYPE,,1                          !选择壳单元
PLNSOL,S,EQV,0,1                        !显示等效应力云图
SET,,,,,0.025                           !读载荷步
```

```
/REPLOT
FINI
```
!图 20-8，最大应力出现在 0.025s
!退出通用后处理器

图 20-7　146 号节点 Z 方向上的位移

图 20-8　最大应力

20.4　宏

将以下命令序列保存于文本文件 MyMat.MAC 中，即创建一个宏文件：
```
/PREP7
MP, EX, 1, 2E11
MP, PRXY, 1, 0.3
MP,DENS,1,7800
FINI
```
当运行该宏文件时，一并执行了该命令序列。实际上，宏相当于高级语言的函数或子程序，可以与调用该宏的程序传递参数。

20.4.1　宏的创建

宏文件是一个保存有 ANSYS 命令流的文本文件，可以在 ANSYS 中创建宏，也可以用其他文本编辑软件创建宏。

宏可以嵌套调用宏，每个被调用宏执行完毕后，ANSYS 会把控制权返回给调用宏。宏最多可以嵌套 20 级。

1. 使用 *CREATE 命令创建无参量替换宏文件

1）*CREATE 命令

菜单：Utility Menu→Macro→Create Macro

命令：*CREATE, Fname, Ext, --

命令说明：Fname 为路径和文件名，最多含 248 个字符，未指定文件路径时默认为 ANSYS 的工作目录。Ext 为文件扩展名，最长 8 字节，建议用 MAC 作扩展名。

执行*CREATE 命令后，后续命令将不被执行，而是被记录到宏文件中，直到执行*END 命令为止。使用*CREATE 命令时，所有参量都被写入文件中，而不会被参量值替换。例如，参量 ABC 的当前值为 1.56，在*CREATE 命令后有语句 XX=ABC，则记录在宏文件中的是 XX=ABC，而不是 XX=1.56。

不能在 DO 循环语句中使用*CREATE 命令。

2）格式

*CREATE, Fname, Ext
　　（命令序列）
*END

2．使用*CFWRITE 命令创建参量替换宏文件

1）*CFWRITE 命令

命令：*CFWRITE, Command

命令说明：Command 为写入宏文件的命令或字符串，通常在 ANSYS 标准命令标签后加用逗号分割的参数，也可以是赋值语句。

在用*CFWRITE 命令写入前，要用*CFOPEN 打开文件；写入后，要用*CFCLOS 命令关闭文件。所有写入命令都必须以*CFWRITE 命令开头。如果不以*CFWRITE 命令开头，则只将该语句作为当前运行命令，不写入文件。

*CFWRITE 命令后的 Command 字符串不被执行。参量被写入时，会被其当前值替换，所有的数学运算也被执行。例如，设参量 ABC 的当前值为 1.56，在执行命令*CFWRITE, XX=ABC 后，记录在宏文件中的是 XX=1.56。设参量 X、Y 当前无定义，则在执行命令*CFWRITE,K,1,X,-Y 时，写入文件的是 K,1,X,- 7.888609052E-31。

2）格式

*CFOPEN, Fname, Ext
　　（多个*CFWRITE 语句）
*CFCLOS

3．创建宏库文件

为了方便，ANSYS 允许将一系列宏放置在一个文件中，称为宏库文件。可以在 ANSYS 中或用文本编辑软件创建宏库文件。宏库文件中的每一个宏块都以宏块名开头，以/EOF 结尾。以下为一个宏库文件的实例。

MyMat_Fe
　　/PREP7
　　MP, EX, 1, 2E11
　　MP, PRXY, 1, 0.3
　　MP,DENS,1,7800
　　MP,KXX,1,11E-6
　　FINI
　　/EOF
MyMat_Cu
　　/PREP7

```
MP, EX, 2, 1E11
MP, PRXY, 2, 0.3
MP,DENS,2,8900
MP,KXX,2,17E-6
FINI
/EOF
```

20.4.2 宏的运行

宏的运行有 3 种方法：(1) 直接将宏文件名作为未知命令使用；(2) 使用*USE 命令；(3) 使用/INPUT 命令。如果宏文件的扩展名为 MAC，并且保存在 ANSYS 宏文件搜索路径内，则可按第一种方法运行宏；当不带输入参数时，可用/INPUT 命令运行宏；*USE 命令应用范围最广。

1．*USE 命令

菜单：Utility Menu→Macro→Execute Data Block

命令：*USE, Name, ARG1, ARG2, ARG3, ARG4, ARG5, ARG6, ARG7, ARG8, ARG9, AR10, AR11, AR12, AR13, AR14, AG15, AR16, AR17, AR18

命令说明：Name 为宏文件名称或宏库文件中的宏块名称。ARG1～ARG9、AR10～AR18 为传入宏文件或宏块的参数，可以是数字、字符串、参量或表达式。

运行宏库文件中的宏块，必须使用*USE 命令。用*USE 命令运行宏块前，必须用*ULIB 命令打开宏库文件；运行完毕后，可用不带参数的*ULIB 命令关闭宏库文件。

2．宏的搜索路径

在默认情况下，ANSYS 在以下位置搜索用户的宏文件（扩展名为 MAC）：
（1）\ANSYS_INC\V150\ANSYS\APDL。
（2）由 ANSYS_MACROLIB 环境变量指定的文件夹或登录文件夹。
（3）由$ HOME 环境变量指定的文件夹。
（4）ANSYS 工作文件夹。

可用/PSEARCH 命令修改宏的搜索路径。

20.4.3 宏的参量

APDL 可以使用局部参量和全局参量，分别用参量名进行标识。

1．局部参量

在宏中可以使用两种类型的局部参量：
（1）能够向宏传递数值的标量参量，参量名为 ARG1～ARG9、AR10～AR19。
（2）在宏内部使用的标量参量，参量名为 AR20～AR99。

2. 全局参量

除了上述局部参量外，在宏中定义的参量都是全局参量，即在任何时候、任何位置都可以调用该参量。

实例 E20-4　宏的创建实例——计算实体的体积、面积、长度

1）宏文件 MyMac.MAC

/PREP7	!进入前处理器
*IF,ARG1,EQ,'volu',OR,ARG1,EQ,'VOLU',THEN	!局部参量 ARG1 为'volu'或'VOLU'时，计算编号为 ARG2
VSUM $ *GET,VVOLU,VOLU,ARG2,VOLU	!的体的体积，体积保存在全局参量 VVOLU 中
*ENDIF	
*IF,ARG1,EQ,'area',OR,ARG1,EQ,'AREA',THEN	!局部参量 ARG1 为'area'或'AREA'时，计算编号为 ARG2
ASUM $ *GET,AAREA ,AREA ,ARG2,AREA	!的面的面积，面积保存在全局参量 AAREA 中
*ENDIF	
*IF,ARG1,EQ,'line',OR,ARG1,EQ,'LINE',THEN	!局部参量 ARG1 为'line'或'LINE'时，计算编号为 ARG2
LSUM $ *GET,LLINE,LINE,ARG2, LENG	!的线的长度，长度保存在全局参量 LLINE 中
*ENDIF	
FINI	!退出前处理器

2）运行宏文件

可将宏文件 MyMac.MAC 保存于 ANSYS 工作文件夹下，可在 ANSYS 命令行中输入 MyMac, 'VOLU',1，则体 1 的体积保存于全局参量 VVOLU 中。

20.5　定制用户化界面

20.5.1　创建及编辑缩写

菜单：Utility Menu→Macro→Edit Abbreviations
　　　Utility Menu→MenuCtrls→Edit Toolbar

命令：*ABBR, Abbr, String

命令说明：Abbr 为字符串 String 的缩写，最多为 8 个字符。String 为被缩写的字符串，最多为 60 个字符。字符串中不能包含字符$或 C***、/ COM、/ GOPR、/ NOPR、/QUIT、/ UI 或*END 等命令。参数名称、* DO 循环和* IF 语句不能被缩写。如果 String 为空，则缩写 Abbr 被删除。

定义缩写后，即可以在命令行用缩写执行命令，并在其后加一个空格或逗号及输入数据，也可拾取 Toolbar 上相应按钮执行命令。

20.5.2　提示用户输入单个参量值

命令：*ASK, Par, Query, DVAL

命令说明：Par 为数值型标量参数。Query 为要显示的查询文本字符串（最多 32 个字符）。DVAL 为用户发出一个空响应时，分配给参量 Par 的默认值，可以是一个数字或字符串（单引号括起来最多 8 个字符）。如果该默认值为空，则一个空响应将删除参数。

该命令主要在宏中使用。例如，执行以下命令时，会弹出如图 20-9 所示的对话框，用户响应后，将输入值赋给参量 Volu_Num。

*ask,Volu_Num,'请输入体号:',1

图 20-9　输入单个参量值对话框

20.5.3　用 MULTIPRO 命令创建一个对话框

MULTIPRO 命令用于创建一个简单、多行提示和输入的对话框。在该对话框内嵌入*CSET 命令，以设置参量、提示输入和默认值。

MULTIPRO 命令格式为：

MULTIPRO, 'start',Prompt_Num
　　*CSET,Strt_Loc,End_Loc,Param_Name, 'rompt_String',Def_Value
MULTIPRO,'end'

其中，Prompt_Num 是参量的数目。Param_Name 是参量名称。'Prompt_String' 是用单引号引起来的字符，显示在弹出的对话框中。Def_Value 是该参量的默认值。至于 Strt_Loc 和 End_Loc，是定义参量在对话框中显示位置的参数，有固定的定义格式。第一个参量中，Strt_Loc 和 End_Loc 为 1 和 3，第二个参量则为 4 和 6，即同一个参量中 End_Loc=Strt_Loc+2，下一个参量的 Strt_Loc=上一个参量的 End_Loc+1。

可以用_BUTTON 参数检查用户单击了对话框的哪个按钮。当_BUTTON=0 时，用户单击了"OK"按钮；当_BUTTON=1 时，用户单击了"Cancel"按钮。只要用户单击了"OK"按钮，ANSYS 就会根据用户输入为 Param_Name 参量赋值。

例如，运行以下宏文件会弹出如图 20-10 所示的对话框，用户响应后，单击"OK"按钮，为参量赋值，并弹出如图 20-11 所示的对话框。如果单击"Cancel"按钮，则弹出如图 20-12 所示的对话框，并退出 ANSYS。

```
MULTIPRO,'START',2                          !MULTIPRO 命令的开始，包含两个参量
   *CSET,1,3,M,'MODULE(MM):',2              !参量 M，默认值为 2，提示：MODULE(MM)
   *CSET,4,6,Z,'NUMBER OF TEETH:',20        !参量 Z，默认值为 20，提示：NUMBER OF TEETH
MULTIPRO,'END'                              !MULTIPRO 命令的结束
*IF,_BUTTON,EQ,0.0,THEN
   *MSG,UI,M,Z                              !单击"OK"按钮，则弹出如图 20-11 所示的对话框
   CURRENT MODULE IS %Gmm%/CURRENT NUMBER OF TEETH IS %G
*ELSE,THEN
   *MSG, UI                                 !单击"Cancel"按钮，则弹出如图 20-12 所示的对话框
   NO IMPORT.
   /WAIT,3 $   /EXIT,NOSAVE                 !等待 3s，退出 ANSYS
*ENDIF
```

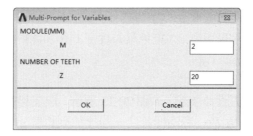

图 20-10　输入多个参数对话框

20.5.4　消息对话框

命令：*MSG, Lab, VAL1, VAL2, VAL3, VAL4, VAL5, VAL6, VAL7, VAL8

命令说明：Lab 为输出和终止控制的标签。Lab= INFO（默认）时，直接输出消息，没有标题；Lab=NOTE 时，输出消息并包含标题"NOTE"；Lab=WARN 时，输出消息并包含标题"WARNING"，同时也写到文件 Jobname.ERR 中；Lab=ERROR 时，输出消息并包含标题"ERROR"，同时也写到文件 Jobname.ERR 中，如果以批处理方式运行，则结束程序；Lab=FATAL 时，输出消息并包含标题"FATAL ERROR"，同时也写到文件 Jobname.ERR 中，结束程序；Lab=UI 时，输出消息并包含标题"NOTE"，并显示消息对话框。

VAL1, VAL2, VAL3, VAL4, VAL5, VAL6, VAL7, VAL8 为包含在消息中的参量、数值或字符串。

紧跟在*MSG 命令的下一行必须是消息格式语句。该消息格式语句最多有 80 个字符，可以包含字符串和数据描述符。数据描述符为参数 VAL1～VAL8 指定输出格式，对于整数，用%I；对于双精度实数，用%G；对于字符，用%C；换行时用%/。

消息对话框的应用如图 20-11 和图 20-12 所示。

　　图 20-11　消息框（1）

　　图 20-12　消息框（2）

20.6　优　化　设　计

下面介绍结合 ANSYS Mechanical APDL 和 ANSYS workbench 进行优化设计的方法。

该方法的步骤是：（1）创建优化设计输入文件。（2）指定优化设计的输入参数、约束参数和目标参数，进行优化设计计算，得到最优方案。

实例 E20-5　优化设计实例——液压支架四连杆机构尺寸优化

1）问题描述

合理选择如图 20-13 所示液压支架四连杆机构尺寸，使掩护梁和顶梁铰点 E 处轨迹的水平摆幅最小。

四连杆机构尺寸包括后连杆长度 a、前/后连杆上铰点距离 b、前连杆长度 c、前连杆下铰点的高度 d、前/后连杆下铰点水平距离 e、掩护梁长度 g（图 20-13 中线段 AE 的长度）。

2）优化设计数学模型

（1）输入参数。

输入参数即优化设计中的设计参数。如图 20-13 所示，取支架在最高位置时后连杆与水平线夹角 Q_1、掩护梁与水平线夹角 P_1、后连杆长度 a 与掩护梁长度 g 的比值 I、前/后连杆上铰点距离 b 与掩护梁长度 g 的比值 I_1 为输入参数。

（2）目标参数。

目标参数取掩护梁与顶梁铰接点 E 的水平摆幅。优化目标是使目标参数最小。

图 20-13 四连杆机构示意图

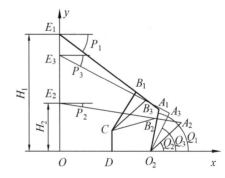

图 20-14 四连杆机构尺寸的确定

（3）约束参数。

前/后连杆长度比值 c/a。

前连杆下铰点的高度 d 不宜太大，取 $d \leqslant H_1/5$，H_1 为最大计算高度。

为最小高度 H_2（见图 20-14）时掩护梁与水平线夹角 P_2 不宜太小。为最小高度 H_2 时后连杆与水平线夹角 Q_2 不宜太小。

对掩护式支架，瞬心 O_1 与 E 点连线与水平线夹角 θ 越小越好。

（4）由输入参数计算四连杆机构尺寸。

优化设计时，需要由输入参数 Q_1、P_1、I、I_1 等计算四连杆机构尺寸，以便建立有限元模型进行运动分析。

可由几何关系得到掩护梁长度：

$$g = \frac{H_1}{\sin P_1 + I \sin Q_1} \tag{20-4}$$

则后连杆长度为

$$a = Ig \tag{20-5}$$

前/后连杆上铰点距离 b 为

$$b = I_1 g \tag{20-6}$$

其余尺寸可按以下方法确定：

如图 20-14 所示，由角度 P_1、Q_1 及式（20-4）、式（20-5）、式（20-6）计算出的尺寸 g、a、b，可以确定机构在最大高度时掩护梁和后连杆的位置 $E_1A_1O_2$ 及 O_2 点的位置。然后由尺寸 H_2、g、a，可以确定机构在最小高度时掩护梁和后连杆的位置 $E_2A_2O_2$，以及掩护梁与后连杆垂直时的位置（假定 E_3 在竖直线上）$E_3A_3O_2$。根据掩护梁和后连杆的 3 个位置及尺寸 b，可得前连杆上铰点 3 个位置 B_1、B_2、B_3，过此 3 点作圆，圆心即为 C 点。于是，可以得到前连杆长度 c 和前连杆下铰点高度 d。

3）创建优化设计输入文件

优化设计输入文件是一个 ANSYS Mechanical APDL 命令流文件，其包括一个基于输入参数的完整分析过程，其流程如图 20-15 所示。本问题的优化设计输入文件如下，把该文件以 YYZJ_opt.inp 为文件名保存在工作目录下。

图 20-15 优化设计输入文件流程

```
! 优化设计输入文件 YYZJ_opt.inp
PI=3.1415926 $   ATOR=0.01745
H1=3.06 $ H2=1.26                              !最大和最小计算高度
P1= 0.8727 $ Q1=1.3614 $ I=0.6 $ I1=0.2        !输入参数初始值
G=H1/(SIN(P1)+I*SIN(Q1))                       !掩护梁长度
A=G*I                                          !后连杆长度
B=G*I1                                         !前、后连杆与掩护梁铰接点的距离
F=G-B                                          !前连杆与掩护梁铰接点到掩护梁与顶梁铰接点的距离
E1=G*COS(P1)-A*COS(Q1)                         !后连杆下铰点到双纽线对称线的距离
X1=F*COS(P1) $ Y1=H1-F*SIN(P1)                 !图 20-14 中 B1 点的坐标
O2E2=CXABS(E1,H2) $ E2O2O=ATAN(H2/E1)          !角度 E2O2O 为弧度
E2O2A2=ACOS((A*A+O2E2*O2E2-G*G)/2/A/O2E2)      !角度 E2O2A2 为弧度
O2E2A2=ACOS((G*G+O2E2*O2E2-A*A)/2/G/O2E2)      !角度 O2E2A2 为弧度
P2=(E2O2O-E2O2A2)                              !最小高度时掩护梁与水平线的夹角
Q2=(PI-E2O2O-E2O2A2)                           !最小高度时后连杆与水平线的夹角
X2=F*COS(P2) $ Y2=H2-F*SIN(P2)                 ! B2 点的坐标
Q3=ASIN(E1/CXABS(A,G)) +ATAN(A/G)              !掩护梁与后连杆垂直时，后连杆与水平线的夹角
P3=PI/2-Q3                                     !掩护梁与后连杆垂直时，掩护梁与水平线的夹角
X3=F*COS(P3) $ Y3=B*SIN(P3)+A*COS(P3)          ! B3 点坐标
!建立有限元模型
/PREP7
ET,1,MPC184,6,,,1                              !销轴单元,绕 Z 轴旋转
ET, 2, BEAM188                                 !梁单元
```

```
MP, EX, 1, 2E11                                          !材料模型，弹性模量
MP, PRXY, 1, 0.3                                         !泊松比
MP, DENS, 1, 1E-14                                       !密度近似为零，忽略质量
LOCAL,11,0                                               !创建并激活局部坐标系
SECTYPE,1,JOINT,REVO                                     !销轴截面
SECJOIN,,11,11                                           !指定销轴单元节点局部坐标系
SECTYPE,2, BEAM, RECT $ SECOFFSET, CENT $ SECDATA,0.02,0.02      !定义梁截面
CSYS,0                                                   !激活全局直角坐标系
N, 1, E1                                                 !创建节点
NWPAVE, 1                                                !偏移工作平面原点到节点 1
WPSTYLE,,,,,,1                                           !设置工作平面坐标系为极坐标系
CSYS,4                                                   !激活工作平面坐标系
N, 2, A,Q1/ATOR $ N, 3, A,Q1/ATOR                        !创建节点
NWPAVE, 2                                                !偏移工作平面原点到节点 2
N, 4, B,180-P1/ATOR $ N, 5, B,180-P1/ATOR $ N, 11, G,180-P1/ATOR    !创建节点
CSYS,0                                                   !激活全局直角坐标系
K,1,X1,Y1 $ K,2,X2,Y2 $ K,3,X3,Y3                        !创建关键点
KCENTER,KP,2,3,1                                         !在过关键点 1、2、3 的圆的圆心处创建关键点
NKPT,6,4                                                 !在关键点 4 处（过关键点 1、2、3 的圆的圆心）创建节点
TYPE, 1 $ SECN, 1                                        !铰链单元属性
E, 2, 3                                                  !创建 A 点铰链
E, 4, 5                                                  !创建 B 点铰链
TYPE, 2 $ SECN,2                                         !梁单元属性
E, 1, 2 $ E, 3, 4 $ E, 5, 6 $ E, 4, 11                   !创建梁单元模拟各杆，有限元模型如图 20-16 所示
FINISH                                                   !退出前处理器
T=1                                                      !参数 T
/SOLU                                                    !进入求解器
ANTYPE, TRANS                                            !瞬态分析
NLGEOM, ON                                               !打开大变形选项
DELTIM, T/50,T/50,T/50                                   !指定载荷子步长度
KBC, 0                                                   !斜坡载荷
TIME, T                                                  !时间为 T
OUTRES, BASIC, ALL                                       !输出控制
AUTOTS, ON                                               !打开自动步长
CNVTOL, F, 1, 0.1 $ CNVTOL, M, 1, 0.1                    !收敛控制
NSEL,S,,,1,6,5                                           !选择前、后连杆下铰点处节点
D,ALL,UX,,,,,UY,UZ,ROTX,ROTY                             !在所选择节点上施加约束
ALLS                                                     !选择一切
D, 1, ROTZ, -(Q1-Q2)                                     !节点 1 绕 Z 轴转动（Q1-Q2）
SOLVE                                                    !求解
FINISH                                                   !退出求解器
/POST26                                                  !进入时间历程后处理器
NSOL, 2, 11, UX                                          !定义变量 2，存储节点 11 即 E 点的 X 方向位移
NSOL, 3, 11, UY                                          !定义变量 3，存储节点 11 即 E 点的 Y 方向位移
```

```
XVAR,2                              !设定曲线图横轴为变量 2,即 E 点的 X 方向位移
PLVAR,3                             !绘制曲线图显示变量 3,即显示 E 点轨迹
*GET,UXMAX_11,VARI,2,EXTREM,VMAX    !将变量 2 的最大值赋给 VMAX
*GET,UXMIN_11,VARI,2,EXTREM,VMIN    !将变量 2 的最小值赋给 VMIN
SSS=UXMAX_11-UXMIN_11               !计算 E 点轨迹的水平摆幅
D=KY(4) $ C=DISTND(5,6) $ CA=C/A $ E=NX(1)-NX(6)    !计算参数
!以下计算图 20-13 中的 θ 角
  AA1=(NY(2)-NY(1))/(NX(2)-NX(1)) $ BB1=-1 $ CC1=AA1*NX(1)-NY(1)
  AA2=(NY(4)-NY(6))/(NX(4)-NX(6)) $ BB2=-1 $ CC2=AA2*NX(6)-NY(6)
  XXX=(CC1*BB2-CC2*BB1)/(AA1*BB2-AA2*BB1)  $  YYY=(AA1*CC2-AA2*CC1)/(AA1*BB2-AA2*BB1)
  THETA=ATAN((NY(11)-YYY)/(XXX-NX(11)))
  THETA=THETA/ATOR
FINI
```

创建好的有限元模型如图 20-16 所示,其中各杆用 BEAM188 单元创建,掩护梁与前、后连杆连接铰链用 MPC184 单元创建,共创建 4 个 BEAM188 单元和 2 个 MPC184 单元。约束掉前、后连杆下铰点处节点上位移自由度 UX、UY、UZ、ROTX、ROTY;在后连杆下铰点处节点上施加位移载荷 ROTZ,大小等于 Q_1-Q_2;前连杆下铰点处节点上自由度 ROTZ 自由。对模型进行结构瞬态动力学分析,然后在后处理器中定义参数以便用于优化设计。

4)在 ANSYS Workbench 中优化设计

(1)启动 Workbench。在 Windows 的"开始"菜单执行 ANSYS15.0 →Workbench15.0。

(2)创建项目 A,用于 Mechanical APDL 分析。如图 20-17 所示。

(3)导入输入文件。如图 20-18 所示。

图 20-16 有限元模型

图 20-17 创建项目

图 20-18 导入输入文件

(4) 指定输入参数和输出参数。输入参数可作为优化设计的设计参数；输出参数可作为约束参数和目标参数，也可以作为导出参数使用，如图 20-19 所示。

将参数 P1、Q1、I、I1 指定为输入参数，将参数 G、A、B、P2、Q2、SSS、D、C、CA、E、THETA 指定为输出参数。

(5) 创建项目 B，进行直接优化设计，如图 20-20 所示。

(6) 双击图 20-20 所示项目 B 的 B2 格 Optimization 项，启动直接优化设计。

(7) 指定输入参数的变化范围，如图 20-21 所示。

指定输入参数 P1 的范围为 0.8～1、Q1 的范围为 1.28～1.57、I 的范围为 0.5～0.6、I1 的范围为 0.2～0.25。

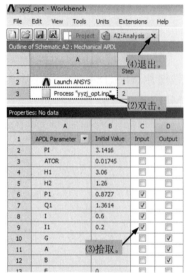

图 20-19　指定输入参数和输出参数　　　　　图 20-20　创建项目

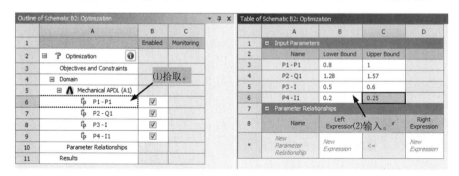

图 20-21　指定输入参数的变化范围

(8) 指定约束参数及其变化范围，指定目标参数及其优化目标，如图 20-22 所示。

指定约束参数 D≤0.74、0.9≤CA≤1.2、P2≥0.17、Q2≥0.17、THETA≤10，指定目标参数 SSS 的优化目标为求最小值。

第 20 章 参数化设计语言 APDL 及优化设计

图 20-22　指定约束参数的变化范围和目标参数的优化目标

（9）单击 Update 按钮，进行优化设计计算。

（10）查看优化设计结果，如图 20-23 所示。

图 20-23　查看优化设计结果

附　录

附表1　常用物理量及其单位

物理量名称	国际单位		英制单位		换算方法
	名　称	符　号	名　称	符　号	
长度	毫米	mm	英寸	in	1in=25.4mm
	米	m	英尺	ft	1ft=0.3048m
时间	秒	s	秒	s	
			小时	h	
质量	千克	kg	磅	lb	1lb=0.4539kg
			斯勒格	slug	1slug=32.2lb=14.7156kb
温度	摄氏温度	℃	华氏温度	°F	1°F=5/9℃
频率	赫兹	Hz	赫兹	Hz	
电流	安培	A	安培	A	
面积	平方米	m^2	平方英寸	in^2	$1in^2=6.4516\times10^{-4}m^2$
体积	立方米	m^3	立方英寸	in^3	$1in^3=1.6387\times10^{-5}m^3$
速度	米每秒	m/s	英寸每秒	in/s	1in/s=0.0254m/s
加速度	米每平方秒	m/s^2	英寸每二次方秒	in/s^2	$1in/s^2=0.0254m/s^2$
转动惯量	千克平方米	$Kg\cdot m^2$	磅二次方英寸	$lb\cdot in^2$	$1lb\cdot in^2=2.928\times10^{-4}kg\cdot m^2$
力	牛顿	N	磅力	lbf	1lbf=4.448N
力矩	牛顿米	$N\cdot m$	磅力英寸	$lbf\cdot in$	$1lbf\cdot in=0.113N\cdot m$
能量	焦耳	J	英热单位	Btu	1Btu=1055.06J
功率（热流率）	瓦特	W		Btu/h	1Btu/h=0.293W
热流密度		W/m^2		$Btu/(h\cdot ft^2)$	$1Btu/(h\cdot ft^2)=3.1646W/m^2$
生热速率		W/m^3		$Btu/(h\cdot ft^3)$	$1Btu/(h\cdot ft^3)=10.3497W/m^3$
导热系数		$W/(m\cdot ℃)$		$Btu/(h\cdot ft\cdot °F)$	$1Btu/(h\cdot ft\cdot °F)=1.731W/(m\cdot ℃)$
对流系数		$W/(m^2\cdot ℃)$		$Btu/(h\cdot ft^2\cdot °F)$	$1Btu/(h\cdot ft^2\cdot °F)=1.731W/(m^2\cdot ℃)$
密度		kg/m^3		lb/ft^3	$1lb/ft^3=16.018kg/m^3$
比热		$J/(kg\cdot ℃)$		$Btu/(lb\cdot °F)$	$1Btu/(lb\cdot °F)=4186.82J/(kg\cdot ℃)$
焓		J/m^3		Btu/ft^3	$1Btu/ft^3=37259.1J/m^3$
压力、压强应力、弹性模量	帕斯卡	Pa	磅每平方英寸	$psi(lbf/in^2)$	1psi=6894.75Pa，$1Pa=1N/m^2$
电场强度		V/m			
磁通量	韦伯	Wb	韦伯	Wb	1Wb=1Vs
磁通密度	斯特拉	T	斯特拉	T	$1T=1N/(A\cdot m)$
电阻	欧姆	Ω	欧姆	Ω	1Ω=1V/A

续表

物理量名称	国际单位 名称	国际单位 符号	英制单位 名称	英制单位 符号	换算方法
电感	法拉	F	法拉	F	
电容	法拉	F			
电荷量	库仑	C	库仑	C	1C=1A·s
磁矢位	韦伯每米	Wb/m			
磁阻率	米每亨利	M/H			
压电系数	库仑每牛顿	C/N			
介电系数	法拉每米	F/m			
动量	千克米每秒	kg·m/s	磅英寸每秒	lb·in/s	1lb·in/s=0.011529kg·m/s
动力黏度	帕斯卡秒	Pa·s	磅力秒每平方英尺	lbf·s/ft²	1lbf·s/ft²=47.8803Pa·s
运动黏度	平方米每秒	m²/s	平方英寸每秒	in²/s	1in²/s=6.4516×10⁻⁴m²/s
质量流量	千克每秒	kg/s	磅每秒	lb/s	1lb/s=0.453592kg/s

附表2 常用材料弹性模量和泊松比

材料名称	弹性模量 E GPa	切变模量 G GPa	泊松比 μ	材料名称	弹性模量 E GPa	切变模量 G GPa	泊松比 μ
灰铸铁	118～126	44.3	0.3	轧制锌	82	31.4	0.27
球墨铸铁	173		0.3	铅	16	6.8	0.42
碳钢、镍铬钢、合金钢	206	79.4	0.3	玻璃	55	1.96	0.25
				有机玻璃	2.35～29.42		
铸钢	202		0.3	橡胶	0.0078		0.47
轧制纯铜	108	39.2	0.31～0.34	电木	1.96～2.94	0.69～2.06	0.35～0.38
冷拔纯铜	127	48.0		夹布酚醛塑料	3.92～8.83		
轧制磷锡青铜	113	41.2	0.32～0.35	赛璐珞	1.71～1.89	0.69～0.98	0.4
冷拔黄铜	89～97	34.3～36.3	0.32～0.42	尼龙1010	1.07		
轧制锰青铜	108	39.2	0.35	硬聚氯乙烯	3.14～3.92		0.34～0.35
轧制铝	68	25.5～26.5	0.32～0.36	聚四氟乙烯	1.14～1.42		
拔制铝线	69			低压聚乙烯	0.54～0.75		
铸铝青铜	103	11.1	0.3	高压聚乙烯	0.147～0.245		
铸锡青铜	103		0.3	混凝土	13.73～39.2	4.9～15.69	0.1～0.18
硬铝合金	70	26.5	0.3				

附表 3 常用材料线膨胀系数[α×10⁻⁶(1/°C)]

材料	温度范围°C								
	20	20～100	20～200	20～300	20～400	20～600	20～700	20～900	20～1000
工程用铜		16.6～17.1	17.1～17.2	17.6	18～18.1	18.6			
黄铜		17.8	18.8	20.9					
青铜		17.6	17.9	18.2					
铸铝合金	18.44～24.5								
铝合金		22.0～24.0	23.4～24.8	24.0～25.9					
碳钢		10.6～12.2	11.3～13	12.1～13.5	12.9～13.9	13.5～14.3	14.7～15		
铬钢		11.2	11.8	12.4	13	13.6			
3Cr13		10.2	11.1	11.6	11.9	12.3	12.8		
1Cr16Ni9Ti		16.6	17	17.2	17.5	17.9	18.6	19.3	
铸铁		8.7～11.1	8.5～11.6	10.1～12.1	11.5～12.7	12.9～13.2			
镍铬合金		14.5							17.6
砖	9.5								
水泥、混凝土	10～14								
胶木、硬橡皮	64～77								
玻璃		4～11.5							
赛璐珞		100							
有机玻璃		130							

附表 4 常用材料的密度

单位：t/m³

材料	密度	材料	密度	材料	密度
碳钢	7.8～7.85	轧锌	7.1	酚醛层压板	1.3～1.45
铸钢	7.8	铅	11.37	尼龙6	1.13～1.14
高速钢（含钨9%）	8.3	锡	7.29	尼龙66	1.14～1.15
高速钢（含钨18%）	8.7	金	19.32	尼龙1010	1.04～1.06
合金钢	7.9	银	10.5	橡胶夹布传动带	0.8～1.2
镍铬钢	7.9	汞	13.55	木材	0.4～0.75
灰铸铁	7.0	镁合金	1.74	石灰石	2.4～2.6
白口铸铁	7.55	硅钢片	7.55～7.8	花岗石	0.6～3.0
可锻铸铁	7.3	锡基轴承合金	7.34～7.75	砌砖	1.9～2.3
紫铜	8.9	铅基轴承合金	9.33～10.67	混凝土	1.8～2.45
黄铜	8.4～8.85	硬质合金（钨钴）	14.4～14.9	生石灰	1.1
铸造黄铜	8.62	硬质合金（钨钴钛）	9.5～12.4	熟石灰	1.2
锡青铜	8.7～8.9	胶木板、纤维板	1.3～1.4	水泥	1.2
无锡青铜	7.5～8.2	纯橡胶	0.93	黏土耐火砖	2.10
轧制磷青铜	8.8	皮革	0.4～1.2	硅质耐火砖	1.8～1.9
冷拉青铜	8.8	聚氯乙烯	1.35～1.40	镁质耐火砖	2.6
工业用铝	2.7	聚苯乙烯	0.91	镁铬质耐火砖	2.8
可铸铝合金	2.7	有机玻璃	1.18～1.19	高铬质耐火砖	2.2～2.5
铝镍合金	2.7	无填料的电木	1.2	碳化硅	3.10
镍	8.9	赛璐珞	1.4		

参 考 文 献

[1] 赵熙元. 开口薄壁构件约束扭转的近似计算[J].钢结构, 1997, 12(2): 7-14.

[2] 孙庆鸿, 张启军, 姚慧珠. 振动与噪声的阻尼控制[M]. 北京：机械工业出版社, 1993.

[3] 王知行, 刘廷荣. 机械原理[M]. 北京：高等教育出版社, 2002.

[4] 孙德敏. 工程最优化方法及应用[M]. 合肥：中国科学技术大学出版社, 1997.

[5] 王国强. 实用工程数值模拟技术及其在 ANSYS 上的实践[M]. 西安：西北工业大学出版社, 1999.

[6] 商跃进. 有限元原理与 ANSYS 应用指南[M]. 北京：清华大学出版社, 2005.

[7] 浦广益. ANSYS Workbench12 基础教程与实例详解[M]. 北京：中国水利水电出版社, 2010.

[8] 李范春. ANSYS Workbench 设计建模与虚拟仿真[M]. 北京：电子工业出版社, 2011.

[9] 赵经文, 王宏钰. 结构有限元分析[M]. 第 2 版. 北京：科学出版社, 2001.

[10] 任学平, 高耀东. 弹性力学基础及有限单元法[M]. 湖北：华中科技大学出版社, 2007.

反侵权盗版声明

电子工业出版社依法对本作品享有专有出版权。任何未经权利人书面许可，复制、销售或通过信息网络传播本作品的行为；歪曲、篡改、剽窃本作品的行为，均违反《中华人民共和国著作权法》，其行为人应承担相应的民事责任和行政责任，构成犯罪的，将被依法追究刑事责任。

为了维护市场秩序，保护权利人的合法权益，我社将依法查处和打击侵权盗版的单位和个人。欢迎社会各界人士积极举报侵权盗版行为，本社将奖励举报有功人员，并保证举报人的信息不被泄露。

举报电话：（010）88254396；（010）88258888
传　　真：（010）88254397
E-mail：dbqq@phei.com.cn
通信地址：北京市万寿路173信箱
　　　　　电子工业出版社总编办公室
邮　　编：100036